Kontinuumsschwingungen

T0223032

Jörg Wauer

Kontinuumsschwingungen

Vom einfachen Strukturmodell zum komplexen Mehrfeldsystem

2., überarbeitete und erweiterte Auflage

Mit 82 Abbildungen, 42 Beispielen und 74 Aufgaben

Springer Vieweg

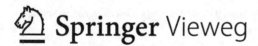

Jörg Wauer
KIT Karlsruher Institut für Technologie
Karlsruhe, Deutschland

ISBN 978-3-8348-1819-5 ISBN 978-3-8348-2242-0 (eBook)
DOI 10.1007/978-3-8348-2242-0

Die Deutsche Nationalbibliothek verzeichnet diese Publikation in der Deutschen Nationalbibliografie; detaillierte bibliografische Daten sind im Internet über http://dnb.d-nb.de abrufbar.

Springer Vieweg
© Springer Fachmedien Wiesbaden 2008, 2014
Das Werk einschließlich aller seiner Teile ist urheberrechtlich geschützt. Jede Verwertung, die nicht ausdrücklich vom Urheberrechtsgesetz zugelassen ist, bedarf der vorherigen Zustimmung des Verlags. Das gilt insbesondere für Vervielfältigungen, Bearbeitungen, Übersetzungen, Mikroverfilmungen und die Einspeicherung und Verarbeitung in elektronischen Systemen.

Die Wiedergabe von Gebrauchsnamen, Handelsnamen, Warenbezeichnungen usw. in diesem Werk berechtigt auch ohne besondere Kennzeichnung nicht zu der Annahme, dass solche Namen im Sinne der Warenzeichen- und Markenschutz-Gesetzgebung als frei zu betrachten wären und daher von jedermann benutzt werden dürften.

Lektorat: Thomas Zipsner, Ellen Klabunde

Gedruckt auf säurefreiem und chlorfrei gebleichtem Papier.

Springer Vieweg ist eine Marke von Springer DE. Springer DE ist Teil der Fachverlagsgruppe Springer Science+Business Media
www.springer-vieweg.de

Meiner Familie gewidmet.

Vorwort

Die *klassische* Modellbildung schwingender Bauteile reduziert diese auf Systeme mit *konzentrierten* Parametern, d. h. Systeme mit endlich vielen Freiheitsgraden, die durch reine Anfangswertprobleme in Form gewöhnlicher Differenzialgleichungen mit Anfangsbedingungen beschrieben werden.

In vielen Fällen ist es notwendig oder zweckmäßig, eine *feinere* Modellierung in Form von Systemen mit *verteilten* Parametern einzuführen, die durch partielle Differenzialgleichungen mit Rand- und Anfangsbedingungen charakterisiert ist. Um den Lösungsaufwand zu begrenzen, werden nur in Ausnahmefällen die schwingenden Körper als dreidimensionale Kontinua mit einer der Realität nahe kommenden komplexen Geometrie, Auflagerung und Belastung aufgefasst. Meistens wird man versuchen, diese auf einfachere Strukturmodelle abzubilden. Solche Modellkörper stellen zwar immer noch Systeme mit verteilten Parametern dar, durch verschiedene Vereinfachungen bezüglich Abmessungen, Befestigung und Belastung sowie gewissen Einschränkungen bei den Verformungen ist das beschreibende Anfangs-Randwert-Problem dann jedoch verkürzten, teilweise analytischen Rechenverfahren zugänglich. Auf diese Weise gelingt der Einstieg in die Analyse schwingender Kontinua sehr viel einfacher, zumal die erlernten Methoden letztlich auch die Basis zum Studium des Schwingungsverhaltens weitgehend beliebiger technischer Bauteile bilden.

Eine derartige, meist lineare Strukturdynamik ist deshalb für viele Schwingungsberechnungen der Praxis eine wichtige Voraussetzung geworden, die heute gelehrt und gelernt werden sollte. Werden die jüngsten Entwicklungen auf diesem Sektor mit einbezogen, ist der Weg anschließend frei für eine immer genauere, rechnerorientierte Behandlung konkreter praktischer Aufgabenstellungen.

Der vorliegende Text fußt auf Vorlesungen, die der Autor seit langem vor Studierenden insbesondere des Maschinenbaus an der Universität Karlsruhe im Diplom-Hauptstudium hält. Der zu treibende mathematische Aufwand ist beträchtlich, im Vordergrund stehen jedoch die Physik des Problems und die mit mathematischen Methoden gewonnenen Ergebnisse zur Erklärung schwingungsmechanischer Phänomene. Zum Verständnis genügen die üblichen Kenntnisse in Höherer Mathematik und Technischer Mechanik, wie sie im Vordiplom oder Bachelor-Studium einer wissenschaftlichen Hochschule vermittelt werden. An einigen Stellen sind vertiefte Kenntnisse in Mathematischen Methoden der Schwingungslehre und in Höherer Mechanik hilfreich, die heutzutage bereits in Pflichtfächern des Diplom-Hauptstudiums oder Master-Studiums angeboten werden.

Das Buch wendet sich vor allem an theoretisch arbeitende Ingenieure, aber auch an Physiker, Techno-Mathematiker und andere Naturwissenschaftler. Es zielt auf Studium und Beruf gleichermaßen und soll all jene weiterführen, die die klassische Schwingungstheorie für technische Systeme mit konzentrierten Parametern bereits kennen, mit dem Gebiet der Kontinuumsschwingungen aber noch nicht so vertraut sind. Ein besonderes Anliegen ist es, Querverbindungen zur Maschinendynamik anzusprechen und auf diese Weise zu verdeutlichen, dass das Verständnis der theoretischen Grundlagen schwingender Kontinua für technische Anwendungen immer wichtiger wird.

Das Buch ist in neun Teile gegliedert. Nach einer kurzen Einführung wird in Kap. 2 die Formulierung der maßgebenden Bewegungsgleichungen dreidimensionaler Kontinua in linearer Form angegeben. Kap. 3 behandelt die systematische Kondensation auf lineare Strukturmodelle einschließlich der beschreibenden Randwertprobleme und weist Wege, wie man auf der Basis gewisser Voraussetzungen auch auf direktem Wege die mathematischen Grundgleichungen linearer Strukturmodelle generieren kann. Kapitel 4 führt in die mathematische Lösungstheorie zur Berechnung freier und erzwungener Schwingungen von Systemen mit verteilten Parametern ein. In den Kap. 5 und 6 wird die bereitgestellte Theorie nacheinander auf die Sonderfälle ein- und zweiparametriger Strukturmodelle angewendet, bevor Kap. 7 schließlich auch einige konkrete dreidimensionale Probleme diskutiert. Grundbegriffe einer geometrisch nichtlinearen Schwingungstheorie für Kontinua vermittelt Kap. 8. Schließlich geht Kap. 9 über die rein festkörpermechanischen Aspekte hinaus und gibt eine Einführung in die Dynamik verteilter Mehrfeldsysteme. Einige Ergänzungen runden die jeweiligen Kapitel ab.

Das Buch enthält eine Reihe ausführlich durchgerechneter Anwendungsbeispiele. Sie illustrieren die theoretischen Zusammenhänge und erleichtern dem Leser die Handhabung der teilweise abstrakten Rechenmethoden. Auch die Diskussion auftretender Phänomene und das Ziehen praktischer Schlussfolgerungen für technische Fragestellungen werden dadurch aktiv unterstützt.

Darüber hinaus findet der interessierte Leser weitere Aufgaben mit teilweise ausführlichen Lösungshinweisen, sodass für das Üben des Stoffes im Rahmen eines vertieften Selbststudiums noch entsprechend breiter Raum gegeben ist.

Das geschlossene Konzept des Buches mit den gesamten theoretischen Grundlagen in den Anfangskapiteln und den physikalischen Anwendungen danach lässt sich vom Leser, der ein Erlernen dieses wichtigen Überbaus an Hand von konkreten Beispielen im Rahmen technischer Fragestellungen bevorzugt, dadurch an seine Bedürfnisse anpassen, dass er sich beim Einarbeiten bezüglich der Kap. 2 bis 4 auf Abschn. 3.2, 4.1.1, 4.1.3 bis 4.1.5 sowie 4.2 konzentriert und die restlichen Abschnitte bei Bedarf später nachholt.

Allen wissenschaftlichen Mitarbeitern des Instituts, die bei der ständigen Überarbeitung der Vorlesungen ihren Teil auch zum Gelingen dieses Buches beigetragen haben, sei herzlich gedankt. Ganz besonderer Dank gilt meinem Kollegen Herrn Prof. Dr.-Ing. habil. Michael Riemer, den Herren Prof. Dr.-Ing Wolfgang Seemann und Prof. Dr.-Ing. Bernhard

Schweizer sowie Herrn Dr.-Ing. Hartmut Hetzler, denen ich eine Reihe wertvoller Hinweise zur Verbesserung des Buches verdanke. Schließlich danke ich dem Studierenden Herrn cand. mach. Marc Hiller für die Erstellung fast aller Abbildungen und dem Teubner-Verlag für die erfreuliche Zusammenarbeit und die gute Ausstattung des Buches bei angemessenem Preis.

Karlsruhe, im März 2008 Jörg Wauer

Vorwort zur Neuauflage

Die gute Nachfrage ermöglicht eine neue Auflage. Alle bisher bekannt gewordenen Fehler und Unschärfen sind beseitigt worden. Auf Wunsch des Verlages ist das aktualisierte Literaturverzeichnis auf die einzelnen Kapitel verteilt worden, die daraüber hinaus mit einem einleitenden Abstract versehen worden sind. Inhaltlich sind die Abschn. 3.2.3 „Dämpfungseinflüsse“ und 4.2.2 „Strenge Lösung zeitfreier Zwangsschwingungsprobleme“ mit dem Abschn. 5.1.5 „Erzwungene Schwingungen“ ergänzt worden. Ansonsten ist der bewährte Text praktisch unverändert geblieben.

Karlsruhe, im April 2014 Jörg Wauer

Inhaltsverzeichnis

Einleitung

1

In der Natur gibt es keine starren, d. h. unverformbaren Körper. Gleichwohl erweist es sich als nützlich, in der Mechanik den Begriff des *Starrkörpers* als Idealisierung einzuführen; bei Gleichgewichtsbetrachtungen, aber beispielsweise auch in der Rotordynamik, können Verformungen häufig vernachlässigt werden. Sieht man bei pendelnd aufgehängten Körpern von der Rückstellung durch das Eigengewicht ab, sind Schwingungen von Festkörpern allerdings untrennbar mit deren Verformbarkeit verknüpft. Bilden sich diese Deformationen nämlich bei Entlastung mindestens teilweise zurück, ist ein Körper schwingungsfähig. Ignoriert man die Mikrostruktur und nimmt – im Makroskopischen der Realität entsprechend – an, dass der von einem materiellen Körper eingenommene Raum stetig mit massebehafteter Materie gefüllt ist, dann geht der Weg zum schwingenden Kontinuum als System mit verteilten Parametern. Die bisherigen Aussagen gelten unabhängig vom Materialverhalten für Festkörper und Fluide.

In der Technik interessieren in erster Linie die Schwingungen von *Festkörpern*, und in vielen Fällen ist eine Beschränkung auf *kleine elastische* Schwingungen, die durch lineare Beziehungen beschrieben werden, ausreichend. Die klassische *lineare Elastizitätstheorie* mit dem Hookeschen Gesetz und linearen Verzerrungs-Verformungs-Relationen ist somit ein ganz wesentlicher Bestandteil der Theorie schwingender Festkörper. In aller Regel wird auch noch ein *homogener* und *isotroper* Körper vorausgesetzt, dessen Materialeigenschaften in der Referenzplatzierung nicht von *Ort* und *Richtung* abhängen. Um die Materialdämpfung einzubeziehen, wird häufig ein viskoelastisches Stoffgesetz zugrunde gelegt. Manchmal – z. B. zur Analyse von Stabilitätsproblemen – müssen auch endliche Verformungen im Rahmen einer *geometrisch* nichtlinearen Theorie betrachtet werden und in gewissen Anwendungen – beispielsweise beim Resonanzbetrieb von elektromechanischen Aktoren – kann auch eine *physikalisch* nichtlineare Theorie notwendig werden.

Werden im Rahmen von so genannten *Mehrfeldsystemen* beispielsweise Koppelschwingungen von Festkörpern *und* angrenzenden Fluiden untersucht, wird die beteiligte Flüssigkeit üblicherweise als Newtonsches Fluid auf der Basis der so genannten Stokesschen Hypothese angesehen. Ist das zur Diskussion stehende Mehrfeldsystem *ein* Körper, in dem physi-

J. Wauer, *Kontinuumsschwingungen*, DOI 10.1007/978-3-8348-2242-0_1,

© Springer Fachmedien Wiesbaden 2014

kalische Felder verschiedener Herkunft, z. B. Verschiebungen und Temperatur, in Wechselwirkung stehen, dann gelten bekanntermaßen ein modifiziertes Hookesches Gesetz sowie weitere konstitutive Gleichungen für die hinzukommenden Feldvariablen. Außerdem hat man der Impulsbilanz eine (vollständige) Energiebilanz hinzuzufügen. Ähnliche Verallgemeinerungen hat man bei anderen Mehrfeldsystemen vorzunehmen.

Bei der Darstellung der sowohl in den mechanischen Bilanzgleichungen, einschließlich der Randbedingungen, als auch in den Materialgesetzen auftretenden vektoriellen und tensoriellen Größen wird parallel zu der in Technischer Mechanik üblichen ingenieurmäßigen Notation auch die Index- oder Koordinatenschreibweise, die der Vielzahl möglicher Verknüpfungen eine kompakte und übersichtliche Form gibt, verwendet. Dabei erfolgt im vorliegenden Buch eine Beschränkung auf so genannte kartesische Tensoren, auf die Formulierung in allgemein krummlinigen Koordinaten mittels des allgemeinen Tensorkalküls wird verzichtet. Nur gelegentlich wird im Text auf Zylinder- und Kugelkoordinaten (als verallgemeinerte orthogonale Koordinaten) zurückgegriffen, und mitunter werden einige Grundgleichungen auch in der so genannten symbolischen Schreibweise angegeben. Darin sind im vorliegenden Buch Skalare (Tensoren nullter Stufe) durch mager gedruckte Buchstaben ohne weiteren Zusatz zu erkennen, während Vektoren (Tensoren erster Stufe) und Tensoren höherer Stufe durch ebenfalls mager gedruckte Kernbuchstaben mit einer entsprechenden Anzahl übergesetzter Pfeile gekennzeichnet werden. Fettdruck ist Matrizen mit skalaren Elementen vorbehalten, für Differenzialoperatoren in Matrizenform werden kalligraphische Buchstaben verwendet.

Auf die Auswertung wird nur dann eingegangen, wenn diese formelmäßig möglich ist und höchstens geringer Rechnerunterstützung bedarf. Numerische Aspekte spricht die vorliegende Abhandlung generell nicht an. Das Literaturverzeichnis enthält die wichtigsten Lehr- und Handbücher und darüber hinaus eine ganze Reihe von Originalarbeiten, stellt aber in jedem Falle nur eine Auswahl dar. Einige Quellen führen bis unmittelbar an die aktuelle Forschung heran, sodass der Leser in der Lage ist, auch auf neueste Trends und Fragestellungen auf dem Gebiet schwingender Kontinua noch passende Antworten zu finden oder sich zu erarbeiten. Auf historische Angaben wird weitgehend verzichtet, einige wenige Bemerkungen finden sich im Allgemeinen am Anfang der einzelnen Kapitel. Für ausführliche Informationen sei der Leser auf die Werke von Szabó [2] und Truesdell [1] verwiesen.

Literatur

1. Truesdell, C. A.: Essays in the History of Mechanics. Springer, Berlin/Heidelberg/New York (1968)
2. Szabó, I.: Geschichte der mechanischen Prinzipien, 2. Aufl. Birkhäuser, Basel/Boston/Stuttgart (1979)

Lineare Modellgleichungen dreidimensionaler Festkörper

2

Zusammenfassung

Es wird die Herleitung des maßgebenden Anfangs-Randwert-Problems für kleine Schwingungen eines isotrop elastischen, homogenen Festkörpers weitgehend beliebiger Geometrie, Lagerung und Belastung behandelt. Nach Bereitstellung der kinematischen Grundlagen werden eine synthetische Darstellung auf der Basis von Bilanzgleichungen und eine analytische Darstellung mit Hilfe des Prinzips von Hamilton vorgestellt. Während im Rahmen synthetischer Methoden die so genannten dynamischen Randbedingungen entsprechend formuliert werden müssen, sind diese beim Prinzip von Hamilton automatisch miterfasst. Damit das beschreibende Anfangs-Randwert-Problem vollständig in Verschiebungen angegeben werden kann, sind die konstitutiven Gleichungen, die einen Zusammenhang zwischen Spannungen und Verzerrungen herstellen, und die geltenden Verzerrungs-Verschiebungs-Zusammenhänge einzuarbeiten.

Die Problemstellung, die hier behandelt werden soll, betrifft schwingende, isotrop elastische, homogene Festkörper beliebiger Geometrie, Lagerung und Belastung. Ziel ist die Formulierung der zugehörigen Anfangs-Randwert-Aufgabe im Rahmen einer linearen Theorie und zwar sowohl in synthetischer als auch analytischer Darstellung.

Den Ursprung für eine korrekte Beschreibung bilden Überlegungen von Navier aus dem Jahre 1821 mit der Angabe von Bewegungsgleichungen (in Verschiebungsgrößen) eines schwingenden dreidimensionalen Festkörpers[1] und die ersten Lösungen konkreter, mehrdimensionaler Wellenausbreitungs- und Schwingungsprobleme durch Cauchy, Poisson und Lamé, wobei die beiden erstgenannten bei der Herleitung der Bewegungsgleichungen ebenfalls Pionierarbeit leisteten. Ein wichtiger Markstein auf dem Wege zur Formulierung der Grundgleichungen der Elastokinetik war das Werk von Hooke mit der experimentellen Verifizierung der Proportionalität zwischen Spannung und Verzerrung an Drähten

[1] Für den Sonderfall zusammenfallender Laméscher Konstanten (siehe Abschn. 2.4).

J. Wauer, *Kontinuumsschwingungen*, DOI 10.1007/978-3-8348-2242-0_2,
© Springer Fachmedien Wiesbaden 2014

aus dem Jahre 1660[2], das durch spätere Betrachtungen über die Natur der Elastizität insbesondere von Young aus dem Jahre 1806 ergänzt wurde.

2.1 Kinematische Grundlagen

Zur Vorbereitung der Herleitung der eigentlichen Bewegungsgleichungen werden hier allgemeine Bewegungen eines Körpers in materieller und räumlicher Beschreibung betrachtet und die dabei auftretenden Verformungen bei Festkörpern spezifiziert [8]. Es werden geeignete Verzerrungsmaße und zeitliche Änderungsraten der Bewegung, nämlich Geschwindigkeit und Beschleunigung, eingeführt. Ausgehend von einer beliebigen Bewegung in nichtlinearer Formulierung interessieren dann insbesondere kleine Schwingungen im Rahmen einer linearen Theorie.

Die Beschreibung der Verformung ist ein rein geometrisches Problem und vom Materialverhalten völlig unabhängig.

2.1.1 Koordinaten und Bewegung

Die zusammenhängenden materiellen Punkte eines Körpers mit dem materiellen Volumen und der begrenzenden materiellen Oberfläche füllen im Euklidischen, d. h. nichtgekrümmten Anschauungsraum $\mathbb{R}^3$, einen Bereich bestimmter Größe und Gestalt.

In einer willkürlich gewählten *Referenzplatzierung* zum Anfangszeitpunkt $t = 0$ sei V der Volumenwert und S die Größe der berandenden Oberfläche. Ein herausgegriffener *materieller Punkt* des Körpers nimmt dabei im $\mathbb{R}^3$ eine Position P ein, die durch der Kontur des Körpers im Ausgangszustand angepasste Koordinaten $X_K \in \{X_1, X_2, X_3\}$ charakterisiert wird. Alternativ wird der Ortsvektor $\vec{R}$ von einem gewählten Ursprungspunkt O zum Punkt P benutzt, siehe Abb. 2.1a. Im Allgemeinen sind krummlinige Koordinaten zweckmäßig; die verwendete Indexschreibweise mit ausschließlich tiefgestellten Indizes ist allerdings nur für orthogonale, insbesondere kartesische Koordinaten uneingeschränkt richtig, wenn ko- und kontravariante Koordinaten in ihren Richtungen oder sogar insgesamt ununterscheidbar zusammenfallen[3]. Diese für alle Zeiten t einen materiellen Punkt identifizierenden, zeitunabhängigen Koordinaten $X_K \in \{X_1, X_2, X_3\}$ heißen *materielle* Koordinaten oder Lagrange-Koordinaten des materiellen Punktes. Die in Abb. 2.1a ebenfalls angedeuteten Lagrangeschen Koordinatenlinien in P als Schnittkurven der (paarweise geschnittenen) „Koordinatenflächen" $X_1 = \text{const}$, $X_2 = \text{const}$ und $X_3 = \text{const}$ sind demzufolge materielle, dem Kontinuum aufgeprägte Koordinatenlinien, die jede Verformung des Körpers für $t > 0$ mitmachen. Die natürliche, an die Koordinatenlinien X_K in P tangentiale

[2] Bekannt gegeben 1676.

[3] Im Zweifelsfall kann sich der Leser bei Formulierungen in Indexschreibweise immer die Wahl von kartesischen Koordinaten vorstellen, wofür die benutzte Darstellung ausnahmslos korrekt ist.

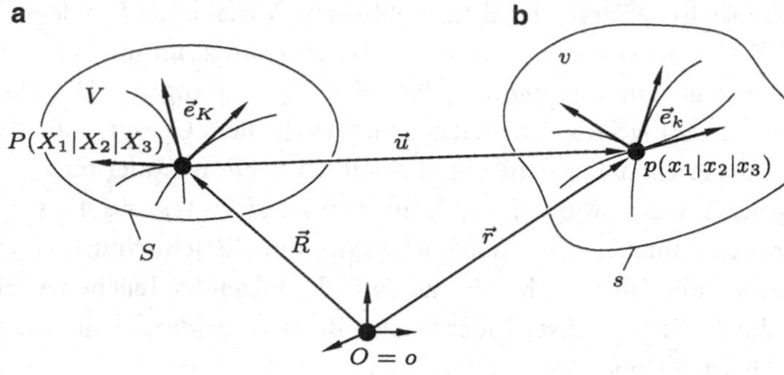

Abb. 2.1 Koordinatensystem für unverformten und verformten Körper. **a** Referenzplatzierung, **b** Momentanplatzierung

Basis $\vec{e}_K(X_L, t)$ berechnet sich über die partielle Ableitung des Ortsvektors $\vec{R}$ nach X_K:

$$\vec{e}_K = \vec{R}_{,K} \text{ mit } (\,.\,)_{,K} = \frac{\partial(\,.\,)}{\partial X_K}. \tag{2.1}$$

Unter der Einwirkung äußerer Kräfte deformiert sich ein materieller Körper[4]. Die mit der Deformation einhergehende Bewegung bringt ihn mit allen materiellen Punkten im Innern aus der ursprünglichen Konfiguration zum Zeitpunkt $t = 0$ in eine neue räumliche Lage zur Zeit $t > 0$, die so genannte *aktuelle* oder *Momentan*-Platzierung. Sein materielles Volumen füllt jetzt einen räumlichen Bereich mit dem Volumen v und der Oberfläche s. Dabei sei $p(x_1|x_2|x_3)$ ein Punkt der Bahnkurve von $P(X_1|X_2|X_3)$, genauer: ein materieller Punkt, urprünglich für $t = 0$ in der Position P, befindet sich *zur Zeit* $t > 0$ an der Stelle p, der man die Koordinaten $x_k \in \{x_1, x_2, x_3\}$ erteilt. Diese Koordinaten $x_k \in \{x_1, x_2, x_3\}$ nennt man *räumliche* Koordinaten oder Euler-Koordinaten. Anstelle der Koordinaten $x_k \in \{x_1, x_2, x_3\}$ kann auch dieses Mal ein entsprechender Ortsvektor $\vec{r}$ von einem Ursprung o ($\equiv O$, hier) zum Punkt p verwendet werden, siehe Abb. 2.1b. Ebenso lässt sich eine natürliche, an die Koordinatenlinien x_k tangentiale Basis $\vec{e}_k(x_l, t)$ in p über die partielle Ableitung des Ortsvektors $\vec{r}$ nach x_k berechnen:

$$\vec{e}_k = \vec{r}_{,k}, \text{ mit } (\,.\,)_{,k} = \frac{\partial(\,.\,)}{\partial x_k}. \tag{2.2}$$

Die eingeführten Koordinatensysteme wählt man oft zusammenfallend, im Allgemeinen werden sie jedoch verschieden sein. Verformt sich ein Quader beispielsweise in einen Kreiszylinder, so ist (insbesondere bei der Formulierung von Randbedingungen) die Benutzung kartesischer Koordinaten für den unverformten Körper zweckmäßig, während sich für das verformte Kontinuum Zylinderkoordinaten anbieten.

[4] Bei Flüssigkeiten und Gasen werden Strömungen verursacht.

Wählt man als metrische Parameter, d. h. unabhängige Variable des Problems, Lagrange-Koordinaten, spricht man von einer *materiellen* Beschreibung; nimmt man Euler-Koordinaten, liegt eine so genannte *räumliche* oder *Feld*-Beschreibung vor. Die Beschreibung des Kontinuums in Lagrange-Koordinaten bedeutet nach allem Gesagten die Betrachtung eines definierten materiellen Teilchens durch einen materiefesten oder materiellen Beobachter, der in gleicher Weise, wie sich das Kontinuum verformt, ständig seinen Maßstab verzerrt. In Euler-Koordinaten dagegen handelt es sich um die Betrachtung eines Ereignisses, d. h. die Beobachtung vorbei ziehender, aufeinander folgender Teilchen an einer festen Stelle im Raum durch einen ortsfesten oder lokalen Beobachter, der für alle Zeiten t seinen Standort $\vec{r}$ und Maßstab beibehält.

Formelmäßig lässt sich der beschriebene Sachverhalt einer Bewegung durch die Abbildung

$$\vec{x} = \vec{x}(\vec{X}, t) \leftrightarrow x_k = x_k(X_K, t) \tag{2.3}$$

bzw. alternativ

$$\vec{X} = \vec{X}(\vec{x}, t) \leftrightarrow X_K = X_K(x_k, t) \tag{2.4}$$

ausdrücken. Es gilt die Übereinkunft, dass das Symbol $\vec{x}$ (bzw. x_k) oder $\vec{X}$ (bzw. X_K) auf der rechten Seite der jeweiligen Gleichung die *Funktion* repräsentiert, deren Argumente $\vec{X}$ (bzw. X_K) oder $\vec{x}$ (bzw. x_k) und t sind, während dasselbe Symbol auf der linken Seite den Funktions*wert* kennzeichnet[5]. Gleichung (2.3), die eine materielle Beschreibung der Bewegung widerspiegelt, kann man interpretieren, dass ein materieller Punkt mit der Referenzposition $P(X_1|X_2|X_3)$ aktuell für $t > 0$ die räumliche Lage $p(x_1|x_2|x_3)$ einnimmt, während die inverse Darstellung (2.4) als räumliche Beschreibung der Bewegung den umgekehrten Sachverhalt erläutert, dass nämlich zur Zeit t der materielle Punkt, der dann die Position $p(x_1|x_2|x_3)$ besitzt, sich auf seine Originallage $P(X_1|X_2|X_3)$ zurückverfolgen lässt. Die zwei möglichen Beschreibungen (2.3) bzw. (2.4) müssen natürlich konsistent miteinander sein, d. h. (2.4) kann durch Lösen von (2.3) erhalten werden und umgekehrt. Die üblichen Stetigkeits- und Eindeutigkeitsanforderungen an die Bewegung (2.3) bzw. (2.4) schließen Knicke, Klaffungen oder Materialdurchdringungen aus. Nachbarschaften bleiben erhalten und kein endlicher Volumenbereich des Kontinuums kann in das Volumen null oder unendlich verformt werden.

Für einen elastischen Körper ist eine materielle Beschreibung natürlicher: Weil es immer einen unverformten Referenzzustand gibt, in den der Körper nach Entlastung zurückgeht, sind die Formulierung sowohl von Stoffgleichungen als auch von Randbedingungen wesentlich einfacher[6].

[5] Andere Autoren unterscheiden diese Begriffe durch Wahl verschiedener Symbole.

[6] Für fluiddynamische Problemstellungen dagegen ist eine Feldbeschreibung sinnvoller, weil beispielsweise das betrachtete Gebiet i. d. R. räumlich abzugrenzen ist. Fluide besitzen keine natürliche geometrische Gestalt; die Geschwindigkeit spielt die Schlüsselrolle innerhalb deren Kinematik.

2.1.2 Deformationsgradient und Verzerrungstensor

Zur Charakterisierung der lokalen Eigenschaften der mit der Bewegung einhergehenden Deformationen besitzen die so genannten *Deformationsgradienten* grundlegende Bedeutung. Sie folgen aus (2.3) bzw. (2.4) in der Form

$$\vec{\vec{x}} = \mathrm{Grad}(x_k \vec{e}_k) \leftrightarrow x_{k,K} \qquad \Longleftrightarrow \qquad \vec{\vec{X}} = \mathrm{grad}(X_K \vec{e}_K) \leftrightarrow X_{K,k}. \tag{2.5}$$

Unter Verwendung der üblichen Summationskonvention, dass über wiederholt auftretende Indizes summiert wird[7], geht ein *Linienelement* $\mathrm{d}\vec{R}$ in der Referenzplatzierung

$$\mathrm{d}\vec{R} = \vec{R}_{,K}\mathrm{d}X_K \equiv \mathrm{d}X_K\vec{e}_K \equiv \mathrm{d}\vec{X}$$

in ein Linienelement $\mathrm{d}\vec{r}$ in der Momentanplatzierung

$$\mathrm{d}\vec{r} = \vec{r}_{,k}\mathrm{d}x_k \equiv \mathrm{d}x_k\vec{e}_k \equiv \mathrm{d}\vec{x}$$

über[8]. Mit

$$\mathrm{d}\vec{r} = \vec{\vec{x}}\mathrm{d}\vec{R} = x_{k,L}\mathrm{d}X_L\vec{e}_k \leftrightarrow \mathrm{d}\vec{x} = \vec{\vec{x}}\mathrm{d}\vec{X} \qquad \Longleftrightarrow \qquad \mathrm{d}\vec{X} = \vec{\vec{X}}\mathrm{d}\vec{x}$$

folgt dann für die *Koordinatendifferenziale*

$$\mathrm{d}x_k = x_{k,L}\mathrm{d}X_L \qquad \Longleftrightarrow \qquad \mathrm{d}X_K = X_{K,l}\mathrm{d}x_l. \tag{2.6}$$

Auch die *Volumenelemente* $\mathrm{d}V$ und $\mathrm{d}v$ sowie die *Flächenelemente* $\mathrm{d}\vec{A}$ und $\mathrm{d}\vec{a}$ in der Referenz- und Momentanplatzierung können auf Wunsch angegeben werden.

Da der Deformationsgradient $\vec{\vec{x}}$ isometrische Bewegungen enthalten kann, ist er als Verzerrungs- oder Verformungsmaß ungeeignet. Mittels *polarer* Zerlegung (siehe z. B. [8]) lassen sich diese deformationsfreien Anteile reiner Starrkörpertranslation und -rotation jedoch abspalten. Die verbleibende Dilatation, d. h. reine Dehnung des mit $\mathrm{d}\vec{R}$ verbundenen Körpers in Richtung seiner Verzerrungshauptachsen (Volumendehnung), lässt sich über das Quadrat[9] der Linienelemente

$$\mathrm{d}S^2 = \mathrm{d}\vec{R} \cdot \mathrm{d}\vec{R} = \delta_{KL}\mathrm{d}X_K\mathrm{d}X_L \qquad \Longleftrightarrow \qquad \mathrm{d}s^2 = \mathrm{d}\vec{r} \cdot \mathrm{d}\vec{r} = \delta_{kl}\mathrm{d}x_k\mathrm{d}x_l \tag{2.7}$$

---

[7] Der ausführlichen Darstellung eines Vektors $\vec{X} = X_1\vec{e}_1 + X_2\vec{e}_2 + X_3\vec{e}_3$ ist danach die abkürzende Schreibweise $\vec{X} = X_K\vec{e}_K$ äquivalent.

[8] Als Linienelement bezeichnet man demnach den Abstand zweier infinitesimal benachbarter Punkte, eine Größe, die im Wesentlichen die so genannte *Metrik* eines Raumes bestimmt.

[9] Es ist mathematisch bequem, beim Vergleich der Metrik des verformten mit der des unverformten Körpers mit den Linienelementquadraten zu operieren.

darstellen. Dabei sind die so genannten Kronecker-Symbole

$$\delta_{KL} = \vec{e}_K \cdot \vec{e}_L \quad \Longleftrightarrow \quad \delta_{kl} = \vec{e}_k \cdot \vec{e}_l$$

verwendet worden, die für übereinstimmende Indizes den Wert eins und sonst den Wert null annehmen. Einsetzen von (2.6) in (2.7) liefert dann

$$\mathrm{d}S^2 = c_{kl}\mathrm{d}x_k\mathrm{d}x_l \quad \Longleftrightarrow \quad \mathrm{d}s^2 = C_{KL}\mathrm{d}X_K\mathrm{d}X_L$$

mit dem *Cauchyschen* ($\vec{\vec{c}}$) und dem *Greenschen Deformationstensor* $\vec{\vec{C}}$:

$$c_{kl} = \delta_{KL}X_{K,k}X_{L,l} \quad \Longleftrightarrow \quad C_{KL} = \delta_{kl}x_{k,K}x_{l.L}. \tag{2.8}$$

Der Euler-Almansische ($\vec{\vec{e}}$) und der am häufigsten verwendete Lagrange-Greensche Verzerrungstensor $\vec{\vec{E}}$ hängen damit eng zusammen:

$$e_{kl} = \frac{1}{2}\left(\delta_{kl} - c_{kl}\right) \quad \Longleftrightarrow \quad E_{KL} = \frac{1}{2}\left(\delta_{KL} - C_{KL}\right). \tag{2.9}$$

Sie beschreiben die Änderung des Abstandes zweier infinitesimal benachbarter Punkte, einmal auf die Momentan-, einmal auf die Referenzplatzierung bezogen[10]. Aus (2.7) folgt nämlich nach Einsetzen von (2.9)

$$\mathrm{d}s^2 - \mathrm{d}S^2 = 2e_{kl}\mathrm{d}x_k\mathrm{d}x_l = 2E_{KL}\mathrm{d}X_K\mathrm{d}X_L. \tag{2.10}$$

Führt der Körper eine *reine* Starrkörperbewegung aus, ergibt sich keine Änderung differenzieller Längen, sodass die Differenz $\mathrm{d}s^2 - \mathrm{d}S^2$ verschwindet. Gilt dies für jede Richtung $\mathrm{d}x_k$ und $\mathrm{d}X_K$, verschwinden auch die Tensoren $\vec{\vec{e}}$ und $\vec{\vec{E}}$. Deshalb sind diese in der Tat geeignete Verzerrungsmaße.

Es ist zweckmäßig, die Verzerrungstensoren in Anteilen des *Verschiebungsvektors* $\vec{u}$ auszudrücken. Dieser kennzeichnet die Ortsänderung eines materiellen Punktes P des unverformten Körpers in der Referenzplatzierung in seine räumliche Position p in der Momentanplatzierung, in der der Körper verformt ist, siehe nochmal Abb. 2.1. In der Form

$$\vec{u} = \vec{r} - \vec{R} = x_k\vec{e}_k - X_K\vec{e}_K \tag{2.11}$$

kann er aus den Ortsvektoren $\vec{r}$ zu p und $\vec{R}$ zu P einfach angegeben werden[11]. Über

$$\vec{u} = u_K\vec{e}_K = u_k\vec{e}_k \tag{2.12}$$

[10] Der Faktor 1/2 ist eine historisch bedingte Konvention, die gewisse Rechenannehmlichkeiten mit sich bringt.

[11] Anders als in kartesischen Koordinaten, wo stets die Punktkoordinaten $X_K \in \{X_1, X_2, X_3\}$ bzw. $x_k \in \{x_1, x_2, x_3\}$ mit den Koordinaten R_K bzw. r_k der korrespondierenden Ortsvektoren $\vec{R}$ bzw. $\vec{r}$ übereinstimmen, gilt in krummlinigen Koordinatensystemen im Allgemeinen $X_K \neq R_K$ bzw. $x_k \neq r_k$!

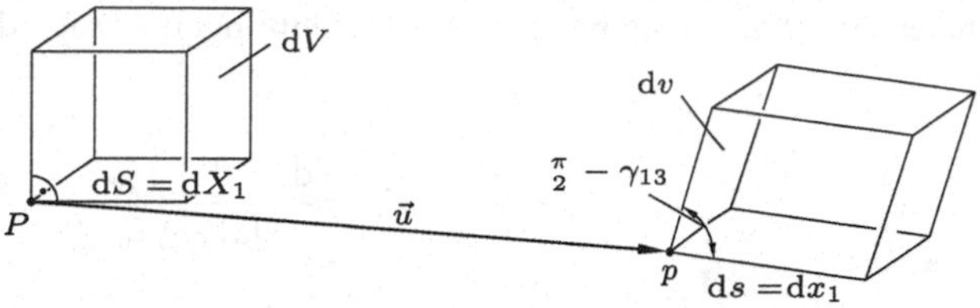

Abb. 2.2 Dehnung und Winkeländerung

wird seine Koordinatendarstellung eingeführt, worin u_K und u_k die Lagrangeschen und Eulerschen Koordinaten desselben Vektors $\vec{u}$ sind. Durch Ausführen des inneren Produkts auf beiden Seiten von (2.11) mit $\vec{e}_K$ und $\vec{e}_k$ erhält man explizite Bestimmungsgleichungen

$$u_K = \delta_{Kl} x_l - X_K \quad \Longleftrightarrow \quad u_k = x_k - \delta_{kL} X_L$$

für diese Koordinaten.

Durch Gradientenbildung

$$\begin{aligned} \operatorname{Grad} \vec{u} &= \operatorname{Grad} \vec{r} - \operatorname{Grad} \vec{R} \leftrightarrow u_{k,K} = r_{k,K} - \delta_{kK} = x_{k,K} - \delta_{kK}, \\ \operatorname{grad} \vec{u} &= \operatorname{grad} \vec{r} - \operatorname{grad} \vec{R} \leftrightarrow u_{K,k} = \delta_{Kk} - R_{K,k} = \delta_{Kk} - X_{K,k} \end{aligned}$$

kann ein Zusammenhang zwischen den Verschiebungsgradienten und den Deformationsgradienten (2.5) hergestellt werden. Verwendet man diese Relation innerhalb (2.8) zur Berechnung der Deformationstensoren $\vec{\vec{c}}$ und $\vec{\vec{C}}$, lassen sich diese und damit – unter Verwendung von (2.9) – insbesondere auch die Verzerrungstensoren $\vec{\vec{e}}$ und $\vec{\vec{E}}$ auch über Verschiebungsableitungen darstellen:

$$e_{kl} = \frac{1}{2}\left(u_{k,l} + u_{l,k} - u_{m,k} u_{m,l}\right) \iff E_{KL} = \frac{1}{2}\left(u_{K,L} + u_{L,K} + u_{M,K} u_{M,L}\right). \tag{2.13}$$

Sowohl die Deformations- als auch die Verzerrungstensoren sind symmetrisch, d. h. es gilt

$$\begin{aligned} c_{kl} = c_{lk} &\iff C_{KL} = C_{LK}, \\ e_{kl} = e_{kl} &\iff E_{KL} = E_{LK}. \end{aligned}$$

Vorteilhaft lassen sie sich alle in Matrixform anordnen: Die drei Verzerrungsmaße e_{11}, e_{22}, e_{33} bzw. E_{11}, E_{22}, E_{33} (z. B.), die in der Hauptdiagonalen erscheinen, nennt man Normalverzerrungen, die restlichen außerhalb der Hauptdiagonalen heißen üblicherweise Scherungen oder Gleitungen.

Eine anschauliche geometrische Interpretation der nichtlinearen Verzerrungskoordinaten (2.13) ist kaum möglich. Es kann jedoch ein Zusammenhang mit messbaren Dehnungen und Winkeländerungen hergestellt werden, siehe Abb. 2.2. Es wird hier allein eine materielle Darstellung betrachtet. Als Dehnungen werden die bezogenen Längenänderungen

$$E_K = \frac{\mathrm{d}s - \mathrm{d}S|_{X_{L\neq K}=0}}{\mathrm{d}S|_{X_{L\neq K}=0}} \tag{2.14}$$

definiert. Der Vergleich mit (2.10) führt auf den Zusammenhang

$$(1 + E_K)^2 = 2E_{KK}(\mathrm{d}X_K)^2$$

oder

$$E_K = \sqrt{1 + 2E_{KK}} - 1. \tag{2.15}$$

Nach ähnlicher Rechnung erhält man für die Winkeländerungen γ_{KL} der ursprünglich orthogonalen Linienelemente $\mathrm{d}S\big|_{X_{L\neq K}=0}$ und $\mathrm{d}S^*\big|_{X_{K\neq L}=0}$ die Ergebnisse

$$\sin\gamma_{KL} = \frac{2E_{KL}}{\sqrt{(1 + 2E_{KK})(1 + 2E_{LL})}}. \tag{2.16}$$

Innerhalb einer *geometrisch linearen* Theorie werden infinitesimale Verschiebungsgradienten vorausgesetzt. Damit ergeben sich auch infinitesimale Verzerrungen (aber nicht umgekehrt). Der Eulersche ($\vec{\vec{e}}$) und der Lagrangesche ($\vec{\vec{E}}$) Verzerrungstensor reduzieren sich damit auf ihre infinitesimalen Anteile

$$\bar{e}_{kl} = \frac{1}{2}\big(u_{k,l} + u_{l,k}\big) \Longleftrightarrow \bar{E}_{KL} = \frac{1}{2}\big(u_{K,L} + u_{L,K}\big).$$

In gleicher Ordnung der Approximation gilt für

$$u_{k,L} = u_{k,l}x_{l,L} = u_{k,l}\big(u_{l,L} + \delta_{lL}\big) \approx u_{k,l}\delta_{lL}$$

und analog $u_{K,L} \approx u_{K,l}\delta_{L\,l}$, sodass es also unwichtig ist, ob nach Lagrangeschen oder nach Eulerschen Koordinaten differenziert wird. Offensichtlich wird innerhalb einer infinitesimalen Deformationstheorie der Bezug auf die Referenz- und auf die Momentanplatzierung identisch. Die beiden Konfigurationen sind deshalb, was die Beschreibung der Deformation angeht, nicht mehr unterscheidbar; Lagrangescher und Eulerscher Verzerrungstensor fallen als so genannter infinitesimaler Greenscher Verzerrungstensor (ε_{kl} bezeichnet) zusammen:

$$\varepsilon_{kl} = \frac{1}{2}\big(u_{k,l} + u_{l,k}\big). \tag{2.17}$$

Wie man (2.15) und (2.16) entnehmen kann, stimmen dann die Normalverzerrungen näherungsweise mit den physikalischen Dehnungen überein, während die Scherungen den

Wert der halben Winkeländerung zwischen den materiellen Koordinatenlinien vor und nach der Verformung approximieren.

Damit bei einer konkreten Problemstellung aus den sechs Verzerrungskoordinaten die drei Verschiebungskoordinaten *eindeutig* bestimmt werden können, müssen die Verzerrungskoordinaten den so genannten *Kompatibilitätsbedingungen* genügen. Mit den kinematischen Gleichungen (2.13) bzw. (2.14) liegt nämlich eine Überbestimmtheit vor. Die Herleitung dieser Verträglichkeitsbedingungen ist auf verschiedenen Wegen möglich. Wohl am einfachsten ist es, sie als Integrabilitätsbedingungen von (2.13) bzw. (2.14) aufzufassen, hier explizit vorgerechnet für den geometrisch linearen Fall (2.17). Zweimaliges Ableiten dieser Relationen ergibt zunächst

$$\varepsilon_{kl,mn} = \frac{1}{2}\left(u_{k,lmn} + u_{l,kmn}\right).$$

Vertauschen der Indizes liefert dann drei weitere analoge Gleichungen. Wegen der vorausgesetzten Stetigkeit der Verschiebungen sowie ihrer Ableitungen und der daraus resultierenden Vertauschbarkeit der Reihenfolge der Ableitungen findet man durch Addition der erhaltenen vier Gleichungen

$$\varepsilon_{kl,mn} + \varepsilon_{mn,kl} - \varepsilon_{kn,lm} - \varepsilon_{lm,kn} = 0. \tag{2.18}$$

Dieser Ausdruck repräsentiert insgesamt $3^4 = 81$ Gleichungen, in denen die maßgebenden sechs Kompatibiliätsbedingungen enthalten sind. Die übrigen Gleichungen in (2.18) sind teils identisch erfüllt, teils handelt es sich wegen der Symmetrie des Verzerrungstensors und der Vertauschbarkeit der Differenziationsreihenfolge um Wiederholungen. Schließlich gilt nach Beltrami, dass nur *drei* unabhängige Verträglichkeitsbedingungen existieren.

2.1.3 Geschwindigkeit und Beschleunigung

In der Kinetik schwingender Kontinua interessieren Zeitableitungen von so genannten Vektor*feldern*, für die die auftretenden Ortskoordinaten über eine bestimmte räumliche Ausdehnung und die Zeit über eine endliche Spanne reichen. Formal kann man zeitliche Änderungsraten bei festgehaltener Lagrange-Koordinate X_K, $\frac{\mathrm{d}_X(\,.\,)}{\mathrm{d}t}$, oder bei festgehaltener Euler-Koordinate x_k, $\frac{\mathrm{d}_x(\,.\,)}{\mathrm{d}t}$, angeben. In der Kontinuumsmechanik bezeichnet man diese als *materielle* (*substanzielle*) oder als *lokale* Zeitableitungen.

Von besonderem Interesse ist die *materielle* Zeitableitung von Vektoren, z. B. $\vec{b}$, die nach den bisherigen Erläuterungen als

$$\frac{\mathrm{d}_X\vec{b}}{\mathrm{d}t} \equiv \frac{\mathrm{D}\vec{b}}{\mathrm{D}t}$$

erklärt ist. Ist $\vec{b}$ eine explizite Funktion der materiellen Koordinaten, d. h.

$$\vec{b} = \vec{b}(\vec{X}, t) = b_K(X_L, t)\vec{e}_K,$$

dann gilt für eine zeitinvariante, kartesische Basis $\vec{e}_k$ offensichtlich

$$\frac{\mathrm{d}_X\vec{b}}{\mathrm{d}t} \equiv \frac{\mathrm{D}\vec{b}}{\mathrm{D}t} = \frac{\partial b_K}{\partial t}\vec{e}_K \equiv b_{K,t}\vec{e}_K.$$

Ist $\vec{b}$ dagegen eine explizite Funktion räumlicher Koordinaten, d. h.

$$\vec{b} = \vec{b}(\vec{x}, t) = b_k(x_l, t)\vec{e}_k(x_l, t),$$

dann ergibt sich nach der Kettenregel[12]

$$\frac{\mathrm{d}_X\vec{b}}{\mathrm{d}t} \equiv \frac{\mathrm{D}\vec{b}}{\mathrm{D}t} = \frac{\partial\vec{b}}{\partial t} + \frac{\partial\vec{b}}{\partial x_k}\frac{\partial x_k}{\partial t} \equiv \vec{b}_{,t} + \vec{b}_{,k}x_{k,t}.$$

Die materielle Zeitableitung setzt sich demnach bei Wahl Eulerscher Koordinaten als metrische Parameter aus einer *lokalen* oder *nichtstationären* und einer *konvektiven* Rate additiv zusammen. Für zeitinvariante, kartesische Basissysteme $\vec{e}_k$ folgt das vereinfachte Ergebnis

$$\frac{\mathrm{D}\vec{b}}{\mathrm{D}t} = \left(b_{k,t} + b_{k,l}x_{l,t}\right)\vec{e}_k.$$

In der klassischen Dynamik stellt die *Absolutgeschwindigkeit* $\vec{v}$ eines materiellen Teilchens des betrachteten Kontinuums die entscheidende kinematische Größe dar. Sie berechnet sich als materielle Zeitableitung des Ortsvektors $\vec{r}$ eines allgemeinen materiellen Punktes P, der momentan in verformtem Zustand mit dem Raumpunkt p zusammenfällt:

$$\vec{v} \equiv v_k\vec{e}_k = \vec{r}_{,t} + \vec{r}_{,k}x_{k,t}. \tag{2.19}$$

Mit (2.2) findet man endgültig

$$\vec{v} = \vec{r}_{,t} + x_{k,t}\vec{e}_k. \tag{2.20}$$

Liegt eine zeitinvariante, kartesische Basis $\vec{e}_k$ vor, folgt

$$\vec{v} = \left(r_{k,t} + x_{k,t}\right)\vec{e}_k. \tag{2.21}$$

[12] Anstelle von $\frac{\partial x_k}{\partial t}$ steht eigentlich $\frac{\mathrm{d}_X x_k}{\mathrm{d}t}$. Weil diese Differenziation jedoch bei festgehaltenen Lagrange-Koordinaten X_K erfolgt, ist sie mit der partiellen Zeitableitung identisch.

Tritt als häufiger Fall keine reine Starrkörpertranslation auf, wofür $\vec{r} = \vec{r}(t)$ wäre, vereinfacht sich das Ergebnis (2.20) auf

$$\vec{v} = x_{k,t}\vec{e}_k. \tag{2.22}$$

Für den allgemeineren Fall $\vec{r} = x_k\vec{e}_k(x_l, t)$ verbleibt wegen $\vec{r}_{,t} = x_k\vec{e}_{k,t}$ nur noch die zeitliche Änderung von $\vec{r}$ aufgrund der Drehung des Koordinatensystems um o als der rotatorische Anteil einer so genannten *Führungsbewegung*. Den in (2.20) zusätzlich auftretenden zweiten Term hätte man dann als *Relativgeschwindigkeit* zu interpretieren.
Mittels (2.11) kann die Geschwindigkeit $\vec{v}$ auch über zeitliche Änderungsraten der Verschiebung $\vec{u}$ ausgedrückt werden. Wegen $\vec{R} = \vec{X} = X_K\vec{e}_K(X_K) \neq \vec{R}(t)$ bleibt insbesondere (2.19), aber auch (2.20), (2.21) und (2.22), formal ungeändert; man hat nur $\vec{r}_{,t}$ und $x_{k,t}$ durch $\vec{u}_{,t}$ und $u_{k,t}$ zu ersetzen, sodass beispielsweise

$$\vec{v} \equiv v_k\vec{e}_k = \vec{u}_{,t} + u_{k,t}\vec{e}_k \tag{2.23}$$

folgt. In materieller Beschreibung, worin die Verschiebung $\vec{u}$ ja als $\vec{u} = u_K\vec{e}_K$ angegeben wird, erhält man dann einfach

$$\vec{v} \equiv v_K\vec{e}_K = u_{K,t}\vec{e}_K. \tag{2.24}$$

Neben der Absolutgeschwindigkeit $\vec{v}$ ist noch die *Absolutbeschleunigung* $\vec{a}$ wesentlich. Sie wird als materielle zeitliche Änderungsrate der Geschwindigkeit $\vec{v}$ definiert, d. h.

$$\vec{a} \equiv a_k\vec{e}_k = \frac{\mathrm{D}\vec{v}}{\mathrm{D}t} = \vec{v}_{,t} + \vec{v}_{,k}x_{k,t} \equiv \vec{v}_{,t} + \vec{v}_{,k}v_k \tag{2.25}$$

oder für zeitinvariante, kartesische Basen $\vec{e}_k \neq \vec{e}_k(t)$ (vergl. (2.21))

$$\vec{a} = \left(v_{k,t} + v_{k,l}x_{l,t}\right)\vec{e}_k. \tag{2.26}$$

Als Lagrangescher Beobachter kennt man den materiellen Punkt mit seinen Koordinaten $X_K \in \{X_1, X_2, X_3\}$, sodass sich in diesem Fall

$$\vec{a} \equiv a_K\vec{e}_K = v_{K,t}\vec{e}_K = u_{K,tt}\vec{e}_K \tag{2.27}$$

ergibt.

Im Rahmen einer *kinematisch linearen* Theorie, wenn infinitesimale Geschwindigkeiten auftreten, erhält man

$$v_k = u_{k,t} \Longleftrightarrow v_K = u_{K,t},$$
$$a_k = u_{k,tt} \Longleftrightarrow a_K = u_{K,tt}$$

mit ununterscheidbaren Verschiebungskoordinaten u_k und u_K, d. h. Absolutgeschwindigkeit und -beschleunigung in Lagrangescher und Eulerscher Beschreibung fallen zusammen.

2.2 Synthetische Kontinuumsmechanik

Als *synthetische Mechanik* bezeichnet man den Bereich der Mechanik, der die vektoriellen Impuls- und Drehimpulsbilanzen (in der Statik Kräfte- und Momentengleichgewichte) als grundlegende Postulate (so genannte „Axiome") an den Anfang stellt. Bevor diese konkret formuliert werden können, ist eine Analyse des Spannungszustandes und der Wechselwirkungen der inneren Kräfte mit den Belastungen notwendig.

2.2.1 Spannungen

Der aus der Punktmechanik bzw. der Mechanik starrer Körper geläufige Kraftbegriff wird in geeigneter Weise in die Kontinuumsmechanik übertragen.

Lokal konzentrierte Einzelkräfte gibt es in Strenge nicht. In der Natur treten entweder räumlich verteilte Körperkräfte als so genannte *Massen- bzw. Volumenkräfte* $\vec{f}$ oder flächenhaft verteilte, auf der Berandung eines Volumens angreifende, so genannte *Oberflächenkräfte* $\vec{s}$ auf. Die äußeren eingeprägten Kräfte auf einen Körper lassen sich immer einer dieser beiden Kategorien zuordnen. Das Eigengewicht eines Tragwerks beispielsweise ist offensichtlich eine Massenkraft, während eine einwirkende Windbeanspruchung zu den Oberflächenkräften zählt.

Eine wichtige Hypothese zur kontinuumsmechanischen Erfassung der inneren Kraftwirkungen in verformbaren Körpern ist das so genannte Euler-Cauchy-*Spannungsprinzip*. An der gedachten Schnittfläche im Innern eines Körpers, die den Körper in zwei Hälften zerteilt, finden Wechselwirkungen statt. Die verursachten flächenhaft verteilten inneren Kräfte sind von gleicher Art wie die Oberflächenlasten und werden *Spannungen* genannt[13]. Bildet diese Fläche (mit dem Flächennormalen-Einheitsvektor $\vec{n}$) die materielle äußere Berandung s des Volumens v, so sind die dort herrschenden Spannungsvektoren $\vec{t}_{(\vec{n})}$ identisch mit dem Vektorfeld der dort vorgegebenen Oberflächenkräfte[14] $\vec{s}_{(\vec{n})}$, d. h. es gilt

$$\oint_s \vec{t}_{(\vec{n})} \mathrm{d}a = \oint_s \vec{s}_{(\vec{n})} \mathrm{d}a. \tag{2.28}$$

Das Spannungsprinzip spezifiziert so die Natur der inneren Kräfte[15].

Man erkennt – durch den tief gestellten Index angedeutet –, dass die Spannungsvektoren $\vec{t}_{(\vec{n})}$ im Innern eines verformbaren Körpers kein Vektorfeld im üblichen Sinne bilden, vielmehr hängt die Spannung auch noch von der Orientierung des Flächenelements da ab, an dem sie wirkt. Sie ändert sich, wenn die Normalenrichtung von da geändert wird.

[13] Definiert man Spannungen aus konzentrierten Einzelkräften, so kann man sie über den Begriff der Kraft*intensität* erklären.

[14] Dabei ist festzuhalten, dass die Richtung der Vektorfelder $\vec{t}_{(\vec{n})}$ und $\vec{s}_{(\vec{n})}$ im Allgemeinen nicht mit der Richtung $\vec{n}$ zusammenfällt.

[15] Spannungsfrei ist ein Körper, wenn ausschließlich die atomaren Bindungskräfte wirken.

Insbesondere gilt an einem gegebenen Raumpunkt p das so genannte *Lemma von Cauchy*

$$\vec{t}_{(-\vec{n})} = -\vec{t}_{(\vec{n})},$$

das unmittelbar als Aussage des dritten Newtonschen Axioms (Wechselwirkungsprinzip) angesehen werden kann. Zum anderen bestimmt nach dem so genannten *Fundamentaltheorem von Cauchy*

$$\vec{t}_{(\vec{n})}\mathrm{d}a = \vec{\vec{t}}\,\vec{n}\mathrm{d}a = \vec{\vec{t}}\,\mathrm{d}\vec{a} \quad \leftrightarrow \quad t_{l(\vec{n})}\mathrm{d}a = t_{kl}n_k\mathrm{d}a = t_{kl}\mathrm{d}a_k \tag{2.29}$$

die Gesamtheit aller Spannungsvektoren $\vec{t}_{(\vec{n})}(p)$ an einem Punkt p für alle Richtungen $\vec{n}$ (es gibt unendlich viele solcher Spannungsvektoren!) den Spannungszustand in p. Beschrieben wird er durch einen von $\vec{n}$ *unabhängigen Tensor*, den so genannten *Cauchy-Spannungstensor* $\vec{\vec{t}}$. Dabei kennzeichnet in t_{kl} der erste Index (hier k) die zugehörige Flächennormale, der zweite Index (hier l) die jeweilige Spannungsrichtung. Für übereinstimmende Indizes stimmen demnach Flächennormalenrichtung und Spannungsrichtung überein; man bezeichnet diese Spannungen als *Normalspannungen*. Für verschiedene Indizes stehen die genannten Richtungen aufeinander senkrecht; die Spannungen liegen in der Tangentialebene des p zugeordneten Flächenelements da und werden Tangential- oder *Schubspannungen* genannt.

Im Rahmen einer für Festkörper angebrachten Lagrangeschen Betrachtungsweise, die mit Größen der Referenzplatzierung arbeitet, definiert man den Spannungsvektor $\vec{\sigma}_{(\vec{N})}$ am Raumpunkt p zur Zeit t, der gerade durch das Materieteilchen P (auf dem undeformierten Flächenelement dA mit der Flächennormalen $\vec{N}$) besetzt ist:

$$\vec{t}_{(\vec{n})}\mathrm{d}a = \vec{\sigma}_{(\vec{N})}\mathrm{d}A \quad \leftrightarrow \quad t_{k(\vec{n})}\mathrm{d}a_k = \sigma_{K(\vec{N})}\mathrm{d}A_K.$$

An die Stelle von (2.28) tritt dann die Aussage

$$\oint_S \vec{\sigma}_{(\vec{N})}\mathrm{d}A = \oint_S \vec{s}_{(\vec{N})}\mathrm{d}A \tag{2.30}$$

mit dem Vektorfeld der gegebenen Oberflächenkräfte $\vec{s}_{(\vec{N})}$. In völliger Analogie zu (2.29) können im Rahmen einer materiellen Beschreibung anstelle einer Feldbeschreibung über

$$\vec{\sigma}_{(\vec{N})}\mathrm{d}A = \vec{\vec{\sigma}}\vec{N}\mathrm{d}A = \vec{\vec{\sigma}}\mathrm{d}\vec{A} \quad \leftrightarrow \quad \sigma_{l(\vec{N})}\mathrm{d}A = \sigma_{Kl}N_K\mathrm{d}A = \sigma_{Kl}\mathrm{d}A_K \tag{2.31}$$

der so genannte *Piola-Kirchhoff-Spannungstensor 1. Art* $\vec{\vec{\sigma}}$ oder alternativ

$$\vec{\tau}_{(\vec{N})}\mathrm{d}A = \vec{\vec{\tau}}\vec{N}\mathrm{d}A = \vec{\vec{\tau}}\mathrm{d}\vec{A} \quad \leftrightarrow \quad \tau_{L(\vec{N})}\mathrm{d}A = \tau_{KL}N_K\mathrm{d}A = \tau_{KL}\mathrm{d}A_K \tag{2.32}$$

der so genannte *Piola-Kirchhoff-Spannungstensor 2. Art* $\vec{\vec{\tau}}$ eingeführt werden. Beide hängen über die Abbildung

$$\vec{\vec{\tau}} = \vec{\vec{X}}\vec{\vec{\sigma}} \quad \leftrightarrow \quad \tau_{KL} = \sigma_{Kl}X_{L,l}$$

Abb. 2.3 Unterschiedliche Spannungstensoren

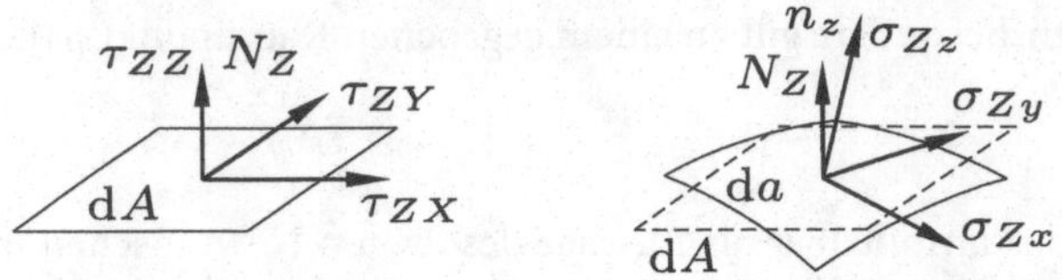

miteinander zusammen. Ersichtlich ist σ_{Kl} die Spannung in p bezogen auf das unverformte Flächenelement dA in $P(p)$, siehe Abb. 2.3.

Neben den inneren Kräften benötigt man noch die auf den betreffenden Körper wirkende *resultierende äußere Kraft* $\vec{F}(t)$ und das *resultierende äußere Moment* $\vec{M}(t)$ bezüglich des Koordinatenursprungs $O = o$. Beide lassen sich mit dem Spannungsprinzip[16] aus den äußeren Massenkräften $\vec{f}$ und Oberflächenkräften $\vec{s}_{(\vec{N})}$ über[17]

$$\begin{aligned}\vec{F}(t) &= \int_V \vec{f}\rho_0 \mathrm{d}V + \oint_S \vec{s}_{(\vec{N})}\mathrm{d}A,\\ \vec{M}(t) &= \int_V (\vec{r}\times\vec{f})\rho_0 \mathrm{d}V + \oint_S (\vec{r}\times\vec{s}_{(\vec{N})})\mathrm{d}A\end{aligned} \tag{2.33}$$

zusammensetzen, wobei hier nur noch eine Darstellung in der Referenzplatzierung angegeben wird.

2.2.2 Bilanzgleichungen

Der Begriff „*Körper*" steht in der Kontinuumsmechanik für eine Menge von Materie innerhalb eines endlichen, nicht verschwindenden Volumens, die durch seine *Masse* M (in der Referenzplatzierung) bzw. m (in der Momentanplatzierung) gemessen wird.

Ein fundamentales Axiom der klassischen Mechanik ist die Erhaltung der Masse. Es wird nämlich Masse weder erzeugt noch vernichtet, d. h. die totale Masse ist bei einer Bewegung ohne Massenzu- bzw. -abfuhr unveränderlich. Postuliert man eine *Referenzdichte* $\rho_0(X_K)$ in der Referenzplatzierung und eine *räumliche Dichte* $\rho(x_k, t)$ in der Momentanplatzierung, so impliziert die Massenerhaltung

$$\int_v \rho(x_k, t)\mathrm{d}v = m \equiv M = \int_V \rho_0(X_K)\mathrm{d}V. \tag{2.34}$$

Die Integration erfolgt über das materielle Volumen V oder v. Man kann dann aus (2.34) die Kontinuitätsgleichung in materieller oder räumlicher Formulierung herleiten, worauf

[16] Hier nur für so genannte *Punktkontinua*: Jeder materielle Punkt hat dann nur *drei* Verschiebungs-, aber *keine* Rotationsfreiheitsgrade, wie im Falle *polarer* Kontinua, wofür neben Spannungen auch so genannte Momentenspannungen auftreten.

[17] ρ_0 ist die Referenzdichte (siehe Abschn. 2.2.2).

jedoch hier nicht näher eingegangen werden soll. Für Festkörper ist diese nämlich in aller Regel nicht wesentlich.

Neben der Massenbilanz (2.34) sind für die Kontinuumsmechanik die Bilanzgleichungen für Impuls und für Drehimpuls grundlegend. Sie bilden die eigentlichen Grundgleichungen der synthetischen Mechanik und sind insbesondere unabhängig von den in Abschn. 2.4 zu spezifizierenden Materialeigenschaften, die in den so genannten konstitutiven Gleichungen festgelegt werden.

Anders als die *skalaren* Prinzipe der analytischen Mechanik (siehe Abschn. 2.3) bieten die vektoriellen Bilanzgleichungen der synthetischen Mechanik einen direkten Zugang zu den Feldgleichungen des Kontinuums.

Die Axiome der Impuls- und der Drehimpulsbilanz, ausgedrückt in globaler, extensiver Formulierung, besagen, dass für jeden Körper die Behauptungen

$$\vec{F}(t) = \frac{\mathrm{D}\vec{P}}{\mathrm{D}t}, \quad \vec{M}(t) = \frac{\mathrm{D}\vec{L}}{\mathrm{D}t}$$

gültig sind. Darin stehen der im Inertialsystem gemessene *Impuls* $\vec{P}$ bzw. der *Drehimpuls* $\vec{L}$,

$$\vec{P} = \int_V \vec{v}\rho_0 \mathrm{d}V, \quad \vec{L} = \int_V (\vec{r}\times\vec{v})\rho_0 \mathrm{d}V,$$

und der Vektor $(2.33)_1$ der *äußeren Kräfte* $\vec{F}(t)$ neben dem axialen Vektor $(2.33)_2$ der *äußeren Momente* $\vec{M}(t)$. Ausschließlich eine Darstellung in materieller Beschreibung wird angegeben.

Die Impulsbilanz und die Drehimpulsbilanz können als formale Entsprechung zum Newtonschen und dem Eulerschen Gesetz der *Massenpunktmechanik* angesehen werden. Ausführlich ergibt sich damit

$$\begin{aligned} \int_V \vec{f}\rho_0 \mathrm{d}V + \oint_S \vec{s}_{(\vec{N})}\mathrm{d}A &= \frac{\mathrm{D}}{\mathrm{D}t}\int_V \vec{v}\rho_0 \mathrm{d}V, \\ \int_V (\vec{r}\times\vec{f})\rho_0 \mathrm{d}V + \oint_S (\vec{r}\times\vec{s}_{(\vec{N})})\mathrm{d}A &= \frac{\mathrm{D}}{\mathrm{D}t}\int_V (\vec{r}\times\vec{v})\rho_0 \mathrm{d}V. \end{aligned} \tag{2.35}$$

Die lokale, intensive Formulierung dieser Bilanzgleichungen stellt die zur Erfüllung derselben notwendigen und hinreichenden Bedingungen dar. Mit der Vertauschbarkeit von materieller Zeitableitung und Integration auf der rechten Seite sowie nach Anwendung des Gaußschen Integralsatzes auf das Oberflächenintegral innerhalb der linken Seite folgt unter Beachtung von (2.30) und (2.31) zunächst

$$\oint_S \vec{\vec{\sigma}}\vec{N}\mathrm{d}A = \int_V \operatorname{Div}\vec{\vec{\sigma}}\,\mathrm{d}V \quad\leftrightarrow\quad \oint_S \sigma_{Kl}N_K \mathrm{d}A = \int_V \sigma_{Kl,K}\mathrm{d}V. \tag{2.36}$$

Damit lässt sich die Impulsbilanz $(2.35)_1$ in

$$\int_V (\operatorname{Div}\vec{\vec{\sigma}} + \rho_0\vec{f})\,\mathrm{d}V = \int_V \rho_0\vec{a}\,\mathrm{d}V \tag{2.37}$$

umschreiben. Weil die Integranden als stetig angenommen werden, kann dann (2.37) nur erfüllt sein, wenn die *Feldgleichung*

$$\operatorname{Div} \vec{\vec{\sigma}} + \rho_0 \vec{f} = \rho_0 \vec{a} \quad \leftrightarrow \quad \sigma_{Kl,K} + \rho_0 f_l = \rho_0 a_l \quad \text{in} \quad V \tag{2.38}$$

als *erstes Bewegungsgesetz von Cauchy* gilt. Hinzu kommt die bereits bei der Umformung von (2.35) in (2.37) verwendete Randbedingung (2.30)

$$\vec{\vec{\sigma}} \vec{N} = \vec{s}_{(\vec{N})} \quad \leftrightarrow \quad \sigma_{Kl} N_K = s_l \quad \text{auf} \quad S. \tag{2.39}$$

Statt der auf S vorliegenden Spannungsrandbedingungen (2.39) können dort auch Verschiebungen $\vec{g}$ vorgeschrieben werden:

$$\vec{u} = \vec{g} \quad \leftrightarrow \quad u_k = g_k \quad \text{auf} \quad S. \tag{2.40}$$

In praktischen Fällen werden meistens auf einem Teil S_σ der berandenden Oberfläche S in der Form (2.39) Spannungen und auf dem restlichen Rand S_u in der Form (2.40) Verschiebungen vorgeschrieben sein. Daneben gibt es in manchen Fällen auch noch allgemeinere Kombinationen (siehe Abschn. 2.5 und 3.2.4).

Über ähnliche Umformungen, siehe [8], kann man die Bedingung zur Erfüllung der Drehimpulsbilanz auf die Feldgleichung

$$\vec{r} \times \left(\operatorname{Div} \vec{\vec{\sigma}} + \rho_0 \vec{f} - \rho_0 \vec{a} \right) + \vec{\vec{I}} \times \vec{\vec{\tau}} = \vec{0} \quad \text{in} \quad V \tag{2.41}$$

und die Spannungsrandbedingung

$$\vec{r} \times \vec{\vec{\sigma}} \vec{N} = \vec{r} \times \vec{s}_{(\vec{N})} \quad \text{auf} \quad S \tag{2.42}$$

zurückführen. Bei strenger Erfüllung des ersten Bewegungsgesetzes (2.38), die bei approximativen Lösungen im Allgemeinen nicht möglich ist, lässt sich (2.41) auf das *zweites Bewegungsgesetz von Cauchy*

$$\vec{\vec{I}} \times \vec{\vec{\sigma}} \vec{\vec{x}}^{\top} = \vec{\vec{0}} \quad \text{bzw.} \quad \vec{\vec{I}} \times \vec{\vec{\tau}} = \vec{\vec{0}} \quad \leftrightarrow \quad \sigma_{Kk} x_{l,K} = \sigma_{Kl} x_{k,K} \quad \text{bzw.} \quad \tau_{KL} = \tau_{LK} \tag{2.43}$$

reduzieren[18], d. h. der *Piola-Kirchhoff-Spannungstensor 2. Art* $\vec{\vec{\tau}}$ ist *symmetrisch*.

Im Rahmen einer linearen Theorie macht es dann wieder keinen Unterschied, ob man von der Symmetrie des Piola-Kirchhoffschen (2. Art) oder des Cauchyschen Spannungstensors spricht.

Neben den bisher diskutierten Bilanzgleichungen für Masse, Impuls und Drehimpuls sind im Rahmen einer vollständigen Theorie zusätzlich die Energiebilanz und die Tatsache, dass die totale Entropie nicht abnehmen kann, hinzuzufügen. Für schwingende Festkörper sind diese Beziehungen i. d. R. jedoch nicht wesentlich und werden deshalb an dieser Stelle nicht im Einzelnen formuliert. Bei der Behandlung entsprechender Mehrfeldsysteme (siehe Kap. 9) wird darauf allerdings detaillierter Bezug zu nehmen sein.

---

[18] $\vec{\vec{I}}$ ist der so genannte *Identitätstensor* mit der Eigenschaft $I_{Kl} = I_{KL} = \delta_{Kl} = \delta_{KL}$.

2.3 Analytische Kontinuumsmechanik

Als *analytische Mechanik* bezeichnet man meist jenen Bereich der Mechanik, der *skalare Variationsprinzipe* auf der Basis gewisser Funktionale als fundamentale Axiome an den Beginn der Überlegungen stellt. Zur Erzeugung dieser Funktionale spielen *virtuelle Änderungen* von Systemzuständen, insbesondere der Begriff der *virtuellen Verrückung* eines Systems, eine wichtige Rolle. Man gelangt so zu einer Fassung der Grundaxiome der Mechanik, in der nicht mehr vektoriell Kräfte, Momente oder Impulsgrößen bilanziert werden, sondern Skalare wie etwa Energien, Arbeiten oder Leistungen. Die eigentlichen Bewegungsgleichungen gewinnt man daraus durch eine Auswertung nach den bekannten Regeln der Variationsrechnung. Dabei wird nur in Sonderfällen einem Funktional tatsächlich ein stationärer Wert erteilt. Meist existiert nicht einmal ein derartiges Funktional, da das Variationsprinzip *direkt* beispielsweise in virtuellen Verschiebungen formuliert ist. Ein Beispiel ist die im folgenden Abschn. 2.3.1 beschriebene allgemeine Fassung des *Lagrange-d'Alembert-Prinzips*, besser bekannt aus der Statik als *Prinzip der virtuellen Arbeit* oder aus der Starrkörperkinetik als *Prinzip von d'Alembert in Lagrangescher Fassung*.

Ausgehend vom Standpunkt der klassischen Feld- und Kontinuumstheorie sind die in Abschn. 2.2 aufgestellten Bilanzgleichungen hinreichender und direkter Zugang zum Bewegungsverhalten allgemeiner verteilter Systeme. Zu ergänzen sind diese durch die *konstitutiven* Gleichungen, die den Spannungstensor für ein gegebenes Material spezifizieren, siehe Abschn. 2.4. Zunächst besteht damit kein Bedarf an einem indirekten Zugang zum Bewegungsverhalten von Kontinua, wie er im Rahmen *analytischer* Prinzipe nach einer zudem mathematisch nicht immer einfachen Auswertung vorliegt.

Im Lichte strukturmechanischer Anwendungen ist dieser Standpunkt jedoch nicht haltbar, da die dort zu beschreibenden Modelle, wie Stäbe, Platten oder Schalen, *niemals alle* kontinuumsmechanischen Bilanzgleichungen streng erfüllen. Sie stellen vielmehr nur *schwache* Lösungen dieser Bilanzgleichungen dar, d. h. sie erfüllen bestimmte, durch Mittelungsprozesse aus diesen Grundgleichungen entstandene Funktionale, siehe dazu insbesondere Kap. 3. Genau solche Funktionale werden aber in Form der *Prinzipe der analytischen Kontinuumsmechanik* in *natürlicher* Weise bereitgestellt. Bei der Gewinnung strukturmechanischer Modellgleichungen stellen diese Funktionale somit einen direkteren Zugang als die vektoriellen Bilanzgleichungen der synthetischen Kontinuumsmechanik dar.

2.3.1 Lagrange-d'Alembert-Prinzip

Das zum *Prinzip der virtuellen Arbeit* in der Statik deformierbarer Körper analoge mechanische Prinzip heißt für schwingende Kontinua *Lagrange-d'Alembert-Prinzip*. Im Unterschied zum klassischen Prinzip der virtuellen Arbeit enthält das Lagrange-d'Alembert-Prinzip zusätzlich die virtuelle Arbeit der Trägheitskräfte. In der Kinetik starrer Körper spricht man vom *Prinzip von d'Alembert in Lagrangescher Fassung*.

So stellen also genau genommen sowohl das Prinzip von d'Alembert in Lagrangescher Fassung als auch das Prinzip der virtuellen Arbeit Sonderfälle des allgemein in der Dynamik deformierbarer Körper geltenden Lagrange-d'Alembert-Prinzips dar.

Da die Spezialisierung auf die Statik oder die Starrkörperdynamik im Lagrange-d'Alembert-Prinzip einfach durchzuführen ist (durch Streichen entweder der Trägheitsterme oder der Formänderungsarbeit) ist es zweckmäßig, das Lagrange-d'Alembert-Prinzip als grundlegendes Axiom der analytischen Mechanik anzusehen. In der analytischen Kontinuumsmechanik ersetzt es die Impulsbilanz der synthetischen Kontinuumsmechanik sowie die bereits vorgestellte erste Cauchy-Gleichung (2.38) einschließlich der Randbedingung (2.39). Die zweite Cauchy-Gleichung – der Drehimpulssatz für ein Kontinuum – reduziert sich ja in der Mechanik der Punktkontinua (siehe (2.43)) auf die Forderung nach einem *symmetrischen* Spannungstensor. Diese Forderung ist in der Elastomechanik durch das verallgemeinerte Hookesche Gesetz als Stoffgesetz (siehe Abschn. 2.4) stets identisch erfüllt. Auf die *explizite* Einbeziehung der allgemeinen Drehimpulsbilanz in das Lagrange-d'Alembert-Prinzip wird in diesem Abschnitt noch verzichtet; sie wird in Abschn. 2.3.3 vorgenommen.

Zur axiomatischen Formulierung des Lagrange-d'Alembert-Prinzips ist noch der Begriff der virtuellen Verrückung zu konkretisieren. Eine *virtuelle Verrückung* ist eine gedachte, bei festgehaltener Zeit derart vorzunehmende, infinitesimale Änderung eines Systems, dass dieses hinterher eine „Nachbarlage" einnimmt. Während des Übergangs in diesen „virtuell verschobenen" Zustand sind alle kinematischen Bindungen, denen das System unterliegt, zu erfüllen. Virtuelle Verrückungen können im Allgemeinen sowohl infinitesimal kleine Verschiebungen als auch infinitesimal kleine Drehungen sein. Für die in aller Regel diskutierten nichtpolaren Punktkontinua ist durch eine virtuelle Verschiebung die Verrückung in eine scheinbare Nachbarlage vollständig bestimmt.

Außerdem ist festzuhalten, dass es im Rahmen der hier behandelten mechanischen Systeme und Prinzipe nicht erforderlich ist, zwischen virtuellen Verschiebungen $\vec{r}_\delta$ und der materiellen Variation $\delta\vec{r}$ der realen Lage $\vec{r}$ zu unterscheiden. Es gilt also stets

$$\vec{r}_\delta = \delta\vec{r}.$$

Analog zur differenziellen Arbeit $\mathrm{d}W = \vec{F}\cdot\mathrm{d}\vec{r}$ einer Kraft $\vec{F}$ aufgrund einer differenziellen, aber realen Verschiebung $\mathrm{d}\vec{r}$ wird

$$W_\delta = \vec{F}\cdot\delta\vec{r}$$

als *virtuelle Arbeit* einer Kraft $\vec{F}$ bei einer virtuellen Verschiebung $\delta\vec{r}$ definiert.

Als Lagrange-d'Alembert-Prinzip bezeichnet man das Postulat

$$\int_V \rho_0\vec{a}\cdot\delta\vec{r}\,\mathrm{d}V = W_\delta \qquad (2.44)$$

mit der virtuellen Arbeit W_δ sowohl aller am Körper angreifenden äußeren Kräfte als auch der virtuellen Formänderungsarbeit aufgrund der Deformation des Körpers. Auf der linken Seite im Lagrange-d'Alembert-Prinzip (2.44) steht die virtuelle Arbeit der differenziellen Trägheitswirkung $\rho_0 \vec{a} \mathrm{d}V$ summiert über das gesamte materielle Volumen V des Körpers. Die Beschleunigung $\vec{a}$ berechnet sich darin aus dem Ortsvektor $\vec{r}$ eines materiellen Punktes in allgemeiner verformter Lage wie in Abschn. 2.2.1 dargelegt.

In der Statik (d. h. bei Vernachlässigung der Trägheitswirkungen: $\vec{a} \approx \vec{0}$) wird das Lagrange-d'Alembert-Prinzip (2.44) zum *Prinzip der virtuellen Arbeit*

$$W_\delta = 0.$$

Die virtuelle Arbeit W_δ hat darin die gleiche Bedeutung wie in (2.44).

Das in der Form (2.44) nur für *einen* Körper mit dem Volumen V ausgesprochene Lagrange-d'Alembert-Prinzip kann ohne weitere Annahmen für ein System endlich vieler, verschiedener Körper angeschrieben werden. Beispielsweise ergibt sich für n untereinander beliebig gekoppelte Körper mit dem jeweiligen Volumen V_k (bei übereinstimmender Dichte ρ_0)

$$\sum_{k=1}^{\infty} \int_{V_k} \rho_0 \vec{a} \cdot \delta\vec{r} \, \mathrm{d}V = W_\delta. \tag{2.45}$$

Die virtuelle Arbeit aller an den Verbindungsstellen zwischen den Körpern auftretenden Kräfte (z. B. aufgrund von Reibung) muss jetzt natürlich in W_δ berücksichtigt werden – nur die so genannten *Zwangskräfte* $\vec{Z}$ leisten *in der Summe* keinen Beitrag.

Die behauptete Äquivalenz zwischen dem Lagrange-d'Alembert-Prinzip der analytischen Kontinuumsmechanik und den Bilanzgleichungen innerhalb einer synthetischen Vorgehensweise lässt sich ganz allgemein zeigen. Dazu betrachtet man einen einzelnen Körper mit dem Volumen V und der Dichte ρ_0. Die virtuelle Arbeit W_δ auf der rechten Seite des Lagrange-d'Alembert-Prinzips (2.44) setzt sich aus insgesamt mehreren Anteilen zusammen: der bei der *Deformation* des Körpers geleisteten virtuellen Arbeit und der auf der Oberfläche bzw. im Innern des Körpers angreifenden *äußeren Kräfte*. Die an einem Körper mit dem Volumen V geleistete innere Formänderungsarbeit ist das Integral

$$W_{\delta \mathrm{i}} = -\int_V \vec{\vec{\sigma}} \cdot \operatorname{Grad} \delta\vec{r} \, \mathrm{d}V \tag{2.46}$$

mit dem Skalarprodukt des Piola-Kirchhoff-Spannungstensors 1. Art $\vec{\vec{\sigma}}$ und dem materiellen Gradienten des virtuellen Verschiebungsvektors $\delta\vec{r}$. Eine räumlich verteilte *äußere Kraft* $\vec{f}$ leistet die virtuelle Arbeit

$$W_{\delta f} = \int_V \vec{f} \cdot \delta\vec{r} \rho_0 \, \mathrm{d}V, \tag{2.47}$$

eine auf der Oberfläche S des Körpers angreifende *äußere Flächenlast* $\vec{s}_{(\vec{N})}$

$$W_{\delta s} = \oint_S \vec{s}_{(\vec{N})} \cdot \delta\vec{r}\,\mathrm{d}A. \tag{2.48}$$

Einzelkräfte können bei Bedarf hinzugenommen werden.

Das Lagrange-d'Alembert-Prinzip (2.44) für einen allgemeinen deformierbaren Körper lautet mit den Anteilen (2.46), (2.47) und (2.48)

$$\int_V \rho_0 \vec{a} \cdot \delta\vec{r}\,\mathrm{d}V = \oint_S \vec{s}_{(\vec{N})} \cdot \delta\vec{r}\,\mathrm{d}A + \int_V \rho_0 \vec{f} \cdot \delta\vec{r}\,\mathrm{d}V - \int_V \vec{\vec{\sigma}} \cdot \operatorname{Grad}\delta\vec{r}\,\mathrm{d}V. \tag{2.49}$$

Zur weiteren Auswertung müssen die virtuellen Größen $\delta\vec{r}$ und $\operatorname{Grad}\delta\vec{r}$ zusammengefasst werden. Nach einer Umformung des Integranden in (2.49)

$$\int_V \vec{\vec{\sigma}} \cdot \operatorname{Grad}\delta\vec{r}\,\mathrm{d}V = \int_V \operatorname{Grad}(\vec{\vec{\sigma}}\delta\vec{r})\,\mathrm{d}V - \int_V \operatorname{Grad}\vec{\vec{\sigma}}\,\delta\vec{r}\,\mathrm{d}V \tag{2.50}$$

mit der Produktregel und Anwenden des Gaußschen Integralsatzes (2.36) erhält man für die virtuelle Formänderungsarbeit

$$W_{\delta\mathrm{i}} = -\oint_S \vec{\vec{\sigma}}\vec{N} \cdot \delta\vec{r}\,\mathrm{d}A + \int_V \operatorname{Div}\vec{\vec{\sigma}} \cdot \delta\vec{r}\,\mathrm{d}V. \tag{2.51}$$

Einsetzen von $W_{\delta\mathrm{i}}$ in der Darstellung (2.51) anstelle des letzten Terms in (2.49) bringt das Lagrange-d'Alembert-Prinzip in die Form

$$0 = \int_V (\rho_0\vec{f} + \operatorname{Div}\vec{\vec{\sigma}} - \rho_0\vec{a}) \cdot \delta\vec{r}\,\mathrm{d}V + \oint_S (\vec{s}_{(\vec{N})} - \vec{\vec{\sigma}}\vec{N}) \cdot \delta\vec{r}\,\mathrm{d}A. \tag{2.52}$$

Die räumliche Unabhängigkeit der Integrationsgebiete verlangt, dass jedes der beiden Integrale für sich genommen zu null wird. Für alle möglichen Variationen (virtuellen Verschiebungen) δr_K können nach dem Fundamentallemma der Variationsrechnung Integrale der Gestalt (2.52) aber nur verschwinden, wenn die jeweilige Integrandfunktion (...) identisch null ist. Das Lagrange-d'Alembert-Prinzip (2.52) ist deshalb den *Bilanzgleichungen für den Impuls* (2.38) im Feld V *und* (2.39) auf dem Rand S äquivalent.

Außerdem ist die Drehimpulsbilanz („Symmetriebedingung für den Spannungstensor") (2.41) zu erfüllen. Das Lagrange-d'Alembert-Prinzip (2.52) stellt also immer dann eine vollständige Beschreibung eines Kontinuums dar, wenn die Erfüllung der Symmetrie des Spannungstensors – z. B. durch ein geeignetes Stoffgesetz – gesichert ist[19].

[19] Beipiele, in denen unsymmetrische Spannungstensoren auftreten, sind nichtpolare Kontinua mit Momentenspannungen [3], aber auch allgemeine Dielektrika [4].

2.3.2 Prinzip von Hamilton

Das Prinzip von Hamilton in seiner allgemeinsten Form geht aus dem Lagrange-d'Alembert-Prinzip hervor, allerdings nur unter Zusatzannahmen. Diese stellen aber für die praktische Anwendung des Prinzips von Hamilton keine Einschränkung gegenüber dem Lagrange-d'Alembert-Prinzip dar. Beide sind also gleichwertig. In der Kontinuumsmechanik heißt das Prinzip von Hamilton oft auch Prinzip von Kirchhoff-Hamilton.

Einer der wesentlichen Unterschiede zum Lagrange-d'Alembert-Prinzip besteht beim Übergang zum Prinzip von Hamilton in der Einschränkung der virtuellen Verschiebungen:

$$\vec{r}_\delta = \delta\vec{r}\big|_{X_K=\mathrm{const}}. \tag{2.53}$$

Das virtuelle Verschiebungsfeld $\vec{r}_\delta$ geht jetzt – im Gegensatz zum Lagrange-d'Alembert-Prinzip – „zwingend" aus dem realen Vektorfeld $\vec{r}$ der Lagen durch *Variation* δ hervor; dabei sind zwar die Lagen $\vec{r}$, *nicht aber die materiellen Punkte selbst* veränderlich. Die Lagrange-Koordinaten der materiellen Punkte dürfen also nicht variiert werden. Außerdem ist die Variation so durchzuführen, dass sich die Zeit bei der Variation nicht ändert. Zusammen bedeutet dies, dass die Variation in (2.53) bei festgehaltener Zeit und mit denselben materiellen Punkten stattfindet, d. h. es gilt

$$\delta t \equiv 0, \quad \delta X_K \equiv 0. \tag{2.54}$$

Der Operator δ im Prinzip von Hamilton hat folglich die Bedeutung einer *materiellen*, d. h. teilchenfesten Variation. Im übrigen erfolgt sie nach den Regeln der klassischen Variationsrechnung (siehe z. B. [9]).

Das Lagrange-d'Alembert-Prinzip (2.44) kann nun unter Berücksichtigung von (2.53) und (2.54) umgeformt werden. Mit $\vec{a}$ gemäß (2.27) lautet es (zunächst noch ungeändert)

$$\int_V \rho_0 \vec{u}_{,tt} \cdot \delta\vec{r}\,\mathrm{d}V = W_\delta. \tag{2.55}$$

Anstelle der in (2.53) eingeführten korrekten, aber umständlichen Schreibweise wird im Folgenden die übliche Schreibweise $\delta\vec{r}$ beibehalten. Die Variationen in (2.55) sind also im Sinne der Vereinbarung (2.53) zu verstehen.

Der eigentliche Übergang zum Prinzip von Hamilton ist aber erst dann vollzogen, wenn anstelle der virtuellen Arbeit der Trägheitskräfte in (2.55) die Variation der kinetischen Energie T eingeführt ist. Dazu benutzt man die Identität[20]

$$\int_V \rho_0 \vec{u}_{,tt} \cdot \delta\vec{r}\,\mathrm{d}V \equiv \frac{\mathrm{d}}{\mathrm{d}t}\int_V \rho_0 \vec{u}_{,t} \cdot \delta\vec{r}\,\mathrm{d}V - \delta T,$$

[20] Ihr Beweis ist beispielsweise in [9] skizziert.

die Lagrangesche Zentralgleichung genannt wird. Sie erlaubt es, anstelle der virtuellen Arbeit der Trägheitskräfte die (materielle) Variation der kinetischen Energie

$$T = \frac{1}{2}\int\limits_V \rho_0 \vec{u}_{,t} \cdot \vec{u}_{,t}\,\mathrm{d}V$$

in das Lagrange-d'Alembert-Prinzip (2.44) einzuführen:

$$\frac{\mathrm{d}}{\mathrm{d}t}\int\limits_V \rho_0 \vec{v} \cdot \delta\vec{r}\,\mathrm{d}V = \delta T + W_\delta,$$

$$T = \frac{1}{2}\int\limits_V \rho_0 \vec{v} \cdot \vec{v}\,\mathrm{d}V, \tag{2.56}$$

$$W_\delta = \oint\limits_S \vec{s}_{(\vec{N})} \cdot \delta\vec{r}\,\mathrm{d}A + \int\limits_V \rho_0 \vec{f} \cdot \delta\vec{r}\,\mathrm{d}V - \int\limits_V \vec{\vec{\sigma}} \cdot \mathrm{Grad}\,\delta\vec{r}\,\mathrm{d}V. \tag{2.57}$$

Durch Integration über ein beliebiges aber festes Zeitintervall (t_1, t_2) findet man schließlich die zugehörige integrale Darstellung des Lagrange-d'Alembert-Prinzips

$$\int\limits_V \rho_0 \vec{v} \cdot \delta\vec{r}\,\mathrm{d}V\bigg|_{t_1}^{t_2} = \int\limits_{t_1}^{t_2} (\delta T + W_\delta)\,\mathrm{d}t \tag{2.58}$$

in materieller Formulierung. Fordert man für das variierte Vektorfeld $\delta\vec{r}$ in der üblichen Weise, dass an den Zeitgrenzen t_1 und t_2 nicht variiert wird, d. h.

$$\delta\vec{r}(x_K, t_1) = \delta\vec{r}(x_K, t_2) = \vec{0}$$

gilt, dann reduziert sich die integrale Darstellung (2.58) auf die meistens verwendete Formulierung des Prinzips von Hamilton

$$\delta\int\limits_{t_1}^{t_2} T\,\mathrm{d}t + \int\limits_{t_1}^{t_2} W_\delta\,\mathrm{d}t = 0 \tag{2.59}$$

mit der kinetischen Energie (2.56) und der virtuellen Arbeit (2.57). Es ist unabhängig von Potenzialdarstellungen, sodass damit auch die Dynamik nicht-elastischer Kontinua untersucht werden kann; für diese kann ja im Allgemeinen kein Potenzial angegeben werden.

In der *Elastodynamik* lässt sich die virtuelle Formänderungsarbeit aber stets über die Variation eines inneren Potenzials U_i gewinnen. Schreibt man die virtuelle Arbeit aller äußeren konservativen Kräfte als $-\delta U_\mathrm{a}$ und fasst die inneren und äußeren Potenziale zusammen, $U_\mathrm{i} + U_\mathrm{a} = U$, so wird aus dem Prinzip von Hamilton (2.59)

$$\delta\int\limits_{t_1}^{t_2} (T - U)\,\mathrm{d}t + \int\limits_{t_1}^{t_2} W_\delta\,\mathrm{d}t = 0. \tag{2.60}$$

Bei ausschließlich konservativer Belastung wird das Prinzip von Hamilton (2.60) dann zu einem echten Extremalprinzip

$$\mathcal{H} = \int_{t_1}^{t_2} (T - U)\,\mathrm{d}t \Rightarrow \text{Extr.} \quad \rightarrow \quad \delta\mathcal{H} = \delta \int_{t_1}^{t_2} (T - U)\,\mathrm{d}t = 0 \tag{2.61}$$

für das so genannte Lagrange-Funktional $\mathcal{H}$. Im Sinne der Variationsrechnung ist die Lösung des Variationsproblems (2.61) dann gerade die so genannte Euler-Lagrangesche Gleichung [9, 7] mit entsprechenden Randbedingungen als notwendige Bedingungen dieser Stationarität.

Es soll an dieser Stelle erwähnt werden, dass neben dem Prinzip von Hamilton, das ausschließlich bezüglich Verschiebungsgrößen variiert, in der Elastodynamik auch andere Variationsprinzipe etabliert sind, die z. B. in Form des so genannten Prinzips von Hellinger-Reissner eine Zweifeldformulierung verwenden, die Variationen nach Verschiebungs- *und* Spannungsgrößen vornimmt [2, 7].

Auch hier ist die Drehimpulsbilanz zusätzlich zu erfüllen. Das Prinzip von Hamilton (2.60) oder (2.61) stellt also wie bereits das Prinzip von Lagrange-d'Alembert immer dann eine vollständige Beschreibung eines Kontinuums dar, wenn die Erfüllung der Symmetrie des Spannungstensors gesichert ist.

2.3.3 Einarbeitung der Drehimpulsbilanz

Die Drehimpulsbilanz geht in die in Abschn. 2.3.1 und 2.3.2 aufgeführten Prinzipe der analytischen Mechanik nicht explizite ein. Sie wird durch das zweite Bewegungsgesetz von Cauchy (2.43) vielmehr a priori erfüllt, d. h. für den jeweiligen Spannungstensor werden gewisse Symmetrieeigenschaften vorausgesetzt. Da sich die Drehimpulsbilanz (2.41), (2.42) aber nur bei *strenger* Erfüllung[21] der Impulsgleichungen auf das zweite Bewegungsgesetz von Cauchy reduziert, muss zunächst davon ausgegangen werden, dass bei Näherungsverfahren im Zusammenhang mit analytischen Prinzipen der Drehimpulssatz verletzt wird[22].

Die bei der Formulierung des Lagrange-d'Alembert-Prinzips angestellten Überlegungen, die explizite nur die Erfüllung der Impulsbilanz nach sich ziehen, führen in analoger Weise für den Drehimpulssatz (2.41), (2.42) zur Funktionaldarstellung

$$\begin{aligned} 0 = &\int_V \left[\vec{r} \times (\rho_0 \vec{f} + \operatorname{Div} \vec{\vec{\sigma}} - \rho_0 \vec{a})\right] \cdot \delta\vec{\phi}\,\mathrm{d}V + \int_V \left[\vec{\vec{I}} \times \vec{\vec{\tau}}\right] \cdot \delta\vec{\phi}\,\mathrm{d}V \\ &+ \oint_S \left[\vec{r} \times (\vec{s}_{(\vec{N})} - \vec{\vec{\sigma}}\vec{N})\right] \cdot \delta\vec{\phi}\,\mathrm{d}A. \end{aligned} \tag{2.62}$$

[21] Die Impulsbilanz muss dazu *lokal*, d. h. für *jeden* materiellen Punkt erfüllt sein. Bei der Kondensation strukturdynamischer Modelle aus dem allgemeinen Kontinuum mittels Approximationsverfahren, z. B. über Ritz- oder Galerkin-Methoden, ist die Impulsbilanz aber nur noch *global*, d. h. in einem gewichteten Mittel erfüllt.

[22] Die Symmetrie des maßgebenden Spannungstensors ist dann nämlich nicht mehr hinreichend zur *lokalen* Erfüllung der Drehimpulsbilanz (2.41).

Das Vektorfeld $\delta\vec{\phi}(X_K, t)$ ist als Vektorfeld *virtueller Drehungen* zu interpretieren, um virtuelle Skalare mit dem Charakter einer *virtuellen Arbeit* zu erzeugen.

Mit der bekannten Vertauschungsregel

$$\vec{a} \cdot (\vec{b} \times \vec{c}) = \vec{c} \cdot (\vec{a} \times \vec{b}) = \vec{b} \cdot (\vec{c} \times \vec{a})$$

für das Spatprodukt kann (2.62) in

$$\begin{aligned} 0 = &\int_V (\rho_0 \vec{f} + \mathrm{Div}\,\vec{\vec{\sigma}} - \rho_0 \vec{a}) \cdot (\delta\vec{\phi} \times \vec{r})\,\mathrm{d}V + \int_V \left[\vec{\vec{I}} \times \vec{\vec{\tau}}\right] \cdot \delta\vec{\phi}\,\mathrm{d}V \\ &+ \oint_S (\vec{s}_{(\vec{N})} - \vec{\vec{\sigma}}\vec{N})(\delta\vec{\phi} \times \vec{r})\,\mathrm{d}A \end{aligned} \tag{2.63}$$

umgeschrieben werden. Für symmetrische Spannungstensoren, d. h. das zweite Cauchysche Gesetz ist identisch erfüllt, $\vec{\vec{I}} \times \vec{\vec{\tau}} \equiv \vec{0}$, können in (2.63) die virtuellen Drehungen $\delta\vec{\phi}$ vollständig durch die virtuellen Verschiebungen $\delta\vec{r} = \delta\vec{\phi} \times \vec{r}$ ersetzt werden. Die Funktionaldarstellung (2.63) des Drehimpulssatzes ist dann *identisch* mit dem Lagrange-d'Alembert-Prinzip (2.52). Dies entspricht den bereits in der synthetischen Mechanik aufgeführten Zusammenhängen zwischen dem ersten und dem zweiten Cauchyschen Gesetz in Abschn. 2.2.2. Da die Drehimpulsbilanz eine im Allgemeinen von der Impulsbilanz *unabhängige* mechanische Forderung darstellt, muss (2.63) ebenfalls unabhängig vom Lagrange-d'Alembert-Prinzip (2.52) gelten, und dies impliziert die Forderung, dass das eingeführte Vektorfeld $\delta\vec{\phi}$ von den virtuellen Verschiebungen $\delta\vec{r}$ *linear unabhängig* sein muss.

Abschließend lässt sich das Lagrange-d'Alembert-Prinzip (2.52) mit der Funktionaldarstellung der Drehimpulsbilanz (2.63) zu einer verallgemeinerten Form des Lagrange-d'Alembert-Prinzips

$$\begin{aligned} 0 = &\int_V (\rho_0 \vec{f} + \mathrm{Div}\,\vec{\vec{\sigma}} - \rho_0 \vec{a}) \cdot (\delta\vec{r} + \delta\vec{\phi} \times \vec{r})\,\mathrm{d}V + \int_V \left[\vec{\vec{I}} \times \vec{\vec{\tau}}\right] \cdot \delta\vec{\phi}\,\mathrm{d}V \\ &+ \oint_S (\vec{s}_{(\vec{N})} - \vec{\vec{\sigma}}\vec{N})(\delta\vec{r} + \delta\vec{\phi} \times \vec{r})\,\mathrm{d}A \end{aligned} \tag{2.64}$$

zusammenfassen. Für voneinander *linear unabhängige* virtuelle Vektorfelder $\delta\vec{r}$ und $\delta\vec{\phi}$ geht (2.64) voraussetzungsgemäß in die intensive Formulierung der Bilanzgleichungen für den Impuls und den Drehimpuls über, da sich (2.64) dann in die beiden Funktionalgleichungen (2.52) und (2.62) zerlegen lässt. Dabei spielt das verwendete Vorzeichen (hier: +) bei der Überlagerung $\delta\vec{r} + \delta\vec{\phi} \times \vec{r}$ für die *exakte* Lösung keine Rolle, genauso wie auch das Vektorfeld $\delta\vec{\phi}$ bezüglich des Vorzeichens *nicht* festgelegt ist. Bei der Generierung schwacher Lösungen, z. B. im Sinne strukturmechanischer Modelle, liefert die hier gewählte Überlagerung allerdings die höchste Approximationsgüte, siehe [8].

Wie ein Vergleich mit Abschn. 2.3.1 (siehe die Beziehungen (2.49) und (2.52)) zeigt, ist bei der Einarbeitung der Drehimpulsbilanz in das Lagrange-d'Alembert-Prinzip nur noch auf dessen so genannte *derivierte Form* Bezug genommen worden, die ohne eine Gradientenbildung der virtuellen Verrückungen auskommt. Da diese Form bei der Generierung strukturmechanischer Modelle den geringsten Aufwand bedeutet, erscheint dies gerechtfertigt.

Die Einarbeitung der Drehimpulsbilanz in das Prinzip von Hamilton kann ganz entsprechend geleistet werden. Da in Abschn. 3.2 bei der konkreten Generierung eines adäquaten Stabmodells allerdings nur der Weg über das Lagrange-d'Alembert-Prinzip verfolgt wird, soll an dieser Stelle darauf verzichtet werden.

2.4 Konstitutive Gleichungen

Setzt man – wie in der Strukturdynamik üblich – konstante Dichte und isotherme Vorgänge mit verschwindenden Temperaturänderungen voraus, ergänzen die konstitutiven Gleichungen in Form mechanischer Materialgesetze die *sechs* mechanischen Bilanzgleichungen nichtpolarer Kontinua für Impuls und Drehimpuls zur insgesamt erforderlichen Zahl von Bestimmungsgleichungen für die verbleibenden unbekannten *sechs* Spannungen und *drei* Verschiebungen.

Vom Standpunkt technischer Kontinuumsschwingungen im Rahmen eines Lehrbuches ist es allein zielführend, die Beschreibung und die Lösung des Systemverhaltens so weit es geht mit *idealisierten* Materialgesetzen zu leisten. Jede Hinwendung zu realeren Stoffgleichungen führt bei technischen Schwingungssystemen zu kaum überwindbaren Schwierigkeiten. Deshalb sind die wesentlichen Materialgleichungen in der *Strukturdynamik* noch immer diejenigen des *elastischen Festköpers*.

Insbesondere um Materialdämpfung zu modellieren, ist die Betrachtung *viskolelastischer* Festkörper allerdings unumgänglich, für dreidimensionale Festkörper steigt jedoch bereits bei dieser vergleichsweise geringfügigen Erweiterung des Materialverhaltens der Aufwand deutlich an. Erst recht sind bei der Untersuchung dynamischer Mehrfeldprobleme verallgemeinerte Materialgleichungen zu diskutieren, wie sie z. B. bei dynamischer Fluid-Festkörper-Wechselwirkung (mit den hinzutretenden Stoffgleichungen Newtonscher oder auch nicht-Newtonscher Fluide) oder Koppelschwingungen piezoelektrischer Körper (mit Materialgesetzen zur Beschreibung des direkten und inversen Piezoeffekts bei u. U. großen elektrischen Feldstärken) in Erscheinung treten. Im Rahmen einer 3-dimensionalen Kontinuumstheorie würde die Formulierung der zugehörigen Materialtheorie die eigentlich interessierenden dynamischen Effekte und die dafür erforderlichen Lösungsmethoden völlig überdecken.

Der Autor hat sich deshalb entschlossen, an dieser Stelle im Rahmen einer 3-dimensionalen Kontinuumstheorie nur *homogene elastische* Festkörper zu behandeln und die Materialgleichungen letztendlich nur noch im Rahmen einer gleichzeitig *physikalisch und geometrisch linearen* Elastizitätstheorie für isotrope Körper zu formulieren. Modifizierte Materialgleichungen werden dann für einfache Strukturmodelle in den entsprechenden späteren Kapiteln problemangepasst erklärt. Weiterführende Darstellungen einer allgemeinen Materialtheorie und ihrer Grundlage, der rationalen Thermodynamik, können z. B. [1, 6, 10, 11, 12, 13] entnommen werden.

Von folgender verbaler Definition (siehe [9]) eines elastischen (Hookeschen) Körpers wird ausgegangen: Für den betrachteten Körper existiert ein natürlicher, verzerrungsfreier Zustand. Wird er dann durch äußere Kräfte in einen benachbarten Zustand deformiert und anschließend wieder von allen äußeren Kräften befreit, so heißt er *vollkommen elastisch*, wenn er vollständig in seinen ursprünglichen Zustand zurückkehrt, *unabhängig* davon, wie die Kräfte – allerdings ohne Trägheitswirkungen zu verursachen – aufgebracht und zurückgenommen werden. Vom energetischen Standpunkt folgt daraus, dass die für die Deformation benötigte Energie im Körper im *deformierten Zustand* gespeichert sein muss und bei der Wiederherstellung des ursprünglichen Zustandes an die Umgebung zurückgegeben wird. Die Deformation eines elastischen Körpers ist also reversibel und damit thermodynamisch ideal: Im zweiten Hauptsatz der Thermodynamik gilt dann nicht wie für reale Prozesse das Ungleichheits- sondern das Gleichheitszeichen.

Unter den getroffenen Voraussetzungen kann die Beziehung (siehe [14])

$$\tau_{KM} = \frac{\partial U_\mathrm{i}^*}{\partial E_{KM}}$$

mit der inneren Formänderungsenergiedichte[23] U_i^* als allgemeinste Form einer konstitutiven Beziehung für reversibles, nichtlineares, anisotropes, isothermes Verhalten homogener Festkörper zur Verknüpfung des symmetrischen Piola-Kirchhoff-Spannungstensors 2. Art $\vec{\vec{\tau}}$ und des Lagrangeschen Verzerrungstensors $\vec{\vec{E}}$ angesehen werden. Dabei sind an die innere Formänderungsenergie die Forderungen zu stellen, dass sie symmetrisch in den Verzerrungen ist, um die Symmetrie des Spannungstensors $\vec{\vec{\tau}}$ zu gewährleisten, und dass sie sinnvollerweise (siehe nochmals [14]) als positiv definite Funktion der Verzerrungen angenommen wird. Betrachtet man für die Formänderungsenergiedichte U_i^* eine Reihenentwicklung in den Verzerrungen, dann bleibt wegen der beliebigen Wahl des Nullniveaus und unter der üblichen Voraussetzung einer eigenspannungsfreien Referenzplatzierung (mit stets $E_{KM} \equiv 0$) die Darstellung

$$U_\mathrm{i}^* = \frac{1}{2}\vec{\vec{E}} \cdot \vec{\vec{\vec{\vec{C}}}}\vec{\vec{E}} + \ldots$$

Wird diese Reihenentwicklung tatsächlich nach dem quadratischen Glied abgebrochen, dann ist eine *lineare* Konstitutivgleichung

$$\vec{\vec{\tau}} = \vec{\vec{\vec{\vec{C}}}}\vec{\vec{E}}$$

mit konstanten Koordinaten C_{IJKL} des vierstufigen Materialtensors $\vec{\vec{\vec{\vec{C}}}}$ zwingend. Die Beschränkung auf eine in den Verzerrungen quadratische Formänderungsenergiedichte be-

[23] Die innere Formänderungsenergiedichte wurde erstmals von G. Green im Jahre 1839 eingeführt.

zeichnet man deshalb als (physikalische) Linearisierung, das betreffende Material heißt *linear-elastisch*.

Der Elastizitätstensor $\overset{\rightrightarrows\rightrightarrows}{C}$ hat als vierstufiger Tensor zunächst $3^4 = 81$ Koordinaten

$$C_{IJKL} = \frac{\partial^2 U_{\mathrm{i}}^*}{\partial E_{IJ} \partial E_{KL}}. \tag{2.65}$$

Bei *homogenen* Medien sind die Tensorkoordinaten C_{IJKL} von der Lage des Bezugspunktes unabhängig und daher „elastische" Konstanten. Aufgrund der Symmetrie des Spannungstensors $\overset{\rightrightarrows}{\tau}$ ist der Elastizitätstensor symmetrisch bezüglich der ersten beiden Indizes (Reduktion um 27 auf 54 Koordinaten) und wegen der Symmetrie des Verzerrungstensors symmetrisch bezüglich der beiden letzten Indizes (Reduktion um weitere 18 auf 36 Koordinaten). Da eine innere Formänderungsenergiedichte U_{i}^* existiert, gilt wegen der Vertauschbarkeit der Ableitungen in (2.65) zuzsätzlich $C_{KLIJ} = C_{IJKL}$. Damit verringert sich die Zahl der unabhängigen Tensorkoordinaten im Falle allgemeiner Anisotropie auf 21. Für ein *isotropes* Medium sind darüber hinaus die *Koordinaten* des Elastizitätstensors gegen alle Drehungen des Koordinatensystems invariant. Mit diesen Eigenschaften kann man nach längerer Rechnung zeigen, dass für ein homogenes, isotropes Kontinuum der Elastizitätstensor in der Gestalt

$$C_{IJKL} = \lambda g_{IJ} g_{KL} + \mu (g_{IK} g_{JL} + g_{IL} g_{JK}) \tag{2.66}$$

nur noch von *zwei* elastischen Konstanten, den so genannten *Laméschen Konstanten* λ und μ abhängt, siehe [3, 9]. Die so genannten Metrikkoeffizienten g_{IJ} sind dabei über das Skalarprodukt $\vec{e}_I \cdot \vec{e}_J$ der Basisvektoren in der Referenzplatzierung erklärt.

Setzt man im Rahmen einer geometrischen Linearisierung – siehe Abschn. 2.1.2 – infinitesimale Verschiebungsgradienten voraus, so gilt bekanntlich dasselbe für die Verzerrungen (aber nicht umgekehrt) und der Lagrangesche Verzerrungstensor $\overset{\rightrightarrows}{E}$ reduziert sich auf den infinitesimalen Greenschen Verzerrungstensor $\overset{\rightrightarrows}{\varepsilon}$.

Im Rahmen einer sowohl physikalisch als auch geometrisch linearen Elastizitätstheorie ergibt sich auch noch ein besonders einfacher Zusammenhang zwischen dem Cauchy-Spannungstensor $\overset{\rightrightarrows}{t}$ und dem Piola-Kirchhoff-Spannungstensor 2. Art $\overset{\rightrightarrows}{\tau}$, sodass sich letztendlich das Materialgesetz (2.66) formal unverändert auf den Cauchy-Spannungstensor $\overset{\rightrightarrows}{t}$ und den Greenschen Verzerrungstensor $\overset{\rightrightarrows}{\varepsilon}$ als das klassische Hookesche Gesetz

$$t_{ij} = 2\mu\varepsilon_{ij} + \lambda\delta_{ij}\varepsilon_{kk} \tag{2.67}$$

bzw. in der Umkehrung

$$\varepsilon_{ij} = \frac{1}{2\mu} t_{ij} - \frac{\lambda}{2\mu(3\lambda + 2\mu)} \delta_{ij} t_{kk} \tag{2.68}$$

überträgt[24].

[24] Das Hookesche Gesetz (2.67) lässt sich zur Erfassung von Werkstoffdämpfung über $t_{ij} = 2\left(\mu + \mu' \frac{\partial}{\partial t}\right) \varepsilon_{ij} + \left(\lambda + \lambda' \frac{\partial}{\partial t}\right) \delta_{ij}\varepsilon_{kk}$ zwanglos auf *viskoelastisches* Materialverhalten erweitern.

In der Technischen Mechanik benutzt man allerdings nicht die Laméschen Konstanten, sondern über

$$\lambda = \frac{E\nu}{(1+\nu)(1-2\nu)}, \quad \mu = \frac{E}{2(1+\nu)} = G \tag{2.69}$$

den *Elastizitätsmodul E* und die *Querkontraktionszahl ν*; zudem wird μ als *Schubmodul G* interpretiert. Die zu (2.67) äquivalente Schreibweise des Hookeschen Gesetzes lautet dann

$$t_{ij} = \frac{E}{1+\nu}\left(\varepsilon_{ij} + \frac{\nu}{1-2\nu}\delta_{ij}\varepsilon_{kk}\right). \tag{2.70}$$

bzw. in der Umkehrung

$$\varepsilon_{ij} = \frac{1+\nu}{E}t_{ij} - \frac{\nu}{E}\delta_{ij}t_{kk}. \tag{2.71}$$

Geht man im Rahmen dieser klassischen vollständig linearen Elastizitätstheorie abschließend wieder auf den Elastizitätstensor $\overset{\equiv\equiv}{C}$ zurück, der jetzt allerdings nur noch zwei nicht verschwindende unabhängige Koordinaten besitzt, kann die Formänderungsenergiedichte in den äquivalenten Formen

$$U_{\mathrm{i}}^* = \frac{1}{2}\overset{=}{\varepsilon} \cdot \overset{\equiv\equiv}{C}\overset{=}{\varepsilon}, \quad U_{\mathrm{i}}^* = \frac{1}{2}\overset{=}{t} \cdot \overset{\equiv\equiv}{C}^{-1}\overset{=}{t}, \quad U_{\mathrm{i}}^* = \frac{1}{2}\overset{=}{\varepsilon} \cdot \overset{=}{t}$$

entweder nur in Verzerrungen, nur in Spannungen oder gemischt als Funktion von Verzerrungen und Spannungen ausgedrückt werden. Unter Verwendung des Hookeschen Gesetzes (2.70) bzw. (2.71) mit den in der Festigkeitslehre üblichen Elastizitätskonstanten gemäß (2.69) erhält man beispielsweise

$$U_{\mathrm{i}}^*(t_{ij}) = \frac{1}{2E}\left[(1+\nu)t_{ij}t_{ij} - \nu(t_{kk})^2\right] \tag{2.72}$$

oder

$$U_{\mathrm{i}}^*(\varepsilon_{ij}) = \frac{E}{2(1+\nu)}\left[\varepsilon_{ij}\varepsilon_{ij} - \frac{\nu}{1-2\nu}(\varepsilon_{kk})^2\right], \tag{2.73}$$

Schreibweisen, von denen bei der Formulierung der Formänderungsenergie von Strukturmodellen noch häufiger Gebrauch gemacht werden wird. Die Formänderungsenergie eines Festkörpers erhält man dann durch Volumenintegration:

$$U_{\mathrm{i}} = \int_V U_i^* \mathrm{d}V. \tag{2.74}$$

Die Verallgemeinerung auf ein System von Körpern ist durch Summation ohne Weiteres möglich.

2.5 Vollständig lineare Theorie – Anfangs-Randwert-Problem in Verschiebungen

Aus der lokalen Impulsbilanz (2.38) für den Cauchy-Spannungstensor $\vec{\vec{t}}$ erhält man nach Einsetzen des klassischen Hookeschen Gesetzes (2.70) und Elimination der Verzerrungen mit Hilfe der linearen Verzerrungs-Verschiebungs-Relationen (2.17) problemlos die Feldgleichungen

$$\frac{E}{2(1+\nu)}\left(u_{i,JJ} + \frac{1}{1-2\nu}u_{j,IJ}\right) + \rho_0 f_i = \rho_0 u_{i,tt} \tag{2.75}$$

als partielle Differenzialgleichungen eines schwingenden dreidimensionalen elastischen Festkörpers. In Würdigung der historischen Bedeutung der französischen Mathematiker Navier und Cauchy bei der Formulierung dieser Bewegungsgleichungen werden sie häufig als Navier-Cauchysche Differenzialgleichungen bezeichnet.

Es wird vermerkt, dass man innerhalb einer vollständig linearen Theorie ohne Führungsbewegung auf die Unterscheidung groß und klein gedruckter Indizes hätte verzichten können. Um den Übergang auf den Fall endlicher Verformungen (der nicht hier, aber später in Kap. 8 noch behandelt wird) zu erleichtern, sind die Ableitungen nach materiellen Koordinaten X_K nach wie vor durch Großbuchstaben bezeichnet.

Hinzu treten an der berandenden Oberfläche des schwingenden Festkörpers Randbedingungen, die das zu berechnende Verschiebungsfeld zu erfüllen hat. Neben den bisher kennengelernten Randbedingungen

$$u_k = g_k(t) \text{ auf } S_u, \quad \sigma_{Kl}N_K = s_l(t) \text{ auf } S_\sigma \quad \forall t \geq 0, \tag{2.76}$$

die entweder Verschiebungen oder Spannungen vorschreiben und in der Mathematik Dirichletsche oder Neumannsche Randbedingungen genannt werden, gibt es noch allgemeinere Randbedingungen, die als Cauchysche Randbedingungen bezeichnet werden und Spannungen und Verschiebungen verknüpfen. Sie werden in Abschn. 3.2.4 am Beispiel von Stäben noch etwas genauer spezifiziert werden. Es bleibt festzuhalten, dass reine Verschiebungsrandbedingungen immer geometrischer Natur sind, und bei Näherungsverfahren in aller Regel erfüllt werden müssen, um Konvergenz zu erzielen. In der Mathematik heißen sie deshalb häufig auch *wesentliche* Randbedingungen, in der Physik oder den Ingenieurwissenschaften dagegen *geometrische* Randbedingungen. Die Neumannschen und die Cauchyschen Randbedingungen sind für mechanische Problemstellungen physikalisch anschaulich als Kräfte- bzw. Momentenbilanzen zu interpretieren und heißen deshalb bei Physikern und Ingenieuren *dynamische* Randbedingungen, während man in der Mathematik von *restlichen* (manchmal auch *natürlichen*) Randbedingungen spricht.

Das beschreibende Randwertproblem mit der Feldgleichung (2.75) und entsprechenden Randbedingungen, z. B. (2.76), lässt sich alternativ natürlich auch aus einem der analytischen Prinzipe, z. B. dem Prinzip von Hamilton (2.60), gewinnen. Hat man es mit einem

3-dimensionalen Kontinuum ohne innere Zwangsbedingungen zu tun, verschwinden allerdings praktisch alle Vorteile, die man zur Generierung von Strukturmodellen auf der Basis analytischer Prinzipe im folgenden Kapitel so sehr schätzen wird. Jedenfalls soll es hier allein bei der synthetischen Vorgehensweise bleiben. Abschließend wird angemerkt, dass man auch bereits an dieser Stelle für 3-dimensionale Kontinua Dämpfungseinflüsse einbeziehen könnte, worauf beispielsweise in [5] eingegangen wird. Im vorliegenden Buch werden Dämpfungseffekte nur im Zusammenhang mit reduzierten Strukturmodellen erörtert, siehe beispielsweise Abschn. 3.2.3 und 5.1, 5.2 oder 6.1, 6.2.

Zu den Differenzialgleichungen und Randbedingungen treten zur Vervollständigung immer noch Anfangsbedingungen

$$\vec{u}(X_K, t=0) = \vec{u}_0(X_K), \quad \vec{v}(X_K, t=0) = \vec{v}_0(X_K), \quad \forall X_K \text{ aus } V \tag{2.77}$$

für Verschiebung $\vec{u}$ und Geschwindigkeit $\vec{v}$ hinzu. Erst dadurch wird das mathematische Modell zu einem so genannten *Anfangs-Randwert-Problem* abgeschlossen, das in dieser Form grundsätzlich vollständig integriert werden kann. Oft werden im Folgenden die Anfangsbedingungen nicht gesondert angegeben und man beschränkt sich auf die Angabe des entsprechenden *Randwertproblems*[25], bestehend aus (partiellen) Differenzialgleichungen, den so genannten Feldgleichungen, und Randbedingungen. Bei angestrebter vollständiger Lösung einer vorgegebenen Aufgabenstellung ist allerdings immer auch auf die Anfangsbedingungen einzugehen.

Literatur

1. Eringen, A. C.: Mechanics of Continua, 2. Aufl. J. Wiley & Sons, New York/London/Sydney (1980)
2. Guyader, J.-L.: Vibrations des milieux continus. Hermes, Paris (2002)
3. Hahn, H. G.: Elastizitätstheorie. Teubner, Stuttgart (1985)
4. Klinkel, S.: Nichtlineare Modellierung ferroelektrischer Keramiken und piezoelektrischer Strukturen – Analyse und Finite-Element-Formulierung. Habilitationsschrift, Univ. Karlsruhe (TH), Berichte des Instituts für Baustatik (2007)
5. Maaß, M.: Dynamische Spannungskonzentrationsprobleme bei allseits berandeten, gelochten Scheiben. Diss. Univ. Karlsruhe (TH) (1986)
6. Noll, W.: On the Foundations of the Mechanics of Continua. Carnegie Inst. Tech. Rep. **17** (1957)
7. Proppe, C.: Mathematische Methoden der Dynamik. Vorlesungsmanuskript, Univ. Karlsruhe (TH) (2007)

[25] Ein Randwertproblem mit Spannungsrandbedingungen wird häufig auch als *erstes* Randwertproblem bezeichnet, während bei Verschiebungsrandbedingungen ein so genanntes *zweites* Randwertproblem vorliegt. Ein Randwertproblem mit Randbedingungen, in denen Verschiebungen und Verschiebungsableitungen gemischt auftreten, wird demnach auch *gemischtes* Randwertproblem genannt.

8. Riemer, M.: Technische Kontinuumsmechanik. BI Wiss.-Verl., Mannheim/Leipzig/Wien/Zürich (1993)
9. Riemer, M., Wauer, J., Wedig, W.: Mathematische Methoden der Technischen Mechanik, 2. Aufl. Springer (2014)
10. Rivlin, R. S.: Nonlinear Continuum Theories in Mechanics and Physics and their Applications. In: An Introduction to Nonlinear Continuum Mechanics, S. 151–309. Rom (1970)
11. Truesdell, C. A., Noll, W.: The Nonlinear Field Theories of Mechanics. In: S. Flügge (Hrsg.) Handbuch der Physik, Bd. III/3. Springer, Berlin/Heidelberg/New York (1965)
12. Truesdell, C. A., Toupin, R. A.: The Classical Field Theories. In: S. Flügge (Hrsg.) Handbuch der Physik, Bd. III/1. Springer, Berlin/Göttingen/Heidelberg (1960)
13. Truesdell, C. A.: The Elements of Continuum Mechanics. Springer, Berlin/Heidelberg/New York/Tokyo (1965)
14. Willner, K.: Kontinuums- und Kontaktmechanik. Springer, Berlin/Heidelberg/New York (2003)

Lineare Strukturmodelle

3

Zusammenfassung

Ausgehend von den kontinuumsmechanischen Grundgleichungen mit drei unabhängigen metrischen Parametern wird hier die Generierung 2- und 1-parametriger strukturmechanischer Modelle präsentiert. Es wird eine systematische Kondensation aus der Kontinuumstheorie gezeigt, aber auch eine einfachere direkte Formulierung. Ergänzend werden Dämpfungseinflüsse diskutiert.

Für die meisten technischen Anwendungen im Rahmen der Kontinuumsschwingungen sind mit akzeptablem Aufwand nur dann Lösungen zu gewinnen, wenn vorab von den ursprünglichen kontinuumsmechanischen Grundgleichungen (mit *drei* unabhängigen metrischen Parametern) zu einem so genannten *strukturmechanischen Modell* übergegangen wird. Als strukturmechanische Modelle werden hier in aller Regel 3-dimensionale Körper[1] bezeichnet, die durch *weniger* als drei metrische Parameter beschrieben werden. Bekannte Beispiele sind *dünne Schalen, Platten, Scheiben* (2 metrische Parameter, z. B. die Flächenparameter der Schalenmittelfläche), *Saiten, schlanke Stäbe, Bogenträger* (1 metrischer Parameter, z. B. die Stablängskoordinate) oder ein mittels *Finiter Elemente* diskretisiertes Kontinuum (keine metrischen Parameter mehr, sondern abzählbar endlich viele Knoten). Die Reduktion der drei metrischen Parameter, z. B. der Lagrangeschen Koordinaten X_1, X_2, X_3, des allgemeinen Kontinuums auf eine geringere Zahl leistet man durch *Einführen kinematischer Bindungen*, d.h. durch Zusammenfassen bestimmter materieller Punkte zu einem „Subkörper" mit speziellen Eigenschaften.

Diese Vereinfachung kann zum einen *systematisch* erfolgen, siehe Abschn. 3.1, wobei dort den entsprechenden Ausführungen von [4] gefolgt wird. Zum anderen kann man ingenieurmäßig heuristisch vorgehen, siehe Abschn. 3.2. Bei einfachen Strukturmodellen führt

[1] Einen anderen Zugang zu (1-parametrigen) Strukturmodellen stellen so genannte *Elastica* dar, die in der üblichen Weise als materielle Linien ohne Ausdehnung quer dazu modelliert werden, siehe Abschn. 8.4.

J. Wauer, *Kontinuumsschwingungen*, DOI 10.1007/978-3-8348-2242-0_3,
© Springer Fachmedien Wiesbaden 2014

der übliche zweite Weg wesentlich schneller zum Ziel, für komplizierte Strukturmodelle, beispielweise in der Rotordynamik mit nichtmateriellen Übergangsbedingungen, kann er aber fehleranfällig werden.

3.1 Kondensation aus Kontinuumstheorie

Die anzuwendende Strategie muss die angesprochene Einführung innerer kinematischer Bindungen systematisch konkretisieren.

Ein Stabmodell generiert man aus einem stabförmigen Kontinuum beispielweise mittels der inneren Bindung

> Alle materiellen Punkte X_K zusammen, die in der Referenzplatzierung eine ebene Querschnittsfläche bilden, verhalten sich bei der Deformation wie ein starrer Körper.

Diese Bindung bewirkt die Reduktion des Kontinuums auf ein 1-parametriges strukturmechanisches Modell, das nur noch aus dem starren Subkörpertyp „ebene Querschnittsfläche" besteht. Diese Subkörper treten jetzt an die Stelle der materiellen Punkte, besitzen aber im Gegensatz zu diesen eine *endliche* Ausdehnung.

Die strukturmechanische Modelle konstituierenden Basiselemente sind also in der Regel „Subkörper" mit *sechs* Freiheitsgraden; es sind ja keine weiteren Einschränkungen bezüglich der Bewegungsmöglichkeiten der materiellen Querschnittsfläche getroffen worden. Das auf diese Weise generierte 1-parametrige Strukturmodell heißt (verallgemeinerter) Timoshenko-Stab, genau genommen ohne Querkontraktion und ohne Verwölbungs- und Schereffekte. Es hat weniger innere Bindungen als der so genannte (verallgemeinerte) Bernoulli-Euler-Stab, der über die dargestellte innere Bindung hinaus postuliert, dass

> eine ebene Querschnittsfläche, die in der Referenzplatzierung senkrecht auf der Stabachse steht, auch in allgemeiner Lage senkrecht auf der dann deformierten Stabachse stehen soll.

Dies hat zur Folge, dass sich eine Querschnittsfläche bei einer allgemeinen Deformation dieses Stabmodells zwar immer noch verdrehen kann, dass die auftretenden Neigungswinkel aber keine von der Verschiebung beispielsweise des Flächenschwerpunktes unabhängigen Variablen mehr sind. Die Zahl der Freiheitsgrade des Subkörpers „ebene Querschittsfläche" reduziert sich für den Bernoulli-Euler-Stab um zwei auf insgesamt nur noch vier.

Jedenfalls ist genau der im Allgemeinen beim Timoshenko-Stab deutliche „polare" Charakter strukturmechanischer Modelle der Hintergrund für die um die Drehimpulsbilanz erweiterte Darstellung des Lagrange-d'Alembert-Prinzips (oder des Prinzips von Hamilton), die hier zur Genauigkeitssteigerung bei der Kondensation mit nur wenigen Ansatzfunktionen adäquat erscheint. Die Verwendung synthetischer Bilanzgleichungen ist als Ausgangspunkt weniger geeignet, weil zunächst die Lösung einer Voraufgabe geleistet werden muss, nämlich alle vektoriellen Einzelgleichungen (Feldgleichungen, Rand- und Übergangsbedingungen) im Sinne eines erweiterten Galerkin-Verfahrens, d. h. in einem

„Mittelungsoperator“, derart zusammenzustellen, dass gewisse energetische Nebenbedingungen erfüllt sind. Nur dann kann mit wenigen Ansatzfunktionen ein modelltheoretisch befriedigendes Ergebnis erzielt werden. In [3] wurde gezeigt, dass solche Nebenbedingungen in engem Zusammenhang zu Elementen der analytischen Mechanik stehen. Deshalb ist es in aller Regel von Vorteil, strukturmechanische Modelle über schwache Lösungen aus Prinzipen der analytischen Kontinuumsmechanik zu entwickeln, beispielsweise aus der derivierten Form des erweiterten Lagrange-d'Alembert-Prinzips (2.64):

$$\begin{aligned} 0 = &\int\limits_V (\rho_0 \vec{f} + \operatorname{Div} \vec{\vec{\sigma}} - \rho_0 \vec{a}) \cdot (\delta\vec{r} + \delta\vec{\phi} \times \vec{r})\,\mathrm{d}V + \int\limits_V \left[\vec{\vec{I}} \times \vec{\vec{\tau}}\right] \cdot \delta\vec{\phi}\,\mathrm{d}V \\ &+ \oint\limits_S (\vec{s}_{(\vec{N})} - \vec{\vec{\sigma}}\vec{N}) \cdot (\delta\vec{r} + \delta\vec{\phi} \times \vec{r})\,\mathrm{d}A. \end{aligned} \tag{3.1}$$

Ersichtlich sind in (3.1) zur Kondensation nicht nur die eigentlichen Feldgrößen, z. B. die Verschiebungen $\vec{u}$, des 3-dimensionalen Körpers, sondern ebenso die virtuellen Feldgrößen $\delta\vec{r}$ und $\delta\vec{\phi}$ einer globalen Diskretisierung mittels Ansatzfunktionen zu unterziehen.

Die Kondensation strukturmechanischer Modelle aus dem mechanischen Prinzip (3.1) mittels globaler Diskretisierung wird im einzelnen durch

1. die Wahl geeigneter Koordinatensysteme,
2. die Wahl der gewünschten strukturmechanischen Feldgrößen, z. B. Verschiebung der Schalenmittelfläche,
3. das Aufstellen der inneren Bindungen, z. B. in Form eines mittels Ansatzfunktionen spezialisierten Verschiebungsfeldes $\vec{u}$, Geschwindigkeitsfeldes $\vec{v}$ oder Spannungstensors $\vec{\vec{\sigma}}$,
4. das Aufstellen des virtuellen Verschiebungsfeldes $\delta\vec{r}$ und des virtuellen Drehungsfeldes $\delta\vec{\phi}$ unter Berücksichtigung der bereits (z. B. im Verschiebungsfeld $\vec{u}$) etablierten inneren Bindungen,
5. die Berechnung aller sich aus dem spezialisierten Verschiebungsfeld $\vec{u}$ ergebenden Sekundärgrößen, wie z. B. des Spannungstensors $\vec{\vec{\sigma}}$, der über das gewählte Stoffgesetz dann bekannt ist, des Geschwindigkeitsfeldes $\vec{v}$, etc. und
6. das Auswerten des mechanischen Prinzips (3.1) für das betrachtete Gesamtsystem

mathematisch umgesetzt.

Unabhängig vom Einzelbeispiel lassen sich die Schritte dieser Systematik praktisch nicht mehr ausführen. Exemplarisch wird deshalb hier die Generierung eines 1-parametrigen Timoshenko-Stabmodells *ohne Starrkörperbewegungen* in allen wesentlichen Schritten dargelegt. Eine wesentlich komplexere Fragestellung – allerdings immer noch als Kondensation auf ein 1-parametriges Strukturmodell – wird in [3, 4] am Beispiel eines schlanken Rotors mit axial beweglicher Scheibe behandelt. Auf der Basis beider Beispiele ist dann die Grundlage gelegt, weitere Strukturmodelle aus einem allgemeinen Kontinuum systematisch zu entwickeln.

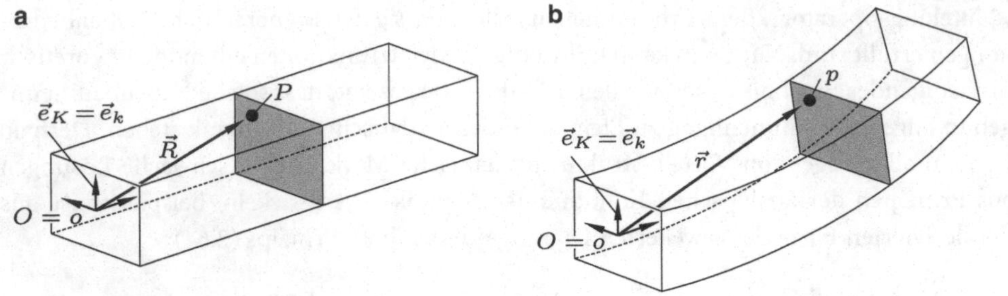

Abb. 3.1 Mechanisches Modell eines quaderförmigen Stabes mit entsprechendem Bezugssystem. **a** Referenzplatzierung, **b** Momentanplatzierung

Betrachtet werden gemäß Abb. 3.1 Platzierungen und Ortsvektoren für ein kartesischen Koordinaten X_K angemessenes *quaderförmiges*[2] Kontinuum, das hinreichend schlank sein soll, um auf einen stofflich homogenen Stab mit Rechteckquerschnitt reduziert zu werden. Im Rahmen einer linearen Theorie ist die Koordinatenwahl als erster Schritt der angegebenen Systematik dann bereits entschieden: Es wird zweckmäßig ein raumfestes kartesisches Bezugssystem $\vec{e}_K = \vec{e}_k$ festgelegt, das mit den Querschnittshauptachsen eines Endquerschnittes des undeformierten quaderförmigen Festkörpers und der Längsachse des Quaders zusammenfällt.

Der zweite und dritte Schritt der angegebenen Systematik werden gemeinsam durchgeführt. Zunächst gilt für das Verschiebungsfeld noch allgemein

$$\vec{u}(X_K, t) = u_k(X_K, t)\vec{e}_k, \quad X_K \in \{X_1 = X, X_2 = Y, X_3 = Z\}. \tag{3.2}$$

Die Koordinate $u_k(X, Y, Z, t)$ des Verschiebungsvektors $\vec{u}$ wird zur Generierung eines stabförmigen Kontinuums über einen Ansatz der Form

$$u_k(X, Y, Z, t) = \sum_{n=1}^{6} U_{kn}(X, Y)\, a_n(Z, t), \quad k = 1, 2, 3 \tag{3.3}$$

in die 6 Freiheitsgrade $a_n(Z, t)$ des Stabmodells mit dem verbleibenden, die Stablängskoordinate repräsentierenden metrischen Parameter Z entwickelt[3]. Der quaderförmige Stab wird aus aneinander gereihten starren „Subkörpern" der Querschnittsfläche Z = const mit den längs der Stabachse unveränderlich angenommenen Querabmessungen $-b/2 \leq X \leq +b/2$, $-h/2 \leq Y \leq +h/2$ in der Referenzplatzierung modelliert. Die Deformation des

[2] Schwerpunkt und Schubmittelpunkt fallen dann für jeden Querschnitt zusammen.
[3] In [4] ist ein etwas allgemeinerer Ansatz gezeigt, der anstatt $6 \cdot 1$ eine Zahl von $6 \cdot N$ Freiheitsgraden zulässt. Für ein strukturmechanisch einfach zu interpretierendes Modell macht aber nur die „tiefste Näherung" $N = 1$ wirklich Sinn.

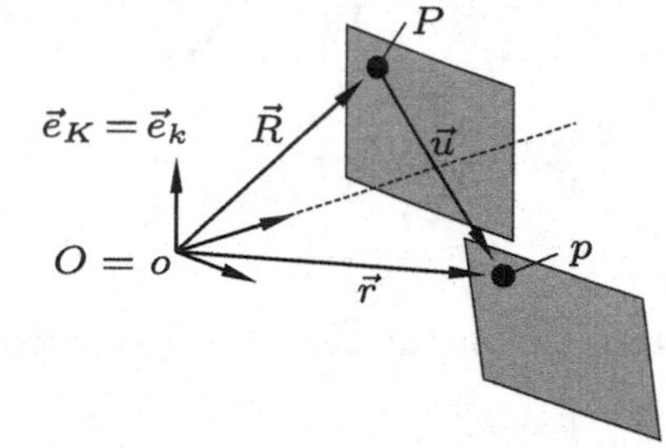

Abb. 3.2 Materieller Punkt des Stabes in der Referenz- und der Momentanplatzierung

Stabes besteht dann aus isometrischen Bewegungen seiner Subkörper. Da der Koordinatenursprung in einem der Endquerschnitte des schlanken Quaders liegen soll, reicht die Länge von $Z = 0$ bis $Z = L$, wenn L die Stablänge bezeichnet. Beschränkt man sich, wie bereits erwähnt, auf *kleine* Stabverformungen – klein gegenüber den sonstigen geometrischen Parametern des Stabes –, so lässt sich die Verschiebung $\vec{u} = \vec{Pp}$ des materiellen Punktes $P(X, Y, Z)$ in die Lage $p(x, y, z)$ (siehe Abb. 3.2), *linear* auf die Schwerpunktverschiebung $\vec{w} = \vec{u}(X = Y = 0, Z, t)$ und die Verdrehungen $\varphi_k(Z, t)$ der Querschnittsfläche $Z = \text{const}$ zurückführen. Die zu wählende $(3, 6)$-Matrix der Ansatzfunktionen $U_{kn}(X, Y)$ formuliert in den Querschnittskoordinaten X, Y die bereits diskutierten inneren Bindungen, die das strukturmechanische Modell vom allgemeinen Kontinuum unterscheiden. Die $(1, 6)$-Spaltenmatrix $\{a_n\}$ enthält genau die *sechs generalisierten Koordinaten* des durch innere Bindungen etablierten Subkörpers mit sechs Freiheitsgraden. Die Matrizenschreibweise

$$\begin{pmatrix} u_x \\ u_y \\ u_z \end{pmatrix} = \begin{pmatrix} 1 & 0 & 0 & 0 & 0 & -Y \\ 0 & 1 & 0 & 0 & 0 & X \\ 0 & 0 & 1 & Y & -X & 0 \end{pmatrix} \begin{pmatrix} w_x \\ w_y \\ w_z \\ \varphi_x \\ \varphi_y \\ \varphi_z \end{pmatrix} \tag{3.4}$$

von (3.3) führt die Verschiebungen u_x, u_y, u_z eines beliebigen materiellen Punktes $P(X, Y, Z)$ auf die Bewegung der *„starren Querschnittsfläche"* zurück. Die Verschiebungen w_x, w_y repräsentieren die Biegung, w_z die Längsdehnung des Stabes, die Drehungen φ_x, φ_y stehen für die Neigungswinkel infolge Biegung und φ_z schließlich ist der Torsion des Stabes zugeordnet. Als strukturmechanische Bewegungsgleichungen für den Stab erwartet man am Ende des Reduktionsverfahrens somit sechs partielle Differenzialgleichungen in Z und t für die sechs Unbekannten $w_k(Z, t)$, $\varphi_k(Z, t)$.

Im vierten Schritt ist die Aufgabe zu lösen, unter Berücksichtigung der im Verschiebungsfeld $\vec{u}$ etablierten Bindungen die Vektorfelder der virtuellen Verschiebung $\delta\vec{r}$ und der virtuellen Drehung $\delta\vec{\phi}$ zu ermitteln. Es liegt nahe, diese mittels Variation direkt aus dem Lagevektor

$$\vec{r} = \vec{R} + \vec{u}, \quad \vec{R} = X_K \vec{e}_K$$

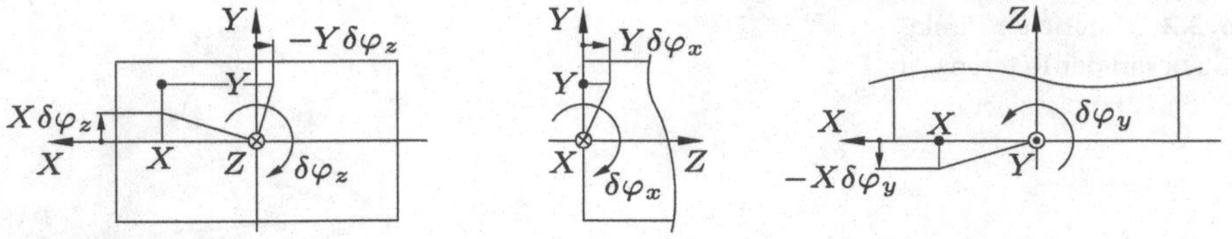

Abb. 3.3 Virtuelle Verschiebungsanteile infolge der virtuellen Winkeldrehungen

eines materiellen Punktes $p(x_1, x_2, x_3)$ in der Momentanplatzierung zusammen mit (3.3) anzugeben:

$$\delta\vec{r} = \delta\vec{u} = \sum_{n=1}^{6} U_{kn}(X, Y)\,\delta a_n \vec{e}_k.$$

Das Ergebnis ist deshalb so einfach, weil keine Starrkörperbewegungen betrachtet werden, und lässt sich matriziell zu

$$\begin{pmatrix} \delta r_x \\ \delta r_y \\ \delta r_z \end{pmatrix} = \begin{pmatrix} \delta u_x \\ \delta u_y \\ \delta u_z \end{pmatrix} = \begin{pmatrix} \delta w_x - Y\delta\varphi_z \\ \delta w_y + X\delta\varphi_z \\ \delta w_z + Y\delta\varphi_x - X\delta\varphi_y \end{pmatrix}$$

auswerten. Offensichtlich ergibt sich die rechte Seite dieser Beziehung als Summe der virtuellen Verschiebung des Flächenschwerpunktes

$$\delta\vec{r}_S = \delta\vec{u}_S = \delta w_x \vec{e}_x + \delta w_y \vec{e}_y + \delta w_z \vec{e}_z$$

und eines in Abb. 3.3 veranschaulichten Anteils

$$\delta\vec{\phi}_S \times \vec{r}_{Sp} = -Y\delta\varphi_z \vec{e}_x + X\delta\varphi_z \vec{e}_y + (Y\delta\varphi_x - X\delta\varphi_y)\vec{e}_z$$

infolge der virtuellen Drehung

$$\delta\vec{\phi}_S = \delta\varphi_x \vec{e}_z + \delta\varphi_y \vec{e}_y + \delta\varphi_z \vec{e}_z$$

der Querschnittsfläche, worin $\vec{r}_{Sp}$ die Lage des betrachteten „Subkörper"-Punktes p ausgehend vom Bezugspunkt S auf dem „Subkörper" bezeichnet. Man hat also in natürlicher Weise eine additive Überlagerung virtueller Verschiebungen und virtueller Drehungen, jetzt den „Subkörper" betreffend, gefunden.

Im fünften Schritt sind alle zur Auswertung des mechanischen Prinzips (3.1) noch fehlenden Bausteine Beschleunigung, Spannung und ihre Divergenz sowie gegebenenfalls vorgegebene Oberflächen- oder Volumenkräfte zu spezifizieren. Nachdem die virtuelle Verrückung $\delta\vec{r}$ bereits bestimmt wurde, ist die Geschwindigkeit analog dazu durch eine entsprechende Differenziation zu erhalten:

$$\vec{v} = (w_{x,t} - Y\varphi_{z,t})\vec{e}_x + (w_{y,t} + X\varphi_{z,t})\vec{e}_y + (w_{z,t} + Y\varphi_{x,t} - X\varphi_{y,t})\vec{e}_z.$$

Eine nochmalige Differenziation liefert dann die Beschleunigung

$$\vec{a} = (w_{x,tt} - Y\varphi_{z,tt})\vec{e}_x + (w_{y,tt} + X\varphi_{z,tt})\vec{e}_y + (w_{z,tt} + Y\varphi_{x,tt} - X\varphi_{y,tt})\vec{e}_z.$$

Im Rahmen einer vollständig (physikalisch und geometrisch) linearen Theorie ist auch die Angabe der Spannung – alle kennen gelernten Spannungen $\vec{\vec{t}}$, $\vec{\vec{\sigma}}$ und $\vec{\vec{\tau}}$ fallen zusammen – und ihrer Divergenz elementar, wenn als Voraufgabe der Verzerrungs-Verschiebungs-Zusammenhang (2.17) unter Verwendung von (3.4) auf Ableitungen in den „Subkörper"-Freiheitsgraden nach dem einzig verbliebenen metrischen Parameter Z zurückgeführt worden ist:

$$\{\varepsilon_{jk}\} = \begin{pmatrix} 0 & 0 & \varepsilon_{xz} \\ 0 & 0 & \varepsilon_{yz} \\ \varepsilon_{xz} & \varepsilon_{yz} & \varepsilon_{zz} \end{pmatrix},$$

$$\varepsilon_{xz} = \frac{Y}{2}(\varphi_x + w_{y,Z}) + \frac{X}{2}(-\varphi_y + w_{x,Z}) - \frac{Y}{2}\varphi_{z,Z},$$

$$\varepsilon_{yz} = \frac{X}{2}(\varphi_x + w_{y,Z}) - \frac{Y}{2}(-\varphi_y + w_{x,Z}) + \frac{X}{2}\varphi_{z,Z},$$

$$\varepsilon_{zz} = w_{z,Z} + Y\varphi_{x,Z} - X\varphi_{y,Z}.$$

Der offensichtlich symmetrische Verzerrungstensor $\vec{\vec{\varepsilon}}$ führt dann über das Materialgesetz (2.67) direkt auf den dann ebenfalls symmetrischen Spannungstensor $\vec{\vec{t}}$, der wie gesagt hier mit $\vec{\vec{\sigma}}$ zusammenfällt. Dieser besteht damit aus den für die spätere Rechnung wesentlichen Anteilen

$$\sigma_{Zx} = \mu(w_{x,Z} - \varphi_y) - \mu Y\varphi_{z,Z},$$

$$\sigma_{Zy} = \mu(w_{y,Z} + \varphi_x) + \mu X\varphi_{z,Z},$$

$$\sigma_{Zz} = (\lambda + 2\mu)(w_{z,Z} + Y\varphi_{x,Z} - X\varphi_{y,Z})$$

und liefert seine Divergenzkomponenten

$$\sigma_{Zx,Z} = \mu w_{x,ZZ} - (\lambda + \mu)\varphi_{y,Z} - \mu Y\varphi_{z,ZZ},$$

$$\sigma_{Zy,Z} = \mu w_{y,ZZ} + (\lambda + \mu)\varphi_{x,Z} + \mu X\varphi_{z,ZZ},$$

$$\sigma_{Zz,Z} = (\lambda + 2\mu)(w_{z,ZZ} + Y\varphi_{x,ZZ} - X\varphi_{y,ZZ}).$$

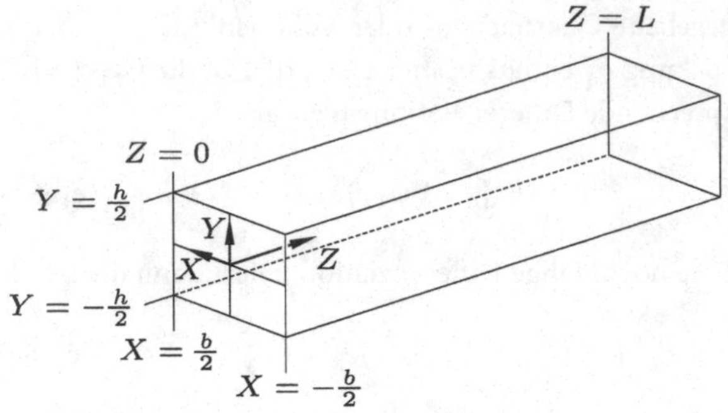

Abb. 3.4 Quaderförmiger Stab mit Abmessungen und begrenzenden Oberflächen

Gewichtseinflüsse sollen hier unberücksichtigt bleiben, als Schwingungsanregung soll allein eine Massenkraft

$$\vec{f} = f(Z,t)\vec{e}_x$$

in Richtung einer der Biegehauptachsen vorgesehen werden. Zur späteren Festlegung der Randbedingungen ist festzuhalten, dass die Oberfläche S des Quaders aus den Mantelflächen längs der Stabachse und den beiden Deckflächen quer dazu (bei $Z = 0, L$) besteht. Die Mantelflächen werden lastfrei angenommen, ebenso die Deckfläche bei $Z = L$. Die Deckfläche bei $Z = 0$ soll sich durch konstruktive Maßnahmen weder verschieben noch verdrehen können, sodass bereits ohne Auswertung des mechanischen Prinzips (3.1) dort so genannte *geometrische* Randbedingungen vorgegeben werden:

$$\begin{aligned} &w_x(0,t) = 0, \quad w_y(0,t) = 0, \quad w_z(0,t) = 0, \\ &\varphi_x(0,t) = 0, \quad \varphi_y(0,t) = 0, \quad \varphi_z(0,t) = 0, \quad \forall t \geq 0. \end{aligned} \tag{3.5}$$

Die zugehörigen virtuellen Verrückungen verschwinden dann ebenfalls:

$$\begin{aligned} &\delta w_x(0,t) = 0, \quad \delta w_y(0,t) = 0, \quad \delta w_z(0,t) = 0, \\ &\delta\varphi_x(0,t) = 0, \quad \delta\varphi_y(0,t) = 0, \quad \delta\varphi_z(0,t) = 0, \quad \forall t \geq 0. \end{aligned}$$

Als letztes Detail sollen äußere Flächennormalen, Flächenelemente und virtuelle Verrückungen der lastfreien Oberflächen spezifiziert werden, siehe Abb. 3.4. Für die Teilflächen $X = \pm b/2$ entnimmt man

$$S_X\colon \quad \vec{N} = \pm\vec{e}_X,\ \mathrm{d}A = \mathrm{d}Y\mathrm{d}Z,\ \delta\vec{r}_S = \delta\vec{r}_S\left(X = \pm\frac{b(Z)}{2}\right),\ \delta\phi_S = \delta\phi_S\left(X = \pm\frac{b(Z)}{2}\right),$$

für jene mit $Y = \pm h/2$

$$S_Y\colon \quad \vec{N} = \pm\vec{e}_Y,\ \mathrm{d}A = \mathrm{d}X\mathrm{d}Z,\ \delta\vec{r}_S = \delta\vec{r}_S\left(Y = \pm\frac{h(Z)}{2}\right),\ \delta\phi_S = \delta\phi_S\left(Y = \pm\frac{h(Z)}{2}\right)$$

und für die Deckfläche $Z = L$

$$S_L: \quad \vec{N} = +\vec{e}_Z, \ \mathrm{d}A = \mathrm{d}X\mathrm{d}Y, \ \delta\vec{r}_S = \delta\vec{r}_S(Z = L), \ \delta\phi_S = \delta\phi_S(Z = L).$$

Es wird vermerkt, dass man auch für die Kondensation im Rahmen einer vollständig linearen Theorie auf die Unterscheidung groß und klein gedruckter Indizes hätte verzichten können. Aus den bereits in Abschn. 2.5 genannten Gründen wird diese Unterscheidung jedoch erneut beibehalten.

Jetzt sind alle Vorarbeiten geleistet und es kann die Kondensation des dynamischen Strukturmodells aus dem mechanischen Prinzip (3.1) erfolgen. Da $\vec{\vec{\tau}}$ im Rahmen der in diesem Abschnitt vollständig linearen Theorie mit $\vec{\vec{\sigma}}$ zusammenfällt, verschwindet als erstes das zweite Integral in (3.1). Bei der Kondensation werden immer wieder die flächengeometrischen Parameter

$$\begin{aligned}
\int_A \mathrm{d}A &= A \quad &&\text{(Querschnittsfläche)},\\
\int_A Y^2\mathrm{d}A &= I_X \quad &&\text{(axiales Flächenmoment)},\\
\int_A X^2\mathrm{d}A &= I_Y \quad &&\text{(axiales Flächenmoment)},\\
\int_A (X^2 + Y^2)\mathrm{d}A &= I_\mathrm{p} \quad &&\text{(polares Flächenmoment)}
\end{aligned} \tag{3.6}$$

identifiziert werden, die deshalb auch noch vor der eigentlichen Auswertung benannt worden sind. Nacheinander liefert jetzt nach Einsetzen aller bis hierher erhaltenen Ergebnisse eine längere aber elementare Rechnung das Oberflächenintegral in (3.1)

$$\begin{aligned}
&\oint_S (\vec{s}_{(\vec{N})} - \vec{\vec{\sigma}}\vec{N}) \cdot (\delta\vec{r} + \delta\vec{\phi} \times \vec{r})\,\mathrm{d}A\\
&= \int_{(S_X+S_Y+S_L)} (\vec{0} - \vec{\vec{\sigma}}\vec{N}) \cdot (\delta\vec{r}_S + \delta\vec{\phi}_S \times \vec{r}_{Sp})\,\mathrm{d}A + \int_{(S_0)} (\vec{s}_{(\vec{N})} - \vec{\vec{\sigma}}\vec{N}) \cdot 0\,\mathrm{d}A\\
&= +\lambda A \int_0^L \left[\varphi_{y,Z}\delta w_x - \varphi_{x,Z}\delta w_y - \frac{\mu}{\lambda}(\varphi_x + w_{y,Z})\delta\varphi_x - \frac{\mu}{\lambda}(\varphi_y - w_{x,Z})\delta\varphi_y\right]\mathrm{d}Z\\
&\quad - \mu A\left[(w_{x,Z} - \varphi_y)\delta w_x + (w_{y,Z} + \varphi_x)\delta w_y + \frac{\lambda + 2\mu}{\mu} w_{z,Z}\delta w_z\right]^L\\
&\quad - \mu\left[\frac{\lambda + 2\mu}{\mu}(I_X\varphi_{x,Z}\delta\varphi_x + I_Y\varphi_{y,Z}\delta\varphi_y) - I_\mathrm{p}\varphi_{z,Z}\delta\varphi_z\right]^L
\end{aligned}$$

und das in (3.1) enthaltene Volumenintegral

$$\begin{aligned}
&\int_V (\rho_0 \vec{f} + \operatorname{Div} \vec{\vec{\sigma}} - \rho_0 \vec{a}) \cdot (\delta \vec{r} + \delta \vec{\phi} \times \vec{r})\, \mathrm{d}V \\
&= \int_V (\rho_0 \vec{f} + \operatorname{Div} \vec{\vec{\sigma}} - \rho_0 \vec{a}) \cdot (\delta \vec{r}_S + \delta \vec{\phi}_S \times \vec{r}_{Sp})\, \mathrm{d}V \\
&= \int_0^L A\left[\rho_0 f(Z,t) + \mu w_{x,ZZ} - (\lambda + \mu)\varphi_{y,Z} - \rho_0 w_{x,tt}\right] \delta w_x \mathrm{d}Z \\
&\quad + \int_0^L A\left[\mu w_{y,ZZ} + (\lambda + \mu)\varphi_{x,Z} - \rho_0 w_{y,tt}\right] \delta w_y \mathrm{d}Z \\
&\quad + \int_0^L A\left[(\lambda + 2\mu) w_{z,ZZ} - \rho_0 w_{z,tt}\right] \delta w_z \mathrm{d}Z \\
&\quad + \int_0^L I_X\left[(\lambda + 2\mu)\varphi_{x,ZZ} - \rho_0 \varphi_{x,tt}\right] \delta \varphi_x \mathrm{d}Z \\
&\quad + \int_0^L I_Y\left[(\lambda + 2\mu)\varphi_{y,ZZ} - \rho_0 \varphi_{y,tt}\right] \delta \varphi_y \mathrm{d}Z \\
&\quad + \int_0^L I_\mathrm{p}\left[\mu \varphi_{z,ZZ} - \rho_0 \varphi_{z,tt}\right] \delta \varphi_z \mathrm{d}Z,
\end{aligned}$$

die zusammen ersichtlich die Struktur

$$\int_0^L (\ldots)\, \mathrm{d}Z + [\ldots]^L = 0 \tag{3.7}$$

besitzen. Hinzu kommen natürlich die sechs geometrischen Randbedingungen (3.5) bei $Z = 0$. Aus (3.7) folgen die sechs Feldgleichungen

$$\begin{aligned}
\delta w_x(Z,t) \neq 0:&\quad \mu A(w_{x,ZZ} - \varphi_{y,Z}) - \rho_0 A w_{x,tt} = \rho_0 f(Z,t), \\
\delta w_y(Z,t) \neq 0:&\quad \mu A(w_{y,ZZ} + \varphi_{x,Z}) - \rho_0 A w_{y,tt} = 0, \\
\delta w_z(Z,t) \neq 0:&\quad (\lambda + 2\mu) A w_{z,ZZ} - \rho_0 A w_{z,tt} = 0, \\
\delta \varphi_x(Z,t) \neq 0:&\quad (\lambda + 2\mu) I_X \varphi_{x,ZZ} - \mu A(w_{y,Z} + \varphi_x) - \rho_0 I_X \varphi_{x,tt} = 0, \\
\delta \varphi_y(Z,t) \neq 0:&\quad (\lambda + 2\mu) I_Y \varphi_{y,ZZ} + \mu A(w_{x,Z} - \varphi_y) - \rho_0 I_Y \varphi_{y,tt} = 0, \\
\delta \varphi_z(Z,t) \neq 0:&\quad \mu I_\mathrm{p} \varphi_{z,ZZ} - \rho_0 I_\mathrm{p} \varphi_{z,tt} = 0
\end{aligned} \tag{3.8}$$

und die restlichen sechs *dynamischen* Randbedingungen

$$\begin{aligned}
\delta w_x(L,t) \neq 0: &\quad w_{x,Z}(L,t) - \varphi_y(L,t) = 0,\\
\delta w_y(L,t) \neq 0: &\quad w_{y,Z}(L,t) + \varphi_x(Z,t) = 0,\\
\delta w_z(L,t) \neq 0: &\quad w_{z,Z}(L,t) = 0,\\
\delta \varphi_x(L,t) \neq 0: &\quad \varphi_{x,Z}(L,t) = 0,\\
\delta \varphi_y(L,t) \neq 0: &\quad \varphi_{y,Z}(L,t) = 0,\\
\delta \varphi_z(L,t) \neq 0: &\quad \varphi_{z,Z}(L,t) = 0
\end{aligned} \tag{3.9}$$

für alle $t \geq 0$. Zu den sechs partiellen Differenzialgleichungen als Feldgleichungen, die offensichtlich bezüglich der Zeit t und insbesondere bezüglich der Ortskoordinate Z, worauf es ankommt, alle von zweiter Ordnung sind, treten also insgesamt $2 \cdot 6 = 12$ Randbedingungen hinzu. Dies muss tatsächlich auch so sein, um eine vollständige Integration bezüglich des metrischen Parameters Z eindeutig zu ermöglichen. Die Feldgleichungen (3.8) bilden zusammen mit den Randbedingungen (3.5) und (3.9) das aus der Lehrbuchliteratur bekannte Randwertproblem des bei $Z = 0$ unverschiebbar eingespannten, am anderen Ende bei $Z = L$ freien Timoshenko-Stabes. Im Einzelnen bedeutet also freies Kragende, dass es normal- und querkraftfrei sowie biege- und torsionsmomentenfrei ist.

Werden Verwölbungseffekte in elementarer Beschreibung ohne Wölbbehinderung zugelassen[4], tritt in der Torsionssteifigkeit das so genannte Torsionsflächenmoment I_T an die Stelle von I_p und die Schubsteifigkeit wird durch einen von der Querschnittsgeometrie abhängigen Formfaktor korrigiert.

Die erhaltenen Schwingungsdifferenzialgleichungen (und die dynamischen Randbedingungen) sind in einem globalen gemittelten Sinne den Impuls- und Drehimpulsbilanzen für das Stabinnere und am Rand (bei $Z = L$) äquivalent und lassen sich als dynamische Kräfte- und Momentengleichgewichte unter Einbeziehung der Trägheitswirkungen synthetisch anschaulich interpretieren. Offensichtlich sind bei einer linearen Betrachtungsweise die Biegeschwingungen, die paarweise in der entsprechenden Querverschiebung und dem zugehörigen Neigungswinkel gekoppelt sind, die Längs- und die Torsionschwingungen voneinander entkoppelt. Bezüglich Biege- und Torsionsschwingungen liegt dies daran, dass ein symmetrischer Querschnitt zugrunde gelegt wurde, sodass Flächenschwerpunkt und Schubmittelpunkt zusammenfallen.

Unabhängig von allen angegebenen Details hat sich damit gezeigt, dass eine sinnvolle Kondensation von Strukturmodellen aus den allgemeinen Kontinuumsgleichungen auf der Basis analytischer Arbeitsprinzipe, wie beispielsweise dem Lagrange-d'Alembert-Prinzip, möglich ist.

[4] Eine Torsionstheorie dünnwandiger (offener oder geschlossener) Querschnittsprofile nach Wlassow, auf die beispielsweise [5] eingeht, wird hier nicht diskutiert.

3.2 Direkte Formulierung

Auf der Grundlage ingenieurmäßiger Erfahrung kann die Formulierung niedrigparametriger Strukturmodelle auch direkt angegegangen werden, indem man die inneren Bindungen physikalisch anschaulich einarbeitet.

Synthetische Methoden, die auf verallgemeinerten Kräfte- und Momentengleichgewichten im Sinne d'Alemberts beruhen, werden hier nur in einigen Übungsaufgaben des Abschnitts 3.3 angesprochen. Ansonsonsten werden erneut ausschließlich analytische mechanische Prinzipe an den Anfang gestellt, wobei hier das Prinzip von Hamilton (2.60) zur Anwendung kommen soll:

$$\delta \int_{t_1}^{t_2} (T - U)\,\mathrm{d}t + \int_{t_1}^{t_2} W_\delta\,\mathrm{d}t = 0. \tag{3.10}$$

Nacheinander sind also die kinetische Energie und die potenzielle Energie des Systems sowie die virtuelle Arbeit aller angreifenden potenziallosen Kräfte, zugeschnitten auf das zu betrachtende 1- oder 2-parametrige Strukturmodell, zu bestimmen. Dabei ist dafür zu sorgen, dass ein symmetrischer Spannungstensor vorliegt, damit die Erfüllung der Drehimpulsbilanz gesichert ist.

3.2.1 Einparametrige Strukturmodelle

Exemplarisch werden an dieser Stelle so genannte *Linientragwerke* in Form ursprünglich gerader Stäbe diskutiert, die Querabmessungen besitzen, die sehr viel kleiner als ihre Länge L sind. Sie können im Allgemeinen Zug/Druck, Biegung und Torsion aufnehmen. Es wird angenommen, dass sie homogen sind, sodass eine konstante Dichte ρ_0 vorliegt, und in Ergänzung zu Abschn. 3.1 werden jetzt kein gleichbleibender Querschnitt mehr, sondern schwach veränderliche Abmessungen als $f(Z)$ zugelassen. Dämpfungseinflüsse werden in Abschn. 3.2.3 behandelt, weitere Modifikationen, vor allem die Randbedingungen betreffend, in Abschn. 3.2.4.

Untersucht man zum späteren Vergleich mit den Ergebnissen des Abschn. 3.1 wieder Längs-, Biege- und Torsionsschwingungen gleichermaßen, so kann man im Sinne der klassischen Festigkeitslehre mit guter Genauigkeit annehmen, dass nur Spannungen t_{xz}, t_{yz} und t_{zz} ungleich null auftreten werden, während die restlichen, d. h. t_{xx}, t_{yy} und t_{xy}, verschwinden. Das elastische Stabpotenzial (2.74) mit der Formänderungsenergiedichte (2.72) vereinfacht sich auf

$$U_\mathrm{i} = \frac{1}{2E} \int_V t_{zz}^2 \mathrm{d}V + \frac{1}{2G} \int_V (t_{xz}^2 + t_{yz}^2) \mathrm{d}V, \tag{3.11}$$

woraus mit dem Hookeschen Gesetz (2.71)

$$U_\mathrm{i} = \frac{E}{2} \int_V \varepsilon_{zz}^2 \mathrm{d}V + 2G \int_V (\varepsilon_{xz}^2 + \varepsilon_{yz}^2) \mathrm{d}V \tag{3.12}$$

entsteht. Lässt man dann zunächst Verwölbungseffekte noch außer Acht, wie es für Kreisquerschnitte zutrifft, und diskutiert als Alternative zur Biegetheorie des Timoshenko-Stabes die bereits zu Beginn des Kap. 3 erwähnte Bernoulli-Euler-Theorie, dann gilt anstatt der inneren Bindungsgleichungen (3.4) jetzt

$$\begin{pmatrix} u_x \\ u_y \\ u_z \end{pmatrix} = \begin{pmatrix} 1 & 0 & 0 & -Y \\ 0 & 1 & 0 & X \\ -X\frac{\partial}{\partial Z} & -Y\frac{\partial}{\partial Z} & 1 & 0 \end{pmatrix} \begin{pmatrix} w_x \\ w_y \\ w_z \\ \varphi_z \end{pmatrix}, \tag{3.13}$$

wobei unabhängige Biegewinkel jetzt nicht mehr auftreten, sondern über $w_{x,Z}$ und $w_{y,Z}$ durch die zugehörigen Durchbiegungen w_x und w_y ausgedrückt werden. Die in (3.12) benötigten Verzerrungskoordinaten ε_{ij} werden unter Verwendung von (3.13) direkt aus den Verzerrungs-Verschiebungs-Relationen (2.17) berechnet:

$$\varepsilon_{xz} = -\frac{Y}{2}\varphi_{z,Z}, \quad \varepsilon_{yz} = \frac{X}{2}\varphi_{z,Z},$$
$$\varepsilon_{zz} = w_{z,Z} - Xw_{x,ZZ} - Yw_{y,ZZ}.$$

Mit $\mathrm{d}V = \mathrm{d}A\mathrm{d}Z$ ergibt sich das Zwischenergebnis

$$U_\mathrm{i} = \frac{1}{2}\int_0^L \Big[E\int_A X^2 \mathrm{d}A\, w_{x,ZZ}^2 + E\int_A Y^2 \mathrm{d}A\, w_{y,ZZ}^2 + E\int_A \mathrm{d}A\, w_{z,Z}^2 + G\int_A (X^2+Y^2)\mathrm{d}A \varphi_{z,Z}^2 \Big] \mathrm{d}Z,$$

sodass mit den jetzt im Allgemeinen von Z abhängigen flächengeometrischen Parametern (3.6) ein Stabpotenzial

$$U_\mathrm{i} = \frac{1}{2}\int_0^L \left(EI_Y w_{x,ZZ}^2 + EI_X A w_{y,ZZ}^2 + EAw_{z,Z}^2 + GI_\mathrm{p}\varphi_{z,Z}^2 \right) \mathrm{d}Z \tag{3.14}$$

resultiert. Um das Torsionspotenzial unter Berücksichtigung von Verwölbungseffekten wirklichkeitsnaher zu beschreiben, wird oft die axiale Verschiebung w_z nach St. Venant unter Definition einer Verwölbungsfunktion $\psi(X, Y)$ per Ansatz um $\psi(X, Y)\varphi_{z,Z}$ ergänzt[5].

[5] Wie man die Verwölbungsfunktion für einen beliebigen Vollquerschnitt aus dem so genannten Prandtlschen Membrananalogon bestimmen kann, wird in der Festigkeitslehre erörtert.

Anstatt $\int_A (X^2 + Y^2)\, dA = I_p$ in (3.14) ergibt sich $\int_A \left[(X + \psi_{,Y})^2 + (-Y + \psi_{,X})^2\right] dA$, und diesen Flächenparameter bezeichnet man dann als Torsionsflächenmoment I_T. Sieht man wie schon in Abschn. 2.1 von Gewichtseinflüssen ab und betrachtet wie dort einen Kragträger, treten weitere potenzielle Energieanteile nicht auf, und es gilt hier

$$U = U_i. \tag{3.15}$$

Zur Auswertung der kinetischen Energie (2.56) ist der Geschwindigkeitsvektor $\vec{v} = u_{k,t}\vec{e}_k$ eines Masseteilchens zu bestimmen. Aus dem Lagevektor $\vec{u} = u_k\vec{e}_k$ kann dieser unter Berücksichtigung der inneren Bindungen (3.13), der stets getroffenen Vereinbarung, dass man Verwölbungseffekte in der kinetischen Energie außer Acht lässt, und der im Rahmen der Bernoulli-Euler-Theorie üblichen Annahme, dass man auch Drehträgheiten vernachlässigt[6], durch entsprechende Differenziation gewonnen werden:

$$\begin{aligned} \vec{u} &= (w_x - Y\varphi_z)\vec{e}_x + (w_y + X\varphi_z)\vec{e}_y + w_z\vec{e}_z \\ \Longrightarrow \vec{v} &= (w_{x,t} - Y\varphi_{z,t})\vec{e}_x + (w_{y,t} + X\varphi_{z,t})\vec{e}_y + w_{z,t}\vec{e}_z. \end{aligned} \tag{3.16}$$

Damit wird die kinetische Energie

$$T = \frac{\rho_0}{2}\int_0^L \left(\int_A dA(w_{x,t}^2 + w_{y,t}^2 + w_{z,t}^2) + \int_A (X^2 + Y^2) dA \varphi_{z,t}^2 \right) dZ,$$

d. h.

$$T = \frac{\rho_0}{2}\int_0^L A(w_{x,t}^2 + w_{y,t}^2 + w_{z,t}^2) dZ + \frac{\rho_0}{2}\int_0^L I_p \varphi_{z,t}^2 dZ. \tag{3.17}$$

Als potenziallose Wirkung soll wie bereits in Abschn. 3.1 allein eine Erregerkraft in $\vec{e}_x$-Richtung wirken, die jetzt hier sofort als Streckenlast $p(Z,t)$ formuliert werden kann. Somit gilt

$$W_\delta = \int_0^L p(Z,t)\delta w_x dZ, \tag{3.18}$$

und das Prinzip von Hamilton (3.10) lässt sich vollständig auswerten. Führt man dabei Variationen von Ableitungen der Verschiebungen und des Torsionswinkels unter Beachten

[6] Berücksichtigt man diese, spricht man vom so genannten Rayleigh-Stab.

der Tatsache, dass an den Zeitgrenzen nicht variiert wird, durch Produktintegration auf Variationen in den Verschiebungen und dem Torsionswinkel zurück, ergibt sich

$$
\begin{aligned}
&\int_0^L \left[-\rho_0 A w_{x,tt} - (EI_Y w_{x,ZZ})_{,ZZ} + p(Z,t)\right] \delta w_x \mathrm{d}Z \\
&+ \left[EI_Y w_{x,ZZ} \delta w_{x,Z}\right]_0^L - \left[(EI_Y w_{x,ZZ})_{,Z} \delta w_x\right]_0^L \\
&+ \int_0^L \left[-\rho_0 A w_{y,tt} - \left(EI_X w_{y,ZZ}\right)_{,ZZ}\right] \delta w_y \mathrm{d}Z \\
&+ \left[EI_X w_{y,ZZ} \delta w_{y,Z}\right]_0^L - \left[\left(EI_X w_{y,ZZ}\right)_{,Z} \delta w_y\right]_0^L \\
&+ \int_0^L \left[-\rho_0 A w_{z,tt} + (EA w_{z,Z})_{,Z}\right] \delta w_z \mathrm{d}Z - \left[EA w_{z,Z} \delta w_z\right]_0^L \\
&+ \int_0^L \left[-\rho_0 I_\mathrm{P} \varphi_{z,tt} + (GI_\mathrm{T} \varphi_{z,Z})_{,Z}\right] \delta \varphi_z \mathrm{d}Z - \left[GI_\mathrm{T} \varphi_{z,Z} \delta \varphi_z\right]_0^L = 0.
\end{aligned}
$$

Am Ende des Stabes bei $Z = 0$ soll eine starre Einspannung vorliegen, sodass dort alle Verschiebungen, die Neigungswinkel und der Torsionswinkel null sind:

$$
\begin{aligned}
w_x(0,t) = 0, \quad w_{x,Z}(0,t) = 0, \quad w_y(0,t) = 0, \quad w_{y,Z}(0,t) = 0,& \\
w_z(0,t) = 0, \quad \varphi_z(0,t) = 0, \quad \forall t \geq 0.&
\end{aligned}
\tag{3.19}
$$

Damit sind auch die zugehörigen Variationen null. Um den verbleibenden Ausdruck zum Verschwinden zu bringen, müssen nach dem Fundamentallemma der Variationsrechnung die Feldterme und die Randterme jeweils einzeln verschwinden. Da in den Feldtermen die auftretenden Variationen ungleich null sind und am Kragende bei $Z = L$ ohne geometrische Zwangsbedingungen dasselbe gilt, ergeben sich damit die vier partiellen Bewegungsdifferenzialgleichungen

$$
\begin{aligned}
\rho_0 A w_{x,tt} + (EI_Y w_{x,ZZ})_{,ZZ} &= p(Z,t), \\
\rho_0 A w_{y,tt} + \left(EI_X w_{y,ZZ}\right)_{,ZZ} &= 0, \\
\rho_0 A w_{z,tt} - (EA w_{z,Z})_{,Z} &= 0, \\
\rho_0 I_\mathrm{P} \varphi_{z,tt} - (GI_\mathrm{T} \varphi_{z,Z})_{,Z} &= 0
\end{aligned}
\tag{3.20}
$$

und die restlichen dynamischen Randbedingungen[7]

$$w_{x,ZZ}(L,t) = 0, \quad w_{x,ZZZ}(L,t) = 0, \quad w_{y,ZZ}(L,t) = 0, \quad w_{y,ZZZ}(L,t) = 0,$$
$$w_{z,Z}(L,t) = 0, \quad \varphi_{z,Z}(L,t) = 0, \quad \forall t \geq 0. \tag{3.21}$$

Erneut ist, hier im Rahmen der Bernoulli-Euler-Theorie, das freie Kragende dadurch gekennzeichnet, dass es sowohl normal- und querkraftfrei als auch biege- und torsionsmomentenfrei ist.

Die Differenzialgleichungen besitzen im Allgemeinen ortsabhängige Koeffizienten und die Biegeschwingungsgleichungen sind jetzt vierter Ordnung in Z. Deshalb treten auch für sie insgesamt jeweils vier Randbedingungen auf. An der Gesamtzahl der Randbedingungen hat sich mit 12 offensichtlich nichts geändert. Anstelle der jeweils paarweise gekoppelten Differenzialgleichungen zweiter Ordnung in der Querverschiebung und dem Neigungswinkel des Timoshenko-Stabes hat man jetzt jeweils eine für die Querverschiebung allein des Bernoulli-Euler-Stabes, die eben vierter Ordnung sind. Bezüglich der Torsionsschwingungsgleichung ist anzumerken, dass es bei der Einspannung zu Wölbbehinderungen kommt, sodass im Rahmen einer genaueren Theorie Zusatzterme in der betreffenden Feldgleichung auftreten und sich auch die Ordnung der Differenzialgleichung (in Z) ändert. Darauf wird hier allerdings nicht eingegangen.

3.2.2 Zweiparametrige Strukturmodelle

Beispielhaft werden hier so genannte *ebene Flächentragwerke* behandelt, deren Dicke h sehr viel kleiner als die beiden anderen Abmessungen ist, bei einem Flächentragwerk mit Rechteckform die Breite a und die Tiefe b, siehe Abb. 3.5a.

Wird das kartesische $\vec{e}_K = \vec{e}_k$-Bezugssystem in die Mittelebene des Flächentragwerks gelegt mit $\vec{e}_z$ als äußere Flächennormale der (z. B.) oberen Deckfläche, können parallel zur Mittelfläche Zug/Druck und Schub sowie senkrecht dazu Biegung übertragen werden. Damit sind im Rahmen des so postulierten *ebenen Spannungszustandes* die Spannungen t_{zz} und t_{xz}, t_{yz} vernachlässigbar klein. Mit den verbleibenden Spannungen $t_{xx}, t_{yy}, t_{xy} \neq 0$ kann – Homogenität des Materials vorausgesetzt – die Formänderungsenergie in Spannungen oder rechentechnisch günstiger in gemischter Schreibweise einfach angegeben werden:

$$U_{\mathrm{i}} = \frac{1}{2} \int_V \left(t_{xx}\varepsilon_{xx} + t_{yy}\varepsilon_{yy} + 2t_{xy}\varepsilon_{xy} \right) \mathrm{d}V. \tag{3.22}$$

[7] Ist nämlich $EIw_{,ZZ} = 0$, $(EIw_{,ZZ})_{,Z} = 0$ gleichzeitig erfüllt, folgt wegen $EI \neq 0$ tatsächlich $w_{,ZZ} = 0$ und $w_{,ZZZ} = 0$.

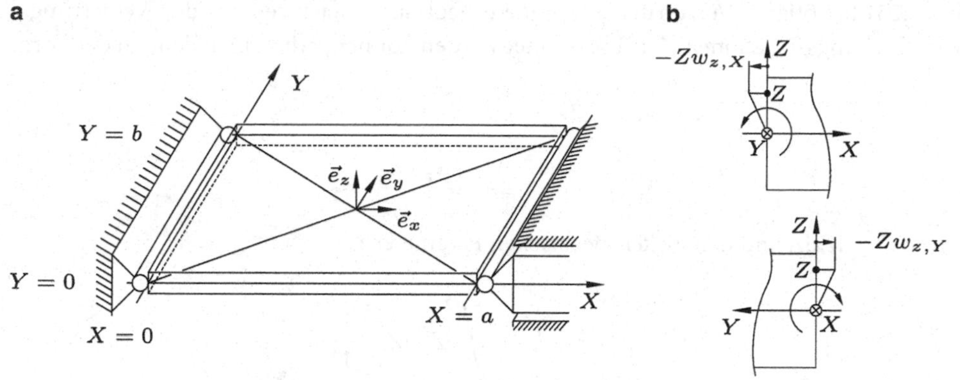

Abb. 3.5 Ebenes Flächentragwerk. **a** Geometrie und Lagerung, **b** Kinematik der Biegung

Mit dem Hookeschen Gesetz (2.71) und anschließender Umkehrung können über

$$t_{xx} = \frac{E}{1-\nu^2}(\varepsilon_{xx} + \nu\varepsilon_{yy}), \quad t_{yy} = \frac{E}{1-\nu^2}(\varepsilon_{yy} + \nu\varepsilon_{xx}), \quad t_{xy} = \frac{E}{1+\nu}\varepsilon_{xy}$$

die Spannungen t_{ij} durch die Verzerrungen ε_{ij} ausgedrückt werden, und man erhält eine Formulierung

$$U_\mathrm{i} = \frac{E}{2(1-\nu^2)} \int_A \int_{-h/2}^{+h/2} \left(\varepsilon_{xx}^2 + 2\nu\varepsilon_{xx}\varepsilon_{yy} + \varepsilon_{yy}^2\right) \mathrm{d}Z\,\mathrm{d}A + \frac{E}{(1+\nu)} \int_A \int_{-h/2}^{+h/2} \varepsilon_{xy}^2 \mathrm{d}Z\,\mathrm{d}A \quad (3.23)$$

der Formänderungsenergie in Verzerrungsgrößen.

Wird bezüglich Biegung vom Analogon zur Bernoulli-Euler-Theorie, der so genannten Kirchhoff-Theorie ausgegangen, die postuliert, dass bei Biegung sämtliche ebenen Querschnitte senkrecht zur undeformierten Mittelebene des Flächentragwerks während der Verformung senkrecht zur verformten Mittelfläche bleiben (siehe Abb. 3.5b), ergeben sich die inneren Bindungsgleichungen ganz entsprechend:

$$\begin{pmatrix} u_x \\ u_y \\ u_z \end{pmatrix} = \begin{pmatrix} 1 & 0 & -Z\frac{\partial}{\partial X} \\ 0 & 1 & -Z\frac{\partial}{\partial Y} \\ 0 & 0 & 1 \end{pmatrix} \begin{pmatrix} w_x \\ w_y \\ w_z \end{pmatrix}.$$

Es treten allerdings nur noch drei voneinander unabhängige Verschiebungen w_x, w_y und w_z eines materiellen Mittelflächenpunktes ohne einen Torsionswinkel auf, und die Biegewinkel sind über $w_{z,X}$ und $w_{z,Y}$ mit der zugehörigen Durchbiegung w_z verknüpft. Die in (3.23) benötigten Verzerrungen ε_{ij}, die erneut am einfachsten aus den Verzerrungs-Verschiebungs-Relationen (2.17) berechnet werden können, erhält man dann in der Form

$$\varepsilon_{xx} = w_{x,X} - Zw_{z,XX}, \quad \varepsilon_{yy} = w_{y,Y} - Zw_{z,YY},$$
$$\varepsilon_{xy} = \frac{1}{2}(w_{x,Y} + w_{y,X}) - Zw_{z,XY}.$$

Mit $dV = dZdA$ und den dickenspezifischen Parametern

$$\int_{-h/2}^{+h/2} dZ = h, \quad \int_{-h/2}^{+h/2} Z^2 dZ = \frac{h^3}{12},$$

die im Allgemeinen von den metrischen Parametern X, Y abhängen können, ergibt sich nach Integration über die Dickenkoordinate das Endergebnis für das elastische Potenzial

$$U_i = \frac{E}{2(1-\nu^2)} \int_A h(X,Y)\left[w_{x,X}^2 + w_{y,Y}^2 + 2\nu w_{x,X} w_{y,Y} + \frac{1-\nu}{2}(w_{x,Y} + w_{y,X})^2\right] dA$$
$$+ \frac{E}{2\cdot 12(1-\nu^2)} \int_A h^3(X,Y)\left[w_{z,XX}^2 + w_{z,YY}^2 + 2\nu w_{z,XX} w_{z,YY} + 2(1-\nu) w_{z,XY}^2\right] dA \tag{3.24}$$

des ebenen Flächentragwerks, dessen Plattenanteil bereits von Kirchhoff angegeben wurde. Sieht man wieder von Gewichtseinflüssen ab und betrachtet eine unverschiebbare, gelenkige Lagerung bei $X = \pm a/2$ mit spannungsfreien Rändern des Flächentragwerks bei $Y = \pm b/2$ (siehe nochmals Abb. 3.5a), treten weitere Potenzialanteile nicht auf, und es gilt erneut

$$U = U_i.$$

Für die kinetische Energie (2.56) hat man eine entsprechende Rechnung wie in Abschn. 3.2.1 durchzuführen, die sogar einfacher ist als dort. Wieder werden Drehträgheiten bezüglich Biegung üblicherweise vernachlässigt, und man erhält einfach

$$T = \frac{\rho_0}{2} \int_A h(X,Y)\left(w_{x,t}^2 + w_{y,t}^2 + w_{z,t}^2\right) dA. \tag{3.25}$$

Als potenziallose Wirkung soll ganz ähnlich wie in Abschn. 3.2.1 eine erregende Flächenlast $p(X,Y,t)$ in $\vec{e}_z$-Richtung wirken, sodass

$$W_\delta = \int_A p(X,Y,t)\delta w_z dA \tag{3.26}$$

gilt. Die Auswertung des Prinzips von Hamilton (3.10) liefert – hier für den vereinfachten Fall *konstanter* Dicke[8] – dann ein Randwertproblem in Form von drei Feldgleichungen

$$\begin{aligned}
\rho_0 h w_{x,tt} - \frac{Eh}{1-\nu^2}\left[w_{x,XX} + \nu w_{y,XY} + \frac{1-\nu}{2}(w_{x,YY} + w_{y,XY})\right] &= 0,\\
\rho_0 h w_{y,tt} - \frac{Eh}{1-\nu^2}\left[w_{y,YY} + \nu w_{x,XY} + \frac{1-\nu}{2}(w_{x,YX} + w_{y,XX})\right] &= 0,\\
\rho_0 h w_{z,tt} + \frac{Eh^3}{12(1-\nu^2)}(w_{z,XXXX} + 2w_{z,XXYY} + w_{z,YYYY}) &= p(X,Y,t)
\end{aligned} \tag{3.27}$$

und entsprechenden, insgesamt sechzehn teils geometrischen teils dynamischen Randbedingungen

$$\begin{aligned}
w_x\left(\pm\frac{a}{2}, Y, t\right) = 0, \quad w_y\left(\pm\frac{a}{2}, Y, t\right) &= 0,\\
w_{y,X}\left(X, \pm\frac{b}{2}, t\right) + w_{x,Y}\left(X, \pm\frac{b}{2}, t\right) &= 0,\\
w_{y,Y}\left(X, \pm\frac{b}{2}, t\right) + \nu w_{x,X}\left(X, \pm\frac{b}{2}, t\right) &= 0,\\
w_z\left(\pm\frac{a}{2}, Y, t\right) = 0, \; w_{z,XX}\left(\pm\frac{a}{2}, Y, t\right) &= 0,\\
w_{z,YY}\left(X, \pm\frac{b}{2}, t\right) + \nu w_{z,XX}\left(X, \pm\frac{b}{2}, t\right) &= 0,\\
w_{z,YYY}\left(X, \pm\frac{b}{2}, t\right) + (2-\nu) w_{z,XXY}\left(X, \pm\frac{b}{2}, t\right) &= 0 \quad \forall t \geq 0.
\end{aligned} \tag{3.28}$$

Ersichtlich haben sich zwei voneinander entkoppelte Randwertprobleme ergeben. Das erste ist ein gekoppeltes Paar partieller Differenzialgleichungen zweiter Ordnung in den Ortskoordinaten X, Y (mit entsprechenden acht Randbedingungen) für die Verschiebungen w_x und w_y parallel zur Mittelfläche des Tragwerks und beschreibt Dehnungs- und Schubschwingungen in der Ebene des Tragwerks. Man spricht in diesem Falle von *Scheiben*-Schwingungen, die dafür maßgebende Steifigkeit $D = Eh/(1-\nu^2)$ wird entsprechend als Dehnsteifigkeit (der Scheibe) bezeichnet. Das zweite Randwertproblem in Form einer partiellen Einzeldifferenzialgleichung vierter Ordnung in X und Z (mit ebenfalls acht Randbedingungen) für die Verschiebung w_z senkrecht zur Mittelfläche des Tragwerks beschreibt seine Biegeschwingungen, die auch *Platten*-Schwingungen genannt werden. Die zugeordnete Steifigkeit $K = Eh^3/[12(1-\nu^2)]$ ist die Biegesteifigkeit (der Platte). Die zugrunde gelegten inneren Bindungen zur Beschreibung der Biegeschwingungen beruhen wie bereits erwähnt auf der Kirchhoffschen Plattentheorie. Berücksichtigt man Schubverformung und Drehträgheit, kommt man zur Mindlinschen Plattentheorie, dem 2-parametrigen Analogon zum Timoshenko-Stab, das hier aber nicht näher untersucht wird[9].

---

[8] Für eine ortsveränderliche Dicke $h(X,Y)$ ergeben sich insbesondere in der Plattengleichung eine Reihe von Zusatztermen, siehe [2].

[9] Drehträgheit bei Platten wird in Übungsaufgabe 6.7 des Abschn. 6.4 aufgegriffen.

3.2.3 Dämpfungseinflüsse

Am Beispiel gerader Stäbe (gemäß Abschn. 3.2.2 im Sinne der Hypothesen von St. Venant bezüglich Torsion und Bernoulli-Euler bezüglich Biegung) werden ergänzend zu den bisherigen Überlegungen zunächst Dämpfungseinflüsse diskutiert.

Zwei Dämpfungsmechanismen sind von Interesse, *äußere* und *innere* Dämpfung. Die äußere Dämpfung wird geschwindigkeitsproportional angesetzt, sodass eine virtuelle Arbeit zur Erfassung linearer äußerer Dämpfung in der Form

$$W_\delta = -k_a \rho_0 \int_0^L A\vec{v} \cdot \delta\vec{u}\,\mathrm{d}Z$$

physikalisch anschaulich ist. Wird darin die Geschwindigkeit eines Masseteilchens gemäß (3.16) und deren Variation eingesetzt, ergibt sich[10]

$$W_\delta = -k_a \rho_0 \int_0^L \left[A(w_{x,t}\delta w_x + w_{y,t}\delta w_y + w_{z,t}\delta w_z) + I_p \varphi_{z,t}\delta\varphi_z\right]\mathrm{d}Z \qquad (3.29)$$

als eine adäquate Formulierung. Eine Proportionalität zur Massen- bzw. Drehmassenverteilung ist nicht selbstverständlich, ist doch auch bei Schwingungen von Stäben unmittelbar physikalisch plausibel, dass die maßgebende Geschwindigkeit jene der Staboberfläche ist. Diese wird im Allgemeinen nicht durch das Produkt von Massenbelegung und Geschwindigeit der Stabachse bzw. von Drehmasse pro Länge und Drehgeschwindigkeit repräsentiert. Wie sich noch zeigen wird, ist allerdings die hier vorgeschlagene Modellierung rechentechnisch besonders bequem, sodass sie im vorliegenden Buch ausschließlich verwendet wird.

Innere Dämpfung berücksichtigt Materialdämpfung eines viskoelastischen Stabwerkstoffes. Da dann zunächst nicht klar ist, wie sich die Materialeigenschaften in ihre elastischen und viskosen Anteile aufspalten, geht man von der virtuellen Arbeitsdichte in der Form

$$(W_I)^*_\delta = -t_{ij}\delta\varepsilon_{ij} = -\delta U^*_i + (W_i)^*_\delta \qquad (3.30)$$

aus. Man bringt das Materialgesetz

$$t_{zz} = E\left(1 + k_i \frac{\partial}{\partial t}\right)\varepsilon_{zz}, \quad t_{xz} = G\left(1 + k_{di}\frac{\partial}{\partial t}\right)\varepsilon_{xz}, \quad t_{yz} = G\left(1 + k_{di}\frac{\partial}{\partial t}\right)\varepsilon_{yz}$$

eines linear viskoelastischen Stabwerkstoffes ein und ebenso die Verzerrungs-Verschiebungs-Zusammenhänge (3.12) für Stäbe bzw. deren Variation. Anstelle der allgemeinen

[10] Wird auch noch Drehträgheit bezüglich Biegung in Betracht gezogen, erhält man zwei weitere Beitäge, siehe die Behandlung rotierender Wellen in Abschn. 5.5.

Formulierung gemäß Fußnote 24 in Abschn. 2.4 in Lamé-Konstanten wird hier mit den üblichen technischen Materialkonstanten gearbeitet, die bereits auf Stäbe (mit $t_{xx} = t_{yy} = t_{xy} = 0$) zugeschnitten sind. Nach Volumenintegration (bei konstanten Querschnittsabmessungen) ergibt sich die in (3.30) angesprochene rechtsseitige Aufteilung mit der virtuellen Arbeit

$$(W_\mathrm{i})_\delta = -\int_0^L [k_\mathrm{i} E(I_X w_{x,ZZt} \delta w_{x,ZZ} + I_Y w_{y,ZZt} \delta w_{y,ZZ} + A w_{z,Zt} \delta w_{z,Z}) + k_{\mathrm{di}} G I_\mathrm{T} \varphi_{z,Zt} \delta \varphi_{z,Z}] \mathrm{d}Z \tag{3.31}$$

und dem elastischen Potenzial U_i gemäß (3.14).

Offensichtlich ist die Formulierung (3.31) zur Erfassung der inneren Dämpfung, die auch als Rayleigh-Dämpfung bezeichnet wird, steifigkeitsproportional, sodass insgesamt zur Beschreibung von Dämpfungseinflüssen sowohl massen- (bzw. drehmassen-) und steifigkeitsproportionale Ansätze üblich und auch adäquat sind. Im Ergebnis werden diese Annahmen *proportionaler* Dämpfung als so genannte *Bequemlichkeitshypothese* bezeichnet, weil sie bei der Lösung von Schwingungsproblemen mit Dämpfung erhebliche rechentechnische Erleichterungen nach sich ziehen. Darauf wird in den nachfolgenden Kapiteln noch näher eingegangen.

In der Realität ist in aller Regel weder die innere noch die äußere Dämpfung entscheidend. Meistens sind Reibungsverluste an Fügestellen z. B. bei Schraubverbindungen die Quelle mechanischer Energiedissipation, die häufig auch bei Randbedingungen die Ursache notwendiger Modifikationen darstellen. In der Praxis werden diese Energieverluste oft durch eine Art innere Dämpfung berücksichtigt, deren Dämpfungsparameter k_i als so genannte hysteretische oder *Struktur*dämpfung frequenzabhängig modelliert wird, beispielsweise bei harmonischen Schwingungen umgekehrt proportional zur Erregerkreisfrequenz. Bei transienten Schwingungserscheinungen führt die Einführung einer derartigen Strukturdämpfung allerdings zu Inkonsistenzen, die sich beispielsweise in einer Verletzung von Kausalitätsbedingungen widerspiegeln. Deshalb wird im Weiteren auf diese hysteretische Dämpfung nicht mehr eingegangen. In [1] werden im Rahmen einer breiten Literaturübersicht Wege angedeutet, wie man *nichtproportionale* Dämpfungsmechanismen adäquat beschreiben kann.

Insgesamt sind jedoch die Informationen zu Dämpfungsmechanismen und charakteristischen Dämpfungsparametern auch heute alles andere als lückenlos. In der technischen Schwingungslehre begnügt man sich deshalb in den meisten Fällen mit den einfachen Ansätzen im Sinne der Bequemlichkeitshypothese.

3.2.4 Modifikationen einparametriger Strukturmodelle

Ebenfalls am Beispiel gerader Stäbe werden abschließend in diesem Kapitel Verallgemeinerungen in den Feldgleichungen und den Randbedingungen, insbesondere infolge lokal konzentrierter Massen (oder Federn), angesprochen.

Als erstes wird eine elastische Bettung berücksichtigt, die im Rahmen einer linearen Theorie verschiebungsproportional gewählt wird. Analog zur Formulierung der äußeren Dämpfung kann man die zugehörige virtuelle Arbeit in der Form

$$W_\delta = -c_\mathrm{a}\rho_0 \int_0^L A\vec{u}\cdot\delta\vec{u}\,\mathrm{d}Z$$

angeben und entsprechend auswerten. Weil eine elastische Bettung konservativ ist, kann man das erhaltene Ergebnis auf ein Potenzial zurückführen:

$$U_\mathrm{B} = \frac{\rho_0}{2}\int_0^L c_\mathrm{a}\left[A(w_x^2 + w_y^2 + w_z^2) + I_\mathrm{p}\varphi_z^2\right]\mathrm{d}Z.$$

Zu den verteilten Steifigkeiten und Massen (bzw. Drehmassen) können lokal konzentrierte Federn und Massen hinzutreten, die an jeder Stelle $0 \le Z \le L$ denkbar sind. Liegt diese Stelle irgendwo zwischen den Stabenden bei $Z = a$, $0 < a < L$, entsteht dadurch ein 2-Feld-System, das aus den Bereichen $0 \le Z \le a$ und $a \le Z \le L$ zusammengesetzt ist. Es ergeben sich für jedes separate Feld (übereinstimmende) Feldgleichungen, Randbedingungen bei $Z = 0$ für das erste und bei $Z = L$ für das zweite Feld, die durch eine entsprechende Zahl von so genannten *Übergangs*bedingungen bei $Z = a$ das Randwertproblem beider Bereiche und damit doppelter Ordnung in Z vervollständigen. Zur Vermeidung dieser Komplikation werden als einfacherer Sachverhalt lokal konzentrierte Wirkungen an einem der Stabenden, z. B. bei $Z = L$ vorgesehen. Es ergibt sich damit nach wie vor ein Einfeldproblem, allerdings mit komplizierteren Randbedingungen, wie man dem Beispiel am Ende dieses Abschnitts entnehmen kann. Besitzt die betreffende Masse M bezüglich der Stablängsachse auch ein Massenträgheitsmoment, J genannt (Drehträgheiten bei Biegung mögen vernachlässigt werden), dann hat man zunächst einmal eine zusätzliche kinetische Energie

$$T_L = \frac{M}{2}\left[w_{x,t}^2(L,t) + w_{y,t}^2(L,t) + w_{z,t}^2(L,t)\right] + \frac{J}{2}\varphi_{z,t}^2(L,t).$$

Nimmt man weiterhin an, dass das Kragende elastisch gestützt ist und zwar durch 3 verschiebungsproportionale Dehnfedern mit den jeweiligen Federkonstanten C_x, C_y, C_z und 3 winkelproportionale Drehfedern mit den jeweiligen Drehfederkonstanten $C_{\mathrm{d}x}, C_{\mathrm{d}y}, C_{\mathrm{d}z}$, dann tritt auch noch ein ergänzendes Federpotenzial auf:

$$U_L = \frac{C_x}{2}w_x^2(L,t) + \frac{C_y}{2}w_y^2(L,t) + \frac{C_z}{2}w_z^2(L,t) + \frac{C_{\mathrm{d}x}}{2}\varphi_x^2(L,t) + \frac{C_{\mathrm{d}y}}{2}\varphi_y^2(L,t) + \frac{C_{\mathrm{d}z}}{2}\varphi_z^2(L,t).$$

Schließlich soll auch noch der Gewichtseinfluss diskutiert werden und zwar für einen Stab mit Endmasse bei $Z = L$. Gewichtskräfte sind konservativ und können folglich durch ein

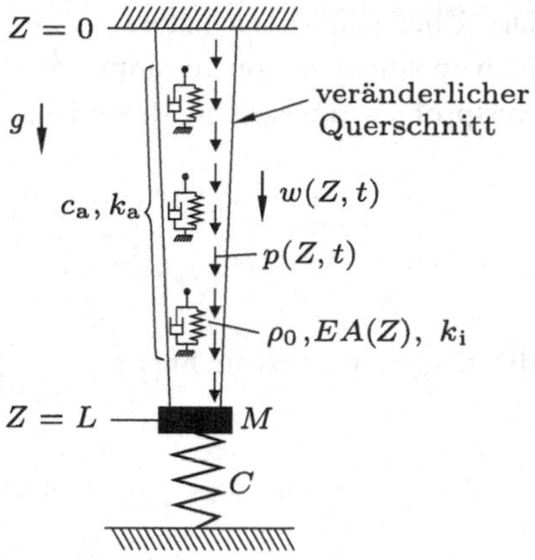

Abb. 3.6 Längsschwingender Stab

Potenzial U_G erfasst werden. Nimmt man in aller Allgemeinheit an, dass der Vektor der Erdbeschleunigung durch

$$\vec{g} = g\left(\cos\alpha\vec{e}_x + \cos\beta\vec{e}_y + \cos\gamma\vec{e}_z\right)$$

mit den Richtungscosinus $\cos\alpha, \cos\beta, \cos\gamma$ von $\vec{g}$ bezüglich der Basis $\vec{e}_k$ gegeben ist und legt das Nullniveau beispielsweise in den Koordinatenursprung, so kann das Schwerepotenzial zu

$$\begin{aligned} U_G = g&\left[\int_0^L \rho_0 A\left(w_x\cos\alpha + w_y\cos\beta + w_z\cos\gamma\right)\mathrm{d}Z\right] \\ &+ Mg\left[w_x(L,t)\cos\alpha + w_y(L,t)\cos\beta + w_z(L,t)\cos\gamma\right] \end{aligned}$$

ausgewertet werden[11].

Beispiel 3.1 Am einfachsten Fall eines Stabes gemäß Abb. 3.6, der nur (erzwungene) Längsschwingungen $w(Z,t)$ ausführen soll, werden die Konsequenzen der Verallgemeinerungen und Schlussfolgerungen daraus diskutiert. Der viskoelastische Stab (Dichte ρ_0, Elastizitätskonstante E, Materialdämpfungskonstante k_i) der Länge L besitzt die ortsveränderliche Querschnittsfläche $A(Z)$. Er schwingt im Schwerkraftfeld der Erde (Erdbeschleunigung g in Richtung der positiven Z-Achse), ist entlang der Stabachse elastisch gebettet (Bettungskonstante c_a), und auch äußere Dämpfungseinflüsse (Dämpfungskonstante k_a) werden berücksichtigt. Das Stabende bei $Z = 0$ ist unverschiebbar befestigt, während das andere Ende bei $Z = L$ elastisch (Federkonstante C) gestützt ist und eine Punktmasse M trägt. Zwischen den Stabenden wirkt eine erregende Streckenlast $p(Z,t)$.

[11] Anteile, die beim Variieren keine Beiträge zum resultierenden Randwertproblem liefern, sind bereits weggelassen worden.

Der Übersichtlichkeit halber werden zunächst noch einmal alle Energieanteile für das Prinzip von Hamilton zusammengestellt und daran anschließend das maßgebende Randwertproblem angegeben. Man erhält für die gesamte kinetische Energie

$$T = \frac{\rho_0}{2} \int_0^L A w_{,t}^2 \mathrm{d}Z + \frac{M}{2} w_{,t}^2(L,t),$$

die gesamte potenzielle Energie

$$U = \frac{1}{2} \int_0^L EA w_{,Z}^2 \mathrm{d}Z - \rho_0 g \int_0^L A w \mathrm{d}Z - Mgw(L,t) + \frac{\rho_0 c_\mathrm{a}}{2} \int_0^L A w^2 \mathrm{d}Z + \frac{C}{2} w^2(L,t)$$

und die virtuelle Arbeit aller potenziallosen Kräfte

$$W_\delta = -k_\mathrm{a} \rho_0 \int_0^L A w_{,t} \delta w \mathrm{d}Z - k_\mathrm{i} E \int_0^L (A w_{,Zt}) \delta w_{,Z} \mathrm{d}Z + \int_0^L p(Z,t) \delta w \mathrm{d}Z.$$

Die Auswertung des Prinzips von Hamilton (3.10) liefert das maßgebende Randwertproblem, bestehend aus der Feldgleichung

$$\rho_0 A(w_{,tt} + k_\mathrm{a} w_{,t} + c_\mathrm{a} w) - (EA w_{,Z})_{,Z} - k_\mathrm{i}(EA w_{,Zt})_{,Z} = p(Z,t) + \rho_0 A g, \tag{3.32}$$

der geometrischen Randbedingung

$$w(0,t) = 0, \quad \forall t \geq 0 \tag{3.33}$$

und der dynamischen Randbedingung

$$EA(L)\left(1 + k_\mathrm{i} \frac{\partial}{\partial t}\right) w_{,Z}(L,t) + [M w_{,tt}(L,t) + C w(L,t)] = Mg, \quad \forall t \geq 0. \tag{3.34}$$

Die angesprochene Bequemlichkeitshypothese ist evident: die äußere Dämpfung ist der Massenbelegung $\rho_0 A$ und die innere Dämpfung der Dehnsteifigkeit EA proportional. Die hier vorliegende dynamische Randbedingung (3.34) ist als Kräftebilanz am Stabende $Z = L$ zu interpretieren und ist ersichtlich allgemeiner als eine reine Spannungsvorgabe. Sie ist ein Beispiel für so genannte Cauchysche Randbedingungen, die offensichtlich bei ingenieurtechnischen Aufgabenstellungen häufiger als reine Neumannsche Spannungsrandbedingungen auftreten. Anstelle der elastischen Abstützung des Kopfendes über die Feder mit der Federkonstanten C könnte verallgemeinernd über die Parallelschaltung eines geschwindigkeitsproportionalen Dämpfers mit der Dämpferkonstanten K auch eine viskoelastische Anbindung an die Umgebung vorgesehen werden. ■

Wie in [4] bewiesen wurde, lassen sich lokal konzentrierte Wirkungen mittels Delta-Distributionen $\delta_\mathrm{D}(Z)$ von den Randbedingungen (oder bei mehreren Bereichen auch von den Übergangsbedingungen) unter Vereinfachung der Rand- oder Übergangsbedingungen in die Feldgleichungen „verschieben“. Dies soll hier nicht allgemein gezeigt, sondern zunächst für das gerade behandelte Beispiel 3.1 angewandt werden.

Beispiel 3.2 Eine äquivalente Beschreibung des Randwertproblems (3.32)–(3.34) kann in der Form

$$m^* w_{,tt} + \rho_0 A k_\mathrm{a} w_{,t} + c_\mathrm{a}^* w - (EAw_{,Z})_{,Z} - k_\mathrm{i}(EAw_{,Zt})_{,Z} = p(Z,t) + \rho_0 A g,$$

$$m^*(Z) = \rho_0 A(Z) + M\delta_\mathrm{D}(Z-L), \quad c_\mathrm{a}^*(Z) = \rho_0 A(Z) c_\mathrm{a} + C\delta_\mathrm{D}(Z-L)$$

$$w(0,t) = 0, \quad EA(L)\left(1 + k_\mathrm{i}\frac{\partial}{\partial t}\right) w_{,Z}(L,t) = Mg, \quad \forall t \geq 0$$

angegeben werden. Es besitzt in der Feldgleichung kompliziertere ortsabhängige Koeffizienten, hat aber neben der unveränderten geometrischen Randbedingung eine signifikant einfachere dynamische Randbedingung, die wieder eine reine Spannungsrandbedingung darstellt. ■

Die anhand des Beispiels gezogenen Schlussfolgerungen werden dem Leser in späteren Abschnitten noch häufiger begegnen und sind insbesondere bei Näherungsverfahren hilfreich.

3.3 Übungsaufgaben

Aufgabe 3.1 Synthetische Ermittlung des Randwertproblems für Längsschwingungen eines Stabes aus Beispiel 3.1 (ohne Gewichtseinfluss). Zur Herleitung der maßgebenden Feldgleichung schneide man ein allgemeines Stabelement frei, bringe alle wirkendenden Kräfte einschließlich der Trägheitswirkungen an, formuliere im Sinne d'Alemberts ein generalisiertes Kräftegleichgewicht und werte es entsprechend aus. Zur Angabe der dynamischen Randbedingung am unteren Stabende gehe man analog vor, indem man die dort angebrachte Punktmasse freischneidet.

Lösung Die Freikörperbilder eines Stabelements und der Punktmasse sind in Abb. 3.7 zu sehen. Mit $\Delta P = p(Z,t)\Delta Z$, $\Delta B = c_\mathrm{a} m(Z) w \Delta Z$, $\Delta T = m(Z) w_{,tt} \Delta Z$, $\Delta D_\mathrm{a} = d_\mathrm{a} m(Z) w_{,t} \Delta Z$ sowie $N(Z) = EA(Z)\left(1 + d_\mathrm{i}\frac{\partial}{\partial t}\right) w_{,Z}$, woraus im Sinne des ersten Gliedes einer Taylor-Entwicklung $\Delta N = \frac{\partial N(Z)}{\partial Z}\Delta Z$ folgt, kann die verlangte Auswertung des generalisierten Kräftegleichgewichts geleistet werden. Man erhält das in Beispiel 3.1 angegebene Ergebnis. Die Auswertung der Kräftebilanz der Punktmasse mit $F_\mathrm{M} = M w_{,tt}(L,t)$, $F_\mathrm{F} = Cw(L,t)$ und $N(L)$ gemäß $N(Z)$ verläuft analog und liefert die dynamische Randbedingung aus Beispiel 3.1. Die geometrische Randbedingung bei $Z = 0$ ist wie in Beispiel 3.1 vorzugeben.

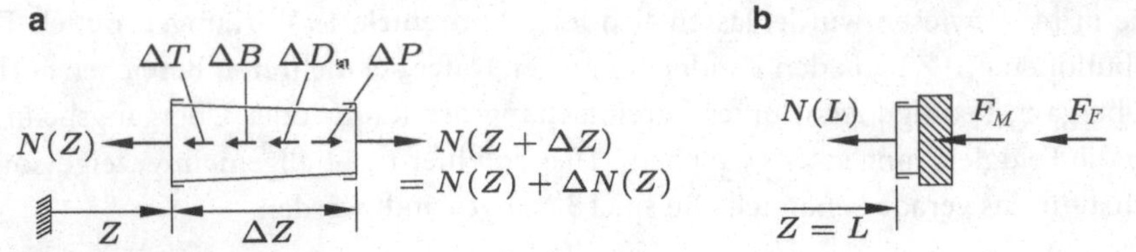

Abb. 3.7 Freikörperbilder. **a** Stabelement, **b** Punktmasse

Abb. 3.8 Problembeschreibung, Aufgabe 3.3

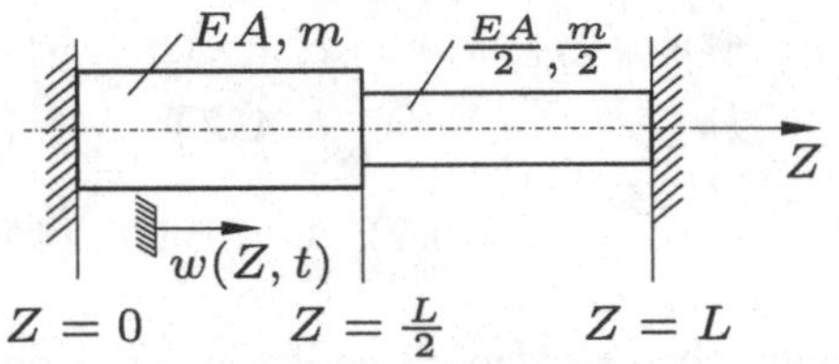

Aufgabe 3.2 Synthetische Ermittlung des Randwertproblems für Biegeschwingungen $u(Z,t)$ eines Bernoulli-Euler-Stabes aus Abschn. 3.2.2. Wie dort sollen alle Nebeneinflüsse vernachlässigt werden, allein eine erregende Streckenlast $p(Z,t)$ soll Berücksichtigung finden. Die Befestigung des Stabes bei $Z = 0$ und $Z = L$ bleibt ebenfalls ungeändert. Zur Herleitung der maßgebenden Feldgleichung ist erneut unter Anbringen aller Kraft- und Momentenwirkungen einschließlich der Trägheitswirkungen ein allgemeines Stabelement freizuschneiden.

Lösungshinweise Die ausführliche Lösung wird in Abschn. 5.2.1 dargelegt. Es ist dabei zu beachten, dass wegen der Vernachlässigung von Schubverformung im Rahmen der Bernoulli-Euler-Theorie der Biegewinkel durch die Querverschiebung ausgedrückt werden kann. Daneben gilt die Differenzialgleichung der elastischen Linie für das Schnittmoment $M(Z)$, während die Querkraft $Q(Z)$ mit $M(Z)$ aufgrund der Vernachlässigung von Drehträgheit im Rahmen der klassischen Biegetheorie einfach zusammenhängt. Die Auswertung des Kräftegleichgewichts in Querrichtung im Sinne d'Alemberts liefert die Bewegungsgleichung $(EIu_{,ZZ})_{ZZ} + mu_{,tt} = p(Z,t)$. Die Randbedingungen der starren Einspannung bei $Z = 0$ und des querkraft- und biegemomentenfreien Stabendes bei $Z = L$ können anschaulich hinzugefügt werden: $u(0,t) = 0$, $u_{,Z}(0,t) = 0$, $u_{,ZZ}(L,t) = 0$, $u_{,ZZZ}(L,t) = 0 \;\forall t \geq 0$.

Aufgabe 3.3 Längsschwingungen $w(Z,t)$ eines Stabes mit stückweise konstanten Querschnittsdaten EA, m und $EA/2$, $m/2$, siehe Abb. 3.8. Der Stab ist an den äußeren Enden bei $Z = 0$ und L unverschiebbar gelagert. Wie lautet das beschreibende Randwertproblem unter Verwendung des Prinzips von Hamilton samt Rand- und Übergangsbedingungen bei $Z = 0, L$ und $Z = L/2$?

Abb. 3.9 Problembeschreibung, Aufgabe 3.4

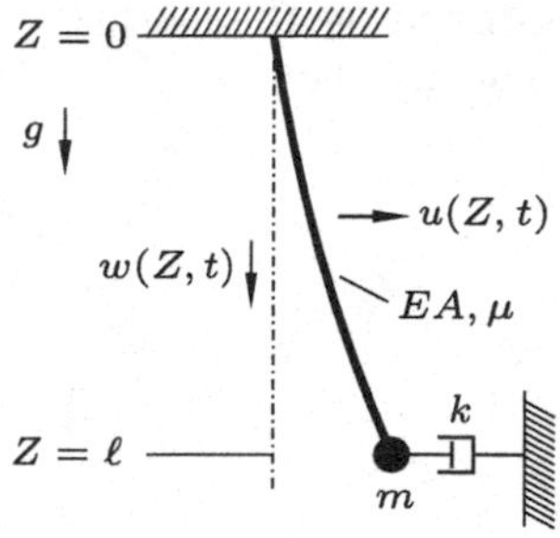

Lösung Die benötigten Energieanteile sind $T = m\int_0^{L/2} w_{,t}^2 \mathrm{d}Z/2 + m\int_{L/2}^{L} w_{,t}^2 \mathrm{d}Z/4$, $U_\mathrm{i} = EA\int_0^{L/2} w_{,Z}^2 \mathrm{d}Z/2 + EA\int_0^{L/2} w_{,Z}^2 \mathrm{d}Z/4$, $W_\delta = 0$. Die Auswertung ist dann einfach, wobei besonderes Augenmerk den Übergangsbedingungen gilt.

Aufgabe 3.4 Koppelschwingungen eines „eindimensionalen" Einfeld-Kontinuums gemäß Abb. 3.9. Es ist das Randwertproblem zur Beschreibung der nichtlinear gekoppelten Längs- und Querschwingungen eines durch sein Eigengewicht (Erdbeschleunigung g) vorgespannten, biegeschlaffen, dehnbaren Seils (Länge ℓ, Masse pro Länge μ = const, Dehnsteifigkeit EA = const) mit punktförmiger Endmasse m herzuleiten. Dämpfungseinflüsse werden durch einen an der Endmasse angreifenden geschwindigkeitsproportionalen Dämpfer (Dämpferkonstante k) berücksichtigt.

Lösung Zur Anwendung des Prinzips von Hamilton (3.10) benötigt man alle darin auftretenden Energieterme. Für die kinetische Energie ergibt sich $T = \mu\int_0^{\ell}(u_{,t}^2 + w_{,t}^2)\mathrm{d}Z/2 + m[u_{,t}^2(\ell) + w_{,t}^2(\ell)]/2$ und für die Potenziale (siehe Kap. 9) $U_\mathrm{i} = EA\int_0^{\ell}\left(w_{,Z} + \frac{u_{,Z}^2}{2}\right)^2 \mathrm{d}Z/2$, $U_\mathrm{a} = -\mu g\int_0^{\ell}(Z + w)\mathrm{d}Z - mg[\ell + w(\ell)]$. Die virtuelle Arbeit ist $W_\delta = -ku_{,t}(\ell)\delta u(\ell)$. Die Auswertung liefert die gekoppelten Feldgleichungen $-\mu w_{,tt} + EA\left(w_{,Z} + \frac{u_{,Z}^2}{2}\right)_{,Z} + \mu g = 0$, $-\mu u_{,tt} + EA\left[\left(w_{,Z} + \frac{u_{,Z}^2}{2}\right)u_{,Z}\right]_{,Z} = 0$ und die zugehörigen Randbedingungen $w(0) = 0$, $mu_{,tt}(\ell) + EA\left[w_{,Z}(\ell) + \frac{u_{,Z}^2(\ell)}{2}\right] - mg = 0$, $u(0) = 0$, $mu_{,tt}(\ell) + EA\left[w_{,Z}(\ell) + \frac{u_{,Z}^2(\ell)}{2}\right]u_{,Z}(\ell) + ku_{,t}(\ell) = 0 \; \forall t \geq 0$.

Aufgabe 3.5 Stabbiegeschwingungen in Hybridkoordinaten gemäß Abb. 3.10. Für die Messung der Eigenfrequenzen einer Turbinenschaufel wird das frei drehbar gelagerte, starre Turbinenrad (Drehmasse J, Außenradius r) über eine (weiche) Spiralfeder (Federkonstante c_d) an die Umgebung angekoppelt. Die stabförmige, elastische Schaufel (Länge ℓ, Masse pro Länge μ = const, Biegesteifigkeit EI = const) ist bei $Z = 0$ starr im Turbinenrad eingespannt und am anderen Ende frei. Nach einer Anfangsstörung führen Rad und Schaufel Drehschwingungen $\varphi(t)$ um die Gleichgewichtslage $\varphi = 0$ und zusätzliche kleine

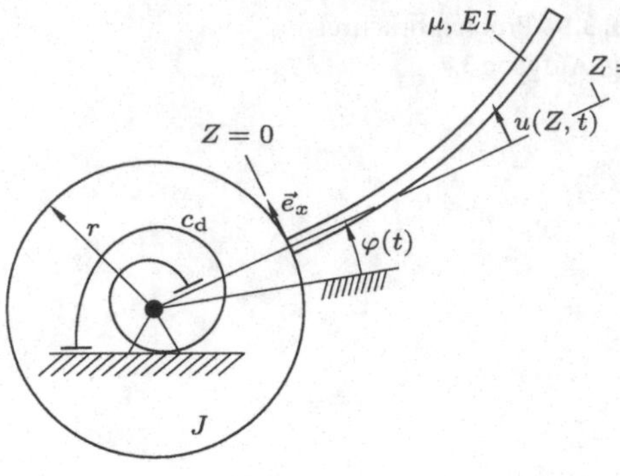

Abb. 3.10 Problembeschreibung, Aufgabe 3.5

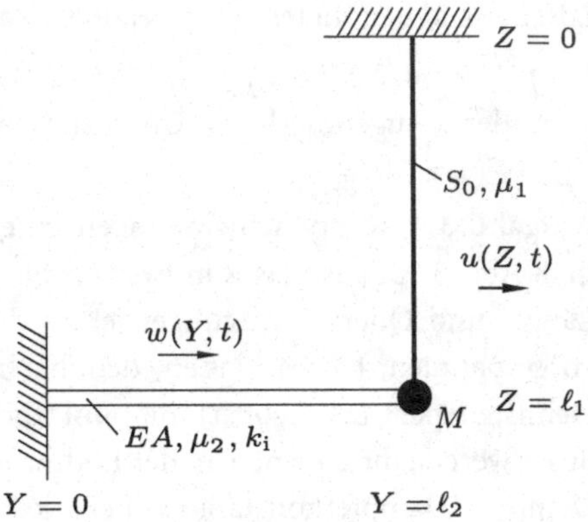

Abb. 3.11 Problembeschreibung, Aufgabe 3.6

Biegeschwingungen $u(Z,t)$ aus (der Gewichtseinfluss ist zu vernachlässigen). Man leite das Randwertproblem für die Koppelschwingungen $\varphi(t)$ und $u(Z,t)$ her.

Lösung Zur Berechnung der kinetischen Energie benötigt man die Geschwindigkeit eines materiellen Schaufelelementes. Für kleine Schwingungen ist eine lineare Beschreibung $\vec{v} = \left[(r+Z)\dot{\varphi}+u_{,t}\right]\vec{e}_x$ ausreichend, sodass man für die kinetische Energie $T = \frac{J}{2}\dot{\varphi}^2 + \frac{\mu}{2}\int_0^\ell \left[(r+Z)\dot{\varphi}+u_{,t}\right]^2 \mathrm{d}Z$ erhält. Die Formänderungsenergie ist $U_\mathrm{i} = \frac{EI}{2}\int_0^\ell u_{,ZZ}^2 \mathrm{d}Z$ und für das Federpotenzial ergibt sich $U_\mathrm{a} = \frac{c_\mathrm{d}}{2}\varphi^2$. Damit kann das Prinzip von Hamilton (3.10) ausgewertet werden; es folgt das beschreibende Randwertproblem $\mu\left[(r+Z)\ddot{\varphi}+u_{,tt}\right] + EIu_{,ZZZZ} = 0$, $\left(J + \mu\int_0^\ell (r+Z)^2 \mathrm{d}Z\right)\ddot{\varphi} + \mu\int_0^\ell (r+Z)u_{,tt}\mathrm{d}Z + c_\mathrm{d}\varphi = 0$; $u(0) = 0$, $u_{,Z}(0) = 0$, $u_{,ZZ}(\ell) = 0$, $u_{,ZZZ}(\ell) = 0 \;\forall t \geq 0$.

Aufgabe 3.6 Koppelschwingungen eines Zweifeld-Systems gemäß Abb. 3.11. Eine starre, in horizontaler Y-Richtung reibungsfrei bewegliche Masse M ist zum einen über einen ebenfalls horizontalen (viskoelastischen) Stab (Länge ℓ_2, Dehnsteifigkeit EA = const, Masse pro Länge μ_2 = const, Dämpfungskonstante k_i) und zum anderen über eine durch $S = S_0$ = const in Längsrichtung vorgespannte, vertikal ausgerichtete (elastische) Saite (Länge ℓ_1, längenbezogene Masse μ_1 = const) an die Umgebung angeschlossen. Die kleinen

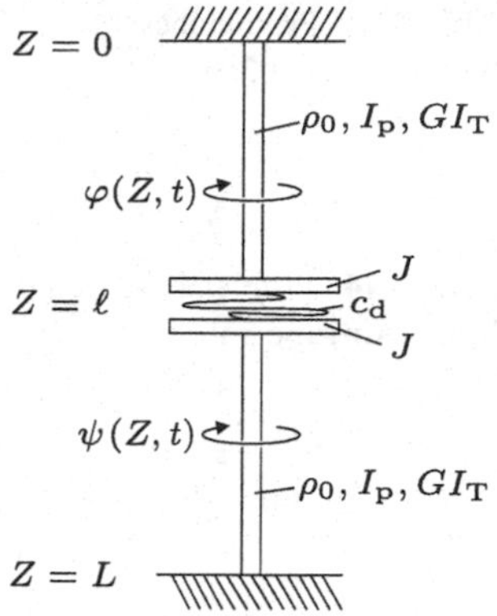

Abb. 3.12 Problembeschreibung, Aufgabe 3.7

Schwingungen des Systems werden durch die Längsschwingungen $w(Y, t)$ des Stabes und die Querschwingungen $u(Z, t)$ der Saite beschrieben. Das maßgebende Randwertproblem ist herzuleiten, wobei der Schwerkrafteinfluss zu vernachlässigen ist.

Lösung Die maßgebenden Energieterme (siehe auch Kap. 5) lauten $T = \frac{\mu_1}{2} \int_0^{\ell_1} u_{,t}^2 \mathrm{d}Z + \frac{\mu_2}{2} \int_0^{\ell_2} w_{,t}^2 \mathrm{d}Y + \frac{M}{2} u_{,t}^2(\ell_1)$, $U = U_\mathrm{i} = \frac{S_0}{2} \int_0^{\ell_1} u_{,Z}^2 \mathrm{d}Z + \frac{EA}{2} \int_0^{\ell_2} w_{,Y}^2 \mathrm{d}Y$, $W_\delta = k_\mathrm{i} EA \int_0^{\ell_1} w_{,Yt} \delta w_{,Y} \mathrm{d}Y$, sodass die Auswertung des Prinzips von Hamilton (3.10) einfach geleistet werden kann: $-\mu_1 u_{,tt} + S_0 u_{,ZZ} = 0$, $-\mu_2 w_{,tt} + EA(w_{,YY} + k_\mathrm{i} w_{,YYt}) = 0$; $w(0) = 0$, $u(0) = 0$, $u(\ell_1) = w(\ell_2)$, $M u_{,tt}(\ell_1) + S u_{,Z}(\ell_1) + EA\big[w_{,Y}(\ell_2) + k_\mathrm{i} w_{,Yt}(\ell_2)\big] = 0 \ \forall t \geq 0$.

Aufgabe 3.7 Koppelschwingungen eines Durchlauf-„Trägers" gemäß Abb. 3.12. Es sind die Bewegungsgleichungen und Rand- bzw. Übergangsbedingungen für das Torsionsschwingungsverhalten einer in einen Wellenstrang eingebauten elastischen Kupplung herzuleiten. Das Ersatzmodell besteht aus zwei stabförmigen Wellen (Längen ℓ, $L - \ell$, Torsionssteifigkeit GI_T = const, längenbezogenes Massenträgheitsmoment $\rho_0 I_\mathrm{p}$ = const), die über zwei starre Kupplungsscheiben (Massenträgheitsmoment J) elastisch (Drehfederkonstante c_d) miteinander verbunden sind. Das gesamte System dreht sich mit konstanter Winkelgeschwindigkeit ω und führt überlagerte Torsionsschwingungen $\varphi(Z, t)$ und $\psi(Z, t)$ aus. Dämpfungseinflüsse bleiben außer Acht.

Lösung Wenn konstante Anteile infolge der Starrkörperdrehung weggelassen werden, erhält man nacheinander für die kinetische Energie $T = \frac{\rho_0 I_\mathrm{p}}{2}\big(\int_0^\ell \varphi_{,t}^2 \mathrm{d}Z + \int_\ell^L \psi_{,t}^2 \mathrm{d}Z\big) + J[\varphi_{,t}^2(\ell) + \psi_{,t}^2(\ell)]/2$, die potenzielle Energie $U = \frac{GI_\mathrm{T}}{2}\big(\int_0^\ell \varphi_{,Z}^2 \mathrm{d}Z + \int_\ell^L \psi_{,Z}^2 \mathrm{d}Z\big) + \frac{c_\mathrm{d}}{2}\big[\varphi(\ell) - \psi(\ell)\big]^2$ und die virtuelle Arbeit $W_\delta = 0$. Die Auswertung des Prinzips von Hamilton (3.10) liefert damit die Torsionsschwingungsgleichungen $-\rho_0 I_\mathrm{p} \varphi_{,tt} + GI_\mathrm{T} \varphi_{,ZZ} = 0$ $(0 < Z < \ell)$, $-\rho_0 I_\mathrm{p} \psi_{,tt} + GI_\mathrm{T} \psi_{,ZZ} = 0$ $(\ell < Z < L)$, die Randbedingungen $\varphi(0) = 0$, $\psi(L) = 0$ und die Übergangsbedingungen $J\varphi_{,tt} + GI_\mathrm{T}\varphi_{,Z} + c_\mathrm{d}(\varphi - \psi)\big|_{Z=\ell} = 0$, $-J\psi_{tt} + GI_\mathrm{T}\psi_{,Z} + c_\mathrm{d}(\varphi - \psi)\big|_{Z=\ell} = 0 \ \forall t \geq 0$.

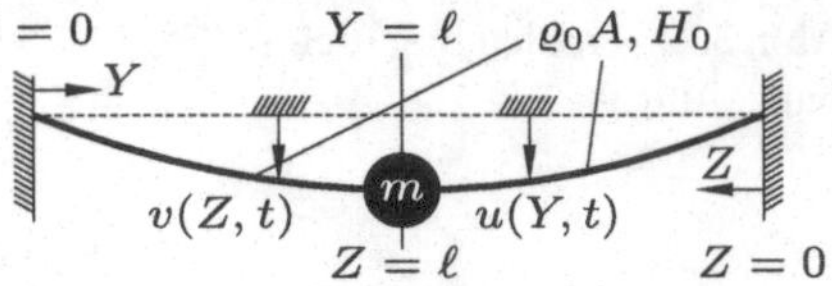

Abb. 3.13 Problembeschreibung, Aufgabe 3.8

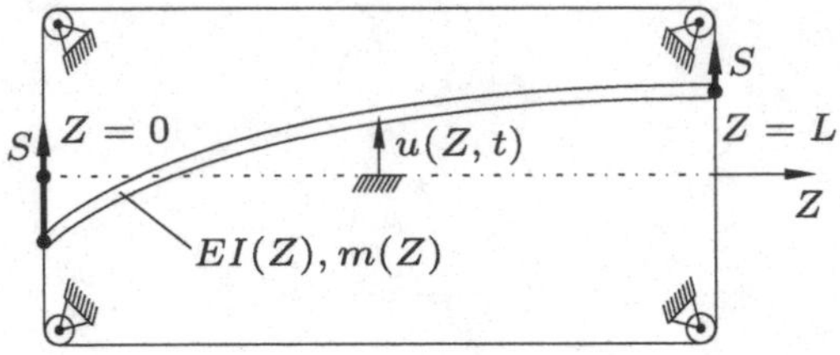

Abb. 3.14 Problembeschreibung, Aufgabe 3.9

Aufgabe 3.8 Querschwingungen $u(Y,t)$ bzw. $v(Z,t)$ eines Zweifeld-Systems (Bereich I: $0 \leq Y \leq \ell$, Bereich II: $0 \leq Z \leq \ell$) aus Saite (Gesamtlänge 2ℓ) mit konstanter Massenbelegung $\rho_0 A = \mu$ unter konstanter Vorspannung H_0, links und rechts unverschiebbar befestigt und mittigem Massenpunkt (Masse m), siehe Abb. 3.13. Die beiden Feldgleichungen mit Rand- und Übergangsbedingungen sind mit Hilfe des Prinzips von Hamilton zu ermitteln.

Aufgabe 3.9 Biegeschwingungen $u(Z,t)$ eines elastischen Stabes (Biegesteifigkeit $EI(Z)$, Massenbelegung $m(Z)$) gemäß Abb. 3.14. Charakteristisch sind im vorliegenden Fall die undehnbaren Seilzüge, die die Randbedingungen am linken und rechten Stabende bei $Z=0$ und $Z=L$ als Folge der vorgegebeen Seilkraft S koppeln. Für die biegemomentenfrei gelagerten Stabenden werden nämlich links und rechts (betragsmäßig) gleiche Ausschläge erzwungen. Mit Hilfe des Prinzips von Hamilton ist das zugehörige Randwertproblem herzuleiten. Die erhaltenen Randbedingungen sind anschaulich zu interpretieren.

Lösungshinweise Für die Bewegungsgleichung ergeben sich keine Besonderheiten. Als Randbedingungen erhält man $u(0,t) = -u(L,t)$, $u_{,ZZ}(0,t) = 0$, $u_{,ZZ}(L,t) = 0$ sowie $(EIu_{,ZZ})_{,Z}|_{0,t} = -(EIu_{,ZZ})_{,Z}|_{L,t} = S \; \forall t \geq 0$.

Literatur

1. Adhikari, S.: Damping Models for Structural Vibrations. PhD thesis, Univ. of Cambridge (2000)
2. Hagedorn, P.: Technische Schwingungslehre, Bd. 2: Lineare Schwingungen kontinuierlicher mechanischer Systeme. Springer, Berlin/Heidelberg/New York (1989)
3. Riemer, M.: Equations of Motion of a Flexible Rotor with Axially Loose Disc. In: Kim, J. H., Yang, W.-J. (Eds.) Dynamics of Rotating Machinery: Proc. 3rd Int. Symp. on Transport Phenomena and Dynamics of Rotating Machinery, Part II, S. 675–692. Hemisphere Publ. Corp., New York/Washington/Philadelphia/London, 1992
4. Riemer, M.: Technische Kontinuumsmechanik. BI Wiss.-Verl., Mannheim/Leipzig/Wien/Zürich (1993)
5. Stephan, W., Postl, R.: Schwingungen elastischer Kontinua. Teubner, Stuttgart (1995)

Lösungstheorie

4

Zusammenfassung

Es werden die Grundlagen der anzuwendenden Lösungstheorien vorgestellt. Für freie Schwingungen sind dies der Bernoullische Produktansatz, Grundlagen der Funktionalanalysis, die Formulierung des zugehörigen Eigenwertproblems und seine strenge sowie näherungsweise Lösung. Für erzwungene Schwingungen ist die Formulierung des zeitfreien Zwangsschwingungsproblems und dessen Lösung mittels geignetem Lösungsansatz, Greenscher Resolvente sowie Modalanalysis wichtig, aber auch die direkte Lösung des orts- und zeitabhängigen Problems mit Hilfe eines gemischten Ritz-Ansatzes.

Alle Aussagen werden anhand der Kategorie 1-parametriger Strukturmodelle mit einem metrischen Parameter als unabhängig Variable erläutert. Verallgemeinerungen für 2-parametrige Strukturmodelle und allgemein 3-dimensionale schwingende Kontinua werden teilweise bereits hier erwähnt und in den Kap. 6 und 7 ergänzend angesprochen. Die Behandlung der mathematischen Problemstellungen steht im Vordergrund, der oft bereits angesprochene physikalische Rahmen wird aber erst in den folgenden Kapiteln ausgefüllt.

Es erscheint zweckmäßig, bei der Darstellung der Lösungstheorie auch bei gekoppelten partiellen Differenzialgleichungen zu einer kompakten Formulierung als Einzelgleichung zu gelangen. Im Rahmen einer angepassten Matrizenschreibweise lässt sich dies erreichen. Führt man nämlich geeignete Differenzialoperatoren $\mathcal{M}, \mathcal{D}$ und $\mathcal{K}$ bezüglich der Ortsvariablen Z in Matrixform ein[1], die nach den Regeln der Matrizenproduktbildung auf die Spaltenmatrix $\boldsymbol{q}(Z,t)$ der Deformationsvariablen „einwirken", so lassen sich die Feldgleichungen strukturdynamischer Koppelprobleme in der Form

$$\mathcal{M}[\boldsymbol{q}_{,tt}] + \mathcal{D}[\boldsymbol{q}_{,t}] + \mathcal{K}[\boldsymbol{q}] = \boldsymbol{p}(Z,t), \quad a < Z < b \tag{4.1}$$

[1] Bei den geschwindigkeits- und lageproportionalen Anteilen wird hier davon ausgegangen, dass so genannte gyroskopische und zirkulatorische Wirkungen (noch) fehlen und nur Dämpfungs- und konservative Steifigkeitseinflüsse vorliegen.

J. Wauer, *Kontinuumsschwingungen*, DOI 10.1007/978-3-8348-2242-0_4,

© Springer Fachmedien Wiesbaden 2014

tatsächlich als eine partielle Matrizen-Differenzialgleichung zweiter Ordnung (in der Zeit) schreiben. Rechtsseitig ist auch die Erregung in „Vektor"form $\boldsymbol{p}(Z,t)$ einer Spaltenmatrix angegeben. Rand- und Anfangsbedingungen lassen sich ebenfalls matriziell formulieren. Die Größen a und b definieren die Länge des betrachteten 1-parametrigen Strukturmodells.

Beispiel 4.1 Timoshenko-Stab aus Abschn. 3.1, wobei nur seine Biegeschwingungen in der X, Z-Ebene diskutiert werden sollen. Das Randwertproblem reduziert sich (mit den kürzeren Bezeichnungen $w_x \to u$, $\varphi_y \to \varphi$, $I_X \to I$) sowie den üblichen technischen Elastizitätskonstanten und Steifigkeitsmaßen[2] auf die beiden gekoppelten Feldgleichungen

$$\begin{aligned} -GA_S(u_{,ZZ} - \varphi_{,Z}) + \rho_0 A u_{,tt} &= \rho_0 f(Z,t), \\ -EI\varphi_{,ZZ} - GA_S(u_{,Z} - \varphi) + \rho_0 I \varphi_{,tt} &= 0 \end{aligned} \tag{4.2}$$

mit den vier Randbedingungen

$$u(0,t) = 0, \quad \varphi(0,t) = 0, \quad GA_S[u_{,Z}(L,t) - \varphi(L,t)] = 0, \quad EI\varphi_{,Z}(L,t) = 0 \ \forall t \geq 0. \tag{4.3}$$

Die erwähnten Feld-Matrizen hat man dann zur Beschreibung der Feldgleichungen (4.2) in der Form

$$\begin{aligned} &\mathcal{M} \equiv \boldsymbol{M} = \rho_0 \begin{pmatrix} A & 0 \\ 0 & I \end{pmatrix}, \quad \mathcal{K} = \begin{pmatrix} -GA_S(\,.\,)_{,ZZ} & GA_S(\,.\,)_{,Z} \\ -GA_S(\,.\,)_{,Z} & GA_S(\,.\,) - EI(\,.\,)_{,ZZ} \end{pmatrix}, \\ &\mathcal{D} \equiv \boldsymbol{D} = \boldsymbol{0}, \quad \boldsymbol{q} = (u, \varphi)^{\top}, \quad \boldsymbol{p}(Z,t) = [\rho_0 f(Z,t), 0]^{\top} \end{aligned} \tag{4.4}$$

zu definieren, um die gewünschte Formulierung (4.1) zu erhalten. Die Randbedingungen (4.3) (etwas verallgemeinert) lauten matriziell

$$\boldsymbol{q}(0,t) = \boldsymbol{0}, \quad \mathcal{D}_L[\boldsymbol{q}_{,t}(L,t)] + \mathcal{K}_L[\boldsymbol{q}(L,t)] = \boldsymbol{0} \tag{4.5}$$

mit

$$\mathcal{K}_L = \begin{pmatrix} GA_S(L)(\,.\,)_{,Z} & -GA_S(L)(\,.\,) \\ 0 & EI(L)(\,.\,)_{,Z} \end{pmatrix}, \quad \mathcal{D}_L \equiv \boldsymbol{D}_L = \boldsymbol{0}. \tag{4.6}$$

Die Einbeziehung von Dämpfung ist problemlos, wie später bei rotierenden Wellen in Abschn. 5.5 gezeigt wird. ■

In vielen (aber nicht in allen) Fällen lassen sich gekoppelte Systeme partieller Differenzialgleichungen wieder auf skalare Einzel-Differenzialgleichungen höherer Ordnung (sowohl im Ort als auch in der Zeit) äquivalent umschreiben.

---

[2] Diese werden ausführlich in Abschn. 5.2.5 erläutert, insbesondere auch die Unterscheidung von A und A_S.

Selbstverständlich lässt sich auch die eingeführte Operatorschreibweise (4.1) auf partielle Einzel-Differenzialgleichungen anwenden, indem man die Operatoren $\mathcal{M}, \mathcal{D}$ und $\mathcal{K}$ in Matrixform auf Einzeloperatoren reduziert.

Beispiel 4.2 Längsschwingungen $w(Z,t)$ eines geraden viskoelastischen Stabes (Länge L, Dehnsteifigkeit $EA(Z)$, Masse pro Längeneinheit $m(Z)$) ohne äußere Erregung, siehe Beispiel 3.1 aus Abschn. 3.2.4). Sind die Enden des Stabes wie dort gelagert, so ergibt sich das Anfangs-Randwert-Problem

$$-[EA(Z)w_{,Z}]_{,Z} - k_{\mathrm{i}}[EA(Z)w_{,Zt}]_{,Z} + m(Z)w_{,tt} = 0, \quad 0 < Z < L, \tag{4.7}$$

$$w(0,t) = 0, \quad EA(L)[w_{,Z}(L,t) + k_{\mathrm{i}}w_{,Zt}(L,t)] = 0, \quad 0 \leq t, \tag{4.8}$$

$$w(Z,0) = g(Z), \quad w_{,t}(Z,0) = h(Z), \quad 0 \leq Z \leq L, \tag{4.9}$$

worin $g(Z)$ und $h(Z)$ die ortsabhängige Anfangsverteilung von Lage und Geschwindigkeit bezeichnen. Die (hier homogene) Differenzialgleichung ist von zweiter Ordnung in Ort und Zeit und vom so genannten *hyperbolischen* Typ. Für EA, m = const schreibt man sie im dämpfungsfreien Fall mit der so genannten *Wellengeschwindigkeit* $c = \sqrt{\frac{EA}{\mu}}$ der Längswellen auch als so genannte *Wellengleichung*

$$-c^2 w_{,ZZ} + w_{,tt} = 0, \tag{4.10}$$

die die Basisgleichung der Seismik und Akustik darstellt. Mit

$$\mathcal{M} = m, \quad \mathcal{K} = [EA(\,.\,)_{,Z}]_{,Z}, \quad \mathcal{D} = k_{\mathrm{i}}\mathcal{K}, \quad \boldsymbol{q} = u,$$
$$\boldsymbol{p}(Z,t) = 0, \quad \mathcal{K}_L = [EA(L)(\,.\,)_{,Z}], \quad \mathcal{D}_L = k_{\mathrm{i}}\mathcal{K}_L$$

bettet sich damit auch die partielle Einzeldifferenzialgleichung (4.7) mit ihren Randbedingungen (4.8) in das vorgestellte Konzept der Matrizenschreibweise ein. ■

Geht man bei der Einbeziehung von Dämpfungseinflüssen von der in Abschn. 3.2.3 sowie in Beispiel 3.1 erwähnten Bequemlichkeitshypothese aus und verallgemeinert sie in der Form

$$\mathcal{D} = \hat{\alpha}\mathcal{M} + \hat{\beta}\mathcal{K} \tag{4.11}$$

matriziell, dann ist ein geeigneter Ausgangspunkt zur Entwicklung der Lösungstheorie für (1-parametrige) Anfangs-Randwert-Probleme gefunden.

Ohne Einschränkung der Allgemeinheit bei physikalischen Problemstellungen wird im Folgenden vorausgesetzt, dass der Operator $\mathcal{M}$ immer eine klassische Matrix $\boldsymbol{M}$ darstellt.

4.1 Lösungstheorie für freie Schwingungen

Freie Schwingungen liegen vor, wenn sowohl die maßgebenden Differenzialgleichungen als auch die Rand- und Übergangsbedingungen *homogen* sind.

Die homogenen Feldgleichungen

$$\boldsymbol{M}[\boldsymbol{q}_{,tt}] + \mathcal{D}[\boldsymbol{q}_{,t}] + \mathcal{K}[\boldsymbol{q}] = \boldsymbol{0}, \quad a < Z < b \tag{4.12}$$

in Matrixform, die genügend allgemeine Zusammenfassung geometrischer und dynamischer homogener Randbedingungen

$$\boldsymbol{q}(j,t)^{\mathrm{T}}\{\mathcal{D}_j[\boldsymbol{q}_{,t}(j,t)] + \mathcal{K}_j[\boldsymbol{q}(j,t)]\} = 0, \quad j = a, b, \quad 0 \leq t \tag{4.13}$$

für einen Stab der Länge $L = b - a$ und entsprechende Anfangsbedingungen

$$\boldsymbol{q}(Z,0) = \boldsymbol{q}_0(Z), \quad \boldsymbol{q}_{,t}(Z,0) = \boldsymbol{v}_0(Z), \quad a \leq Z \leq b \tag{4.14}$$

tragen diesen Vorgaben Rechnung. Der Fall von Differenzialgleichungen höherer als zweiter Ordnung (in Z) wird am Beispiel der Biegeschwingungen eines Bernoulli-Euler-Stabes gesondert diskutiert.

4.1.1 Bernoullischer Produktansatz

Ein Lösungsansatz in Form eines Produktes steht in aller Regel am Anfang der mathematischen Behandlung des beschreibenden Anfangs-Randwert-Problems (4.12)–(4.14). Der *Bernoullische Produktansatz*

$$\boldsymbol{q}_{\mathrm{H}}(Z,t) = \boldsymbol{y}(Z)T(t) \tag{4.15}$$

geht davon aus, dass die homogene Lösung als Produkt aus einer orts- und einer zeitabhängigen Funktion geschrieben werden kann. Er wird auch *Separationsansatz* genannt, weil er die Trennung der Veränderlichen Z und t bewirkt. Nach Einsetzen in die Differenzialgleichung (4.12) unter Beachten der Bequemlichkeitshypothese (4.11) erhält man

$$(\boldsymbol{M}[\boldsymbol{y}])T_{,tt} + \hat{\alpha}(\boldsymbol{M}[\boldsymbol{y}])T_{,t} + \hat{\beta}(\mathcal{K}[\boldsymbol{y}])T_{,t} + (\mathcal{K}[\boldsymbol{y}])T = \boldsymbol{0} \tag{4.16}$$

bzw.

$$\frac{T_{,tt} + \hat{\alpha}T_{,t}}{\hat{\beta}T_{,t} + T}\boldsymbol{M}[\boldsymbol{y}] + \mathcal{K}[\boldsymbol{y}] = \boldsymbol{0}. \tag{4.17}$$

Der Summand $\mathcal{K}[\boldsymbol{y}]$ hängt nur von Z ab. Weil die Beziehung (4.17) aber für alle Zeiten t nur Lösungen $\boldsymbol{y}(Z)$ liefern darf, kann auch der andere Summand insgesamt nur von Z abhängen. Daraus lässt sich schließen, dass Lösungen gemäß (4.15) nur für Funktionen $\boldsymbol{y}(Z)$ und $T(t)$ existieren, für die der Vorfaktor von $\boldsymbol{M}[\boldsymbol{y}]$ in (4.17) konstant ist. Man bezeichnet diese noch zu bestimmende Konstante zweckmäßig mit $-\omega^2$, sodass (4.17) auf

$$\mathcal{K}[\boldsymbol{y}] - \omega^2 \boldsymbol{M}[\boldsymbol{y}] = \boldsymbol{0}, \quad a < Z < b \tag{4.18}$$

und (4.16) auf

$$\ddot{T} + (\hat{\alpha} + \hat{\beta}\omega^2)\dot{T} + \omega^2 T = 0, \quad t \geq 0 \tag{4.19}$$

führt. Für $\mathcal{K}$ in (4.18) sind jetzt die ursprünglich partiellen Ableitungen nach Z durch gewöhnliche zu ersetzen, hochgestellte Punkte in (4.19) bezeichnen gewöhnliche Zeitableitungen.

Aus den Randbedingungen (4.13) folgt, dass die Funktion $\boldsymbol{y}(Z)$ die Bedingungen

$$\boldsymbol{y}(j)^{\mathrm{T}}\{\mathcal{K}_j[\boldsymbol{y}(j)]\} = 0, \quad j = a, b \tag{4.20}$$

erfüllen muss[3]. Mit (4.18) und (4.20) ist damit ein zeitfreies *Randwertproblem* entstanden.

Erst nach dessen Lösung kann die Lösung des korrespondierenden *Anfangswertproblems* erfolgen. Dazu hat man die Differenzialgleichung (4.19) für die Zeitfunktion $T(t)$ zu lösen und nach Verknüpfung mit den Lösungen $\boldsymbol{y}(Z)$ des Randwertproblems (4.18), (4.20) über den Produktansatz (4.15) das Ergebnis $\boldsymbol{q}(Z,t)$ an die Anfangsbedingungen (4.14) anzupassen.

Die wesentliche Aufgabe zur Untersuchung des homogenen Anfangs-Randwert-Problems ist demnach die Diskussion des zeitfreien Randwertproblems (4.18), (4.20). Mit ω^2 besitzt es einen noch zu bestimmenden so genannten *Eigenwert*, sodass ein *Eigenwertproblem* vorliegt. Im Gegensatz zu klassischen Matrizen-Eigenwertaufgaben, wie sie für mehrläufige Schwinger mit konzentrierten Parametern typisch sind, handelt es sich hier aber um (gewöhnliche) Differenzialgleichungen mit Randbedingungen. Besitzen die Differenzialgleichungen ortsabhängige Koeffizienten, so sind nur noch in Ausnahmefällen[4] strenge Lösungen angebbar; man ist dann auf Näherungsverfahren angewiesen, wie sie beispielsweise in Abschn. 4.1.5 erläutert werden.

Manchmal, beispielsweise bei ungedämpften Schwingungen, ist harmonisches Zeitverhalten zu erwarten (wie man sofort über das dafür vereinfachte Anfangswertproblem (4.19) verifizieren kann). In derartigen Fällen kann das zugehörige Eigenwertproblem (4.18), (4.20) mit Hilfe eines isochronen Lösungsansatzes

$$\boldsymbol{q}_{\mathrm{H}}(Z,t) = \boldsymbol{y}(Z)\sin\omega t \ \text{ oder } \ \boldsymbol{y}(Z)\cos\omega t \ \text{ oder } \ \boldsymbol{y}(Z)e^{\mathrm{i}\omega t}, \quad \mathrm{i} = \sqrt{-1} \tag{4.21}$$

deutlich schneller erhalten werden.

[3] Wegen fehlender Massenmatrix $\boldsymbol{M}_j$ in den Randbedingungen geht man im Rahmen der Bequemlichkeitshypothese konsequenterweise davon aus, dass $\mathcal{D}_j$ allein $\mathcal{K}_j$ proportional ist.

[4] Wie in [4] gezeigt, fallen unter diese Ausnahmen allerdings doch erstaunlich viele Fälle.

Beispiel 4.3 Freie ungedämpfte Biegeschwingungen eines Bernoulli-Euler-Kragträges der Länge L konstanten Querschnitts in der X, Z-Ebene. Die vier Bewegungsgleichungen (3.20) und ihre Randbedingungen (3.19),(3.21) reduzieren sich drastisch und es verbleibt

$$\begin{gathered} mu_{,tt} + EIu_{,ZZZZ} = 0, \\ u(0,t) = 0,\ u_{,Z}(0,t) = 0,\ u_{,ZZ}(L,t) = 0,\ u_{,ZZZ}(L,t) = 0. \end{gathered} \tag{4.22}$$

Entsprechende Anfangsbedingungen sind gegebenenfalls hinzuzufügen. Die angegebene Vorgehensweise zur Bestimmung des zugehörigen Eigenwertproblems bleibt auch bei einem Anfangs-Randwert-Problem *vierter Ordnung im Ort* unverändert erhalten. Zur Berechnung der homogenen Lösung $u_{\mathrm{H}}(Z,t)$ wird demnach gemäß (4.21) ein isochroner Produktansatz

$$u_{\mathrm{H}}(Z,t) = U(Z)\sin\omega t$$

mit der „Amplitudenverteilung" $U(Z)$ verwendet. Er führt mit der dimensionslosen Ortskoordinate $\zeta = Z/L$, d. h. $\frac{\partial(.)}{\partial Z} = \frac{\partial(.)}{L\partial\zeta}$ nach Einsetzen in (4.22) direkt auf das zugehörige Eigenwertproblem

$$U'''' - \frac{mL^4\omega^2}{EI}U = 0, \quad U(0) = 0,\ U'(0) = 0,\ U''(1) = 0,\ U'''(1) = 0, \tag{4.23}$$

worin die gewöhnlichen Ableitungen nach der dimensionslosen Ortskoordinate ζ durch hoch gestellte Striche bezeichnet sind. ■

Bei 2-parametrigen Strukturmodellen und erst recht bei 3-dimensionalen Kontinua hat man den Produktansatz (4.15) oder seine isochrone Vereinfachung (4.21) derart zu verallgemeinern, dass an die Stelle der Ortsfunktion $\boldsymbol{y}(Z)$ jetzt $\boldsymbol{y}(X,Y)$ oder gar $\boldsymbol{y}(X,Y,Z)$ tritt. Die anschließende Rechnung bleibt formal ungeändert, nur dass sich jetzt ein zeitfreies Randwertproblem (4.18), (4.20) ergibt, dessen Differenzialgleichung nach wie vor eine partielle Differenzialgleichung ist. Das Anfangswertproblem (4.19) für die Zeitfunktion $T(t)$ bleibt davon unberührt.

Abschließend sei festgehalten, dass wenn die Separation des Ausgangsproblems in Eigenwertaufgabe und Anfangswertaufgabe gelingt, der verwendete Produktansatz (4.15) oder auch seine vereinfachte Form (4.21) die gesamte Lösungsvielfalt des zu untersuchenden Anfangs-Randwert-Problems liefert.

4.1.2 Grundbegriffe der Funktionalanalysis

Für die Lösung von Eigenwertproblemen, die sich aus zeitfreier Differenzialgleichung (bzw. zeitfreien Differenzialgleichungen) und Randbedingungen zusammensetzen, sind einige Begriffe der *Funktionalanalysis* hilfreich. Diese werden im Folgenden bereitgestellt.

Es geht dabei um eine Verallgemeinerung von bekannten Begriffen der Vektorrechnung. Ausgangspunkt ist der n-dimensionale Vektorraum $\mathbb{R}^n$, d. h. die Gesamtheit aller n-dimensionalen Vektoren. In diesem Raum existieren

- *Rechenregeln*, wie Addition, Multiplikation, usw.
- *Struktureigenschaften*, wie Abstand, Norm, inneres Produkt.

Ausgehend vom n-dimensionalen Vektorraum wird jetzt ein abstrakter Raum definiert, der eine Menge gleichartiger mathematischer Objekte enthält, die durch Rechenregeln und Struktureigenschaften verknüpft werden.

4.1.2.1 Verallgemeinerung Struktureigenschaft „Abstand"

Betrachtet man im n-dimensionalen Vektorraum zwei durch entsprechende Spaltenmatrizen repräsentierte reelle Vektoren

$$\vec{x} = \begin{bmatrix} x_1 \\ \vdots \\ x_n \end{bmatrix}, \quad \vec{y} = \begin{bmatrix} y_1 \\ \vdots \\ y_n, \end{bmatrix},$$

die zwei Punkte im Vektorraum kennzeichnen, so ist der Abstand $\rho(\vec{x}, \vec{y})$ der Punkte $\vec{x}$ und $\vec{y}$ im Sinne einer Verallgemeinerung des Satzes von Pythagoras durch

$$\rho(\vec{x}, \vec{y}) = \sqrt{\sum_{i=1}^{n} (x_i - y_i)^2}$$

festgelegt. Die Verallgemeinerung in einem abstrakten Raum mit einer Menge von Elementen X, Y, etc., wird über eine axiomatische Abstandsdefinition vorgenommen:

Der Abstand zweier Elemente X, Y ist die reelle, nichtnegative Zahl $\rho(X, Y)$ mit den Eigenschaften

1. $\rho(X, Y) = 0 \Longleftrightarrow X = Y$ (Identitätsaxiom),
2. $\rho(X, Y) = \rho(Y, X)$ (Symmetrieaxiom),
3. $\rho(X, Y) \leq \rho(X, U) + \rho(Y, U)$ (Dreiecksungleichung).

Als Realisierung in einem Funktionenraum mit den Funktionen $X(\zeta)$, $Y(\zeta)$ erhält man

$$\rho\left(X(\zeta), Y(\zeta)\right) = \sqrt{\int_a^b \left[X(\zeta) - Y(\zeta)\right]^2 \mathrm{d}\zeta}, \tag{4.24}$$

worin die Werte a und b zur Festlegung der Länge des 1-parametrigen Strukturmodells die Grenzen des Integrationsintervalls, d. h. des so genannten Anwendungsbereiches des

Funktionenraumes bezeichnen. Es kann bewiesen werden, dass die genannten Eigenschaften 1. bis 3. unter der Voraussetzung erfüllt sind, dass das Integral existiert. Demzufolge ist der Raum $\mathbb{L}_2$ der so genannten quadrat-integrablen Funktionen als Realisierungsraum gemeint.

4.1.2.2 Verallgemeinerung Strukturеigenschaft „Länge" = „Norm"

Im n-dimensionalen Vektorraum $\mathbb{R}^n$ ist die Norm als Abstand vom Nullpunkt definiert:

$$\|\vec{x}\| = \rho(\vec{x},\vec{0}) = \sqrt{\sum_{i=1}^{n} x_i^2}.$$

Die Realisierung im Funktionenraum $\mathbb{L}_2$ liefert

$$\|X(\zeta)\| = \rho\,(X,0) = \sqrt{\int_a^b X^2(\zeta)\mathrm{d}\zeta}. \tag{4.25}$$

4.1.2.3 Verallgemeinerung Struktureigenschaft „inneres Produkt"

Im n-dimensionalen (reellen) Vektorraum $\mathbb{R}^n$ ist das innere Produkt über

$$(\vec{x},\vec{y}) = \sum_{i=1}^{n} x_i y_i$$

erklärt. Die beiden Vektoren $\vec{x}$ und $\vec{y}$ heißen darüber hinaus *orthogonal*, wenn $(\vec{x},\vec{y}) = 0$ ist. Ferner gilt $(\vec{x},\vec{x}) = \sum_{i=1}^{n} x_i^2 = \|\vec{x}\|^2$. Als axiomatische Definition des inneren Produkts ist folgende Formulierung naheliegend:

Das innere Produkt zweier reeller Elemente X, Y einer Menge ist die reelle Zahl (X,Y) mit den Eigenschaften

1. $(X,Y) = (Y,X)$ (kommutativ),
2. $(\alpha X, Y) = \alpha(X,Y)$, α beliebige reelle Zahl,
3. $(X+Y,U) = (X,U) + (Y,U)$,
4. $(X,X) \geq 0$ (= 0, wenn $X = 0$).

Aus 2. und 3. folgt, dass X, Y jeweils *linear* in X *und* Y ist, d. h. das innere Produkt ist *bilinear* in X, Y.

Wenn $(X,Y) = 0$ ist, folgt, dass X und Y orthogonal sind.

Eine interessante Folgerung aus 3. ist mit $X = Y = 0$ durch

$$(0,U) = (0,U) + (0,U) \Longrightarrow (0,U) = 0$$

gegeben, d. h. das Nullelement ist orthogonal zu jedem Element.

Die Realisierung im Funktionenraum $\mathbb{L}_2$ lautet

$$(X(\zeta), Y(\zeta)) = \int_a^b X(\zeta) \cdot Y(\zeta) \mathrm{d}\zeta, \tag{4.26}$$

womit alle Eigenschaften 1. bis 4. erfüllt sind.

4.1.3 Eigenwertproblem

Zur Definition der hier auftretenden Eigenwertprobleme wird erneut auf den n-dimensionalen Vektorraum $\mathbb{R}^n$ zurückgegriffen und der für Anfangswertprobleme relevante Typ eines so genannten Matrizeneigenwertproblems

$$\boldsymbol{A}[\boldsymbol{x}] = \lambda \boldsymbol{B}[\boldsymbol{x}] \tag{4.27}$$

an den Anfang gestellt. $\boldsymbol{A}, \boldsymbol{B}$ sind quadratische Matrizen der Ordnung n, d. h. spezielle Operatoren, die auf den Lösungs„vektor" (genauer Spaltenmatrix) $\boldsymbol{x}$ nach den Regeln der Matrizenmultiplikation einwirken. Nichttriviale Lösungen $\boldsymbol{x}$ heißen *Eigenvektoren*, die zugehörigen im Allgemeinen komplexen Zahlen λ heißen *Eigenwerte*. Die Realisierung im Funktionenraum $\mathbb{L}_2$ im Zusammenhang mit Randwertproblemen wird derart durchgeführt, dass an die Stelle des im Vektorraum relevanten algebraischen Matrizenoperators nunmehr ein Differenzialoperator in Matrixform tritt und auch noch Randbedingungen zu formulieren sind.

Es wird also eine homogene, zeitfreie Differenzialgleichung für $\boldsymbol{y}(Z)$ oder $\boldsymbol{y}(\zeta)$ mit homogenen, zeitfreien Randbedingungen betrachtet, die in $\mathbb{L}_2$ das Eigenwertproblem konstituieren. Dabei tritt ein ebenfalls noch zu bestimmenden Parameter λ auf, der – wie bereits erkannt – bei Schwingungsproblemen die Bedeutung eines Eigenkreisfrequenzquadrates ω^2 hat. Das Anpassen der allgemeinen Lösung der Differenzialgleichung an die zugehörigen Randbedingungen liefert für λ eine beschränkende Gleichung, die so genannte *Eigenwertgleichung* oder *Frequenzgleichung*, aus der die *Eigenwerte* λ, d. h. die Eigenkreisfrequenzen ω, zu berechnen sind. Die zugehörigen nichttrivialen Lösungen $\boldsymbol{y}(Z)$ bzw. $\boldsymbol{y}(\zeta)$ heißen *Eigenfunktionen* oder Eigenschwingungsformen – im Allgemeinen in Form von Spaltenmatrizen[5].

Dabei wird an Stelle der Formulierung (4.18), (4.20) als System zweiter Ordnung in der Ortsvariablen hier zunächst eine in Form einer Einzeldifferenzialgleichung höherer Ordnung zugrunde gelegt. Wie in [2] gezeigt und begründet, ist die Operatorschreibweise

$$\begin{aligned} &M[Y] = \lambda N[Y] && \text{(Differenzialgleichung)}, \\ &B_\mu[Y] = 0, \quad \mu = 1, 2, \ldots, 2m && \text{(Randbedingungen)} \end{aligned} \tag{4.28}$$

[5] Zugehörige Lösungen $\boldsymbol{q}(Z, t)$ oder $\boldsymbol{q}(\zeta, t)$ nennt man *Eigenschwingungen*, die Superposition sämtlicher Eigenschwingungen sind die *freien* Schwingungen, die abschließend an die Anfangsbedingungen anzupassen sind.

des Eigenwertproblems mit

$$M[Y] = \sum_{\nu=0}^{m}(-1)^{\nu}\frac{\mathrm{d}^{\nu}}{\mathrm{d}\zeta^{\nu}}\left[f_{\nu}(\zeta)\frac{\mathrm{d}^{\nu}Y(\zeta)}{\mathrm{d}\zeta^{\nu}}\right],$$
$$N[Y] = \sum_{\nu=0}^{n}(-1)^{\nu}\frac{\mathrm{d}^{\nu}}{\mathrm{d}\zeta^{\nu}}\left[g_{\nu}(\zeta)\frac{\mathrm{d}^{\nu}Y(\zeta)}{\mathrm{d}\zeta^{\nu}}\right] \tag{4.29}$$

und

$$B_{\mu}[Y] = \sum_{\nu=0}^{2m-1}\left[\alpha_{\mu\nu}\frac{\mathrm{d}^{\nu}Y}{\mathrm{d}\zeta^{\nu}}(a) + \beta_{\mu\nu}\frac{\mathrm{d}^{\nu}Y}{\mathrm{d}\zeta^{\nu}}(b)\right] \tag{4.30}$$

hinreichend allgemein[6]. Die $f_\nu(\zeta)$ und $g_\nu(\zeta)$ sind gegebene reelle, ν-mal stetig differenzierbare Funktionen mit $m > n$, die $\alpha_{\mu\nu}$ und $\beta_{\mu\nu}$ sind vorgegebene reelle Konstanten oder Funktionen von λ, a und b sind die Grenzen des Intervalls für ζ, in dem die Lösungen $Y(\zeta)$ gesucht sind, d. h. die Ränder des bereits früher eingeführten *Definitions-* bzw. *Anwendungsbereichs* der Operatoren M und N. Die angesprochenen Funktionen $f_\nu(\zeta)$ und $g_\nu(\zeta)$ lassen sich problemlos auf ν-mal stückweise stetig differenzierbare Funktionen abschwächen, sodass beispielsweise auch 1-parametrige Strukturmodelle mit abgesetzten Stabsegmenten in die Betrachtungen einbezogen werden können; dies soll aber hier nicht weiter verfolgt werden. Wie schon in Beispiel 4.3 werden bei 1-parametrigen Kontinua gewöhnliche Ableitungen nach der dimensionslosen Ortskoordinate ζ in aller Regel abkürzend durch hochgestellte Striche bezeichnet.

Beispiel 4.4 Es wird das Problem freier Biegeschwingungen gemäß Beispiel 4.3 diskutiert. Offensichtlich gilt dafür mit $U \equiv Y$

$$m = 2, \quad f_0 = f_1 = 0, \; f_2 = 1, \quad n = 0, \quad g_0 = 1, \quad \lambda = \frac{mL^4\omega^2}{EI}$$

sowie

$$a = 0, \qquad b = 1, \qquad \mu = 1,\dots,4, \qquad \nu = 0,\dots,3,$$
$$\alpha_{10} = 1, \quad \alpha_{21} = 1, \quad \alpha_{\mu\nu} = 0 \quad \text{für restliche } \mu, \nu,$$
$$\beta_{32} = 1, \quad \beta_{43} = 1, \quad \beta_{\mu\nu} = 0 \quad \text{für restliche } \mu, \nu,$$

sodass die Randbedingungen innerhalb (4.23) in Beispiel 4.3 evident sind. ■

---

[6] Die in den Randbedingungen (4.30) angesprochene kinematische Kopplung zwischen den Rändern $\zeta = a$ und $\zeta = b$ ist in der Praxis selten und wird beispielsweise – wie in [2] gezeigt – über undehnbare Seile realisiert, die mittels einer Führung über Rollen die Verschiebungen beider Enden kinematisch verknüpfen, siehe Übungsaufgabe 3.8 in Abschn. 3.3.

Wie das Beispiel zeigt, enthalten geometrische Randbedingungen (bei $\zeta = 0$) Ableitungen bis höchstens $m-1$-ter Ordnung, während in dynamischen Randbedingungen (bei $\zeta = 1$) auch höhere Ableitungen bis höchstens $2m-1$-ter Ordnung auftreten können.

Es gibt natürlich Aufgabenstellungen, die nur geometrische oder nur dynamische Randbedingungen besitzen. Außerdem soll bereits an dieser Stelle darauf hingewiesen werden, dass

- der Eigenwert $\lambda = 0$ auftreten kann,
- es Eigenwertprobleme *ohne* Lösung gibt, sodass keine Eigenwerte und keine Eigenfunktionen existieren und
- mit $Y(\zeta)$ auch $cY(\zeta)$ ($c =$ const) eine Eigenfunktion ist, da ein homogenes Problem vorliegt.

Gehören zu einem bestimmten Eigenwert λ mehrere linear unabhängige Eigenfunktionen, so heißt λ *mehrfacher* Eigenwert, ein Fall, der bei 2-parametrigen Kontinua häufiger vorkommt. Zunächst werden im Folgenden fast immer *einfache* Eigenwerte vorausgesetzt.

Um zu globalen Aussagen über und wichtigen Eigenschaften von Eigenwertproblemen zu gelangen, werden die im Weiteren vorkommenden Ortsfunktionen in drei Klassen eingeteilt, von denen jede eine Verengung der vorangegangenen ist:

- *Zulässige* Funktionen erfüllen die *wesentlichen*, d. h. die geometrischen Randbedingungen und sind m-mal stetig differenzierbar.
- *Vergleichsfunktionen* erfüllen *alle* Randbedingungen und sind $2m$-mal stetig differenzierbar; sie bestimmen den Definitionsbereich des Eigenwertproblems.
- *Eigenfunktionen* erfüllen – wie bereits erwähnt – *alle* Randbedingungen *und* die Differenzialgleichung.

Die Differenziationseigenschaften können für sämtliche Funktionenklassen wieder abgeschwächt werden. Die triviale Funktion identisch null ist *stets* ausgeschlossen.

Damit sind alle Vorbereitungen getroffen, Eigenwertprobleme zu klassifizieren.

4.1.3.1 Selbstadjungiertheit

Das Eigenwertproblem (4.28)–(4.30) heißt *selbstadjungiert*, wenn für zwei beliebige Vergleichsfunktionen U, V, d. h. für die Operatoren M, N *und* ihren Anwendungsbereich die Relationen

$$(U, M[V]) = (V, M[U]) \quad \text{und} \quad (U, N[V]) = (V, N[U]) \tag{4.31}$$

erfüllt sind. Der Nachweis wird durch Produktintegration unter Beachten der Randbedingungen geführt.

Beispiel 4.5 Wie aus Abschn. 5.1.4 in Verbindung mit Abschn. 5.1.2 hervorgeht, ist das Eigenwertproblem für die Querschwingungen einer beidseitig elastisch befestigten Saite konstanten Querschnitts durch

$$\begin{aligned} -Y'' &= \lambda Y && \text{(Differenzialgleichung)} \\ Y'(0) - C_0 Y(0) = 0, \quad Y'(1) - C_1 Y(1) &= 0 && \text{(Randbedingungen)} \end{aligned} \tag{4.32}$$

gegeben. Der Vergleich mit der allgemeinen Schreibweise (4.28)–(4.30) zeigt, dass im vorliegenden Fall

$$M[Y] = -Y'', \text{ d. h. } M = \frac{\mathrm{d}^2}{\mathrm{d}\zeta^2} \quad \text{und} \quad N[Y] = Y, \text{ d. h. } N = 1 \tag{4.33}$$

gilt. Für Vergleichsfunktionen U, V soll gemäß (4.31)

$$(U, -V'') \stackrel{!}{=} (V, -U'') \quad \text{und} \quad (U, V) \stackrel{!}{=} (V, U) \tag{4.34}$$

sein. Da die zweite Bedingung identisch erfüllt ist, verbleibt

$$\int_0^1 UV''\mathrm{d}\zeta \stackrel{?}{=} \int_0^1 VU''\mathrm{d}\zeta \tag{4.35}$$

als Forderung. Eine Produktintegration liefert

$$UV'\Big|_0^1 - \int_0^1 U'V'\mathrm{d}\zeta \stackrel{?}{=} VU'\Big|_0^1 - \int_0^1 V'U'\mathrm{d}\zeta, \tag{4.36}$$

woraus mit den Randbedingungen in (4.32), die ja für Vergleichsfunktionen U, V auch gelten,

$$U(1)C_1V(1) - U(0)C_0V(0) \stackrel{?}{=} V(1)C_1U(1) - V(0)C_0U(0) \tag{4.37}$$

folgt, eine Forderung, die offenbar identisch erfüllt ist. Das vorgelegte Eigenwertproblem ist damit selbstadjungiert! ■

Es gilt der Satz, der in [2] bewiesen ist, dass selbstadjungierte Eigenwertprobleme der so genannten *Eingliedklasse*, für die $(U, N[U])$ ein festes Vorzeichen hat, ausschließlich *reelle* Eigenwerte λ besitzen. Diese bei der konkreten Lösung von Eigenwertproblemen den rechentechnischen Aufwand reduzierende Eigenschaft ist damit vorab recht einfach zu überprüfen.

4.1.3.2 Verallgemeinerte Orthogonalität

Betrachtet wird ein gemäß (4.31) selbstadjungiertes Eigenwertproblem (4.28)–(4.30). Die zu zwei *verschiedenen* Eigenwerten λ_i, λ_j gehörenden Eigenfunktionen $Y_i(\zeta), Y_j(\zeta)$ besitzen die verallgemeinerte Orthogonalitätseigenschaft

$$(Y_i, N[Y_j]) = 0, \quad i \neq j \quad \text{und} \quad (Y_i, M[Y_j]) = 0, \quad i \neq j. \tag{4.38}$$

Der Nachweis ist einfach zu führen: Wendet man die vorausgesetzte Eigenschaft (4.31) der Selbstadjungiertheit auf die beiden Eigenfunktionen Y_i und Y_j an, ergibt sich

$$(Y_i, M[Y_j]) = (Y_j, M[Y_i]), \quad (Y_i, N[Y_j]) = (Y_j, N[Y_i]). \tag{4.39}$$

Nach Einsetzen der Differenzialgleichung aus (4.28) in die erste Relation erhält man

$$\lambda_j(Y_i, N[Y_j]) = \lambda_i(Y_j, N[Y_i]),$$

woraus mit der zweiten Relation aus (4.39) die Beziehung

$$(\lambda_j - \lambda_i)(Y_i, N[Y_j]) = 0, \quad i \neq j$$

entsteht. Da für verschiedene Eigenwerte $\lambda_j - \lambda_i \neq 0$ gilt, folgt damit unmittelbar die erste in (4.38) genannte Orthogonalitätseigenschaft. Sie stellt eine *verallgemeinerte* Orthogonalität dar, weil nicht zwei Eigenfunktionen Y_i und Y_j orthogonal sind, sondern Y_i und $N[Y_j]$. Verwertet man die Differenzialgleichung aus (4.28) in der Form $N[Y_j] = M[Y_j]/\lambda_j$ noch einmal, dann ist zunächst für $\lambda_j \neq 0$ auch die zweite Orthogonalitätseigenschaft in (4.38) bewiesen. Weil für den Fall $\lambda_j = 0$ die Differenzialgleichung in (4.28) auch als $M[Y_j] = 0$ gelesen und anschließend von $(Y_i, 0) \overset{!}{=} 0$ Gebrauch gemacht werden kann, siehe die in Abschn. 4.1.2 kennengelernte Tatsache, dass das Nullelement zu jedem Element aus $\mathbb{L}_2$ orthogonal ist, ist der Beweis auch für $\lambda_j = 0$ vollzogen und damit vollständig.

Beispiel 4.6 Die Biegeschwingungen eines elastisch eingespannten, am anderen Ende freien Bernoulli-Euler-Stabes konstanten Querschnitts werden durch das Eigenwertproblem

$$\begin{aligned} &Y'''' = \lambda Y && \text{(Differenzialgleichung)} \\ &Y(0) = 0, \quad Y'(0) - \varepsilon Y''(0) = 0 && (\varepsilon > 0), \\ &Y''(1) = 0, \quad Y'''(1) = 0 && \text{(Randbedingungen)} \end{aligned} \tag{4.40}$$

repräsentiert. Offensichtlich ist

$$M[Y] = Y'''', \quad N[Y] = Y$$

und damit unmittelbar $(Y_i, N[Y_j]) = (Y_i, Y_j)$, d. h. gemäß der ersten Beziehung in (4.38) lautet die entsprechende Orthogonalitätsrelation

$$(Y_i, Y_j) = \int_0^1 Y_i Y_j \mathrm{d}\zeta = 0, \quad i \neq j,$$

die sich hier auf eine spezielle für die Eigenfunktionen reduziert. Die Orthogonalitätsrelation gemäß der zweiten Beziehung in (4.38) lässt sich ebenfalls auswerten:

$$(Y_i, M[Y_j]) = \int_0^1 Y_i Y_j'''' \mathrm{d}\zeta \underbrace{=}_{\text{Produktintegration}} Y_i Y_j''' \Big|_0^1 - Y_i' Y_j'' \Big|_0^1 + \int_0^1 Y_i'' Y_j'' \mathrm{d}\zeta = 0, \quad i \neq j.$$

Unter Verwendung der Randbedingungen erhält man endgültig

$$\int_0^1 Y_i'' Y_j'' \mathrm{d}\zeta + \varepsilon Y_i''(0) Y_j''(0) = (Y_i'', Y_j'') + \varepsilon \left(Y_i''(0), Y_j''(0)\right) = 0, \quad i \neq j,$$

d. h. tatsächlich eine verallgemeinerte Orthogonalitätsrelation, die auch Randterme enthält. ■

Die gewonnenen Orthogonalitätsbeziehungen sind bei den später behandelten Näherungsverfahren von besonderer *rechentechnischer* Bedeutung.

Es ist üblich, für $i = j$ den Integralwert $(Y_i, N[Y_i])$ in der Form

$$(Y_i, N[Y_i]) = 1 \tag{4.41}$$

zu normieren. In Beispiel 4.5 und auch häufig sonst gilt damit

$$(Y_i, N[Y_i]) = (Y_i, Y_i) = \|Y_i\|^2 = 1,$$

d. h. die Norm der Eigenfunktionen ist gleich eins. Damit liegt ein so genanntes *orthonormiertes* Funktionensystem $\{Y_i\}$ vor, für das im Allgemeinen

$$(Y_i, N[Y_j]) = \delta_{ij} \tag{4.42}$$

oder speziell

$$(Y_i, Y_j) = \delta_{ij} \tag{4.43}$$

folgt.

Unter Verwendung der Differenzialgleichung aus (4.28) kann die normierte Beziehung (4.41) in

$$(Y_i, M[Y_i]) = \lambda_i$$

umgeschrieben werden, sodass für ein orthonormiertes Funktionensystem $\{Y_i\}$ neben (4.43) auch noch

$$(Y_i, M[Y_j]) = \lambda_i \delta_{ij} \tag{4.44}$$

gültig ist.

4.1.3.3 Definitheit

Das Eigenwertproblem (4.28)–(4.30) heißt *definit*, wenn alle Eigenwerte λ reell sind und einerlei Vorzeichen besitzen. Insbesondere heißt das betreffende Eigenwertproblem

- *positiv definit* für alle $\lambda > 0$ und
- *negativ definit* für alle $\lambda < 0$.

Es ist *semidefinit*, wenn mindestens ein $\lambda = 0$ ist und alle restlichen Eigenwerte einerlei Vorzeichen haben.

Das Eigenwertproblem (4.28)–(4.30) heißt *volldefinit*, wenn für jede Vergleichsfunktion U die beiden Ungleichungen

$$(U, M[U]) > 0 \quad \text{und} \quad (U, N[U]) > 0 \tag{4.45}$$

erfüllt sind. Der Nachweis gelingt wieder mittels Produktintegration.

Beispiel 4.7 Es wird das Problem aus Beispiel 4.6 aufgegriffen. Man erhält

$$\begin{aligned}(U, M[U]) &= \int_0^1 UU''''\mathrm{d}\zeta = \int_0^1 U''^2\mathrm{d}\zeta + \varepsilon U''^2(0) \overset{?}{>} 0,\\ (U, N[U]) &= \int_0^1 UU\mathrm{d}\zeta = \int_0^1 U^2\mathrm{d}\zeta \overset{?}{>} 0.\end{aligned} \tag{4.46}$$

Da nur $U \not\equiv 0$ zugelassen ist, gilt $\int_0^1 U^2\mathrm{d}\zeta > 0$. Dann gilt aber wegen $\varepsilon > 0$ auch $\int_0^1 U''^2\mathrm{d}\zeta + \varepsilon U''^2(0) > 0$, weil $U'' = 0$ für die gegebenen Randbedingungen zwingend $U \equiv 0$ nach sich ziehen würde. Das vorgelegte Eigenwertproblem ist also volldefinit! ■

Es gilt der Satz: Ein gemäß (4.45) volldefinites Eigenwertproblem ist positiv definit. Der Nachweis ist einfach. Aus der Differenzialgleichung in (4.28) für Y_i folgt die Beziehung $(Y_i, M[Y_i] - \lambda_i N[Y_i]) = 0$, die nach λ_i aufgelöst werden kann:

$$\lambda_i = \frac{(Y_i, M[Y_i])}{(Y_i, N[Y_i])}. \tag{4.47}$$

Andererseits ist für ein volldefinites Eigenwertproblem gemäß (4.28)–(4.30) der so genannte Rayleigh-Quotient

$$R[U] = \frac{(U, M[U])}{(U, N[U])} \tag{4.48}$$

für jede Vergleichsfunktion U stets positiv. Da die Eigenfunktionen Y_i in den Vergleichsfunktionen enthalten sind, sind wegen $R[Y_i] \equiv \lambda_i$, siehe (4.47), tatsächlich alle $\lambda > 0$, q. e. d.

Zusammenfassend lässt sich feststellen:

Ein selbstadjungiertes, volldefinites Eigenwertproblem (4.28)–(4.30) der Eingliedklasse besitzt nur positive Eigenwerte λ.

In der Technik liegen diese Attribute häufig vor. Manchmal sind auch (positiv) semidefinite Eigenwertprobleme praktisch wichtig, wie sie durch das nachfolgende Beispiel angesprochen werden.

Beispiel 4.8 Es werden die Biegeschwingungen eines beiderseits freien Stabes, der beispielsweise als Modell eines schlanken Flugkörpers dienen kann, betrachtet. Das zugehörige Eigenwertproblem lautet

$$\begin{aligned} &Y'''' = \lambda Y && \text{(Differenzialgleichung)}, \\ &Y''(0) = 0, \quad Y'''(0) = 0, \quad Y''(1) = 0, \quad Y'''(1) = 0 && \text{(Randbedingungen)}. \end{aligned} \tag{4.49}$$

Es gibt den (hier) 2-fachen Eigenwert $\lambda_{1,2} = 0$ mit den beiden linear unabhängigen (orthonormierten) Eigenfunktionen[7] $Y_1(\zeta) = 1$, $Y_2(\zeta) = \sqrt{3}\zeta$. ■

Insbesondere bei Stabilitätsproblemen, die in Kap. 8 angesprochen werden, erhält man nach Überschreiten eines kritischen Wertes für einen charakteristischen Systemparameter auch negative und komplexe Eigenwerte.

4.1.3.4 Rayleigh-Quotient

Über (4.48) ist der Rayleigh-Quotient bereits eingeführt worden. Unter den Voraussetzungen Selbstadjungiertheit und Volldefinitheit gilt für eine beliebige Vergleichsfunktion U die Minimaleigenschaft

$$R[U] \geq \lambda_1, \tag{4.50}$$

wenn λ_1 den kleinsten Eigenwert des Eigenwertproblems (4.28)–(4.30) bezeichnet. Der Beweis ist in [2] zu finden und soll hier nicht nachvollzogen werden. Durch äquivalente Umformung mittels Produktintegration erhält man die so genannte Dirichletsche Formel

$$R[U] = \frac{\int_a^b \sum_{\nu=0}^m f_\nu \left(\frac{\mathrm{d}^\nu U}{\mathrm{d}\zeta^\nu}\right)^2 \mathrm{d}\zeta + M_0[U]}{\int_a^b \sum_{\nu=0}^n g_\nu \left(\frac{\mathrm{d}^\nu U}{\mathrm{d}\zeta^\nu}\right)^2 \mathrm{d}\zeta + N_0[U]} \tag{4.51}$$

[7] Die konkrete analytische Berechnung von Eigenfunktionen wird in Abschn. 4.1.4 dargelegt. Im vorliegenden Fall ist sie für die zu $\lambda = 0$ gehörenden Eigenfunktionen einfach, weil sich die maßgebende Differenzialgleichung dann auf $Y'''' = 0$ reduziert. Die zugehörige allgemeine Lösung in Polynomform führt nach Anpassung an die Randbedingungen in (4.49) problemlos auf das angegebene Ergebnis, wenn man entsprechend normiert.

mit[8]

$$
\begin{aligned}
M_0[U] &= \left[\sum_{\nu=0}^{m}\sum_{\rho=0}^{\nu-1}(-1)^{\nu+\rho}\frac{\mathrm{d}^\rho U}{\mathrm{d}\zeta^\rho}\frac{\mathrm{d}^{\nu-1-\rho}}{\mathrm{d}\zeta^{\nu-1\rho}}\left(f_\nu\frac{\mathrm{d}^\nu U}{\mathrm{d}\zeta^\nu}\right)\right]_a^b,\\
N_0[U] &= \left[\sum_{\nu=0}^{n}\sum_{\rho=0}^{\nu-1}(-1)^{\nu+\rho}\frac{\mathrm{d}^\rho U}{\mathrm{d}\zeta^\rho}\frac{\mathrm{d}^{\nu-1-\rho}}{\mathrm{d}\zeta^{\nu-1\rho}}\left(g_\nu\frac{\mathrm{d}^\nu U}{\mathrm{d}\zeta^\nu}\right)\right]_a^b
\end{aligned}
\tag{4.52}
$$

als eine alternative Formulierung, die gewisse Vorteile besitzt. Die darin auftretenden Randterme sind unter *explizitem Einarbeiten* der zugehörigen Randbedingungen nämlich immer so in Form vollständiger Quadrate umformbar, dass nur noch Ableitungen bis zu $m-1$-ter Ordnung auftreten:

$$
R[U] \Rightarrow \bar{R}[U] \text{ mit } M_0[U] \Rightarrow \bar{M}_0[U],\ N_0[U] \Rightarrow \bar{N}_0[U]. \tag{4.53}
$$

Es lässt sich damit vermuten – der Beweis ist wiederum in [2] geführt – dass die Minimaleigenschaft

$$
\bar{R}[U] \geq \lambda_1 \tag{4.54}
$$

bereits für beliebige zulässige Funktionen U gilt. Diese Form $\bar{R}[U]$ des Rayleigh-Quotienten ergibt sich für ein vorgelegtes selbstadjungiertes Eigenwertproblem in natürlicher Weise unmittelbar aus dem Prinzip von Hamilton, wenn man den vorgestellten Produktansatz bereits dort vor der Auswertung zum maßgebenden Randwertproblem einsetzt. Bei konservativen Systemen kann man damit den Rayleigh-Quotienten $\bar{R}[U]$ auch aus dem Energieerhaltungssatz einfach ableiten, wie dies historisch am Anfang stand.

Beispiel 4.9 Es soll der Rayleigh-Quotient für die Biegeschwingungen eines elastisch eingespannten Kragträgers, siehe Beispiel 4.6, angegeben werden. Differenzialgleichung und Randbedingungen sind von dort in der Form (4.40) bekannt. Der Rayleigh-Quotient (4.48) lautet damit

$$
R[U] = \frac{(U, U'''')}{(U, U)}.
$$

Die Dirichletsche Umformung (4.51), (4.52) führt auf

$$
R[U] = \frac{UU'''\Big|_0^1 - U'U''\Big|_0^1 + \int_0^1 U''^2\mathrm{d}\zeta}{\int_0^1 U^2\mathrm{d}\zeta}.
$$

[8] Die benutzte Schreibweise für M_0 und N_0 beinhaltet, dass der Summand für $\nu = 0$ insgesamt leer ist und für $\nu = 1$ nur aus einem Glied mit $\rho = 0$ besteht.

Nach Einsetzen der Randbedingungen nimmt der Rayleigh-Quotient die Form

$$\bar{R}[U] = \frac{\alpha U'^2(0) + \int_0^1 U''^2 \mathrm{d}\zeta}{\int_0^1 U^2 \mathrm{d}\zeta}$$

an. ∎

Ohne Beweis sei vermerkt, dass auch für höhere Eigenwerte λ_i $(i > 1)$ eine Minimaleigenschaft $R[U] \geq \lambda_i$ angegeben werden kann. Hinzu tritt dann die Nebenbedingung $(U, N[Y_{i-1}]) = 0$.

4.1.3.5 Entwicklungssatz

Liegt ein selbstadjungiertes, volldefinites Eigenwertproblem mit orthonormierten Eigenfunktionen $Y_i(\zeta)$, $i = 1, 2, \ldots$ vor, lässt sich jede Vergleichsfunktion $U(\zeta)$ in eine konvergente Reihe

$$U(\zeta) = \sum_{i=1}^{\infty} a_i Y_i(\zeta) \tag{4.55}$$

nach Eigenfunktionen $Y_i(\zeta)$ entwickeln, worin die Konstanten a_i über

$$a_i = \frac{(U(\zeta), N[Y_i(\zeta)])}{(Y_i(\zeta), N[Y_i(\zeta)])} \tag{4.56}$$

festgelegt sind. Erneut wird auf den Beweis, der in [2] zu finden ist, verzichtet. Der Entwicklungssatz lässt sich bei vielen Problemklassen auf alle stetigen bzw. stückweise stetigen Funktionen $P(\zeta)$ ausdehnen (siehe [2, 3]).

Abschließend wird auf Eigenwertprobleme in der Formulierung (4.18), (4.20) als System zweiter Ordnung in der Ortsvariablen eingegangen. Zwanglos lässt sich die etablierte Vorgehensweise für skalare Eigenwertprobleme mit Vergleichsfunktionen U, V und entsprechenden Differenzialoperatoren M, N verallgemeinern, wenn jetzt Vergleichsfunktionen in Form von Spaltenmatrizen $\boldsymbol{u}, \boldsymbol{v}$ mit entsprechenden Differenzialoperatormatrizen $\mathcal{K}, \mathcal{M} = \boldsymbol{M}$ betrachtet werden. Beispielsweise ist dann das beschreibende Eigenwertproblem (4.18), (4.20) selbstadjungiert, wenn für Spaltenmatrizen $\boldsymbol{u}, \boldsymbol{v}$ im Sinne von Vergleichsfunktionen, die allen Randbedingungen genügen, die Relationen

$$\int_a^b \boldsymbol{u}^\top \mathcal{K}[\boldsymbol{v}] \mathrm{d}\zeta = \int_a^b \boldsymbol{v}^\top \mathcal{K}[\boldsymbol{u}] \mathrm{d}\zeta \quad \text{und} \quad \int_a^b \boldsymbol{u}^\top \boldsymbol{M}[\boldsymbol{v}] \mathrm{d}\zeta = \int_a^b \boldsymbol{v}^\top \boldsymbol{M}[\boldsymbol{u}] \mathrm{d}\zeta \tag{4.57}$$

erfüllt sind.

Beispiel 4.10 Es wird das homogene Problem der gekoppelten Wellengleichungen für die ebenen Biegeschwingungen eines Timoshenko–Stabes gemäß Beispiel 4.1 zu Beginn von

Kap. 4 behandelt. Ein isochroner Produktansatz (4.21), d. h.

$$\begin{pmatrix} u(Z,t) \\ \varphi(Z,t) \end{pmatrix} = \begin{pmatrix} U(Z) \\ \phi(Z) \end{pmatrix} e^{\mathrm{i}\omega t}, \tag{4.58}$$

liefert das zugehörige Eigenwertproblem in der Form (4.18), (4.20). Konkret erhält man

$$\begin{aligned} GA_S(U'' - \phi') + \rho_0 A\omega^2 U &= 0, \\ GA_S(U' - \phi) + EI\phi'' + \rho_0 I\omega^2\phi &= 0, \\ U(0) = 0, \ \ \phi(0) = 0, \ \ \phi'(L) = 0, \ \ U'(L) - \phi(L) &= 0, \end{aligned} \tag{4.59}$$

worin hochgestellte Striche hier gewöhnliche Ableitungen nach Z bezeichnen. Das erhaltene Eigenwertproblem für $\lambda = \omega^2$ bettet sich mit den Operatormatrizen gemäß (4.4) und (4.6) und den Spaltenmatrizen $\boldsymbol{y}(Z) = [U(Z), \phi(Z)]^\top$, $\boldsymbol{y}(j) = [U(j), \phi(j)]^\top$, $j = 0, L$ in die allgemeine Matrizenschreibweise (4.18), (4.20) ein. Da $\mathcal{M}$ ein klassischer Matrixoperator $\boldsymbol{M}$ ist, kann die zweite Relation in (4.57) für Vergleichsfunktionen $\boldsymbol{u} = (\bar{U}, \bar{\phi})^\top, \boldsymbol{v} = (\underline{U}, \underline{\phi})^\top$ leicht als erfüllt nachgewiesen werden. Damit bleibt als Forderung für Selbstadjungiertheit

$$\int_0^L \left[\begin{pmatrix} \bar{U} \\ \bar{\phi} \end{pmatrix}^\top \begin{pmatrix} -GA_S(\,.\,)'' & GA_S(\,.\,)' \\ -GA_S(\,.\,)' & GA_S(\,.\,) - EI(\,.\,)'' \end{pmatrix} \begin{pmatrix} \underline{U} \\ \underline{\phi} \end{pmatrix} \right.$$
$$\left. - \begin{pmatrix} \underline{U} \\ \underline{\phi} \end{pmatrix}^\top \begin{pmatrix} -GA_S(\,.\,)'' & GA_S(\,.\,)' \\ -GA_S(\,.\,)' & GA_S(\,.\,) - EI(\,.\,)'' \end{pmatrix} \begin{pmatrix} \bar{U} \\ \bar{\phi} \end{pmatrix} \right] \mathrm{d}Z = 0.$$

Einwirken der jeweiligen Operatormatrizen auf die zugehörigen Spaltenmatrizen gemäß Matrizenproduktbildung und anschließender nochmaliger Produktbildung mit den entsprechenden Transponierten ergibt das Zwischenergebnis

$$\int_0^L \left\{ -\bar{U}(GA_S\underline{U}'') + \bar{U}(GA_S\underline{\phi}') - \bar{\phi}(GA_S\underline{U}') - \bar{\phi}\left(EI\underline{\phi}'' - GA_S\underline{\phi}\right) \right.$$
$$\left. + \underline{U}(GA_S\bar{U}'') - \underline{U}(GA_S\bar{\phi}') + \underline{\phi}(GA_S\bar{U}') + \underline{\phi}(EI\bar{\phi}'' - GA_S\bar{\phi}') \right\} \mathrm{d}Z = 0.$$

Nach entsprechender einmaliger Produktintegration zugeordneter Anteile, die Ableitungen enthalten, nimmt die Beziehung die Gestalt

$$\int_0^L \left\{ GA_S\bar{U}'\underline{U}' - GA_S\bar{U}'\underline{\psi} - GA_S\bar{\psi}\underline{U}' + EI\bar{\psi}'\underline{\psi}' - GA_S\underline{U}'\bar{U}' + GA_S\underline{U}'\bar{\psi} + GA_S\underline{\phi}\bar{U}' - EI\underline{\phi}'\bar{\phi}' \right\} \mathrm{d}Z$$

$$- GA_S\bar{U}\underline{U}'\Big|_0^L + GA_S\bar{U}\underline{\phi}\Big|_0^L - EI\bar{\phi}\underline{\phi}'\Big|_0^L + GA_S\underline{U}\bar{U}'\Big|_0^L - GA_S\underline{U}\bar{\phi}\Big|_0^L + EI\underline{\phi}\bar{\phi}'\Big|_0^L = 0$$

an, die unter Beachtung der Randbedingungen identisch erfüllt ist, d. h. es liegt ein selbstadjungiertes Problem vor. Diese Eigenschaft lässt sich natürlich auch (rechentechnisch etwas einfacher) nachweisen, wenn man vorab (mit entsprechendem Rechenaufwand) die gekoppelten Wellengleichungen (4.59) in eine Einzelgleichung 4. Ordnung (in Z) umwandelt und dann mit dem Selbstadjungiertheitsbegriff (4.31) operiert. ■

Alternativ wird noch ein anderer Zugang vorgestellt [5]. Von der Tatsache ausgehend, dass man im Vektorraum $\mathbb{R}^n$ neben Matrizen $\boldsymbol{Y}$ auch *transponierte* Matrizen $\boldsymbol{Y}^\top$ erklärt, führt man beim Übergang zum Funktionenraum $\mathbb{L}_2$ neben Differenzialoperatormatrizen $\mathcal{Y}$ entsprechende *adjungierte* Matrizen $\tilde{\mathcal{Y}}$ ein. Damit ist im Vektorraum $\mathbb{R}^n$ die mit der Matrizeneigenwertaufgabe (4.27) korrespondierende transponierte Eigenwertaufgabe

$$\boldsymbol{A}^\top[\boldsymbol{z}] = \lambda \boldsymbol{B}^\top[\boldsymbol{z}] \tag{4.60}$$

angebbar, die neben einfacher Spalten- und Zeilenvertauschung aus der *bilinearen Identität*

$$\boldsymbol{z}^\top \boldsymbol{Y}[\boldsymbol{x}] = \boldsymbol{x}^\top \boldsymbol{Y}^\top[\boldsymbol{z}]$$

(siehe [10]) hergeleitet werden kann, worin $\boldsymbol{Y}$ abkürzend für $\boldsymbol{A} - \lambda\boldsymbol{B}$ steht. $\boldsymbol{x}, \boldsymbol{z}$ sind darin Spaltenmatrizen beliebiger Vektoren aus $\mathbb{R}^n$. Entsprechend formuliert man im Funktionenraum $\mathbb{L}_2$ zur Eigenwertaufgabe (4.18), (4.20), hier in der Form

$$\mathcal{K}[\boldsymbol{y}] = \lambda \boldsymbol{M}[\boldsymbol{y}], \quad \boldsymbol{y}(j)^\top\{\mathcal{K}_j[\boldsymbol{y}(j)]\} = 0, \quad j = a, b \tag{4.61}$$

die so genannte adjungierte Eigenwertaufgabe

$$\mathcal{K}^{\text{ad}}[\boldsymbol{z}] = \lambda \boldsymbol{M}^{\text{ad}}[\boldsymbol{z}], \quad \boldsymbol{z}(j)^\top\{\mathcal{K}_j^{\text{ad}}[\boldsymbol{z}(j)]\} = 0, \quad j = a, b, \tag{4.62}$$

die aus der so genannten Greenschen Identität[9]

$$\int_a^b \left\{\boldsymbol{z}^\top \mathcal{Y}[\boldsymbol{y}] - \boldsymbol{y}^\top \mathcal{Y}^{\text{ad}}[\boldsymbol{z}]\right\} \mathrm{d}\zeta = 0 \tag{4.63}$$

(siehe [8]) mit den entsprechend übergreifenden Operatormatrizen $\mathcal{Y} = \mathcal{K} - \lambda\mathcal{M}$ und $\mathcal{Y}^{\text{ad}}$ unter Ausführung geeigneter Produktintegrationen zu bestimmen ist. Genau genommen sind es die adjungierten Operatormatrizen $\mathcal{K}^{\text{ad}}, \mathcal{M}^{\text{ad}} = \boldsymbol{M}^\top$, womit auch $\boldsymbol{z}(\zeta)$ festgelegt ist. $\boldsymbol{y}(\zeta)$ erfüllt dabei die Randbedingungen gemäß (4.61), $\boldsymbol{z}(\zeta)$ die adjungierten Randbedingungen gemäß (4.62); ansonsten sind $\boldsymbol{y}(\zeta), \boldsymbol{z}(\zeta)$ beliebige „Vektor"funktionen mit bestimmten Differenziationseigenschaften aus $\mathbb{L}_2$. Es kann gezeigt werden, dass sowohl die

[9] Die Gewinnung durch Zeilen- und Spaltenvertauschen verliert im Funktionenraum ihre Einfachheit.

Eigenwerte der transponierten Eigenwertaufgabe (4.60) (in $\mathbb{R}^n$) als auch der adjungierten Eigenwertaufgabe (4.62) (in $\mathbb{L}_2$) identisch mit den Eigenwerten der jeweils ursprünglichen Eigenwertaufgabe sind.

Gilt $\mathcal{K}^{\mathrm{ad}} = \mathcal{K}$, $\mathcal{M}^{\mathrm{ad}} \left(= \boldsymbol{M}^{\top}\right) = \mathcal{M} \, (= \boldsymbol{M})$ und $\mathcal{K}_j^{\mathrm{ad}} = \mathcal{K}_j$, dann ist das Eigenwertproblem (4.61) selbstadjungiert! Die hier diskutierten $\boldsymbol{M}$-$\mathcal{K}$-Systeme sind stets selbstadjungiert, womit auch die Eigenfunktionen $\boldsymbol{y}(\zeta)$ und die adjungierten Eigenfunktionen $\boldsymbol{z}(\zeta)$ identisch sind. Der Beweis gelingt erneut durch Nachrechnen und wird hier anhand zweier Beispiele durchgeführt.

Beispiel 4.11 Zunächst wird zum Einstieg das skalare Problem

$$y'' = -\lambda M y, \quad y(j) \cdot y'(j) = 0 \; (j = 0, 1), \;\text{ hier } y(0) = 0, \;\; y'(1) = 0$$

diskutiert. Da M ein Skalar ist, folgt bereits vorab $M^{\mathrm{ad}} = M^{\top} = M$. Für die Skalarfunktionen $y(\zeta), z(\zeta)$ gilt entsprechend $y^{\top} = y, z^{\top} = z$. Damit schreibt sich die Greensche Identität (4.63) hier als

$$\int_0^1 (zy'' - yK^{\mathrm{ad}}[z]) \, \mathrm{d}\zeta = 0.$$

2-malige Produktintegration des ersten Summanden liefert

$$zy'\Big|_0^1 - z'y\Big|_0^1 + \int_0^1 (z''y - yK^{\mathrm{ad}}[z]) \, \mathrm{d}\zeta = 0.$$

Damit ergibt sich zwingend $K^{\mathrm{ad}} = (\,.\,)'' \equiv K$ und $z'(1) = 0, z(0) = 0 \Rightarrow z(j) \cdot z'(j) = 0$ d. h. $K_j^{\mathrm{ad}} \equiv K_j$. Aus der Äquivalenz der ursprünglichen und der adjungierten Operatoren folgt schließlich $z(\zeta) \equiv y(\zeta)$, womit die Selbstadjungiertheit nachgewiesen ist. ■

Beispiel 4.12 Es wird das Eigenwertproblem der ebenen Biegeschwingungen eines Timoshenko-Stabes erneut aufgegriffen. Es folgt die Greensche Identität

$$\int_0^L \left[\begin{pmatrix} V \\ \theta \end{pmatrix}^{\top} \begin{pmatrix} GA_S(\,.\,)'' & -GA_S(\,.\,)' \\ GA_S(\,.\,)' & -GA_S(\,.\,) + EI(\,.\,)'' \end{pmatrix} \begin{pmatrix} U \\ \phi \end{pmatrix} - \begin{pmatrix} U \\ \phi \end{pmatrix}^{\top} \mathcal{K}^{\mathrm{ad}} \begin{pmatrix} V \\ \theta \end{pmatrix} \right] \mathrm{d}Z = 0,$$

worin die vier Elemente des adjungierten Operators $\mathcal{K}^{\mathrm{ad}}$ mit k_{ij}^{ad}, $i, j = 1, 2$ bezeichnet werden sollen. Einwirken der jeweiligen Operatormatrizen auf die zugehörigen Spaltenmatrizen gemäß Matrizenproduktbildung und anschließender nochmaliger Produktbildung mit den entsprechenden Transponierten ergibt das Zwischenergebnis

$$\begin{aligned} \int_0^L \big\{ & V(GA_S U'') - V(GA_S \phi') + \theta(GA_S U') + \theta \,(EI\phi'' - GA_S \phi) \\ & - U(k_{11}^{\mathrm{ad}}[V] + k_{12}^{\mathrm{ad}}[\theta]) - \phi(k_{21}^{\mathrm{ad}}[V] + k_{22}^{\mathrm{ad}}[\theta]) \big\} \mathrm{d}Z = 0. \end{aligned}$$

Nach entsprechender ein- bzw. zweimaliger Produktintegration jener Anteile, die Ableitungen enthalten, nimmt die Beziehung die Gestalt

$$\int_0^L \{(GA_S V'')U + (GA_S V')\phi - (GA_S r\theta')U + (EI\theta'')\phi - GA_S\theta\phi$$
$$- k_{11}^{ad}[V]U - k_{12}^{ad}[\theta]U - k_{21}^{ad}[V]\phi - k_{22}^{ad}[\theta]\phi\}dZ$$
$$+ V(GA_S U')\Big|_0^L - (GA_S V')U\Big|_0^L - V(GA_S\phi)\Big|_0^L + GA_S\theta U\Big|_0^L + \theta(EI\phi')\Big|_0^L - (EI\theta')\phi\Big|_0^L = 0$$

an, die einen paarweisen Vergleich der entsprechend gekennzeichneten Terme erlaubt. Zum einen sind damit die Elemente k_{ij}^{ad} der adjungierten Operatormatrix $\mathcal{K}^{ad}$ bestimmt, woraus $\mathcal{K}^{ad} = \mathcal{K}$ folgt, und zum anderen ergeben sich die geltenden adjungierten Randbedingungen

$$V(0) = 0, \ \ \theta(0) = 0, \ \ V'(L) - \theta(L) = 0, \ \ \theta'(L) = 0,$$

d. h. es gilt offensichtlich $\mathcal{K}_j^{ad} = \mathcal{K}_j$ $(j = 0, L)$. Insgesamt fallen damit im vorliegenden Fall die Vektorfunktionen $\boldsymbol{y}(Z) = [U(Z), \phi(Z)]^\top$ und $\boldsymbol{z}(Z) = [V(Z), \theta(Z)]^\top$ ununterscheidbar zusammen, d. h. es wird auf der Basis der alternativen Methodik bestätigt, dass ein selbstadjungiertes Problem vorliegt. ■

Auch der Rayleigh-Quotient lässt sich im Rahmen der matriziellen Formulierung für „Vektor"funktionen $\boldsymbol{u}$, die alle Randbedingungen erfüllen, angeben,

$$R[\boldsymbol{u}] = \frac{\int_a^b \boldsymbol{u}^\top \mathcal{K}[\boldsymbol{u}]d\zeta}{\int_a^b \boldsymbol{u}^\top \boldsymbol{M}[\boldsymbol{u}]d\zeta}, \tag{4.64}$$

ebenso verallgemeinerte Orthonormierungsbedingungen für die Eigenfunktionen $\boldsymbol{y}_i$ und $\boldsymbol{y}_j$:

$$\int_a^b \boldsymbol{y}_i^\top \mathcal{K}[\boldsymbol{y}_j]\,d\zeta = \lambda_i\delta_{ij}, \quad \int_a^b \boldsymbol{y}_i^\top \boldsymbol{M}[\boldsymbol{y}_j]\,d\zeta = \delta_{ij}. \tag{4.65}$$

Die Eigenwerte λ_i $(i = 1, 2, \ldots)$ sind positiv reell, wenn das Eigenwertproblem nicht nur selbstadjungiert, sondern darüber hinaus auch positiv definit ist, d. h. neben $\int_a^b \boldsymbol{u}^\top \boldsymbol{M}[\boldsymbol{u}]\,d\zeta > 0$ (immer gesichert) auch $\int_a^b \boldsymbol{u}^\top \mathcal{K}[\boldsymbol{u}]\,d\zeta > 0$ gilt.

Ohne es auszuführen, sei abschließend vermerkt, dass der Entwicklungssatz (4.55) ebenfalls in Matrizenschreibweise verallgemeinert werden kann.

4.1.4 Strenge Lösung von Eigenwertproblemen

Eine strenge Lösung ist immer dann grundsätzlich möglich, wenn

1. die maßgebende(n) Differenzialgleichung(en) konstante Koeffizienten besitzt (besitzen) und
2. die Berandung „hinreichend" regelmäßig ist.

Die zweite Bedingung ist nur für 2- und 3-parametrige Kontinua von Interesse, für die Rechteck- oder Kreisform typische Geometrien sind, die eine strenge Lösung erlauben. Darauf wird anhand von Beispielen in Kap. 6 und 7 eingegangen.

Für Eigenwertprobleme 1-parametriger Strukturmodelle mit konstanten Koeffizienten wird der Lösungsweg an dieser Stelle allgemein skizziert und durch ein ausführliches Beispiel verdeutlicht. Ohne Einschränkung der Allgemeinheit wird von der Formulierung (4.28) des Eigenwertproblems, bestehend aus (gewöhnlicher) Einzeldifferenzialgleichung mit konstanten Koeffizienten und den zugehörigen Randbedingungen, ausgegangen. Ein Exponentialansatz

$$Y(\zeta) = Ce^{\kappa\zeta} \tag{4.66}$$

mit der Konstanten $C \neq 0$ und dem noch zu bestimmenden Exponenten κ repräsentiert eine nichttriviale Lösung der Differenzialgleichung in (4.28). Nach Einsetzen resultiert eine oft als *Dispersionsgleichung* bezeichnete Beziehung, die einen Zusammenhang zwischen dem Exponenten κ und dem ebenfalls noch unbekannten Eigenwert λ in Polynomform herstellt. Die insgesamt $2m$ Exponenten κ_i als $f(\lambda)$ sind dadurch bestimmt, sodass die allgemeine Lösung $Y(\zeta)$ gemäß (4.66) aus insgesamt $2m$ Anteilen besteht. Abschließend ist diese vollständige Lösung an die $2m$ Randbedingungen in (4.28) anzupassen. Die notwendige Bedingung

$$\Delta[\kappa_i(\lambda)] = 0 \tag{4.67}$$

für mindestens ein nichttriviales $C_i \neq 0$ $(i = 1,2,\ldots,2m)$ des resultierenden linearen, algebraischen, homogenen Gleichungssystems ist die *transzendente* Eigenwertgleichung zur Bestimmung der *abzählbar unendlich vielen* Eigenwerte λ_k $(k = 1,2,\ldots,\infty)$. Zurückkehrend in das mit der Eigenwertgleichung (4.67) korrespondierende algebraische Gleichungssystem wird es dann möglich, die $2m$ Konstanten C_i bis auf eine zu berechnen, die wegen der linearen Abhängigkeit desselben unbestimmt bleibt. Die zugehörigen Eigenfunktionen $Y_k(\zeta), k = 1,2,\ldots,\infty$ sind auf diese Weise bestimmt; durch eine (beliebige) Normierungsbedingung kann die verbleibende Konstante auch noch festgelegt werden. Das Eigenwertproblem (4.28) ist damit vollständig gelöst.

Es ist festzuhalten, dass der geschilderte formelmäßige Lösungsgang für Eigenwertprobleme 1-parametriger Strukturmodelle trotz konstanter Koeffizienten in vielen praktischen

Fällen allerdings die Schwierigkeit besitzt, dass die konkrete Lösung der polynomialen Dispersions- oder der transzendenten Eigenwertgleichung nur numerisch zu leisten ist. In wenigen klassischen Lehrbuchbeispielen existiert sowohl für die Dispersions- als auch die Eigenwertgleichung eine strenge Lösung.

Beispiel 4.13 Es werden die Biegeschwingungen eines beidseitig quer unverschiebbar und gelenkig gelagerten geraden Bernoulli-Euler-Stabes bestimmter Länge mit konstanter Massenbelegung und konstanter Biegesteifigkeit diskutiert. Das beschreibende Eigenwertproblem ist durch

$$\begin{aligned} &Y'''' = \lambda^4 Y && \text{(Differenzialgleichung)},\\ &Y(0) = 0, \quad Y''(0) = 0, \quad Y(1) = 0, \quad Y''(1) = 0 && \text{(Randbedingungen)} \end{aligned} \tag{4.68}$$

gegeben, worin an dieser Stelle der Eigenwert zweckmäßig mit λ^4 (anstelle λ) bezeichnet wird. Vorab kann gezeigt werden, dass das Eigenwertproblem (4.68) selbstadjungiert und positiv definit ist, wovon später Gebrauch gemacht werden wird.

Den ersten Schritt des Lösungsganges bildet der Ansatz (4.66) in Exponentialform. Einsetzen in die Differenzialgleichung des Eigenwertproblems (4.68) führt wegen $Ce^{\kappa\zeta} \neq 0$ im zweiten Schritt zur zugehörigen Dispersionsgleichung

$$\kappa^4 - \lambda^4 = 0 \tag{4.69}$$

mit ihren 4 Lösungen

$$\kappa_{1,2} = \pm\lambda, \ \kappa_{3,4} = \pm i\lambda.$$

Die allgemeine Lösung $Y(\zeta)$ setzt sich somit in der Form

$$Y(\zeta) = \sum_{i=1}^{4} C_i e^{\kappa_i \zeta}$$

aus 4 Teillösungen zusammen, die mit Hilfe der Eulerschen Formel auch reell dargestellt werden kann:

$$Y(\zeta) = A_1 \sin\lambda\zeta + A_2 \sinh\lambda\zeta + A_3 \cos\lambda\zeta + A_4 \cosh\lambda\zeta. \tag{4.70}$$

Die Bezeichnung des Eigenwertes mit λ^4 hat sich damit nachträglich als zweckmäßig erwiesen. Weil das zu lösende Eigenwertproblem von 4. Ordnung in der Ortskoordinate ζ ist, waren tatsächlich auch genau 4 Lösungsanteile zu erwarten. Bei Biegeschwingungen von Bernoulli-Euler-Stäben kann diese allgemeine Lösung (4.70) in reeller Form ohne ständige Wiederholung der Rechnung zukünftig stets verwendet werden. Sie ist im nächsten Schritt an die Randbedingungen in (4.68) anzupassen und liefert hier folgendes System linearer, homogener algebraischer Gleichungen für die Konstanten A_1 bis A_4:

$$\begin{aligned} Y(0) &= 0 = A_3 + A_4, \\ Y''(0) &= 0 = \lambda^2(-A_3 + A_4), \\ Y(1) &= 0 = A_1 \sin\lambda + A_2 \sinh\lambda + A_3 \cos\lambda + A_4 \cosh\lambda, \\ Y''(1) &= 0 = \lambda^2(-A_1 \sin\lambda + A_2 \sinh\lambda - A_3 \cos\lambda + A_4 \cosh\lambda). \end{aligned} \tag{4.71}$$

Für nichttriviale Lösungen $(A_1, A_2, A_3, A_4) \neq \mathbf{0}$ muss die zugehörige 4×4-Systemdeterminante verschwinden[10], und dies ist die maßgebende Eigenwertgleichung

$$4\lambda^2 \sin\lambda \sinh\lambda = 0.$$

Da das Eigenwertproblem im vorliegenden Fall volldefinit und damit positiv definit ist, kann die Lösung $\lambda = 0$ ausgeschlossen werden, und es verbleibt als Eigenwertgleichung die transzendente Gleichung

$$\sin\lambda = 0$$

mit den abzählbar unendlich vielen Eigenwerten

$$\lambda_k = k\pi, \quad k = 1, 2, \ldots, \infty. \tag{4.72}$$

Die ersten drei Gleichungen in (4.71) liefern dafür $A_2, A_3, A_4 \equiv 0$, während die nicht verschwindende Konstante A_4 unbestimmt bleibt. Die Eigenfunktionen sind somit ebenfalls bestimmt und lauten

$$Y_k(\zeta) = C_k \sin\lambda\zeta = C_k \sin k\pi\zeta, \quad k = 1, 2, \ldots, \infty, \tag{4.73}$$

wenn die verbliebene Konstante ab jetzt als C_k bezeichnet wird. Es soll angemerkt werden, dass man die weiteren mathematisch möglichen Lösungen für λ mit $k = -1, -2, \ldots$ nicht zu beachten braucht. Die vorliegende Volldefinitheit schließt sie allerdings noch nicht aus, weil nicht λ sondern λ^4 der eigentliche Eigenwert ist; nur dessen Positivität ist gesichert. Die negativen Werte für λ können deshalb unberücksichtigt bleiben, weil sie keine neuen linear unabhängigen Eigenfunktionen liefern. ■

---

[10] Rechentechnisch einfacher als die Auswertung der 4×4-Determinante ist es hier, zunächst aus den beiden ersten Gleichungen in (4.71) zu folgern, dass $A_3 = A_4 = 0$ sein muss und nur noch die 2×2-Determinante der verbleibenden beiden Gleichungen für A_1, A_2 zur Bestimmung der Eigenwertgleichung zu nutzen.

Wenn gewünscht, ist jetzt auch noch die vollständige Angabe der freien Schwingungen möglich. Dazu löst man das zum Eigenwertproblem gehörende Anfangswertproblem (4.19), beispielsweise im einfachsten Fall ohne Dämpfung im Sinne des isochronen Ansatzes (4.21), fügt die erhaltene Zeitfunktion $T(t) = a \sin \omega t + b \cos \omega t$ mit der jeweiligen Eigenfunktion $Y_k(\zeta)$ als so genannte *Eigenschwingung*

$$q_k(\zeta, t) = Y_k(\zeta)(a_k \sin \omega_k t + b_k \cos \omega_k t) \tag{4.74}$$

zusammen und überlagert sämtliche Eigenschwingungen als *freie* Schwingungen

$$q_\mathrm{H}(\zeta, t) = \sum_{k=1}^{\infty} Y_k(\zeta)(a_k \sin \omega_k t + b_k \cos \omega_k t), \tag{4.75}$$

worin die $2 \times \infty$ vielen Konstanten $C_k a_k$ und $C_k b_k$ abschließend aus den Anfangsbedingungen gemäß (4.14), d. h. hier

$$q(\zeta, 0) = q_0(\zeta), \quad q_{,t}(\zeta, 0) = v_0(\zeta),$$

zu bestimmen sind. In Abschn. 5.1.4 wird dies anhand eines Beispiels verifiziert werden.

Im Rahmen der matriziellen Formulierung lautet der entsprechende Exponentialansatz

$$\boldsymbol{y}(\zeta) = \boldsymbol{c} e^{\kappa \zeta} \tag{4.76}$$

mit noch unbekannten Größen $\boldsymbol{c}$ und (wie bereits erwähnt) κ. Einsetzen in die zeitfreie Differenzialgleichung des Eigenwertproblems (4.61) liefert die Matrizen-Eigenwertaufgabe

$$(-\boldsymbol{M}\lambda + \boldsymbol{K}_2 \kappa^2 + \boldsymbol{K}_1 \kappa + \boldsymbol{K}_0)[\boldsymbol{c}] = \boldsymbol{0}, \tag{4.77}$$

wenn für die Operatormatrix $\mathcal{K}$ an dieser Stelle ein Differentialoperator höchstens zweiter Ordnung in ζ vorausgesetzt wird. Nichttriviale Lösungen $\boldsymbol{c} \neq \boldsymbol{0}$ fordern eine verschwindende Systemdeterminante

$$\det(-\boldsymbol{M}\lambda + \boldsymbol{K}_2 \kappa^2 + \boldsymbol{K}_1 \kappa + \boldsymbol{K}_0) = 0. \tag{4.78}$$

Die Dispersionsgleichung (4.78) dient zur Berechnung der $2M$ κ_i-Werte (wobei M die Zahl der ursprünglichen Deformationsvariablen ist) als Funktion von λ und weiterer bekannter Strukturdaten. Aus (4.77) kann man sodann die Konstantenvektoren $\boldsymbol{c}_i$ $(i = 1, 2, \ldots, 2M)$ jeweils bis auf eine freie Konstante bestimmen, sodass insgesamt $2M$ Konstanten (z. B. c_{i1}, $i = 1, 2, \ldots, 2M$) zunächst noch offen bleiben. Anschließend wird die so gefundene allgemeine Lösung

$$\boldsymbol{y}(\zeta) = \sum_{i=1}^{2M} \boldsymbol{c}_i e^{\kappa_i(\lambda)\zeta}$$

an die $2M$ Randbedingungen des Eigenwertproblems (4.61) angepasst. Wieder resultiert daraus ein homogenes, algebraisches Gleichungssystem für die verbliebenen $\boldsymbol{c}_i$ $(i = 1, 2, \ldots, 2M)$. Nichttriviale Lösungen $\boldsymbol{c}_i \neq \mathbf{0}$ fordern nochmals das Verschwinden der zugehörigen, (4.67) völlig entsprechenden Determinante als transzendente „charakteristische" Gleichung, die letztlich allein interessierende *Eigenwertgleichung* zur Berechnung der abzählbar unendlich vielen Eigenwerte λ_k $(k = 1, 2, \ldots, \infty)$. Zurückgehend in das aus der Anpassung an die Randbedingungen resultierende Gleichungssystem lassen sich für jede Ordnungsziffer $k = 1, 2, \ldots, \infty$ auch noch die Konstanten c_{i1} $(i = 1, 2, \ldots, 2M)$ bis auf eine einzige – c_k genannt – bestimmen. Die („vektoriellen") *Eigenfunktionen* $\boldsymbol{y}_k(\zeta)$ $(k = 1, 2, \ldots, \infty)$ gemäß (4.76) sind damit bekannt und können abschließend geeignet normiert werden.

Zum Schluss lässt sich auch die Berechnung der vollständigen freien Schwingungen matriziell leisten, indem man in einem ersten Schritt die so genannten *Eigenbewegungen* (bzw. *Eigenschwingungen*)

$$\boldsymbol{q}_k(\zeta, t) = \boldsymbol{y}_k(\zeta) T_k(t), \quad k = 1, 2, \ldots, \infty \tag{4.79}$$

berechnet und diese zu den freien Schwingungen

$$\boldsymbol{q}_{\mathrm{H}}(\zeta, t) = \sum_{k=1}^{\infty} \boldsymbol{q}_k(\zeta, t) \tag{4.80}$$

superponiert. Nach Anpassung an die Anfangsbedingungen (4.14) ist eine konkrete Problemstellung wiederum vollständig gelöst.

Beispiel 4.14 Freie ungedämpfte Biegeschwingungen eines Timoshenko-Kragträgers konstanten Querschnitts. Der Exponentialansatz (4.76) mit Z anstelle von ζ und $\boldsymbol{r}(Z)$ gemäß (4.58) überführt die Differentialgleichungen $(4.59)_{1,2}$ in die Matrizen-Eigenwertaufgabe (4.77) der Form

$$\left\{\begin{pmatrix} A & 0 \\ 0 & I \end{pmatrix} \rho_0 \omega^2 + \begin{pmatrix} GA_{\mathrm{S}} & 0 \\ 0 & EI \end{pmatrix} \kappa^2 + \begin{pmatrix} 0 & -1 \\ 1 & 0 \end{pmatrix} \kappa + \begin{pmatrix} 0 & 0 \\ 0 & -GA_{\mathrm{S}} \end{pmatrix}\right\} \begin{pmatrix} c_1 \\ c_2 \end{pmatrix} = \begin{pmatrix} 0 \\ 0 \end{pmatrix}. \tag{4.81}$$

Die Auswertung der verschwindenden Systemdeterminante (4.78) ergibt mit $\alpha^2 = \frac{I}{AL^2}$ und $\gamma = \frac{EA}{GA_{\mathrm{S}}}$ nach kurzer Rechnung die mit (4.69) vergleichbare Relation

$$\kappa^4 + \alpha^2(1 + \gamma)\lambda^4\kappa^2 + (\gamma\alpha^4\lambda^4 - 1)\lambda^4 = 0 \tag{4.82}$$

zwischen dem charakteristischen Exponenten κ und dem Eigenwert λ mit (wie üblich) $\lambda^4 = \rho_0 AL^4\omega^2/(EI)$. Gleichung (4.82) kann hier (gerade noch) explizite nach $\kappa_i(\lambda)$ $(i = 1, 2, 3, 4)$ aufgelöst werden. In der elementaren Bernoulli-Euler-Theorie setzt man $\alpha^2 = 0$. Dann wird auch $\alpha^2\gamma = 0$ und (4.82) geht tatsächlich in (4.69) über. Zurückgehend in (4.81) lässt sich das „Amplitudenverhältnis" c_{2i}/c_{1i} berechnen, und nach Anpassen an die Randbedingungen in (4.59) erhält man dann schließlich auch die Eigenwertgleichung. Allein numerisch gefundene Eigenwerte sollen hier noch angegeben werden und zwar für einen Kragträger mit Rechteckquerschnitt (Höhe h) und $A_S = \frac{5}{6}A$. Für ein Höhen-/Längenverhältnis $h/L = 0,2$ ergeben sich die drei tiefsten Eigenwerte $\lambda_1 = 1,800$, $\lambda_2 = 4,341$, $\lambda_3 = 7,232$. Sie sind damit deutlich tiefer als die Werte eines entsprechend gelagerten Euler-Bernoulli-Stabes, siehe (5.70) in Abschn. 5.2.2. Auch bei den Eigenfunktionen erhält man signifikante Abweichungen. ■

4.1.5 Näherungsverfahren zur Lösung von Eigenwertproblemen

Auf rein numerische Verfahren, wie beispielsweise Finite-Elemente-Methoden (FEM), wird hier nicht näher eingegangen. Es werden alternativ solche Methoden behandelt, die zwar in praktischen Fällen mit dem Anspruch hoher Genauigkeit auch einer numerischen Auswertung bedürfen, prinzipiell und ohne Ansprüche an die Genauigkeit allerdings formelmäßig dargestellt und auch ausgewertet werden können.

Anhand von mehreren Varianten so genannter *direkter* Methoden der Variationsrechnung, die an die Formulierung von Eigenwertproblemen entweder als Extremalaufgabe von Funktionalen oder als allgemeinere Variationsaufgaben anknüpfen, wird im Folgenden eine Auswahl von Methoden zur Näherungslösung von Eigenwertaufgaben im Detail vorgestellt. Variationsaufgaben können dazu als Grenzübergang von Extremalaufgaben gewöhnlicher Funktionen mit mehreren Variablen aufgefasst werden, wenn die Variablenzahl gegen unendlich strebt. Damit erscheint es plausibel, dass umgekehrt Variationsaufgaben näherungsweise dadurch gelöst werden können, dass man Extremalaufgaben gewöhnlicher Funktionen mit endlich vielen Variablen behandelt. Es wird sich zeigen, dass damit aber auch das grundlegende Verständnis für numerische Verfahren in Form von FEM vermittelt wird, insbesondere dann, wenn abschließend auch noch das so genannte Übertragungsmatrizen-Verfahren als eine weitere Näherungsmethode vorgestellt wird.

4.1.5.1 Rayleigh-Ritz-Verfahren[11]

Ausgenützt wird im Folgenden die Minimaleigenschaft des Rayleigh-Quotienten $\bar{R}[U]$ (4.54), in dem die dynamischen Randbedingungen bei Vorgabe der geometrischen Randbedingungen automatisch erfasst sind, unter Verwendung von mindestens zulässigen Funktionen $U(\zeta)$.

Der Gedanke von W. Ritz, der sich nicht auf die Lösung von Eigenwertproblemen beschränkt, sondern auch und gerade bei inhomogenen Randwertproblemen seine Leis-

[11] Anders als Leissa [7] ist der Verfasser der Meinung, dass bei der Behandlung von Eigenwertproblemen die Vorarbeiten von Rayleigh zur näherungsweisen Bestimmung von Eigenkreisfrequenzen mittels des Rayleigh-Quotienten (4.48) so bedeutsam sind, dass die parallele Nennung seines Namens neben dem von Ritz gerechtfertigt erscheint.

tungsfähigkeit entfaltet (siehe Abschn. 4.2), beruht darauf, einen Funktionsansatz

$$U(\zeta) = \sum_{i=1}^{n} a_i U_i(\zeta) \tag{4.83}$$

für die gesuchte Näherungslösung $U(\zeta)$ zu wählen, der *linear* von einer Reihe noch offener Parameter a_i $(i = 1, 2, \ldots, n)$ abhängt. Man erhält so auf einfachste Art und Weise eine starke Flexibilität, die darzustellende Funktion $U(\zeta)$ immer besser an die gesuchte Eigenfunktion $Y(\zeta)$ anzunähern. Die n endlich vielen, vorzugebenden Koordinatenfunktionen („Form"-Funktionen) $U_i(\zeta)$ müssen ein vollständiges Funktionensystem[12] linear unabhängiger zulässiger Funktionen bilden. Sie brauchen neben der Vollständigkeit also nur die geometrischen Randbedingungen zu erfüllen, eine Forderung, die vergleichsweise einfach realisiert werden kann und die praktische Anwendbarkeit erheblich erleichtert.

Die freien Konstanten a_i sind so zu bestimmen, dass der genannte Rayleigh-Quotient minimal wird:

$$\bar{R}[U(a_i)] = \Lambda(a_i) = \frac{Z}{H} \Rightarrow \text{Min.}$$

Die Ausdrücke Z und H sind darin über

$$Z = \int_a^b \sum_{\nu=0}^{m} f_\nu \left(\frac{d^\nu U(a_i)}{d\zeta^\nu}\right)^2 d\zeta + \bar{M}_0[U(a_i)],$$

$$H = \int_a^b \sum_{\nu=0}^{n} g_\nu \left(\frac{d^\nu U(a_i)}{d\zeta^\nu}\right)^2 d\zeta + \bar{N}_0[U(a_i)]$$

erklärt. Es ist also tatsächlich ein gewöhnliches Minimalproblem zur Bestimmung der a_i entstanden. Notwendige Bedingungen sind die Gleichungen

$$\frac{\partial \bar{R}}{\partial a_i} = \frac{\partial \Lambda}{\partial a_i} = \frac{\frac{H \partial Z}{\partial a_i} - \frac{Z \partial H}{\partial a_i}}{H^2} = 0, \quad i = 1, 2, \ldots, n$$

[12] Ein Funktionen-*System* ist nichts anderes als eine abzählbare Menge *unendlich* vieler „*verwandter*" Funktionen, z. B. $f_k = x^k$ $(k = 0, 1, \ldots)$. Durch geeignete Überlagerung aller Mitglieder $f_k(x)$ eines Funktionensystems kann eine weitgehend beliebige Funktion $h(x)$ in einem endlichen Intervall approximiert bzw. dargestellt werden: $h(x) = \sum_{k=0}^{\infty} a_k f_k(x)$. Diese Entwicklung gelingt aber *nur* dann, wenn das jeweilige Funktionensystem *vollständig* ist, d. h. *alle* Mitglieder des Funktionen-„Typs" auch tatsächlich enthält. So ist das System $f_k(x) = x^k$ $(k = 0, 1, 3, \ldots)$ nicht mehr vollständig, da eine der Potenzfunktionen, hier $f_2 = x^2$, fehlt.

Deutlicher wird das Problem bei Betrachtung von $f_k(x) = \sin k\pi x$ $(k = 0, 1, \ldots)$. Da alle Funktionen f_k den Wert $f_k(1) \equiv 0$ an der Intervallgrenze $x = 1$ aufweisen, kann *keine* Funktion $h(x)$ mit $h(1) \neq 0$ in dieses Funktionensystem entwickelt werden; damit ist das System der Funktionen $f_k(x)$ ersichtlich *nicht vollständig*. Vollständig ist erst die Vereinigung der beiden Funktionensysteme $f_k(x) = \sin k\pi x$ und $g_k(x) = \cos k\pi x$, weil sich damit *jede* Funktion $h(x)$ im Intervall $(0, 1)$ entwickeln lässt: $h(x) = \sum_{k=0}^{\infty}(a_k \sin k\pi x + b_k \cos k\pi x)$ (Fourier-Reihe).

und für volldefinite Probleme (die in aller Regel vorliegen) mit $H > 0$ auch

$$\frac{\partial Z}{\partial a_i} - \Lambda \frac{\partial H}{\partial a_i} = 0, \quad i = 1, 2, \ldots, n. \tag{4.84}$$

Dies sind die so genannten Ritzschen Gleichungen, die n lineare, homogene, algebraische Gleichungen für die a_i mit dem Parameter Λ darstellen. Notwendige Bedingung für nichttriviale Lösungen a_i ist die verschwindende Systemdeterminante

$$\Delta(\Lambda) = 0, \tag{4.85}$$

die eine algebraische Gleichung n-ten Grades für Λ darstellt. Die Lösungen Λ_k $(k = 1, 2, \ldots, n)$ sind Näherungen, genauer obere Schranken (ohne Beweis), der exakten Eigenwerte λ_k $(k = 1, 2, \ldots, n)$. Zurückgehend auf das Gleichungssystem (4.84) erhält man dann zu jedem $\Lambda_k \approx \lambda_k$ den zugehörigen Eigen„vektor" $\boldsymbol{a}_k = (a_{ik})$. Abschließend kann dann über den Ritz-Ansatz (4.83) die Funktion $U_k(\zeta)$ $(k = 1, 2, \ldots, n)$ als Näherung für die Eigenfunktionen $Y_k(\zeta)$ $(k = 1, 2, \ldots, n)$ angegeben werden. Es kann gezeigt werden, dass für die hier zur Diskussion stehenden Eigenwertprobleme 1-parametriger Kontinua Konvergenz für $n \to \infty$ gesichert ist und in der Praxis für eine gewünschte Genauigkeit von ca. 3 % bezüglich des zu berechnenden Eigenwertes λ_k erfahrungsgemäß ein Ritz-Ansatz mit $n = k + 2$ Koordinatenfunktionen in der Regel ausreicht.

Der Vorteil des Rayleigh-Ritz-Verfahrens, dass zulässige Koordinatenfunktionen $U_i(\zeta)$ benutzt werden können, um eine konvergierende Näherung zu erzielen, wird durch den Nachteil erkauft, dass der Rayleigh-Quotient $\bar{R}[U]$ konkret konstruiert werden muss. Bei Anwendung des hier propagierten Prinzips von Hamilton zur Herleitung des maßgebenden Randwertproblems ist dies immer dann kein eigentlicher Nachteil, wenn das resultierende Eigenwertproblem selbstadjungiert ist, weil dann der genannte Rayleigh-Quotient über das Lagrange-Funktional $\mathcal{H}$ praktisch unmittelbar vorliegt. Für nicht selbstadjungierte Eigenwertprobleme existiert allerdings kein Rayleigh-Quotient in der Form $\bar{R}[U]$, sodass dafür das Rayleigh-Ritz-Verfahren nicht mehr anwendbar ist.

Beispiel 4.15 Es soll die Knicklast eines beidseitig quer unverschiebbar und gelenkig gelagerten geraden Bernoulli-Euler-Stabes bestimmter Länge mit konstantem Querschnitt infolge Druckbeanspruchung durch Eigengewicht berechnet werden. Wie am Ende von Abschn. 8.2 gezeigt werden wird, ist das beschreibende Eigenwertproblem durch

$$\begin{aligned} Y'''' + \alpha[(1-\zeta)Y']' = \lambda Y \quad &\text{(Differenzialgleichung)}, \\ Y(0) = 0, \quad Y''(0) = 0, \quad Y(1) = 0, \quad Y''(1) = 0 \quad &\text{(Randbedingungen)} \end{aligned} \tag{4.86}$$

gegeben, worin α einen Lastparameter bezeichnet. Das Eigenwertproblem (4.86) ist selbstadjungiert und der Rayleigh-Quotient $\bar{R}[U]$ lautet

$$\bar{R}[U] = \Lambda = \frac{\int_0^1 U''^2 \mathrm{d}\zeta - \alpha \int_0^1 (1-\zeta) U'^2 \mathrm{d}\zeta}{\int_0^1 U^2 \mathrm{d}\zeta}.$$

Einsetzen des Ritz-Ansatzes (4.83) liefert

$$\bar{R}[U(a_i)] = \Lambda(a_i) = \frac{\int_0^1 (\sum a_i U_i'')^2 \mathrm{d}\zeta - \alpha \int_0^1 (1-\zeta)(\sum a_i U_i')^2 \mathrm{d}\zeta}{\int_0^1 (\sum a_i U_i)^2 \mathrm{d}\zeta},$$

sodass die Ritzschen Gleichungen (4.84) in einer zweckmäßigen Matrizenschreibweise

$$(\boldsymbol{A} - \Lambda \boldsymbol{B})[\boldsymbol{a}] = \boldsymbol{0}, \quad \boldsymbol{A} = (\alpha_{ij}), \ \boldsymbol{B} = (\beta_{ij}), \ \boldsymbol{a} = (a_i)$$
$$\text{mit } \alpha_{ij} = \int_0^1 U_i'' U_j'' \mathrm{d}\zeta - \alpha \int_0^1 (1-\zeta) U_i' U_j' \mathrm{d}\zeta, \quad \beta_{ij} = \int_0^1 U_i U_j \mathrm{d}\zeta \tag{4.87}$$

angegeben werden können. Mittels eines 2-Glied-Ansatzes sollen Näherungslösungen der beiden tiefsten Eigenwerte $\lambda_{1,2}$ berechnet und die Knicklast α_{krit}, die im Rahmen einer kinetischen Stabilitätstheorie konservativer Systeme durch Verschwinden des tiefsten Eigenwertes charakterisiert werden kann, bestimmt werden.

In einer ersten Variante werden die zulässigen Funktionen

$$U_1 = \zeta(\zeta - 1), \quad U_2 = \zeta^2(\zeta - 1)$$

verwendet. Durch bestimmte Integration sind die entsprechenden Matrizenelemente elementar berechenbar:

$$\alpha_{11} = \int_0^1 U_1''^2 \mathrm{d}\zeta - \alpha \int_0^1 (1-\zeta)\, U_1'^2 \mathrm{d}\zeta = 4 - \alpha/6,$$

$$\alpha_{12} = \alpha_{21} = \int_0^1 U_1'' U_2'' \mathrm{d}\zeta - \alpha \int_0^1 (1-\zeta)\, U_1' U_2' \,\mathrm{d}\zeta = 2 - \alpha/20,$$

$$\alpha_{22} = \int_0^1 U_2''^2 \mathrm{d}\zeta - \alpha \int_0^1 (1-\zeta)\, U_2'^2 \mathrm{d}\zeta = 4 - \alpha/30,$$

$$\beta_{11} = \int_0^1 U_1^2 \mathrm{d}\zeta = 1/30, \quad \beta_{12} = \beta_{21} = \int_0^1 U_1 U_2 \,\mathrm{d}\zeta = 1/60,$$

$$\beta_{22} = \int_0^1 U_2^2 \mathrm{d}\zeta = 1/105.$$

Die verschwindende Systemdeterminante

$$\Delta(\Lambda) = \det(\boldsymbol{A} - \Lambda \boldsymbol{B}) = \begin{vmatrix} \alpha_{11} - \Lambda\beta_{11} & \alpha_{12} - \Lambda\beta_{12} \\ \alpha_{21} - \Lambda\beta_{21} & \alpha_{22} - \Lambda\beta_{22} \end{vmatrix} = 0$$

ist die Eigenwertgleichung, die die Berechnung der Eigenwerte Λ als Funktion des Lastparameters α erlaubt. Mit $\Lambda = 0$ ergibt die Auswertung die quadratische Bestimmungsgleichung

$$\alpha^2 - \frac{2160}{11}\alpha + \frac{43.200}{11} = 0, \tag{4.88}$$

aus der als kleinere der beiden Lösungen $\alpha_{1,2}$ die kritische Last mit

$$\alpha_{\text{krit}} = \alpha_1 = 22,5$$

bestimmt werden kann. Mit Hilfe von Bessel-Funktionen kann übrigens das vorliegende Eigenwertproblem auch streng gelöst werden, woraus sich der Referenzwert

$$\alpha_{\text{krit}} = \alpha_1 = 18,57$$

ergibt, sodass hier ein noch relativ großer Fehler von 21 % vorliegt.

Um die Genauigkeit zu steigern, kann ein höherer als 2-gliedriger Ritz-Ansatz mit zulässigen Funktionen oder ein ebenfalls 2-gliedriger Ansatz, jetzt aber mit Vergleichsfunktionen, die alle Randbedingungen des vorgelegten Eigenwertproblems erfüllen, verwendet werden. Hier wird der zweite Weg beschritten, weil damit der Rechenaufwand im Wesentlichen ungeändert bleibt. Mit den trigonometrischen Funktionen

$$U_1 = \sin \pi\zeta, \quad U_2 = \sin 2\pi\zeta, \tag{4.89}$$

die als Eigenfunktionen des Stabes ohne Gewichtsbelastung (siehe Beispiel 4.12) einfach angegeben werden können, erhält man die (4.88) entsprechende Bestimmungsgleichung

$$\alpha^2 - 123{,}8\alpha + 1955 = 0.$$

Der kritische Lastwert ist damit in diesem Fall

$$\alpha_{\text{krit}} = 18{,}58, \tag{4.90}$$

d. h. der Fehler ist nur noch 0,1 %, also sehr klein. ■

Das Rayleigh-Ritz-Verfahren kann selbstverständlich auch von der matriziellen Formulierung (4.64) des Rayleigh-Quotienten $R[\boldsymbol{u}]$ seinen Ausgang nehmen. Der entsprechende Ritz-Ansatz wird dann in der Form

$$\boldsymbol{u}(\zeta) = \sum_{i=1}^{n} a_i \boldsymbol{u}_i(\zeta) \tag{4.91}$$

matriziell modifiziert und die Argumentation von eben führt auf die unveränderten Ritzschen Gleichungen (4.84), worin Zähler und Nenner des Rayleigh-Quotienten nach Einsetzen des Ritz-Ansatzes (4.91) entsprechende Skalarprodukte in $\mathbb{L}_2$ unter Verwendung von

Vergleichsfunktionen $\boldsymbol{u}_i(\zeta)$ darstellen[13]. Im Detail soll diese matrizielle Variante aber erst im Rahmen des im Folgenden erklärten Galerkin-Verfahrens angesprochen werden.

4.1.5.2 Galerkin-Verfahren

Zur Darstellung des Galerkin-Verfahrens[14] wird zunächst die Einzeldifferenzialgleichung des Eigenwertproblems (4.28) mit der *exakten*, aber unbekannten Lösung $Y(\zeta)$ an den Anfang gestellt. Zunächst bildet man eine „Fehlergröße", das so genannte *Residuum*

$$e = M[Y] - \lambda N[Y],$$

das beim Einsetzen der strengen Lösung $Y(\zeta)$ natürlich identisch verschwindet. Für eine beliebige Näherungslösung $U(\zeta)$ gilt dagegen stets $e = e(\zeta) \neq 0$. Die Größe des Residuums $e(\zeta)$ ist ein Maß für den Approximationsfehler, der minimiert werden soll. Dazu verlangt man, durch Integration von $e(\zeta)$ im Intervall $(0, 1)$ auf ein im Ort „gemitteltes" Fehlermaß e_0 überzugehen und im Rahmen des *Verfahrens der gewichteten Residuen* das gemittelte und zusätzlich noch gewichtete Residuum e_0 zu null zu machen.

Die Konsequenz daraus ist, dass für eine so berechnete Näherungslösung $U(\zeta)$ der Fehler $e(\zeta)$ nicht für *alle* ζ, sondern als e_0 nur im Mittel verschwindet – im Gegensatz zur strengen Lösung $Y(\zeta)$. Mathematisch verlangt also das Verfahren der gewichteten Residuen von der Näherungslösung U nicht die Erfüllung der streng gültigen Differenzialgleichung des Eigenwertproblems (4.28), sondern das Erfüllen von

$$e_0 = \int_a^b G(\zeta)e(\zeta)\mathrm{d}\zeta = 0 \quad t \geq 0 \tag{4.92}$$

im betrachteten Intervall $a < \zeta < b$. Die Gewichtungsfunktion $G(\zeta)$ ist dabei weitgehend beliebig und kann so auch angepasst an das jeweilige Problem gewählt werden. Jetzt soll Forderung (4.92) des Verfahrens der gewichteten Residuen auf das Galerkin-Verfahren spezialisiert werden: Das Galerkin-Verfahren wählt als Gewichtungsfunktion stets eine der Ansatzfunktionen $U_j(\zeta)$, d. h.

$$G_G(\zeta) = U_j(\zeta), \quad j \text{ fest}, \; j = 1, 2, \ldots, n \tag{4.93}$$

und als Ansatz für die gesuchte Näherungslösung $U(\zeta)$ stets den Ritz-Ansatz (4.83). Die n Galerkin*schen Gleichungen* für die n Unbekannten a_i folgen damit aus (4.92) zu

$$\int_a^b \left\{ M\left[\sum_{i=1}^n a_i U_i(\zeta)\right] - \Lambda N\left[\sum_{i=1}^n a_i U_i(\zeta)\right]\right\} U_j(\zeta)\,\mathrm{d}\zeta = 0, \quad j = 1, \ldots, n, \tag{4.94}$$

[13] Auch im Rahmen einer matriziellen Formulierung ist eine Umformung des Rayleigh-Quotienten (4.64) unter Beachtung der dynamischen Randbedingungen in eine Form $\bar{R}[\boldsymbol{u}(a_i)]$ möglich, die nur noch zulässige Koordinatenfunktionen $\boldsymbol{u}_i(\zeta)$ erfordert.

[14] Zutreffender ist die manchmal verwendete Namengebung Bubnow-Galerkin.

worin der offene Parameter (als Näherung des zu berechnenden strengen Eigenwerts λ) wie im Rayleigh-Ritz-Verfahren mit Λ bezeichnet wird. Für das vorliegende lineare Eigenwertproblem nehmen die Galerkinschen Gleichungen (4.94) aufgrund der erlaubten Vertauschung von Integral und Summe] die einfache „explizite" Gestalt eines linearen Gleichungssystems

$$\sum_{i=1}^{n} a_i \int_a^b \{M[U_i] - \Lambda N[U_i]\}\, U_j \,\mathrm{d}\zeta = 0, \quad j = 1, \ldots, n \tag{4.95}$$

für die n unbekannten Koeffizienten a_i an. Da beim klassischen Galerkin-Verfahren keinerlei Randbedingungen in die Galerkinschen Gleichungen (4.95) eingehen, müssen die Ansatzfunktionen $U_i(\zeta)$ mindestens *Vergleichsfunktionen* sein, die *alle* Randbedingungen erfüllen.

Beispiel 4.16 Die Aufgabenstellung des Beispiels 4.15 soll jetzt mit Hilfe der Galerkinschen Gleichungen gelöst werden. Mit $M[U] = U'''' + \alpha[(1-\zeta)U']'$ und $N[U] = U$, wie dies die Differenzialgleichung des Eigenwertproblems (4.86) vorgibt, können die Galerkinschen Gleichungen (4.95) problemlos angegeben werden und wie bei den Ritzschen Gleichungen in Matrizenschreibweise formuliert werden, deren allgemeine Form von dort [siehe (4.87)] übernommen werden kann:

$$(\boldsymbol{A} - \Lambda \boldsymbol{B})[\boldsymbol{a}] = \boldsymbol{0}, \quad \boldsymbol{A} = (\alpha_{ij}), \;\; \boldsymbol{B} = (\beta_{ij}), \;\; \boldsymbol{a} = (a_i). \tag{4.96}$$

Die Elemente α_{ij} und β_{ij} der Systemmatrizen $\boldsymbol{A}$ und $\boldsymbol{B}$ sind allerdings zu modifizieren und lauten jetzt

$$\alpha_{ij} = \int_0^1 U_i'''' U_j \mathrm{d}\zeta + \alpha \int_0^1 [(1-\zeta)U_i']' U_j \mathrm{d}\zeta, \quad \beta_{ij} = \int_0^1 U_i U_j \mathrm{d}\zeta. \tag{4.97}$$

Offensichtlich sind selbst bei konservativen Strukturproblemen, die auf selbstadjungierte Eigenwertprobleme führen, die Ritzschen und die Galerkinschen Gleichungen unterschiedlich, denn die Elemente α_{ij} sind im vorliegenden Beispiel unterschiedlich, wie leicht gezeigt werden kann. Formt man diese nämlich innerhalb der Ritzschen Gleichungen (4.87) durch 2- bzw. 1-malige Produktintegration um, erhält man

$$\alpha_{ij} = \int_0^1 U_i'''' U_j \mathrm{d}\zeta + \alpha \int_0^1 [(1-\zeta)U_i']' U_j \mathrm{d}\zeta + U_i'' U_j' \Big|_0^1 - U_i''' U_j \Big|_0^1 - \alpha(1-\zeta) U_i' U_j \Big|_0^1, \tag{4.98}$$

die sich im Allgemeinen von den α_{ij} (4.97) in den Galerkinschen Gleichungen (4.96) und zwar durch die auftretenden Randterme unterscheiden. Genau diese beim Ritz-Verfahren auftretenden Zusatzterme sind die eigentliche Begründung dafür, dass als Formfunktionen nur *zulässige Funktionen* (hier mit der Eigenschaft $U(0) = U(1) = 0$) ausreichen. Anders als beim Galerkin-Verfahren werden beim Ritzschen Verfahren somit die *dynamischen Randbedingungen* nicht in den Ansatzfunktionen, sondern als Bestandteil der Ritzschen Gleichungen berücksichtigt.

Verwendet man jedoch *Vergleichsfunktionen*, erfüllt also – obwohl dies beim Ritzschen Verfahren nicht verlangt wird – auch die dynamischen Randbedingungen, so gilt hier

$$U = 0 \quad \text{und} \quad U'' = 0 \text{ für } \zeta = 0,1,$$

und damit verschwinden alle Randterme in den α_{ij} (4.98) identisch. Die Ritzschen Gleichungen (4.87) gehen für Vergleichsfunktionen offensichtlich in die Galerkinschen Gleichungen (4.96), (4.97) über. Für die Vergleichsfunktionen $U_{1,2}(\zeta)$ (4.89) liefert damit das Galerkin-Verfahren identisch die Ritzsche Lösung (4.90) des kritischen Lastwertes α_{krit}. ∎

Die Galerkinschen Gleichungen für selbstadjungierte Eigenwertprobleme (4.28)–(4.30) sind auch aus dem Rayleigh-Quotienten in der Form (4.48) herleitbar, womit ein Zusammenhang der Galerkinschen Gleichungen mit der Variationsrechnung hergestellt werden kann.

Besitzt das zu untersuchende selbstadjungierte Eigenwertproblem *nur* geometrische Randbedingungen, sind Ritzsche und Galerkinsche Gleichungen *formal identisch*, denn zulässige Funktionen sind gleichzeitig Vergleichsfunktionen. Erfüllen die gewählten Koordinatenfunktionen alle Randbedingungen, dann sind Auswertung und Ergebnisse bei der Wahl übereinstimmender Formfunktionen identisch, wie bereits das vorangehende Beispiel gezeigt hat.

Das Galerkin-Verfahren ist im Gegensatz zum Rayleigh-Ritz-Verfahren allerdings auch für *nicht selbstadjungierte* Eigenwertprobleme gültig, für die kein Extremalprinzip, beispielsweise in der Form (4.50), existiert. Als Ausgangspunkt der Galerkinschen Gleichungen ist dann jedoch die Formulierung (4.28)–(4.30) mit Differenzialgleichung und Randbedingungen zwingend.

Beispiel 4.17 Es wird an die Beispiele 4.15 und 4.16 angeknüpft, wobei hier die Knicklast eines einseitig eingespannten, am anderen Ende freien geraden Bernoulli-Euler-Stabes infolge tangential mitgehender kontinuierlicher Druckbeanspruchung berechnet werden soll. Wie beispielsweise in Leipholz [6] angegeben, ist das beschreibende Eigenwertproblem

$$\begin{aligned} Y'''' + \alpha(1-\zeta)Y'' &= \lambda\, Y \quad \text{(Differenzialgleichung)}, \\ Y(0) = 0, \quad Y''(0) = 0, \quad Y''(1) = 0, \quad Y'''(1) &= 0 \quad \text{(Randbedingungen)}, \end{aligned} \tag{4.99}$$

worin α wieder den Lastparameter bezeichnet. Ein Ritz-Ansatz (4.83) für notwendige Vergleichsfunktionen $U(\zeta)$ liefert die Galerkinschen Gleichungen (4.95) in der Form

$$\sum_{i=1}^{n} a_i \int_0^1 \left\{\left[U_i'''' + \alpha(1-\zeta)U_i'' - \Lambda U_i\right] U_j\right\} \mathrm{d}\zeta = 0, \quad j = 1, 2, \ldots, n. \tag{4.100}$$

Weil der Term $\alpha(1-\zeta)U_i''$ dem Ausdruck $\alpha[(1-\zeta)U_i']' + \alpha U_i'$ äquivalent ist, können diese Gleichungen durch 2- bzw. 1-malige Produktintegration gewisser Summanden unter Beachtung der Randbedingungen $(4.99)_2$ in

$$\sum_{i=1}^{n} a_i \left\{ \int_0^1 U_i'' U_j'' \mathrm{d}\zeta - \alpha \left[\int_0^1 (1-\zeta) U_i' U_j' \mathrm{d}\zeta + \int_0^1 U_i' U_j \mathrm{d}\zeta \right] - \Lambda \int_0^1 U_i U_j \mathrm{d}\zeta \right\} = 0, \quad j = 1, 2, \ldots, n \tag{4.101}$$

umgeformt werden. Spätestens an dieser Stelle ist das Problem auch ohne explizites Nachrechnen als nicht selbstadjungiert zu erkennen, da der dritte Summand infolge seiner Unsymmetrie nicht in klassische Dirichletsche Randterme $\bar{M}_0[U]$ einzuordnen ist. In Matrizenschreibweise ergibt sich

$$(\boldsymbol{A} - \Lambda \boldsymbol{B})[\boldsymbol{a}] = \boldsymbol{0}, \quad \boldsymbol{A} = (\alpha_{ij}), \quad \boldsymbol{B} = (\beta_{ij}), \quad \boldsymbol{a} = (a_i),$$
$$\alpha_{ij} = \int_0^1 U_i'' U_j'' \mathrm{d}\zeta - \alpha \int_0^1 (1-\zeta) U_i' U_j' \mathrm{d}\zeta + \alpha \int_0^1 U_i U_j' \mathrm{d}\zeta, \quad \beta_{ij} = \int_0^1 U_i U_j \mathrm{d}\zeta.$$

Als geeignete Ansatzfunktionen, die alle Randbedingungen erfüllen, können die Eigenfunktionen

$$U_i(\zeta) = \cosh \kappa_\zeta - \cos \kappa_\zeta - C_i(\sinh \kappa_i \zeta - \sin \kappa_i \zeta), \quad i = 1, 2, \ldots, \infty$$

des querschwingenden Bernoulli-Euler-Stabes ohne Axiallast mit unveränderten Randbedingungen benutzt werden, die in vielen Lehrbüchern angegeben sind. Ein beispielsweise 2-gliedriger Ritz-Ansatz, bei dem $\kappa_1 = 1{,}875$, $\kappa_2 = 4{,}694$ und $C_1 = 0{,}734$, $C_2 = 1{,}018$ zu nehmen sind, liefert die zugehörige Eigenwertgleichung

$$\Delta(\Lambda) = \det(\boldsymbol{A} - \Lambda \boldsymbol{B}) = \begin{vmatrix} 1{,}875^4 + 0{,}43\alpha - \Lambda & -4{,}34\alpha \\ 1{,}18\alpha & 4{,}694^4 - 6{,}65\alpha - \Lambda \end{vmatrix} = 0, \tag{4.102}$$

die auch dieses Mal die Berechnung der Eigenwerte Λ als Funktion des Lastparameters α ermöglicht. Allerdings ist für den vorliegenden nichtkonservativen Stabilitätsfall [6] die kritische Last α_{krit} nicht durch verschwindende Eigenwerte $\Lambda = 0$ gekennzeichnet, sondern dadurch, dass die sich für $\alpha = 0$ ergebenden Eigenwerte $\Lambda_1 = 1{,}875^4$, $\Lambda_2 = 4{,}694^4$ (die natürlich die $\kappa_{1,2}$-Werte widerspiegeln müssen) mit wachsendem Lastparameter α zusammenrücken und für

$$\alpha = \alpha_{\mathrm{krit}} \approx 40{,}7$$

zusammenfallen, bevor sie dann bei weiterer Steigerung von α über α_{krit} hinaus komplex werden würden. ■

Abschließend wird das Galerkin-Verfahren zur näherungsweisen Lösung des Eigenwertproblems (4.61) matriziell formuliert. Dementsprechend bildet man ein matrizielles Residuum

$$\boldsymbol{e} = \boldsymbol{M}[\boldsymbol{u}] - \lambda \mathcal{N}[\boldsymbol{u}],$$

das beim Einsetzen der strengen Lösung $\boldsymbol{y}(\zeta)$ wieder identisch verschwindet. Für eine beliebige Näherungslösung $\boldsymbol{u}(\zeta)$ (4.91) gilt dagegen stets $\boldsymbol{e} \neq \boldsymbol{0}$. Im Sinne Galerkins wird dann bei Erfüllung aller Randbedingungen, d. h. unter Verwendung von Vergleichsfunktionen $\boldsymbol{u}$, die Gleichung

$$\int_a^b \boldsymbol{u}_j^{\mathrm{T}}(\zeta)\,\boldsymbol{e}(\zeta)\,\mathrm{d}\zeta = 0, \quad t \geq 0,$$

im Intervall $a < \zeta < b$ zur Minimierung des Fehlers $\boldsymbol{e}$ im durch die Formfunktionen $\boldsymbol{u}_j(\zeta)$ $(j = 1, 2, \ldots, n)$ gewichteten Mittel verwendet. Nach Auswertung auf der Basis des Ritz-Ansatzes (4.91) und Vertauschung von Integral und Summe liegen dann die maßgebenden n Galerkinschen Gleichungen für die n Unbekannten a_i als

$$\sum_{i=1}^{n} a_i \int_a^b \boldsymbol{u}_j^{\mathrm{T}} \left\{\boldsymbol{M}[\boldsymbol{u}_i] - \Lambda \mathcal{N}[\boldsymbol{u}_i]\right\} \mathrm{d}\zeta = 0, \quad j = 1, \ldots, n \tag{4.103}$$

vor, worin der offene Parameter (als Näherung des zu berechnenden strengen Eigenwerts λ) erneut mit Λ bezeichnet wird.

4.1.5.3 Kantorowitsch-Verfahren, gemischter Ritz-Ansatz

Ausgangspunkt zur Behandlung 1-parametriger Strukturmodelle[15] sind entweder das Eigenwertproblem (4.28) mit Differenzialgleichung und (ableitungsfreien) Randbedingungen oder der zugehörige Rayleigh-Qotient $R[U]$ (4.48) bzw. $\bar{R}[U]$ (4.53). Anstatt des Ritz-Ansatzes (4.83) mit *konstanten* Beiwerten a_i wählt man Koeffizienten $a_i = a_i(\zeta)$. Das Ergebnis im Sinne der Ritzschen oder Galerkinschen Gleichungen ist dann ein System

[15] Eingeführt wurde das Kantorowitsch-Verfahren für eine bestimmte Klasse mehrparametriger Probleme, wenn in den Randbedingungen keine Differenziation nach einer der unabhängig Variablen auftritt.

homogener (gewöhnlicher) *Differenzialgleichungen* für die zu bestimmenden Funktionen $a_i(\zeta)$ (anstelle eines homogenen *algebraischen* Gleichungssystems für die Größen a_i = const). Auf diese Weise gewinnt man mehr Flexibilität bei der Approximation der gesuchten strengen Lösung $Y(\zeta)$ mit der gleichen Anzahl von Formfunktionen $U_i(\zeta)$ wie beim Ritz- oder Galerkin-Verfahren.

In der Schwingungslehre hat sich eine Abwandlung durchgesetzt, deren Ziel nicht eine höhere Flexibilität sondern das Zusammenführen von Produktansatz (4.15) und Ritzscher oder Galerkinscher Gleichungen innnerhalb eines *einzigen* Lösungsansatzes vorsieht, des so genannten *gemischten*[16] Ritz-Ansatzes

$$u(\zeta,t)=\sum_{i=1}^{n}T_i(t)U_i(\zeta). \tag{4.104}$$

Der Ausgangspunkt ändert sich damit und ist entweder das *zeitbehaftete* Randwertproblem generierende Variationsproblem, d. h. das Prinzip von Hamilton, oder das entsprechende Randwertproblem freier Schwingungen in Form von *partieller* Differenzialgleichung und Randbedingungen. Die anschließende Argumentation folgt jener bei der Herleitung der Ritzschen oder der Galerkinschen Gleichungen. Ergebnis ist in beiden Fällen ein *System homogener gewöhnlicher Differenzialgleichungen* für die gesuchten Zeitfunktionen $T_i(t)$, dessen *Eigenwertgleichung* mit jener, siehe (4.85), der Ritzschen Gleichungen (4.84) oder der Galerkinschen Gleichungen (4.95) *übereinstimmt.* Daraus folgt, dass der gemischte Ritz-Ansatz, angewendet auf das zeitbehaftete Schwingungsproblem, zusammen mit der Argumentation zur Herleitung der Ritzschen oder der Galerkinschen Gleichungen, zum gleichen Endergebnis führt wie Produktansatz gemeinsam mit klassischem Ritz- oder Galerkin-Verfahren, angewendet auf das zeitfreie Problem.

Wenn man daran interessiert ist, das beschreibende Randwertproblem in Form von Differenzialgleichung und Randbedingungen explizit zu kennen, ist der eigentliche Rechenaufwand bei allen Varianten in etwa gleich. Ist man ausschließlich an der eigentlichen Näherungslösung interessiert, ist das Prinzip von Hamilton, das für die freien Schwingungen konservativer Systeme ein Extremalprinzip ist, zusammen mit dem gemischten Ritz-Ansatz, der direkteste und zeitsparendste Weg, freie Schwingungen von Kontinua näherungsweise zu behandeln.

Beispiel 4.18 Längsschwingungen eines Stabes mit schwach veränderlichem Querschnitt. Anstelle des Randwertproblems

$$\begin{gathered}(EAw_{,\zeta})_{,\zeta}-mL^2w_{,tt}=0,\quad w(0,t)=0,\ w_{,\zeta}(1,t)=0\ (\forall t\geq 0),\\ EA(\zeta)=EA_0(1-\varepsilon\zeta),\quad m(\zeta)=m_0(1-\varepsilon\zeta)\end{gathered} \tag{4.105}$$

ist beim klassischen Ritz-Verfahren das zugehörige *Variationsproblem* hier in Gestalt einer „echten" Extremalaufgabe (2.61) mit der kinetischen Energie T und dem elastischen

[16] Die Bezeichnung geht wahrscheinlich auf Collatz (siehe [1], S. 409 ff.) zurück.

Potential U_i Ausgangspunkt der Näherungsrechnung. Für das vorgelegte Beispiel hat man demnach die Variationsformulierung

$$\delta \int_{t_1}^{t_2} \left(\frac{1}{2} \int_0^1 m(\zeta) w_{,t}^2 \mathrm{d}\zeta - \frac{1}{2} \int_0^1 \frac{EA(\zeta)}{L^2} w_{,\zeta}^2 \mathrm{d}\zeta \right) \mathrm{d}t = 0 \tag{4.106}$$

zu verwenden; die Auswertung von (4.106) liefert zur Beschreibung der hier zur Diskussion stehenden freien Schwingungen ja gerade das Randwert-Problem (4.105).

Da die strenge Lösung $w(\zeta, t)$ – im Gegensatz zu klassischen Ritzschen Problemen – auch von der Zeit t abhängt, wird man die gesuchte Näherungslösung $u(\zeta, t)$ in Form des gemischten Ritz-Ansatzes (4.104) formulieren. Gesucht sind die Entwicklungskoeffizienten $T_i(t)$ des vorzugebenden vollständigen Funktionensystems $U_i(\zeta)$. Der Aufwand kann erheblich verringert werden, wenn man vor dem Einsetzen von (4.104) in das Variationsproblem (4.106) die kinetische Energie T variiert und danach produktintegriert:

$$\int_{t_1}^{t_2} \delta T \mathrm{d}t = -\int_{t_1}^{t_2} \int_0^1 m w_{,tt} \delta w \mathrm{d}\zeta \mathrm{d}t;$$

das Verschwinden von $(m w_{,t} \delta w)|_{t_1}^{t_2}$ ist dabei schon berücksichtigt. Das zu lösende Problem (4.106) nimmt damit die Form

$$-\int_{t_1}^{t_2} \int_0^1 \left[\frac{EA}{L^2} w_{,\zeta} \delta(w_{,\zeta}) - m w_{,tt} \delta w \right] \mathrm{d}\zeta \mathrm{d}t = 0$$

an. Einsetzen des gemischten Ritz-Ansatzes (4.104) liefert zunächst

$$\sum_{j=1}^{n} \sum_{i=1}^{n} \int_{t_1}^{t_2} \int_0^1 \left[\frac{EA}{L^2} T_i U_i' U_j' \delta T_j + m \ddot{T}_i U_i U_j \delta T_j \right] \mathrm{d}\zeta \mathrm{d}t = 0$$

oder geordnet

$$\sum_{j=1}^{n} \sum_{i=1}^{n} \int_{t_1}^{t_2} \left[\left(\int_0^1 \frac{EA}{L^2} U_i' U_j' \mathrm{d}\zeta \right) T_i + \left(\int_0^1 m U_i U_j \mathrm{d}\zeta \right) \ddot{T}_i \right] \delta T_j \mathrm{d}t = 0. \tag{4.107}$$

Offenbar treten hier und im Folgenden nur noch gewöhnliche Ableitungen auf, gekennzeichnet durch hochgestellte Striche bei den $U_i(\zeta)$ und Punkte bei den $T_i(t)$. Gleichung (4.107) besteht aus einer Summe von n Integralen der Gestalt $\int_{t_1}^{t_2} [\ldots] \delta T_j \mathrm{d}t$. Aufgrund der linearen Unabhängigkeit aller δT_j muss jedes dieser Integrale für sich verschwinden; also gilt

$$\int_{t_1}^{t_2}\left\{\sum_{i=1}^{n}\left[\left(\int_0^1 \frac{EA}{L^2}U_i'U_j'\mathrm{d}\zeta\right)T_i+\left(\int_0^1 mU_iU_j\mathrm{d}\zeta\right)\ddot{T}_i\right]\right\}\delta T_j\mathrm{d}t=0,\quad j=1,2,\ldots,n. \tag{4.108}$$

Das Fundamentallemma der Variationsrechnung verlangt – wegen $\delta T_j \neq 0$ – zur Erfüllung von (4.108) das Verschwinden des Anteiles in der geschweiften Klammer; dies führt auf die Ritzschen Gleichungen

$$\sum_{i=1}^{n}\left[\left(\int_0^1 \frac{EA}{L^2}U_i'U_j'\mathrm{d}\zeta\right)T_i+\left(\int_0^1 mU_iU_j\mathrm{d}\zeta\right)\ddot{T}_i\right]=0,\qquad j=1,2,\ldots,n \tag{4.109}$$

für das zu untersuchende Längsschwingungsproblem. Über die vorzugebenden Ansatzfunktionen $U_i(\zeta)$ sind auch die Ortsintegrale bekannt; (4.108) stellt somit ein System linearer Differentialgleichungen zweiter Ordnung mit konstanten Koeffizienten für die n unbekannten Entwicklungskoeffizienten $T_i(t)$ dar.

Hier soll in gröbster Näherung nur der *1-gliedrige* ($n = 1$) Ansatz (4.104) weiter ausgewertet werden. Für $n = 1$ reduziert sich (4.109) nach Weglassen aller Indizes auf

$$\left(\int_0^1 \frac{EA(\zeta)}{L^2}U'^2\mathrm{d}\zeta\right)T+\left(\int_0^1 m(\zeta)U^2\mathrm{d}\zeta\right)\ddot{T}=0. \tag{4.110}$$

Unter Verwendung der denkbar einfachsten *zulässigen Funktion* $U(\zeta) = \zeta$ kann die Schwingungsgleichung (4.110) in die Form

$$\ddot{T}+\frac{\int_0^1 EA(\zeta)\mathrm{d}\zeta}{L^2\int_0^1 m(\zeta)\zeta^2\mathrm{d}\zeta}T=0 \tag{4.111}$$

gebracht werden, aus der die gesuchte Näherung Λ_1^{R} der tiefsten Eigenkreisfrequenz direkt abzulesen ist:

$$\Lambda_1^{\mathrm{R}}=\frac{\int_0^1 EA(\zeta)\mathrm{d}\zeta}{L^2\int_0^1 m(\zeta)\zeta^2\mathrm{d}\zeta}=\frac{EA_0}{m_0L^2}\frac{6(2-\varepsilon)}{4-3\varepsilon}\approx\frac{EA_0}{m_0L^2}\left(3+\frac{3}{4}\varepsilon\right).$$

Man erkennt, dass die für Massenbelegung und Dehnsteifigkeit übereinstimmende (lineare) Verjüngung frequenzerhöhend wirkt. Die Wichtung der Steifigkeit EA mit U'^2 schlägt eben stärker zu Buche als die der Massenbelegung m mit U^2, sodass die Konsequenz evident ist.

Im Sinne von Galerkin benutzt man den gemischten Ritz-Ansatz (4.104) unter Verwendung von Vergleichsfunktionen $U_i(\zeta)$ und stellt die maßgebende Differenzialgleichung des Eigenwertproblems (4.105) an den Anfang. Wählt man einfach

$$U_i(\zeta) = \sin \frac{2i-1}{2}\pi\zeta, \quad i = 1, 2, \ldots, n, \tag{4.112}$$

sodass alle Randbedingungen in (4.105) erfüllt werden, und beschränkt die Rechnung erneut auf $n = 1$, so erhält man unter Weglassen aller Indizes eine Galerkinsche Gleichung

$$\frac{EA_0}{L^2}\left(\int_0^1 [(1-\varepsilon\zeta)U''U - \varepsilon U'U]\,\mathrm{d}\zeta\right)T - m_0\left(\int_0^1 (1-\varepsilon\zeta)U^2\mathrm{d}\zeta\right)\ddot{T} = 0. \tag{4.113}$$

Für U ist jetzt die Vergleichsfunktion (4.112) für den Fall $n = i = 1$, d. h. also $U(\zeta) = \sin\frac{\pi}{2}\zeta$ einzusetzen. Die in der Einzelgleichung (4.113) auftretenden Integrale lassen sich wieder einfach berechnen, und man kann (4.113) daraufhin wieder in Gestalt einer Schwingungsdifferenzialgleichung mit konstanten Koeffizienten

$$\ddot{T} + \frac{EA_0}{m_0L^2}\left(\frac{\pi^2}{4} + \frac{\varepsilon}{1-\frac{\varepsilon}{2}\left[1+\left(\frac{2}{\pi}\right)^2\right]}\right)T = 0$$

für den gesuchten Entwicklungskoeffizienten $T(t)$ schreiben. Der durch das Galerkin-Verfahren (genähert) bestimmte *tiefste Eigenwert* Λ_1^G lässt sich daraus in der Form

$$\Lambda_1^G \approx \frac{EA_0}{m_0L^2}\left[\left(\frac{\pi}{2}\right)^2 + \varepsilon\right]$$

approximieren.

Der Vergleich der beiden erhaltenen Ergebnisse zeigt, dass die Näherung Λ_1^R durch Λ_1^G deutlich nach unten korrigiert wird. Die bessere Näherung Λ_1^G könnte durch einen mehrgliedrigen gemischten Ritz-Ansatz (4.104) unter Benutzung der Vergleichsfunktionen U_i (4.112) mit $i > 1$ weiter verbessert werden. ■

4.1.5.4 Übertragungsmatrizen-Verfahren

Übertragungsmatrizenverfahren stellen ein eigenständiges Näherungsverfahren ohne Bezug zur Variationsrechnung dar. Sie eignen sich für unverzweigte Stabstrukturen mit „Unstetigkeitspunkten" infolge Geometrie oder Belastung. Typische Konstruktionen sind Durchlaufträger mit unterschiedlichen Auflagern, sprungartigen Änderungen der Querschnittsdaten (Dehn-, Biege- und Torsionssteifigkeit), feldweise begrenzten Streckenlasten oder gar konzentrierten Einzellasten[17]. Auch Gelenke, wie bei so genannten Gerber-Trägern, und elastische Zwischenlager sind erlaubt. Neben Problemen der Elastostatik,

[17] Tragwerke mit abgewinkelten Stabachsen (Rahmen) lassen sich ebenfalls einbeziehen.

wobei sowohl statisch bestimmte als auch (mehrfach) statisch unbestimmte Systeme zugelassen sind, haben sich Übertragungsmatrizen auch zur Berechnung entsprechender Schwingungsaufgaben eingebürgert, wobei freie und erzwungene Schwingungen behandelt werden können. Dabei bestehen im einfachsten Fall die untersuchten Modelle aus masselosen elastischen Stabsegmenten und lokal konzentrierten Massen, es sind aber auch – und dies ist hier von Interesse – massebehaftete, elastische Stababschnitte als 1-parametrige Strukturmodelle zugelassen.

Die Zusammenhänge werden – im Wesentlichen den Erörterungen in [10] folgend – für Eigenwertprobleme bei Stabbiegeschwingungen im Sinne der Bernoulli-Euler-Theorie erläutert. Das zugrunde liegende System mit im Allgemeinen veränderlichem Querschnitt wird näherungsweise in n Felder eingeteilt, in denen Belastung und Geometrie stetig verlaufen und die Querschnittsdaten stückweise konstant sind[18]. Durch Erhöhung der Zahl n der Felder kann die Approximationsgüte gesteigert werden. Die Feldgrenzen sind zur Untersuchung freier Schwingungen dadurch gekennzeichnet, dass dort entweder Lagerungen verschiedenen Typs (unverschiebbar oder in Form flexibler Abstützungen durch Federelemente, etc.) vorgesehen sind oder sprungförmige Querschnittsänderungen auftreten. Bei n Feldern liegen dann unter Einrechnung der äußeren Begrenzung $n + 1$ „Unstetigkeitspunkte" vor. Abschnittsweise ist eine lineare Differenzialgleichung vierter Ordnung gültig, die sich in geschlossener Form lösen lässt. Dabei treten in jedem Feld vier Integrationskonstanten auf. Das Anpassen dieser Konstanten an die Übergangsbedingungen der Feldgrenzen sowie an die dem Stab an den äußeren Rändern auferlegten Randbedingungen lässt sich besonders übersichtlich und schematisch mit Hilfe der Matrizenrechnung bewerkstelligen. Dazu wählt man die Lösungsfunktion so, dass diese Konstanten gleich den mechanisch bedeutsamen Größen – Durchbiegung, Neigung, Biegemoment und Querkraft – am Feldanfang werden. Diese Zustandsgrößen fasst man dann zu einem *Zustandsvektor* (in Wirklichkeit eine Spaltenmatrix) $\boldsymbol{z}_i$ zusammen. Zwischen dem Zustandsvektor am Feldanfang und dem am Feldende besteht dann – entsprechend dem linearen Charakter der Differenzialgleichung – eine durch eine Matrix darstellbare lineare Beziehung. Sofern man die vier am Feldanfang vorliegenden Zustandsgrößen als Eingangsgrößen, die am Feldende als Ausgangsgrößen betrachtet, kann man die sie verknüpfende Matrix als *Übertragungsmatrix* bezeichnen. Sie bezieht sich hier auf das betreffende zwischen den Punkten $i-1$ und i liegende i-te Stabfeld und wird daher auch *Feldmatrix* genannt. Daneben lassen sich für unstetige Übergänge an den Feldgrenzen durch Punktmassen, Federn, etc. auch *Punktmatrizen* $\boldsymbol{P}_i$ als Übertragungsmatrizen einführen, die die Verknüpfung des Zustandsvektors $\boldsymbol{z}_i^L$ unmittelbar vor und $\boldsymbol{z}_i^R$ hinter der Feldgrenze i vermitteln. Durch eine entsprechende Verkettungsvorschrift wird eine *Gesamtübertragungsmatrix* $\boldsymbol{U}$ definiert. Diese überträgt vom linken Systemanfang 0 beginnend über Felder (mit der Feldmatrix $\boldsymbol{F}_i$) und Feldgrenzen (mit der Punktmatrix $\boldsymbol{P}_i$) hinweg den „Anfangs"zustand $\boldsymbol{z}_0$ auf das rechte Ende n (mit dem Zustandsvektor $\boldsymbol{z}_n$).

[18] Liegt ein Träger mit abschnittsweise konstanten Querschnittsdaten vor, so hat man die Möglichkeit, zu einer weitgehend strengen Lösung des betreffeden Schwingungsproblems zu gelangen.

Die für ein Feld der Länge ℓ, der Biegesteifigkeit EI und der Masse m je Längeneinheit bei einer noch zu bestimmenden Eigenkreisfrequenz ω geltende Differenzialgleichung

$$U'''' = \lambda^4 U, \quad \lambda^4 = \frac{m\ell^4\omega^2}{EI},$$

worin Ableitungen nach $\zeta = Z/\ell$ wieder mit hochgestellten Strichen bezeichnet werden, hat bekanntlich (siehe (4.70)) die allgemeine Lösung

$$U(\zeta) = A_1 \cosh\lambda\zeta + A_2 \sinh\lambda\zeta + A_3 \cos\lambda\zeta + A_4 \sin\lambda\zeta.$$

Hierin lassen sich – nach dem Vorbild von Rayleigh – die Konstanten $A_1, \ldots, A_4$ durch die vier (dimensionsgleichen) Anfangswerte U_0, U_0', U_0'', U_0''' ausdrücken:

$$U(\zeta) = U_0 C(\lambda\zeta) + U_0' \frac{1}{\lambda} S(\lambda\zeta) + U_0'' \frac{1}{\lambda^2} c(\lambda\zeta) + U_0''' \frac{1}{\lambda^3} s(\lambda\zeta). \tag{4.114}$$

Die vier von Rayleigh eingeführten Funktionen bzw. ihre Werte am Feldende $\zeta = 1$ lauten darin

$$\begin{aligned}
C(\lambda\zeta) &= \frac{\cosh\lambda\zeta + \cos\lambda\zeta}{2} \quad \text{bzw.} \quad C = \frac{\cosh\lambda + \cos\lambda}{2},\\
S(\lambda\zeta) &= \frac{\sinh\lambda\zeta + \sin\lambda\zeta}{2} \quad \text{bzw.} \quad S = \frac{\sinh\lambda + \sin\lambda}{2},\\
c(\lambda\zeta) &= \frac{\cosh\lambda\zeta - \cos\lambda\zeta}{2} \quad \text{bzw.} \quad c = \frac{\cosh\lambda - \cos\lambda}{2},\\
s(\lambda\zeta) &= \frac{\sinh\lambda\zeta - \sin\lambda\zeta}{2} \quad \text{bzw.} \quad s = \frac{\sinh\lambda - \sin\lambda}{2}.
\end{aligned}$$

Fasst man nun $U, \ldots, U'''$ bei $\zeta = 0, 1$ zu den Zustandsvektoren $\boldsymbol{z}_0 = (U_0, U_0', U_0'', U_0''')^\top$, $\boldsymbol{z}_1 = (U_1, U_1', U_1'', U_1''')^\top$ zusammen, so erhält man durch Differenzieren von (4.114) und Einsetzen von $\zeta = 1$ zwischen $\boldsymbol{z}_0$ am Anfang $\zeta = 0$ und $\boldsymbol{z}_1$ am Ende $\zeta = 1$ des Feldes die lineare Beziehung

$$\boldsymbol{z}_1 = \boldsymbol{F}[\boldsymbol{z}_0] \tag{4.115}$$

mit der Feldmatrix der Rayleigh-Funktionen

$$\boldsymbol{F} = \begin{pmatrix} C & \frac{S}{\lambda} & \frac{c}{\lambda^2} & \frac{s}{\lambda^3} \\ s\lambda & C & \frac{S}{\lambda} & \frac{c}{\lambda^2} \\ c\lambda^2 & s\lambda & C & \frac{S}{\lambda} \\ S\lambda^3 & c\lambda^2 & s\lambda & C \end{pmatrix}, \tag{4.116}$$

deren zweite Zeile die Ableitungen der ersten, die dritte wieder die Ableitungen der zweiten und schließlich die vierte die der dritten enthält. Die Matrix ist symmetrisch zur Nebendiagonalen. Ihre Determinante ist gleich eins und ihre Kehrmatrix bis auf schachbrettartig abgeänderte Vorzeichen gleich $\boldsymbol{F}$ selbst, sodass die umgekehrte Beziehung $\boldsymbol{z}_0 = \boldsymbol{F}^{-1}[\boldsymbol{z}_1]$ bis auf geänderte Vorzeichen in U' und U''' die gleiche Form wie (4.115) hat, wie es sein muss. Die zusammengestellten Beziehungen gelten für jeden Abschnitt des Stabes. Zur Vermeidung von Unstetigkeiten an den Übergangsstellen infolge unstetiger Querschnittsänderung geht man von den unstetigen Ableitungen U'', U''' auf die stetigen Schnittgrößen M (Biegemoment) und Q (Querkraft) über. Folgt man bei deren Zusammenhang mit U'' und U''' der üblichen Vorzeichenkonvention, ist die dimensionsgleiche Zusammenfassung

$$\boldsymbol{z}_i = \begin{pmatrix} U_i \\ \Phi_i \ell = U_i' \\ \frac{M_i \ell^2}{EI_0} = -U_i'' \\ \frac{Q_i \ell^3}{EI_0} = -U_i''' \end{pmatrix},$$

worin neben dem Neigungswinkel Φ die Größen ℓ_0 und EI_0 für eine Bezugslänge und eine Bezugssteifigkeit stehen, ein geeigneter Zustandsvektor am Punkt i. Führt man zusätzlich eine Bezugsmassenbelegung m_0 sowie die Verhältniszahlen $\beta_i = \ell_i/\ell_0$, $\alpha_i = EI_i/(EI_0)$ und $\rho_i = m_i/m_0$ ein, so gilt für die Zustandsgrößen am Anfang $i-1$ und am Ende i des i-ten Feldes die Beziehung

$$\boldsymbol{z}_i = \boldsymbol{F}_i\,[\boldsymbol{z}_{i-1}] \tag{4.117}$$

mit der gegenüber (4.116) abzuändernden Feldmatrix

$$\boldsymbol{F}_i = \begin{pmatrix} C & \frac{\beta}{\lambda} S & -\frac{1}{\alpha}\left(\frac{\beta}{\lambda}\right)^2 c & -\frac{1}{\alpha}\left(\frac{\beta}{\lambda}\right)^3 s \\ \frac{\lambda}{\beta} s & C & -\frac{1}{\alpha}\frac{\beta}{\lambda} S & -\frac{1}{\alpha}\left(\frac{\beta}{\lambda}\right)^2 c \\ -\alpha\left(\frac{\lambda}{\beta}\right)^2 c & -\alpha\frac{\lambda}{\beta} s & C & \frac{\beta}{\lambda} S \\ -\alpha\left(\frac{\lambda}{\beta}\right)^3 S & -\alpha\left(\frac{\beta}{\lambda}\right)^2 c & \frac{\beta}{\lambda} s & C \end{pmatrix}_i, \tag{4.118}$$

die die gleichen Eigenschaften wie $\boldsymbol{F}$ gemäß (4.116) besitzt. Der angehängte Index i bezieht sich auf sämtliche in den Elementen auftretende Größen und Funktionszeichen, beispielsweise $C_i = (\cosh\lambda_i + \cos\lambda_i)/2$ mit $\lambda_i = m_i\omega^2\ell_i^4/(EI_i) = [\rho_i\beta_i^4/\alpha_i]\lambda^4$ und dem letztendlich zu berechnenden Eigenwert

$$\lambda^4 = \frac{m_0 \ell_0^4 \omega^2}{EI_0}.$$

Auf die konkrete Formulierung entsprechender Punktmatrizen $\boldsymbol{P}_i$ wird hier verzichtet; beispielsweise in [10] wird darauf im Detail eingegangen. Liegen sie entsprechend vor, hat man die Übertragungsgleichungen (4.117) am Punkt i zu erweitern:

$$\boldsymbol{z}_i^L = \boldsymbol{F}_i[\boldsymbol{z}_{i-1}^R], \quad \boldsymbol{z}_i^R = \boldsymbol{P}_i[\boldsymbol{z}_i^L], \quad \text{d.h.}\ \boldsymbol{z}_i^R = \boldsymbol{U}_i[\boldsymbol{z}_{i-1}^R] \ \text{mit}\ \boldsymbol{U}_i = \boldsymbol{P}_i\boldsymbol{F}_i. \tag{4.119}$$

Indem man nun all diese Gleichungen (4.119) für $i = 1, 2, \ldots, n$ „hintereinander schaltet“, folgt

$$\boldsymbol{z}_n^L = \boldsymbol{U}\,[\boldsymbol{z}_0^R], \quad \boldsymbol{U} = \boldsymbol{F}_n\boldsymbol{U}_{n-1}\ldots\boldsymbol{U}_1 = \boldsymbol{F}_n\boldsymbol{P}_{n-1}\boldsymbol{F}_{n-1}\ldots\boldsymbol{P}_1\boldsymbol{F}_1 \tag{4.120}$$

mit der Gesamtübertragungsmatrix $\boldsymbol{U}$. Man hat damit eine unmittelbare Linearbeziehung zwischen den beiden Zustandsvektoren $\boldsymbol{z}_0^L$ am Stabanfang und $\boldsymbol{z}_n^R$ am Stabende gefunden. Zwei der Zustandsgrößen in $\boldsymbol{z}_0^L$ und $\boldsymbol{z}_n^R$ sind aus den dort gegebenen Randbedingungen bekannt, beispielsweise bei einem einseitig eingespannten, am anderen Ende querunverschiebbar gelagerten Träger in der Form

$$U_0 = 0,\ U_0' = 0 \quad \text{und} \quad U_n = 0,\ M_n = 0, \tag{4.121}$$

und (4.120) lautet ausführlich

$$\begin{pmatrix} a_{11} & a_{12} & a_{13} & a_{14} \\ a_{21} & a_{22} & a_{23} & a_{24} \\ a_{31} & a_{32} & a_{33} & a_{34} \\ a_{41} & a_{42} & a_{43} & a_{44} \end{pmatrix} \begin{pmatrix} 0 \\ 0 \\ M_0 \\ Q_0 \end{pmatrix} = \begin{pmatrix} 0 \\ \Phi_n \\ 0 \\ Q_n \end{pmatrix},$$

worin für die Elemente des Zustandsvektors ab hier wieder U, Φ, M, Q geschrieben werden soll. Fasst man die beiden unbestimmten Zustandsgrößen M_0 und Q_0 am Stabanfang als Unbekannte auf, so erhält man für sie aus den Randbedingungen am Stabende zwei homogene lineare Gleichungen, hier

$$\begin{aligned} a_{13}M_0 + a_{14}Q_0 &= 0, \\ a_{33}M_0 + a_{34}Q_0 &= 0. \end{aligned}$$

Diese weisen nur dann nichttriviale Lösungen auf, wenn die unabhängig von der Abschnittszahl n streng gültige Determinantenbedingung

$$\Delta = \Delta(\lambda) = \begin{vmatrix} a_{13} & a_{14} \\ a_{33} & a_{34} \end{vmatrix}$$

erfüllt ist. Der Wert dieser Determinante aber ist eine Funktion des Parameters λ, also der Eigenkreisfrequenz ω, indem ja sämtliche Elemente der Übertragungsmatrizen $\boldsymbol{U}_i$ und somit auch die Elemente a_{ij} der Gesamtübertragungsmatrix $\boldsymbol{U}$ von λ abhängen. Im Allgemeinen sind die Nullstellen eines komplizierten und unübersichtlichen transzendenten Ausdrucks zu suchen, sodass man in der Praxis die Restgröße $\Delta(\lambda)$ nach Holzer-Tolle für eine Folge von beispielsweise aufsteigenden λ-Werten aufträgt, und bei auftretendem Vorzeichenwechsel durch Iteration die Restgröße möglichst genau zum Verschwinden bringt und so die Eigenwerte λ_k fast beliebig genau ermitteln kann.

Ihre große Bedeutung für technische Eigenwertaufgaben verdanken die Übertragungsmatrizen vor allem der Leichtigkeit, mit der sich Zwischenbedingungen beliebiger Art in die Rechnung einbauen lassen, bei elastischen Abstützungen oder Zusatzmassen durch entsprechende Punktmatrizen, bei starren Stützen oder Gelenken einfacher durch Einarbeiten von Sprungbedingungen entsprechender Zustandsgrößen, hier Querkraft und Neigungswinkel. Darauf soll an dieser Stelle aber genau so wenig eingegangen werden, wie auf eine direkte Frequenzberechnung beispielsweise der tiefsten Eigenkreisfrequenz, die sich ebenfalls mittels Übertragungsmatrizen bewerkstelligen lässt. In der einschlägigen Literatur [10] sind diese Fragen und ihre numerische Beherrschung ausführlich diskutiert.

Einige abschließende Bemerkungen zu Finite-Elemente-Methoden mögen den Abschnitt abrunden. Diese sind mit den bisher kennen gelernten Verfahren durchaus verwandt. Alle Verfahren sind Näherungsverfahren.

Im Zusammenhang mit Eigenwertaufgaben suchen das Galerkinsche und das Ritzsche Verfahren Näherungslösungen für die unbekannten Eigenkreisfrequenzen und die zugehörigen Eigenschwingungsformen einer in bestimmter Weise gelagerten Struktur mit einer Linearkombination *globaler* Ansatzfunktionen, die so vorgegeben werden, dass sie bestimmte Randbedingungen am äußeren Rand des betreffenden Körpers erfüllen. Die verknüpfenden Koeffizienten sind unbekannt und werden beispielsweise aus der Bedingung bestimmt, dass ein Energieausdruck ein Minimum annimmt.

Bei FE-Methoden verwendet man für die gesuchten Schwingungen *lokale* Ansätze für einzelne finite Elemente, die man ähnlich wie beim Übertragungsmatrizen-Verfahren durch Unterteilung des Körpers erhalten hat. Diese lokalen Ansätze werden so formuliert, dass sie für benachbarte Elemente geeignet zusammenpassen. Die unbekannten Koeffizienten sind die Knotenpunktverschiebungen. Sie werden unter Berücksichtigung der Randbedingungen aus einer Gleichung ermittelt, die man auch aus der Minimierung des betreffenden Energieausdrucks herleiten kann.

Der Vorteil des Galerkinschen bzw. des Ritzschen Verfahrens, dass man nämlich keine Unterteilung in Elemente vornimmt, wird mit dem Nachteil erkauft, dass zur Erfüllung der Randbedingungen u. U. sehr komplizierte Ansatzfunktionen konstruiert werden müssen. Umgekehrt sind bei FE-Methoden die Ansatzfunktionen für die einzelnen Elemente einfach, man hat aber durch die (große) Gesamtzahl der Elemente entsprechend viele Unbekannte.

Nach diesen Ausführungen wird erkennbar, dass die geschilderte FE-Methode auch als computergerecht aufbereitetes Galerkin- oder Ritz-Verfahren mit lokalen Ansatzfunktionen für Strukturen mit komplizierten Randbedingungen angesehen werden kann. In der Praxis, wenn für die dann stets vorliegende unregelmäßige Berandung 2-parameteriger Strukturmodelle und erst recht allgemein 3-dimensionaler Kontinua die vorgestellten Näherungsverfahren kaum mehr angewendet werden können, bleiben ausschließlich rechnergestützte FE-Methoden noch zielführend. Zu ihrem tieferen Verständnis ist allerdings die Kenntnis insbesondere des Ritzschen oder des Galerkinschen Verfahrens als Grundlage unabdingbar.

4.2 Lösungsmethoden für erzwungene Schwingungen

Die allgemeinste Problemstellung *erzwungener* Schwingungen liegt vor, wenn sowohl die maßgebende(n) Differenzialgleichung(en) als auch die Randbedingungen (gegebenenfalls auch Übergangsbedingungen) *inhomogen* sind.

Da ein Randwertproblem mit inhomogenen Randbedingungen immer in ein Randwertproblem mit *geänderter inhomogener* Feldgleichung und *homogenen* Randbedingungen transformiert werden kann, ist der Fall inhomogener Differenzialgleichung mit homogenen Randbedingungen ausreichend, die Problematik erzwungener Schwingungen zu erläutern. Auf die entsprechende Transformation wird hier allgemein nicht eingegangen, allerdings wird im weiteren Verlauf des Buches an einer Stelle eine Aufgabenstellung mit inhomogener Feldgleichung und inhomogenen dynamischen Randbedingungen angesprochen, bei der der äquivalente Übergang auf ein Randwertproblem mit inhomogener Feldgleichung und homogenen Randbedingungen physikalisch anschaulich erklärt werden kann, siehe Beispiel 5.16. Ergänzend wird in Beispiel 5.22 der Sonderfall einer von Hause aus homogenen Differenzialgleichung mit inhomogenen Randbedingungen aufgegriffen, wobei die Lösung ohne Transformation direkt angegangen wird.

Im Rahmen einer matriziellen Formulierung ist demnach das beschreibende Randwertproblem in genügender Allgemeinheit durch die Differenzialgleichung (4.1) mit $\mathcal{M} = \boldsymbol{M}$ und die Zusammenfassung (4.13) möglicher Randbedingungen repräsentiert. Anfangsbedingungen in der Form (4.14) sind gegebenenfalls hinzuzufügen. Auch die Bequemlichkeitshypothese (4.11) kann noch problemlos eingearbeitet werden.

4.2.1 Zeitfreies Zwangsschwingungsproblem

Hinreichende Bedingung zur Vereinfachung der ursprünglichen Randwertaufgabe auf ein zeitfreies Problem, wenn das zugehörige homogene Problem separierbar ist und damit auf ein Eigenwertproblem der Form (4.18), (4.20) führt, ist eine separierbare Erregung der Form

$$\boldsymbol{p}(Z,t) = \sum_{l=1}^{\infty} \boldsymbol{s}_l(Z) T_l(t). \tag{4.122}$$

In Sonderfällen kann die obere Grenze auch endlich sein. In der Praxis ist die Voraussetzung der Separierbarkeit oft erfüllt, aber nicht immer[19].

Wird im weiteren Verlauf eine separierbare Erregung vorausgesetzt, dann hat man unterschiedliches Zeitverhalten unterschiedlich kompliziert zu behandeln.

[19] Die Problematik von Strukturproblemen mit bewegter Last, wie sie beispielsweise bei Schwingungsanregung durch schienengebundene Fahrzeuge auftreten kann, beschreibt eine typische Abweichung davon, siehe Abschn. 5.3.

4.2.1.1 Harmonische Anregung

Dies ist der einfachste Fall, der genau dann vorliegt, wenn die Erregung als

$$\boldsymbol{p}(Z,t) = \boldsymbol{s}(Z)\sin\Omega t \quad \text{oder} \quad \boldsymbol{s}(Z)\cos\Omega t$$

gegeben ist und in der Form

$$\boldsymbol{p}(Z,t) = \boldsymbol{s}(Z)e^{\mathrm{i}\Omega t} \tag{4.123}$$

verallgemeinert werden kann. Ein gleichfrequenter Ansatz

$$\boldsymbol{q}_\mathrm{P}(Z,t) = \boldsymbol{y}(Z)e^{\mathrm{i}\Omega t} \tag{4.124}$$

für die gesuchte Partikulärlösung $\boldsymbol{q}_\mathrm{P}(Z,t)$, worin die gesuchte matrizielle Variable $\boldsymbol{y}(Z)$ im Allgemeinen komplexwertig ist und damit Amplituden- und Phaseninformationen enthält, führt nach Einsetzen in das maßgebende inhomogene Randwertproblem direkt auf das korrespondierende *zeitfreie* Randwertproblem für $\boldsymbol{y}(Z)$.

Konkret erhält man aus (4.1) mit $\mathcal{M} = \boldsymbol{M}$ und aus (4.13) unter Verwendung der Bequemlichkeitshypothese (4.11) die zeitfreie inhomogene Differenzialgleichung

$$\left\{-\boldsymbol{M}(\Omega^2 - \mathrm{i}\hat{\alpha}\Omega) + (\mathrm{i}\hat{\beta}\Omega + 1)\mathcal{K}\right\}[\boldsymbol{y}] = \boldsymbol{s}(Z)$$

bei ungeänderten Randbedingungen (4.20). Mit der Abkürzung

$$\lambda_\mathrm{E} = \frac{\Omega^2 - \mathrm{i}\hat{\alpha}\Omega}{1 + \mathrm{i}\hat{\beta}\Omega}$$

als *bekannte* Funktion der Erregerkreisfrequenz Ω geht die Differenzialgleichung in die Form

$$\mathcal{K}[\boldsymbol{y}] - \lambda_\mathrm{E}\boldsymbol{M}[\boldsymbol{y}] = \boldsymbol{s}(Z) \tag{4.125}$$

über, womit der Anschluss an die Schreibweise (4.18) beim korrespondierenden Eigenwertproblem hergestellt ist.

Geht man von einer Schreibweise des Randwertproblems in Form einer inhomogenen Einzeldifferenzialgleichung höherer Ordnung in Z mit entsprechenden homogenen Randbedingungen aus, die im Falle freier Schwingungen auf das Eigenwertproblem (4.28) führen würde, erhält man bei entsprechend skalarer Anregung

$$p(Z,t) = P(Z)e^{\mathrm{i}\Omega t} \tag{4.126}$$

und korrespondierendem Lösungsansatz

$$q_\mathrm{P}(Z,t) = Y(Z)e^{\mathrm{i}\Omega t} \tag{4.127}$$

hier die inhomogene Differenzialgleichung

$$M[Y] - \lambda_{\mathrm{E}} N[Y] = P(\zeta) \tag{4.128}$$

mit unveränderten Randbedingungen gemäß (4.28). Dabei ist wie in Abschn. 4.1.3 bereits auf eine dimensionslose Ortskoordinate ζ (anstelle Z) übergegangen und der dann dimensionslose Parameter erneut mit λ_{E} bezeichnet worden.

Beispiel 4.19 Unwuchterregte Querschwingungen einer rotierenden schlanken und runden Welle, die beiderseits querunverschiebbar und momentenfrei gelagert ist. Wie später in Abschn. 5.5.1 gezeigt wird, ist unter Vernachlässigung von Dämpfungseinflüssen auf der Basis der Bernoulli-Euler-Theorie das maßgebende Randwertproblem in der Form

$$\begin{aligned} &q_{,\zeta\zeta\zeta\zeta} + \lambda_{\mathrm{E}}^4 q_{,\tau\tau} = \lambda_{\mathrm{E}}^4 e(\zeta) e^{i\tau} && \text{(Differenzialgleichung)},\\ &q(0,\tau) = 0,\ q_{,\zeta\zeta}(0,\tau) = 0,\ q(1,\tau) = 0,\ q_{,\zeta\zeta}(1,\tau) = 0 && \text{(Randbedingungen } \forall \tau \geq 0) \end{aligned} \tag{4.129}$$

gegeben, worin $e(\zeta)$ die so genannte statische Unwucht der Welle repräsentiert und hochgestellte Striche und Punkte (partielle) Ableitungen nach der dimensionslosen Ortskoordinate ζ und der dimensionslosen Zeit τ bezeichnen.

Der Lösungsansatz (4.127) liefert in der Tat das zeitfreie Randwertproblem

$$\begin{aligned} &Y'''' - \lambda_{\mathrm{E}}^4 Y = \lambda_{\mathrm{E}}^4 e(\zeta) && \text{(Differenzialgleichung)},\\ &Y(0) = 0,\quad Y''(0) = 0,\quad Y(1) = 0,\quad Y''(1) = 0 && \text{(Randbedingungen)}, \end{aligned} \tag{4.130}$$

das ersichtlich (4.128) mit zeitfreien Randbedingungen gemäß (4.28) entspricht. ■

4.2.1.2 Periodische Anregung

Da jede periodische Funktion $\boldsymbol{p}(Z,t)$ in eine Fourier-Reihe entwickelt werden kann, gilt jetzt

$$\boldsymbol{p}(Z,t) = \sum_{l=1}^{\infty} \boldsymbol{s}_l(Z) e^{\mathrm{i}\Omega_l t}, \tag{4.131}$$

worin auf einen Gleichanteil verzichtet wird und Ω_l ein Vielfaches einer Grundkreisfrequenz Ω_0 ist: $\Omega_l = l\Omega_0$. Der entsprechende Lösungsansatz lautet

$$\boldsymbol{q}_{\mathrm{P}}(Z,t) = \sum_{l=1}^{\infty} \boldsymbol{y}_l(Z) e^{\mathrm{i}\Omega_l t}. \tag{4.132}$$

Einsetzen ergibt für jede gesuchte Harmonische $\boldsymbol{y}_l$ $(l = 1, 2, \ldots, \infty)$ ein zeitfreies Zwangsschwingungsproblem der Struktur (4.125), (4.20) mit der Erregung $\boldsymbol{s}_l$. Nach Lösung dieser zeitfreien Randwertprobleme für jedes l aus $l = 1, 2, \ldots, \infty$ erhält man gemäß Lösungsansatz (4.131) auch den entsprechenden orts- und zeitabhängigen Lösungsanteil $\boldsymbol{q}_l(Z,t) = \boldsymbol{y}_l(Z)e^{\mathrm{i}\Omega_l t}$ und nach der für lineare Systeme adäquaten Superposition auch die gesamte Partikulärlösung $\boldsymbol{q}_\mathrm{P}(Z,t)$.

Ein Randwertproblem in Form einer Einzeldifferenzialgleichung höherer Ordnung in Z (bzw. ζ) mit Randbedingungen wird ganz analog behandelt, sodass ein zeitfreies Randwertproblem der Struktur (4.128) und (4.28) entsteht.

4.2.1.3 Nichtperiodische Anregung

Die nichtperiodische Anregung ist hier in der Form

$$\boldsymbol{p}(Z,t) = \boldsymbol{s}(Z)f(t) \tag{4.133}$$

vorgegeben. Mittels Fourier- oder Laplace-Transformation[20] $\mathcal{F}[\,.\,]$ oder $\mathcal{L}[\,.\,]$ bezüglich der Zeit t, die auf die Bildvariable s führt, ergibt sich aus der Differenzialgleichung (4.1) mit $\mathcal{M} = \boldsymbol{M}$ und den Randbedingungen (4.13) das Randwertproblem

$$\begin{aligned} (\mathcal{K} - \lambda_\mathrm{E}\boldsymbol{M})[\boldsymbol{y}] &= \boldsymbol{s}(Z)F(s) && \text{(Differenzialgleichung)},\\ \boldsymbol{y}(j)^\mathrm{T}\left\{\mathcal{K}_j[\boldsymbol{y}(j)]\right\} &= 0, \quad j = a, b && \text{(Randbedingungen)} \end{aligned} \tag{4.134}$$

im Bildbereich s, worin jetzt $\boldsymbol{y}$ und $F(s)$ die gesuchte Feldvariable und die Erregerfunktion im Bildbereich s bezeichnen und der Parameter λ_E im Allgemeinen eine Funktion dieser Bildvariablen s ist.

Einzeldifferenzialgleichungen lassen sich ganz entsprechend behandeln.

Beispiel 4.20 Biegeschwingungen eines beiderseits querunverschiebbar und momentenfrei gelagerten Euler-Bernoulli-Stabes unter Stoßbelastung. Unter Vernachlässigung von Dämpfungseinflüssen lautet das maßgebende Randwertproblem

$$\begin{aligned} &q_{,\zeta\zeta\zeta\zeta} + \kappa^4 q_{,\tau\tau} = P(\zeta)\delta_\mathrm{D}(\tau) && \text{(Differenzialgleichung)},\\ &q(0,\tau) = 0, \quad q_{,\zeta\zeta}(0,\tau) = 0, \quad q(1,\tau) = 0, &&\\ &q_{,\zeta\zeta}(1,\tau) = 0 \quad \forall\tau \geq 0 && \text{(Randbedingungen)}, \end{aligned} \tag{4.135}$$

worin $\delta_\mathrm{D}(\tau)$ die Diracsche Impulsdistribution – hier im Zeitbereich – ist.

Mittels Fourier-Transformation mit $\mathcal{F}[q(\zeta,\tau)] = Y(\zeta,s)$, woraus $\mathcal{F}[q''''] = Y''''$ und $\mathcal{F}[\ddot{q}] = s^2 Y$ folgen sowie $\mathcal{F}[\delta_D(\tau)] = 1$ findet man das zugehörige zeitfreie Randwertproblem

$$\begin{aligned} &Y'''' + \lambda_\mathrm{E}^4 Y = P(\zeta) && \text{(Differenzialgleichung)},\\ &Y(0,s) = 0, \quad Y''(0,s) = 0, \quad Y(1,s) = 0, \quad Y''(1,s) = 0 && \text{(Randbedingungen)}, \end{aligned} \tag{4.136}$$

das vergleichsweise einfach zu lösen ist. ■

[20] Dabei wird von homogenen Anfangsbedingungen ausgegangen, damit bei der Laplace-Transformation keine Anfangswerte auftreten.

Während also das zeitfreie Randwertproblem im Bildbereich eine ähnlich übersichtliche Form besitzt wie bei harmonischer oder periodischer Erregung und oft einfach gelöst werden kann, ist die Rücktransformation vom Bild- in den originalen Zeitbereich bei schwingenden Kontinua das eigentliche Kernproblem, dessen Lösung im Allgemeinen nur noch numerisch zu leisten ist.

4.2.2 Strenge Lösung zeitfreier Zwangsschwingungsprobleme

Ist die zugehörige Eigenwertaufgabe in der Form (4.61) oder (4.28) streng lösbar, dann ist auch die Lösung des zeitfreien Zwangsschwingungsproblems beispielsweise mit den inhomogenen Feldgleichungen (4.125) oder (4.128) bei jeweils ungeänderten Randbedingungen gemäß (4.61) oder (4.28) streng mit Hilfe elementarer Funktionen ohne Reihenentwicklung in geschlossener Form möglich. Dies gelingt über die so genannte *Greensche Resolvente*.

Zur Veranschaulichung hilft auch dieses Mal der Rückgriff auf den Vektorraum $\mathbb{R}^n$. Betrachtet man dort ein lineares *inhomogenes* Gleichungssystem

$$\boldsymbol{A}[\boldsymbol{x}] = \boldsymbol{u}$$

mit konstanten Koeffizienten in Matrizenform, worin der Erreger„vektor" $\boldsymbol{u}$ gegeben und der Lösungs„vektor" $\boldsymbol{x}$ gesucht ist, gelingt die Lösung durch Inversion

$$\boldsymbol{x} = \boldsymbol{A}^{-1}[\boldsymbol{u}]$$

mit dem so genannten *inversen* Operator $\boldsymbol{A}^{-1}$, d. h. im Vektorraum der *Kehrmatrix*. Die Realisierung im Funktionenraum erhält man durch den Übergang von einem Matrixoperator auf einen Differenzialoperator mit einem *Integraloperator* als inversem Operator. Während bei Anfangswertproblemen die inhomogene Lösung als so genanntes Faltungsintegral mit Gewichtsfunktion gewonnen wird, führt beispielsweise für das maßgebende zeitfreie Randwertproblem in skalarer Formulierung (4.128) mit homogenen Randbedingungen gemäß (4.28) die integrale Darstellung

$$Y(\zeta) = \int_a^b G(\zeta, \eta, \lambda_\mathrm{E}) P(\eta) \mathrm{d}\eta \tag{4.137}$$

mit der so genannten Greenschen Resolvente $G(\zeta, \eta, \lambda_\mathrm{E})$ zum Ziel. Bei periodischer Anregung ist anstelle der Erregeramplitude P ein herausgegriffener harmonischer Anteil P_l zu nehmen, bei nichtperiodischer Anregung sind alle beteiligten Größen als Fourier- oder Laplace-transformierte Bildvariable aufzufassen.

Die Greensche Resolvente ist dann wie folgt festgelegt[21]:

1. $G(\zeta, \eta, \lambda_E)$ erfüllt für festes η aus $a < \eta < b$ als $f(\zeta)$ die zugehörige homogene Differenzialgleichung
$$L[G] := M[G] - \lambda_E N[G] = 0 \tag{4.138}$$
gemäß $(4.28)_1$ für alle $\zeta \neq \eta$. In $a \leq \zeta \leq \eta \leq b$, $a \leq \eta \leq \zeta \leq b$ existieren die Ableitungen $\partial^\nu G(\zeta, \eta, \lambda_E)/\partial\zeta^\nu$, $\nu = 1, 2, \ldots, 2m$ als stetige Funktionen (außer für $\zeta = \eta$) von ζ, η.
2. $G(\zeta, \eta, \lambda_E)$ erfüllt als $f(\zeta)$ die Randbedingungen $(4.28)_2$, d. h.
$$B_\mu[G] = 0, \quad \mu = 1, 2, \ldots, 2m. \tag{4.139}$$
3. An der Stelle $\zeta = \eta$ sind bis zur Ordnung $\nu = 2m - 2$ alle Ableitungen der Greenschen Resolvente nach ζ stetig, d. h. es gilt
$$\frac{\partial^\nu G(\zeta = \eta_{+0}, \eta, \lambda_E)}{\partial\zeta^\nu} - \frac{\partial^\nu G(\zeta = \eta_{-0}, \eta, \lambda_E)}{\partial\zeta^\nu} = 0, \quad \nu = 0, 1, \ldots, 2m - 2, \tag{4.140}$$
sodass $2m - 1$ Stetigkeitsbedingungen vorliegen.
4. Die $m - 1$-te Ableitung dagegen macht an der betreffenden Stelle einen Sprung:
$$\frac{\partial^{2m-1} G(\zeta = \eta_{+0}, \eta, \lambda_E)}{\partial\zeta^{2m-1}} - \frac{\partial^{2m-1} G(\zeta = \eta_{-0}, \eta, \lambda_E)}{\partial\zeta^{2m-1}} = \frac{1}{f_m(\zeta = \eta)}. \tag{4.141}$$
Diese Sprungrelation ergänzt die Stetigkeitsbedingungen, sodass insgesamt neben den $2m$ Randbedingungen weitere $2m$ Gleichungen zur vollständigen Bestimmung der Greenschen Resolvente zur Verfügung stehen.

Die zu (4.128) gehörende homogene Differenzialgleichung (4.138) besitzt ein Fundamentalsystem von $2m$ linear unabhängigen Teillösungen, die als $Z_i(\zeta)$ bezeichnet werden sollen. Damit hat man mit den insgesamt $4m$ Parametern $c_i(\eta)$ und $\bar{c}_i(\eta)$ (jeweils $i = 1, 2, \ldots, 2m$) als allgemeine Lösung der Greenschen Funktion
$$G(\zeta, \eta) = \sum_{i=1}^{2m} c_i(\eta) Z_i(\zeta), \ \zeta < \eta, \quad G(\zeta, \eta) = \sum_{i=1}^{2m} \bar{c}_i(\eta) Z_i(\zeta), \ \zeta > \eta,$$
wofür sich eine modifizierte Schreibweise
$$\begin{aligned} G(\zeta, \eta) &= \sum_{i=1}^{2m} [a_i(\eta) + b_i(\eta)] Z_i(\zeta), \quad \zeta < \eta, \\ G(\zeta, \eta) &= \sum_{i=1}^{2m} [a_i(\eta) - b_i(\eta)] Z_i(\zeta), \quad \zeta > \eta \end{aligned} \tag{4.142}$$

[21] Die Eigenschaften werden hier nicht bewiesen; der Beweis ist beispielsweise in [2] zu finden.

mit den insgesamt ebenfalls $4m$ Parametern $a_i(\eta)$ und $b_i(\eta)$ (jeweils $i = 1, 2, \ldots, 2m$) als rechentechnisch sinnvoll erweisen wird. Die Stetigkeitsbedingungen (4.140) und die Sprungrelation (4.141) ergeben damit nämlich einen ersten Satz von $2m$ Gleichungen

$$\begin{aligned} \sum_{i=1}^{2m} b_i(\eta) Z_i^{(\nu)}(\eta) &= 0, \quad \nu = 0, 1, \ldots, 2m-2, \\ \sum_{i=1}^{2m} b_i(\eta) Z_i^{(2m-1)}(\eta) &= -\frac{1}{2f_m(\eta)} \end{aligned} \tag{4.143}$$

allein zur Berechnung der Parameter $b_i(\eta)$ unabhängig von den $2m$ $a_i(\eta)$, die anschließend in der Form

$$B_\mu\left[\sum_{i=1}^{2m} \{a_i(\eta) \pm b_i(\eta)\} Z_i(j)\right] = 0, \quad \mu = 1, 2, \ldots, 2m \tag{4.144}$$

aus den Randbedingungen (4.139) berechnet werden, wobei das Pluszeichen für $\zeta = a$ und das Minuszeichen für $\zeta = b$ zu nehmen ist. Damit stehen insgesamt $2 \cdot 2m$ Gleichungen zur Berechnung aller Unbekannten $a_i(\zeta)$ und $b_i(\zeta)$ zur Verfügung, sodass die Greensche Resolvente $G(\zeta, \eta, \lambda_E)$ vollständig bestimmt ist.

Beispiel 4.21 Es wird die Aufgabe in Beispiel 4.19 weitergeführt, für das sich das zeitfreie Zwangsschwingungsproblem (4.130) ergeben hatte. Die Funktionen

$$Z_1(\zeta) = \sin\lambda_E\zeta, \quad Z_2(\zeta) = \cos\lambda_E\zeta, \quad Z_3(\zeta) = \sinh\lambda_E\zeta, \quad Z_4(\zeta) = \cosh\lambda_E\zeta$$

bilden (siehe beispielsweise die Lösung (4.70)) ein Fundamentalsystem der zugehörigen homogenen Differenzialgleichung. Es gilt hier $2m = 4$ mit $f_2 = 1$, sodass sich die Gleichungssätze (4.143) und (4.144) in der Form

$$\begin{aligned} b_1 \sin\lambda_E\eta + b_2 \cos\lambda_E\eta + b_3 \sinh\lambda_E\eta + b_4 \cosh\lambda_E\eta &= 0, \\ b_1 \cos\lambda_E\eta - b_2 \sin\lambda_E\eta + b_3 \cosh\lambda_E\eta + b_4 \sinh\lambda_E\eta &= 0, \\ -b_1 \sin\lambda_E\eta - b_2 \cos\lambda_E\eta + b_3 \sinh\lambda_E\eta + b_4 \cosh\lambda_E\eta &= 0, \\ \lambda_E^3[-b_1 \cos\lambda_E\eta + b_2 \sin\lambda_E\eta + b_3 \cosh\lambda_E\eta + b_4 \sinh\lambda_E\eta] &= -\frac{1}{2} \end{aligned}$$

sowie

$$\begin{aligned} a_2 + a_4 &= -b_2 - b_4, \\ -a_2 + a_4 &= b_2 - b_4, \\ a_1 \sin\lambda_E + a_2 \cos\lambda_E + a_3 \sinh\lambda_E + a_4 \cosh\lambda_E &= b_1 \sin\lambda_E + b_2 \cos\lambda_E + b_3 \sinh\lambda_E + b_4 \cosh\lambda_E, \\ -a_1 \sin\lambda_E - a_2 \cos\lambda_E + a_3 \sinh\lambda_E + a_4 \cosh\lambda_E &= -b_1 \sin\lambda_E - b_2 \cos\lambda_E + b_3 \sinh\lambda_E + b_4 \cosh\lambda_E \end{aligned}$$

konkretisieren. Die längere Auswertung ist elementar und liefert das Ergebnis

$$b_1 = \frac{\cos\lambda_E\eta}{4\lambda_E^3}, \qquad b_2 = -\frac{\sin\lambda_E\eta}{4\lambda_E^3},$$

$$b_3 = -\frac{\cosh\lambda_E\eta}{4\lambda_E^3}, \qquad b_4 = \frac{\sinh\lambda_E\eta}{4\lambda_E^3},$$

$$a_1 = \frac{1}{4\lambda_E^3}\left(\cos\lambda_E\eta - 2\sin\lambda_E\eta\frac{\cos\lambda_E}{\sin\lambda_E}\right), \qquad a_2 = -b_2,$$

$$a_3 = \frac{1}{4\lambda_E^3}\left(2\sinh\lambda_E\eta\frac{\cosh\lambda_E}{\sinh\lambda_E} - \cosh\lambda_E\eta\right), \qquad a_4 = -b_4,$$

womit die Greensche Resolvente $G(\zeta, \eta, \lambda_E)$ gemäß (4.142) vollständig als eine endliche Summe elementarer Funktionen berechnet ist. Es folgt, dass auch die zeitfreie Lösung $Y(\zeta, \lambda_E)$ gemäß (4.137) in integraler Darstellung vorliegt. Für eine allgemein ortsabhängige Unwucht $e(\zeta)$ ist die Auswertung des Integrals allerdings nur noch numerisch zu leisten, eine Prozedur, die aber keinerlei Probleme bereitet und den wahren Vorteil der Methode ausmacht.

Für den einfachsten Fall einer gleichförmigen Unwucht $e(\zeta) = e_0 = \text{const}$ lässt sich auch das Integral (4.137) analytisch auswerten. Da bereichsweise unterschiedliche Darstellungen der Greenschen Resolvente $G(\zeta, \eta, \lambda_E)$ bestimmt wurden, ist die Integration bereichsweise durchzuführen:

$$Y(\zeta, \lambda_E) = \int_{\eta=0}^{\zeta} G(\zeta, \eta, \lambda_E)\mathrm{d}\eta + \int_{\eta=\zeta}^{1} G(\zeta, \eta, \lambda_E)\mathrm{d}\eta.$$

Für den ersten Bereich gilt $\zeta > \eta$, im zweiten Bereich dagegen $\zeta < \eta$, sodass beide Lösungsformen für $G(\zeta, \eta, \lambda_E)$ zur Anwendung kommen. Die Auswertung liefert die resultierende zeitfreie Lösung

$$Y(\zeta, \lambda_E) = \frac{e_0}{2}\left(\frac{1-\cos\lambda_E}{\sin\lambda_E}\sin\lambda_E\zeta + \frac{1-\cosh\lambda_E}{\sinh\lambda_E}\sinh\lambda_E\zeta - 2 + \cos\lambda_E\zeta + \cosh\lambda_E\zeta\right) \tag{4.145}$$

mit $\lambda_E \neq \lambda_k = k\pi$, wofür $Y(\zeta, \lambda_E)$ infolge Resonanz singulär werden würde. Die physikalischen Phänomene werden später in Kap. 5 noch einmal angesprochen. ■

Eine moderne Schreibweise der homogenen Differenzialgleichung (4.138) zusammen mit den Stetigkeitsbedingungen (4.140) und der Sprungrelation (4.141) gelingt in Form einer inhomogenen Differenzialgleichung mit spezieller Anregung durch einen Dirac-Impuls:

$$L[G(\zeta, \eta, \lambda_E)] = \delta_D(\zeta - \eta). \tag{4.146}$$

In der Auswertung sind beide Formulierungen äquivalent.

Auf die Lösung zeitfreier Zwangsschwingungsprobleme in matrizieller Formulierung mittels Greenscher Resolvente, die dann selbst Matrixform annimmt, wird hier nur ganz kurz eingegangen [5]. Liegt das zeitfreie Zwangsschwingungsproblem beispielsweise in der Form (4.125) mit seinen Randbedingungen (4.20) vor, ist die Lösung in Integralform durch

$$\boldsymbol{y}(\zeta,\lambda_E) = \int_a^b \boldsymbol{G}(\zeta,\eta,\lambda_E)\boldsymbol{s}(\eta,\lambda_E)\mathrm{d}\eta$$

gegeben, worin die Greensche Resolvente $\boldsymbol{G}(\zeta,\eta,\lambda_E)$ in Matrixform durch die Formulierung

$$(\mathcal{K} - \lambda_E \boldsymbol{M})[\boldsymbol{G}(\zeta,\eta,\lambda_E)] = \delta_D(\zeta-\eta)\boldsymbol{I}$$

und

$$\boldsymbol{G}(j)^\mathrm{T}\{\mathcal{K}_j[\boldsymbol{G}(j)]\} = 0, \quad j = a, b$$

bestimmt ist, wenn $\boldsymbol{I}$ die Einheitsmatrix darstellt.

Neben der Lösung zeitfreier Zwangsschwingungsprobleme in Integralform mittels Greenscher Resolvente kommt bei strenger Lösbarkeit der zugehörigen Eigenwertaufgabe auch noch die Möglichkeit in Frage, die gesuchte Gesamtlösung einfach aus der Lösung des homogenen Problems und einer Partikulärlösung additiv zusammenzusetzen, um anschließend an die zeitfreien Randbedingungen anzupassen. Immer dann, wenn eine Partikulärlösung einfach zu finden ist, ist dieser Lösungsweg der geradlinigste und naheliegendste. Dazu gehört insbesondere der Fall einer zeitfreien ortsunabhängigen Erregung $P(\zeta) = P_0 = \text{const}$, wenn das zugehörige Eigenwertproblem, beispielsweise in der Form (4.28) ortsunabhängige, d. h. konstante Koeffizienten $f_\nu(\zeta) = f_{nu0}$ und $g_\nu(\zeta) = g_{\nu 0}$ besitzt. Macht man sich die Einzelheiten an einem Beispiel klar, sind keine weitergehenden Überlegungen mehr notwendig.

Beispiel 4.22 Es wird die Aufgabenstellung in Beispiel 4.19 erneut aufgegriffen und das sich ergebende zeitfreie Zwangsschwingungsproblem (4.130) mit von Beginn an gleichförmiger Unwucht $e(\zeta) = e_0 = \text{const}$ untersucht. Die Lösung der homogenen Feldgleichung kann Beispiel 4.13 in der Form

$$Y_H(\zeta) = A_1 \sin\lambda_E\zeta + A_2 \sinh\lambda_E\zeta + A_3\cos\lambda_E\zeta + A_4\cosh\lambda_E\zeta$$

entnommen werden, eine Partikulärlösung ist offensichtlich durch

$$Y_P(\zeta) = Y_{P0} = -e_0$$

gegeben. Nach Anpassung der vollständigen zeitfreien Lösung $Y(\zeta) = Y_H(\zeta) + Y_P(\zeta)$ an die (homogenen) Randbedingungen in (4.130) können die noch unbekannten Konstanten

A_1 bis A_4 elementar ermittelt werden. Die resultierende zeitfreie Lösung $Y(\zeta)$ ist damit in einer Form

$$Y(\zeta,\lambda_{\mathrm{E}}) = -e_0 + \frac{e_0}{2}\left(\frac{1-\cos\lambda_{\mathrm{E}}}{\sin\lambda_{\mathrm{E}}}\sin\lambda_{\mathrm{E}}\zeta + \frac{1-\cosh\lambda_{\mathrm{E}}}{\sinh\lambda_{\mathrm{E}}}\sinh\lambda_{\mathrm{E}}\zeta + \cos\lambda_{\mathrm{E}}\zeta + \cosh\lambda_{\mathrm{E}}\zeta\right) \tag{4.147}$$

bestimmt, die mit der mittels Greenscher Resolvente berechneten Lösung (4.145) übereinstimmt. ■

4.2.3 Lösung zeitfreier Zwangsschwingungsprobleme mittels Modalanalysis

Zunächst ist der Ausgangspunkt erneut das zeitfreie Randwertproblem in skalarer Formulierung, bestehend aus der Differenzialgleichung (4.128) mit den Randbedingungen $(4.28)_2$ oder einem entsprechenden zeitfreien Variationsproblem, wobei auch ortsabhängige Koeffizienten durchaus zugelassen sind.

Die gesuchte Amplitudenverteilung $Y(\zeta)$ der Partikulärlösung $q_{\mathrm{P}}(\zeta,t)$ wird dann wie die zeitfreie Erregung $P(\zeta)$ nach Eigenfunktionen $Y_k(\zeta)$, die vorher streng oder näherungsweise berechnet werden mussten und an dieser Stelle jetzt vorliegen, entwickelt:

$$Y(\zeta) = \sum_{k=1}^{\infty} a_k Y_k(\zeta), \quad P(\zeta) = \sum_{k=1}^{\infty} b_k Y_k(\zeta). \tag{4.148}$$

Dabei ist zu beachten, dass mit der dem Entwicklungssatz gemäß Abschn. 4.1.3 zugehörigen Berechnungsvorschrift (4.56), angewandt auf die vorgegebene Erregung, sich die Entwicklungskoeffizienten b_k als

$$b_k = \frac{(P(\zeta), N[Y_k])}{(Y_k, N[Y_k])} \tag{4.149}$$

berechnen lassen, sodass jetzt nur noch die Beiwerte a_k allein unbekannt sind.

Die weitere Rechnung wird hier detailliert für Differenzialgleichung (4.128) mit Randbedingungen $(4.28)_2$ als Ausgangspunkt dargestellt. Einsetzen der Modalentwicklung (4.148) in die maßgebende Differenzialgleichung (4.128) – die (homogenen) Randbedingungen $(4.28)_2$ werden durch die Eigenfunktionen $Y_k(\zeta)$ ja erfüllt – führt auf

$$\sum_{k=1}^{\infty} a_k\{M[Y_k(\zeta)] - \lambda_{\mathrm{E}} N[Y_k(\zeta)]\} = \sum_{k=1}^{\infty} b_k Y_k(\zeta). \tag{4.150}$$

Beachtet man die Eigenschaft der Eigenfunktionen $M[Y_k] = \lambda_k N[Y_k]$ und argumentiert im weiteren Verlauf wie bei der Herleitung der Galerkinschen Gleichungen (4.95), d. h. bildet zur gewichteten Mittelung des Gleichungssystems (4.22) das innere Produkt mit einer herausgegriffenen Eigenfunktion $Y_l(\zeta)$ (l fest, $l = 1, 2, \ldots, \infty$), so erhält man

$$\sum_{k=1}^{\infty} a_k \left\{\lambda_k \left(N[Y_k], Y_l\right) - \lambda_{\mathrm{E}} \left(N[Y_k], Y_l\right)\right)\} = \sum_{k=1}^{\infty} b_k \left(Y_k, Y_l\right), \quad l \text{ fest}, \; l = 1, 2, \ldots, \infty.$$

Dies ist ein System gekoppelter, algebraischer, inhomogener Gleichungen für die unbekannten Beiwerte a_k. Die Orthogonalitätsrelation (4.42) *entkoppelt* diese Gleichungen in der Form

$$a_l(\lambda_l - \lambda_{\mathrm{E}}) \left(N[Y_l], Y_l\right) = \sum_{k=1}^{\infty} b_k \left(Y_k, Y_l\right), \quad l = 1, 2, \ldots, \infty,$$

und mit der in (4.42) enthaltenen üblichen Normierung kommt man zum Endergebnis

$$a_l = \frac{\sum_{k=1}^{\infty} b_k \left(Y_k, Y_l\right)}{\lambda_l - \lambda_{\mathrm{E}}}, \quad l = 1, 2, \ldots, \infty, \tag{4.151}$$

worin die b_k gemäß (4.22) festgelegt sind. Die gesuchte zeitfreie Lösungsfunktion $Y(\zeta)$ gemäß (4.148) ist damit gefunden.

Beispiel 4.23 Ein weiteres Mal wird die Problematik aus Beispiel 4.19, repräsentiert durch die Randwertaufgabe (4.130), betrachtet und alternativ mittels Modalanalysis, d. h. in Reihenform, gelöst. Die Modalentwicklung (4.148) für die gesuchte Lösung $Y(\zeta)$ und die gegebene Erregung $\lambda_{\mathrm{E}}^4 e(\zeta)$ mit den zugehörigen Entwicklungskoeffizienten $b_k = \lambda_{\mathrm{E}}^4(e(\zeta), N[Y_k])/(Y_k, N[Y_k])$ führt wegen $N[Y_k] \equiv Y_k$ und damit $(N[Y_k], Y_l) \equiv (Y_k, Y_l) = \delta_{kl}$ auf

$$\sum_{k=1}^{\infty} b_k(Y_k, Y_l) = b_l.$$

Das Ergebnis für die gesuchten Beiwerte a_l lautet somit

$$\begin{aligned} a_l &= \frac{b_l}{\lambda_l^4 - \lambda_{\mathrm{E}}^4}, \qquad b_l = \lambda_{\mathrm{E}}^4(e(\zeta), Y_l), \quad l = 1, 2, \ldots, \infty, \\ \lambda_l^4 &= (l\pi)^4, \qquad Y_l(\zeta) = \sqrt{2} \sin l\pi\zeta. \end{aligned} \tag{4.152}$$

Für eine ortsunabhängige Unwucht $e(\zeta) = e_0$ erhält man auf diese Weise die zeitfreie Schwingungsantwort

$$Y(\zeta) = 2 \sum_{k-1}^{\infty} \left\{ \frac{\lambda_{\mathrm{E}}^4 e_0}{(k\pi)^4 - \lambda_{\mathrm{E}}^4} \int_0^1 \sin k\pi\bar{\zeta} \mathrm{d}\bar{\zeta} \sin k\pi\zeta \right\}, \tag{4.153}$$

worin das auftretende Integral auch noch elementar auszuwerten ist. Damit wird eine Kontrolle des Ergebnisses (4.145) bzw. (4.147) ermöglicht. ■

Abschließend wird noch auf eine Querverbindung zwischen den Eigenfunktionen eines Eigenwertproblems und der Greenschen Resolvente hingewiesen. Ausgehend von der Definition (4.146) der Greenschen Resolvente als Antwort des betrachteten Systems mit zugehörigen Eigenfunktionen auf eine Impulsfunktion, die bei $\xi = \eta \in [0,1]$ einwirkt, kann diese alternativ durch eine Modalentwicklung dargestellt werden. Setzt man nämlich einen entsprechenden Lösungsansatz

$$G(\zeta,\eta,\lambda_E) = \sum_{k=1}^{\infty} a_k(\eta,\lambda_E) Y_k(\zeta)$$

in die Beziehung (4.146) ein und geht wie eben zur Bestimmung der Koeffizienten a_k vor, dann erhält man nach analytischer Auswertung der auftretenden Integrale das Ergebnis

$$G(\zeta,\eta,\lambda_E) = \sum_{k=1}^{\infty} \frac{Y_k(\eta) Y_k(\zeta)}{(\lambda_k - \lambda_E) \int_0^1 Y_k^2 \mathrm{d}\zeta},$$

das eine einfach zu handhabende modale Reihenlösung für $G(\zeta,\eta,\lambda_E)$ darstellt.

4.2.4 Lösung von Zwangsschwingungsproblemen mit gemischtem Ritz-Ansatz

Ausgangspunkt ist entweder die beschreibende partielle Differenzialgleichung mit ihren Randbedingungen oder das zugehörige zeitbehaftete Variationsproblem, d. h. das Prinzip von Hamilton. Hier wird eine Entwicklung der gesuchten *orts- und zeitabhängigen* Lösung und der entsprechend gegebenen Erregung nach Eigenfunktionen vorgenommen:

$$q_P(Z,t) = \sum_{k=1}^{\infty} T_k(t) Y_k(Z), \quad p(Z,t) = \sum_{k=1}^{\infty} S_k(t) Y_k(Z) \text{ mit } S_k(t) = \frac{(p(Z,t), N[Y_k])}{(Y_k, N[Y_k])}. \tag{4.154}$$

Die weitere Rechnung wird an dieser Stelle ausgehend vom Prinzip von Hamilton dargelegt. Einsetzen von (4.154) in dieses Variationsproblem liefert nach Ausführen der verlangten Variationen zunächst ein System noch gekoppelter, inhomogener, gewöhnlicher Differenzialgleichungen für die gesuchten Zeitfunktionen $T_k(t)$. Dabei ist zu beachten, dass innerhalb des Lösungsansatzes gemäß (4.154) die Eigenfunktionen $Y_k(Z)$ hier gegeben und nur noch die Zeitfunktionen $T_k(t)$ offen sind. Auch dieses Mal gelingt die vollständige Entkopplung durch Beachten der geltenden Orthogonalitätsrelationen (4.42).

Die vergleichsweise einfache Partikulärlösung dieser entkoppelten (ungedämpften) Schwingungsdifferenzialgleichungen für die $T_k(t)$ führt dann unter Verwendung des Lösungsansatzes gemäß (4.154) geradlinig auf die gesuchte Zwangsschwingungslösung $q_P(Z,t)$ oder auch dimensionslos $q_{rmP}(\zeta,\tau)$.

Beispiel 4.24 Es wird die Aufgabenstellung aus Beispiel 4.19, repräsentiert durch das Variationsproblem

$$\delta\left\{\frac{\kappa^4}{2}\int_{\tau_0}^{\tau_1}\int_0^1 q_{,\tau}^2\mathrm{d}\zeta\mathrm{d}\tau-\frac{1}{2}\int_{\tau_0}^{\tau_1}\int_0^1 q_{,\zeta\zeta}^2\mathrm{d}\zeta\mathrm{d}\tau+\int_{\tau_0}^{\tau_1}\int_0^1 p(\zeta,\tau)\delta y\,\mathrm{d}\zeta\mathrm{d}\tau\right\}=0 \quad \text{mit } p(\zeta,\tau)=P(\zeta)\delta_\mathrm{D}(\tau) \tag{4.155}$$

ein letztes Mal untersucht[22].

Die Modalentwicklung (4.154) für die gesuchte Partikulärlösung $q_\mathrm{P}(\zeta,\tau)$ und die gegebene Erregung $P(\zeta)\delta_\mathrm{D}(\tau)$ mit den zugehörigen Erregerfunktionen

$$S_k(\tau)=\frac{(P(\zeta),N[Y_k])}{(Y_k,N[Y_k])}\delta_\mathrm{D}(\tau)$$

führt nach Einsetzen zunächst auf

$$\delta\int_{\tau_0}^{\tau_1}\left\{\frac{\kappa^4}{2}\int_0^1\Big(\sum_k Y_k\dot{T}_k\Big)^2\mathrm{d}\zeta-\frac{1}{2}\int_0^1\Big(\sum_k Y_k''T_k\Big)^2\mathrm{d}\zeta\right\}\mathrm{d}\tau$$
$$+\int_{\tau_0}^{\tau_1}\int_0^1\sum_k\big(Y_kS_k\big)\delta\Big(\sum_k Y_kT_k\Big)\mathrm{d}\zeta\mathrm{d}\tau=0.$$

Ausführen der Variationen bezüglich einer herausgegriffenen unbekannten Zeitfunktion $T_l(\tau)$ liefert im Zusammenhang mit einer entsprechenden Produktintegration wegen $\delta T_l(\tau)\neq 0$ als Integrand des verschwindenden Zeitintegrals ein System scheinbar gekoppelter Differenzialgleichungen

$$\sum_{k=1}^{\infty}\left\{\kappa^4\int_0^1 Y_kY_l\mathrm{d}\zeta\ddot{T}_k+\int_0^1 Y_k''Y_l''\mathrm{d}\zeta T_k\right\}=\int_0^1 Y_kY_l\mathrm{d}\zeta S_k(\tau),\quad l\text{ fest},\quad l=1,2,\ldots,\infty.$$

Wegen $N[Y_k]\equiv Y_k$ und damit $(N[Y_k],Y_l)\equiv(Y_k,Y_l)=\delta_{kl}$, womit auch $S_k(\tau)$ vereinfacht als $S_k(\tau)=(P(\zeta),Y_k)\delta_\mathrm{D}(\tau)$ angegeben werden kann, erhält man schließlich

$$\kappa^4\ddot{T}_l+\lambda_l^4T_l=S_l(\tau),\ l=1,2,\ldots,\infty, \tag{4.156}$$

wobei $\lambda_l^4=(l\pi)^4$ gilt. ■

Liegen die Eigenfunktionen bei Randwertproblemen mit ortsabhängigen Koeffizienten zunächst noch nicht vor, dann ist es nicht notwendig und nicht unbedingt vorteilhaft, diese

[22] Wie sich durch Ausführen der verlangten Variationen mit anschließender Produktintegation zeigen lässt, ist das Randwertproblem (4.135) tatsächlich dem Variationsproblem (4.155) äquivalent.

mit größerem Aufwand vorab zu berechnen. Man kann der Modalentwicklung stattdessen auch Vergleichsfunktionen zugrunde legen, die beispielsweise Eigenfunktionen eines verwandten oder einfacheren Problems darstellen (und somit die Gewähr für Vollständigkeit des gewählten Systems von Ansatzfunktionen bieten). Die Konsequenz ist dann, dass man keine entkoppelten Einzeldifferenzialgleichungen für die verschiedenen Zeitfunktionen T_k erhält, sondern erschwerend ein System gekoppelter Differenzialgleichungen mit endlich vielen Freiheitsgraden für alle beitragenden Zeitfunktionen T_k. Letztendlich kommt es bei der Entscheidung, welche der beiden Varianten die effizientere ist, auf den Gesamtaufwand an, der zur Berechnung der Partikulärlösung $y_P(Z,t)$ mit bestimmter Genauigkeit entsteht. In Abschn. 5.2.3 wird diese Variante bei erzwungenen Stabbiegeschwingungen ausführlich diskutiert.

Hat das noch zeitbehaftete Randwertproblem zur Untersuchung der Zwangsschwingungen $y(\zeta,\tau)$ konstante Koeffizienten, so kann auch dafür eine strenge Lösung in Integralform gefunden werden, wenn anstelle der Greenschen Resolvente $G(\zeta,\eta)$ zur Berechnung der zeitfreien Zwangsschwingung $Y(\zeta)$ eine Greensche Funktion $g(\zeta,\eta,\tau-\theta)$ benutzt wird und die Integration über Ort und Zeit erstreckt wird [5]. Gegenüber der schrittweisen Lösung, die zuerst ein zeitfreies Zwangsschwingungsproblem erzeugt, dieses dann mit der Greenschen Resolvente löst, um abschließend beide Teilschritte wieder zur endgültigen Lösung $y(\zeta,\tau)$ zusammenzufassen, besitzt die erwähnte Variante keinerlei rechentechnischen Vorteile und wird deshalb im vorliegenden Buch nicht näher behandelt.

Zum Schluss soll noch festgestellt werden, dass für allgemein gedämpfte Systeme modale Lösungsansätze problematisch sein können, da die vollständige Entkopplung der maßgebenden Gleichungen mit „ungedämpften" Eigenfunktionen nur in Sonderfällen gelingt. Ein Ausweg ist dann eine komplexwertige Modalanalysis, die aber üblicherweise im Rahmen einer Zustandsbeschreibung, d. h. einer Formulierung in Form von Differenzialgleichungen 1. Ordnung in der Zeit, durchgeführt wird. Darauf wird hier nicht eingegangen[23]. Meistens wird jedoch die bereits mehrfach erwähnte Bequemlichkeitshypothese zugrunde gelegt, sodass dann diese Schwierigkeiten vermieden werden.

4.3 Übungsaufgaben

Die mathematische Behandlung der angegebenen Rand- und Eigenwertprobleme steht erneut im Vordergrund. Der physikalische Hintergrund wird erst in den folgenden Kapiteln ausführlich erläutert.

Aufgabe 4.1 Anknüpfend an Beispiel 4.2 sollen freie Längsschwingungen $w(Z,t)$ eines bei $Z=0$ unverschiebbar und am anderen Ende bei $Z=L$ freien elastischen Stabes konstanter Querschnittsdaten mit der Wellengeschwindigkeit c untersucht werden. Ausgehend von der maßgebenden Bewegungsgleichung (4.10) und den zugehörigen aus (4.8) ein-

[23] Der interessierte Leser sei beispielsweise auf [9] und die darin angegebene Literatur verwiesen.

fach ableitbaren Randbedingungen löse man das korrespondierende Eigenwertproblem. Man verwende dazu einen entsprechenden Lösungsansatz in Produktform, gehe auf die dimensionslose Ortskoordinate $\zeta = Z/L$ über und zeige vorab, dass die Eigenwertaufgabe selbstadjungiert und volldefinit ist. Wie lauten die geltenden Orthogonalitätsrelationen? Zur formelmäßigen Lösung des Eigenwertproblems gebe man die vollständige Lösung der maßgebenden zeitfreien, gewöhnlichen Differenzialgleichung für $W(\zeta)$ an und passe sie an die zeitfreien Randbedingungen an. Wie lauten Eigenwerte und orthonormierte Eigenfunktionen des Problems?

Lösungshinweise Das Eigenwertproblem ist durch $W'' + \lambda^2 W = 0$, $W(0) = 0$, $W'(1) = 0$ gegeben, wobei $\lambda^2 = [L\omega/c]^2$ ist. Selbstadjungiertheit und Volldefinitheit sind leicht nachzuweisen, die Orthogonalitätsrelationen können als $\int_0^1 W_i W_j \mathrm{d}\zeta = \delta_{ij}$ sowie $\int_0^1 W_i' W_j' \mathrm{d}\zeta = \lambda_i^2 \delta_{ij}$ angegeben werden. Die Eigenwerte sind $\lambda_k = (2k-1)\pi/2$, die orthonormierten Eigenfunktionen $W_k(\zeta) = \sqrt{2} \sin \lambda_k \zeta$ $(k = 1, 2, \ldots, \infty)$.

Aufgabe 4.2 Es sollen die freien Längsschwingungen eines elastischen Stabes der Länge L mit konstanten Querschnittsdaten $\rho_0 A = m, EA$ untersucht werden, der linksseitig (bei $Z = 0$) unverschiebbar befestigt und am anderen Ende (bei $Z = L$) über einen geschwindigkeitsproportionalen Dämpfer (Dämpferkonstante k_L) an die Umgebung angekoppelt ist. Das Randwertproblem ist mit $\mu w_{,tt} - EAw_{,ZZ} = 0$; $w(0,t) = 0$, $EAw_{,Z}(L,t) + k_L w_{,t}(L,t) = 0 \ \forall t \geq 0$ gegeben. Für den Fall hinreichend kleiner Dämpfung $k_L < A\sqrt{E\rho_0}$ gebe man das zugehörige Eigenwertproblem an und löse es analytisch.

Aufgabe 4.3 Es sind die freien Torsionsschwingungen $\psi(Z,t)$ einer beidseitig unverdrehbar befestigten schlanken Welle konstanter Querschnittsdaten mit Kreisquerschnitt (Dichte ρ_0, Schubmodul G, polares Flächenmoment I_p) der Länge L zu analysieren. Der isochrone Lösungsansatz $\psi(Z,t) = \Psi(Z) \sin \omega t$ führt auf das zugehörige Eigenwertproblem $\Psi'' + \lambda^2 \Psi = 0$, $\Psi(0) = 0$, $\Psi(1) = 0$, worin Ableitungen nach $\zeta = Z/L$ durch hoch gestellte Striche bezeichnet sind und der Eigenwert λ^2 über $\lambda^2 = GL^2\omega^2/\rho_0$ erklärt ist. Man zeige vorab, dass alle Eigenwerte λ_k^2 $(k = 1, 2, \ldots, \infty)$ positiv sind. Man finde die exakt gültigen Eigenwerte und Eigenfunktionen. Wie verändert sich die Eigenwertgleichung, wenn a) eine elastische Bettung vorgesehen wird, sodass bei unveränderten Randbedingungen die maßgebende Differenzialgleichung die modifizierte Gestalt $\Psi'' + \lambda^2 \Psi - \varepsilon_1 \Psi = 0$ annimmt oder b) bei ungeänderter Differenzialgleichung die geometrische Randbedingung bei $\zeta = 1$ infolge einer dort zusätzlich angebrachten starren Scheibe durch eine dynamische, nämlich $\varepsilon_2 \Psi'(1) - \lambda^2 \Psi(1) = 0$ ersetzt wird?

Lösungshinweise Selbstadjungiertheit und Volldefinitheit des originalen Eigenwertproblems sind leicht nachzuweisen. Damit sind alle maßgebenden Eigenwerte λ_k^2 positiv. Konkret berechnen sie sich zu $\lambda_k = k\pi$, die orthonormierten Eigenfunktionen sind $\Psi_k(\zeta) = \sqrt{2} \sin k\pi\zeta$ $(k = 1, 2, \ldots, \infty)$. Bei der Modifikation a) führt die Substitution $\lambda^2 - \varepsilon_1 = \bar{\lambda}^2$ zu einem formal ungeänderten Eigenwertproblem. Es ergeben sich damit die neuen Eigenwerte $\lambda_k = \sqrt{(k\pi)^2 + \varepsilon_1}$, während die Eigenfunktionen $\Psi_k(\zeta) = \sqrt{2}\sin k\pi\zeta$ unverändert bleiben. Im Falle b) bleibt infolge unveränderter Differenzialgleichung auch deren allgemeine Lösung unverändert, die Anpassung an die modifizierten Randbedingungen liefert anstelle der ursprünglichen transzendenten Eigenwertgleichung $\sin\lambda = 0$ die kompliziertere Eigenwertgleichung $\sin\lambda - \varepsilon_2\cos\lambda = 0$, die nur noch näherungsweise zu lösen ist (numerisch oder beispielsweise für $\varepsilon_2 \ll 1$ mittels Störungsrechnung).

Aufgabe 4.4 Querschwingungen eines Zweifeldsystems aus Saite (Gesamtlänge 2ℓ) mit konstanter Massenbelegung $\rho_0 A = \mu$ unter konstanter Vorspannung H_0 und mittigem Massenpunkt (Masse m), siehe Übungsaufgabe 3.8. Die beiden Feldgleichungen samt Rand- und Übergangsbedingungen sind mit $\omega_0^2 = H_0/(\mu\ell^2)$ und $\omega_1^2 = H_0/(m\ell)$ in der Form $u_{,tt} - \omega_0^2 u_{,\eta\eta} = 0$ $(0 < \eta < 1)$, $v_{,tt} - \omega_0^2 v_{,\zeta\zeta} = 0$ $(0 < \zeta < 1)$ sowie $u(0,t) = 0$, $u(1,t) = v(0,t)$, $\omega_1^2[u_{,\eta}(1,t) - v_{,\zeta}(0,t)] + v_{,tt}(0,t) = 0$, $v(1,t) = 0$ für alle $t \geq 0$ vorgegeben. Das zugehörige Eigenwertproblem ist zu formulieren. Die transzendente Eigenwertgleichung ist herzuleiten. Treten verschwindende Eigenwerte auf?

Aufgabe 4.5 Es ist das Eigenwertproblem $(fW')' + \lambda f W = 0$, $W(0) = 0$, $W'(1) = 0$ eines konischen Stabes mit $f(\zeta) = (2-\zeta)^2$ zu untersuchen. Dabei soll das Rayleigh-Ritz-Verfahren unter Benutzung eines 2-Glied-Ansatzes mit den Vergleichsfunktionen $U_1(\zeta) = \sin(\pi/2)\zeta$ und $U_2(\zeta) = \sin(3\pi/2)\zeta$ als Ansatzfunktionen angewendet werden. Alternativ soll ein gemischter Ritz-Ansatz, ausgehend von der maßgebenden partiellen Differenzialgleichung $(fw_{,\zeta})_{,\zeta} - \lambda f w_{,\tau\tau} = 0$ mit den zugehörigen Randbedingungen $w(0,\tau) = w_{,\zeta}(0,\tau) = 0$ $(\forall\tau \geq 0)$, eingesetzt werden.

Lösungshinweise Der als Ausgangspunkt dienende Rayleigh-Quotient $\bar{R}[U]$ für zulässige Funktionen U lautet $\bar{R}[U] = \frac{\int_0^1 fU'^2 d\zeta}{\int_0^1 fU^2 d\zeta}$. Die Elemente der Systemmatrizen der matriziell formulierten Ritzschen Gleichungen $(\boldsymbol{A} - \Lambda\boldsymbol{B})[\boldsymbol{a}] = \boldsymbol{0}$ berechnen sich damit zu $\alpha_{ij} = \int_0^1 fU_i'U_j' d\zeta$ und $\beta_{ij} = \int_0^1 fU_iU_j d\zeta$ $(i,j = 1,2)$ und liefern eine quadratische Eigenwertgleichung $0{,}899714\Lambda^2 - 25{,}7502\Lambda + 90{,}7897 = 0$. Man erhält die beiden Lösungen $\Lambda_1 = 4{,}11842$ und $\Lambda_2 = 24{,}502$. Da die zugehörige Eigenwertgleichung noch streng angegeben werden kann (siehe [11]), ist auch eine Fehlerbetrachtung möglich. Die Abweichungen von den „exakten" Eigenwerten λ_1 und λ_2 sind +0,058 % und +1,48 %. Die Güte beider Näherungen entspricht den Erwartungen. Da die benutzten Ansatzfunktionen Vergleichsfunktionen sind, liefert der gemischte Ritz-Ansatz im Sinne Galerkins dasselbe Ergebnis.

Aufgabe 4.6 Man leite die Übertragungsmatrix $\boldsymbol{F}_i$ zur Behandlung des Eigenwertproblems für Torsionsschwingungen eines Wellenabschnittes der Länge ℓ_i mit der Torsionssteifigkeit GI_{Ti} und dem Massenträgheitsmoment pro Länge $\rho_0 I_{pi}$ her. Die maßgebende Differenzialgleichung lautet $\Psi'' + \lambda^2\Psi = 0$, worin der auftretende Eigenwert über $\lambda^2 = \rho_0 I_p \ell^2\omega^2/(GI_T)$ erklärt ist.

Lösungshinweise Nach einer Rechnung gemäß Abschn. 4.1.5 findet man unter Verwendung des Zustandsvektors $\boldsymbol{z}_i = (\Psi_i, T_i)^\top$ mit den zeitfreien Größen Ψ (Torsionswinkel) und T (Torsionsmoment) die Feldmatrix $\boldsymbol{F}_i = \begin{pmatrix} \cos\lambda & \ell \sin\lambda/(\lambda G I_\mathrm{T}) \\ -\lambda G I_\mathrm{T} \sin\lambda/\ell & \cos\lambda \end{pmatrix}_i$. Das Ergebnis ist auch für Längsschwingungen eines Stabes gültig, wenn im Zustandsvektor die zeitfreie Längsverschiebung W und Normalkraft N zusammengestellt und in Eigenwert und Feldmatrix die Dehnsteifigkeit EA und die Massenbelegung $\mu = \rho_0 A$ genommen werden.

Aufgabe 4.7 Man untersuche das Eigenwertproblem für die Biegeschwingungen eines links- und rechtsseitig unverschiebbar und momentenfrei gelagerten Zweifeldbalkens der jeweiligen Länge ℓ_0. Die jeweiligen Biegesteifigkeiten betragen $4EI_0$ und EI_0, die entsprechenden Massenbelegungen sind $2\mu_0$ und μ_0. Mit Bezug auf den tiefsten Eigenwert $\bar{\lambda}_1 = \pi$ eines entsprechend gelagerten Durchlaufträgers der Länge $\bar{\ell} = 2\ell_0$, der Biegesteifigkeit $E\bar{I} = 2EI_0$ und der Massenbelegung $\bar{\mu} = 1{,}5\mu_0$ finde man eine Näherung für den tiefsten Eigenwert λ_1 des aktuellen Tragwerks.

Lösungshinweise Gemäß der in Abschn. 4.1.5 dargestellten Vorgehensweise ermittelt man eine Restgröße, deren kleinste Nullstelle mit einem der üblichen Näherungsverfahren zu $\lambda_1 = 1{,}623$ gefunden wird.

Aufgabe 4.8 In Kap. 9 bei der Untersuchung von Mehrfeldsystemen sind Schwingungen thermoelastischer 1-parameteriger Strukturmodelle ein klassisches Problem. Als Voraufgabe ist auch die reine Wärmeleitung, hier in einer unendlich ausgedehnten Schicht endlicher Dicke h, von Interesse. Das einfachste Randwertproblem für die sich im Innern der Schicht $0 \le Z \le h$ infolge einer orts- und zeitabhängigen Wärmequelle $\bar{q}(Z,t)$ einstellende Temperaturverteilung $\vartheta(Z,t)$ ist bei entsprechender Normierung durch die Feldgleichung $\vartheta_{,\tau} - \vartheta_{,\zeta\zeta} = q(\zeta,\tau)$ mit den Randbedingungen $\vartheta_{,\zeta}(0,\tau) = 0$, $\vartheta_{,\zeta}(1,\tau) = 0 \; \forall \tau \ge 0$ in dimensionsloser Schreibweise gegegeben. Für homogene Anfangsbedingungen diskutiere man den Fall einer zeitlichen Sprunganregung $q(\zeta,\tau) = Q(\zeta)\sigma(\tau)$, worin $\sigma(\tau)$ über $\sigma(\tau) = \left\{\begin{smallmatrix} 0: & \tau < 0 \\ 1: & \tau \ge 0 \end{smallmatrix}\right.$ definiert ist. Durch Laplace-Transformation bezüglich der „Zeit" τ ermittle man das korrespondierende zeitfreie Randwertproblem in $\theta(\zeta)$ und bestimme nach Berechnung der Greenschen Resolvente für eine ortsunabhängige Quellenfunktion $Q(\zeta) = Q_0 = \text{const}$ die Temperaturverteilung $\theta(\zeta)$ im Bildbereich.

Lösung Das Randwertproblem im Bildbereich s lautet $-\theta'' + s\theta = Q(\zeta)/s$ mit $\theta'(0) = \theta'(1) = 0$. Mit der Umbenennung $\lambda_\mathrm{E}^2 = s$ ist ein Fundamentalsystem zur Bestimmung der Greenschen Resolvente durch $Z_1(\zeta) = e^{\lambda_\mathrm{E}\zeta}$ und $Z_2(\zeta) = e^{-\lambda_\mathrm{E}\zeta}$ gegeben. Nach entsprechender Anpassung der allgemeinen Lösung für $G(\zeta,\eta,\lambda_\mathrm{E})$ an die Stetigkeits- und Sprungbedingung bei $\zeta = \eta$ und die Randbedingungen ergibt sich $G(\zeta,\eta,\lambda_\mathrm{E}) = \frac{(e^{\lambda_\mathrm{E}\zeta} + e^{-\lambda_\mathrm{E}\zeta})[e^{\lambda_\mathrm{E}\eta} + e^{\lambda_\mathrm{E}(2-\eta)}]}{2\lambda_\mathrm{E}(e^{2\lambda_\mathrm{E}} - 1)}$, $\zeta \le \eta$ bzw. $\frac{(e^{\lambda_\mathrm{E}\eta} + e^{-\lambda_\mathrm{E}\eta})[e^{\lambda_\mathrm{E}\zeta} + e^{\lambda_\mathrm{E}(2-\zeta)}]}{2\lambda_\mathrm{E}(e^{2\lambda_\mathrm{E}} - 1)}$, $\zeta \ge \eta$. Die zeitintensive, aber elementare Auswertung von $\theta(\zeta,\lambda_\mathrm{E}) = \int_0^1 G(\zeta,\eta,\lambda_\mathrm{E})\mathrm{d}\eta$ liefert das einfache Ergebnis $\theta(\zeta,\lambda_\mathrm{E}) = \theta_0 = Q_0/\lambda_\mathrm{E}^4 = Q_0/s^2$.

Aufgabe 4.9 Es sollen die erzwungenen Querschwingungen einer beidseitig bei $Z = 0$ und $Z = L$ unverschiebbar befestigten elastischen Saite konstanter Massenbelegung μ unter konstanter Vorspannung S_0 untersucht werden. Die Erregung wird in der Form $q(Z,t) = Q_0 \cos \Omega t$ (Q_0 = const) harmonisch vorausgesetzt. Das beschreibende Randwertproblem ist in der Form $\mu u_{,tt} - S_0 u_{,ZZ} = q(Z,t)$; $u(0,t) = 0$, $u(L,t) = 0\ \forall t \geq 0$ vorgegeben. Man berechne eine Partikulärlösung $u_P(Z,t)$ mittels Greenscher Resolvente und auch über eine Modalentwicklung.

Aufgabe 4.10 Man untersuche die Zwangsschwingungen $u(Z,t)$ eines beidseitig bei $Z = 0, L$ quer unverschiebbar und momentenfrei gelagerten Bernoulli-Euler-Balkens konstanter Querschnittsdaten unter einer harmonischen Einzelkraft $F(t) = F_0 \sin \Omega t$ bei $Z = a$ ($0 < a < L$). Sowohl äußere als auch innere Dämpfung im Sinne der Bequemlichkeitshypothese sollen berücksichtigt werden. Eine Modalentwicklung im Sinne eines gemischten Ritz-Ansatzes soll verwendet und gemäß Galerkin ausgewertet werden.

Lösungshinweise Die Eigenfunktionen $U_k(Z)$ des ungedämpften Systems sind in Beispiel 4.13 bereits ermittelt worden. Die geltenden Orthogonalitätsrelationen entkoppeln die Galerkinschen Gleichungen vollständig und führen zu den Einzeldifferenzialgleichungen $\mu \ddot{T}_l + \left[d_a \mu + d_i EI(l\pi/L)^4\right] \dot{T}_l + EI(l\pi/L)^4 T_l = f_l(t) = F_0 \sin \Omega t \sin a$ ($l = 1, 2, \ldots, \infty$), die einfach zu lösen sind.

Aufgabe 4.11 Es sollen die erzwungenen Querschwingungen eines beidseitig bei $Z = 0$ und $Z = L$ parallel geführten viskoelastischen Balkens konstanter Querschnittsdaten μ, EI, k_i unter gleichverteilter harmonischer Streckenlast $q(Z,t) = Q_0 \sin \Omega t$ (Q_0 = const) untersucht werden. Das beschreibende Randwertproblem ist in der Form $\mu u_{,tt} + k_i EI u_{,ZZZZt} + EI u_{,ZZZZ} = q(Z,t)$; $u_{,Z}(0,t) = 0$, $u_{,ZZZ}(0,t) = 0$, $u_{,Z}(L,t) = 0$, $u_{,ZZZ}(L,t) = 0\ \forall t \geq 0$ vorgegeben. Man bestimme für den dämpfungsfreien Fall Eigenkreisfrequenzen und Eigenfunktionen und anschließend die Partikulärlösung $u_P(Z,t)$ mittels Modalentwicklung.

Literatur

1. Collatz, L.: Numerische Behandlung von Differentialgleichungen, 2. Aufl. Springer, Berlin/Göttingen/Heidelberg (1955)
2. Collatz, L.: Eigenwertaufgaben mit technischen Anwendungen. Akademische Verlagsgesellschaft, Leipzig (1964)
3. Courant, R., Hilbert, D.: Methoden der Mathematischen Physik I, 2. Aufl. Springer, Berlin (1931)
4. Elishakoff, I.: Eigenvalues of Inhomogeneous Structures: Unusual Closed-Form Solutions. CRC Press, Boca Raton (2004)
5. Gilles, E. D.: Systeme mit verteilten Parametern. Oldenbourg, München/Wien (1973)

6. Leipholz, H.: Die direkte Methode der Variationsrechnung und Eigenwertprobleme der Technik. G. Braun, Karlsruhe (1975)
7. Leissa, A. W.: The historical bases of the Rayleigh and Ritz methods. J. Sound Vibr. **287**, 961–978 (2005)
8. Smirnov, W. I.: Lehrgang der höheren Mathematik, Band 5, 4. Aufl. VEB Deutscher Verlag der Wissenschaften, Berlin (1972)
9. Wauer, J.: Transiente Schwingungen gedämpfter örtlich verteilter Systeme unter Stoßanregung, Z. Angew. Math. Mech. **62**, T85–88 (1982)
10. Zurmühl, R.: Matrizen und ihre technischen Anwendungen, 3. Aufl. Springer, Berlin/Göttingen/Heidelberg (1961)
11. Zurmühl, R.: Praktische Mathematik für Ingenieure und Physiker, 5. Aufl. (Nachdruck). Springer, Berlin/Heidelberg/New York/Tokyo (1984)

Schwingungen von Linientragwerken 5

Zusammenfassung
Konkretisiert werden die vorgestellten Lösungsmethoden zunächst ausführlich für 1-parametrige Strukturmodelle, wie Saiten und Stäbe, aber auch Bogenträger und Kreisringe sowie rotierende Wellen. Zunächst werden solche Schwingungen untersucht, die der so genannten Telegrafengleichung genügen, nämlich Saitenschwingungen sowie Längs- und Torsionsschwingungen von geraden Stäben. Es folgen genauso ausführlich Biegeschwingungen gerader Stäbe und zwar sowohl gemäß der elementaren Bernoulli-Euler-Theorie als auch gemäß der erweiterten Rayleigh- und Timoshenko-Theorie. Ergänzend werden Wellenausbreitungsvorgänge diskutiert. Zusätzlich werden gekoppelte Biege-Torsionsschwingungen und eine nicht separierbare Erregung analysiert; bei rotierenden Wellen steht die Berechnung biegekritischer Drehzahlen und die Untersuchung von Instabilitäten infolge innerer Dämpfung im Mittelpunkt.

Im vorliegenden Kapitel werden freie und erzwungene Schwingungen 1-parametriger Strukturmodelle systematisch untersucht, die (neben Anfangsbedingungen) an beiden Enden bestimmten Randbedingungen unterliegen, sodass im Sinne sich ausbreitender Wellen stehende Wellen vorliegen. Abrundend werden allerdings auch sich ausbreitende Wellen in ein- oder gar beidseitig unberandeten Strukturen und deren Phänomene diskutiert.

Es geht also im Wesentlichen um Strukturmodelle, die als *Saite, Seil* und *Stab* geläufig sind und gemeinsam dadurch gekennzeichnet werden können, dass die beiden Querabmessungen sehr viel kleiner sind als die dritte in Längsrichtung. Entlang der dadurch festgelegten *Achse* in Linienform, daher die Namengebung, sind also die (ebenen) Querschnitte des Strukturmodells „aufgereiht" und die Achse verbindet beispielsweise die Flächenschwerpunkte dieser Querschnitte. Linientragwerke sind meistens gerade, können verallgemeinernd aber auch in Form von spannungslos vorverformten Bogenträgern oder gar geschlossenen Kreisringen auftreten. Auch Saiten oder Seilstrukturen können entsprechend krummlinig angeordnet Schwingungen ausführen und selbst räumlich gekrümmte

J. Wauer, *Kontinuumsschwingungen*, DOI 10.1007/978-3-8348-2242-0_5,

© Springer Fachmedien Wiesbaden 2014

Strukturmodelle spielen in technischen Problemstellungen eine Rolle. Schließlich sind auch ursprünglich gerade Strukturmodelle vorstellbar, die durch äußere *statische* Lasten vorverformt wurden, um dann Schwingungen auszuführen.

Geschlossene Ringstrukturen bieten bereits die Möglichkeit, laufende Wellen zu analysieren, die in ein- oder beidseitig unbegrenzten Linientragwerken noch offensichtlicher sind.

Das Kapitel ist derart gegliedert, dass abschnittsweise für verschiedene Fragestellungen die zugehörigen Randwertprobleme nacheinander hergeleitet werden, bevor dann freie und schließlich erzwungene Schwingungen abgehandelt werden. Unterabschnitte zur Wellenausbreitung ergänzen die Erörterungen von freien und erzwungenen Schwingungen 1-parametriger Strukturmodelle. Alle in Kap. 4 angesprochenen Lösungsmethoden kommen dabei zur Anwendung. Für die Basisprobleme gerader Linientragwerke wird diese Diskussion vergleichsweise ausführlich gestaltet, für kompliziertere Konfigurationen gibt es eine knappere Darstellung mit weiterführenden Literaturangaben.

5.1 Telegrafengleichung

Unter diesem Stichwort werden *separierbare* Randwertprobleme erfasst, die durch die dafür allgemeinst mögliche Form einer partiellen Einzeldifferenzialgleichung zweiter Ordnung in Ort und Zeit mit zugehörigen Randbedingungen beschrieben werden. Der Name (siehe beispielsweise [3]) stammt aus Anwendungen in der Elektrotechnik bei der Untersuchung von 1-parametrigen elektrischen Schwingkreisen mit verteilten Parametern zur Beschreibung des elektrischen Stromes oder der elektrischen Spannung längs eines Doppelkabels, wenn ortsabhängige Ohmsche Widerstände, Induktivitäten und Kapazitäten auftreten. Wie man sehen wird, ordnen sich Längs- und Torsionsschwingungen von Stäben sowie Querschwingungen von Saiten und Seilen in diese Problemkategorie zwanglos ein. Historisch standen Untersuchungen aus der Mechanik zum einfachen Problem der frei schwingenden Saite sogar am Anfang, deren Behandlung nach Vorarbeiten im 17. Jahrhundert insbesondere auf Arbeiten von Bernoulli und d'Alembert im 18. Jahrhundert zurückgeht.

5.1.1 Längs- und Torsionsschwingungen gerader Stäbe

Für den einfachsten Fall elastischer Stäbe mit starrer Einspannung an einem Stabende sowie normalkraft- bzw. torsionsmomentenfreier Lagerung am anderen Stabende sind die entsprechenden Herleitungen bereits in Abschn. 3.2.1 zu finden[1]. Abschnitt 3.2.4 dehnt im Rahmen der Formulierung der entsprechenden virtuellen Arbeit die Überlegungen auf

[1] Es sei nochmals darauf hingewiesen, dass eine genauere Torsionstheorie beispielsweise für dünnwandige Querschnittsprofile im vorliegenden Buch nicht diskutiert wird. Sie führt (siehe [24]) auf eine Differenzialgleichung vierter Ordnung in Z und ist somit keine klassische Telegrafengleichung mehr.

viskoelastische Stäbe unter Einbeziehung äußerer Dämpfung aus und das dort enthaltene Beispiel 3.1 betrachtet für vergleichsweise allgemeine Randbedingungen konkret die Längsschwingungen und bezieht auch noch den Gewichtseinfluss neben einer erregenden Streckenlast ein. Überlegungen zu einer synthetischen Herleitung enthält die Übungsaufgabe 3.1 in Abschn. 3.3. Lässt man den Gewichtseinfluss an dieser Stelle außer Acht – er trägt ja nur zu einer Veränderung der Erregung durch einen zeitunabhängigen Zusatz bei –, dann liegt mit

$$\begin{gathered} m(w_{,tt} + k_a w_{,t} + c_a w) - (EAw_{,Z})_{,Z} - (d_i EAw_{,Zt})_{,Z} = p(Z,t), \\ w(0,t) = 0, \quad EA(L)\left(1 + d_i \frac{\partial}{\partial t}\right) w_{,Z}(L,t) + [Mw_{,tt}(L,t) + Cw(L,t)] = 0 \quad \forall t \geq 0 \end{gathered} \tag{5.1}$$

das beschreibende Randwertproblem in entsprechender Allgemeinheit[2] vor. Liegt auch bei $Z = L$ eine unverschiebbare Befestigung vor, reduziert sich die dynamische Randbedingung auf eine geometrische, nämlich $w(L,t) = 0$. Letztere ist direkt konstruktiv vorzugeben, folgt aber auch zwanglos mittels Grenzübergang aus einer sehr steifen Feder $C \to \infty$. Für ein entsprechend kräftefreies Ende (ohne Zusatzmasse) verbleibt eine dynamische Randbedingung, die sich allerdings auf $EA(L)\left(1 + d_i \frac{\partial}{\partial t}\right) w_{,Z}(L,t) = 0$, d. h. wegen $EA(L) \neq 0$ auf $w_{,Z}(L,t) = 0$ vereinfacht.

Ganz entsprechend kann unter etwas allgemeineren Annahmen als in Abschn. 3.2.1 das beschreibende Randwertproblem für die Torsionsschwingungen $\psi(Z,t)$ für einen Stab der Länge L (Torsionssteifigkeit GI_T, längenbezogene Drehmasse $\rho_0 I_p$) veränderlichen Querschnitts unter einer verteilten Momentenbelastung $m(Z,t)$ angegeben werden. Es wird der Fall betrachtet, dass der Stab an seinen Enden bei $Z = 0$ und $Z = L$ viskoelastisch gelagert ist (Federkonstanten c_{d0}, c_{dL}, Dämpferkonstanten k_{d0}, k_{dL}) und dort mit jeweils einer starren Scheibe (Massenträgheitsmoment J_0, J_L besetzt ist. Außerdem soll eine in der üblichen Weise modellierte Materialdämpfung (Dämpferkonstante k_{di}) berücksichtigt werden. Es ergibt sich

$$\begin{aligned} \rho_0 I_p \psi_{,tt} - (GI_T \psi_{,Z})_{,Z} - (d_i GI_T \psi_{,Zt})_{,Z} = m(Z,t), \\ J_0 \psi_{tt}(0,t) + k_{d0}\psi_{,t}(0,t) + c_{d0}\psi(0,t) - GI_T(0)\left[\psi_{,Z}(0,t) + k_{di}\psi_{,Zt}(0,t)\right] = 0, \\ J_L \psi_{tt}(L,t) + k_{dL}\psi_{,t}(L,t) + c_{dL}\psi(L,t) + GI_T(L)\left[\psi_{,Z}(L,t) + k_{di}\psi_{,Zt}(L,t)\right] = 0 \quad \forall t \geq 0, \end{aligned} \tag{5.2}$$

was (5.1) vollständig entspricht.

---

[2] Ein noch allgemeineres Problem, das auch einen Term $w_{,Zt}$ enthält, wird bei der Untersuchung von Schwingungen axial bewegter Saiten und Stäbe auftreten, typisch im Rahmen der Beschreibung von Treibriemenschwingungen in räumlichen Koordinaten, siehe Abschn. 8.3. Dieses ist jedoch nicht mehr im Reellen separierbar und fällt deshalb aus der hier behandelten Kategorie heraus.

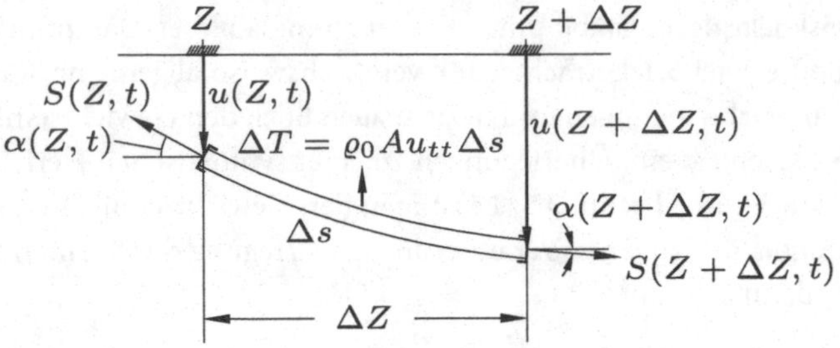

Abb. 5.1 Freikörperbild eines Saitenelements in allgemeiner verformter Lage

5.1.2 Querschwingungen einer Saite

Als Saite bezeichnet man ein schlankes, elastisches Kontinuum, das klassischerweise keine Biege- und Torsionssteifigkeit besitzt und für die besonders interessierenden Querschwingungen durch eine Zugkraft vorzuspannen ist, um eine endlich große elastische Rückstellung zu realisieren. Wird das Linientragwerk als undehnbar angenommen, dann bezeichnet man es meistens als Seil, wobei dann auch sehr häufig der Gewichtseinfluss berücksichtigt wird, der zur Vorspannung beiträgt. Praktisch können Saiten und Seile keine Druckkräfte aufnehmen: Unter alleiniger Druckbelastung weichen sie unmittelbar ohne Widerstand seitlich aus.

Da eine elastizitätstheoretisch einwandfreie analytische Herleitung des zugehörigen Randwertproblems eine geometrisch nichtlineare Formulierung gekoppelter Längs- und Querschwingungen $w(Z,t)$ und $u(Z,t)$ an den Anfang zu stellen hat und derartige Erweiterungen erst in Kap. 8 besprochen werden, wird hier eine synthetische Betrachtung herangezogen. Dabei wird in der gestreckten Ruhelage die Saite längs der Z-Achse durch an den Saitenenden angreifende äußere konstante Zugkräfte F_0 gespannt. Zur Herleitung der Bewegungsgleichung hat man allerdings ein d'Alembertsches Kräftegleichgewicht am *verformten* Saitenelement gemäß Abb. 5.1 unter vereinfachter Einbeziehung der Längskräfte aufzustellen. Es wird von Beginn an angenommen, dass die durch *kleine* Querauslenkungen $u(Z,t)$ verursachten Änderungen der Vorspannkraft vernachlässigt werden können. Daneben wird von der Näherung Gebrauch gemacht, dass der Neigungswinkel α der deformierten Saite gegenüber der horizontalen Z-Achse durch $u_{,Z}$ ersetzt werden darf. Ist $S(Z,t)$ die Saitenlängskraft an der Stelle Z zum Zeitpunkt t, so gilt damit für das betrachtete Saitenelement der Masse $\rho_0 A\Delta s$ in Querrichtung das d'Alembertsche Kräftegleichgewicht

$$\rho_0 A\Delta s u_{,tt}(Z,t) + S(Z,t)\sin[u_{,Z}(Z,t)] - S(Z+\Delta Z,t)\sin[u_{,Z}(Z+\Delta Z,t)] = 0 \quad (5.3)$$

mit einem Kräftegleichgewicht in Z-Richtung

$$-S(Z,t)\cos[u_{,Z,t}(Z,t)] + S(Z+\Delta Z,t)\cos[u_{,Z}(Z+\Delta Z,t)] = 0, \quad (5.4)$$

worin Volumenkräfte in Längsrichtung (beispielsweise infolge von Gewichtseinflüssen) vernachlässigt werden. Zusätzlich ist es erlaubt, den Unterschied von Δs und ΔZ unberücksichtigt zu lassen sowie $\cos u_{,Z} \approx 1$ und $\sin u_{,Z} \approx u_{,Z}$ zu verwenden. Die beiden Beziehungen (5.3) und (5.4) vereinfachen sich damit auf

$$\rho_0 A u_{,tt}(Z,t)\Delta Z - [S(Z,t)u_{,Z}(Z,t)]_{,Z}\,\Delta Z = 0 \tag{5.5}$$

und

$$S_{,Z}(Z,t) = 0, \tag{5.6}$$

wenn auch noch die Zuwächse von S und $u_{,Z}$ vom linken (Z) zum rechten Schnittufer $Z + \Delta Z$ durch das erste Glied einer Taylor-Entwicklung ersetzt worden sind. Aus (5.6) folgt durch Integration

$$S(Z,t) = \text{const},$$

sodass aufgrund der getroffenen Vereinfachungen die Saitenlängskraft nicht nur an den Rändern sondern im gesamten Intervall $0 \leq Z \leq L$ den konstanten Wert F_0 besitzt. Die Bewegungsgleichung (5.5) vereinfacht sich deshalb und nimmt die endgültige Gestalt

$$\rho_0 A(Z)u_{,tt}(Z,t) - F_0 u_{,ZZ}(Z,t) = 0 \tag{5.7}$$

an, die freie Querschwingungen einer durch F_0 vorgespannten Saite beschreibt. Wirkt eine erregende Streckenlast $p(Z,t)$ in Querrichtung, tritt rechtsseitig ein entsprechender Term hinzu und die Differenzialgleichung wird inhomogen:

$$\rho_0 A(Z)u_{,tt}(Z,t) - F_0 u_{,ZZ}(Z,t) = p(Z,t). \tag{5.8}$$

Dämpfende Wirkungen oder eine Bettung können ebenfalls einfach berücksichtigt werden.

Zur Formulierung der Randbedingungen wird angenommen, dass die Saite an den Krafteinleitungsstellen für F_0 zusätzlich in Querrichtung durch masselose Federn (Federkonstanten c_0 und c_L) elastisch abgestützt ist, wobei die Federn für $u(0,t) = 0$ und $u(L,t) = 0$ entspannt sein sollen. Aus entsprechenden Freikörperbildern der Randumgebung der Saite erhält man dann im Sinne linearisierter d'Alembert-Gleichgewichte in Querrichtung die maßgebenden dynamischen Randbedingungen

$$-F_0 u_{,Z}(0,t) + c_0 u(0,t) = 0, \quad F_0 u_{,Z}(L,t) + c_L u(L,t) = 0 \quad \forall t \geq 0. \tag{5.9}$$

Auch in die Randbedingungen könnten viskose Anteile noch einbezogen werden.

Ersichtlich bettet sich das Randwertproblem der quer schwingenden Saite als Sonderfall der Telegrafengleichung problemlos ein. Seilschwingungen werden konkret erst in Kap. 8 untersucht.

Die analytische Herleitung aus dem Prinzip von Hamilton (2.60) bzw. (3.10) wird ausführlich erst in Kap. 8 im Rahmen einer geometrisch nichtlinearen Schwingungstheorie erläutert. Ergänzend – auch als gewisser Vorgriff auf die analytische Herleitung des beschreibenden linearen Randwertproblems der quer schwingenden Membran in Abschn. 6.1.1 – wird hier noch eine verkürzte Form der analytischen Herleitung als Alternative zum synthetischen verallgemeinerten Kräftegleichgewicht erörtert. Alle bisherigen Annahmen werden beibehalten. Die kinetische Energie ist dann einfach

$$T = \frac{1}{2}\int_0^L \rho_0 A u_{,t}^2 \mathrm{d}Z,$$

und auch das äußere elastische Potenzial liegt auf der Hand:

$$U_\mathrm{a} = \frac{c_0}{2}u^2(0,t) + \frac{c_L}{2}u^2(L,t).$$

Zur Berechnung der inneren potenziellen Energie geht man davon aus, dass sich das ungedehnte Längenelement ΔZ der Saite unter der konstanten Vorspannung F_0 auf $\Delta s = \sqrt{1+u_{,Z}^2}\,\Delta Z$ verlängert. Deshalb ergibt sich

$$U_\mathrm{i} = \int_0^L F_0(\Delta s - \Delta Z) \approx \int_0^L F_0\left[\left(1+\frac{1}{2}u_{,Z}^2\right)-1\right]\mathrm{d}Z = \frac{F_0}{2}\int_0^L u_{,Z}^2\,\mathrm{d}Z. \tag{5.10}$$

Schließlich gilt

$$W_\delta = \int_0^L p(Z,t)\delta u \mathrm{d}Z,$$

und die Auswertung des Prinzips von Hamilton liefert unverändert das synthetisch gewonnene Randwertproblem (5.8) und (5.9).

5.1.3 Allgemeine Form

Die in den Abschn. 5.1.1 bis 5.1.2 behandelten Randwertprobleme sind wie vorhergesagt alle vom gleichen Typ

$$\begin{aligned}
&f_1(Z)(q_{,tt} + k_\mathrm{a} q_{,t} + c_\mathrm{a} q) - [f_2(Z)q_{,Z}]_{,Z} - k_\mathrm{i}[f_2(Z)q_{,Zt}]_{,Z} = p(Z,t),\\
&\qquad q(j,t)\,\{f_2(j)q_{,Z}(j,t) + k_\mathrm{i} f_2(j) q_{,Zt}(j,t)\\
&\qquad\quad \mp f_{1j}[q_{,tt}(j,t) + k_{\mathrm{a}j} q_{,t}(j,t) + c_{\mathrm{a}j} q(j,t)]\} = 0, \quad j = 0, L \ \ \forall t \geq 0.
\end{aligned} \tag{5.11}$$

Die Feldgleichung mit ihren möglichen geometrischen oder dynamischen Randbedingungen stellen bei Gültigkeit der Bequemlichkeitshypothese das allgemeinste mathematische Modell zur Beschreibung freier und erzwungener Schwingungen auf 1-dimensionalen Wellenleitern dar. Bei der Feldgleichung handelt es sich um eine partielle Differenzialgleichung zweiter Ordnung in Ort und Zeit vom so genannten *hyperbolischen* Typ, die möglichen dynamischen Randbedingungen sind Cauchysche Randbedingungen, die allgemeiner als reine Spannungsrandbedingungen sind.

5.1.4 Freie Schwingungen

Die Erregung $p(Z,t)$ in (5.11) fehlt dann, d. h. es gilt $p(Z,t) \equiv 0$. Ein Produktansatz (4.21), hier in skalarer Form

$$q_{\mathrm{H}}(Z,t) = Y(Z)e^{\mathrm{i}\omega t}, \tag{5.12}$$

der das Zeitverhalten formal vorgibt, liefert das zeitfreie Randwertproblem

$$\begin{aligned} &(1+k_{\mathrm{i}}\mathrm{i}\omega)(f_2 Y_{,Z})_{,Z} + f_1(\omega^2 - k_{\mathrm{a}}\mathrm{i}\omega - c_{\mathrm{a}})Y = 0,\\ Y(j)[(1+k_{\mathrm{i}}\mathrm{i}\omega)&f_2(j)Y_{,Z}(j) \pm f_{1j}(\omega^2 - k_{\mathrm{a}j}\mathrm{i}\omega - c_{\mathrm{a}j})Y(j)] = 0, \quad j = 0, L. \end{aligned} \tag{5.13}$$

Vereinfachend wird im Weiteren der Fall diskutiert, dass an den Stabenden keine konzentrierten Massen, Federn und Dämpfer angebracht sind[3]. Damit entsteht die gegenüber (5.13) vereinfachte Formulierung

$$\begin{aligned} (1+k_{\mathrm{i}}\mathrm{i}\omega)(f_2 Y_{,Z})_{,Z} + f_1(\omega^2 - k_{\mathrm{a}}\mathrm{i}\omega - c_{\mathrm{a}})Y &= 0,\\ Y(j)\cdot[f_2(j)Y_{,Z}(j)] &= 0, \quad j = 0, L. \end{aligned}$$

Unter Verwendung einer dimensionslosen Ortskoordinate $\zeta = Z/L$, den modifizierten Schreibweisen $f_1(\zeta) = f_{10}g_1(\zeta)$ und $f_2(\zeta) = f_{20}g_2(\zeta)$ erhält man mit der Abkürzung

$$\lambda^2 = \frac{f_{10}(\omega^2 - k_{\mathrm{a}}\mathrm{i}\omega - c_{\mathrm{a}})L^2}{f_{20}(1+k_{\mathrm{i}}\mathrm{i}\omega)} \tag{5.14}$$

ein Eigenwertproblem

$$[g_2(\zeta)Y']' + \lambda^2 g_1(\zeta)Y = 0 \quad \text{mit } Y(j) = 0 \text{ oder } Y'(j) = 0, \; j = 0, 1, \tag{5.15}$$

[3] Ohne Einschränkung der Allgemeinheit lässt sich gemäß der am Ende von Abschn. 3.2.4 dargestellten Vorgehensweise die Wirkung von an den Enden konzentrierten Massen, Federn sowie Dämpfer über entsprechende Delta-Distributionen in die verteilten Eigenschaften einbeziehen, allerdings hat man dann in jedem Falle ortsabhängige Koeffizienten.

das Sturm-Liouvillesches Eigenwertproblem (mit Dirichletschen oder Neumannschen Randbedingungen) genannt wird.

Um zu formelmäßigen Ergebnissen zu gelangen, werden zunächst konstante Koeffizienten, d. h. ohne Einschränkung der Allgemeinheit $g_1 = g_2 = 1$, vorausgesetzt. Die allgemeine Lösung der Differenzialgleichung $(5.15)_1$ ist dann

$$Y(\zeta) = A \sin \lambda\zeta + B \cos \lambda\zeta,$$

die nach Anpassen an die Randbedingungen $(5.15)_2$ ein lineares, homogenes Gleichungssystem für die Koeffizienten A, B ergibt. Die Randbedingungen sind dazu konkret festzulegen. Es wird hier der Fall ausschließlich geometrischer Randbedingungen

$$Y(0) = 0, \quad Y(1) = 0$$

untersucht, womit sich

$$\begin{aligned} B &= 0, \\ A \sin \lambda + B \cos \lambda &= 0 \end{aligned} \tag{5.16}$$

ergibt. Die verschwindende Koeffizientendeterminante als notwendige Bedingung für nichttriviale Lösungen liefert die transzendente Eigenwertgleichung

$$\sin \lambda = 0 \tag{5.17}$$

mit den abzählbar unendlich vielen Eigenwerten

$$\lambda_k = k\pi, \quad k = 1, 2, \ldots, \infty. \tag{5.18}$$

Man sagt, die Gesamtheit der Eigenwerte – das so genannte *Spektrum* – ist *diskret*[4]. Die Lösung $\lambda_0 = 0$ kann (siehe auch Beispiel 4.12 in Abschn. 4.1.4) ausgeschlossen werden, weil das maßgebende Eigenwertproblem (selbst bei ortsabhängigen Systemdaten) volldefinit ist[5].

Für den einfachsten Fall eines axial ungedämpft schwingenden Stabes ohne Bettung beispielsweise sind die ω_k als Eigenkreisfrequenzen zu interpretieren, die sich als

$$\omega_k = \frac{k\pi}{L}\sqrt{\frac{E}{\rho_0}}, \quad k = 1, 2, \ldots, \infty \tag{5.19}$$

[4] Bei halbundlichen oder unendlichen Linientragwerken können alle Zahlenwerte eines bestimmten Intervalls Eigenwerte sein, es ergibt sich damit ein *kontinuierliches* Spektrum. Mit den zugehörigen Eigenfunktionen wird dann der Entwicklungssatz in eine Integraldarstellung Fourierscher Art übergehen.

[5] Auch die Lösungen $\lambda_k = k\pi$, $k = -1, -2, \ldots$ können wieder (mit gegenüber Beispiel 4.13 unveränderter Argumentation) unberücksichtigt bleiben.

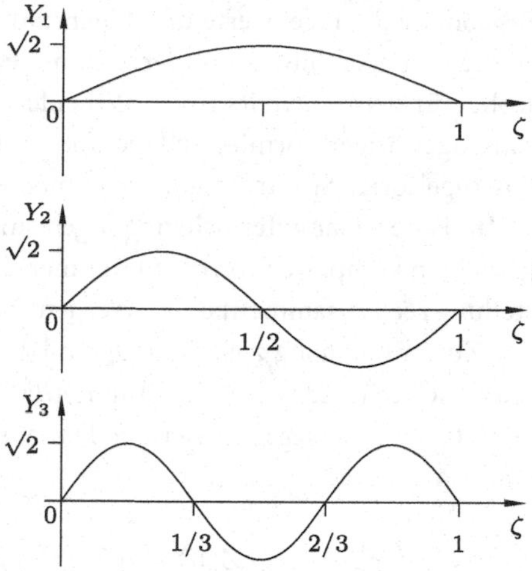

Abb. 5.2 Eigenfunktionen der Telegrafengleichung mit geometrischen Randbedingungen bei konstanten Koeffizienten

ergeben und erneut dokumentieren, dass ein schwingendes Kontinuum unendlich viele Schwingungsfreiheitsgrade besitzt. Geht man zurück in das Gleichungssystem (5.16), folgt $B \equiv 0$, während $A \neq 0$ unbestimmt bleibt. Nennt man diese Konstante zukünftig C_k und normiert sie gemäß (4.41), so folgen

$$Y_k(\zeta) = \sqrt{2} \sin \lambda k \pi \zeta, \; k = 1, 2, \ldots, \infty \tag{5.20}$$

als orthonormierte Eigenfunktionen (in dimensionsloser Form). Die ersten drei Moden sind in Abb. 5.2 dargestellt. Man erkennt die typischen Eigenschaften, dass üblicherweise die Grundschwingungsform keinen, die erste Oberschwingungsform einen, die zweite Oberschwingungsform zwei *Knoten*[6] besitzt. Die Abhängigkeit der Eigenkreisfrequenzen von den Systemdaten, siehe z. B. (5.19), zeigt das physikalisch verständliche Ergebnis, dass zunehmende Steifigkeit (in (5.19) durch E repräsentiert) die Eigenfrequenzen erhöht und zunehmende Masse (in (5.19) durch ρ_0 und L widergespiegelt) diese erniedrigt. Darüber hinaus gilt, dass jede Eigenkreisfrequenz höherer Ordnung ein ganzzahliges Vielfaches der Grundkreisfrequenz ist: $\omega_n = n\omega_1$. Einsetzen in den anfänglichen Produktansatz (5.12) liefert die Eigenschwingungen

$$q_k(Z, t) = \sin \frac{k\pi Z}{L} (\bar{a}_k e^{\mathrm{i}\omega_k t} + \bar{b}_k e^{-\mathrm{i}\omega_k t}), \; k = 1, 2, \ldots, \infty \tag{5.21}$$

und durch Superposition die freien Schwingungen

$$q_{\mathrm{H}}(Z, t) = \sum_{k=1}^{\infty} \sqrt{2} \sin \frac{k\pi Z}{L} (\bar{a}_k e^{\mathrm{i}\omega_k t} + \bar{b}_k e^{-\mathrm{i}\omega_k t}). \tag{5.22}$$

[6] Knoten sind charakteristische Kennzeichen modaler Darstellungen und sind derart definiert, dass bei Nichtbeachten der (geometrischen) Randbedingungen die Eigenform an den Knoten identisch null ist. Knoten prägen sich auch der zugehörigen Eigenbewegung bzw. Eigenschwingung $y(\zeta, t)$ auf: die untersuchte physikalische Größe verschwindet dort zu jedem beliebigen Zeitpunkt.

Ergebnisse für Eigenwerte und Eigenfunktionen von 1-dimensionalen Wellenleitern konstanten Querschnitts bei anderen Randbedingungen sind beispielsweise in [24] zu finden, wobei für den beidereits freien Wellenleiter, der einen verschwindenden Eigenwert $\lambda_0 = 0$ mit zugehöriger normierter Eigenfunktion $Y_0(\zeta) = 1 = \text{const}$ besitzt, dieser zwanglos in das zugehörige Spektrum aufgenommen werden sollte.

Im Falle gedämpfter Schwingungen sind die ω_k wie auch die Konstanten $\bar{a}_k, \bar{b}_k$ im Allgemeinen komplex, und erst im Rahmen der Superposition gemäß (5.22) lässt sich die Darstellung reell zusammenfassen. Werden dagegen ungedämpfte Schwingungen diskutiert, ist der Zusammenhang zwischen ω_k und λ_k (siehe (5.14)) einfach und das Zeitverhalten in (5.21) sowie (5.22) kann direkt in der Form $(a_k \sin \omega_k t + b_k \cos \omega_k t)$ mit reellen Größen $\omega_k > 0, a_k, b_k$ angegeben werden. Dann ist auch die Anpassung an die Anfangsbedingungen

$$q(Z,0) = g(Z), \quad q_{,t}(Z,0) = h(Z), \quad 0 \le Z \le L$$

elementar und führt auf die Bestimmungsgleichungen

$$g(Z) = \sum_{k=1}^{\infty} \sqrt{2} a_k \sin \frac{k\pi Z}{L}, \quad h(Z) = \sum_{k=1}^{\infty} \sqrt{2} \omega_k b_k \sin \frac{k\pi Z}{L},$$

aus denen die Konstanten a_k, b_k im Sinne einer Fourier-Reihenentwicklung problemlos bestimmt werden können:

$$a_k = \frac{\sqrt{2}}{L} \int_0^L g(Z) \sin \frac{k\pi Z}{L} \mathrm{d}Z, \quad b_k = \frac{\sqrt{2}}{\omega_k L} \int_0^L h(Z) \sin \frac{k\pi Z}{L} \mathrm{d}Z. \tag{5.23}$$

Wählt man alternativ zum Lösungsansatz (5.12) einen Produktansatz gemäß (4.15) in skalarer Form

$$q_{\mathrm{H}}(Z,t) = Y(Z)T(t), \tag{5.24}$$

der das Zeitverhalten zunächst noch offen lässt, so ergibt sich unter den gleichen Voraussetzungen, die Gleichungen (5.15) ff. zugrunde liegen, ein formal unverändertes Eigenwertproblem (5.15), zu dem ein Anfangswertproblem

$$\ddot{T} + (k_{\mathrm{a}} + k_{\mathrm{i}}\omega^2)\dot{T} + (c_{\mathrm{a}} + \omega^2)T = 0 \;+\; \text{Anfangsbedingungen} \tag{5.25}$$

hinzutritt (siehe Abschn. 4.1.1). Offensichtlich hat ω^2 hier eine andere Bedeutung als früher und hängt mit λ^2 über

$$\lambda^2 = \frac{f_{10}\omega^2 L^2}{f_{20}} \tag{5.26}$$

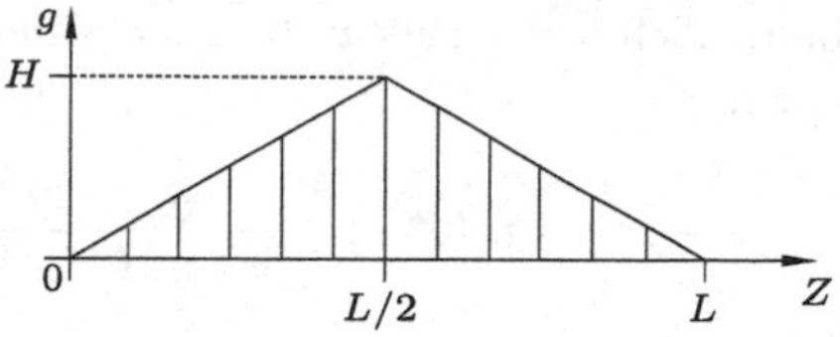

Abb. 5.3 Anfangsauslenkung einer mittig gezupften Saite

zusammen. Zur Anpassung an die Anfangsbedingungen ist allerdings eine gewöhnliche Differenzialgleichung für die Zeitfunktion $T(t)$ zu lösen. Fügt man die Eigenfunktionen, die sich beispielsweise bei beidseitig unverschiebbarer Lagerung unverändert in der Form (5.20) berechnen, mit der nach Lösung der Differenzialgleichung (5.25) zur Verfügung stehenden Zeitfunktion $T(t)$ gemäß Produktansatz (5.24) zusammen, dann hat man die freien Schwingungen in allgemeiner Form (5.22) berechnet, um sie abschließend an die Anfangsbedingungen anzupassen. Welche der beiden Alternativen man bevorzugt, ist Geschmacksache. Zwischenergebnisse sind teilweise unterschiedlich zu interpretieren, die Endergebnisse sind identisch und auch der Gesamtaufwand zur Berechnung der an die Randbedingungen angepassten homogenen Lösung ist der gleiche.

Beispiel 5.1 Mittig gezupfte Saite. Es sollen die freien Querschwingungen einer beidseitig unverschiebbar befestigten elastischen Saite berechnet werden, die ohne Anfangsgeschwindigkeit, d. h.

$$q_{,t}(Z,0) = h(Z) \equiv 0 \tag{5.27}$$

aus einer dreieckförmigen Anfangsauslenkung (siehe Abb. 5.3), idealisiert (mit einem Knick bei $Z = L/2$) beschrieben durch

$$q(Z,0) = g(Z) = \begin{cases} \frac{2HZ}{L}, & 0 \le Z \le \frac{L}{2}, \\ \frac{2H(L-Z)}{L}, & \frac{L}{2} \le Z \le L, \end{cases} \tag{5.28}$$

losgelassen wird[7]. Die Berechnung der Konstanten erfolgt über die beiden Gleichungen (5.23) gemäß den Vorgaben (5.27) und (5.28). Man erhält

$$\begin{aligned} b_k &\equiv 0, \\ a_k &= \frac{\sqrt{2}}{L}\int_0^{L/2} \frac{2H}{L} Z \sin\frac{k\pi Z}{L}\mathrm{d}Z + \frac{\sqrt{2}}{L}\int_{L/2}^{L} \frac{2H(L-Z)}{L} Z \sin\frac{k\pi Z}{L}\mathrm{d}Z \\ &= \frac{4\sqrt{2}H}{k^2\pi^2}\sin\frac{k\pi}{2}, \quad k = 1, 2, \ldots \end{aligned}$$

[7] Man kann diese idealisierte Anfangsauslenkung durch eine mittig angreifende statische Punktlast realisieren, siehe Übungsaufgabe 5.6 in Abschn. 5.6.

Ersichtlich werden alle b_k für geradzahlige Indizes null, sodass die freie Schwingung in der Form

$$q_H(Z,t) = \frac{8H}{\pi^2}\sum_{r=1}^{\infty}\frac{(-1)^{r-1}}{(2r-1)^2}\sin\frac{(2r-1)\pi Z}{L\cos\frac{(2r-1)c}{L}t} \text{ mit } c^2 = \frac{F_0}{\rho_0 A}$$

angegeben werden kann. Der Anfangskonfiguration entsprechend, werden nur ungerade Eigenformen angeregt. ∎

Sind die Stabdaten ortsabhängig, kommen in aller Regel Näherungsverfahren zum Einsatz, siehe Abschn. 4.1.5. Alle wesentlichen Erkenntnisse sind dort bereits erarbeitet worden, sodass an der vorliegenden Stelle detaillierte Erörterungen nicht mehr notwendig sind. Ein Beispiel soll den Bereich der homogenen Telegrafengleichung abrunden.

Beispiel 5.2 Dehnstab mit linear veränderlichem Querschnitt. Es werden die freien ungedämpften Längsschwingungen eines einseitig bei $Z = 0$ unverschiebbar befestigten, am anderen Ende bei $Z = L$ freien Stabes untersucht, dessen Querschnittsfläche sich mit $A(Z) = A_0[1 - Z/(2L)]$ linear verjüngt. Nur die Behandlung des zugehörigen Eigenwertproblems, das aus der allgemeinen Formulierung (5.15) einfach zu spezialisieren ist, wird hier behandelt. Es lautet

$$\begin{gathered}[g_2(\zeta)Y']' + \lambda^2 g_1(\zeta)Y = 0,\\ Y(0) = 0, \quad Y'(1) = 0\end{gathered} \tag{5.29}$$

mit $g_2(\zeta) = g_1(\zeta) = g(\zeta) = 1 - \zeta/2$. Es soll das Rayleigh-Ritz-Verfahren basierend auf dem zugehörigen Rayleigh-Quotienten

$$\tilde{R}[U] = \frac{\int_0^1 g(\zeta)U'^2 \mathrm{d}\zeta}{\int_0^1 g(\zeta)U^2 \mathrm{d}\zeta}$$

zum Einsatz kommen. Um bereits mit wenigen Ansatzfunktionen für den beabsichtigten Ritz-Ansatz eine hohe Genauigkeit zu erzielen, sollen Vergleichsfunktionen verwendet werden, die alle Randbedingungen $(5.29)_2$ erfüllen. Mit den Eigenfunktionen des entsprechend gelagerten Dehnstabes mit konstantem Querschnitt als geeignetem „Nachbar"problem kann im vorliegenden Fall ein vollständiges Funktionensystem $U_i(\zeta)$ leicht ermittelt werden. Dazu ist das Eigenwertproblem

$$\begin{gathered}U'' + \lambda^2 U = 0,\\ U(0) = 0, \quad U'(1) = 0,\end{gathered}$$

zu lösen, dessen (dimensionslose) Eigenfunktionen im Zusammenhang mit der zugehörigen Eigenwertgleichung

$$\cos\lambda = 0 \Rightarrow \lambda_i = \frac{2i-1}{2}\pi, \quad i = 1, 2, \ldots, \infty$$

in orthonormierter Form als

$$U_i(\zeta) = \sqrt{2}\sin\frac{(2i-1)\pi}{2}\zeta,\quad i = 1,2,\ldots,\infty \tag{5.30}$$

angegeben werden können. Wählt man einen 2-gliedrigen Ritz-Ansatz

$$U(\zeta) = a_1U_1(\zeta) + a_2U_2(\zeta), \tag{5.31}$$

lassen sich die Ritzschen Gleichungen (4.84) in matrizieller Form

$$\begin{gathered}(\boldsymbol{A} - \Lambda\boldsymbol{B})[\boldsymbol{a}] = \boldsymbol{0},\quad \boldsymbol{A} = (\alpha_{ij}),\ \boldsymbol{B} = (\beta_{ij}),\ \boldsymbol{a} = (a_i)\\ \alpha_{ij} = \int_0^1 gU_i'U_j'\mathrm{d}\zeta,\quad \beta_{ij} = \int_0^1 gU_iU_j\mathrm{d}\zeta,\quad i,j = 1,2\end{gathered} \tag{5.32}$$

auch auswerten. Die verschwindende Systemdeterminante liefert die quadratische Gleichung

$$0{,}46894\Lambda^2 - 12{,}3657\Lambda + 34{,}9472 = 0$$

zur Bestimmung der Näherungen

$$\Lambda_1 = 3{,}21914,\quad \Lambda_2 = 23{,}1503$$

der gesuchten Eigenwerte λ_1 und λ_2. Auch die Eigenfunktionen – auf der Basis des gewählten 2-Glied-Ansatzes die ersten beiden – können näherungsweise bestimmt werden. Hierzu sind im ersten Schritt die Eigenvektoren $\boldsymbol{a}_k = (a_{ki})$ $(i,k = 1,2)$ der diskretisierten Systemgleichungen (5.32) zu berechnen. Die gesuchten Eigenfunktionen $Y_k(\zeta)$ für $k = 1,2$ ergeben sich dann gemäß (5.31) angenähert über

$$Y_k(\zeta) \approx \sum_{i=1}^{2} a_{ki}U_i(\zeta)$$

unter Benutzung der Formfunktionen $U_i(\zeta)$ (5.30). Konkret soll diese Rechnung nicht mehr ausgeführt werden. Es soll allerdings festgestellt werden, dass die Güte der Eigenfunktionen immer schlechter als jene der Eigenwerte ist. Dies ist nicht verwunderlich, werden doch bei den direkten Methoden der Variationsrechnung auch zur Approximation von Funktionsverläufen integrale Mittelungen benutzt, die lokale Feinheiten, wie sie bei Eigenfunktionen zum Ausdruck kommen, wesentlich schlechter abbilden als die „globalen" Eigenwerte in Form von Zahlenwerten. ■

Abschließend werden noch einige Besonderheiten der homogenen Telegrafengleichung mit ihren homogenen Randbedingungen angesprochen.

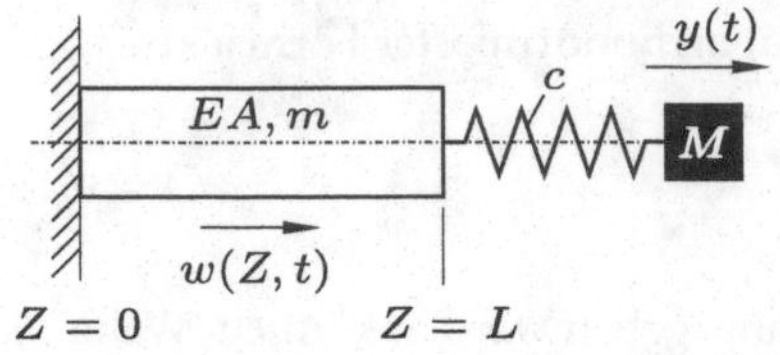

Abb. 5.4 Längsschwingender Stab mit elastisch angekoppelter Einzelmasse

Zum einen betrifft dies Probleme mit beidseitig dynamischen Spannungsrandbedingungen, sodass die zugehörigen Eigenwertprobleme nur noch positiv semidefinit sind (siehe Beispiel 4.8 in Abschn. 4.1.3) und der einfache Eigenwert $\lambda_0 = 0$ mit der zugehörigen (orthonormierten) Eigenfunktion $Y_0 = 1$ auftritt, die die reine Starrkörpertranslation kennzeichnet.

Zum anderen wird an dieser Stelle für den homogenen Fall noch die Problematik angesprochen, dass an die schwingende Struktur über eine Feder ein System mit konzentrierten Parametern, im einfachsten Fall ein Starrkörper, angekoppelt wird.

Beispiel 5.3 Längsschwingender Stab mit elastisch angekoppelter Masse (siehe Abb. 5.4). Der Stab der Länge L (konstante Massenbelegung m und Dehnsteifigkeit EA) ist linksseitig unverschiebbar befestigt und ist rechtsseitig über eine lineare Dehnfeder (Federkonstante c) mit einem starren Einzelkörper der Masse M verbunden. Der Stab führt Längsschwingungen $w(Z,t)$ aus, die mit den gleichgerichteten Schwingungen $y(t)$ des Körpers gekoppelt sind. Unter der Voraussetzung, dass die Feder für verschwindende Auslenkungen entspannt ist, sollen die freien Schwingungen für vorgegebene Anfangsbedingungen

$$w(Z,0) = g(Z),\ w_{,t}(Z,0) = h(Z),\ 0 \le Z \le L;\quad y(0) = C_0,\ \dot{y}(0) = D_0 \tag{5.33}$$

berechnet werden.

Beispielsweise das Prinzip von Hamilton liefert das zugehörige Randwertproblem

$$\begin{aligned} -mw_{,tt} + EAw_{,ZZ} &= 0, \quad M\ddot{y} + c[y - w(L)] = 0, \\ w(0) = 0, &\quad -EAw_{,Z}(L) + c[y - w(L)] = 0 \quad \forall t \ge 0. \end{aligned}$$

Der Lösungsansatz

$$w(Z,t) = W(Z)e^{i\omega t}, \quad y(t) = Y_0 e^{i\omega t}$$

zusammen mit der dimensionslosen Ortskoordinate $\zeta = Z/L$ und entsprechenden Abkürzungen

$$\varepsilon_0 = \frac{M}{mL}, \quad \varepsilon_1 = \frac{cL}{EA}, \quad \lambda^2 = \frac{m\omega^2 L^2}{EA}$$

führt auf das zugehörige Eigenwertproblem

$$W'' + \lambda^2 W = 0, \quad \varepsilon_1[Y_0 - W(1)] - \lambda^2 \varepsilon_0 Y_0 = 0,$$
$$W(0) = 0, \quad -W'(1) + \varepsilon_1[Y_0 - W(1)] = 0.$$

Die allgemeine Lösung der Differenzialgleichung für W ist

$$W(\zeta) = A \sin \lambda\zeta + B \cos \lambda\zeta$$

und ergibt nach Anpassung an die geometrische Randbedingung des Eigenwertproblems ein homogenes Gleichungssystem für die verbliebenen Konstanten A und Y_0 mit der maßgebenden Eigenwertgleichung

$$(\varepsilon_0\lambda^2 - \varepsilon_1) \cos \lambda + \varepsilon_0\varepsilon_1\lambda \sin \lambda = 0$$

und einer Beziehung

$$\frac{Y_0}{A} = \frac{\lambda \cos \lambda + \varepsilon_1 \sin \lambda}{\varepsilon_1}$$

zwischen Y_0 und A. Damit können auch die Eigenfunktionen in Form einer Spaltenmatrix

$$\boldsymbol{y}_k(\zeta) = \begin{bmatrix} W_k(\zeta) \\ Y_{0k} \end{bmatrix} = \begin{bmatrix} \sin \lambda_k\zeta \\ \frac{\lambda_k \cos \lambda_k + \varepsilon_1 \sin \lambda_k}{\varepsilon_1} \end{bmatrix}$$

berechnet werden. Die aus dem zugehörigen Rayleigh-Quotienten ableitbare Beziehung

$$\lambda_k^2 = \frac{\int_0^1 W_k'^2 \mathrm{d}\zeta + \varepsilon_1[Y_{0k} - W_k(1)]^2}{\int_0^1 W_k^2 \mathrm{d}\zeta + \varepsilon_0 Y_{0k}^2}$$

für einen Eigenwert λ_k lässt die geltende Orthogonalitätsrelation

$$\int_0^1 W_k W_l \mathrm{d}\zeta + \varepsilon_0 Y_{0k} Y_{0l} = 0, \quad k \neq l$$

für die zu unterschiedlichen Eigenwerten $\lambda_k \neq \lambda_l$ gehörenden Eigenfunktionen $\boldsymbol{y}_k$ und $\boldsymbol{y}_l$ erkennen, sodass die freien Schwingungen

$$\boldsymbol{q}(\zeta, t) = \sum_{k=1}^{\infty} \begin{bmatrix} W_k(\zeta) \\ Y_{0k} \end{bmatrix} (a_k \cos \omega_k t + b_k \sin \omega_k t)$$

nach Anpassen an die Anfangsbedingungen die beiden Gleichungen

$$\boldsymbol{q}(\zeta,0)=\begin{bmatrix} g(\zeta) \\ C_0 \end{bmatrix}=\sum_{k=1}^{\infty}\begin{bmatrix} W_k(\zeta) \\ Y_{0k} \end{bmatrix}a_k, \quad \boldsymbol{q}_{,t}(\zeta,0)=\begin{bmatrix} h(\zeta) \\ D_0 \end{bmatrix}=\sum_{k=1}^{\infty}\begin{bmatrix} W_k(\zeta) \\ Y_{0k} \end{bmatrix}\omega_k b_k$$

liefern, woraus nach Bildung des Skalarprodukts mit $[W_l(\zeta), \varepsilon_0 Y_{0l}]^\top$ die Bestimmungsgleichungen

$$a_k=\frac{\int_0^1 g(\zeta)W_k(\zeta)\mathrm{d}\zeta+\varepsilon_0 C_0 Y_{0k}}{\int_0^1 W_k^2\mathrm{d}\zeta+\varepsilon_0 Y_{0k}^2}, \quad b_k=\frac{1}{\omega_k}\frac{\int_0^1 h(\zeta)W_k(\zeta)\mathrm{d}\zeta+\varepsilon_0 D_0 Y_{0k}}{\int_0^1 W_k^2\mathrm{d}\zeta+\varepsilon_0 Y_{0k}^2}$$

für die Konstanten a_k und b_k folgen. Die freien Schwingungen $\boldsymbol{q}(\zeta,t)$ sind damit vollständig bestimmt. ■

Zum Dritten und Letzten wird das Problem angesprochen, wie man bei *Längsschwingungen* $w(Z,t)$ von dickeren Stäben zu einer genaueren Stabtheorie kommen kann (siehe beispielsweise [7, 21]), wenn man bei den Trägheitswirkungen neben Längs- auch *Querträgheit* mitberücksichtigt. Dazu wird man in der kinetischen Energie die Querkontraktion in Rechnung stellen, indem man die Geschwindigkeit $\vec{v}$ eines beliebigen materiellen Punktes unter der Annahme einer konstanten Dehnung in Querrichtung als

$$\vec{v}=u_{,t}\vec{e}_x+v_{,t}\vec{e}_y+w_{,t}\vec{e}_z=X(-\nu w_{,Zt})\vec{e}_x+Y(-\nu w_{,Zt})\vec{e}_y+w_{,t}\vec{e}_z$$

(ν Querkontraktionszahl) modifiziert. Anstelle der kinetischen Energie gemäß dem Längsschwingungsanteil in (3.17) – siehe auch Beispiel 3.1 in Abschn. 3.2.4 – erhält man jetzt

$$T=\frac{\rho_0}{2}\int_0^L\left(A w_{,t}^2+\nu^2 I_\mathrm{p} w_{,tZ}^2\right)\mathrm{d}Z, \tag{5.34}$$

worin I_p das polare Flächenmoment zweiten Grades der Querschnittsfläche des Stabes bezeichnet, der die Länge L hat. Das einfachste Randwertproblem der ungedämpften (freien) Längsschwingungen eines bei $Z=0$ unverschiebbar befestigten, bei $Z=L$ freien Stabes ergibt sich damit in der korrigierten Form

$$\begin{gathered}\rho_0 A w_{,tt}-\left(EA+\rho_0\nu^2 I_\mathrm{p}\frac{\partial^2}{\partial t^2}\right)w_{,ZZ}=0,\\ w(0,t)=0, \quad \left(EA+\rho_0\nu^2 I_\mathrm{p}\frac{\partial^2}{\partial t^2}\right)w_{,Z}(L,t)=0\Rightarrow w_{,Z}(L,t)=0 \quad \forall t\geq 0.\end{gathered} \tag{5.35}$$

Ersichtlich treten Korrekturen in den Beschleunigungen auf, die auch Einfluss auf dynamische Randbedingungen haben können (nicht bei reinen Spannungsrandbedingungen). Bei der Berechnung der Eigenkreisfrequenzen, die grundsätzlich unverändert verläuft, wirkt sich die Querträgheit frequenzerniedrigend aus, wie dies physikalisch plausibel ist.

5.1.5 Erzwungene Schwingungen

Es wird grundsätzlich das allgemeine Randwertproblem im Sinne von (5.11) für ein allgemeines Kraftgesetz $p(Z,t)$ betrachtet, hier für konstante Querschnittsdaten unter Verwendung der Bequemlichkeitshypothese für äußere Dämpfung und elastische Bettung sowie den einfachsten Randbedingungen eines unverschiebbar gelagerten Wellenleiters:

$$\begin{aligned} f_{10}\left(q_{,tt} + k_a q_{,t} + c_a q\right) - f_{20}\left(q_{,ZZ} + k_i q_{,ZZt}\right) &= p(Z,t), \\ q(0,t) = 0, \quad q(L,t) &= 0 \quad \forall t \geq 0. \end{aligned} \tag{5.36}$$

Die Berechnung der erzwungenen Schwingungen kann bei konstanten Querschnittsdaten über die Greensche Resolvente erfolgen. Als Alternative können modale Entwicklungsmethoden verwendet werden, die auch bei veränderlichen Stabdaten gültig bleiben, wenn die Eigenfunktionen näherungsweise vorab ermittelt wurden.

Ohne weitere Einschränkung der Allgemeinheit erhält man ein zeitfreies Randwertproblem der Struktur (4.128) und (4.28), hier beispielsweise bei harmonischer Anregung $p(Z,t) = P(Z)e^{i\Omega t}$ über einen korrespondierenden Ansatz $q_P(Z,t) = Y(Z)e^{i\Omega t}$ für die gesuchte, hier im Allgemeinen komplexe Amplitudenverteilung $Y(Z)$ bzw. $Y(\zeta)$ in der konkreten Form[8]

$$\begin{aligned} &Y'' + \lambda_E^2 Y = -\bar{P}(\zeta), \\ &\quad Y(0) = 0, \quad Y(1) = 0 \\ &\quad \text{mit} \quad \lambda_E^2 = \frac{L^2 f_{10}\left(\Omega^2 - k_a i\Omega - c_a\right)}{f_{20}(1 + k_i i\Omega)} \quad \text{und} \quad \bar{P}(\zeta) = \frac{P(\zeta)L^2}{f_{20}(1 + k_i i\Omega)}. \end{aligned} \tag{5.37}$$

Die zugehörige ebenfalls komplexwertige Greensche Resolvente $G(\zeta,\eta)$ gemäß (4.142) setzt sich hier (es gilt $2m = 2$) aus den beiden Fundamentallösungen

$$Z_1(\zeta) = \sin\lambda_E\zeta, \quad Z_2(\zeta) = \cos\lambda_E\zeta$$

zusammen, und die Gleichungssätze (4.143) und (4.144) zur Bestimmung der auftretenden Parameter $a_i(\lambda_E,\eta), b_i(\lambda_E,\eta)$ lauten

$$\begin{aligned} b_1 \sin\lambda_E\eta + b_2 \cos\lambda_E\eta &= 0, \\ \lambda_E\left(b_1 \cos\lambda_E\eta - b_2 \sin\lambda_E\eta\right) &= -\frac{1}{2}, \\ a_2 &= -b_2, \\ a_1 \sin\lambda_E + a_2 \cos\lambda_E &= b_1 \sin\lambda_E + b_2 \cos\lambda_E. \end{aligned}$$

[8] Liegt eine nichtperiodische Anregung vor, so tritt auf der rechten Seite der Gleichung als Faktor die Fourier- bzw. Laplace-Transformierte des Zeitverhaltens hinzu, während λ_E im Falle der Laplace-Transformation anstatt $i\Omega$ die Bildvariable s enthält.

Die Greensche Resolvente ist somit bereichsweise ermittelt:

$$\begin{aligned} G(\zeta,\eta,\lambda_E) &= (\cos\lambda_E\eta - \cot\lambda_E \sin\lambda_E\eta)\sin\lambda_E\zeta, \quad 0 \le \zeta < \eta, \\ G(\zeta,\eta,\lambda_E) &= (\cos\lambda_E\zeta - \cot\lambda_E \sin\lambda_E\zeta)\sin\lambda_E\eta, \quad 1 \ge \zeta > \eta. \end{aligned} \tag{5.38}$$

Sie bestimmt über

$$\begin{aligned} Y(\zeta) &= \int_0^1 G(\zeta,\eta,\lambda_E\bar{P}(\eta)\mathrm{d}\eta \\ &= (\cos\lambda_E\zeta - \cot\lambda_E\sin\lambda_E\zeta)\int_0^\zeta \sin\lambda_E\eta\bar{P}(\eta)\mathrm{d}\eta \\ &\quad + \sin\lambda_E\zeta\int_\zeta^1 (\cos\lambda_E\eta - \cot\lambda_E\sin\lambda_E\eta)\,\bar{P}(\eta)\mathrm{d}\eta \end{aligned}$$

die zeitfreie Zwangsschwingungslösung $Y(\zeta)$ in Integralform. Für eine konstante Streckenlast $\bar{P}(\eta) = \bar{P}_0 = \text{const}$ ist die Integration einfach und ergibt nach kurzer Zwischenrechnung

$$Y(\zeta,\lambda_E) = \frac{\bar{P}_0}{\sin\lambda_E}\left[\sin\lambda_E\zeta + \sin\lambda_E(1-\zeta) - \sin\lambda_E\zeta\right],$$

sofern $\sin\lambda_E \neq 0$ gilt[9]. Im einfachsten Fall ohne Dämpfung und Bettung wird $\lambda_E = \Omega$, sodass folglich allein Resonanz $\Omega = \omega_k, \ k = 1,2,\ldots,\infty$ ausgeschlossen und ansonsten eine somit reelle Partikulärlösung mittels einer endlichen Zahl elementarer Funktionen gefunden ist. Bei harmonischer (bzw. periodischer) Anregung ist dann die Angabe der zugehörigen Partikulärlösung im Zeitbereich problemlos: Durch Multiplikation der erhaltenen Lösung $Y(\zeta)$ mit $e^{i\Omega t}$ hat man auch diese, nämlich $q_P(\zeta,t)$, bestimmt. Liegt eine nichtperiodische Anregung vor, dann hat man vorab innerhalb des zeitbehafteten Randwertproblems die Integraltransformation des Zeitverhaltens explizit durchzuführen, um nach Bestimmung der Greenschen Resolvente die Lösung $Y(\zeta,\lambda_E)$ im Bildbereich konkret auswerten zu können. Die Rücktransformation vom Bild- in den Zeitbereich ist allerdings noch zu leisten, und sie ist das eigentliche Problem. Bei der Telegrafengleichung ist sie häufig noch formelmäßig machbar, in aller Regel aber nur noch in Reihenform.

Modale Entwicklungen berechnen die Zwangsschwingungen grundsätzlich in Reihenform. Geht man zur Illustration vom unveränderten Randwertproblem (5.36) aus und verwendet im vorliegenden Fall unter Benutzung der Eigenfunktionen (5.20), die alle Randbedingungen erfüllen, modale Darstellungen für die Lösung und die Erregung,

$$q_P(Z,t) = \sqrt{2}\sum_{k=1}^{\infty}\sin k\pi\frac{Z}{L}T_k, \quad p(Z,t) = \sqrt{2}\sum_{k=1}^{\infty}\sin k\pi\frac{Z}{L}S_k(t),$$

[9] Für konstante Streckenlast $\bar{P}(\eta) = \bar{P}_0 = \text{const}$ kann die erhaltene Lösung natürlich auch einfacher über Superposition von homogener und Partikulärlösung der Feldgleichung des zeitfreien Randwertproblems (5.37) mit anschließender Anpassung an dessen Randbedingungen bestätigt werden.

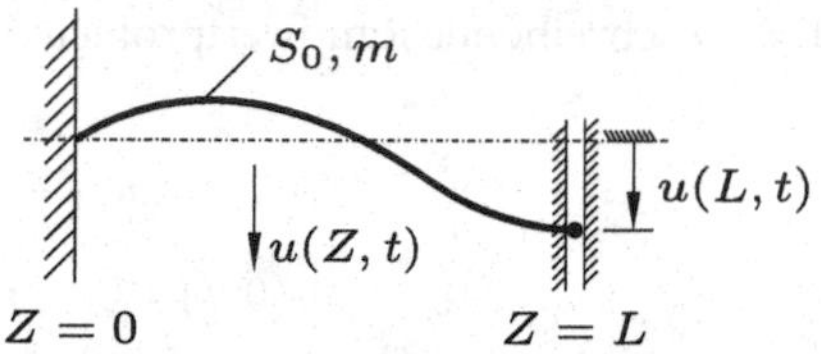

Abb. 5.5 Querschwingende Saite mit bewegtem Ende

dann ergibt sich, hier im Sinne Galerkins unter Verwendung der geltenden Orthogonalitätsbeziehungen, für jede Ordnungszahl k (siehe (5.25)) eine gewöhnliche Einzeldifferenzialgleichung

$$\ddot{T}_k + (k_a + k_i\omega_k^2)\dot{T}_k + (c_a + \omega_k^2)T_k = S_k(t), \quad k = 1, 2, \ldots, \infty, \tag{5.39}$$

worin die zugehörige Erregerzeitfunktion $S_k(t)$ über

$$S_k(t) = \frac{\sqrt{2}}{L}\int_0^L p(Z,t)\sin k\pi\frac{Z}{L}\mathrm{d}Z \tag{5.40}$$

und die Kreisfrequenz ω_k (siehe (5.26)) über

$$\omega_k = \frac{k\pi}{L}\sqrt{\frac{f_{20}}{f_{10}}} \tag{5.41}$$

definiert sind.

Die Lösung ist für jedes Zeitverhalten $p(Z,t)$ – abgesehen von der Auswertung des Integrals in (5.40) beispielsweise für nicht separierbare Erregungen[10] – einfach und soll an dieser Stelle nicht mehr weiterverfolgt werden.

Abschließend werden noch inhomogene Telegrafengleichungen studiert, die eine Erregung in den Randbedingungen besitzen, deren Feldgleichung jedoch homogen ist. Zwei Vorgehensweisen bieten sich an. Die erste lässt die natürliche Formulierung, bestehend aus homogener Feldgleichung und inhomogenen Randbedingungen, unverändert und modifiziert den Lösungsweg für freie Schwingungen unter Anpassung an inhomogene Randbedingungen.

Beispiel 5.4 Querschwingungen $u(Z,t)$ einer an einem Ende oszillierend bewegten Saite (siehe Abb. 5.5)[11]. Die Saite der Länge L (konstante Massenbelegung m und Vorspannkraft S_0 ist linksseitig unverschiebbar befestigt und wird rechtsseitig harmonisch (Kreisfrequenz Ω) hin- und her bewegt:

$$u(L,t) = U_0\cos\Omega t.$$

[10] Eine lokal konzentrierte Wanderlast $p(Z,t) = P_0\delta_D(Z - v_0 t)$ ist ein Anwendungsfall hierfür, siehe Abschn. 5.3.

[11] Eine etwas allgemeinere Fragestellung wird in [23] angesprochen.

Das beschreibende Randwertproblem ist in der Form

$$\begin{gathered} u_{,tt} - c^2 u_{,ZZ} = 0, \quad c^2 = \frac{S_0}{m}, \\ u(0,t) = 0, \quad u(L,t) = U_0 \cos \Omega t \quad \forall t \geq 0 \end{gathered} \tag{5.42}$$

gegeben. Ein gleichfrequenter Lösungsansatz

$$u_\mathrm{P}(Z,t) = U(Z)\cos \Omega t$$

führt in Verbindung mit der dimensionslosen Ortskoordinate $\zeta = Z/L$ und der Abkürzung $\lambda_\mathrm{E}^2 = L^2\Omega^2/c^2$ auf das zeitfreie Randwertproblem

$$\begin{gathered} U'' + \lambda_\mathrm{E}^2 U = 0, \\ U(0) = 0, \quad U(1) = U_0. \end{gathered}$$

Die allgemeine Lösung der (homogenen) Differenzialgleichung ist

$$U(\zeta) = A\cos \lambda_\mathrm{E}\zeta + B\sin \lambda_\mathrm{E}\zeta,$$

und nach Anpassen an die (inhomogenen) Randbedingungen erhält man

$$A \equiv 0, \quad B = \frac{U_0}{\sin \lambda_\mathrm{E}}$$

und damit

$$U(\zeta) = \frac{U_0}{\sin \lambda_\mathrm{E}} \sin \lambda_\mathrm{E}\zeta.$$

Der ursprüngliche Lösungsansatz liefert sodann die vollständige Partikulärlösung

$$u_\mathrm{P}(Z,t) = \frac{U_0}{\sin \lambda_\mathrm{E}} \sin \lambda_\mathrm{E}\frac{Z}{L} \cos \Omega t,$$

wobei $\lambda_\mathrm{E} = \Omega L/c \neq \lambda_k = k\pi$ zu gelten hat, um Resonanz zu vermeiden. ■

Die zweite transformiert das Problem in eine inhomogene Feldgleichung mit homogenen Randbedingungen und wendet modale Lösungsmethoden an, wie sie bereits ausführlich zur Sprache gekommen sind.

Beispiel 5.5 Längsschwingungen $w(Z,t)$ eines Stabes infolge einer sprungförmig aufgebrachten Endkraft $p(L,t) = -P_0\sigma(t)$ (siehe Abb. 5.6). Der Stab der Länge L (konstante Massenbelegung m und Dehnsteifigkeit EA) ist linksseitig unverschiebbar befestigt und ist

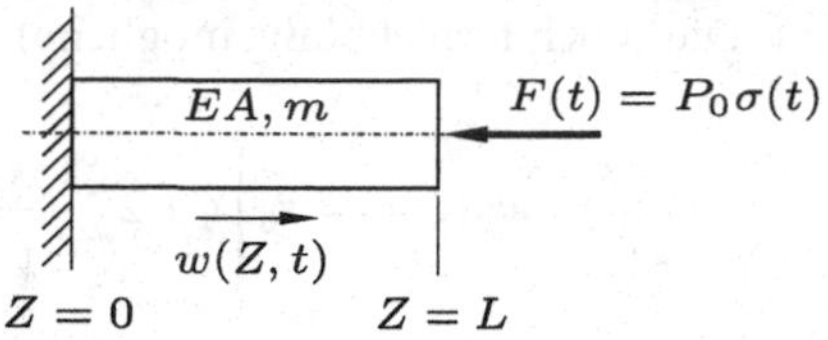

Abb. 5.6 Längsschwingender Stab mit sprungförmig aufgebrachter Endkraft

rechtsseitig an der Stelle der Krafteinleitung ungehindert verschiebbar. Das maßgebende Randwertproblem ist durch

$$\begin{aligned} &w_{,\tau\tau} - w_{,\zeta\zeta} = 0, \\ &w(0,\tau) = 0, \quad w_{,\zeta}(1,\tau) = \varepsilon_0\sigma(\tau) \quad \forall\tau \geq 0 \end{aligned} \tag{5.43}$$

beschrieben. Darin sind die unabhängig Veränderlichen, nämlich die Zeit t und die Ortskoordinate Z, über $\tau = \sqrt{EA/(mL^2)}t$ und $\zeta = Z/L$ dimensionslos gemacht, sodass nur noch der dimensionslose Parameter $\varepsilon_0 = P_0L^2/(EA)$ neben der Einheitssprungfunktion $\sigma(\tau)$ das Problem beherrscht. Man kann zeigen (der Beweis könnte gemäß der Vorgehensweise in [19] geführt werden), dass eine äquivalente Formulierung

$$\begin{aligned} &w_{,\tau\tau} - w_{,\zeta\zeta} = \varepsilon_0\delta_D(\zeta-1)\sigma(\tau), \\ &w(0,\tau) = 0, \quad w_{,\zeta}(1,\tau) = 0, \quad \forall\tau \geq 0 \end{aligned} \tag{5.44}$$

lautet. Bevor das erhaltene Randwertproblem tatsächlich mittels einer Modalentwicklung gelöst wird, soll vorab zum Vergleich auch noch eine Lösung des Randwertproblems (5.43) bereitgestellt werden. Sie gelingt im Rahmen seiner Laplace-Transformation

$$\begin{aligned} &W'' - s^2 W = 0, \\ &W(0,s) = 0, \quad W'(1,s) = \frac{\varepsilon_0}{s}. \end{aligned}$$

Die allgemeine Lösung der homogenen Differenzialgleichung ist

$$W(\zeta,s) = A\sinh s\zeta + B\cosh s\zeta.$$

Die Anpassung an die Randbedingungen $(5.43)_2$ liefert

$$B \equiv 0, \quad A = \frac{\varepsilon_0}{s^2\cosh s},$$

sodass

$$W(\zeta,s) = \frac{\varepsilon_0 \sinh s\zeta}{s^2\cosh s}$$

gilt. Die (noch formelmäßig mögliche) Rücktransformation in Form einer Reihe lautet

$$w_P(\zeta,\tau) = \varepsilon_0 \left[\zeta + 2\sum_{k=1}^{\infty} \frac{(-1)^k}{\left(\frac{2k-1}{2}\pi\right)^2} \sin\frac{2k-1}{2}\pi\zeta \cos\frac{2k-1}{2}\pi\tau \right]. \tag{5.45}$$

Die Lösung der äquivalenten Formulierung (5.44) wird wie angekündigt als Modalentwicklung

$$w_P(\zeta,\tau) = \sum_{k=1}^{\infty} W_k(\zeta) T_k(\tau), \quad W_k(\zeta) = \sin\frac{2k-1}{2}\pi\zeta$$

mit den zugehörigen Eigenfunktionen $W_k(\zeta)$ geschrieben. Nach Einsetzen in die Differenzialgleichung $(5.44)_1$ erhält man im Galerkinschen Sinne unter Berücksichtigung der zugehörigen Orthogonalitätsbeziehungen die entkoppelten Einzeldifferenzialgleichungen

$$\ddot{T}_k + \left(\frac{2k-1}{2}\pi\right)^2 T_k = 2\varepsilon_0 \sin\frac{2k-1}{2}\pi\sigma(\tau) = 2\varepsilon(-1)^{k+1}\sigma(\tau), \quad k = 1, 2, \ldots, \infty.$$

Die Lösung (beispielsweise mittels Faltungsintegral, siehe z. B. [20]), ist einfach:

$$T_k(\tau) = \frac{2\varepsilon_0(-1)^{k+1}}{\left(\frac{2k-1}{2}\pi\right)^2}\left(1 - \cos\frac{2k-1}{2}\pi\tau\right).$$

Die vollständige Partikulärlösung kann damit als

$$w_P(\zeta,\tau) = 2\varepsilon_0 \sum_{k=1}^{\infty} \sin\frac{2k-1}{2}\pi\zeta \frac{(-1)^{k+1}}{\left(\frac{2k-1}{2}\pi\right)^2}\left(1 - \cos\frac{2k-1}{2}\pi\tau\right) \tag{5.46}$$

angegeben werden, eine Form, die auch vergleichsweise einfach auf eine allgemeine Verteilung $\varepsilon(\zeta)$ anstatt ε_0 erweitert werden kann.

Die beiden Ergebnisse (5.45) und (5.46) sind noch nicht in Übereinstimmung. Um diese nachzuweisen, muss abschließend in (5.45) der Anteil ζ noch in Eigenfunktionen $\sin\frac{2k-1}{2}\pi\zeta$ entwickelt werden. Dieser letzte Schritt führt die Lösung (5.45) dann tatsächlich in die Form (5.46) über, was zu zeigen war. ■

5.1.6 Wellenausbreitung

In Übungsaufgabe 4.2 aus Abschn. 4.3 ist mit der Bewegungsgleichung (4.10) (oder auch in Beispiel 5.5 mit (5.42)) ein Sonderfall der homogenen Telegrafengleichung, die so genannte 1-dimensionale Wellengleichung

$$y_{,tt} - c^2 y_{,ZZ} = 0 \tag{5.47}$$

in Erscheinung getreten. Für diese Differenzialgleichung gibt es neben dem Bernoullischen Produktansatz und der darauf beruhenden Lösungstheorie eine andere, sehr einfache Form ihrer allgemeinen Lösung, die auf d'Alembert zurückgeht und sich insbesondere dann als äußerst vorteilhaft erweist, wenn keine Randbedingungen vorliegen. Schwingungserscheinungen treten in derartigen Wellenleitern nur in Form von laufenden Wellen auf, weil keine Ränder als Hindernisse diese Wellenausbreitung beeinflussen. Allerdings gibt die d'Alembertsche Lösungstheorie auch wesentliche Einsichten in das Schwingungsverhalten berandeter Strukturen, sodass die Grundlagen dazu wichtig sind und deshalb hier dargestellt werden. Ausführlich werden Wellenausbreitungserscheinungen beispielsweise in [11] und insbesondere in [12] besprochen.

Die Feldgröße $y(Z, t)$ repräsentiert beispielsweise die orts- und zeitabhängige Transversalverschiebung einer Saite, und c ist die Wellengeschwindigkeit des betrachteten Mediums, hier der vorgespannten Saite. Physikalisch stellt diese Geschwindigkeit die Ausbreitungsgeschwindigkeit der Feldgröße dar und ist von der Geschwindigkeit $y_{,t}(Z, t)$, der so genannten Schnelle, mit der beispielsweise bei der Saite ein materielles Teilchen in Querrichtung oszilliert, klar zu unterscheiden. Die Wellenausbreitungsgeschwindigkeiten $\sqrt{E/\rho_0}$ in longitudinal schwingenden Stäben und $\sqrt{G/\rho_0}$ in Torsionsstäben mit Kreisquerschnitt (da in vielen technischen Materialien $E \approx 3G$ gilt, ist diese dann um den Faktor $\approx \sqrt{3}$ kleiner) sind offenbar reine Werkstoffkenngrößen. Typische Zahlenwerte für Longitudinalwellen sind $\sqrt{E/\rho_0} \approx 5100$ m/s für Stahl, Aluminium und Glas (die sich nur wenig unterscheiden) und ≈ 4000 m/s für Beton. Die Ausbreitungsgeschwindigkeit $\sqrt{F_0/(\rho_0 A)}$ für Transversalwellen in gespannten Saiten dagegen lässt sich durch geeignete Wahl der Vorspannkraft F_0 und der Querschnittsfläche A in weiten Grenzen variieren. Bei einem leicht ausführbaren Versuch, bei dem man ein an einem Haken befestigtes Seil am anderen Ende mit der Hand straff gespannt hält und durch kurzzeitiges Schütteln eine Störung einleitet, die mit $\sqrt{F_0/(\rho_0 A)}$ entlang dem Seil in Richtung Haken wandert, ist diese Ausbreitungsgeschwindigkeit so klein, dass man die laufende Welle gut beobachten kann.

Nach d'Alembert ist dann

$$y(Z, t) = g(Z - ct) + h(Z + ct) \tag{5.48}$$

eine Lösung der Wellengleichung (5.47) mit beliebigen 2-mal differenzierbaren Funktionen g und h jeweils eines einzigen Arguments $Z - ct$ und $Z + ct$, das von den unabhängig Variablen Z und t abhängt. Der Beweis ist einfach und wird beispielsweise in [32] geführt. Die Geraden $Z - ct = \text{const}$ und $Z + ct = \text{const}$ in der (Z, t)-Ebene heißen *Charakteristiken* der Wellengleichung (5.47). Es sind diejenigen Kurven in der (Z, t)-Ebene, längs derer sich die Teillösungen $g(Z - ct)$ und $h(Z + ct)$ ausbreiten. Abb. 5.7 erklärt ihre Bedeutung für einen Wellenleiterbereich ohne Hindernisse in Form von Rand- und Übergangsbedingungen. Stellt man beispielsweise die Teillösung $h(Z + ct)$ gemäß Abb. 5.7a für eine beliebig gewählte Funktion h dar, so behält $h(Z + c\bar{t})$ zu jedem beliebigen Zeitpunkt $\bar{t}$ als Funktion von Z ihre Form bei und bewegt sich mit zunehmender Zeit lediglich in negative Z-Richtung. Das Profil von $h(Z + ct)$ bezüglich Z bleibt also unverändert, verschiebt sich aber mit der

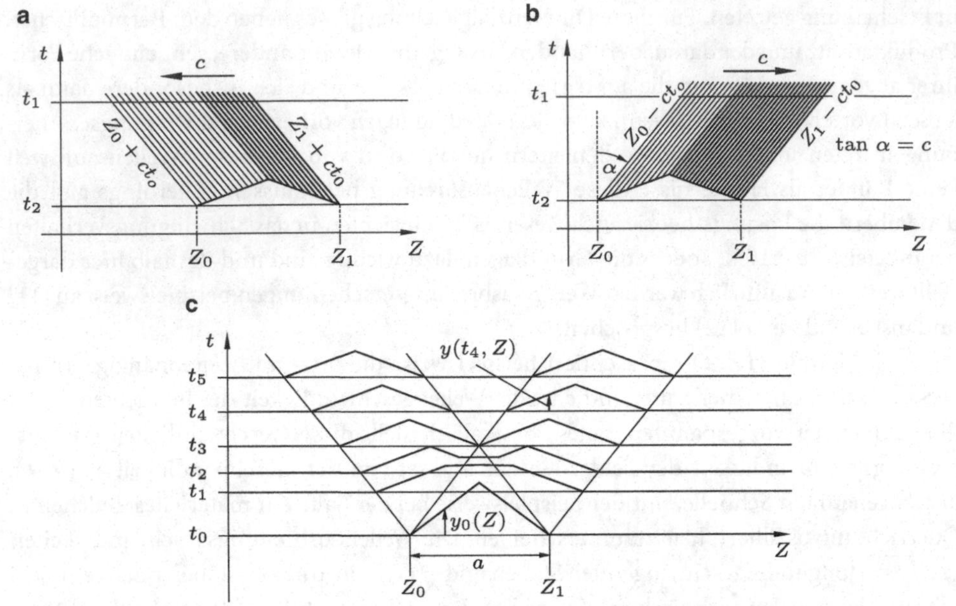

Abb. 5.7 Charakteristiken zweier Wellenlösungen $h(Z + ct)$ und $g(Z - ct)$ und ihre Superposition, herrührend von einer Anfangsauslenkung $y_0(Z)$

Wellengeschwindigkeit c in Richtung der negativen Z-Achse. Für die Teillösung $g(Z - ct)$ verläuft der Vorgang gemäß Abb. 5.7b analog: Das bezüglich Z ungeänderte Profil wandert mit der Wellengeschwindigkeit c in Richtung der positiven Z-Achse. Die allgemeine Lösung $y(Z, t)$ (5.48) ist damit die Überlagerung zweier gegenläufiger Wellen.

Ein besonders wichtiger Wellentyp sind harmonische Wellen

$$g(Z - ct) = A_0 \cos\left[\frac{2\pi}{\lambda_W}(Z - ct)\right] = A_0 \cos\left(k_W Z - \omega t\right), \tag{5.49}$$

die auch in komplexer Notation angeschrieben werden können. A_0 ist die konstante Amplitude, $k_W = 2\pi/\lambda_W$ die Wellenzahl, λ_W die Wellenlänge und ω die Kreisfrequenz der Welle. Wie man leicht überprüfen kann, erfüllt eine harmonische Welle die Wellengleichung, wenn die Bedingung

$$k_W = \frac{\omega}{c}$$

zutrifft. Wenn die Frequenz $f = \omega/(2\pi)$ einer harmonischen Welle im Hörbereich liegt, nennt man die Welle eine Schallwelle, für derartige Wellen in Festkörpern spricht man dann von *Körperschall*. Das menschliche Ohr hört Töne im Frequenzbereich 16 Hz $< f <$ 16 kHz. Gemäß $f = c/\lambda_W$ gehören zu niedrigen Frequenzen große Wellenlängen und zu hohen kleine. In Stahlstäben beispielsweise mit $c = \sqrt{E/\rho_0} \approx 5100\,\mathrm{m/s}$ ist $\lambda_W \approx 320\,\mathrm{m}$

bei 16 Hz und $\lambda_W \approx 0{,}3$ m bei 16 kHz. Damit kann auch der Unterschied zwischen Wellenausbreitungsgeschwindigkeit c und Schnelle $v = g_{,t}$ nochmals verdeutlicht werden. Die Schnelle ist nämlich $v = c(2\pi A_0/\lambda_W)\sin[(2\pi/\lambda_W)](Z - ct)$. Die Verschiebungsamplitude A_0 in Stahlstäben ist um Größenordnungen kleiner als die Wellenlänge λ_W. Im selben Maße ist demnach auch v kleiner als c.

Eine wichtige Größe bei Wellenausbreitungsvorgängen ist der Energiefluss. Dazu betrachtet man, hier am Beispiel von Longitudinalwellen in Stäben, die im Volumenelement $\mathrm{d}V = A\mathrm{d}Z$ an der Stelle Z gespeicherte zeitlich veränderliche kinetische Energie

$$\mathrm{d}T = \frac{1}{2} y_{,t}^2 \rho_0 \mathrm{d}V = \frac{1}{2} c^2 \rho_0 A \left(-g_{,Z} + h_{,Z}\right)^2 \mathrm{d}Z$$

und die zeitlich veränderliche potenzielle Energie

$$\mathrm{d}U = \frac{\sigma^2}{2E} \mathrm{d}V = \frac{1}{2} EA \left(g_{,Z} + h_{,Z}\right)^2 \mathrm{d}Z$$

(es gilt $\sigma = E\varepsilon = Ey_{,Z}$). Wegen $c^2 = E/\rho_0$ sind die Koeffizienten vor beiden Klammerausdrücken gleich. Wenn insbesondere nur eine Welle $g(Z - ct)$ durch den Stab läuft, sind in jedem Volumenelement beide Energien gleich (aber zeitveränderlich). Dann ist die Gesamtenergie des Volumenelements

$$\mathrm{d}(T + U) = EAg_{,Z}^2 \mathrm{d}Z.$$

Da die Welle mit der Geschwindigkeit c wandert, definiert man den *Energiefluss*

$$P(Z, t) = c(T + U)_{,Z} = cEAg_{,Z}^2. \tag{5.50}$$

Er ist insbesondere in der Akustik wichtig, weil eine Messung des Energieflusses die Bestimmung von Energiequellen und -senken gestattet. Wenn $g(Z - ct)$ als harmonische Schallwelle (5.49) auftritt, ergibt sich übrigens bei Beachtung des Additionstheorems $\sin^2\alpha = (1 - \cos 2\alpha)/2$ eine Schwingung um den Mittelwert

$$P_\mathrm{m} = \frac{cEA}{2} A_0^2 \left(\frac{2\pi}{\lambda_W}\right)^2 = \frac{EA}{2c} A_0^2 \omega^2.$$

Wie bereits bei Schwingungen in berandeten Festkörpern existieren Wellen infolge inhomogener Anfangsbedingungen aber auch als erzwungene Wellen infolge Fremdanregung. Hier werden nur Wellen infolge Anfangsbedingungen angesprochen. Dabei werden für den betrachteten Wellenleiter Anfangsbedingungen für alle $-\infty < Z < +\infty$ der Art

$$y(Z, 0) = y_0(Z), \quad y_{,t}(Z, 0) = v_0(Z) \tag{5.51}$$

vorgegeben, wobei diese ohne Einschränkung der Allgemeinheit außerhalb des Intervalls $0 \leq Z \leq a$ endlicher Länge a identisch verschwinden sollen. Erneut wird zunächst außerdem vorausgesetzt, dass ein unendlich ausgedehnter Wellenleiter frei von Rand- und Übergangsbedingungen vorliegt. Dann lösen die Anfangsbedingungen zwei Wellen $g(Z - ct)$ und $h(Z + ct)$ aus, die für alle $t \geq 0$ gültig sind. Die Superposition (5.48) beider Wellen wird in die beiden Anfangsbedingungen (5.51) eingesetzt. Das Ergebnis sind die beiden Gleichungen

$$g(Z) + h(Z) = y_0(Z), \quad g_{,t}(Z,0) + h_{,t}(Z,0) = v_0(Z). \tag{5.52}$$

Wegen $g_{,t} = -cg_{,Z}$ und $h_{,t} = ch_{,Z}$ hat die zweite Gleichung in (5.52) die Form $-g_{,Z}(Z) + h_{,Z}(Z) = v_0(Z)$. Integration über Z in den Grenzen von einem willkürlich gewählten Z_0 bis zu beliebigem Z liefert

$$-g(Z) + h(Z) = \frac{1}{c}\int_{Z_0}^{Z} v_0(\bar{Z})\mathrm{d}\bar{Z} - g(Z_0) + h(Z_0). \tag{5.53}$$

Addition von $(5.52)_1$ und (5.53) führt auf

$$h(Z) = \frac{1}{2}\left[\frac{1}{c}\int_{Z_0}^{Z} v_0(\bar{Z})\mathrm{d}\bar{Z} - g(Z_0) + h(Z_0) + y_0(Z)\right] \tag{5.54}$$

und Einsetzen in $(5.52)_1$ wiederum auf

$$g(Z) = \frac{1}{2}\left[-\frac{1}{c}\int_{Z_0}^{Z} v_0(\bar{Z})\mathrm{d}\bar{Z} + g(Z_0) - h(Z_0) + y_0(Z)\right]. \tag{5.55}$$

Die Gleichungen (5.54) und (5.55) bestimmen $g(Z)$ und $h(Z)$ eindeutig bis auf die Differenz $h(Z_0) - g(Z_0)$, die willkürlich ist (und null gesetzt werden kann). Damit folgt dann die d'Alembertsche Lösungsformel

$$y(Z,t) = g(Z - ct) + h(Z + ct) = \frac{1}{2}\left[y_0(Z - ct) + y_0(Z + ct) + \frac{1}{c}\int_{Z-ct}^{Z+ct} v_0(\bar{Z})\mathrm{d}\bar{Z}\right]. \tag{5.56}$$

Als Beispiel wird nochmals der bereits in Abb. 5.7a, b angesprochene Wellenleiter diskutiert (siehe Abb. 5.7c), wobei die Summe der damals betrachteten Teillösungen im Intervall $0 \leq Z \leq a$ genau die Anfangsverteilung $y_0(Z)$ ausmachen und $v_0(Z) \equiv 0$ sein soll. Außerhalb des Intervalls $0 \leq Z \leq a$ ist $y_0(Z)$ identisch null. Aus (5.56) erhält man unter Berücksichtigung von (5.54) und (5.55) die Wellen $g(Z - ct) = y_0(Z - ct)/2$ und

Abb. 5.8 Einfallende Wellenform

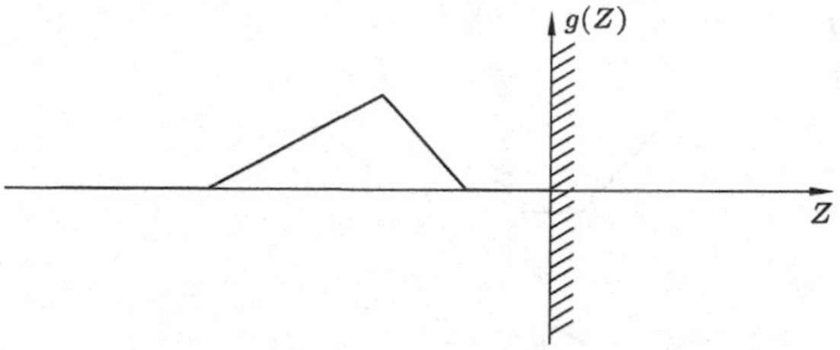

$h(Z+ct) = y_0(Z+ct)/2$, also jeweils die Hälfte der Anfangsverteilung $y_0(Z)$. Ihre Ausbreitung wird durch Charakteristiken im (Z, t)-Diagramm dargestellt. Die Abbildung zeigt nur die Charakteristiken durch die Endpunkte des Intervalls der Breite a zur Zeit $t = 0$. Außerhalb der von diesen Charakteristiken eingeschlossenen Streifen ist die Verteilung $y(Z, t)$ des Wellenleiters identisch null, wie der Blick auf Abb. 5.7a und b bestätigt. Neben der Anfangsverteilung ist die Verteilung für fünf Zeitpunkte t_5 bis t_1 mit $t_5 > t_4 > \ldots > t_1 > 0$ gezeichnet.

Abschließend werden Wellenleiter endlicher Länge L untersucht. Es wird angenommen, dass eine beliebige Welle in einem endlichen Intervall der Länge $a < L$ innerhalb der Gesamtlänge L (beispielsweise durch inhomogene Anfangsbedingungen) ausgelöst wurde und sie anschließend auf die Ränder zuwandert. Die Art der *Reflexion* der Welle an den Rändern ist nunmehr von besonderem Interesse[12]. Es werden unverschiebbare und spannungsfreie Ränder diskutiert. Im zugrunde liegenden Wellenleiter läuft eine beliebige Störung von links nach rechts in positive Z-Richtung (siehe Abb. 5.8) und trifft bei $Z = 0$ auf den Rand, der durch *eine* geometrische oder *eine* dynamische Randbedingung beschrieben wird.

Im Falle eines unverschiebbaren Randes bei $Z = 0$ geht man von einer einfallenden Welle in der Form $g_e(Z - ct)$ aus; die reflektierte Welle im selben Bereich $Z \leq 0$ ist dann $h_r(Z + ct)$. Sie bilden die allgemeine Lösung

$$y(Z, t) = g_e(Z - ct) + h_r(Z + ct)$$

in diesem Bereich. Anpassen an die Randbedingung $y(0, t) = 0$ liefert

$$g_e(-ct) + h_r(ct) = 0 \Rightarrow h_r(ct) = -g_e(-ct) \Rightarrow h_r(Z + ct) = -g_e(-Z - ct).$$

Offensichtlich behält die einfallende Welle am unverschiebbaren Rand nach ihrer vollständigen Reflexion ihre Form bei, erfährt allerdings einen Phasensprung der Größe π. Der Reflexionsprozess, startend mit der in $Z \leq 0$ zunächst vorliegenden einfallenden Welle und

[12] Liegt zwischen ausgelöster Welle und den Rändern noch ein Hindernis in Form einer bestimmten Übergangsbedingung durch plötzliche Querschnittsänderung oder eine konzentrierte Zusatzmasse, wird die dort einfallende Welle nicht nur reflektiert, sondern auch transmittiert. Dieser gegenüber reiner Reflexion kompliziertere Vorgang wird im vorliegenden Buch nur noch in Übungsaufgabe 5.9 in Abschn. 5.6 angesprochen, ansonsten wird auf entsprechende Literatur (z. B. [12]) verwiesen.

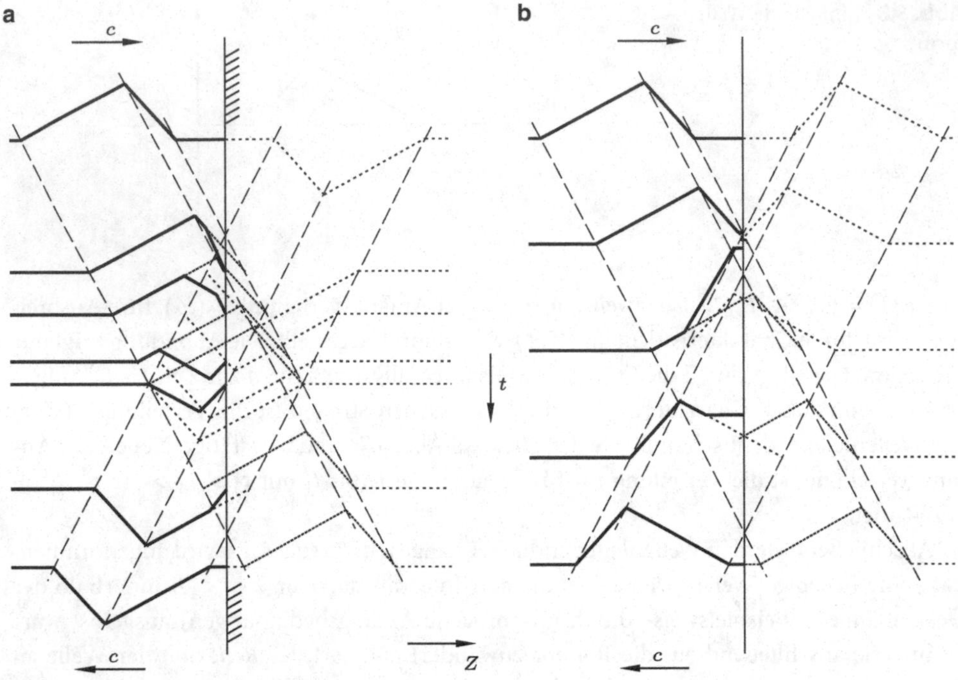

Abb. 5.9 Reflexionsprozess einer einfallenden Welle an Rändern. **a** Unverschiebbarer Rand, **b** freier Rand

endend mit der dort entstandenen reflektierten Welle, ist samt verdeutlichenden Charakteristiken in Abb. 5.9a für bestimmte Zeitschritte gezeigt, der als Superposition der positiv laufenden einfallenden Welle $g_e(Z - ct)$ und der negativ laufenden Welle $h_r(Z + ct) = -g_e(-Z - ct)$ visualisiert werden kann. Der erwähnte Phasensprung tritt als Umklappen der Wellenform deutlich in Erscheinung.

Im Falle eines spannungsfreien Randes bei $Z = 0$ gilt $y_{,Z}(0, t) = 0$, sodass sich leicht nachweisen lässt, dass bei gleicher einfallender Welle $g_e(Z - ct)$ eine reflektierte Welle $h_r(Z + ct) = g_e(-Z - ct)$ entsteht. Die Form der einfallenden Welle wird wiederum beibehalten, als reflektierte Welle läuft sie ohne Phasensprung in die umgekehrte Richtung. Der Reflexionsprozess wird durch Abb. 5.9b verdeutlicht.

Ohne Beweis wird festgestellt, dass die einfallende Wellenenergie in beiden Fällen verlustfrei am Rand reflektiert wird, was zu erwarten war.

Falls die Anfangsbedingungen so geartet sind, dass außer einer nach rechts laufenden Welle zum Zeitpunkt $t = 0$ auch eine nach links laufende Welle im Intervall $[0, L]$ startet, geht man bei der Reflexion am linken Ende ganz entsprechend vor und erhält die allgemeine Lösung durch Überlagerung.

Umgekehrt lassen sich auch Eigenschwingungen eines endlich langen Wellenleiters im Sinne der Bernoullischen Lösungstheorie in d'Alembertscher Form darstellen. So gilt beispielsweise für den k-ten Eigenschwingungsanteil mit $\omega_k = k\pi c/L$

$$y_k(Z,t) = A_k \sin\frac{k\pi Z}{L} \sin\omega_k t = \frac{A_k}{2}\left[\cos\frac{k\pi}{L}(Z-ct) - \cos\frac{k\pi}{L}(Z+ct)\right],$$

d. h. der Anteil ergibt sich durch Überlagerung zweier gegenläufiger harmonischer Wellen der Wellenlänge $\lambda_W = 2L/k$.

Aus dem Gesagten folgt, dass sich die resultierende Schwingbewegung in einem Wellenleiter endlicher Länge für den gesamten Zeitraum $t \geq 0$ aus beiden Lösungsansätzen konstruieren lässt. Da die Bernoullische Lösung unmittelbar für alle $t \geq 0$ gültig ist und also auch die Überlagerung aller reflektierten Wellen unmittelbar beinhaltet, ist sie in diesem Punkt der d'Alembertschen Methode überlegen. Dagegen eignet sich die d'Alembertsche Methode besser zur Beschreibung der Ausbreitung, der Reflexion und der Transmission einzelner Wellen von beliebiger Form. Randbedingungen spielen bei der Bernoullischen Methode eine wesentliche Rolle, sie ist also nicht auf unendlich lange Wellenleiter ohne jegliche Randbedingungen anwendbar. Im Rahmen der d'Alembertschen Methode ist ja gerade dieser Fall besonders einfach.

5.2 Biegeschwingungen gerader Stäbe

In Kap. 3 sind bei der Generierung 1-parametriger Strukturmodelle die beschreibenden Randwertprobleme analytisch hergeleitet worden. Werden reine Biegeschwingungen von Stäben diskutiert, spricht man in der technischen Biegelehre auch von *Balken*schwingungen. Die allgemeinste Problemstellung *erzwungener* Schwingungen liegt vor, wenn sowohl die maßgebende(n) Differenzialgleichung(en) als auch die Randbedingungen (gegebenenfalls auch Übergangsbedingungen) *inhomogen* sind.

5.2.1 Elementare Theorie ohne Schubverformung und Drehträgheit

Die klassische Biegetheorie – auch Bernoulli-Euler-Theorie genannt – ist ausreichend, wenn die Stäbe hinreichend schlank und Eigenschwingungen niedriger Ordnung relevant sind. Aber erst nachdem entsprechende Korrekturen im Rahmen der verfeinerten Timoshenko-Theorie vorliegen, siehe Abschn. 5.2.5, lassen sich diese Aussagen quantifizieren. Dann wird auch klar werden, dass die Ausbreitung von Biegewellen nur im Rahmen der Timoshenko-Theorie zufriedenstellend beschrieben werden kann. Trotzdem hat sich bei der Untersuchung von Balkenschwingungen innerhalb vieler technischer Fragestellungen die elementare Bernoulli-Euler-Theorie bewährt.

Das maßgebende Randwertproblem für einen Kragträger der Länge L mit der Biegesteifigkeit $EI(Z)$ und der Masse pro Länge $\rho_0 A(Z)$ ohne Dämpfungs- und Bettungseinflüsse wird durch $(3.20)_1$ und $(3.19)_{1,2}$, $(3.21)_{1,2}$ repäsentiert. Um insbesondere die Unterschiede

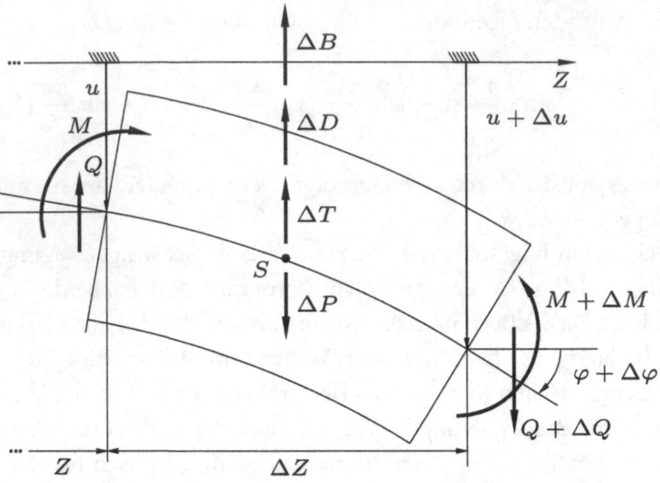

Abb. 5.10 Freikörperbild eines freigeschnittenen Balkenelements

zur Timoshenko-Theorie in Abschn. 5.2.5 anschaulich besser zu verstehen, wird sowohl hier als auch dort das jeweils beschreibende Randwertproblem nochmals synthetisch hergeleitet, wobei im Rahmen der elementaren Theorie elastische Bettung und verteilte äußere Dämpfung sehr einfach einbezogen werden können. Abbildung 5.10 zeigt in allgemeiner Lage, charakterisiert durch die Querverschiebung $u(Z,t)$, das Freikörperbild für ein Volumenelement des verformten Stabes. Wird reine Biegung *ohne* Schubverformung vorausgesetzt, folgt

$$\varphi = u_{,Z} \tag{5.57}$$

als kinematischer Zusammenhang zwischen Neigungswinkel φ und Biegeverformung u. Außerdem gilt gemäß der Differenzialgleichung der elastischen Linie für das Biegemoment M die einfache konstitutive Beziehung

$$M = -EI\varphi_{,Z}. \tag{5.58}$$

Dem Freikörperbild kann unmittelbar das Kräftegleichgewicht

$$-\Delta T - \Delta D - \Delta B + \Delta P - Q + (Q + \Delta Q) = 0 \tag{5.59}$$

im Sinne d'Alemberts entnommen werden, woraus mit der Trägheitskraft $\Delta T = \rho_0 A u_{,tt} \Delta Z$, der äußeren Dämpfungskraft $\Delta D = d_a \rho_0 A u_{,t} \Delta Z$, der Rückstellung infolge elastischer Bettung $\Delta B = c_a \rho_0 A u \Delta Z$, der Erregung $\Delta P = p(Z,t)\Delta Z$ und der linearen Approximation der Querkraftänderung $\Delta Q = Q_{,Z}\Delta Z$ unmittelbar

$$\rho_0 A u_{,tt} + d_a \rho_0 A u_{,t} + c_a \rho_0 A u - p(Z,t) = Q_{,Z} \tag{5.60}$$

folgt. Ein entsprechendes Momentengleichgewicht (um den Schwerpunkt S) liefert in linearer Form

$$Q - M_{,Z} = 0, \tag{5.61}$$

wenn Drehträgheit vernachlässigt wird. Als Zwischenergebnis hat man demnach vier Gleichungen für Q, M, φ und u. Elimination der ersten drei führt auf die interessierende Bewegungsgleichung

$$(EIu_{,ZZ})_{,ZZ} + c_a\rho_0 Au + d_a\rho_0 Au_{,t} + \rho_0 Au_{,tt} = p(Z,t) \tag{5.62}$$

in u. Es liegt damit eine so genannte *ultraparabolische* partielle Differenzialgleichung vierter Ordnung in der Ortsvariablen Z und zweiter Ordnung in der Zeit t vor, die Biegeschwingungen eines Stabes beschreibt, wenn Flächenschwerpunkt und Schubmittelpunkt zusammenfallen und sowohl Schubverformung als auch Rotationsträgheit vernachlässigt werden. Infolge der Ordnung vier bezüglich Z hat man insgesamt vier Randbedingungen zu formulieren, zwei an jedem Stabende. Sind die Bewegungen der Ränder kinematisch unabhängig, so sind die vier häufigsten Typen die geometrischen Randbedingungen $u = 0$ (quer unverschiebbar) bzw. $u_{,Z} = 0$ (verschwindender Neigungswinkel, d. h. horizontale Tangente) bzw. die dynamischen Randbedingungen $EIu_{,ZZ} = 0 \Rightarrow u_{,ZZ} = 0$ (biegemomentenfrei) bzw. $(EIw_{,ZZ})_Z = 0$ (querkraftfrei). Für einen Kragträger mit linksseitiger Einspannung (bei $Z = 0$) und freiem Ende (bei $Z = L$) ergeben sich in natürlicher Zusammensetzung die Randbedingungen für alle $t \geq 0$ in der Form

$$u(0,t) = 0, \quad u_{,Z}(0,t) = 0, \quad u_{,ZZ}(L,t) = 0, \quad u_{,ZZZ}(L,t) = 0. \tag{5.63}$$

Für einen Stab, der bei $Z = 0$ gelenkig gelagert und bei $Z = L$ quer verschiebbar mit horizontaler Tangente mit der Umgebung verbunden ist, lauten sie

$$u(0,t) = 0, \quad u_{,ZZ}(0,t) = 0, \quad u_{,Z}(L,t) = 0, \quad (EIu_{,ZZ})_{,Z}|_{(L,t)} = 0 \;\forall t \geq 0. \tag{5.64}$$

Neben diesen reinen Verschiebungs- und Spannungsrandbedingungen sind natürlich wieder allgemeinere Cauchysche Randbedingungen möglich, wenn beispielsweise an den Rändern konzentrierte Massen-, Dämpfer- und Federwirkungen zusätzlich auftreten. Wichtig ist, dass Querunverschiebbarkeit und Querkraftfreiheit oder Biegemomentenfreiheit und verschwindender Neigungswinkel nicht gemeinsam als Randbedingungen auftreten können. Dies wäre physikalisch inkonsistent, wie man bereits bei der analytischen Herleitung der maßgebenden Randwertprobleme in Abschn. 3.2 erkennen kann.

Auf die Biegeschwingungen axial belasteter Stäbe wird in Abschn. 8.1 näher eingegangen, gekoppelte Biege- und Torsionsschwingungen werden in Abschn. 5.2.4 angesprochen.

5.2.2 Freie Schwingungen

Die allgemeine Anregung $p(Z,t)$ in (5.62) ist null zu setzen, und auch Dämpfungseinflüsse sollen hier vernachlässigt werden[13].

Das zugehörige Eigenwertproblem erhält man über einen Bernoullischen Produktansatz gemäß Abschn. 4.1.1: In Beispiel 4.3 ist die Vorgehensweise für den Fall eines Kragträgers ohne Bettung bereits konkret gezeigt worden. Für konstante Querschnittsdaten ist das Eigenwertproblem streng lösbar, siehe Abschn. 4.1.4 mit Beispiel 4.13, in dem der beidseitig unverschiebbar und momentenfrei gelagerte Träger detailliert besprochen wurde. Ergänzend dazu soll hier das Beispiel des Kragträgers fortgeführt werden. Es ist also das Eigenwertproblem

$$\begin{aligned} &U'''' = \lambda^4 U, \\ &U(0) = 0, \quad U'(0) = 0, \quad U''(1) = 0, \quad U'''(1) = 0 \end{aligned} \tag{5.65}$$

zu lösen, wobei Eigenwert λ und Eigenkreisfrequenz ω über

$$\lambda^4 = \frac{\rho_0 A(\omega^2 - c_a)L^4}{EI} \tag{5.66}$$

zusammenhängen. Das Eigenwertproblem ist selbstadjungiert und positiv definit, d. h. es gilt $\lambda \neq 0$. Die allgemeine Lösung gemäß dem Rechengang des Beispiels 4.13 ist

$$U(\zeta) = A_1 \sin\lambda\zeta + A_2 \sinh\lambda\zeta + A_3 \cos\lambda\zeta + A_4 \cosh\lambda\zeta, \tag{5.67}$$

woraus nach Anpassen an die Randbedingungen $(5.65)_2$ das homogene algebraische Gleichungssystem

$$\begin{aligned} U(0) &= 0 = A_3 + A_4, \\ U'(0) &= 0 = A_1 + A_2, \\ U''(1) &= 0 = -A_1 \sin\lambda + A_2 \sinh\lambda - A_3 \cos\lambda + A_4 \cosh\lambda, \\ U'''(1) &= 0 = -A_1 \cos\lambda + A_2 \cosh\lambda + A_3 \sin\lambda + A_4 \sinh\lambda \end{aligned} \tag{5.68}$$

für die Konstanten A_1 bis A_4 folgt. Die verschwindende Determinante dieses Gleichungssystems als notwendige Bedingung für nichttriviale Lösungen $A_1, \dots, A_4 \neq 0$ führt auf die transzendente Eigenwertgleichung

$$\cos\lambda \cosh\lambda + 1 = 0, \tag{5.69}$$

[13] Alles Wesentliche darüber bei freien Schwingungen ist in Abschn. 5.1.4 am Beispiel der Telegrafengleichung gesagt worden.

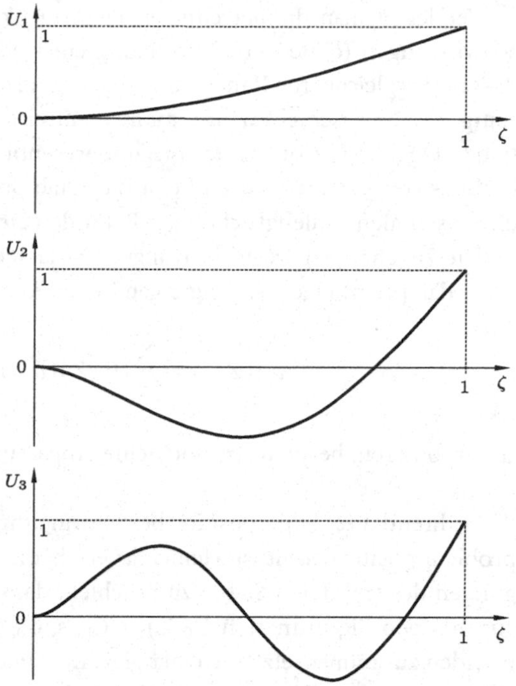

Abb. 5.11 Eigenfunktionen der Biegeschwingungen eines Kragträgers konstanten Querschnitts

die numerisch auszuwerten ist. Man erhält das Ergebnis

$$\lambda_1 = 1{,}87510,\ \lambda_2 = 4{,}69409,\ \lambda_3 = 7{,}85476,\ \lambda_4 = 10{,}99554,$$
$$\lambda_k \approx \frac{(2k-1)\pi}{2},\ k = 5, 6, \ldots, \infty. \tag{5.70}$$

Das Gleichungssystem (5.68) liefert dann die Konstanten A_1 bis A_4 bis auf einen frei wählbaren Faktor, C_k genannt, sodass die zugehörigen Eigenfunktionen als

$$U_k(\zeta) = C_k \left[\cosh \lambda_k \zeta - \cos \lambda_k \zeta - \frac{\cosh \lambda_k + \cos \lambda_k}{\sinh \lambda_k + \sin \lambda_k} (\sinh \lambda_k \zeta - \sin \lambda_k \zeta)\right],\ k = 1, 2, \ldots, \infty$$

angegeben werden können. Durch entsprechende Normierung ließe sich auch diese Konstante C_k noch zahlenmäßig festlegen. Die abzählbar unendlich vielen Eigenkreisfrequenzen ω_k lassen sich aus dem Zusammenhang (5.66) für jeden der Zahlenwerte λ_k (5.70) berechnen. Abbildung 5.11 zeigt die ersten drei Eigenformen, die durch die aufsteigende Zahl von 0, 1 und 2 Knoten charakterisiert sind.

Ergebnisse für Eigenwerte und Eigenfunktionen von Biegeschwingungen gerader Stäbe konstanten Querschnitts bei anderen Randbedingungen sind beispielsweise wieder in [24] oder [23, 25] zu finden, wobei für Probleme mit verschwindenden Eigenwerten die zugehörigen Eigenfunktionen, die Starrkörperbewegungen repräsentieren, auch dieses Mal einbezogen werden sollten.

Vergleicht man die berechneten Biegeeigenkreisfrequenzen mit jenen für Stablängsschwingungen (ohne Berücksichtigung einer elastischen Bettung), dann stellt man fest, dass bei vergleichbaren Randbedingungen (z. B. fest-fest bei Längsschwingungen und beidseitig querunverschiebbar und momentenfrei oder fest-frei bei Biegeschwingungen) die tiefste Eigenkreisfrequenz der Biegung wesentlich kleiner ist als die des Dehnstabes. Allerdings sind die Frequenzen beim Biegestab proportional zu k^2, während sie bei der 1-dimensionalen Wellengleichung, z. B. für den Dehnstab, linear in k sind.

Die zugehörigen freien Schwingungen lassen sich abschließend aus entsprechenden (ungedämpften) Eigenschwingungen in der Form

$$u_{\mathrm{H}}(Z,t) = \sum_{k=1}^{\infty} U_k(Z)(a_k \sin\omega_k t + b_k \cos\omega_k t)$$

superponieren, bevor dann noch eine Anpassung an die Anfangsbedingungen erfolgen kann.

Während diese Superposition bei Schwingungsaufgaben, deren zugehöriges Eigenwertproblem positiv definit ist, elementar erscheint, hat man beispielsweise bei Biegeschwingungen des frei-freien Stabes zu beachten, dass ein doppelter Eigenwert $\lambda_0^4 = 0$ mit der zugehörigen Eigenfunktion $U_0(\zeta) = C_{01} + C_{02}(\zeta - 1/2)$ auftritt, die sich aus zwei Summanden zusammensetzt, die einer gleichförmigen Translationsbewegung (0 Knoten) und einer Drehung mit konstanter Winkelgeschwindigkeit um den Balkenmittelpunkt (1 Knoten) entspricht. Die restlichen Eigenfunktionen sind dann (ohne Rechnung im Einzelnen) durch

$$U_k(\zeta) = C_k\Big[\cosh\lambda_k\zeta + \cos\lambda_k\zeta + \frac{\cosh\lambda_k - \cos\lambda_k}{-\sinh\lambda_k + \sin\lambda_k}(\sinh\lambda_k\zeta + \sin\lambda_k\zeta)\Big],\quad k = 1,2,\ldots,\infty$$

(mit $k+1$ Knoten) gegeben, worin die abzählbar unendlich vielen Eigenwerte λ_k, $k = 1,2,\ldots,\infty$ aus der transzendenten Eigenwertgleichung

$$\cosh\lambda_k \cos\lambda_k - 1 = 0$$

als

$$\lambda_1 = 4{,}73004,\ \lambda_2 = 7{,}85321,\ \lambda_3 = 10{,}99561,\ \lambda_k \approx \frac{(2k+1)\pi}{2},\quad k = 4,5,\ldots,\infty$$

zu berechnen sind. Da die im Rahmen des Bernoullischen Produktansatzes resultierende Differenzialgleichung $\ddot{T} + \omega^2 T = 0$ für die Zeitfunktion $T(t)$ bei verschwindender Eigenkreisfrequenz $\omega^2 = 0$ die Lösung $T(t) = a_{01} + a_{02}t$ besitzt, ergibt sich damit in diesem Falle für die freien Schwingungen insgesamt

$$u_{\mathrm{H}}(Z,t) = A_{01} + A_{02}t + \left(\frac{Z}{L} - \frac{1}{2}\right)(B_{01} + B_{02}t) + \sum_{k=1}^{\infty} U_k(Z)(A_k \sin\omega_k t + B_k \cos\omega_k t),$$

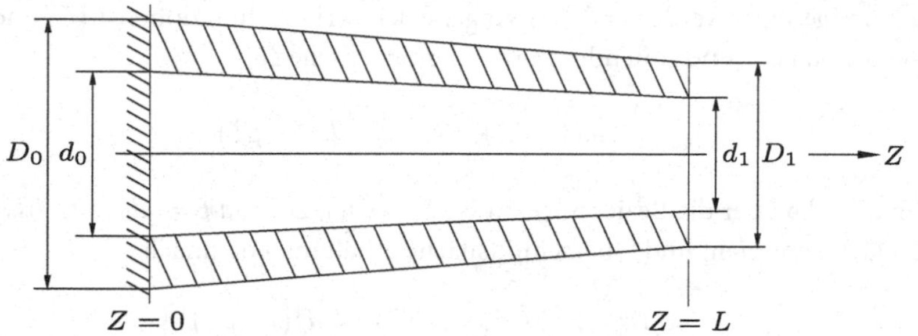

Abb. 5.12 Hohlkegelstumpf mit seinen Querschnittsabmessungen

die abschließend wieder an die Anfangsbedingungen angepasst werden können. Dabei ist allerdings zu beachten, dass der Neigungswinkel $w_{,Z}(Z,t)$ bei einer Starrkörperdrehung des Balkens nach kurzer Zeit so groß wird, dass die hier verwendeten linearisierten Gleichungen das Problem nicht mehr richtig beschreiben.

Liegen ortsveränderliche Querschnittsdaten vor, sind im Allgemeinen wieder Näherungsverfahren anzuwenden, um die beschreibenden Eigenwertprobleme zu lösen und dabei die Eigenwerte und die Eigenfunktionen zu bestimmen. Grundsätzlich sind in Abschn. 4.1.5 alle gängigen Näherungsverfahren angesprochen worden, konkret sind zur Illustration dort auch insbesondere Biegeschwingungen bereits behandelt worden. Ein weiteres Beispiel, entnommen aus [31], soll das Thema abschließen.

Beispiel 5.6 Es wird der Rayleigh-Qotient benutzt, um die tiefste Eigenkreisfrequenz eines einseitig eingespannten, am anderen Ende freien Hohlkegelstumpfes gemäß Abb. 5.12 zu ermitteln. In allgemeiner Form lautet das zugehörige Eigenwertproblem

$$\begin{aligned} &(f_1 U'')'' = \lambda^4 f_2 U, \\ &U(0) = 0, \quad U'(0) = 0, \quad U''(1) = 0, \quad U'''(1) = 0, \end{aligned} \tag{5.71}$$

worin der Eigenwert λ^4 in der Form $\lambda^4 = \rho_0 A_0 \omega^2 L^4/(EI_0)$ über die Bezugswerte I_0 und A_0 von Flächenmoment und Querschnittsfläche an der Einspannung erklärt ist, während f_1 und f_2 die Verjüngungsfunktionen $f_1(\zeta) = I(\zeta)/I_0$ und $f_2(\zeta) = A(\zeta)/A_0$ von Flächenmoment und Querschnittsfläche darstellen und in der üblichen Weise die dimensionslose Ortskoordinate $\zeta = Z/L$ mit L als der Länge des Hohlkegelstumpfes eingeführt worden ist. Gemäß den Überlegungen von Abschn. 4.1.5 ist dann für mindestens zulässige Funktionen V der Ausdruck

$$\bar{R}[V] = \frac{\int_0^1 f_1 V''^2 \mathrm{d}\zeta}{\int_0^1 f_2 V^2 \mathrm{d}\zeta} \tag{5.72}$$

der passende Rayleigh-Quotient mit einer entsprechenden Minimaleigenschaft $\bar{R}[V] \geq \lambda_1^4 = \rho_0 A_0 \omega_1^2 L^4/(EI_0)$, der hier zur näherungsweisen Ermittlung der tiefsten Eigenkreisfrequenz herangezogen werden soll. Zur Angabe der Verjüngsfunktionen $f_1(\zeta)$ und $f_2(\zeta)$ geht man vom Außen- und Innendurchmesser an der Stelle ζ

$$D(\zeta) = D_0(1 - \alpha\zeta), \quad d(\zeta) = d_0(1 - \beta\zeta)$$

aus, worin α und β über die Beziehungen $\alpha = (D_0 - D_1)/D_0$ und $\beta = (d_0 - d_1)/d_0$ erklärt sind. Für Flächenmoment und Querschnittsfläche erhält man demnach

$$I(\zeta) = \frac{\pi(D_0^4 - d_0^4)}{64}\left[\frac{D_0^4(1-\alpha\zeta)^4}{D_0^4 - d_0^4} - \frac{d_0^4(1-\beta\zeta)^4}{D_0^4 - d_0^4}\right],$$
$$A(\zeta) = \frac{\pi(D_0^2 - d_0^2)}{4}\left[\frac{D_0^2(1-\alpha\zeta)^2}{D_0^2 - d_0^2} - \frac{d_0^2(1-\beta\zeta)^2}{D_0^2 - d_0^2}\right].$$

Setzt man zur Abkürzung

$$\frac{d_0^4}{D_0^4 - d_0^4} = \gamma, \quad \frac{D_0^4}{D_0^4 - d_0^4} = 1 + \gamma, \quad \frac{d_0^2}{D_0^2 - d_0^2} = \delta, \quad \frac{D_0^2}{D_0^2 - d_0^2} = 1 + \delta,$$

dann ergeben sich die Verjüngungsfunktionen

$$f_1(\zeta) = \left[(1+\gamma)(1-\alpha\zeta)^4 - \gamma(1-\beta\zeta)^4\right],$$
$$f_2(\zeta) = \left[(1+\delta)(1-\alpha\zeta)^2 - \delta(1-\beta\zeta)^2\right].$$

Die Minimaleigenschaft des Rayleigh-Quotienten $\bar{R}[V]$ (5.72) liefert damit

$$\frac{\int_0^1 \left[(1+\gamma)(1-\alpha\zeta)^4 - \gamma(1-\beta\zeta)^4\right] V''^2 \mathrm{d}\zeta}{\int_0^1 \left[(1+\delta)(1-\alpha\zeta)^2 - \delta(1-\beta\zeta)^2\right] V^2 \mathrm{d}\zeta} \geq \lambda_1^4.$$

Um einen guten Näherungswert zu erhalten, ist eine geeignete zulässige Funktion zur Beschreibung der Grundform $U_1(\zeta)$ zu verwenden, beispielsweise

$$V(\zeta) = V_1(\zeta) = \zeta^2 - \frac{2}{3}\zeta^3 + \frac{1}{6}\zeta^4,$$

die sogar alle Randbedingungen $(5.71)_2$ erfüllt. Besonders einfach wird das Ergebnis für $\alpha = \beta$, d. h. $D_1/D_0 = d_1/d_0$. Man erhält

$$\lambda_1^4 \approx \frac{\int_0^1 (1-\alpha\zeta)^4 V_1''^2 \mathrm{d}\zeta}{\int_0^1 (1-\alpha\zeta)^2 V_1^2 \mathrm{d}\zeta},$$

woraus beispielsweise für $\alpha = 0{,}5$ das Näherungsergebnis $\lambda_1^4 \approx 24{,}9173$ als obere Schranke des wahren Wertes folgt. ■

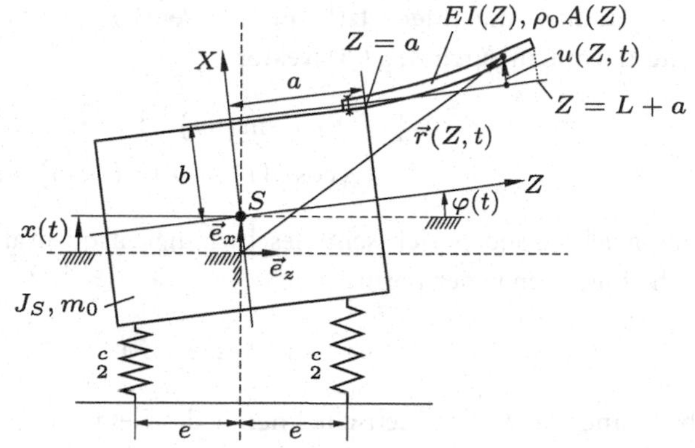

Abb. 5.13 Elastisch abgestütztes starres Fundament mit eingespanntem Kragträger

Im Zusammenhang mit freien Balkenschwingungen wird zum Schluss noch auf ein Schwingungsproblem eingegangen, das bei der Messung von Strukturschwingungen wichtig ist. Zwei Szenarien sind dann typisch: Entweder hat man die Schwierigkeit, dass bei der realen Einspannung beispielsweise eines Kragträgers in „ruhender" Umgebung die idealen geometrischen Einspannbedingungen $u = 0$, $u_{,Z} = 0$ sowohl durch mitschwingende Masse als auch endliche Steifigkeit und Dämpfung der Einspannumgebung unkontrolliert verändert werden oder gar ein eigener Schwingungsprüfstand bestehend aus starrem, federnd und dämpfend gelagertem Fundament beispielsweise zur Messung von Turbinenschaufel-Eigenkreisfrequenzen eingesetzt wird. Möglicherweise hat man in diesem Falle dafür gesorgt, dass die Befestigung der Schaufel am Fundament – unterstützt durch geeignete Materialdaten des Fundaments – wieder als ideale Einspannung angesehen werden kann und die Verfälschungen durch die bekannten Daten von Fundamentmasse und -lagerung entstehen. Diese etwas einfachere Aufgabenstellung, die auf [30] zurückgeht, wird im Folgenden diskutiert. Bei dem anderen Fall besteht ja eine wesentliche Zusatzaufgabe darin, Ersatzmasse, -federkonstante und -dämpferkonstante der Umgebung im Versuch vorab erst zu ermitteln. Zur erschöpfenden Behandlung der gesamten Problematik besteht also durchaus noch Forschungsbedarf.

Beispiel 5.7 Eine konkrete Aufgabenstellung wird durch Abb. 5.13 illustriert. Die schlanke elastische Turbinenschaufel im Sinne der Bernoulli-Euler-Theorie (Länge L, Biegesteifigkeit $EI(Z)$ und Masse pro Länge $\rho_0 A(Z)$) wird auf einem starren Fundament der endlichen Masse m_0 und dem auf seinen Schwerpunkt S bezogenen Massenträgkeitsmoment J_S ideal eingespannt. Das Fundament seinerseits wird hier vereinfachend rein elastisch über zwei Federn (jeweilige Federkonstante $c/2$) gegen die ruhende Umgebung abgestützt. Zur Herleitung eines geeigneten mathematischen Modells wird eine *hybride* Formulierung bevorzugt, die die Bewegung eines materiellen Teilchens des Schaufel aus den Starrkörperfreiheitsgraden $x(t)$ (Translation) und $\varphi(t)$ (Rotation) des Fundaments sowie der orts- und zeitabhängigen Verbiegung $u(Z,t)$ der Schaufel relativ zum Fundament für $a \leq Z \leq$

$a + L$ additiv zusammensetzt[14]. Ein Massenelement des Stabes wird dementsprechend im Intertialsystem durch den Ortsvektor

$$\begin{aligned}\vec{r} &= [x(t) + Z\sin\varphi(t) + (b + u(Z,t))\cos\varphi(t)]\,\vec{e}_x \\ &\quad + [Z\cos\varphi(t) - (b + u(Z,t))\sin\varphi(t)]\,\vec{e}_z\end{aligned}$$

beschrieben, sodass sich sein Geschwindigkeitsquadrat bei den vorausgesetzten kleinen Schwingungen in der Form

$$\vec{v}^2 = v^2 = [\dot{x} + (Z\dot{\varphi} + u_{,t})]^2 + b^2\dot{\varphi}^2$$

berechnen lässt. Die kinetische Energie des Gesamtsystems ist dann durch

$$T = \frac{1}{2}\int_a^{a+L} \rho_0 A(Z) v^2 \mathrm{d}Z + \frac{J_S}{2}\dot{\varphi}^2 + \frac{m_0}{2}\dot{x}^2$$

gegeben, während für die potenzielle Energie

$$U = \frac{1}{2}\int_a^{a+L} EI(Z) u_{,ZZ}^2 \mathrm{d}Z + \frac{c}{2}x^2 + \frac{ce^2}{2}\varphi^2$$

und die virtuelle Arbeit (bei freien Schwingungen)

$$W_\delta = 0$$

keine Besonderheiten auftreten. Gewichtseinflüsse bleiben unbeachtet, wodurch auch der Fall von Schwingungen im Schwerkraftfeld erfasst ist, wenn man Schwingungen um die statische Ruhelage betrachtet. Hochgestellte Punkte (bei den rein zeitabhängigen Starrkörperbewegungen) bzw. tiefgestellte t (für die orts- und zeitabhängige Durchbiegung) kennzeichnen gewöhnliche bzw. partielle Zeitableitungen, tiefgestellte Z stehen für (partielle) Ortsableitungen. Das Prinzip von Hamilton kann damit ausgewertet werden und liefert die drei gekoppelten Bewegungsgleichungen

$$\begin{aligned}&\rho_0 A(\ddot{x} + Z\ddot{\varphi} + u_{,tt}) + [EI(Z)u_{,ZZ}]_{,ZZ} = 0, \\ &\qquad a \le Z \le a + L, \\ &\left(m_0 + \int_a^{a+L} \rho_0 A(Z)\mathrm{d}Z\right)\ddot{x} + cx + \int_a^{a+L} \rho_0 A(Z)(Z\ddot{\varphi} + u_{,tt})\mathrm{d}Z = 0, \\ &\left[J_S + \int_a^{a+L} \rho_0 A(Z)(Z^2 + b^2)\mathrm{d}Z\right]\ddot{\varphi} + ce^2\varphi + \int_a^{a+L} \rho_0 A(Z) Z(\ddot{x} + u_{,tt})\mathrm{d}Z = 0\end{aligned} \tag{5.73}$$

[14] Entsprechende Beschreibungen werden am Ende des folgenden Abschn. 5.2.3 und vergleichend in Abschn. 5.5.2 diskutiert.

als ein System von Integro-Differenzialgleichungen und die – teilweise geometrischen – Randbedingungen

$$u(a,t) = 0, \quad u_{,Z}(a,t) = 0, \quad u_{,ZZ}(a+L,t) = 0, \quad u_{,ZZZ}(a+L,t) = 0 \tag{5.74}$$

für alle $t \geq 0$. Sollen wie hier nur die Eigenkreisfrequenzen berechnet werden, kann auf die Angabe von Anfangsbedingungen verzichtet werden. Das gefundene komplizierte Randwertproblem kann infolge der ortsabhängigen Koeffizienten nur näherungsweise gelöst werden, auch wenn hier nur die Verfälschung der tiefsten Biegeeigenkreisfrequenz berechnet werden und dabei eine Bedingung formuliert werden soll, wie weit man die Teilsysteme Balken und Fundament durch Wahl geeigneter Fundamentparameter so gegeneinander verstimmen muss, um möglichst wenig verfälschte Balkeneigenfrequenzen zu messen.

Um den quantitativen Rechenaufwand etwas zu senken, wird im Folgenden von den beiden Starrkörperfreiheitsgraden nur noch die Drehung berücksichtigt, der Rechengang für das kompliziertere System ist völlig analog. Es ist also ab jetzt das Randwertproblem

$$\begin{gathered}
\rho_0 A(u_{,tt} + Z\ddot{\varphi}) + [EI(Z)u_{,ZZ}]_{,ZZ} = 0, \quad a \leq Z \leq a+L, \\
\left[J_S + \int\limits_a^{a+L} \rho_0 A(Z)(Z^2+b^2)\mathrm{d}Z\right]\ddot{\varphi} + ce^2\varphi + \int\limits_0^L \rho_0 A(Z) Z\, u_{,tt}\mathrm{d}Z = 0, \\
u(a,t) = 0, \quad u_{,Z}(a,t) = 0, \quad u_{,ZZ}(a+L,t) = 0, \quad u_{,ZZZ}(a+L,t) = 0 \;\; \forall t \geq 0
\end{gathered} \tag{5.75}$$

zu untersuchen. Zur Lösung wird $u(Z,t)$ als gemischter Ritz-Ansatz in Form einer 1-Glied-Näherung

$$u(Z,t) = U(Z)T(t)$$

mit der vorzugebenden Ortsfunktion $U(Z)$, die möglichst alle Randbedingungen $(5.75)_3$ erfüllen muss, und der gesuchten Zeitfunktion $T(t)$ angesetzt. Mithin erhält man anstelle des Randwertproblems (5.75) ersatzweise ein Schwingungssystem mit nur mehr zwei Freiheitsgraden $\varphi(t)$ und $T(t)$. Führt man zur Abkürzung die Parameter

$$c_0 = ce^2, \quad J = J_S + \int\limits_a^{a+L} (Z^2+b^2)\mathrm{d}Z,$$

$$c_1 = \int\limits_a^{a+L} (EIU_{,ZZ})_{,ZZ} U\mathrm{d}Z, \quad c_2 = \int\limits_a^{a+L} \rho_0 AU^2\mathrm{d}Z, \quad c_3 = \int\limits_a^{a+L} \rho_0 AZU\mathrm{d}Z$$

ein, lauten die Bewegungsgleichungen konkret

$$\begin{aligned}
c_2\ddot{T} + c_3\ddot{\varphi} + c_1 T &= 0, \\
c_3\ddot{T} + J\ddot{\varphi} + c_0\varphi &= 0.
\end{aligned} \tag{5.76}$$

Hierin haben ersichtlich

$$\frac{c_1}{c_2} = \frac{\int_a^{a+L} (EIU_{,ZZ})_{,ZZ} U \mathrm{d}Z}{\int_a^{a+L} \rho_0 A U^2 \mathrm{d}Z} = \omega_\mathrm{B}^2, \qquad \frac{c_0}{J} = \omega_\mathrm{D}^2$$

die Bedeutung von Eigenkreisfrequenzquadraten. Während ω_D die Dreheigenkreisfrequenz des aus Fundament und erstarrtem Balken gebildeten Subsystems ist, ist ω_B diejenige Biegeeigenkreisfrequenz des Kragträgers mit idealer Einspannung, die zur Eigenfunktion $U(Z)$ gehört. Wenn $U(Z)$ z. B. die genaue Form der Grundschwingung ist, dann ist ω_B der exakte Wert der zugehörigen tiefsten Eigenkreisfrequenz. Das System (5.76) hat jedoch andere Eigenfrequenzen, die nicht mit der gesuchten (tiefsten) Biegefrequenz ω_B zusammenfallen und jetzt berechnet werden sollen. Die isochronen Eigenschwingungsansätze

$$T(t) = A \cos \omega t, \qquad \varphi(t) = B \cos \omega t$$

ergeben aus dem resultierenden homogenen, algebraischen Gleichungssystem mit der Kopplungskonstanten $\gamma^2 = c_3^2/(c_2 J)$ die maßgebende Frequenzgleichung

$$(1-\gamma^2)\omega^4 - (\omega_\mathrm{D}^2 + \omega_\mathrm{B}^2)\omega^2 + \omega_\mathrm{D}^2 \omega_\mathrm{B}^2 = 0$$

als verschwindende Systemdeterminante. Mit dem immer positiven Vorfaktor $1-\gamma^2$ ergeben sich daraus die gesuchten beiden Eigenkreisfrequenzen ω_1 und ω_2 des Koppelsystems in dimensionsloser Form

$$\frac{\omega_1^2}{\omega_\mathrm{B}^2} = \frac{1 + q^2 - \sqrt{(1-q^2)^2 + 4\gamma^2 q^2}}{2(1-\gamma^2)},$$
$$\frac{\omega_2^2}{\omega_\mathrm{B}^2} = \frac{1 + q^2 + \sqrt{(1-q^2)^2 + 4\gamma^2 q^2}}{2(1-\gamma^2)}$$

mit dem Kopplungsparameter $q^2 = \omega_\mathrm{D}^2/\omega_\mathrm{B}^2$. Ersichtlich wäre für $\gamma = 0$ wie gewünscht $\omega_2 = \omega_\mathrm{B}$, während man für $\gamma \neq 0$ einen „verfälschten" Wert hiervon erhält. Werden die erhaltenen Werte für $\gamma = \mathrm{const}$ aufgetragen, siehe Abb. 5.14, liest man ab, dass nur für starke Verstimmung des Systems, d. h. für

$$q^2 = \frac{\omega_\mathrm{D}^2}{\omega_\mathrm{B}^2} \ll 1 \text{ oder } q^2 \gg 1,$$

Annäherungen von ω_1 oder ω_2 an ω_B möglich sind. Die Bestimmung der Biegefrequenz ω_B durch Messung geschieht meistens über einen Resonanz-, seltener auch über einen Ausschwingversuch. In jedem Falle sind nur ω_1 und ω_2 und nicht das gesuchte ω_B der Messung zugänglich. Offenbar gibt es aber zwei Bereiche von $q = \omega_\mathrm{D}/\omega_\mathrm{B}$, in denen ω_1 und ω_2 den Wert von ω_B wenigstens annähern. Immer ist dies durch eine so genannte *Tiefabstimmung*

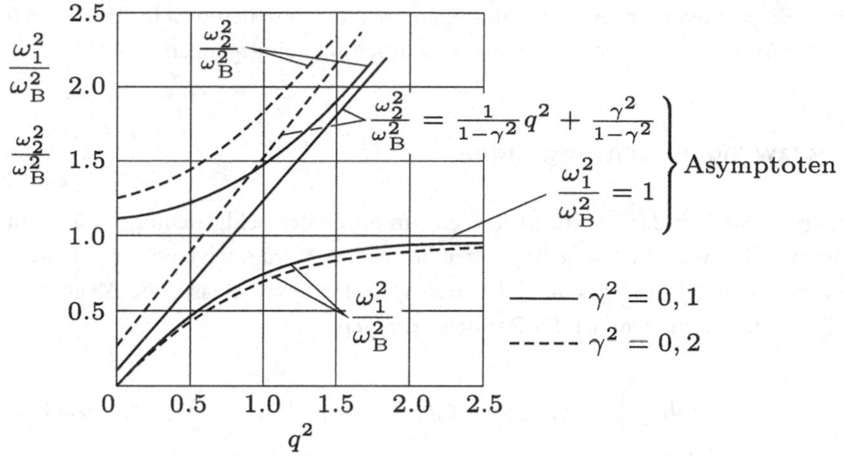

Abb. 5.14 Eigenkreisfrequenzverhältnisse ω_1^2/ω_B^2 und ω_2^2/ω_B^2 abhängig von der Verstimmung q^2

$q \ll 1$ möglich, die dadurch realisiert wird, dass man ω_D entsprechend weit unter der tiefsten Biegeeigenfrequenz ω_B wählt. Dann ist

$$\omega_2^2 = \omega_B^2\left(\frac{1}{1-\gamma^2} + \frac{\gamma^2}{1-\gamma^2}q^2 + \dots\right) = \omega_B^2[1 + \gamma^2(1+q^2) + \dots],$$

sodass man allerdings außer für kleines q^2 auch noch für kleines γ^2 zu sorgen hat, wenn $\omega_2 \approx \omega_B$ werden soll. Da die Daten des Trägers gegeben sind, liegen ω_B, c_3 und c_2 fest, man kann kleines γ^2 nur durch großes J sowie kleines ω_D durch zusätzlich kleines c_0 anstreben. Daneben kommt auch eine *Hochabstimmung* in Frage, wobei allerdings die Größenordnung der höchsten zu messenden Biegeeigenkreisfrequenz bekannt sein muss, um gegen sie hoch abzustimmen. Ist nur die tiefste Biegeeigenkreisfrequenz treu zu messen, dann ist gegen sie hoch abzustimmen und dies ist auf der Basis der hier durchgeführten Rechnung direkt ersichtlich. Es ist dann nämlich

$$\omega_1^2 = \omega_B^2\left(\frac{1}{1-\gamma^2} + \dots\right),$$

und mit wachsendem q wird die Annäherung von ω_1 an ω_B immer besser und erreicht den Wert asymptotisch für den allerdings nur theoretischen Wert $q \to \infty$. ■

Probleme mit an den Rändern von Strukturmodellen angekoppelten Starrkörpern ohne Relativbewegungsmöglichkeiten zwischen ihnen sind also durchaus vorteilhaft in Hybridkoordinaten zu beschreiben. Wie bereits erwähnt, können sie allerdings äquivalent auch durch nur orts- und zeitabhängige Variablen dargestellt werden, wenn man Trägheitswirkungen in den Randbedingungen zulässt. Am Ende des folgenden Abschn. 5.2.3 über erzwungene Biegeschwingungen von stabartigen Strukturmodellen und in Abschn. 5.5.2 zu rotierenden Wellen wird auf diese Problematik nochmals eingegangen.

5.2.3 Erzwungene Schwingungen

Es wird grundsätzlich das Randwertproblem im Sinne der Feldgleichung (5.62) mit vergleichsweise allgemeinen Randbedingungen betrachtet. Wird noch eine verteilte Materialdämpfung einbezogen und anstatt (5.63) bzw. (5.64) eine viskoelastische Abstützung der Stabenden vorgesehen, dann ist das Randwertproblem

$$\begin{aligned} &\left(1+d_\mathrm{i}\frac{\partial}{\partial t}\right)(EIu_{,ZZ})_{,ZZ}+c_\mathrm{a}\rho_0 Au+d_\mathrm{a}\rho_0 Au_{,t}+\rho_0 Au_{,tt}=p(Z,t),\\ u_{,ZZ}(0,t)=0,\quad &\left(1+d_\mathrm{i}\frac{\partial}{\partial t}\right)[EIu_{,ZZ}]_{,Z}\big|_{(0,t)}+d_0 u_{,t}(0,t)+c_0 u(0,t)=0,\\ u_{,ZZ}(L.t)=0,\quad &\left(1+d_\mathrm{i}\frac{\partial}{\partial t}\right)[EIu_{,ZZ}]_{,Z}\big|_{(L,t)}-d_L u_{,t}(L,t)-c_L u(L,t)=0\ \forall t\geq 0 \end{aligned} \tag{5.77}$$

den weiteren Rechnungen zugrunde zu legen.

Liegen konstante Koeffizienten vor, dann kann wieder mittels Greenscher Resolvente eine Partikulärlösung berechnet werden. Um das zugehörige zeitfreie Randwertproblem zu erhalten, soll hier wieder ohne größere Einschränkung der Allgemeinheit eine separierbare harmonische Anregung $p(Z,t)=P(Z)e^{\mathrm{i}\Omega t}$ mit einer vorgegebenen Verteilung $P(Z)$ und einer vorgegebenen Erregerkreisfrequenz Ω betrachtet werden. Über einen gleichfrequenten Produktansatz $u_\mathrm{P}(Z,t)=U(Z)e^{\mathrm{i}\Omega t}$ kommt man zum zeitfreien Randwertproblem

$$\begin{aligned} &(1+d_\mathrm{i}\mathrm{i}\Omega)\,U''''-(\Omega^2-d_\mathrm{a}\mathrm{i}\Omega-c_\mathrm{a})L^4U=P(\zeta),\\ U''(0)=0,\quad &(1+d_\mathrm{i}\mathrm{i}\Omega)\,U'''(0)+(d_0\mathrm{i}\Omega+c_0)L^3U(0)=0,\\ U''(1)=0,\quad &(1+d_\mathrm{i}\mathrm{i}\Omega)\,U'''(1)-(d_L\mathrm{i}\Omega+c_L)L^3U(1)=0 \end{aligned} \tag{5.78}$$

für die zeitfreie, im Allgemeinen komplexwertige Zwangsschwingungsform $U(\zeta)$, deren Lösung gesucht ist. Gemäß der in Abschn. 4.2.2 dargestellten Vorgehensweise ist die Rechnung dann ohne weitere Einschränkungen zu leisten, wenn auch hier die Frequenzabhängigkeit nicht durch einen einzigen Parameter λ_E^4 charakterisiert werden kann, weil auch die Randbedingungen frequenzabhängig sind. Ein Beispiel zur Abschirmung harmonischer Störungen mittels Balkenfundamenten (siehe [26]) spezifiziert die Rechnung.

Beispiel 5.8 Es wird ein balkenförmiges, hier elastisches Schwingungsfundament gemäß Abb. 5.15 betrachtet, das zur Abschirmung einer harmonischen Erregerkraft verwendet werden soll. Die über die viskoelastische Abstützung (Federsteifigkeit c, Dämpfungsziffer k) des Balkens der Länge L mit der konstanten Biegesteifigkeit EI und der konstanten Massenbelegung $\rho_0 A$ (die Masse der Aufbauten sei darin enthalten) an seinen beiden Enden

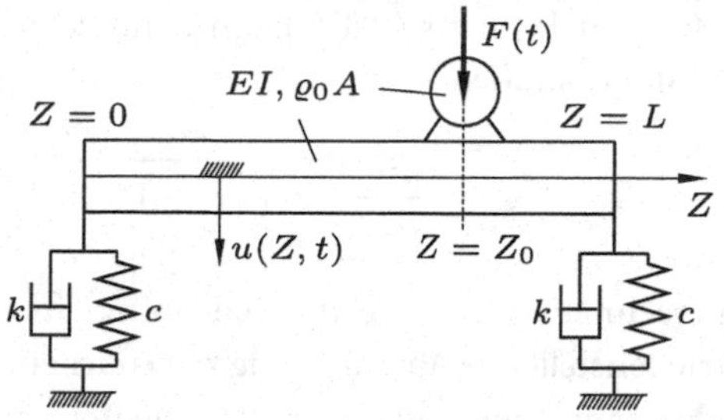

Abb. 5.15 Balkenfundament zur Aktivabschirmung

in den Boden geleiteten Kräfte sind dazu hinreichend klein zu halten. Zur Vereinfachung wird die erregende Maschine lokal konzentriert bei $Z = Z_0$ auf dem Balkenfundament gelagert. Das beschreibende Randwertproblem wird durch die Beziehungen (5.77) repräsentiert, wenn vereinfachend d_i, d_a, $c_\mathrm{a} = 0$ und die Werte c_0, c_L, k_0, k_l, gleich, nämlich c und k, gesetzt werden. Auch das zeitfreie Zwangsschwingungsproblem (5.78) bleibt mit denselben Vereinfachungen gültig und lautet unter Verwendung der Abkürzungen $\lambda_\mathrm{E}^2 = \rho_0 A\Omega^2 L^4/(EI)$, $\gamma^2 = cL^3/(EI)$, $2D = kL/\sqrt{EI\rho_0 A}$ und $F(\zeta) = P(\zeta)L^2/(EI)$ konkret

$$\begin{gathered}
U'''' - \lambda_\mathrm{E}^2 U = F(\zeta),\\
U''(0) = 0, \quad U'''(0) + (\gamma^2 + 2D\,\mathrm{i}\lambda_\mathrm{E})U(0) = 0,\\
U''(1) = 0, \quad U'''(1) - (\gamma^2 + 2D\,\mathrm{i}\lambda_\mathrm{E})U(1) = 0.
\end{gathered} \tag{5.79}$$

Die Lösung des zeitfreien Zwangsschwingungsproblems (5.79) gelingt dann nach Berechnung der komplexwertigen Greenschen Resolvente $G(\zeta, \eta, \mathrm{i}\lambda_\mathrm{E})$ in Integralform

$$U(\zeta) = \int_0^1 G(\zeta, \eta, \mathrm{i}\lambda_\mathrm{E})F(\eta)\mathrm{d}\eta,$$

wobei für eine bei ζ_0 konzentrierte Einzellast F_0 das stark vereinfachte Ergebnis

$$U(\zeta) = G(\zeta, \zeta_0, \mathrm{i}\lambda_\mathrm{E})F_0 \tag{5.80}$$

folgt. Allerdings interessiert hier nicht die örtliche Schwingungsverteilung $U(\zeta)$, sondern die Amplitude der in den Boden geleiteten Kraft. Diese setzt sich im Zeitbereich aus den beiden Anteilen $f(j,t) = ku_{,t}(j,t) + cu(j,t)$, $j = 0, L$ an jedem Balkenende additiv zusammen, woraus im Frequenzbereich $F(j) = (2D\mathrm{i}\lambda_\mathrm{E} + \gamma^2)U(j)$ resultiert. Für Abschirmaufgaben sind Phasenverschiebungen uninteressant und nur die Amplituden als Beträge der komplexwertigen Größen wichtig, beispielsweise

$$|F(j)| = \sqrt{\gamma^2 + 4D^2\lambda_\mathrm{E}^2}\,|U(j)|, \ j = 0, 1.$$

Mit dem Ergebnis (5.80) kann dann schließlich auch das entscheidende Verhältnis der Kraftamplituden

$$\frac{|F(j)|}{F_0} = \sqrt{\gamma^2 + 4D^2\lambda_E^2}\,|G(j,\zeta_0,\mathrm{i}\lambda_E)| \equiv V(j), \; j = 0,1 \tag{5.81}$$

berechnet werden, das die Bedeutung einer Vergrößerungsfunktion besitzt. Um eine zufriedenstellende Abschirmung zu erreichen, muss jedes $V(j)$ oder besser noch ihre Summe kleiner eins sein, am besten $\ll 1$. Die Berechnung der Greenschen Resolvente im vorliegenden Fall verläuft grundsätzlich in den Bahnen, die bereits in Beispiel 4.21 des Abschn. 4.2.2 dargelegt wurden. Da die Greensche Resolvente die homogene Differenzialgleichung des Randwertproblems (5.79) zu erfüllen hat und diese mit der Differenzialgleichung des Eigenwertproblems (5.65) übereinstimmt, bildet deren allgemeine Lösung (5.67) das zugehörige Fundamentalsystem, das auch schon in Beispiel 4.21 auftrat. Der Rechengang ist also zunächst einmal wie dort, und selbst die Anpassung an die Stetigkeits- und Sprungbedingungen bei $\zeta = \eta$ bleibt unverändert mit identischen Zwischenergebnissen. Die sich daran anschließende Auswertung ist allerdings komplizierter, weil im Gegensatz zu dort hier Cauchysche Randbedingungen auftreten, die sogar den Frequenzparameter λ_E enthalten. Das Ergebnis der Auswertung kann der Arbeit [13] entnommen werden, die allerdings für eine ganz andere Zielsetzung, nämlich die unwuchterregten Schwingungen einer viskoelastisch gelagerten rotierenden Welle zu analysieren, die gesuchte Greensche Resolvente angibt. Umformuliert auf die hier eingeführten Parameter unter Verwendung der Abkürzungen $\Lambda^4 = \lambda_E^2$ und $E = \gamma^2 + 2D\,\mathrm{i}\lambda_E = \gamma^2 + 2D\,\mathrm{i}\Lambda^2$ ergibt sich

$$\begin{aligned}
G(\zeta,\eta,\mathrm{i}\lambda_E) = \frac{1}{4\Lambda^3 N}\big[&K_1 \sin\Lambda\zeta \sin\Lambda\eta + K_2(\sin\Lambda\zeta\cos\Lambda\eta + \cos\Lambda\zeta\sin\Lambda\eta)\\
&+ K_3(\sin\Lambda\zeta\sinh\Lambda\eta + \sinh\Lambda\zeta\sin\Lambda\eta)\\
&+ K_4(\sin\Lambda\zeta\cosh\Lambda\eta + \cosh\Lambda\zeta\sin\Lambda\eta)\\
&+ K_5(\cos\Lambda\zeta + \cosh\Lambda\zeta)(\cos\Lambda\eta + \cosh\Lambda\eta)\\
&+ K_6(\cos\Lambda\zeta\sinh\Lambda\eta + \sinh\Lambda\zeta\cos\Lambda\eta)\\
&+ K_7(\sinh\Lambda\zeta\cosh\Lambda\eta + \cosh\Lambda\zeta\sinh\Lambda\eta) + K_8\sinh\Lambda\zeta\sinh\Lambda\eta\big]\\
+ \frac{1}{4\Lambda^3}(&\pm\sin\Lambda\zeta\cos\Lambda\eta \mp \cos\Lambda\zeta\sin\Lambda\eta\\
&\mp \sinh\Lambda\zeta\cosh\Lambda\eta \pm \cosh\Lambda\zeta\sinh\Lambda\eta)\begin{Bmatrix}\zeta < \eta,\\ \zeta > \eta,\end{Bmatrix},
\end{aligned}$$

$$\begin{aligned}
K_1 &= 2E\Lambda^3(2\cos\Lambda\cosh\Lambda + \sin\Lambda\sinh\Lambda)\\
&\quad - \Lambda^6(\sin\Lambda\cosh\Lambda + \cos\Lambda\sinh\Lambda) - 4E^2\cos\Lambda\sinh\Lambda,\\
K_2 &= [(\Lambda^6 + 2E^2)\sinh\Lambda - 2E\Lambda^3\cosh\Lambda]\sin\Lambda,\\
K_3 &= 2E\Lambda^3(1 + \cos\Lambda\cosh\Lambda) - \Lambda^6(\sin\Lambda\cosh\Lambda + \cos\Lambda\sinh\Lambda),\\
K_4 &= \Lambda^6(\sin\Lambda\sinh\Lambda + \cos\Lambda\cosh\Lambda - 1) - 2E\Lambda^3\cos\Lambda\sinh\Lambda,\\
K_5 &= 2E\Lambda^3\sin\Lambda\sinh\Lambda + \Lambda^6(\cos\Lambda\sinh\Lambda - \sin\Lambda\cosh\Lambda),
\end{aligned}$$

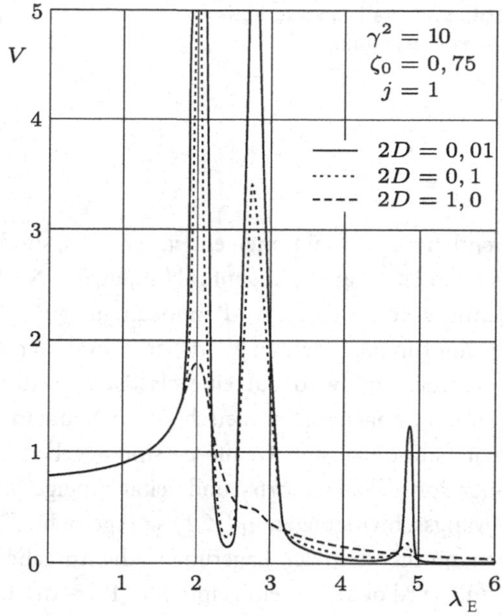

Abb. 5.16 Vergrößerungsfunktion $V(1)$ für Balkenfundament

$$
\begin{aligned}
K_6 &= \Lambda^6(1+\sin\Lambda\sinh\Lambda-\cos\Lambda\cosh\Lambda)-2E\Lambda^3\sin\Lambda\cosh\Lambda,\\
K_7 &= \left[(\Lambda^6-2E^2)\sin\Lambda-2E\Lambda^3\cos\Lambda\right]\sinh\Lambda\\
K_8 &= 2E\Lambda^3(2\cos\Lambda\cosh\Lambda-\sin\Lambda\sinh\Lambda)\\
&\quad-\Lambda^6(\sin\Lambda\cosh\Lambda+\cos\Lambda\sinh\Lambda)+4E^2\sin\Lambda\cosh\Lambda,\\
N &= \Lambda^6(1-\cos\Lambda\cosh\Lambda)-2E\Lambda^3(\sin\Lambda\cosh\Lambda-\cos\Lambda\sinh\Lambda)+2E^2\sin\Lambda\sinh\Lambda.
\end{aligned}
$$

Damit stehen alle Bausteine zur Verfügung, die Vergrößerungsfunktion $V(j)$ (5.81) konkret auszurechnen. In Abb. 5.16 ist $V(1)$ am rechten Balkenende als Funktion des Frequenzparameters λ_E dargestellt. Die geforderte Abschirmbedingung ist offenbar in abzählbar unendlich vielen Frequenzintervallen realisierbar, wobei man jedoch darauf zu achten hat, dass man nicht in die Nähe einer Resonanzstelle gerät. ■

Der Rechenaufwand ist also gegenüber jenem zur Behandlung der Telegrafengleichung merklich angestiegen. Oftmals erscheint es einfacher, auch bei konstanten Querschnittsdaten modale Entwicklungen einzusetzen, um eine Partikulärlösung des inhomogenen Randwertproblems zu ermitteln. Diese Alternative ist ja in Abschn. 4.2.3 und daneben auch in Abschn. 4.2.4 angesprochen worden. Verwendet man die Variante des gemischten Ritz-Ansatzes gemäß Abschn. 4.2.4, verbleibt man gleich im Zeitbereich und verfolgt damit möglicherweise den geradlinigsten Lösungsweg. Abschließend soll diese Vorgehensweise – verallgemeinert auf veränderlichen Querschnitt – nochmals dargestellt werden und zwar in der Form, dass die gesuchte Zwangsschwingung nicht in ihre (näherungsweise zu berech-

Abb. 5.17 Balken veränderlichen Querschnitts

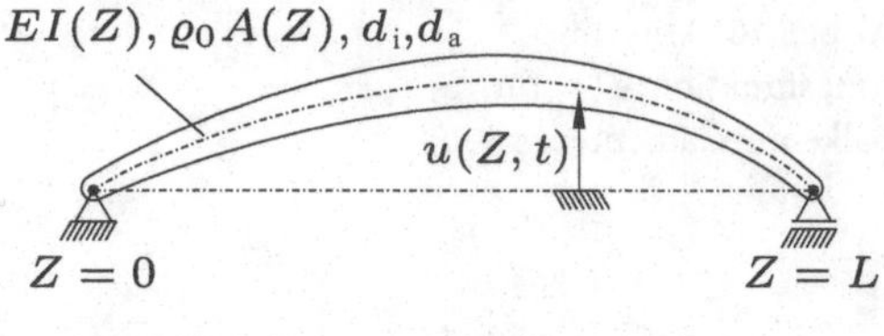

nenden) Eigenfunktionen entwickelt wird, sondern in Vergleichsfunktionen. Zweckmäßig verwendet man die Eigenfunktionen des Nachbarproblems „Balken konstanten Querschnitts mit denselben Randbedingungen". Es werden verteilte Dämpfungseinflüsse (Dämpfungskonstanten d_i, d_a) im Sinne der Bequemlichkeitshypothese berücksichtigt, vereinfachend wird auf eine elastische Bettung verzichtet, und als Randbedingungen werden zunächst Dirichletsche oder Neumannsche Randbedingungen zugelassen. Elastizitätsmodul E und Dichte ρ_0 sind gegeben. Der Balken wird durch eine separierbare, aber sonst beliebig orts- und zeitabhängige Streckenlast $p(Z,t)$ erregt. Die stationären Zwangsschwingungen $u_\mathrm{P}(Z,t)$ sind gesucht. Für den Fall einer beidseitig unverschiebbaren, momentenfreien Lagerung ist die Aufgabenstellung durch Abb. 5.17 illustriert.

Es wird demnach ein gemischter Ritz-Ansatz

$$u(Z,t) = \sum_{k=1}^{N} V_k(Z) T_k(t) \tag{5.82}$$

mit zunächst endlicher Obergrenze N und den genannten Vergleichsfunktionen $V_k(Z)$ in die zugehörige Differenzialgleichung

$$\left(1 + d_\mathrm{i}\frac{\partial}{\partial t}\right)[EI(Z)u_{,ZZ}]_{,ZZ} + d_\mathrm{a}\rho_0 A(Z)u_{,t} + \rho_0 A(Z)u_{,tt} = p(Z,t) \tag{5.83}$$

eingeführt, die Randbedingungen, hier durch

$$u(j,t)\left[(EIu_{,ZZ})_{,Z}\right]_{j,t} = 0, \quad u_{,Z}(j,t)\left[EIu_{,ZZ}\right]_{j,t} = 0$$

für alle $t \geq 0$ repräsentiert, werden ja durch die Vergleichsfunktionen $V_k(Z)$ erfüllt. Multipliziert man im Sinne Galerkins die Gleichung (5.83) dann mit herausgegriffenen Vergleichsfunktionen $V_l(Z)$, $l = 1, 2, \ldots, N$, und integriert jede der erhaltenen Beziehungen von $Z = 0$ bis $Z = L$, so erhält man insgesamt N inhomogene, gewöhnliche, aber gekoppelte Differenzialgleichungen für die gesuchten Zeitfunktionen $T_k(t)$, die in Matrizenform

$$\begin{gathered} \boldsymbol{M}[\ddot{\boldsymbol{q}}] + (d_\mathrm{a}\boldsymbol{M} + d_\mathrm{i}\boldsymbol{K})[\dot{\boldsymbol{q}}] + \boldsymbol{K}[\boldsymbol{q}] = \boldsymbol{p}(t), \\ \boldsymbol{M} = (m_{kl}),\ \boldsymbol{K} = (k_{kl}),\ \boldsymbol{q} = (q_k),\ \boldsymbol{p}(t) = (p_k(t)) \end{gathered} \tag{5.84}$$

$$m_{kl} = m_{lk} = \int_0^L \rho_0 A(Z) V_k(Z) V_l(Z) \mathrm{d}Z,$$

$$k_{kl} = k_{lk} = \int_0^L EI(Z) V_{k,ZZZZ}(Z) V_l(Z) \mathrm{d}Z,$$

$$p_k(t) = \int_0^L V_k(Z) p(Z,t) \mathrm{d}Z \quad k,l = 1,2,\dots,N.$$

geschrieben werden können. Die Bewegungsgleichungen (5.84) entsprechen vollständig dem, was man von mechanischen Schwingungssystemen mit endlich vielen Freiheitsgraden kennt und können in der üblichen Weise (siehe beispielsweise [10]) gelöst werden. Da im vorliegenden Falle die Dämpfungsmatrix der Steifigkeits- bzw. Massenmatrix proportional ist, ist die klassische reellwertige Modalanalysis verwendbar, die auf den Eigenvektoren des zugehörigen „ungedämpften" Eigenwertproblems basiert.

Alternativ kann der gemischte Ritz-Ansatz (5.82) innerhalb des Ritzschen Verfahrens genutzt werden. Dazu startet man vom zugehörigen Variationsproblem, d. h. dem Prinzip von Hamilton. Für das diskutierte Problem ist dann die Beziehung

$$\delta\left\{\frac{1}{2}\int_{t_0}^{t_1}\int_0^L \rho_0 A(Z) u_{,t}^2 \mathrm{d}Z\mathrm{d}t - \frac{1}{2}\int_{t_0}^{t_1}\int_0^L EI(Z) u_{,ZZ}^2 \mathrm{d}Z\mathrm{d}t \right.$$
$$\left. + \int_{t_0}^{t_1}\int_0^L \left[p(Z,t) - d_\mathrm{a}\rho_0 A(Z) u_{,t}\right] \delta u \,\mathrm{d}Z\mathrm{d}t - d_\mathrm{i}E\int_{t_0}^{t_1}\int_0^L I(Z) u_{,tZZ}\delta u_{,ZZ} \mathrm{d}Z\mathrm{d}t\right\} = 0$$

der Ausgangspunkt. Wieder folgt ein System von Differenzialgleichungen

$$\begin{aligned} &\boldsymbol{M}[\ddot{\boldsymbol{q}}] + (d_\mathrm{a}\boldsymbol{M} + d_\mathrm{i}\boldsymbol{K})\,[\dot{\boldsymbol{q}}] + \boldsymbol{K}[\boldsymbol{q}] = \boldsymbol{p}(t), \\ &\boldsymbol{M} = (m_{kl}),\ \boldsymbol{K} = (k_{kl}),\ \boldsymbol{q} = (q_k),\ \boldsymbol{p}(t) = (p_k(t)) \end{aligned} \tag{5.85}$$

mit unveränderten Elementen der Massenmatrix und des Erreger„vektors" sowie leicht modifizerten Elementen der Steifigkeitsmatrix:

$$\begin{aligned} m_{kl} &= m_{lk} = \int_0^L \rho_0 A(Z) V_k(Z) V_l(Z) \mathrm{d}Z, \\ k_{kl} &= k_{lk} = \int_0^L EI(Z) V_{k,ZZ}(Z) V_{l,ZZ}(Z) \mathrm{d}Z, \quad k,l = 1,2,\dots,N. \end{aligned} \tag{5.86}$$

Da hier Dirichletsche oder Neumannsche Randbedingungen vorausgesetzt werden, lässt sich mittels 2-maliger Produktintegration nachrechnen, dass sich die Elemente k_{kl} der Steifigkeitsmatrix innerhalb der Galerkinschen in die der Ritzschen Gleichungen äquivalent

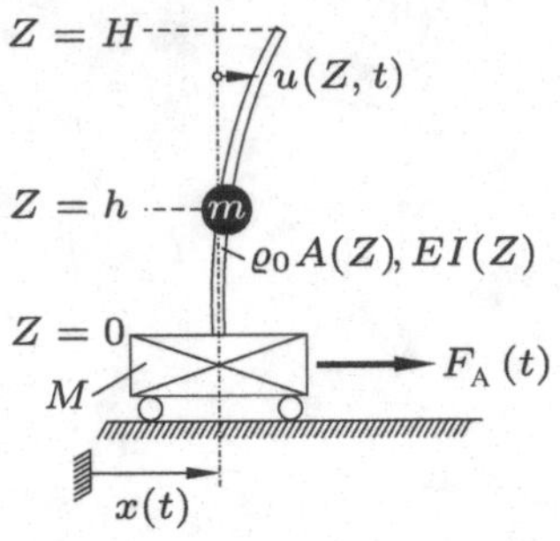

Abb. 5.18 Angetriebenes Fahrzeug mit elastischem Ausleger

umformen lassen und bei übereinstimmenden Koordinatenfunktionen dann auch identische Zahlenwerte ergeben.

Auch im inhomogenen Fall konvergieren das vorgestellte Galerkinsche bzw. Ritzsche Verfahren mit $N \to \infty$ gegen die exakte Lösung des örtlich verteilten Problems, sofern ein vollständiges System von Vergleichsfunktionen bzw. zulässigen Funktionen gewählt wird.

Bei allgemeineren Randbedingungen, wie sie beispielsweise bei einer viskoelastischen Abstützung gemäß Beispiel 5.8 mit gegebenenfalls zusätzlicher Anregung durch eine konzentrierte Randlast vorliegen, fällt die Rechnung komplizierter aus. Das Galerkinsche Verfahren beispielsweise ist dann nicht mehr ohne Weiteres anwendbar, weil es schwierig ist, Vergleichsfunktionen zu finden, die inhomogene Cauchysche Randbedingungen erfüllen. Ein Ausweg ist die bereits in Fußnote 3 des Abschn. 5.1.4 angesprochene Einbeziehung der an den Rändern lokal konzentrierten in entsprechend verteilte Wirkungen über geeignete Diracsche Impuls-Distributionen. Man bleibt damit bei reinen (homogenen) Spannungsrandbedingungen und kann dieselben Vergleichsfunktionen wie bei den ursprünglichen Neumannschen Randbedingungen verwenden, hat allerdings als geringfügige Erschwernis kompliziertere ortsabhängige Koeffizienten. Das Ritzsche Verfahren braucht u. U. nicht modifiziert zu werden, in jedem Falle muss man jedoch darauf achten, dass dann keine zulässigen Funktionen verwendet werden dürfen, die an den Rändern identisch verschwinden. Für den Fall Cauchyscher Randbedingungen ist nämlich mit solchen Formfunktionen die Bedingung der Vollständigkeit nicht zu gewährleisten.

Die am Ende von Abschn. 5.2.2 in Beispiel 5.7 bei freien Schwingungen angesprochene hybride Formulierung soll auch an dieser Stelle zur Behandlung einer wichtigen Problemstellung der Maschinendynamik nochmals Anwendung finden. Zur Behandlung erzwungener Schwingungen von Fahrzeugen mit ausgedehnten flexiblen Aufbauten, beispielsweise von Flurförderzeugen mit hohem schlanken Ausleger beim Positionieren, erscheint die in Abb. 5.18 dargestellte Modellbildung geeignet, die auftretenden Phänomene realitätsnaher zu beschreiben als bisher verwendete Mehrkörpersysteme. Das angetriebene Fahrzeug macht bei der Fahrt von Position A nach Position B nämlich große Führungsbewegungungen, wobei es zu störenden Schwingungen des Mastes kommen kann, die es zu beherrschen gilt. Das eigentliche Fahrzeug wird dabei durch einen starren Körper der Masse M repräsentiert, der durch eine Antriebskraft F_A, die von einem entsprechenden Moment eines

Motors herrührt, zu einer geradlinigen Bewegung $x(t)$ auf horizontaler Fahrbahn veranlasst wird. Ein vertikaler, stabförmiger Mast (Länge H, Biegesteifigkeit $EI(Z)$ und Massenbelegung $\rho_0 A(Z)$), einseitig in der Fahrzeugmasse eingespannt und am anderen Ende frei, kann horizontale Schwingbewegungen $u(Z,t)$ relativ zur Fahrzeugmasse ausführen. Der Einfachheit halber bleiben Dämpfungseinflüsse außer Acht. Die Wirkung der Last wird durch eine Zusatzmasse in der Höhe $0 < h < H$ in das System einbezogen. Die Herleitung des beschreibenden Randwertproblems mit Hilfe des Prinzips von Hamilton ist nach den bisherigen Ausführungen problemlos. Man erhält für die kinetische Energie

$$T = \frac{M}{2}\dot{x}^2 + \frac{1}{2}\int_0^H m^*(Z)(\dot{x} + u_{,t})^2 \mathrm{d}Z,$$

worin die Massenbelegung $m^*(Z)$ mittels geeigneter Delta-Distribution in der Form $m^*(Z) = \rho_0 A(Z) + m\delta_\mathrm{D}(Z - h)$ generalisiert wird, die potenzielle Energie

$$U = U_\mathrm{i} = \frac{1}{2}\int_0^H EI(Z)u_{,ZZ}^2 \mathrm{d}Z$$

und die virtuelle Arbeit

$$W_\delta = F_\mathrm{A}(t)\delta x.$$

Die Auswertung führt dann auf das beschreibende Randwertproblem

$$\begin{gathered} m^*(Z)(\ddot{x} + u_{,tt}) + (EIu_{,ZZ})_{,ZZ} = 0, \quad 0 \le Z \le H, \\ M\ddot{x} + \int_0^H m^*(Z)(\ddot{x} + u_{,tt})\mathrm{d}Z = F_\mathrm{A}(t), \qquad (5.87) \\ u(0,t) = 0, \ u_{,Z}(0,t) = 0, \ u_{,ZZ}(H,t) = 0, \ u_{,ZZZ}(H,t) = 0, \ \forall t \ge 0. \end{gathered}$$

Eine realitätsnahe Aufgabenstellung ist dann beispielsweise derart definiert, dass man die Antriebskraft $F_\mathrm{A}(t)$ eventuell in Form einer Antriebskennlinie $F_\mathrm{A}(\dot{x})$ so vorgibt, dass ein gewünschtes Fahrmanöver $x(t)$ präzise ausgeführt wird und die dabei auftretenden Schwingungen $u(Z,t)$ möglichst gering ausfallen sollen, mindestens dann, wenn die Zielposition erreicht wird. Es ist offensichtlich, dass dafür die vorgeschlagene hybride Koordinatenwahl Vorteile verspricht, wenn insbesondere passive oder sogar aktive Maßnahmen zur Schwingungsunterdrückung vorzusehen sind, weil dann entsprechende Hilfsaggregate, wie Dämpfer, Regler, etc., üblicherweise auf dem Fahrzeug installiert werden, um die relativen Mastschwingungen zu beeinflussen.

Die konkrete Lösung wird dann wieder eine Ortsdiskretisierung im Sinne des Ritzschen oder Galerkinschen Verfahrens verwenden, weil das erhaltene System von inhomogenen

Integro-Differenzialgleichungen mit Rand- und gegebenenfalls auch Anfangsbedingungen nur so in ein Anfangswertproblem überführt werden kann, das in der üblichen Weise lösbar erscheint. Im vorliegenden Fall bietet sich ein gemischter Ritz-Ansatz

$$u(Z,t) = \sum_{k=1}^{N} U_k(Z)T_k(t)$$

an, der als Ansatzfunktionen zweckmäßig die bereits früher berechneten Eigenfunktionen des einseitig eingespannten, am anderen Ende freien Kragträgers konstanten Querschnitts verwendet, die alle Randbedingungen erfüllen und auch bei vorhandener Lastmasse problemlos verarbeitet werden können. Resultat ist ein inhomogenes System von $N+1$ Bewegungsgleichungen für die noch zu bestimmenden Zeitfunktionen $T_k(t)$, $k = 1, 2, \ldots, N$ und den Starrkörperfreiheitsgrad $x(t)$. Ist beispielsweise als Teilaufgabe das Anfahren aus der Ruhe heraus zu einem stationären Betrieb mit konstanter Fahrzeuggeschwindigkeit zu diskutieren, ist natürlich bei dieser Fragestellung die Überlagerung der allgemeinen homogenen Lösung und einer Partikulärlösung durchzuführen, bevor abschließend an die zugehörigen Anfangsbedingungen anzupassen ist.

Bezieht man komplizierende Einflüsse, wie teleskopierbare Komponenten mit Spiel und dadurch auftretende stoßbehaftete Kontakte in die Modellierung ein, kommt man zu einer realistischen Systembeschreibung aktueller Probleme auf dem Gebiet der Maschinenschwingungen, siehe [1].

5.2.4 Gekoppelte Biege-Torsions-Schwingungen

Turbinenschaufeln axialer Strömungsmaschinen sind schwingungsgefährdete schlanke Bauteile, die häufig aber noch im Rahmen der elementaren Biegetheorie behandelt werden können. Sie haben allerdings ein Querschnittsprofil, dessen Geometrie durch strömungsmechanische Aspekte bestimmt ist und in typischer Weise unsymmetrisch ist, siehe Abb. 5.19. Dadurch fallen Flächenschwerpunkt und Schubmittelpunkt nicht mehr zusammen, sodass Biege- und Torsionsschwingungen solcher Stabstrukturen gekoppelt sind. Diese sollen im Folgenden am Beispiel konstanter Querschnittsdaten untersucht werden. Eine eventuelle Vorverwindung und der Fliehkrafteinfluss, der in Kap. 8 angesprochen wird, bleiben hier außer Acht.

Das eingetragene kartesische Bezugssystem $(S\vec{e}_x\vec{e}_y\vec{e}_z)$ im unverformten Flächenschwerpunkt S weist in Richtung der beiden Biegehauptachsen (Biegesteifigkeiten $EI_{1,2}$) und bestimmt die Stabachse Z. Der Schubmittelpunkt Q hat in diesem Referenzsystem die Koordinaten $s_{1,2} \neq 0$. Gemäß Abb. 5.19a wird dann die Verschiebung eines allgemeinen Körperpunktes P in der x, y-Ebene ($P \rightarrow \bar{P} \rightarrow \bar{\bar{P}}$), auf die es hier ankommt, beschrieben durch die Verschiebungen $u(Z,t), v(Z,t)$ des Schwerpunktes ($S \rightarrow \bar{S}$), die gleich den Verschiebungen des Schubmittelpunktes ($Q \rightarrow \bar{Q}$) sind, und einer Verdrehung $\psi(Z,t)$ um den Schubmittelpunkt, wodurch der Schwerpunkt und der allgemeine Körperpunkt

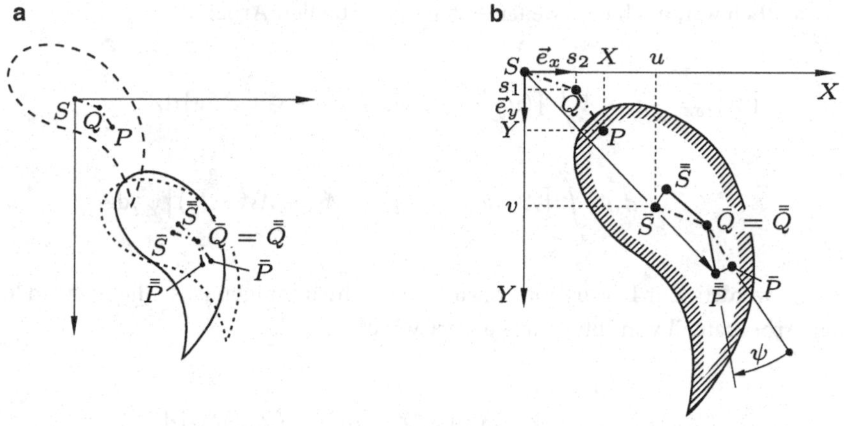

Abb. 5.19 Querschnittsprofil einer Turbinenschaufel. **a** Referenz- und allgemeine Lage, **b** allgemeine Lage mit Details

samt der Querschnittskontur in ihre Endlagen $\bar{\bar{S}}$ und $\bar{\bar{P}}$ gemäß Abb. 5.19b gelangen. Für kleine Schwingungen lässt sich damit der maßgebende Verschiebungsvektor $\vec{u}_P(Z,t)$ in der Form

$$\vec{u}_P = [u - (Y - s_1)\psi]\vec{e}_x + [v + (Y - s_2)\psi]\vec{e}_y \tag{5.88}$$

angeben. Es folgt für die kinetische Energie

$$T = \frac{\rho_0 A}{2}\int_0^L \vec{u}_{,t}^2 \mathrm{d}Z = \frac{\rho_0 A}{2}\int_0^L \left[(u_{,t} + s_1\psi_{,t})^2 + (v_{,t} - s_2\psi_{,t})^2\right]\mathrm{d}Z + \frac{\rho_0 I_\mathrm{p}}{2}\int_0^L \psi_{,t}^2 \mathrm{d}Z \tag{5.89}$$

und die potenzielle Energie, die ohne Besonderheiten angegeben werden kann:

$$U = U_\mathrm{i} = \frac{1}{2}\int_0^L \left[EI_1 u_{,ZZ}^2 + EI_2 v_{,ZZ}^2 + GI_\mathrm{T}\psi_{,Z}^2\right]\mathrm{d}Z. \tag{5.90}$$

Sollen Dämpfungseffekte einbezogen werden, ist eine Materialdämpfung im Anschluss an das elastische Potenzial (5.90), siehe auch (3.31), problemlos über den virtuellen Arbeitsanteil

$$(W_\mathrm{i})_\delta = -\int_0^L \left[k_\mathrm{i}(EI_1 u_{,ZZt}\delta u_{,ZZ} + I_2 v_{,ZZt}\delta v_{,ZZ}) + k_\mathrm{di} GI_\mathrm{T}\psi_{,Zt}\delta\psi_{,Z}\right]\mathrm{d}Z$$

zu erfassen. Zur Modellierung einer geschwindigkeitsproportionalen äußeren Dämpfung kann mit der Zeitableitung der Verschiebung (5.88), die bereits für die kinetische Energie

(5.89) wesentlich war, noch ein zweiter Anteil der virtuellen Arbeit

$$
\begin{aligned}
(W_\mathrm{a})_\delta = -d_\mathrm{a}\rho_0 A \int_0^L [(u_{,t} + s_1\psi_{,t})\delta u + (v_{,t} - s_2\psi_{,t})\delta v]\,\mathrm{d}Z \\
- d_\mathrm{a}\rho_0 \int_0^L \left[A(s_1 u_{,t} - s_2 v_{,t}) + (As_1^2 + As_2^2 + I_\mathrm{p})\right]\psi_{,t}^2\,\mathrm{d}Z
\end{aligned}
$$

hinzugefügt werden. Zur Diskussion erzwungener Schwingungen ist schließlich ein letzter virtueller Arbeitsanteil von Interesse, beispielsweise

$$
(W_\mathrm{E})_\delta = \int_0^L [p(Z,t)\delta u + q(Z,t)\delta v + m(Z,t)\delta\psi]\,\mathrm{d}Z
$$

für allgemeine Streckenlasten $p(Z,t)$, $q(Z,t)$ und $m(Z,t)$. Nach dieser Vorarbeit lässt sich das Prinzip von Hamilton (2.60) bzw. (3.10) auswerten. Orientiert man sich an den üblichen Randbedingungen einer Turbinenschaufel in Form einer Einspannung bei $Z = 0$ und freiem Ende bei $Z = L$, ergibt sich das beschreibende Randwertproblem zu

$$
\begin{aligned}
\rho_0 A[(u_{,tt} + s_1\psi_{,tt}) + d_\mathrm{a}(u_{,t} + s_1\psi_{,t})] + EI_1(u_{,ZZZZ} + d_\mathrm{i}u_{,ZZZZt}) = p(Z,t), \\
\rho_0 A[(v_{,tt} - s_2\psi_{,tt}) + d_\mathrm{a}(u_{,t} - s_2\psi_{,t})] + EI_2(v_{,ZZZZ} + d_\mathrm{i}v_{,ZZZZt}) = q(Z,t), \\
\rho_0 I_\mathrm{p}\psi_{,tt} + \rho_0 As_1(u_{,tt} + s_1\psi_{,tt}) - \rho_0 As_2(v_{,tt} - s_2\psi_{,tt}) \\
+ d_\mathrm{a}[\rho_0 I_\mathrm{p}\psi_{,t} + \rho_0 As_1(u_{,t} + s_1\psi_{,t}) - \rho_0 As_2(v_{,t} - s_2\psi_{,t})] - GI_\mathrm{T}\psi_{,ZZ} = m(Z,t), \\
u(0,t) = 0,\ u_{,Z}(0,t) = 0,\ v(0,t) = 0,\ v_{,Z}(0,t) = 0,\ \psi(0,t) = 0, \\
u_{,ZZ}(L,t) = 0,\ u_{,ZZZ}(L,t) = 0,\ v_{,ZZ}(L,t) = 0,\ v_{,ZZZ}(L,t) = 0,\ \psi_{,Z}(L,t) = 0\ \forall t \geq 0.
\end{aligned}
\tag{5.91}
$$

Im Allgemeinen liegt damit ein Randwertproblem insgesamt zehnter Ordnung in Z vor, bestehend aus drei gekoppelten Feldgleichungen (zwei davon jeweils vierter, die dritte zweiter Ordnung) und insgesamt zehn Randbedingungen, an jedem Stabende fünf. Wegen der hohen Ordnung kommen praktisch nur noch rechnergestützte Lösungsmethoden in Frage, die qualitativ zu keinen Besonderheiten führen. Das Wesentliche lässt sich bereits erkennen, wenn beispielsweise s_1 *oder* s_2 verschwindend klein ist. Es verbleibt damit ein Randwertproblem sechster Ordnung in Z, das einfachere aber qualitativ ungeänderte Struktur besitzt.

Trifft die genannte Vereinfachung, z. B. $s_2 = 0$, mit den besonders einfachen „symmetrischen" Randbedingungen

$$
\begin{aligned}
u(0,t) = 0,\ u_{,ZZ}(0,t) = 0, \psi(0,t) = 0, \\
u(L,t) = 0,\ u_{,ZZ}(L,t) = 0,\ \psi(L,t) = 0,\ \forall t \geq 0
\end{aligned}
\tag{5.92}
$$

zusammen, können beispielsweise die freien ungedämpften Koppelschwingungen einfach analytisch untersucht werden. Ein Lösungsansatz

$$u(Z,t) = C_u \sin\frac{k\pi Z}{L} e^{\mathrm{i}\omega t}, \quad \psi(Z,t) = C_\psi \sin\frac{k\pi Z}{L} e^{\mathrm{i}\omega t}, \tag{5.93}$$

der alle Randbedingungen (5.92) erfüllt (siehe [25]), algebraisiert das verbleibende System (5.91) gekoppelter Differenzialgleichungen in einem Schritt. Mit dem dimensionslosen Kopplungsparameter $\kappa = As_1^2/(I_\mathrm{p} + As_1^2)$ und den Eigenkreisfrequenzquadraten $\omega_\mathrm{B}^2 = EI_1 k^4\pi^4/(\rho_0 AL^4)$ und $\omega_\mathrm{T}^2 = GI_\mathrm{T} k^2\pi^2 L^2/[\rho_0 L^4(I_\mathrm{p} + As_1^2)]$, die zu den entkoppelten Biege- und Torsionsschwingungen (für $s_1 \neq 0$) gehören, erhält man nämlich direkt ein System homogener algebraischer Gleichungen

$$(\omega_\mathrm{B}^2 - \omega^2)C_u - \omega^2 s_1 C_\psi = 0,$$
$$-\kappa\omega^2 C_u + (\omega_\mathrm{T}^2 - \omega^2)s_1 C_\psi = 0,$$

dessen verschwindende Determinante die Frequenzgleichung

$$(\omega_\mathrm{B}^2 - \omega^2)(\omega_\mathrm{T}^2 - \omega^2) - \kappa\omega^4 = 0$$

darstellt. Es ergeben sich demnach die beiden gesuchten Eigenkreisfrequenzquadrate

$$\omega_{1,2}^2 = \frac{(\omega_\mathrm{B}^2 + \omega_\mathrm{T}^2) \pm \sqrt{(\omega_\mathrm{B}^2 - \omega_\mathrm{T}^2)^2 + 4\kappa\omega_\mathrm{B}^2\omega_\mathrm{T}^2}}{2(1-\kappa)} \tag{5.94}$$

in Abhängigkeit des genannten Parameters κ und der Eigenkreisfrequenzen ω_B und ω_T. Setzt man im Ergebnis (5.94) für das Koppelsystem $\kappa = 0$, dann gehen ω_1 und ω_2 in ω_B und $\omega_\mathrm{T}|_{s_1=0}$ über. Die Variation des Kopplungsparameters κ von $\kappa = 0$, d. h. $s_1 = 0$ bis zum größtmöglichen Wert $\kappa \to 1$, d. h. $s_1 \to \infty$ liefert dann Werte ω_1 und ω_2, von denen einer größer, der andere kleiner ist als ω_B und $\omega_\mathrm{T}|_{s_1=0}$. Für den akademischen Fall $\kappa \to 1$ fällt das tiefere der beiden Eigenkreisfrequenzquadrate auf $\omega_2^2 = \omega_\mathrm{B}^2\omega_\mathrm{T}^2|_{s_1=0}/(\omega_\mathrm{B}^2 + \omega_\mathrm{T}^2|_{s_1=0})$, während das höhere ($\omega_1^2$) über alle Grenzen wächst. Auch das Amplitudenverhältnis $s_1 C_\psi/C_u$ lässt sich entsprechend diskutieren.

Bei unveränderten Randbedingungen bleibt dann z. B. bei harmonischer Anregung (Kreisfrequenz Ω) auch die Berechnung erzwungener Schwingungen einfach. Man benutzt in diesem Falle einen gleichfrequenten Produktansatz unter Verwendung der bereits in (5.93) enthaltenen Ortsfunktionen, die alle Randbedingungen (5.92) erfüllen, und kann erneut die verbliebenen nunmehr inhomogenen Differenzialgleichungen – selbst im gedämpften Fall – vollständig algebraisieren, nunmehr allerdings in Form eines inhomogenen Systems algebraischer Gleichungen. Die Auswertung ist elementar und unterbleibt deshalb hier.

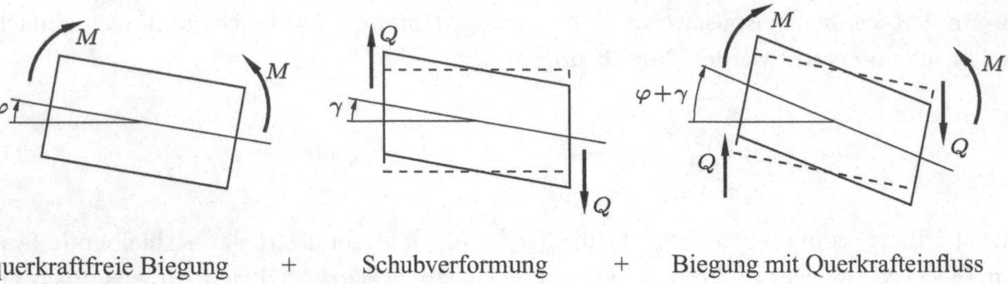

Abb. 5.20 Biegung der Timoshenko-Theorie

5.2.5 Timoshenko-Theorie

Biegeschwingungen gedrungener Stäbe generell oder schlanker Stäbe im Hiblick auf hochfrequente Vorgänge werden im Rahmen der elementaren Bernoulli-Euler-Theorie nur unvollkommen beschrieben. Setzt man nach wie vor eben bleibende Querschnitte voraus, berücksichtigt aber Schubdeformation infolge Querkraft und Drehträgheit infolge des nicht verschwindenden Neigungswinkels, gelangt man zur so genannten Timoshenko-Theorie[15], die die erwähnten Ungenauigkeiten in großem Umfange behebt.

Wie bereits in Abschn. 5.2.1 angekündigt, wird eine synthetische Herleitung an den Anfang gestellt, wobei der Einfachheit halber Bettungs- und Dämpfungseinflüsse unberücksichtigt bleiben sollen. Abbildung 5.20 macht dann klar, wie sich die allgemeine Querkraftbiegung für ein Massenelement aus der reinen, querkraftfreien Biegung φ und der Schubdeformation γ infolge Querkraft additiv zusammensetzt, sodass sich in Verallgemeinerung der Relation (5.57) folgende kinematische Beziehung ergibt:

$$u_{,Z} = \varphi + \gamma. \tag{5.95}$$

Zur unveränderten Differenzialgleichung der elastischen Linie

$$M = -EI\varphi_{,Z} \tag{5.96}$$

für das Biegemoment M als erste konstitutive Gleichung tritt zusätzlich der Zusammenhang

$$Q = GA_S\gamma \tag{5.97}$$

zwischen Schubdeformation γ und Querkraft Q. Darin ist A_S die mit einer im Wesentlichen von der Geometrie der Querschnittsfläche abhängigen Formzahl korrigierte Quer-

[15] In [11] wird darauf hingewiesen, dass diese verbesserte Balkentheorie eigentlich nach Bresse benannt sein sollte, der die vollständigen Differenzialgleichungen bereits 1859, d. h. 63 Jahre vor Timoshenko, in einem Lehrbuch angegeben hatte.

schnittsfläche, die die klassische Schubsteifigkeit GA entsprechend korrigiert. Das Kräftegleichgewicht gemäß Abb. 5.10 – reduziert um Bettungs- und Dämpfungseinfluss – bleibt ungeändert,

$$\rho_0 A u_{,tt} = Q_{,Z} + p(Z,t), \tag{5.98}$$

während das Momentengleichgewicht infolge Drehträgheit abzuändern ist:

$$Q\Delta Z - M_{,Z}\Delta Z - \Delta M_{\mathrm{T}} = 0.$$

Dabei ist Abb. 5.20c zu entnehmen, dass zur Beschreibung der Drehträgheit der Winkel φ (und nicht $\varphi + \gamma$) maßgebend ist, sodass die Trägheitswirkung ΔM_{T} durch $\Delta M_{\mathrm{T}} = \Delta J \varphi_{,tt}$ zu repräsentieren ist. ΔJ ist darin das axiale Massenträgheitsmoment des Massenelements, das sich zu $\Delta J = \rho_0 I \Delta Z$ aus Dichte ρ_0, axialem Flächenmoment I sowie der Elementlänge ΔZ berechnet. Insgesamt lautet also das modifizierte Momentengleichgewicht

$$Q - M_{,Z} = \rho_0 I \varphi_{,tt}. \tag{5.99}$$

Als Zwischenergebnis hat man demnach fünf Gleichungen für M, Q, γ, φ und u. Elimination der ersten drei führt auf die gekoppelten Differenzialgleichungen jeweils zweiter Ordnung

$$\begin{aligned} \rho_0 A u_{,tt} - [GA_{\mathrm{S}}(u_{,Z} - \varphi)]_{,Z} &= p(Z,t), \\ \rho_0 I \varphi_{,tt} - (EI\varphi_{,Z})_{,Z} - GA_{\mathrm{S}}(u_{,Z} - \varphi) &= 0 \end{aligned} \tag{5.100}$$

in u und φ. Die Gleichungen stimmen mit jenen, die in Abschn. 3.1 durch Kondensation aus einem 3-dimensionalen (elastischen) Kontinuum erhalten wurden, siehe (3.8), überein, damals allerdings unter Verwendung der Laméschen Konstanten anstatt Elastizitäts- und Schubmodul. Auch in den Beispielen 4.1, 4.10, 4.12 und 4.14 sind sie dem Leser bereits begegnet. Offensichtlich liegen zwei gekoppelte Wellengleichungen zweiter Ordnung in Z und t vor, eine gewisse Verallgemeinerung der skalaren 1-dimensionalen Wellengleichung (5.47). Mathematisch hat man es mit partiellen *hyperbolischen* Differenzialgleichungen zu tun.

Hinzu treten entsprechende Randbedingungen und zwar insgesamt vier, dabei an jedem Stabende zwei. Beispielsweise wird eine Einspannung bei $Z = 0$ durch die geometrischen Randbedingungen

$$u(0,t) = 0, \quad \varphi(0,t) = 0 \;\; \forall t \geq 0$$

charakterisiert[16], liegt dort eine querunverschiebbare, momentenfreie Lagerung vor, gilt

$$u(0,t) = 0, \quad EI(0)\varphi_{,Z}(0,t) = 0 \Rightarrow \varphi_{,Z}(L,t) = 0 \;\; \forall t \geq 0.$$

[16] Die Größe $u_{,Z}$ verschwindet an einer Einspannung nicht, da dort die Querkraft $Q \neq 0$ ist, siehe (5.97) mit (5.95).

Für ein freies Kragende bei $Z = L$ verschwinden Biegemoment und Querkraft:

$$EI(L)\varphi_{,Z}(L,t) = 0 \Rightarrow \varphi_{,Z}(Z,t) = 0,$$
$$GA_S(L)[u_{,z}(Z,t) - \varphi(Z,t)] = 0 \Rightarrow u_{,z}(Z,t) - \varphi(Z,t) = 0 \;\forall t \geq 0.$$

Abschließend zur Herleitung des beschreibenden Randwertproblems eines Timoshenko-Balkens sollen die maßgebenden Energieterme zur direkten Auswertung des Prinzips von Hamilton (3.10) gemäß Abschn. 3.2.1 angegeben werden. Man erhält für die kinetische Energie

$$T = \frac{\rho_0}{2}\int_0^L A(Z)u_{,t}^2 \mathrm{d}Z + \frac{\rho_0}{2}\int_0^L I(Z)\varphi_{,t}^2 \mathrm{d}Z$$

die potenzielle Energie

$$U = U_i = \frac{1}{2}\int_0^L EI(Z)\varphi_{,Z}^2 \mathrm{d}Z + \frac{1}{2}\int_0^L GA_S(Z)(u_{,Z} - \varphi)^2 \mathrm{d}Z$$

und die virtuelle Arbeit in genügender Allgemeinheit

$$W_\delta = \int_0^L \{p(Z,t)\delta u - k_i[GA_S(Z)(u_{,Zt} - \varphi_{,t})\delta(u_{,Z} - \varphi) - k_{di}\varphi_{,Zt}\delta\varphi_{,Z}]$$
$$- d_a\rho_0[A(Z)u_{,t}\delta u + I(Z)\varphi_{,t}\delta\varphi]\}\mathrm{d}Z,$$

wenn man auch Dämpfungseffekte berücksichtigt.

Die Unterschiede zwischen den Ergebnissen bezüglich der elementaren und der Timoshenko-Theorie werden bereits im Rahmen der Untersuchung freier Schwingungen deutlich, sodass hier nur noch das Eigenwertproblem des Timoshenko-Balkens (mit konstanten Querschnittsdaten) ausführlich behandelt wird. Ohne besondere Einschränkung der Allgemeinheit werden dabei die einfachst möglichen Randbedingungen des beidseitig querunverschiebbar und momentenfrei gelagerten Stabes

$$u(0,t) = 0, \quad \varphi_{,Z}(0,t) = 0, \quad u(L,t) = 0, \quad \varphi_{,Z}(L,t) = 0 \;\forall t \geq 0 \tag{5.101}$$

zugrunde gelegt. Das zugehörige Eigenwertproblem – erhalten mit einem isochronen Lösungsansatz (4.21) – ist aus Beispiel 4.10 bekannt, siehe (4.59), hier mit modifizierten Randbedingungen:

$$\begin{gathered}(U'' - V') + \gamma\alpha^2\lambda^4 U = 0,\\ (U' - V) + \gamma\alpha^2 V'' + \gamma\alpha^4\lambda^4 V = 0,\\ U(0) = 0,\; V'(0) = 0,\; U(1) = 0,\; V'(1) = 0.\end{gathered} \tag{5.102}$$

Die dimensionslose Ortskoordinate $\zeta = Z/L$ (ab jetzt bedeuten hochgestellte Striche Ableitungen nach ζ) und die Abkürzungen $\alpha^2 = I/(AL^2)$ und $\gamma = EA/(GA_S)$, die schon in Beispiel 4.14 verwendet wurden, sind genauso eingearbeitet wie die dimensionsgleichen abhängig Variablen U und $V = L\phi$ sowie der Eigenwert $\lambda^4 = \rho_0 AL^4\omega^2/(EI)$. Mit dem so genannten Trägheitsradius $i_T = \sqrt{I/A}$ erkennt man, dass α ein Maß für die Schlankheit des untersuchten Stabes ist, während γ den Beitrag der Schubverformung kennzeichnet. Der Exponentialansatz (4.76) als allgemeine Lösung des Systems von Differenzialgleichungen $(5.102)_{1,2}$ führt auf das homogene System algebraischer Gleichungen

$$\begin{aligned} -\kappa c_2 + (\kappa^2 + \gamma\alpha^2\lambda^4)c_1 &= 0, \\ \kappa c_1 + (\gamma\alpha^2\kappa^2 + \gamma\alpha^4\lambda^4 - 1)c_2 &= 0 \end{aligned} \tag{5.103}$$

für die Konstanten c_1, c_2, deren verschwindende Determinante als notwendige Bedingung für nichttriviale Lösungen $c_1, c_2 \neq 0$ die Dispersionsgleichung

$$\kappa^4 + \alpha^2(1+\gamma)\lambda^4\kappa^2 + (\gamma\alpha^4\lambda^4 - 1)\lambda^4 = 0 \tag{5.104}$$

liefert, die bereits als (4.82) in Beispiel 4.14 angegeben worden war. Sie ist biquadratisch in κ, sodass die vier Lösungen κ_1 bis κ_4 als Funktion des letztlich interessierenden Eigenwertes λ berechnet werden können. Zu jedem dieser charakteristischen Exponenten κ_i folgt dann beispielsweise aus $(5.103)_1$ das Amplitudenverhältnis

$$\frac{c_{2i}}{c_{1i}} = \frac{\kappa_i^2 + \gamma\alpha^2\lambda^4}{\kappa_i}$$

für jedes $i = 1, 2, 3, 4$. Die allgemeine Lösung der Differenzialgleichungen $(5.102)_{1,2}$ ist damit bestimmt,

$$\begin{pmatrix} U(\zeta) \\ V(\zeta) \end{pmatrix} = \sum_{i=1}^{4} \begin{pmatrix} c_{1i} \\ \frac{\kappa_i^2 + \gamma\alpha^2\lambda^4}{\kappa_i} \end{pmatrix} e^{\kappa_i \zeta},$$

und kann anschließend an die Randbedingungen $(5.102)_3$ angepasst werden. Wieder ergibt sich ein homogenes System algebraischer Gleichungen für die verbliebenen vier Konstanten c_{1i}, $i = 1, 2, 3, 4$, und für nichttriviale Lösungen muss erneut die zugehörige Determinante als Eigenwertgleichung null werden. Nach längerer Rechnung, siehe z. B. [31], erhält man

$$\sin\left[\lambda\sqrt{q_1^*}\right] \cdot \sin\left[\lambda\sqrt{q_2}\right] = 0$$

mit

$$\begin{aligned} q_1^* &= \frac{\alpha^2(1+\gamma)}{2}\lambda^2 - \sqrt{1 + \left(\frac{\alpha^2(\gamma-1)}{2}\right)^2 \lambda^4}, \\ q_2 &= \frac{\alpha^2(1+\gamma)}{2}\lambda^2 + \sqrt{1 + \left(\frac{\alpha^2(\gamma-1)}{2}\right)^2 \lambda^4}. \end{aligned} \tag{5.105}$$

Es gibt demnach zwei Eigenwertfolgen, für die

$$\lambda_{k1}\sqrt{q_2} = k\pi, \quad \lambda_{k2}\sqrt{q_1^*} = k\pi, \quad k = 1, 2, \ldots, \infty \tag{5.106}$$

zu gelten hat, wobei in beiden Fällen λ der Gleichung

$$\gamma\alpha^4\lambda_k^8 - \left[1 + \alpha^2(1+\gamma)k^2\pi^2\right]\lambda_k^4 + k^4\pi^4 = 0 \tag{5.107}$$

genügt. Demnach sind die $2 \cdot \infty$ vielen Eigenwerte über

$$\begin{aligned} \lambda_{k1}^2 &= \frac{\sqrt{1 + (1+\gamma)(\alpha k\pi)^2 - \sqrt{1 + 2(1+\gamma)(\alpha k\pi)^2 + (1-\gamma)^2(\alpha k\pi)^4}}}{\sqrt{2\gamma\alpha^4}}, \\ \lambda_{k2}^2 &= \frac{\sqrt{1 + (1+\gamma)(\alpha k\pi)^2 + \sqrt{1 + 2(1+\gamma)(\alpha k\pi)^2 + (1-\gamma)^2(\alpha k\pi)^4}}}{\sqrt{2\gamma\alpha^4}}, \end{aligned} \tag{5.108}$$

bestimmt. Für die vorgegebenen symmetrischen Randbedingungen $(5.102)_3$ ist es nicht verwunderlich, dass sich die zugehörigen Eigenfunktionen schließlich sehr einfach reell harmonisch zu

$$\begin{aligned} \begin{pmatrix} U_{k1}(\zeta) \\ V_{k1}(\zeta) = L\phi_{k1}(\zeta) \end{pmatrix} &= C_{k1}\begin{pmatrix} \sin k\pi\zeta \\ \left(k\pi - \frac{\gamma\alpha^2\lambda_{k1}^4}{k\pi}\right)\cos k\pi\zeta \end{pmatrix}, \\ \begin{pmatrix} U_{k2}(\zeta) \\ V_{k2}(\zeta) = L\phi_{k2}(\zeta) \end{pmatrix} &= C_{k2}\begin{pmatrix} \sin k\pi\zeta \\ \left(k\pi - \frac{\gamma\alpha^2\lambda_{k2}^4}{k\pi}\right)\cos k\pi\zeta \end{pmatrix} \end{aligned} \tag{5.109}$$

angeben lassen. Die Ergebnisse können wie folgt zusammengefasst werden: Zu jedem ganzzahligen Wert k gehören zwei Eigenwerte λ_{k1} und λ_{k2}, die aus (5.108) zu berechnen sind, außerdem gemäß (5.109) eine Eigenfunktion $U_k(\zeta)$ der Durchbiegung sowie zwei Eigenfunktionen $\phi_{k1}(\zeta)$ und $\phi_{k2}(\zeta)$ des Neigungswinkels, die sich aber nur in ihren Amplituden unterscheiden. Vernachlässigt man Drehträgheit und Schubverformung, so ist $\alpha = \gamma = 0$ zu setzen. Die Eigenwerte λ_{k1} gehen dann in $k\pi$ über, d. h. in die Zahlenwerte der elementaren Theorie, während die λ_{k2} ins Unendliche rücken.

Weitere Einsicht gewinnt man, wenn man aus den gekoppelten (homogenen) Wellengleichungen (5.100) mit konstantem Querschnitt durch Elimination des Neigungswinkels φ eine Einzeldifferenzialgleichung für die Auslenkung $u(Z,t)$ gewinnt. Differenziert man dazu die Bewegungsgleichung $(5.100)_2$ einmal nach Z und setzt nacheinander die aus der Bewegungsgleichung $(5.100)_1$ gewonnene Größe $\varphi_{,Z}$, ihre zweite Zeitableitung $\varphi_{,ttZ}$ und ihre erste Ortsableitung $\varphi_{,ZZ}$ ein, so gewinnt man die Einzeldifferenzialgleichung

$$EIu_{,ZZZZ} + \rho_0 A u_{,tt} - \rho_0 I\left[\left(1 + \frac{EA}{GA_S}\right)u_{,ttZZ} - \frac{\rho_0 A}{GA_S}u_{,tttt}\right] = 0 \tag{5.110}$$

vierter Ordnung in Z *und* in t für die Durchbiegung $u(Z,t)$, mathematisch eine so genannte *ultrahyperbolische* partielle Differenzialgleichung. Ersichtlich treten zur Formulierung des Bernoulli-Euler-Stabes, repräsentiert durch die beiden ersten Summanden, im Rahmen der Timoshenko-Theorie drei weitere Terme hinzu. Die erste Korrektur ist durch die Wirkung der Drehträgheit bedingt und kennzeichnet den so genannten Rayleigh-Stab, die zweite tritt bei Berücksichtigung der Schubverformung infolge Querkraft in Erscheinung. Da beide Einflüsse nicht voneinander unabhängig sind, kommt es zu einem dritten Anteil.

Da wegen $\varphi_{,Z} = -[\rho_0 A/(GA_A)]u_{,tt} - u_{,ZZ}$ folgt und deshalb der momentenfreie Rand bei $Z = 0, L$ entsprechend durch Ableitungen von u ausgedrückt werden kann, können auch die Randbedingungen allein in der Auslenkung u formuliert werden. Da bei Querunverschiebbarkeit auch die Beschleunigung $u_{,tt}$ an den Rändern null wird, lauten schließlich die zur Feldgleichung (5.110) hinzutretenden Randbedingungen

$$u(0,t) = 0, \quad u_{,ZZ}(0,t) = 0, \quad u(L,t) = 0, \quad u_{,ZZ}(L,t) = 0 \ \forall t \geq 0. \tag{5.111}$$

Sie unterscheiden sich damit nicht von den Randbedingungen des unverschiebbar und momentenfrei gelagerten Bernoulli-Euler-Stabes. Weil auch die Bewegungsgleichung (5.110) nur geradzahlige Ableitungen in Z besitzt, wird damit bereits an dieser Stelle klar, dass sich die Eigenfunktionen des beidseitig unverschiebbar und momentenfrei gelagerten Timoshenko-Stabes und des genauso gelagerten Bernoulli-Euler- Stabes nicht unterscheiden und Sinus-Funktionen darstellen, siehe (5.109). Der spezielle Lösungsansatz

$$u(Z,t) = A_k \sin k\pi Z \cos \omega_k t$$

erfüllt also nicht nur alle Randbedingungen (5.111), sondern algebraisiert wegen $A_k \sin k\pi Z$ $\cos \omega_k t \neq 0$ gleichzeitig die zugehörige partielle Differenzialgleichung (5.110) vollständig zur unmittelbaren Bestimmung der an dieser Stelle allein noch unbekannten Eigenkreisfrequenzen ω_k:

$$\frac{EI}{\rho_0 AL^4}(k\pi)^4 - \left[1 + \left(1 + \frac{EA}{GA_S}\right)\frac{I}{AL^2}(k\pi)^2\right]\omega_k^2 + \frac{\rho_0 I}{GA_S}\omega_k^4 = 0.$$

Mit dem bereits früher eingeführten Eigenwert $\lambda_k^4 = \rho_0 AL^4 \omega_k^2/(EI)$ und den Abkürzungen α^2 und γ geht sie in

$$(k\pi)^4 - \left[1 + \alpha^2(1+\gamma)(k\pi)^2\right]\lambda_k^4 + \gamma\alpha^4\lambda_k^8 = 0 \tag{5.112}$$

über und stimmt damit mit (5.107) offensichtlich überein. Neben den bereits genannten Ergebnissen gewinnt man weitere, die insbesondere verdeutlichen, wann die Korrekturen der Timoshenko-Theorie bedeutsam werden.

Ohne Nebeneinflüsse, d. h. für $GA_S L^2 \gg EI$ mit der Konsequenz $\gamma\alpha^2 \to 0$ und $\frac{Ik^2}{AL^2} \ll 1$ mit $\alpha^2 k^2 \to 0$, gilt das einfache Ergebnis $\lambda_k^2 = (k\pi)^2$ wie bekannt. Zur Anwendung der elementaren Bernoulli-Euler-Theorie muss also gewährleistet sein, dass der Einfluss der

Schubverformung von sehr geringer Bedeutung ist und sehr schlanke Stäbe sehr niedrigfrequent schwingen. Weil schlankerer Stab bei Biegung in natürlicher Weise auch weniger Schubverformung bedeutet, unterstützen sich die genannten Eigenschaften gegenseitig.

Nur Drehträgheit zu berücksichtigen heißt, dass für den dadurch definierten Rayleigh-Stab immer noch $GA_SL^2 \gg EI$ mit $\gamma\alpha^2 \to 0$ gewährleistet sein muss. Die Eigenwertfolge λ_{k2} bleibt im Unendlichen, und man erhält lediglich eine Korrektur

$$\lambda_{k1}^2 = \lambda_k^2 = (k\pi)^2\sqrt{\frac{1}{1+(\alpha k\pi)^2}} \approx (k\pi)^2\left[1-\frac{1}{2}(\alpha k\pi)^2\right] \quad (\text{wenn } \alpha k\pi \ll 1) \tag{5.113}$$

der Eigenwerte der elementaren Theorie. Offensichtlich erhält man eine Absenkung, ein Effekt, der wegen der insgesamt höheren Trägheitswirkung anschaulich plausibel erscheint. Die Korrektur ist wesentlich bei gedrungenen, hinreichend schubstarren Stäben oder bei höherfrequenten Schwingungen.

Berücksichtigt man allein Querkraftschub, bleibt auch unter diesen Umständen die Eigenwertfolge λ_{k2} im Unendlichen, während die Eigenwerte der elementaren Theorie entsprechend korrigiert werden:

$$\lambda_{k1}^2 = \lambda_k^2 = (k\pi)^2\sqrt{\frac{1}{1+\gamma(\alpha k\pi)^2}} \approx (k\pi)^2\left[1-\frac{\gamma}{2}(\alpha k\pi)^2\right] \quad (\text{wenn } \alpha k\pi \ll 1). \tag{5.114}$$

Erneut kommt es zu einer Absenkung, die ebenfalls bei gedrungenen Stäben oder höherfrequenten Schwingungen wichtig sein kann, wobei der Effekt durch kleine Schubsteifigkeit verstärkt wird.

Werden dann im Rahmen der Timoshenko-Theorie sowohl Drehträgheit als auch Schubverformung einbezogen, ist schließlich die kompliziertere biquadratische Eigenwertgleichung (5.112) bzw. (5.107) mit den Ergebnissen (5.108) zu lösen. Aus technischer Sicht sind die hohen Eigenwerte λ_{k2} $(5.108)_2$ von untergeordneter Bedeutung, sodass hier ausschließlich die tiefen Eigenwerte λ_{k1} $(5.108)_1$ weiter diskutiert werden sollen und zwar unter der Voraussetzung $\alpha k\pi \ll 1$. In diesem Fall lässt sich für die innere Wurzel in $(5.108)_2$ unter Verwendung einer entsprechenden Potenzreihenentwicklung ersatzweise $\sqrt{(\,.\,)} = 1+(1+\gamma)(\alpha k\pi)^2 - 2\gamma(\alpha k\pi)^4[1-2(1+\gamma)(\alpha k\pi)^2] + \ldots$ schreiben. Damit erhält man unter nochmaliger Anwendung dieser Potenzreihenentwicklung für den Eigenwert die Näherung

$$\lambda_{k1}^2 = \lambda_k^2 = (k\pi)^2\left[1-\frac{1+\gamma}{2}(\alpha k\pi)^2\right]. \tag{5.115}$$

Wegen des formal übereinstimmenden Aufbaus der Formeln zur Berechnung der Eigenwerte nach den unterschiedlichen Theorien können die Ergebnisse sehr einfach miteinander verglichen werden. Will man bei einer praktischen Problemstellung quantitativ befriedigende Ergebnisse erhalten, dann ist eine Fehlertoleranz festzulegen, und die unterschiedlichen Ergebnisse sind gegenüber zu stellen. Damit kann entschieden werden, welche der

Theorien von der elementaren ausgehend ausreichend genaue Resultate liefert. Als Faustregel kann man sagen, dass die Bernoulli-Euler-Theorie technisch befriedigende Ergebnisse liefert, solange die charakteristische „Wellenlänge“ L/k größer als die fünffache Höhe des Balkens ist.

Selbstverständlich gibt es auch Fälle, beispielsweise bei sehr hochfrequenten Schwingungen mit lokal sehr großen Krümmungsänderungen, für die dann selbst die Timoshenko-Theorie nicht mehr genau genug ist und Stabtheorien neu überdacht werden müssen [2].

5.2.6 Ausbreitung von Biegewellen

Nach der Diskussion der klassischen skalaren Wellengleichung mit der Untersuchung der Ausbreitung von Longitudinal- und Transversalwellen stellt sich die Frage, ob in Stäben auch sich ausbreitende Biegewellen auftreten können, wenn als beschreibende Feldgleichungen die Biegeschwingungsgleichung (5.62) der elementaren Bernoulli-Euler-Theorie oder die gekoppelten Wellengleichungen (5.100) bzw. die korrespondierende Einzelgleichung (5.110) des Timoshenko-Stabes gelten.

Es wird zuerst ein Bernoulli-Euler-Balken betrachtet, dessen homogene Feldgleichung für den einfachsten Fall konstanter Querschnittsdaten sowie ohne Dämpfung und Bettung aus Abschn. 5.2.1, siehe (5.62), leicht spezialisiert werden kann:

$$EIu_{,ZZZZ} + \rho_0 A u_{,tt} = 0. \qquad (5.116)$$

Über den Wellenansatz

$$u(Z,t) = g(Z \pm c_B t) \qquad (5.117)$$

mit der Biegewellengeschwindigkeit c_B soll geprüft werden, ob im Rahmen der technischen Biegelehre laufende Biegewellen auftreten können. Der Ansatz liefert die gewöhnliche Differenzialgleichung

$$g'''' + \frac{c_B^2 \rho_0 A}{EI} g'' = 0, \qquad (5.118)$$

wenn an dieser Stelle hoch gestellte Striche Ableitungen nach dem Argument $Z \pm c_B t$ bedeuten. Die allgemeine Lösung dieser Differenzialgleichung ist

$$g(Z \pm c_B t) = C_0 + c_1(Z \pm c_B t)C_1 + A\cos\left[\sqrt{\frac{c_B^2 \rho_0 A}{EI}}(Z \pm c_B t) + \alpha\right].$$

Da weder eine konstante noch eine unbegrenzt anwachsende Lösung interessiert, bleibt

$$g(Z \pm c_B t) = A\cos\left[\sqrt{\frac{c_B^2 \rho_0 A}{EI}}(Z \pm c_B t) + \alpha\right] \qquad (5.119)$$

als einzig mögliche Lösung übrig, d. h. (forminvariante) Biegewellen des Bernoulli-Euler-Stabes sind immer harmonisch. Während die klassische Wellengleichung bekanntlich durch *jede beliebige*, zweimal differenzierbare Funktion $g(Z - ct)$ gelöst wird, tritt bei Biegewellen diese erste Besonderheit allein harmonischer Wellen auf. Eine weitere wichtige Eigenschaft wird ersichtlich, wenn man wie in (5.49) den Faktor vor Z im Argument in der Form $k_W = 2\pi/\lambda_W$ mit Wellenzahl k_W und Wellenlänge λ_W schreibt. Damit gilt bei Biegewellen gemäß der technischen Biegelehre die Beziehung

$$k_W = \frac{2\pi}{\lambda_W} = c_B\sqrt{\frac{\rho_0 A}{EI}}, \quad \text{d. h.} \quad c_B = \frac{2\pi}{\lambda_W}\sqrt{\frac{EI}{\rho_0 A}}.$$

Die Ausbreitungsgeschwindigkeit c_B harmonischer Biegewellen ist also nicht konstant, sondern hängt von der Wellenlänge λ_W ab. Allgemein bezeichnet man die Ausbreitungsgeschwindigkeit harmonischer Wellen in einem beliebigen Medium auch als *Phasengeschwindigkeit* c_P. Während bei Longitudinalwellen in Stäben diese eine reine Materialkonstante ist, $c_P = c_L = \sqrt{E/\rho_0}$, und mit der Ausbreitungsgeschwindigkeit c beliebiger Wellen $g(Z \pm ct)$ übereinstimmt, gilt mit dem bereits erwähnten Trägheitsradius[17] $i_T = \sqrt{I/A}$ für Biegewellen in Bernoulli-Euler-Stäben

$$c_P^{BE} = c_B = \frac{2\pi}{\lambda_W}\sqrt{\frac{EI}{\rho_0 A}} = k_W\sqrt{\frac{I}{A}}c_L \Rightarrow \frac{c_P^{BE}}{c_L} = i_T k_W. \tag{5.120}$$

Die Konsequenzen daraus sind wie folgt: Dabei wird angenommen, dass die Durchbiegung $u(Z, t_0)$ zu einem Anfangszeitpunkt t_0 als Funktion von Z vorliegt, die als eine Überlagerung von Anteilen unterschiedlicher Wellenlängen darstellbar ist. Jeder dieser Komponenten wandert als harmonische Welle den Stab entlang, aber jeder Anteil mit einer anderen Ausbreitungsgeschwindigkeit, sodass insgesamt nicht der Eindruck einer einzigen laufenden Welle entsteht. Die Anfangskonfiguration zum Zeitpunkt t_0 kann vielmehr durch Zerstreuung der einzelnen Wellen auch insgesamt nicht aufrecht erhalten werden und zerfließt. Ein Medium, bei dem die Ausbreitungsgeschwindigkeit harmonischer Wellen von der Wellenlänge abhängt, bei dem also harmonische Wellen unterschiedlicher Wellenlänge verschiedene Phasengeschwindigkeiten besitzen, bezeichnet man als *dispersiv*. Die Form nichtharmonischer Wellen ändert sich also in einem dispersiven Medium mit der Zeit. Man kann dann nicht mehr von der Ausbreitungsgeschwindigkeit einer Welle reden, wenn diese nicht harmonisch ist. Man hat deshalb eine weitere charakteristische Geschwindigkeit eingeführt, die für den Fall eines Wellenpaketes, das aus einer Gruppe harmonischer Wellen annähernd gleicher Wellenlänge besteht, eine einfache anschauliche Bedeutung besitzt. Eine solche Gruppe pflanzt sich nämlich mit der so genannten *Gruppengeschwindigkeit* c_G fort, und mit ihr erfolgt auch der mittlere Energietransport. Wie beispielsweise

[17] Im Gegensatz zu Stäben endlicher Länge L, für die sich genau L als Referenzgröße anbietet, ist bei der Beschreibung von Wellenausbreitungsvorgängen der Trägheitsradius i_T eine entsprechend natürliche Bezugslänge.

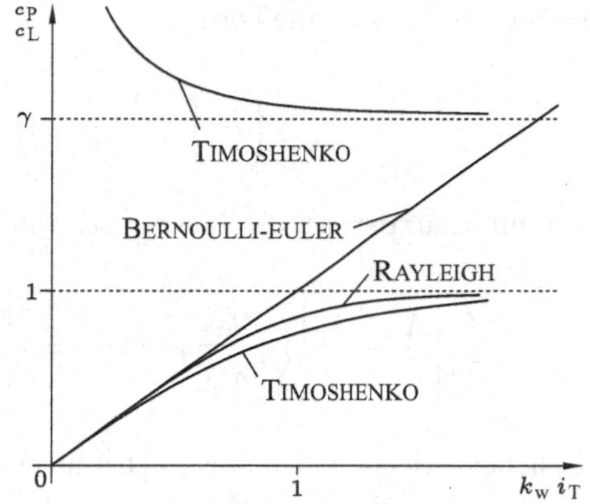

Abb. 5.21 Phasengeschwindigkeiten von Biegewellen gemäß unterschiedlichen Theorien

in [11] nachgewiesen, ist für Biegewellen in einem Euler-Bernoulli-Balken die Gruppengeschwindigkeit gerade doppelt so groß wie die Phasengeschwindigkeit. Für $\lambda_W \to 0$ bzw. $k_W \to \infty$ gehen im Rahmen der elementaren Theorie sowohl c_P^{BE} als auch c_G^{BE} gegen unendlich. Das bedeutet aber, daß sich Energie mit unendlich großer Geschwindigkeit ausbreitet, was physikalisch nicht möglich ist.

Bereits das Rayleigh-Modell eines Biegebalkens mit der Differenzialgleichung

$$EIu_{,ZZZZ} + \rho_0 I u_{,ZZtt} + \rho_0 A u_{,tt} = 0, \tag{5.121}$$

das wie früher vermerkt Drehträgheit mitberücksichtigt, korrigiert dieses unzureichende Ergebnis des Bernoulli-Euler-Balkens entscheidend. Der entsprechende Wellenansatz

$$u(Z,t) = A\cos\left[\frac{2\pi}{\lambda_W}(Z - c_P^R t)\right] = A\cos\left[k_W(Z - c_P^R t)\right] \tag{5.122}$$

führt nach unveränderter Rechnung auf das Ergebnis

$$\frac{c_P^R}{c_L} = \frac{i_T k_W}{\sqrt{(i_T k_W)^2 + 1}} \approx i_T k_W \left[1 - \frac{1}{2}(i_T k_W)^2\right] \quad (\text{wenn } i_T k_W \ll 1) \tag{5.123}$$

für die Phasengeschwindigkeit c_P^R des Rayleigh-Balkens. Er ist also ebenfalls dispersiv, seine Phasengeschwindigkeit ist aber auf endliche Werte begrenzt. Für sehr kleine dimensionslose Wellenzahlen $i_T k_W$ stimmt c_P^R mit c_P^{BE} überein, wächst degressiv an und strebt für $i_T k_W \to \infty$ gegen einen endlichen Grenzwert: $c_P^R / c_L \to 1$, siehe Abb. 5.21.

Die Timoshenko-Theorie beschreibt ein Balkenmodell, das bei Wellenausbreitungsvorgängen die Ergebnisse der Rayleigh-Theorie weiter verbessert. Aus der maßgebenden Einzelgleichung (5.110) bespielsweise erhält man mit dem unveränderten Wellenansatz (5.122) dieses Mal eine algebraische Gleichung für c_P^T, die mit den bereits bekannten

Größen i_{T}, c_{L} und γ die Form

$$\gamma\left(\frac{c_{\mathrm{P}}^{\mathrm{T}}}{c_{\mathrm{L}}}\right)^4-\left[\left(\frac{1}{k_{\mathrm{W}}i_{\mathrm{T}}}\right)^2+1+\gamma\right]\left(\frac{c_{\mathrm{P}}^{\mathrm{T}}}{c_{\mathrm{L}}}\right)^2+1=0$$

annimmt, aus der sich die Phasengeschwindigkeit einfach berechnen lässt:

$$\left(\frac{c_{\mathrm{P}}^{\mathrm{T}}}{c_{\mathrm{L}}}\right)^2=\frac{1}{2\gamma}\left\{\left(\frac{1}{k_{\mathrm{W}}i_{\mathrm{T}}}\right)^2+1+\gamma\pm\sqrt{\left[\left(\frac{1}{k_{\mathrm{W}}i_{\mathrm{T}}}\right)^2+1+\gamma\right]^2-4\gamma}\right\}. \tag{5.124}$$

Üblicherweise gilt $\gamma > 1$, dies ist aber nicht zwingend. Bei der folgenden Diskussion wird dieser Fall angenommen[18]. Offenbar gibt es gemäß der Dispersionsrelation (5.124) des Timoshenko-Balkens im Gegensatz zu jener, siehe (5.120) bzw. (5.123), des Bernoulli-Euler- bzw. Rayleigh-Balkens zu jeder Wellenzahl zwei verschiedene Phasengeschwindigkeiten $c_{\mathrm{P1}}^{\mathrm{T}}$ und $c_{\mathrm{P2}}^{\mathrm{T}}$. Für $i_{\mathrm{T}}k_{\mathrm{W}} \to \infty$ bleiben offenbar beide Werte endlich, es gilt $c_{\mathrm{P1}}^{\mathrm{T}}/c_{\mathrm{L}} \to \gamma$ und $c_{\mathrm{P2}}^{\mathrm{T}}/c_{\mathrm{L}} \to 1$, siehe Abb. 5.21. Darüber hinaus lässt sich nachrechnen, dass für $i_{\mathrm{T}}k_{\mathrm{W}} \to 0$ die Wurzel mit dem positiven Vorzeichen auf unendlich große Phasengeschwindigkeiten $c_{\mathrm{P1}}^{\mathrm{T}}$ führt, während sich mit dem negativen Vorzeichen ein Wert $c_{\mathrm{P2}}^{\mathrm{T}}$ ergibt, der wie $c_{\mathrm{P}}^{\mathrm{BE}}$ bzw. $c_{\mathrm{P}}^{\mathrm{R}}$ gegen null strebt[19]. Eine Potenzreihenentwicklung unter der Voraussetzung $i_{\mathrm{T}}k_{\mathrm{W}} \ll 1$ liefert die Approximation

$$\frac{c_{\mathrm{P2}}^{\mathrm{T}}}{c_{\mathrm{L}}}\approx i_{\mathrm{T}}k_{\mathrm{W}}\left[1-\frac{1+\gamma}{2}(i_{\mathrm{T}}k_{\mathrm{W}})^2\right], \tag{5.125}$$

die diesen Sachverhalt bestätigt. Ein Vergleich der Ergebnisse für $c_{\mathrm{P2}}^{\mathrm{T}}$ und $c_{\mathrm{P}}^{\mathrm{BE}}$ macht klar, dass sich in der Tat, siehe erneut Abb. 5.21, eine Korrektur der Bernoulli-Euler-Theorie ergeben hat: Die Phasengeschwindigkeit $c_{\mathrm{P2}}^{\mathrm{T}}$ der Biegewellen gemäß der Timoshenko-Theorie wächst ähnlich wie beim Rayleigh-Balken langsamer mit $k_{\mathrm{W}}i_{\mathrm{T}}$ als von der zugehörigen elementaren Theorie vorhergesagt. Dabei handelt es sich auch nicht mehr um reine Biegewellen, denn es sind auch Schubverformungen an den Schwingbewegungen beteiligt. Während also das negative Vorzeichen in (5.124) zumindest für kleine Werte von $i_{\mathrm{T}}k_{\mathrm{W}}$ eine verbesserte Beschreibung von Biegewellen liefert (wie auch Messergebnisse bestätigen), entspricht das Ergebnis für das positive Vorzeichen einem Schwingungstyp, bei dem Schubverformungen dominieren, der aber bei Balken weitgehend bedeutungslos ist. Die

[18] Der Fall $\gamma < 1$ wird in [12] betrachtet.

[19] Über $c_{\mathrm{P}} = \omega/k_{\mathrm{W}}$ kann man anstelle $c_{\mathrm{P}} = f(k_{\mathrm{W}})$ auch die Abhängigkeit $\omega = f(k_{\mathrm{W}})$ beispielsweise in der dimensionslosen Weise $\omega i_{\mathrm{T}}/c_{\mathrm{L}} = f(k_{\mathrm{W}}i_{\mathrm{T}})$ diskutieren. Es ergeben sich im Falle des Timoshenko-Balkens ebenfalls zwei Zweige $\omega_1^{\mathrm{T}} i_{\mathrm{T}}/c_{\mathrm{L}}$ und $\omega_2^{\mathrm{T}} i_{\mathrm{T}}/c_{\mathrm{L}}$, die bei $\gamma > 1$ für $k_{\mathrm{W}}i_{\mathrm{T}} = 0$ bei $\omega i_{\mathrm{T}}/c_{\mathrm{L}} = 1$ und $\omega i_{\mathrm{T}}/c_{\mathrm{L}} = 0$ ausgehen und dann monoton ansteigen. In diesem Zusammenhang wird dann $\omega i_{\mathrm{T}}/c_{\mathrm{L}} = 1$ als Sperrfrequenz bezeichnet, weil unterhalb dieses Wertes der höhere Frequenzast nicht mehr existiert.

Ergebnisse sind völlig im Einklang mit den Fakten des vorangehenden Abschn. 5.2.5 zur Interpretation der Eigenwerte und ihrer Einordnung in zwei auftretende Eigenwertfolgen bei Schwingungen von Balken endlicher Länge.

Auch hinsichtlich der Beschreibung von Wellenausbreitungsvorgängen ist zu sagen, dass das Modell des Timoshenko-Stabes wie schon des Rayleigh-Stabes zwar weitreichender als das des Bernoulli-Euler-Stabes ist, für sehr große Wellenzahlen k_W aber durchaus auch an seine Grenzen stößt.

5.3 Nichtseparierbare Erregung

Im Falle von erzwungenen Schwingungen wurde bisher der allgemeinste Fall einer nichtseparierbaren Erregung ausgeschlossen. In der Tat kann in vielen Anwendungen streng oder näherungsweise eine separierbare Erregung angenommen werden. Eher selten, dann aber durchaus technisch wichtig, hat man es mit nichtseparierbaren Erregungen zu tun. Am Beispiel eines schwingenden Balkens der Länge L konstanter Querschnittsdaten (Biegesteifigkeit EI, Masse pro Länge μ) ohne Dämpfung mit der Bewegungsdifferenzialgleichung

$$EIu_{,ZZZZ} + \mu u_{,tt} = p(Z,t) \tag{5.126}$$

wird diese Fragestellung erörtert. Es wird angenommen, dass die zugehörigen Eigenkreisfrequenzen ω_k und Eigenfunktionen $U_k(Z)$ bereits vorab berechnet worden sind, sodass es an dieser Stelle auf die Randbedingungen nicht mehr ankommt. Die gesuchte Zwangsschwingungslösung $u_P(Z,t)$ wird wie bei separierbarer Erregung als Modalentwicklung

$$u_P(Z,t) = \sum_{k=1}^{\infty} U_k(Z) T_k(t) \tag{5.127}$$

ausgedrückt und liefert nach Einsetzen in die Bewegungsgleichung, Bilden des inneren Produkts und Beachten der geltenden Orthogonalitätsrelationen der Eigenfunktionen U_k das Zwischenergebnis entkoppelter gewöhnlicher Differenzialgleichungen[20]

$$\ddot{T}_l + \omega_l^2 T_l = p_l(Z,t), \quad l = 1,2,\ldots,\infty \tag{5.128}$$

mit den modalen Erregerzeitfunktionen

$$p_l(t) = \frac{\int_0^L W_l(Z) p(Z,t) \mathrm{d}Z}{\int_0^L \mu W_l^2 \mathrm{d}Z}, \quad l = 1,2,\ldots,\infty. \tag{5.129}$$

[20] Nochmals wird darauf hingewiesen, dass auch ein gemischter Ritz-Ansatz unter Verwendung von Vergleichsfunktionen anwendbar ist. Man erhält als Ergebnis ein System *gekoppelter* gewöhnlicher Differenzialgleichungen mit unbequemerer Weiterrechnung.

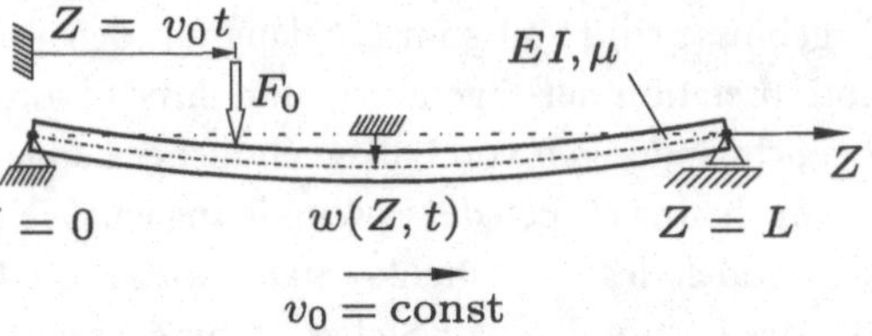

Abb. 5.22 Balken unter Wanderlast

Das einzige Problem ist also die konkrete Auswertung des auftretenden Integrals (5.129). Als Beispiel mit wichtigem technischen Hintergrund wird eine Wanderlast [5] gemäß Abb. 5.22 behandelt. Dabei bewegt sich eine Einzelkraft konstanten Betrags F_0 mit der konstanten Geschwindigkeit v_0 von links nach rechts über den Balken. Technische Anwendungen, bei denen diese Modellierung wichtig ist, betreffen Schwingungen eines Fahrdrahtes unter Einwirkung des Stromabnehmers bei der stationären Fahrt von Zügen, Tragseilschwingungen fahrender Lifte und Kabinenbahnen, aber auch die Schwingungsanregung von Brücken bei der Überfahrt durch Fahrzeuge. Handelt es sich dabei um einen langen Zug, ist die Problematik mit den Schwingungen axial durchströmter Strukturen verwandt. Zur vollständigen Problemformulierung gehören dann noch Anfangsbedingungen, beispielsweise derart, dass für $t = 0$ die Last am linken Rand bei $Z = 0$ ankommt und der Balken unausgelenkt in Ruhe ist, $u(Z, 0) = 0$, $u_{,t}(Z, 0) = 0$ für $0 \leq Z \leq L$. Für $t = L/v_0$ verlässt die Last den Balken wieder. Die zu diesem Zeitpunkt auftretende Schwingungsantwort bezüglich Lage und Geschwindigkeit könnte dann bei Bedarf die „Anfangsbedingungen“ für die Schwingungen des Balkens nach Verlassen durch die Last abgeben. Die Erregerkraft kann im vorliegenden Fall durch

$$p(Z, t) = F_0 \delta_D (Z - v_0 t) \tag{5.130}$$

repräsentiert werden, sodass die in (5.129) verlangte Integration zur Berechnung der modalen Erregungen $p_l(t)$ elementar ausgeführt werden kann:

$$p_l(t) = \frac{F_0 W_l(v_0 t)}{\int_0^L \mu U_l^2 \mathrm{d}Z}, \quad l = 1, 2, \dots, \infty. \tag{5.131}$$

Wird die Lagerung des Balkens beidseitig querunverschiebbar und biegemomentenfrei angenommen, sind die orthonormierten dimensionslosen Eigenfunktionen $W_l(Z) = \sqrt{2} \sin \frac{l\pi Z}{L}$, woraus sich eine harmonische modale Erregung $p_l(t) = \frac{2F_0}{\mu L} \sin \frac{l\pi v_0 t}{L}$, $l = 1, 2, \dots, \infty$ ergibt. Eine Partikulärlösung $T_{l\mathrm{P}}$ der gewöhnlichen Differenzialgleichungen (5.128) ist

$$T_{l\mathrm{P}}(t) = \left[\frac{2F_0 L}{\mu l^2 \pi^2} \frac{1}{\frac{EI}{\mu L^2} - v_0^2} \right] \sin \frac{l\pi v_0 t}{L}, \quad l = 1, 2, \dots, \infty, \tag{5.132}$$

sofern der Nenner nicht verschwindet, $EI/(\mu L^2) \neq v_0$. Im Folgenden wird vorausgesetzt, dass die Fahrgeschwindigkeit unterhalb des kritischen Wertes $v_{\mathrm{krit}} = EI/(\mu L^2)$ bleibt, sodass keine derartige „Resonanz" auftritt. Will man die vollständige, hier an verschwindende Anfangsbedingungen angepasste Lösung $u(Z,t)$ berechnen, hat man zunächst in der Form

$$u(Z,t)=\sum_{k=1}^{\infty}\left[a_k\sin\omega_k t+b_k\cos\omega_k t+\frac{2F_0L}{\mu k^2\pi^2\left(\frac{EI}{\mu L^2}-v_0^2\right)}\sin\frac{k\pi v_0 t}{L}\right]\sin\frac{k\pi Z}{L} \qquad (5.133)$$

die homogene Lösung hinzuzufügen und dann diese Anpassung vorzunehmen. Sie liefert $a_k=0$ und $b_k=-v_0\sqrt{\frac{\mu L^2}{EI}}\frac{2F_0L}{\mu k^2\pi^2[EI/(\mu L^2)-v_0^2]}$, $k=1,2,\ldots,\infty$. Die gewünschte Lösung liegt damit vor:

$$u(Z,t)=\frac{2F_0L}{\mu\pi^2\left(\frac{EI}{\mu L^2}-v_0^2\right)}\sum_{k=1}^{\infty}\frac{1}{k^2}\left[\sin\frac{k\pi v_0 t}{L}-v_0\sqrt{\frac{\mu L^2}{EI}}\sin\omega_k t\right]\sin\frac{k\pi Z}{L}. \qquad (5.134)$$

Sie gilt im Zeitintervall $0\le t\le L/v_0$. Die Lösung für $t>L/v_0$ soll hier nicht mehr bestimmt werden. Reduziert man das Strukturmodell auf eine beiderseits unverschiebbar gelagerte Saite [11], dann bleibt der komplette Lösungsgang qualitativ ungeändert, quantitativ ist allein die Geschwindigkeit $v_{\text{krit}}=\sqrt{EI/(\mu L^2)}$ durch die Wellenausbreitungsgeschwindigkeit $c_0=\sqrt{F_0/(\mu)}$ der Saite zu ersetzen. Es ist festzuhalten, dass im Rahmen einer linearen Theorie die entlang der Saite bewegte Einzelkraft nur mit $v_0<c_0$ fahren darf. Zur Realisierung von Überschallbetrieb ist eine nichtlineare Theorie heranzuziehen, die Phänomene, wie sie in der Strömungslehre als Verdichtungsstöße auftreten können, adäquat beschreiben kann. In Abschn. 8.3 wird eine verwandte Aufgabenstellung, die mit v_0 durch zwei raumfeste Lager bewegte Saite, behandelt, bei der analoge Einschränkungen für die Transportgeschwindigkeit v_0 vorzusehen sind.

Die Überlegungen lassen sich verallgemeinern, indem keine Wanderlasten vorgebenen Betrages diskutiert werden, sondern z. B. als einfachstes Fahrzeugmodell mit Aufbau und elastisch angekoppelten Rädern ein angetriebener, vertikal schwingungsfähiger 2-Massen-Oszillator an dem horizontal angeordneten 1-parametrigen Strukturmodell entlang fährt. Eine entsprechende Bettung des Strukturmodells oder ein endlicher Radabstand eines schwingungsfähigen Fahrzeug-Mehrkörpermodells sind weitere denkbare Verallgemeinerungen. Der Rechenaufwand nimmt dabei u. U. erheblich zu, die hier angestellten Betrachtungen bilden dafür jedoch die Basis.

5.4 Bogenträger und Kreisring

Die nachfolgenden Ausführungen beschränken sich auf eben gekrümmte Stäbe mit schwacher Krümmung und doppelt achsensymmetrischen Querschnitten, bei denen Schubmittelpunkt und Schwerpunkt zusammenfallen. Querschnittsverwölbungen, Querkraftschub und Rotationsträgheiten quer zur Stabachse bleiben unberücksichtigt. Als weitere Vereinfachung werden Kreisbogenträger bzw. Kreisringe mit einer Querschnittsfläche

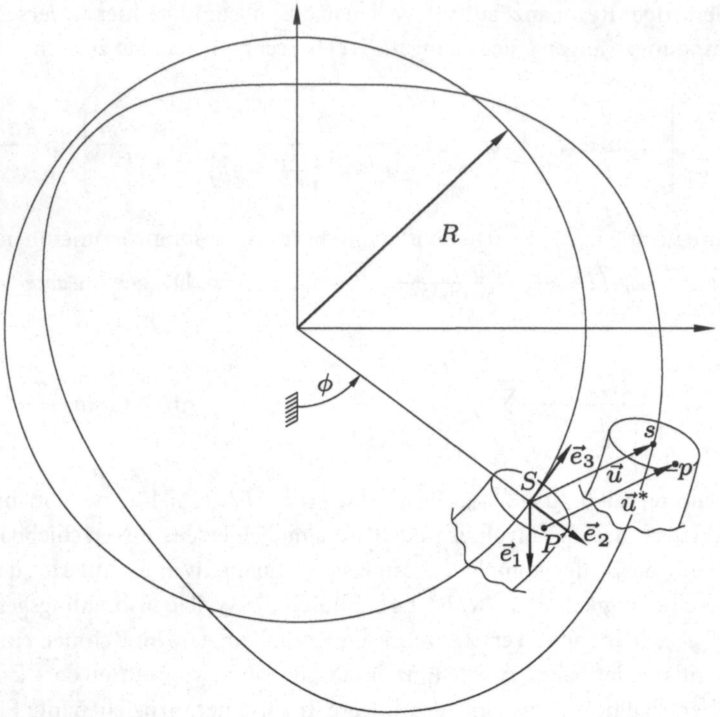

Abb. 5.23 Undeformierter und deformierter Kreisringquerschnitt mit Bezugssystem

betrachtet, die symmetrisch zur Kreisebene sind. Sie sind zum einen in maschinendynamischen Anwendungen technisch wohl am wichtigsten und führen zum anderen durch Symmetrie und konstante Vorkrümmung auf ein rechentechnisch einfacher handhabbares mathematisches Modell: Im Rahmen einer linearen Theorie sind dann nämlich Biege-Dehnungs-Schwingunge in der Ebene („in-plane") des Linientragwerks von den („out-of-plane") Biege-Torsions-Schwingungen aus der Ebene heraus entkoppelt. Allgemein eben gekrümmte Linientragwerke werden beispielsweise in [24] angesprochen.

Zur analytischen Herleitung der beschreibenden Randwertaufgaben ist bei der vorgegebenen Kreisgeometrie (Radius R) des undeformierten Ausgangszustandes (siehe Abb. 5.23) ein Dreibein $(S\vec{e}_1\vec{e}_2\vec{e}_3)$, errichtet im Schwerpunkt S eines beliebigen Querschnitts dieses Referenzzustandes, als Bezugssystem zweckmäßig. Die auftretenden krummlinigen orthogonalen Koordinaten sind $q_1 = X$, $q_2 = R + Y$ und $q_3 = \phi$ mit $Z = R\phi$. Wesentlich ist das innere Potenzial der vorgekrümmten Stabstruktur gemäß (3.12) in seiner auf Kreisgeometrie angepassten Form

$$U_\mathrm{i} = \frac{E}{2}\int_{\phi_0}^{\phi_1}\int_{(A)}(R+Y)\varepsilon_{33}^2\mathrm{d}A\mathrm{d}\phi + \frac{G}{2}\int_{\phi_0}^{\phi_1}\int_{(A)}(R+Y)(4\varepsilon_{13}^2 + 4\varepsilon_{23}^2)\mathrm{d}A\mathrm{d}\phi. \tag{5.135}$$

Die benötigten Koordinaten $\varepsilon_{33}, \varepsilon_{13}$ und ε_{23} des Verzerrungstensors $\vec{\vec{\varepsilon}}$ in den genannten Koordinaten sind dann im Rahmen einer linearen Theorie, siehe beispielsweise [16], durch

$$\begin{aligned}
\varepsilon_{33} &= \frac{1}{R+Y}\left(u_{3,\phi} + u_2\right), \\
\varepsilon_{13} &= \frac{1}{2}\left(u_{3,X} + \frac{1}{R+Y}u_{1,\phi}\right), \quad \varepsilon_{23} = \frac{1}{2}\left(\frac{1}{R+Y}u_{2,\phi} + u_{3,Y} - \frac{1}{R+Y}u_3\right)
\end{aligned} \tag{5.136}$$

mit den Koordinaten u_i des Verschiebungsvektors $\vec{u}^*$ eines S zugeordneten allgemeinen Querschnittspunktes $P \to p$ bestimmt, die sich wiederum durch die Koordinaten u, v, w der Verschiebung $\vec{u}$ des Schwerpunktes $S \to s$ und eine Verdrehung ψ des Querschnitts um die $\vec{e}_3$-Achse ausdrücken lassen:

$$u_1 = u - Y\psi, \; u_2 = v + X\psi, \; u_3 = w - \frac{X}{R}u_{,\phi} - \frac{Y}{R}\left(v_{,\phi} - w\right).$$

Eingesetzt in die Beziehungen (5.136) erhält man die benötigten Verzerrungskoordinaten

$$\begin{aligned}
\varepsilon_{33} &= \frac{1}{R+Y}\left[w_{,\phi} + v - \frac{X}{R}(u_{,\phi\phi} - R\psi) - \frac{Y}{R}(v_{,\phi\phi} - w_{,\phi})\right], \\
\varepsilon_{13} &= -\frac{1}{2}\frac{Y}{R+Y}\left(\frac{u_{,\phi}}{R} + \psi_{,\phi}\right), \quad \varepsilon_{23} = \frac{1}{2}\frac{X}{R+Y}\left(\frac{u_{,\phi}}{R} + \psi_{,\phi}\right).
\end{aligned} \tag{5.137}$$

Das innere Stabpotential (5.135) kann dann nach Integration über die Querschnittsfläche A, siehe Übungsaufgabe 8.10 in Abschn. 8.6, für das Prinzip von Hamilton ausgewertet werden. Zusammen mit der kinetischen Energie

$$T = \frac{\rho_0 A}{2}\int_{\phi_0}^{\phi_1}(u_{,t}^2 + v_{,t}^2 + w_{,t}^2)R\mathrm{d}\phi + \frac{\rho_0(I_1 + I_2)}{2}\int_{\phi_0}^{\phi_1}\psi_{,t}^2 R\mathrm{d}\phi,$$

dem äußeren Potenzial

$$U_\mathrm{a} = \frac{c_1\rho_0 A}{2}\int_{\phi_0}^{\phi_1} u^2 R\mathrm{d}\phi + \frac{c_2\rho_0 A}{2}\int_{\phi_0}^{\phi_1} v^2 R\mathrm{d}\phi + \frac{c_3\rho_0 A}{2}\int_{\phi_0}^{\phi_1} w^2 R\mathrm{d}\phi$$

einer elastischen Bettung (Bettungziffern $c_{1,2,3}$) und der virtuellen Arbeit

$$\begin{aligned}
W_\delta = -\int_{\phi_0}^{\phi_1} &\Big\{[p_1(\phi,t) - d_1\rho_0 A u_{,t}]\delta u + [p_2(\phi,t) - d_2\rho_0 A v_{,t}]\delta v \\
&+ [p_3(\phi,t) - d_3\rho_0 A w_{,t}]\delta w\Big\} R\mathrm{d}\phi
\end{aligned}$$

– hier infolge äußerer Dämpfung (Dämpfungkonstanten $k_{1,2,3}$) und erregender Streckenlasten $p_{1,2,3}(\phi, t)$ allein bezüglich translatorischer Auslenkungen und Geschwindigkeiten

– liefert dann im letzten Schritt das Prinzip von Hamilton (2.60) bzw. (3.10) die beiden voneinander entkoppelten Randwertprobleme

$$\begin{aligned}\frac{EI_1}{R^4}(v_{,\phi\phi\phi\phi}+2v_{,\phi\phi}+v)+\frac{EA}{R^2}(w_{,\phi}+v)+\rho_0 A(c_2 v+d_2 v_{,t}+v_{,tt})&=p_2(\phi,t)\\ \frac{EA}{R^2}(w_{,\phi\phi}+v_{,\phi})-\rho_0 A[c_3 w+d_3 w_{,t}+w_{,tt}]&=-p_3(\phi,t),\\ v(\phi_0,t)=0,\ v_{,\phi\phi}(\phi_0,t)=0,\ w(\phi_0,t)&=0,\\ v(\phi_1,t)=0,\ v_{,\phi\phi}(\phi_1,t)=0,\ w(\phi_1,t)&=0\ \forall t\ge 0\end{aligned} \tag{5.138}$$

für die in-plane-Schwingungen $v(\phi,t)$ und $w(\phi,t)$ sowie

$$\begin{aligned}\frac{EI_2}{R^4}(u_{,\phi\phi\phi\phi}-R\psi_{,\phi\phi})-\frac{GI_T}{R^4}(u_{,\phi\phi}+R\psi_{,\phi\phi})+\rho_0 A(c_1 u+d_1 u_{,t}+u_{,tt})&=p_1(\phi,t),\\ \frac{GI_T}{R^2}(R\psi_{,\phi\phi}+u_{,\phi\phi})+\frac{EI_2}{R^2}(u_{,\phi\phi}-R\psi)-\rho_0(I_1+I_2)\psi_{,tt}&=0,\\ u(\phi_0,t)=0,\ u_{,\phi\phi}(\phi_0,t)=0,\ \psi(\phi_0,t)&=0,\\ u(\phi_1,t)=0,\ u_{,\phi\phi}(\phi_1,t)=0,\ \psi(\phi_1,t)&=0\ \forall t\ge 0\end{aligned} \tag{5.139}$$

für die out-of-plane-Schwingungen $u(\phi,t)$ und $\psi(\phi,t)$, wenn als Torsionssteifigkeit GI_T anstelle von $G(I_1+I_2)$ genommen wird. In beiden Fällen sind an den Rändern des Kreisbogenträgers bei $\phi=\phi_0$ und $\phi=\phi_1$ die einfachsten Randbedingungen „unverschiebbar, nicht verdrehbar und biegemomentenfrei" angenommen worden. Eine synthetische Herleitung führt auf identische Ergebnisse, siehe Übungsaufgabe 5.20.

Im Falle eines Kreisringes gelten die Feldgleichungen $(5.138)_{1,2}$ bzw. $(5.139)_{1,2}$ im gesamten Winkelbereich $0\le\phi\le 2\pi$, und die Randbedingungen sind durch die Periodizitätsbedingungen

$$\begin{aligned}v(0,t)&=v(2\pi,t), & w(0,t)&=w(2\pi,t),\\ v_{,\phi}(0,t)&=v_{,\phi}(2\pi,t), & w_{,\phi}(0,t)&=w_{,\phi}(2\pi,t),\\ v_{,\phi\phi}(0,t)&=v_{,\phi\phi}(2\pi,t), & v_{,\phi\phi\phi}(0,t)&=v_{,\phi\phi\phi}(2\pi,t)\quad\forall t\ge 0\end{aligned} \tag{5.140}$$

bzw.

$$\begin{aligned}u(0,t)&=u(2\pi,t), & \psi(0,t)&=\psi(2\pi,t),\\ u_{,\phi}(0,t)&=u_{,\phi}(2\pi,t), & \psi_{,\phi}(0,t)&=\psi_{,\phi}(2\pi,t),\\ u_{,\phi\phi}(0,t)&=u_{,\phi\phi}(2\pi,t), & u_{,\phi\phi\phi}(0,t)&=u_{,\phi\phi\phi}(2\pi,t)\quad\forall t\ge 0\end{aligned} \tag{5.141}$$

zu ersetzen. Der Grenzübergang zum geraden Stab ist einfach, wenn man zunächst Ableitungen nach ϕ durch solche nach $Z=R\phi$ ersetzt und dann $R\to\infty$ gehen lässt. Man erhält die zwei Biegeschwingungsgleichungen in u und v im Sinne der Bernoulli-Euler-Theorie sowie die Längs- bzw. Torsionsschwingungsgleichung in w bzw. ψ, allesamt voneinander entkoppelt.

Während die Untersuchung der freien und erzwungenen Schwingungen von Bogenträgern gegenüber der für gekoppelte Biege-Torsion-Schwingungen gerader Stäbe gemäß Abschn. 5.2.4 keine grundsätzlich anderen Ergebnisse erwarten lässt, ergeben sich bei der Behandlung der Schwingungen geschlossener Kreisringe Effekte, wie man sie bisher noch nicht kennt. Weil dabei die in- und out-of-plane-Schwingungen durch Randwertprobleme gleicher Struktur beschrieben werden, sollen hier die in-plane-Schwingungen im Mittelpunkt stehen. Technisch besitzen sie bei der Modellierung von Fahrzeugreifen – dann allerdings auch noch rotierend, siehe erneut Übungsaufgabe 8.10 in Abschn. 8.6 – eine wesentliche Bedeutung. Zur Reduktion der Einflussparameter wird eine dimensionslose Schreibweise benutzt. Um auch die Fälle des *dehnstarren* und des *biegeschlaffen* Ringes durch eine einzige Normierung erfassen zu können, ist

$$\begin{gathered}\tau = \sqrt{\frac{EI_0}{\rho_0 AR^4}}t, \quad \gamma = \frac{EI}{EI_0}, \quad \beta = \frac{EAR^2}{EI_0},\\ \kappa_{2,3} = \frac{c_{2,3}R^4}{EI_0}, \quad \alpha_{2,3} = \frac{d_{2,3}R^2}{\sqrt{\rho_0 AEI_0}}, \quad q_{2,3}(\phi,\tau) = \frac{R^4 p_{2,3}(\phi,t)}{EI_0}\end{gathered} \tag{5.142}$$

adäquat. Die Feldgleichungen in (5.138) und die zugehörigen Randbedingungen (5.140) ergeben damit ein Randwertproblem

$$\begin{aligned}\gamma(v'''' + 2v'' + v) + \beta(w' + v) + (\kappa_2 v + \alpha_2 \dot{v} + \ddot{v}) &= q_2(\phi,\tau),\\ -\beta(w'' + v') + (\kappa_3 w + \alpha_3 \dot{w} + \ddot{w}) &= q_3(\phi,\tau),\\ v(0,\tau) = v(2\pi,\tau),\ w(0,\tau) &= w(2\pi,\tau),\\ v'(0,\tau) = v'(2\pi,\tau),\ w'(0,\tau) &= w'(2\pi,\tau),\\ v''(0,\tau) = v''(2\pi,\tau),\ v'''(0,\tau) &= v'''(2\pi,\tau)\ \forall\tau \geq 0\end{aligned} \tag{5.143}$$

insgesamt sechster Ordnung in ϕ, das zu lösen ist. Hochgestellte Striche und Punkte bezeichnen Ableitungen nach ϕ und τ. Für einen realen Ring mit endlicher Dehn- und Biegesteifigkeit gilt $\gamma = 1$ und $\beta \neq 0$, üblicherweise allerdings $\frac{1}{\beta} \ll 1$. Für einen dehnstarren Ring, den man auch mit der Nebenbedingung $w' + v = 0$ aus dem Randwertproblem in v und w in Form einer Einzeldifferenzialgleichung sechster Ordnung in ϕ für beispielsweise v generieren könnte, siehe nochmals Übungsaufgabe 8.10, gilt $\gamma = 1$ und $\frac{1}{\beta} = 0$ und für einen biegeschlaffen Ring $\gamma = 0$ und $\beta = 1$.

Zunächst werden freie ungedämpfte Schwingungen diskutiert. Der Lösungsansatz

$$\begin{pmatrix} v(\phi,\tau) \\ w(\phi,\tau) \end{pmatrix} = \begin{pmatrix} A\cos k\phi \\ D\sin k\phi \end{pmatrix} e^{i\lambda_k \tau}, \tag{5.144}$$

der alle Periodizitätsbedingungen in (5.143) erfüllt, algebraisiert das Randwertproblem (5.143) in Form zweier Bestimmungsgleichungen

$$\begin{aligned}[-\lambda_k^2 + \gamma(k^2-1)^2 + \beta + \kappa_2]A + \beta k D &= 0,\\ -\beta k A + (\lambda_k^2 - \beta k^2 - \kappa_3)D &= 0\end{aligned} \tag{5.145}$$

für die Konstanten A und D vollständig. Die verschwindende Systemdeterminante

$$\begin{aligned}&\lambda_k^4 - [\beta k^2 + \kappa_3 + \gamma(k^2-1)^2 + \beta + \kappa_2]\lambda_k^2\\ &\quad + \gamma\beta k^2(k^2-1)^2 + \gamma\kappa_3(k^2-1)^2 + (\beta k^2 + \kappa_3)(\beta + \kappa_2) - \beta^2 k^2 = 0\end{aligned} \tag{5.146}$$

ist die zugehörige biquadratische Eigenwertgleichung zur Berechnung der abzählbar unendlich vielen Eigenwerte $\lambda_{k1,2,3,4}$ ($k = 0,1,2,\dots,\infty$). Man erkennt, dass im ungedämpften Fall stets rein reelle Eigenwerte $\pm\lambda_{k1,2}$ vorliegen. Zurück in das Gleichungssystem (5.145) kann man dann zu jedem Wert $\lambda_{k1,2}^2$ die entsprechenden Amplitudenverhältnisse $D_{k1,2}/A_{k1,2} = a_{k1,2}$ berechnen und hat damit die Eigenfunktionen $[v_{k1,2}, w_{k1,2}]^\top$ für alle $k = 0,1,2,\dots,\infty$ bestimmt. Bis hierhin sind die Ergebnisse ohne besondere Überraschungen. Man stellt jedoch fest, dass ein zweiter Lösungsansatz

$$\begin{pmatrix} v(\phi,\tau)\\ w(\phi,\tau)\end{pmatrix} = \begin{pmatrix} B\sin k\phi\\ C\cos k\phi\end{pmatrix} e^{\mathrm{i}\lambda_k \tau}, \tag{5.147}$$

existiert, der die identische Eigenwertgleichung (5.146) liefert. Alle Eigenwerte sind also *doppelt* mit jeweils *zwei linear unabhängigen* Eigenfunktionen, die durch eine Phasenverschiebung um $180°/(2k)$ auseinander hervorgehen. Im Detail ist diese Rechnung samt der resultierenden Überlagerung der jeweils beiden Eigenfunktionen in [14] ausgeführt. Das Phänomen mehrfacher Eigenwerte mit entsprechend vielen linear unabhängigen Eigenfunktionen wird in der theoretischen Physik als *Entartung* bezeichnet und kann offensichtlich selbst bei 1-parametrigen Strukturmodellen auftreten, wenn auch nicht bei geraden Linientragwerken. Bei Flächentragwerken, siehe Kap. 6, ist diese Entartung allerdings ein durchaus gängiger Sachverhalt[21].

Mit den bisherigen Ergebnissen kommt man zu dem interessanten Ergebnis, dass für die Ordnungszahl $k = 0$ entkoppelte tangentiale bzw. radiale Schwingungen $w(t)$ bzw. $v(t)$ auftreten. Man findet diesen Sonderfall auch innerhalb des urspünglichen Randwertproblems (5.143), wenn man dort die Abhängigkeit von ϕ ignoriert und so direkt die rotationssymmetrischen Schwingungen herausdestilliert. Bei genauerem Hinsehen ergeben sie

[21] Der Fall p-facher Eigenwerte mit p linear unabhängigen Eigenfunktionen ist die einfachste Entartung. In jüngeren Forschungsarbeiten [22] wird einer höhergradigen Entartung besondere Aufmerksamkeit geschenkt, bei der mehrfache Eigenwerte mit einer *einzigen zusammenfallenden* Eigenfunktion auftreten. Zur Unterscheidung nennt man dann die mehrfachen Eigenwerte mit entsprechend vielen linear unabhängigen Eigenfunktionen *halbeinfach* und erst die mehrfachen Eigenwerte mit einer einzigen zusammenfallenden Eigenfunktion tatsächlich mehrfach!

sich als reine Starrkörperschwingungen in tangentialer Richtung oder als reine Dehnungsschwingungen, wobei letztere für den undehnbaren Kreisring natürlich nicht auftreten können. Zur Interpretation der Eigenschwingungen im Falle $k = 1$ ist es hilfreich, die zugehörige Krümmungsänderung $[(v_k + v_k'')/R^2]_{k=1}$ zu untersuchen. Es stellt sich heraus, dass sie stets null ist, d. h. es treten erneut ausschließlich reine Dehnschwingungen auf, die sich bei speziellen Anfangsauslenkungen auf reine Starrkörperschwingungen reduzieren können. Für $k > 1$ liegen dann tatsächlich gekoppelte Biege-Dehnungs-Schwingungen vor.

Nimmt man vom Zeitverhalten $e^{\pm i\lambda_{k1,2}\tau}$ einer Eigenschwingungsform beispielsweise den Realteil $\cos\lambda_{k1,2}\tau$, dann erhält man für diese Komponente der betreffenden Eigenschwingung

$$\begin{pmatrix} v_{k1,2}(\phi,\tau) \\ w_{k1,2}(\phi,\tau) \end{pmatrix} = \left[\begin{pmatrix} A_{k1,2} \\ -a_{k1,2}B_{k1,2} \end{pmatrix}\cos k\phi + \begin{pmatrix} B_{k1,2} \\ a_{k1,2}A_{k1,2} \end{pmatrix}\sin k\phi\right]\cos\lambda_{k1,2}\tau. \tag{5.148}$$

Greift man davon einen Anteil, beispielsweise $\bar{v}_k(\phi,\tau) = B_k \sin k\phi \cos\lambda_k\tau$, heraus, so kann man ihn äquivalent in der Form

$$\bar{v}_k(\phi,\tau) = \frac{B_k}{2}\sin k\left(\phi - \frac{\lambda_k}{k}\tau\right) + \frac{B_k}{2}\sin k\left(\phi + \frac{\lambda_k}{k}\tau\right)$$

darstellen. Offensichtlich kann man die betreffenden Eigenschwingungen auch als Überlagerung zweier mit der jeweiligen „Geschwindigkeit“ in entgegengesetzte Richtung laufenden harmonischen Wellen halber Amplitude auffassen. Nimmt man bei den Eigenschwingungen (5.148) nicht nur den cos-förmigen, sondern auch noch den sin-förmigen Zeitanteil dazu und überlagert alle Ordnungen k ($k = 0, 1, \ldots, \infty$), dann hat man die allgemeine Lösung der freien Schwingungen $[v_H(\phi,\tau), w_H(\phi,\tau)]^\top$ bestimmt und kann zum Schluss an vorliegende Anfangsbedingungen anpassen.

Das erhaltene Ergebnis doppelter Eigenwerte mit jeweils linear unabhängigen Eigenfunktionen hat auch Konsequenzen bei der Berechnung erzwungener Schwingungen. Verwendet man zur Bestimmung einer Partikulärlösung beispielsweise eine modale Entwicklung

$$\begin{pmatrix} v_P(\phi,\tau) \\ w_P(\phi,\tau) \end{pmatrix} = \sum_{k=0}^{N}\sum_{j=1}^{2}\left[\begin{pmatrix} \cos k\phi \\ a_{kj}\sin k\phi \end{pmatrix} S_{kj}(\tau) + \begin{pmatrix} \sin k\phi \\ -a_{kj}\cos k\phi \end{pmatrix} T_{kj}(\tau)\right] \tag{5.149}$$

in Reihenform, so hat man zu jedem Wert des Summationsindex k beide Eigenfunktionen einzubeziehen. Besitzt die separierbar angenommene Anregung im allgemeinen Fall eine ϕ-abhängige örtliche Verteilung, werden in aller Regel auch beide Eigenformen jeder Ordnungszahl k ($k = 0, 1, 2, \ldots, \infty$) in der Antwort auftreten, aber mit unterschiedlichem Gewicht, das in Sonderfällen auch null sein kann, z. B. wenn eine lokal konzentrierte Erregung im Knoten der betreffenden Eigenfunktion angreift.

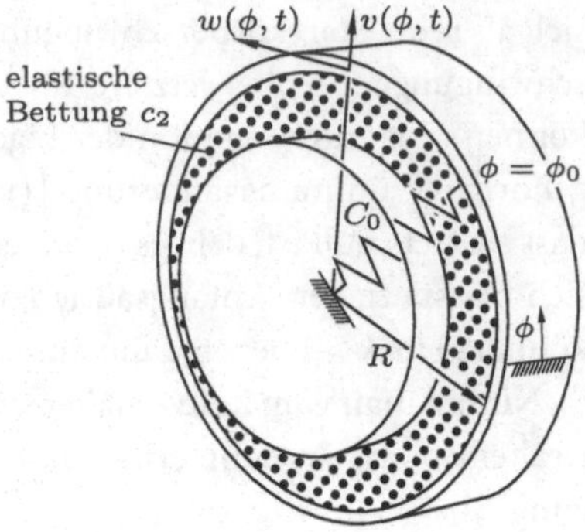

Abb. 5.24 Kreisring mit zusätzlicher lokal konzentrierter Stützfeder

Interessant sind Effekte, die auftreten können, wenn die ideale Symmetrie des Kreisringes beispielsweise durch einen Defekt aufgebrochen wird. Modellvorstellungen, die dies bewirken können, sind lokal konzentrierte Massen- oder Steifigkeitsänderungen beispielsweise durch eine an beliebiger Position ϕ_0 angebrachte Zusatzmasse oder Stützfeder. Die ursprünglich doppelten Eigenwerte splitten sich in zwei verschiedene, eventuell dicht benachbarte Eigenwerte mit jeweils zugehörigen, nunmehr auch qualitativ unterschiedlichen Eigenfunktionen auf.

Beispiel 5.9 Es wird ein elastischer Kreisring mit konstanten Querschnittsdaten und gleichförmiger, allein radialer elastischer Bettung ohne Dämpfungseinflüsse betrachtet, der zusätzlich über eine radial wirkende, bei ϕ_0 angebrachte elastische Feder (Federkonstante C_0) abgestützt wird, siehe Abb. 5.24. Das Eigenschwingverhalten ist zu analysieren, wobei hier die veränderten Eigenkreisfrequenzen besonders interessieren.

Im vorliegenden Fall sind die homogenen Bewegungsdifferenzialgleichungen $(5.138)_{1,2}$ (für $p_2, p_3 \equiv 0$) zu diskutieren, und es gilt $d_2 = d_3 = 0$ und $c_3 = 0$. Die ursprüngliche gleichförmige radiale Bettung $\rho_0 A c_2$ wird durch $c_r(\phi) = \rho_0 A c_2 + C_0 \delta_D(\phi - \phi_0)$ bei unveränderten Periodizitätsbedingungen (5.140) ersetzt. Geht man auf die dimensionslose Schreibweise (5.142) über, gilt $\gamma = 1$ sowie $q_1, q_2 \equiv 0$ und $\kappa_3, \alpha_2, \alpha_3 = 0$. Anstatt κ_2 ist $\kappa_r = \kappa_2[1+\varepsilon_0\delta_D(\phi-\phi_0)]$ zu nehmen, worin $\varepsilon_0 = \frac{C_0}{c_2}$ das Verhältnis von Stützfederkonstante und Bettungsziffer bezeichnet. Zur Lösung des maßgebenden dimensionslosen Randwertproblems (5.143) in der Nähe des Eigenwertes $\lambda_{k1,2}$ des rotationssymmetrischen Falles wird eine Approximation (in Vektorform)

$$\begin{pmatrix} v_{k1,2}(\phi,\tau) \\ w_{k1,2}(\phi,\tau) \end{pmatrix} = \begin{pmatrix} \cos k\phi \\ a_{k1,2} \sin k\phi \end{pmatrix} S_{k1,2}(\tau) + \begin{pmatrix} \sin k\phi \\ -a_{k1,2} \cos k\phi \end{pmatrix} T_{k1,2}(\tau).$$

verwendet. Einsetzen dieses Ansatzes in die vereinfachten Bewegungsdifferenzialgleichungen $(5.143)_{1,2}$ – die Periodizitätsbedingungen in (5.143) werden ja erfüllt – und Bilden des inneren Produkts mit den individuellen Eigenfunktionen (in Vektorform) liefern nach

Auswerten der auftretenden Integrale die beiden gewöhnlichen Differenzialgleichungen

$$\begin{aligned}&[k^4 - n^2 + \beta + \kappa_2 + 2\beta k a_{k1,2} + \beta k^2 a_{k1,2}^2]\pi S_{k1,2}\\&\quad + \varepsilon_0 \cos^2 k\phi_0 S_{k1,2} + \varepsilon_0 \sin k\phi_0 \cos k\phi_0 T_{k1,2} + \pi(1 + a_{k1,2}^2)\ddot{S}_{k1,2} = 0,\\&[k^4 - n^2 + \beta + \kappa_2 + 2\beta k a_{k1,2} + \beta k^2 a_{k1,2}^2]\pi T_{k1,2}\\&\quad + \varepsilon_0 \sin k\phi_0 \cos k\phi_0 S_{k1,2} + \varepsilon_0 \sin^2 k\phi_0 T_{k1,2} + (1 + a_{k1,2}^2)\ddot{T}_{k1,2} = 0,\end{aligned}$$

worin hochgestellte Punkte Ableitungen nach τ bezeichnen. Bei vorhandener Stützfeder $\varepsilon_0 \neq 0$ sind sie im Allgemeinen gekoppelt, aber insbesondere neben dieser Kopplung für einen vorgegebenen Wert ϕ_0 bereits unterschiedlich bezüglich ihrer Steifigkeitsterme. Deshalb fallen die beiden Eigenfrequenzen nicht mehr zusammen, sodass es tatsächlich zu dem vermuteten Frequenz-Splitting mit nunmehr auch nicht mehr entarteten Moden kommt. Die Verhältnisse sind also jenen ganz ähnlich, die in [12] bei einer vergleichbaren Aufgabenstellung einer Kreismembran auftreten. ■

5.5 Rotierende Wellen

Rotierende Wellen mit Kreisquerschnitt sind bereits vereinzelt in den Beispielen 4.19 und 4.21 des Abschn. 4.2 angesprochen worden. Im vorliegenden Abschnitt werden die bisherigen Überlegungen systematisch auf eine schlanke Welle kreisförmigen und auch ovalen Querschnitts ausgedehnt, die um die Stablängsachse mit *konstanter* Winkelgeschwindigkeit[22] umläuft und Biegeschwingungen ausführen kann, siehe beispielsweise [4, 13, 15].

Vom klassischen Laval-Rotor mit masseloser Welle und mittig aufgesetzter starrer Scheibe ohne Schiefstellung in unverschiebbarer Lagerung ohne Berücksichtigung von Dämpfungseinflüssen weiß man [6], dass sich bei Kreisquerschnitt der Welle eine Herleitung der maßgebenden Bewegungsgleichungen in einem inertialen Bezugssystem anbietet. Weil nämlich dafür die körperfest vorliegende Isotropie der Wellensteifigkeit auch in einem raumfesten Bezugssystem unabhängig vom zeitabhängigen Drehwinkel Ωt bleibt, sind die beiden Bewegungsgleichungen des ungedämpften Laval-Rotors voneinander entkoppelt. Das analoge 1-parametrige Strukturmodell mit verteilten Parametern ist die schlanke Welle mit Kreisquerschnitt im Sinne der technischen Biegelehre, die deshalb zweckmäßig auch in einem Inertialsystem beschrieben wird.

Werden beim Laval-Rotor mit Kreisquerschnitt Schiefstellungen der starren Scheibe einbezogen, dann werden trotz der auftretenden gyroskopischen Kopplung üblicherweise die maßgebenden Bewegungsgleichungen ebenfalls im inertialen Bezugssystem formuliert und gelöst, da nach wie vor die Bewegungsgleichungen konstante Koeffizienten behalten. Das einfachste Analogon eines verteilten 1-parametrigen Strukturmodells ist eine Welle

[22] Das instationäre Anfahren eines Rotors beispielsweise aus der Ruhe zu einem stationären Betriebszustand ist erheblich komplizierter [29].

Abb. 5.25 Rotierende Welle

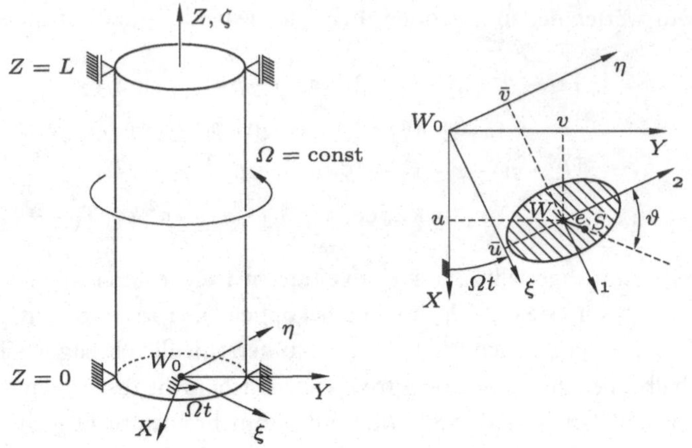

im Sinne des Rayleigh- oder des Timoshenko-Stabes mit Kreisquerschnitt, für den man genauso verfährt.

Betrachtet man Rotorsysteme und zwar sowohl mit konzentrierten als auch verteilten Parametern mit ovalem Wellenquerschnitt, geht man bei unverschiebbarer Lagerung besser auf eine Formulierung in einem mitrotierenden körperfesten Bezugssystem über, weil dann zwar gyroskopische Kopplungen in Kauf genommen werden müssen, aber bezüglich der Rückstellung keine zeitabhängigen Koeffizienten auftreten, die im inertialen Bezugssystem zwingend wären.

Infolge der im Allgemeinen nicht vermeidbaren gyroskopischen Kopplungen treten drehzahlabhängige Eigenwerte bzw. Eigenkreisfrequenzen auf. Außerdem kann es zu Instabilitätserscheinungen kommen. Dabei ist die Berücksichtigung von sowohl äußerer als auch innerer Dämpfung wichtig, weil die Stabilität durch die beiden Dämpfungsmechanismen unterschiedlich, teilweise gravierend, beeinflusst wird. Insgesamt sind deshalb rotordynamische Fragestellungen auch für Kontinuumssysteme sehr bedeutsam.

5.5.1 Bewegungsgleichungen

Eine rotierende unrunde Timoshenko-Welle mit innerer und äußerer Dämpfung wird an den Anfang der Überlegungen gestellt. Bei der Herleitung des beschreibenden Randwertproblems folgt der Autor in vereinfachter Form seiner Arbeit [28].

Die Welle der Länge L rotiert mit konstanter Winkelgeschwindigkeit Ω um die vertikale Z-Achse eines raumfesten kartesischen Bezugssystems $(W_0\vec{e}_X\vec{e}_Y\vec{e}_Z)$ siehe Abb. 5.25a, sodass Gewichtseinflüsse nicht in Erscheinung treten. Die Wellenenden bei $Z = 0, L$ sind in Querrichtung unverschiebbar und biegemomentenfrei gelagert[23]. Das idealisierte Rotormodell ist ein *unrunder* und *torsionsstarrer*[24] Timoshenko-Stab mit doppeltsymmetri-

[23] Technische Lagerungen sind unabhängig von der Modellierung des eigentlichen Rotors und werden in Fachbüchern der Rotordynamik angesprochen [6, 15].

[24] Gekoppelte Biege-Torsionsschwingungen werden beispielsweise in [18] untersucht.

schem Querschnitt (Dichte ρ_0, Querschnittsfläche A, Biegesteifigkeiten $EI_{1,2}$, korrigierte Schubsteifigkeiten $GA_{1,2}$, Koeffizienten d_i und d_a der inneren und der äußeren Dämpfung, allesamt konstant). Der Flächenschwerpunkt S fällt nicht mit dem geometrischen Mittelpunkt W zusammen (konstante Exzentrizität e und Winkellage ϑ gegen die ξ-Achse eines mitrotierenden körperfesten ($W_0\vec{e}_\xi\vec{e}_\eta\vec{e}_\zeta$)-Bezugssystems, dessen ζ-Achse mit der Z-Achse zusammenfällt und das in allgemeiner Lage gegen die X- bzw. Y-Achse des Intertialsystems um den Winkel Ωt verdreht ist), siehe Abb. 5.25b. Die ξ- und die η-Achse sind parallel zu den Querschnittshauptachsen 1 und 2. Die orts- und zeitabhängigen Biegeverformungen der Welle sind die Querverschiebungen $\bar{u}(Z,t), \bar{v}(Z,t)$ des geometrischen Mittelpunktes W und entsprechende Neigungswinkel $\bar{\varphi}(Z,t), \bar{\psi}(Z,t)$, alle gemessen im körperfesten ξ, η-Bezugssystem. Die Matrix der rotierenden Basis $(\vec{e}_\xi, \vec{e}_\eta, \vec{e}_\zeta)^\top$ korrespondiert dabei mit der Matrix der raumfesten Basis $(\vec{e}_X, \vec{e}_Y, \vec{e}_Z)^\top$ über die Drehmatrix

$$\boldsymbol{M} = \begin{pmatrix} \cos\Omega t & \sin\Omega t & 0 \\ -\sin\Omega t & \cos\Omega t & 0 \\ 0 & 0 & 1 \end{pmatrix}. \tag{5.150}$$

Zur Anwendung des Prinzips von Hamilton (2.60) bzw. (3.10) sind die kinetische Energie T, das elastische Potenzial U_i (mit $U = U_\mathrm{i}$) und die virtuelle Arbeit W_δ der Dämpfungskräfte bereitzustellen, wenn weitere potenziallose Kräfte nicht vorgesehen werden. Die kinetische Energie setzt sich in der Form

$$T = \frac{\rho_0 A}{2}\int_0^L \vec{v}^2 \mathrm{d}Z + \frac{\rho_0 I_1}{2}\int_0^L (\bar{\varphi}_{,t}^2 - \Omega^2\bar{\varphi}^2)\mathrm{d}Z + \frac{\rho_0 I_2}{2}\int_0^L (\bar{\psi}_{,t}^2 - \Omega^2\bar{\psi}^2)\mathrm{d}Z$$

aus einem Translations- und zwei Rotationsanteilen additiv zusammen, worin die Absolutgeschwindigkeit $\vec{v}$ des Flächenschwerpunktes als

$$\vec{v} = [\bar{u}_{,t} - \Omega(\bar{v} + e\sin\vartheta)]\vec{e}_\xi + [\bar{v}_{,t} + \Omega(\bar{u} + e\cos\vartheta)]\vec{e}_\eta$$

berechnet wird. Das elastische Potenzial ergibt sich zu

$$\begin{aligned} U_\mathrm{i} = {} & \frac{EI_1}{2}\int_0^L \bar{\varphi}_{,Z}^2\,\mathrm{d}Z + \frac{EI_2}{2}\int_0^L \bar{\psi}_{,Z}^2\,\mathrm{d}Z \\ & + \frac{GA_1}{2}\int_0^L (\bar{u}_{,Z} - \bar{\varphi})^2\mathrm{d}Z + \frac{GA_2}{2}\int_0^L (\bar{v}_{,Z} + \bar{\psi})^2\mathrm{d}Z, \end{aligned}$$

und die virtuelle Arbeit W_δ setzt sich aus dem Anteil

$$\begin{aligned} W_{\delta 1} = -d_\mathrm{a}\rho_0\Bigg\{ & A\int_0^L [(\bar{u}_{,t} - \Omega\bar{v})\delta\bar{u} + (\bar{v}_{,t} + \Omega\bar{u})\delta\bar{v}]\mathrm{d}Z \\ & + I_1\int_0^L (\bar{\varphi}_{,t} - \Omega\bar{\psi})\delta\bar{\varphi}\mathrm{d}Z + I_2\int_0^L (\bar{\psi}_{,t} + \Omega\bar{\varphi})\delta\bar{\psi}\mathrm{d}Z\Bigg\} \end{aligned}$$

der äußeren Dämpfung und

$$W_{\delta 2} = -d_{\mathrm{i}}\left[EI_1\int_0^L \bar{\varphi}_{,tZ}\delta\bar{\varphi}\mathrm{d}Z + EI_2\int_0^L \bar{\psi}_{,tZ}\delta\bar{\psi}\mathrm{d}Z\right.$$
$$\left. + GA_1\int_0^L(\bar{u}_{,tZ} - \bar{\varphi}_{,t})\delta(\bar{u}_{,Z} - \bar{\varphi})\mathrm{d}Z + GA_2\int_0^L(\bar{v}_{,tZ} + \bar{\psi}_{,t})\delta(\bar{v}_{,Z} + \bar{\psi})\mathrm{d}Z\right]$$

der Materialdämpfung additiv zusammen. Die angegebenen virtuellen Dämpfungsarbeiten tragen der Tatsache Rechnung, dass die äußere Dämpfung im Intertialsystem geschwindigkeitsproportional angenommen wird, während die innere Dämpfung den viskosen Anteil eines viskoelastischen Materials im mitrotierenden Bezugssystem repräsentiert. Die Drehmatrix (5.150) ist bei der Formulierung entsprechend hilfreich. Setzt man alle Beiträge in das Prinzip von Hamilton ein, liefert dessen Auswertung das Randwertproblem

$$\begin{aligned}
&\rho_0 A[\bar{u}_{,tt} - 2\Omega\bar{v}_{,t} - \Omega^2\bar{u} + d_{\mathrm{a}}(\bar{u}_{,t} - \Omega\bar{v})]\\
&\quad - GA_1[\bar{u}_{,ZZ} - \bar{\varphi}_{,Z} + d_{\mathrm{i}}(\bar{u}_{,tZZ} - \bar{\varphi}_{,tZ})] = e\rho_0 A\Omega^2\cos\vartheta,\\
&\rho_0 I_1[\bar{\varphi}_{,tt} + \Omega^2\bar{\varphi} + d_{\mathrm{a}}(\bar{\varphi}_{,t} - \Omega\bar{\psi})] - EI_1(\bar{\varphi}_{,ZZ} + d_{\mathrm{i}}\bar{\varphi}_{,tZZ}\\
&\quad - GA_1[\bar{u}_{,Z} - \bar{\varphi} + d_{\mathrm{i}}(\bar{u}_{,tZ} - \bar{\varphi}_{,t})] = 0,\\
&\rho_0 A[\bar{v}_{,tt} + 2\Omega\bar{u}_{,t} - \Omega^2\bar{v} + d_{\mathrm{a}}(\bar{v}_{,t} + \Omega\bar{u})]\\
&\quad -GA_2[\bar{v}_{,ZZ} + \bar{\psi}_{,Z} + d_{\mathrm{i}}(\bar{v}_{,tZZ} + \bar{\psi}_{,tZ})] = e\rho_0 A\Omega^2\sin\vartheta,\\
&\rho_0 I_2[\bar{\psi}_{,tt} + \Omega^2\bar{\psi} + d_{\mathrm{a}}(\bar{\psi}_{,t} + \Omega\bar{\varphi})] - EI_2(\bar{\psi}_{,ZZ} + d_{\mathrm{i}}\bar{\psi}_{,tZZ}\\
&\quad + GA_2[\bar{v}_{,Z} + \bar{\psi} + d_{\mathrm{i}}(\bar{v}_{,tZ} + \bar{\psi}_{,t})] = 0,\\
&\bar{u}(0,t) = 0,\quad \bar{\varphi}_{,Z}(0,t) = 0,\quad \bar{v}(0,t) = 0,\quad \bar{\psi}_{,Z}(0,t) = 0,\\
&\bar{u}(L,t) = 0,\quad \bar{\varphi}_{,Z}(L,t) = 0,\quad \bar{v}(L,t) = 0,\quad \bar{\psi}_{,Z}(L,t) = 0\ \forall t \geq 0
\end{aligned} \tag{5.151}$$

der beidseitig querunverschiebbar und biegemomentenfrei gelagerten, unrunden Timoshenko-Welle im stationären Betrieb ohne Schwerkrafteinfluss. Gegebenenfalls lassen sich noch die Neigungswinkel eliminieren [4], sodass gyroskopisch gekoppelte, ultrahyperbolische Differenzialgleichungen vierter Ordnung in Ort und Zeit allein in den Verschiebungen $\bar{u}(Z,t), \bar{v}(Z,t)$ entstehen; dieser Weg wird hier aber nicht eingeschlagen.

Für schlanke Wellen und vergleichsweise niedrige Frequenzen kann man auf eine Beschreibung gemäß der Bernoulli-Euler-Theorie übergehen. Für rotierende 1-parametrige Strukturmodelle ist der Grenzübergang in [13] durchgeführt und man erhält das physikalisch auch anschauliche Ergebnis

$$\begin{aligned}
&\rho_0 A[\bar{u}_{,tt} - 2\Omega\bar{v}_{,t} - \Omega^2\bar{u} + d_{\mathrm{a}}(\bar{u}_{,t} - \Omega\bar{v})]\\
&\quad + EI_1(\bar{u}_{,ZZZZ} + d_{\mathrm{i}}\bar{u}_{,tZZZZ}) = e\rho_0 A\Omega^2\cos\vartheta,\\
&\rho_0 A[\bar{v}_{,tt} + 2\Omega\bar{u}_{,t} - \Omega^2\bar{v} + d_{\mathrm{a}}(\bar{v}_{,t} + \Omega\bar{u})]\\
&\quad + EI_2(\bar{v}_{,ZZZZ} + d_{\mathrm{i}}\bar{v}_{,tZZZZ}) = e\rho_0 A\Omega^2\sin\vartheta,\\
&\bar{u}(0,t) = 0,\quad \bar{u}_{,ZZ}(0,t) = 0,\quad \bar{v}(0,t) = 0,\quad \bar{v}_{,ZZ}(0,t) = 0,\\
&\bar{u}(L,t) = 0,\quad \bar{u}_{,ZZ}(L,t) = 0,\quad \bar{v}(L,t) = 0,\quad \bar{v}_{,ZZ}(L,t) = 0\ \forall t \geq 0
\end{aligned} \tag{5.152}$$

unter den gleichen Rahmenbedingungen wie im Falle der Timoshenko-Welle. Die hergeleiteten Randwertprobleme (5.151) und (5.152) in mitrotierenden Koordinaten bleiben auch für kreisrunde Wellen gültig; es gilt dann einfach $EI_1 = EI_2 = EI$ und $GA_1 = GA_2 = \kappa GA$. Sie sind dann aber selbst für die Bernoulli-Euler-Welle gyroskopisch gekoppelt.

Diese Kopplung kann man für die kreisrunde Bernoulli-Euler-Welle weitgehend vermeiden, für die kreisrunde Timoshenko-Welle allerdings nicht, wenn man auf Schwingungsvariablen $u(Z,t), v(Z,t)$ und $\varphi(Z,t), \psi(Z,t)$ übergeht, die im inertialen Bezugssystem gemesssen werden. Die Drehmatrix (5.150) ist für diese Rechnung erneut hilfreich, und man erhält die Randwertprobleme

$$\begin{aligned}
&\rho_0 A(u_{,tt} + d_a u_{,t}) \\
&- \kappa GA[u_{,ZZ} - \varphi_{,Z} + d_i(u_{,tZZ} + \Omega v_{,ZZ} - \varphi_{,tZ} + \Omega\psi_{,Z})] = e\rho_0 A\Omega^2 \cos(\Omega t + \vartheta), \\
&\rho_0 I(\varphi_{,tt} + d_a\varphi_{,t} - 2\Omega\psi_{,t}) - EI[\varphi_{,ZZ} + d_i(\varphi_{,tZZ} - \Omega\psi_{,ZZ})] \\
&- \kappa GA[u_{,Z} - \varphi + d_i(u_{,tZ} + \Omega v_{,Z} - \varphi_{,t} + \Omega\psi)] = 0, \\
&\rho_0 A(v_{,tt} + d_a v_{,t}) \\
&- \kappa GA[v_{,ZZ} + \psi_{,Z} + d_i(v_{,tZZ} - \Omega u_{,ZZ} + \psi_{,tZ} + \Omega\varphi_{,Z})] = e\rho_0 A\Omega^2 \sin(\Omega t + \vartheta), \\
&\rho_0 I(\psi_{,tt} + d_a\psi_{,t} + 2\Omega\varphi_{,t}) - EI[\psi_{,ZZ} + d_i(\psi_{,tZZ} + \Omega\varphi_{,ZZ})] \\
&+ \kappa GA[v_{,Z} + \psi + d_i(v_{,tZ} - \Omega u_{,Z} + \psi_{,t} + \Omega\varphi)] = 0, \\
&u(0,t) = 0, \quad \varphi_{,Z}(0,t) = 0, \quad v(0,t) = 0, \quad \psi_{,Z}(0,t) = 0, \\
&u(L,t) = 0, \quad \varphi_{,Z}(L,t) = 0, \quad v(L,t) = 0, \quad \psi_{,Z}(L,t) = 0 \;\; \forall t \geq 0,
\end{aligned} \tag{5.153}$$

sowie

$$\begin{aligned}
&\rho_0 A(u_{,tt} + d_a u_{,t}) + EI[u_{,ZZZZ} + d_i(u_{,tZZZZ} + \Omega v_{,ZZZZ})] = e\rho_0 A\Omega^2 \cos(\Omega t + \vartheta), \\
&\rho_0 A(v_{,tt} + d_a v_{,t}) + EI[v_{,ZZZZ} + d_i(v_{,tZZZZ} - \Omega u_{,ZZZZ})] = e\rho_0 A\Omega^2 \sin(\Omega t + \vartheta), \\
&u(0,t) = 0, \quad u_{,ZZ}(0,t) = 0, \quad v(0,t) = 0, \quad v_{,ZZ}(0,t) = 0, \\
&u(L,t) = 0, \quad u_{,ZZ}(L,t) = 0, \quad v(L,t) = 0, \quad v_{,ZZ}(L,t) = 0 \;\; \forall t \geq 0.
\end{aligned} \tag{5.154}$$

Für die kreisrunde Bernoulli-Euler-Welle ist die Formulierung in raumfesten Koordinaten – wie bereits vermerkt – tatsächlich besonders einfach. Ohne innere Dämpfung entkoppeln sich die beiden Randwertprobleme in u und v vollständig und unterscheiden sich nicht mehr von denen zur Beschreibung ebener Biegeschwingungen eines nichtrotierenden Bernoulli-Euler-Stabes (mit äußerer Dämpfung).

5.5.2 Auswertung und Phänomene

Bevor konkrete Ergebnisse vorgestellt werden, sollen ein paar wenige qualitative Aussagen über Adjungiertheit und Definitheit der zugehörigen Eigenwertprobleme am Anfang stehen. Es wird dazu das einfachste gyroskopische Systemu einer kreisrunden Timoshenko-Welle betrachtet[25]. Dabei wird an die Anfangsüberlegungen in Kap. 4 angeknüpft, worin in Beispiel 4.1 das Problem der ebenen Querschwingungen eines Timoshenko-Balkens in Matrixschreibweise angegeben worden ist. Erweitert man unter Benutzung der Operator-Matrizen $\mathcal{M} = \boldsymbol{M}, \mathcal{K}$, siehe auch Beispiel 4.1, sowie ergänzend $\mathcal{G} = \boldsymbol{G} = (g_{ij})$, $i, j = 1, 2$, $g_{11} = g_{12} = g_{21} = 0$, $g_{22} = \rho_0 I_\text{p}$, $\mathcal{D}_\text{i} = d_\text{i}\mathcal{K}$, $\boldsymbol{D}_\text{a} = d_\text{a}\boldsymbol{M}$ und der erweiterten „Vektor"funktion $\boldsymbol{q} = [\boldsymbol{q}_1^\top, \boldsymbol{q}_1^\top]^\top$ mit $\boldsymbol{q}_1 = [u, \varphi]^\top$, $\boldsymbol{q}_2 = [v, -\psi]^\top$ das betrachtete System auf eine rotierende Welle (mit Kreisquerschnitt), dann lauten die Bewegungsgleichungen

$$\begin{aligned}\begin{pmatrix} \boldsymbol{M} & \boldsymbol{0} \\ \boldsymbol{0} & \boldsymbol{M} \end{pmatrix}[\ddot{q}] + \left[\begin{pmatrix} \boldsymbol{D}_\text{a} + \boldsymbol{D}_\text{i} & \boldsymbol{0} \\ \boldsymbol{0} & \boldsymbol{D}_\text{a} + \boldsymbol{D}_\text{i} \end{pmatrix} + \Omega \begin{pmatrix} \boldsymbol{0} & \boldsymbol{G} \\ -\boldsymbol{G} & \boldsymbol{0} \end{pmatrix}\right][\dot{q}] \\ + \left[\begin{pmatrix} \mathcal{K} & \boldsymbol{0} \\ \boldsymbol{0} & \mathcal{K} \end{pmatrix} + \Omega \begin{pmatrix} \boldsymbol{D}_\text{i} & \boldsymbol{0} \\ \boldsymbol{0} & \boldsymbol{D}_\text{i} \end{pmatrix}\right][q] = \boldsymbol{0}\end{aligned} \tag{5.155}$$

ergänzt durch die konkreten Randbedingungen beidseitig unverschiebbarer und biegemomentenfreier Lagerung. Durch $\boldsymbol{z} = \boldsymbol{q}_1 + \text{i}\boldsymbol{q}_2$ kann das Randwertproblem in die einfachere Form

$$\boldsymbol{M}[\ddot{\boldsymbol{z}}] + [(\boldsymbol{D}_\text{a} + \boldsymbol{D}_\text{i}) - \text{i}\Omega\boldsymbol{G}][\dot{\boldsymbol{z}}] + (\mathcal{K} - \text{i}\Omega\boldsymbol{D}_\text{i})[\boldsymbol{z}] = \boldsymbol{0}$$
$$\text{plus Randbedingungen}$$

überführt werden. Im Rahmen einer Vereinfachung für das ungedämpfte System ($\boldsymbol{D}_\text{i} = \boldsymbol{D}_\text{a} = \boldsymbol{0}$) liefert das zugehörige Eigenwertproblem

$$\left[-\omega^2\boldsymbol{M} + \Omega\omega\boldsymbol{G} + \mathcal{K}\right][\boldsymbol{Z}] = \boldsymbol{0}$$
$$\text{plus zeitfreie Randbedingungen}$$

für alle $t \geq 0$ die nichttrivialen reellen Eigenfunktionen $\boldsymbol{Z}_k(Z)$ und die reellen Eigenkreisfrequenzen ω_k zu den korrespondierenden Eigenschwingungen

$$\boldsymbol{z}_k(Z,t) = \boldsymbol{Z}_k(Z)e^{\text{i}\omega_k t}, \quad k = 1, 2, \ldots, \infty$$

bzw. in den originalen Variablen

$$\begin{aligned} \boldsymbol{q}_{2k}(Z,t) &= [\boldsymbol{Z}_k(Z) - \text{i}\boldsymbol{Z}_k(Z)]^\top e^{\text{i}\omega_k t}, \\ \boldsymbol{q}_{2k-1}(Z,t) &= [\boldsymbol{Z}_k(Z) + \text{i}\boldsymbol{Z}_k(Z)]^\top e^{-\text{i}\omega_k t}, \end{aligned} \quad k = 1, 2, \ldots, \infty.$$

Da der Matrixoperator $\mathcal{K}$, siehe Beispiel 4.10 in Abschn. 4.1.3, für jede Drehzahl Ω selbstadjungiert ist, existieren zwei Gruppen abzählbar unendlich vieler positiver und negativer Eigenkreisfrequenzen ω_k, die Gleich- und Gegenlauffrequenzen genannt werden. Wenn

[25] Allgemeinere Fragestellungen werden beispielsweise in [27] angesprochen.

gewünscht, kann auch noch die Drehzahlabhängigkeit der Eigenfrequenzen, ausgehend von verschwindender Drehzahl, im Detail diskutiert werden [27]. Die Einbeziehung der inneren und äußeren Dämpfung gemäß der vorausgesetzten Bequemlichkeitshypothese ist ebenfalls möglich. Es sei erwähnt, dass die ursprünglichen Bewegungsgleichungen (5.155) auch in Zustandsform mit Differenzialgleichungen erster Ordnung bezüglich der Zeit t geschrieben werden können, um insbesondere für allgemeinere als die hier betrachteten Rotorsysteme eine verallgemeinerte komplexwertige Modalanalysis durchführen zu können.

Betrachtet man im Rahmen konkreter Aussagen zuerst die kreisrunde Bernoulli-Euler-Welle nur mit äußerer Dämpfung als Ausgangspunkt, dann sind die freien sowie auch die erzwungenen Schwingungen und zwar mit und ohne Dämpfung ohne Besonderheiten. Bezieht man sich nämlich auf die Darstellung (5.154) im raumfesten Bezugssystem, können sämtliche bisher bekannten Ergebnisse von ebenen Stab-Biegeschwingungen übernommen werden. Infolge der Dämpfung treten nur abklingende freie Schwingungen auf, die gestreckte Lage des Rotors ist immer (asymptotisch) stabil unabhängig von der Drehzahl, die die freien Schwingungen überhaupt nicht beeinflusst. Ist die Bernoulli-Euler-Welle nicht vollständig ausgewuchtet, ist also $e \neq 0$, dann treten massenkrafterregte Zwangsschwingungen auf, die auf die typischen Resonanzen führen, wenn Ω mit einer der abzählbar unendlich vielen Eigenkreisfrequenzen ω_k $(k = 1, 2, \ldots, \infty)$ praktisch zusammenfällt, die für die einfache Lagerung bekanntlich durch $\omega_k = EIk^4\pi^4/(\rho_0 AL^4)$ gegeben sind. Die rotierende Bernoulli-Euler-Welle hat demnach abzählbar unendlich viele *biegekritische Drehzahlen*

$$\Omega_{\text{krit}} = \omega_k = \sqrt{\frac{EIk^4\pi^4}{\rho_0 AL^4}}, \quad k = 1, 2, \ldots, \infty. \tag{5.156}$$

Infolge der berücksichtigten äußeren Dämpfung bleiben die Resonanzausschläge begrenzt, können aber bei kleiner Dämpfung gefährlich große Werte erreichen.

Bleibt man im raumfesten Bezugssystem und berücksichtigt im Folgenden neben der äußeren auch noch eine Materialdämpfung, dann sind vor allem die freien Schwingungen von Interesse, weil jetzt trotz äußerer Dämpfung Instabilitäten möglich sind. Führt man zur Herleitung der dafür maßgebenden Frequenzgleichung einen exponentiellen Lösungsansatz

$$u(Z,t) = A_k \sin\frac{k\pi Z}{L} e^{\lambda_k t}, \quad v(Z,t) = B_k \sin\frac{k\pi Z}{L} e^{\lambda_k t}, \quad k = 1, 2, \ldots, \infty, \tag{5.157}$$

der alle Randbedingungen in (5.154) erfüllt, in die dort verbleibenden beiden Feldgleichungen ein, dann entsteht mit den erwähnten Eigenkreisfrequenzen ω_k^2 der ungedämpften kreisrunden Welle ein homogenes, algebraisches Gleichungssystem

$$\begin{aligned} [\lambda_k^2 + d_\mathrm{a}\lambda_k + \omega_k^2(1 + d_\mathrm{i}\lambda_k)]A_k + d_\mathrm{i}\Omega\omega_k^2 B_k &= 0, \\ -\, d_\mathrm{i}\Omega\omega_k^2 A_k + [\lambda_k^2 + d_\mathrm{a}\lambda_k + \omega_k^2(1 + d_\mathrm{i}\lambda)]B_k &= 0 \end{aligned}$$

für die beiden Integrationskonstanten A_k und B_k, dessen verschwindende Systemdeterminante die Bestimmungsgleichung

$$[\lambda_k^2 + d_a\lambda_k + \omega_k^2(1 + d_i\lambda_k)]^2 + d_i^2\Omega^2\omega_k^4 = 0,$$
$$\text{d.h.} \quad \lambda_k^2 + d_a\lambda_k + \omega_k^2(1 + d_i\lambda_k) \mp i d_i\Omega\omega_k^2 = 0$$

für die jeweils vier (dimensionsbehafteten) Eigenwerte λ_{jk} $(j = 1, 2, 3, 4)$ der Ordnung k ist $(k = 1, 2, \ldots, \infty)$. Das Ergebnis ist nicht so sehr von Interesse; wichtiger ist eine Stabilitätsaussage. Mit Hilfe des Hurwitz-Kriteriums (verallgemeinert auf Polynome mit komplexen Koeffizienten) findet man nach kurzer Rechnung, dass (asymptotische) Stabilität nur dann gesichert ist, wenn die Bedingung

$$\Omega < \left(1 + \frac{d_a}{d_i\omega_k^2}\right)\omega_k, \quad k = 1, 2, \ldots, \infty$$

für einen negativen Realteil eines jeden λ_k erfüllt ist. Dies bedeutet letztlich, dass für Stabilität

$$\Omega < \left(1 + \frac{d_a}{d_i\omega_1^2}\right)\omega_1 \tag{5.158}$$

bezüglich der tiefsten Eigenkreisfrequenz ω_1 zu gelten hat. Diese Stabilitätsbedingung ist eine Verallgemeinerung des entsprechenden Ergebnisses für den Laval-Rotor mit äußerer und innerer Dämpfung: Ist die äußere Dämpfung groß, tritt diese Instabilität praktisch nicht auf. Ist die äußere Dämpfung aber sehr klein, dann kann bei überkritischem Lauf $\Omega > \omega_1$ oberhalb der tiefsten Eigenkreisfrequenz, d. h. oberhalb der tiefsten biegekritischen Drehzahl die innere Dämpfung destabilisieren. Die Stabilitätsaussage gilt (natürlich) unabhängig von der Koordinatenwahl. Ein interessantes Ergebnis bezüglich erzwungener Schwingungen sei noch ohne Verifizierung erwähnt: Wie beim Laval-Rotor mit innerer und äußerer Dämpfung hängt auch bei der entsprechend gedämpften Bernoulli-Euler-Welle die Vergrößerungsfunktion nur von der äußeren Dämpfung ab, der Einfluss der inneren Dämpfung fällt heraus. Dies ist auch anschaulich, weil im stationären Betrieb die verbogene Welle „erstarrt" umläuft, sodass dann ein körperfester Dämpfungsmechanismus in der Tat nicht wirksam sein kann.

Etwas ausführlicher wird noch das Randwertproblem (5.152) der unrunden Bernoulli-Euler-Welle untersucht, wobei Dämpfungseinflüsse zunächst außer Acht bleiben sollen. Am Anfang steht das homogene System ohne Unwuchterregung ($e = 0$). Der Lösungsansatz (5.157), dieses Mal allerdings für die Verschiebungen $\bar{u}(Z,t), \bar{v}(Z,t)$ in mitrotierenden Koordinaten, liefert die Eigenwertgleichung

$$\begin{aligned}&(\lambda_k^2 + \omega_{k1}^2 - \Omega^2)(\lambda_k^2 + \omega_{k2}^2 - \Omega^2) + 4\Omega^2 = 0\\ \text{d.h.} \quad &\lambda_k^4 + (\omega_{k1}^2 + \omega_{k2}^2 + 2\Omega^2)\lambda_k^2 + (\omega_{k1}^2 - \Omega^2)(\omega_{k2}^2 - \Omega^2) = 0,\end{aligned} \tag{5.159}$$

mit den zu jeder Ordnung k ($k = 1, 2, \dots, \infty$) gehörenden vier Eigenwerten

$$\lambda_{k\,1,2,3,4} = \pm\frac{1}{\sqrt{2}}\Bigg[-(\omega_{kx}^2 + \omega_{ky}^2 + 2\Omega^2) \\ \pm\sqrt{(\omega_{k1}^2 + \omega_{k2}^2 + 2\Omega^2)^2 - 4(\omega_{k1}^2 - \Omega^2)(\omega_{k2}^2 - \Omega^2)}\Bigg]^{1/2} .$$

Dabei bezeichnen

$$\omega_{k1}^2 = \frac{EI_1 k^4\pi^4}{\rho_0 A L^4}, \quad \omega_{k2}^2 = \frac{EI_2 k^4\pi^4}{\rho_0 A L^4} \quad k = 1, 2, \dots, \infty \tag{5.160}$$

die abzählbar unendlich vielen Paare der durch die unterschiedlichen Biegesteifigkeiten $EI_1 \neq EI_2$ (mit der Annahme $EI_1 < EI_2$) festgelegten Eigenkreisfrequenzquadrate. Es lässt sich leicht zeigen, dass für $0 < \Omega < \omega_{k1}$ und $\Omega > \omega_{k2}$ rein imaginäre Eigenwerte vorliegen, sodass die gestreckte Lage der Welle dafür (schwach) stabil ist, während für $\omega_{k1} < \Omega < \omega_{k2}$ mindestens ein Eigenwert einen positiven Realteil annimmt, sodass Instabilität folgt. Es gibt demnach für die rotierende, unrunde Bernoulli-Euler-Welle in Verallgemeinerung des Ergebnisses für den unrunden Laval-Rotor, der einen einzigen derartigen Instabilitätsbereich aufweist, abzählbar unendlich viele Instabilitätsbereiche. In [22] werden weitere interessante Eigenschaften des Stabilitätsproblems genannt.

Lässt man eine Unwucht $e \neq 0$ zu, dann liegt in körperfesten Koordinaten eine zeitunabhängige Anregung vor, sodass als stationäre Antwort ebenfalls zeitunabhängige Verschiebungen folgen. Man formuliert sie zweckmäßig in modaler Entwicklung

$$\bar{u}_P(Z) = \sum_{k=1}^{N\to\infty} a_k \sin\frac{k\pi Z}{L}, \quad \bar{v}_P(Z) = \sum_{k=1}^{N\to\infty} b_k \sin\frac{k\pi Z}{L}, \tag{5.161}$$

sodass alle Randbedingungen in (5.152) erfüllt werden. Einsetzen in die verbleibenden Feldgleichungen und Multiplikation mit $\sin l\pi Z/L$, $l = 1, 2, \dots, N \to \infty$ liefern jeweils $N \to \infty$ inhomogene algebraische Gleichungen für die noch zu bestimmenden Beiwerte a_k bzw. b_k. Mit den geltenden Orthogonalitätsrelationen der harmonischen Ansatzfunktionen ergibt sich direkt

$$a_k = \begin{cases} \frac{2e\Omega^2\cos\vartheta}{k\pi(\omega_{k1}^2 - \Omega^2)}, & k = 1, 3, \dots, \\ 0, & k = 2, 4, \dots, \end{cases}$$

$$b_k = \begin{cases} \frac{2e\Omega^2\sin\vartheta}{k\pi(\omega_{k2}^2 - \Omega^2)}, & k = 1, 3, \dots, \\ 0, & k = 2, 4, \dots, \end{cases}$$

sodass gemäß (5.161) auch die partikulären Lösungen $\bar{u}_P(Z), \bar{v}_P(Z)$ bestimmt sind. Die auftretenden Resonanzen sind klar erkennbar. Offensichtlich gibt es in Verallgemeinerung des unrunden Laval-Rotors, der zwei benachbarte biegekritische Drehzahlen hat, hier jetzt entsprechend abzählbar unendlich viele Paare von biegekritischen Drehzahlen, wobei jedoch aufgrund der Randbedingungen und der konstanten Daten $e, \vartheta, \rho_0 A, EI_{1,2}$ nur ungerade Ordnungen der Eigenkreisfrequenzen resonant werden können.

Fügt man wie üblich äußere Dämpfung hinzu, so ist die Berechnung der Eigenwerte aufwändiger, da sich anstatt der biquadratischen Eigenwertgleichung (5.159) eine modifizierte Gleichung ergibt, die auch ungerade Potenzen in λ_k enthält. Der Stabilitätsnachweis lässt sich mit Hilfe des Hurwitz-Kriteriums noch vergleichsweise einfach führen, wie dies in [17] für den unrunden Laval-Rotor ausführlich gezeigt wurde[26]. Man kann feststellen, dass äußere Dämpfung stabilisiert, indem der instabile Bereich $\omega_{k1} < \Omega < \omega_{k2}$ ohne dämpfende Wirkung etwas schmaler wird und für kleine Unrundheiten sogar verschwindet. Bezüglich der unwuchterregten Zwangsschwingungen ist festzustellen, dass die Resonanzausschläge begrenzt werden und sonst keine weiteren Besonderheiten auftreten.

Bei der rotierenden Timoshenko-Welle gibt es wie beim Laval-Rotor mit Scheibenschiefstellung durch die Berücksichtigung der Drehträgheit ausgeprägt drehzahlabhängige Eigenkreisfrequenzen mit ganz ähnlichen Phänomenen wie dort, ebenfalls wieder in verallgemeinerter Form [8, 15]. Es bleibt festzustellen, dass diese Kreiselwirkung bereits durch das Modell der Rayleigh-Welle im Wesentlichen richtig beschrieben wird, die Schubverformung der Timoshenko-Theorie insgesamt jedoch durchaus wichtig ist.

Die bereits früher in den Abschnitten 5.2.2 und 5.2.3 angesprochene hybride Formulierung hat auch in der Rotordynamik ihre Bedeutung und zwar dann, wenn der Rotor beispielsweise in Form einer rotierenden Welle nicht mehr unverschiebbar, sondern (isotrop) elastisch gelagert ist und eventuell auch noch mitschwingende Lagermassen eine Rolle spielen. Dann liegt im einfachsten Fall eine Problemstellung vor, bei der ein (1-parametriges) Strukturmodell mit an den Rändern angekoppelten Starrkörpern ohne Bewegungsmöglichkeiten relativ zueinander zu analysieren ist. Die beiden möglichen Alternativen, die zur Beschreibung von derartigen Fragestellungen existieren, werden an Hand eines abschließenden Anwendungsbeispiels vergleichend gegenüber gestellt. Eine erste basiert auf der angesprochenen Einführung von Hybridkoordinaten, die zweite verwendet in klassischer Weise ausschließlich orts- und zeitabhängige Absolutkoordinaten. Komplikationen wie Unrundheit oder Dämpfungseinflüsse werden dabei weggelassen.

Beispiel 5.10 Es wird eine rotierende schlanke Welle im Sinne der elementaren Bernoulli-Euler-Theorie mit Kreisquerschnitt gemäß Abb. 5.26 behandelt, siehe [13]. Sie hat die üblichen Daten Länge L, Biegesteifigkeit EI und Masse pro Länge $\rho_0 A$, ist isotrop elastisch gelagert (Federkonstanten $c_{0,1}$) und trägt an den Wellenenden zusätzliche konzentrierte Massenpunkte $m_{0,1}$ (zur groben Berücksichtigung der Lagereigenschaften). Die Herleitung des beschreibenden Randwertproblems für unwuchterregte Zwangsschwingungen erfolgt bei der vorausgesetzten vollständigen Rotationssymmetrie zweckmäßig in einem raumfesten Bezugssystem, wobei eine klassische und eine hybride Formulierung zur Charakteri-

---

[26] Auch der Einfluss der inneren Dämpfung wird für den unrunden Laval-Rotor in [17] behandelt.

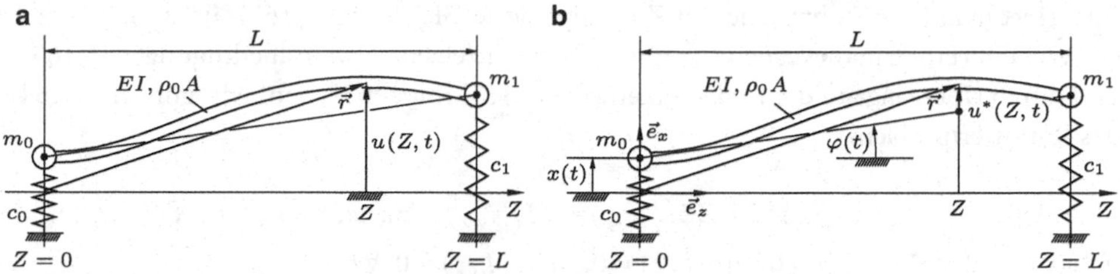

Abb. 5.26 Elastisch gelagerte rotierende Welle mit Endmassen. **a** Absolutkoordinaten, **b** Hybridkoordinaten

sierung des geometrischen Mittelpunkts eines materiellen Wellenteilchens in allgemeiner verformter Lage gegenüber gestellt werden sollen. In Verallgemeinerung dessen, was man in den dargestellten Projektionen von Abb. 5.26a, b für kleine Verschiebungen und Neigungswinkel ablesen kann, ergibt sich bei entsprechender Benennung der Variablen in der Y, Z-Ebene für den entsprechenden Ortsvektor im Inertialsystem entweder

$$\vec{r} = u(Z,t)\vec{e}_x + v(Z,t)\vec{e}_y + Z\vec{e}_z \tag{5.162}$$

oder

$$\vec{r} = [x(t) + Z\varphi(Z,t) + u^*(Z,t)]\,\vec{e}_x + [y(t) + Z\psi(Z,t) + v^*(Z,t)]\,\vec{e}_y + Z\vec{e}_z. \tag{5.163}$$

Offensichtlich ergeben sich durch die Koordinatenwahl die geometrischen Nebenbedingungen

$$u^*(0,t) = 0,\ \ u^*(L,t) = 0,\ \ v^*(0,t) = 0,\ \ v^*(L,t) = 0\ \ \forall t \geq 0. \tag{5.164}$$

Eine Unwuchtverteilung (e, ϑ) im Bereich $0 \leq Z \leq 0$ wird zugelassen, die beiden Punktmassen m_0 bzw. m_1 sollen vereinfachend ohne Exzentrizität angebracht sein. Sie werden in ihrer allgemeinen Lage durch die Ortsvektoren (5.162) und (5.163) beschrieben, indem man $Z = 0$ bzw. $Z = L$ setzt. Beachtet man noch, dass die Federn für verschwindende Verschiebungen entspannt sein sollen, bleiben bei klassischer Koordinatenwahl die Feldgleichungen $(5.154)_{1,2}$ unverändert, wenn man $d_\text{i} = d_\text{a} = 0$ setzt. Als Randbedingungen ergeben sich verschwindendes Biegemoment sowie ein Kräftegleichgewicht von Wellenquerkraft, Federkraft und Trägheitskraft des Massenpunktes. Es wird nur noch das Randwertproblem in u eplizite angegeben:

$$\begin{aligned} \rho_0 A u_{,tt} + EIu_{,ZZZZ} &= \rho_0 A e\Omega^2 \cos(\Omega t + \vartheta), \\ u_{,ZZ}(0,t) = 0, \quad u_{,ZZ}(L,t) &= 0, \\ [EIu_{,ZZZ} + m_0 u_{,tt} + c_0 u]_{Z=0} = 0, \quad [EIu_{,ZZZ} - m_1 u_{,tt} - c_1 u]_{Z=L} &= 0\ \ \forall t \geq 0. \end{aligned} \tag{5.165}$$

Integriert man $(5.165)_1$ bzw. die mit Z multiplizierte Gleichung $(5.165)_1$ über die Länge L der Welle, so erhält man wegen $u_{,ZZ} = u^*_{,ZZ}$ nach Einsetzen der Randbedingungen $(5.165)_3$ und durch Übergang auf die Koordinatenwahl (5.163) mit den Nebenbedingungen (5.164) das Randwertproblem

$$\begin{aligned}
&\rho_0 A(\ddot{x} + Z\ddot{\varphi} + u^*_{,tt}) + EIu^*_{,ZZZZ} = \rho_0 A e \Omega^2 \cos(\Omega t + \vartheta),\\
&u^*(0,t) = 0,\ u^*_{,ZZ}(0,t) = 0,\ u^*(L,t) = 0,\ u^*_{,ZZ}(L,t) = 0\ \forall t \geq 0,\\
&\left(\int_0^L \rho_0 A \mathrm{d}Z + m_0 + m_1\right)\ddot{x} + \left(\int_0^L \rho_0 AZ \mathrm{d}Z + m_1 L\right)\ddot{\varphi}\\
&\qquad + \int_0^L \rho_0 A u^*_{,tt} \mathrm{d}Z + (c_0 + c_1)x + c_1 L\varphi = \Omega^2 \int_0^L \rho_0 A e \cos(\Omega t + \vartheta)\mathrm{d}Z,\\
&\left(\int_0^L \rho_0 AZ \mathrm{d}Z + m_1 L\right)\ddot{x} + \left(\int_0^L \rho_0 AZ^2 \mathrm{d}Z + m_1 L^2\right)\ddot{\varphi}\\
&\qquad + \int_0^L \rho_0 AZ u^*_{,tt} \mathrm{d}Z + c_1 L(x + L\varphi)x = \Omega^2 \int_0^L \rho_0 A e \cos(\Omega t + \vartheta) Z \mathrm{d}Z.
\end{aligned} \tag{5.166}$$

Dieses Randwertproblem ergibt sich genauso bei einer Rechnung in Hybridkoordinaten von Anfang an, sodass die Äquivalenz nachgewiesen ist.

Auf der Basis dieser gleichwertigen Schreibweisen können dann freie und erzwungene Schwingungen vergleichend diskutiert werden. Es kann beispielsweise nachgewiesen werden, dass auch für Eigenwertprobleme mit eigenwertabhängigen Randbedingungen Selbstadjungiertheit, Definitheit und Orthogonalität in der üblichen Weise überprüft werden können, weil eine äquivalente Schreibweise, die keine eigenwertabhängigen Randbedingungen besitzt, als Referenz zur Verfügung steht. Bei Zwangsschwingungen generiert man mit gemischten Ritz-Ansätzen unter Verwendung geeigneter Formfunktionen $V_k(Z)$ bzw. $V_k^*(Z)$ im Sinne von zulässigen oder Vergleichsfunktionen bei übereinstimmender Obergrenze N der berücksichtigten Ortsfunktionen im einen Fall N und im anderen Fall $N+2$ gewöhnliche Differenzialgleichungen. Ihre jeweils resultierenden Lösungen sind natürlich für $N \to \infty$ asymptotisch äquivalent. Die nebeneinander verwendbaren Lösungen erleichtern somit auch die Diskussion des Auswuchtens elastischer Rotoren und die Problematik, ob dabei eine so genannte N-Wuchtung oder $N+2$-Wuchtung vorzuziehen ist. ■

Als Fazit lässt sich festhalten, dass bei konzentrierten Trägheits-, Dämpfungs- und Federwirkungen an den Rändern 1-parametriger Strukturmodelle mehrere äquivalente mathematische Modelle existieren. Neben der klassischen Formulierung, die durch Feldgleichung(en) und allgemeine Cauchysche Randbedingungen charakterisiert werden kann, gibt es die Möglichkeit, das Randwertproblem unter Verwendung geeigneter Delta-

Distributionen in Feldgleichungen mit komplizierten ortsabhängigen Koeffizienten und einfacheren Neumannschen Spannungsrandbedingungen umzuschreiben oder durch eine hybride Koordinatenwahl zu Integro-Differenzialgleichungen mit noch einfacheren, teilweise geometrischen Randbedingungen überzugehen. Es ist dann von Fall zu Fall zu entscheiden, welche Modellierungsvariante vorzuziehen ist.

Werden weitere Effekte, wie anisotrope Lager oder der Gewichtseinfluss bei horizontaler Welle einbezogen, ergeben sich teilweise gravierende Modifikationen wie Gleich- und Gegenlauf, u. a.; hierzu wird auf spezielle Literatur der Rotordynamik verwiesen, siehe z. B. [15].

5.6 Übungsaufgaben

Aufgabe 5.1 Anknüpfend an die in Abschn. 5.1.4 diskutierten Eigenwertprobleme $Y'' + \lambda^2 Y = 0$ der klassischen Wellengleichung mit konstanten Koeffizienten studiere man ergänzend andere Randbedingungen als dort, nämlich a) frei-freie Enden, d. h. $Y'(0) = 0$, $Y'(1) = 0$ und b) ein freies Ende bei $\zeta = 0$ und elastisch gestützt bei $\zeta = 1$, d.h. $Y'(0) = 0$, $Y'(1) - \alpha Y(1) = 0$. Man bestimme Eigenwerte und Eigenfunktionen.

Lösungshinweise a) Das Eigenwertproblem ist positiv semidefinit mit einem einfachen Null-Eigenwert und zugehöriger Starrkörper-Bewegungsform. Insgesamt ergibt sich die Eigenwertgleichung $\sin\lambda = 0$ mit den Eigenwerten $\lambda_k = k\pi$ $(k = 0, 1, 2, \dots, \infty)$. Die (nichtnormierten) Eigenfunktionen sind $Y_k(\zeta) = C_k \cos\lambda k\zeta$ $(k = 0, 1, 2, \dots, \infty)$. b) Die Eigenwertgleichung lautet $\lambda \tan\lambda = \alpha$, als Eigenfunktionen hat man $Y_k(\zeta) = C_k \cos\lambda_k\zeta$ $(k = 1, 2, \dots, \infty)$.

Aufgabe 5.2 Es sind freie Längsschwingungen $w(Z, t)$ eines bei $Z = 0$ unverschiebbar und am anderen Ende bei $Z = L$ mit Endmasse M besetzten elastischen Stabes konstanter Querschnittsdaten (Dehnsteifigkeit EA, Massenbelegung m) zu untersuchen, siehe Abb. 5.27. Es ist das maßgebende Eigenwertproblem herzuleiten und unter Einführung geeigneter dimensionsloser Parameter zu lösen.

Lösungshinweise Unter Einführung des Massenverhältnisses $\varepsilon = M/(mL)$ und der üblichen Definition des Eigenwertes λ ergibt sich, siehe [9], die Eigenwertgleichung $\cot\lambda - \varepsilon\lambda = 0$.

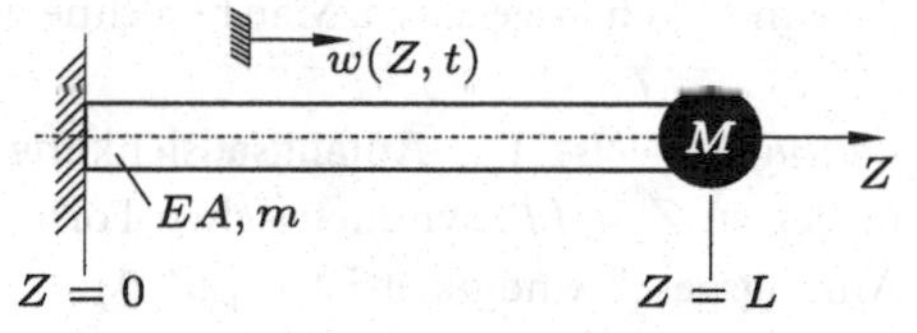

Abb. 5.27 Problembeschreibung, Aufgabe 5.2

Abb. 5.28 Problembeschreibung, Aufgabe 5.3

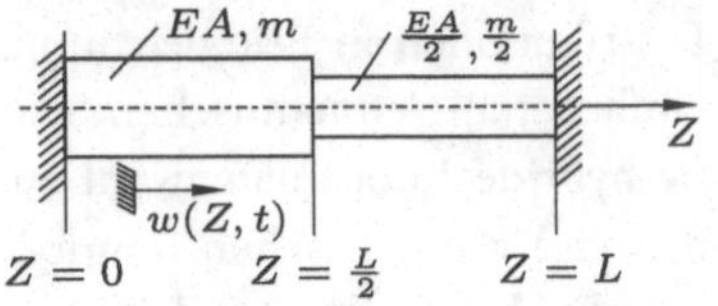

Die Eigenfunktionen ergeben sich als $Y_k(\zeta) = C_k \sin \lambda k \zeta$ $(k = 0, 1, 2, \ldots, \infty)$. Für $\varepsilon = 1$ findet man $\lambda_1 = 0{,}860$ und $\lambda_2 = 3{,}425$.

Aufgabe 5.3 Längsschwingungen $w(Z,t)$ eines Stabes mit stückweise konstanten Querschnittsdaten EA, m und $EA/2, m/2$, siehe Abb. 5.28. Der Stab ist an den äußeren Enden bei $Z = 0$ und L unverschiebbar gelagert. Wie lautet das beschreibende Eigenwertproblem samt Rand- und Übergangsbedingungen bei $Z = 0, L$ und $Z = L/2$? Man gebe bereichsweise die allgemeine Lösung der jeweiligen Differenzialgleichung an und finde durch Anpassen an Rand- und Übergangsbedingungen die strenge Eigenwertgleichung, siehe Übungsaufgabe 3.3 in Abschn. 3.3. Eigenwerte und Eigenfunktionen sind analytisch zu berechnen, wobei das Ergebnis im Rahmen einer Rechnung mit Übertragungsmatrizen überprüft werden soll. Über den zugehörigen Rayleigh-Quotienten $\bar{R}[U]$ unter Verwendung der tiefsten Eigenfunktion des entsprechend gelagerten Stabes mit durchgehend konstantem Querschnitt $\alpha EA, \alpha m$ bestimme man den Zahlenwert $\alpha < 1$ so, dass die damit gefundene Näherung des tiefsten Eigenwertes mit dem exakten Ergebnis der analytischen Rechnung in Übereinstimmung kommt.

Aufgabe 5.4 Es sind die freien Torsionschwingungen $\psi(Z,t)$ einer beidseitig bei $Z = 0$ und $Z = 3L$ frei drehbar gelagerten Welle zu untersuchen, siehe [9]. Die Welle hat stückweise konstanten Querschnitt und besitzt im Bereich $0 \leq Z \leq L$ das polare Flächenmoment I_p sowie in $L \leq Z \leq 3L$ den doppelten Wert. Es gilt die Wellengeschwindigkeit $c = \sqrt{G/\rho_0}$. Wie groß ist speziell die nicht verschwindende Grundkreisfrequenz?

Lösungshinweise Der zu bestimmende Eigenwert wird zweckmäßig über $\lambda = \omega L/c$ mit der zu berechnenden Eigenkreisfrequenz ω verknüpft. Es ergibt sich die Eigenwertgleichung $\cos\lambda \sin 2\lambda + \sin\lambda \cos 2\lambda/2 = 0$, die äquivalent in $\sin\lambda + 3\sin 3\lambda = 0$ umgeschrieben werden kann. Der tiefste Eigenwert ist $\lambda_1 = 1.15$, womit ω_1 auch angegeben werden kann.

Aufgabe 5.5 Ein homogener elastischer Stab (Länge L, Dehnsteifigkeit EA, Massenbelegung m) wird durch konstante Druckkräfte, die eine konstante Dehnung ε_0 im Stab hervorrufen, im Gleichgewicht gehalten und dann zu einem Zeitpunkt $t = 0$ ohne Anfangsgeschwindigkeit losgelassen. Man berechne die sich einstellenden freien Längsschwingungen.

Lösungshinweise Die Anfangsauslenkung kann ohne Einschränkung der Allgemeinheit in der zu $Z = L/2$ symmetrischen Form $w(Z,0) = \varepsilon_0(L - Z)$ vorgegeben werden. Die Anfangsgeschwindigkeit ist $w_{,t}(Z,0) \equiv 0$. Für den einsetzenden Schwingungsvorgang hat man es dann mit einer frei-freien Lagerung zu tun. Wenn die Eigenwerte bzw. Eigenkreisfrequenzen λ_k bzw. ω_k und die Eigenfunktionen $W_k(Z)$ ermittelt sind, kann durch Superposition die allgemeine Lösung der freien Längsschwingungen angegeben und abschließend an die formulierten Anfangsbedingungen angepasst werden. Das Ergebnis ist $w(Z,t) = (4\varepsilon_0/\pi^2)\sum_{k=1,3,5,...}^{\infty} \cos(k\pi Z/L)\cos(k\pi\sqrt{EA/m}t/L)/k^2$.

Aufgabe 5.6 Die transversalen Schwingungen $u(Z,t)$ einer mittig durch eine sprungförmig aufgebrachte Punktlast $P(t) = P_0\sigma(t)$ durch $S_0 = \text{const}$ vorgespannten homogenen Saite der Länge L (Massenbelegung $\rho_0 A$) sind zu analysieren. Die Saite ist links- und rechtsseitig unverschiebbar befestigt. Mittels Greenscher Resolvente, in Verbindung mit einer Laplace-Transformation bezüglich t und späterer Rücktransformation, und über eine modale Entwicklung auf der Basis eines gemischten Ritz-Ansatzes sind die Schwingungen konkret zu berechnen. Die Anfangsbedingungen für alle $0 \leq Z \leq L$ sind $u(Z,0) = 0$ und $u_{,t}(Z,0) = 0$.

Lösungshinweise Das beschreibende Randwertproblem ist die inhomogene Wellengleichung (Wellenausbreitungsgeschwindigkeit $c = \sqrt{F_0/(\rho_0 A)}$) mit der erregenden Streckenlast $p(Z,t) = P_0\delta_D(Z - L/2)\sigma(t)$ und den Randbedingungen $u(0,t) = 0$ und $u(L,t) = 0$ für alle $t \geq 0$. Die weitere Lösung führt zum einen über einen gemischten Ritz-Ansatz $u(Z,t) = \sum_{k=1}^{N} \sin(k\pi Z/L)T_k(t)$ nach kurzer Rechnung im Galerkinschen Sinne auf entkoppelte gewöhnliche Differenzialgleichungen für die Zeitfunktionen $T_k(t)$, die einfach zu lösen sind, sodass damit auch die Partikulärlösung $u_P(Z,t)$ in Reihenform vorliegt, die für die vorgegebenen homogenen Anfangsbedingungen bereits die vollständige Lösung des Problems darstellt. Zum anderen kann das zugehörige zeitfreie inhomogene Randwertproblem für die Laplace-Transformierte $U(Z,s)$ mittels Greenscher Resolvente in Integralform angegeben und wegen der einfachen Ortsabhängigkeit der erregenden Streckenlast elementar gelöst werden. Die Rücktransformation auf $u(Z,t)$ ist noch in Reihenform möglich und bestätigt die Lösung in Form der Modalentwicklung. Als konkretes Ergebnis wird nur noch die statische Lösung für $t \to \infty$ (mittels elementarer Funktionen) angegeben: $u(Z) = (P_0/F_0)\,[(L/2 - Z)\sigma(Z - L/2) + Z/2]$.

Aufgabe 5.7 Es sind die freien und die erzwungenen Torsionschwingungen $\psi(Z,t)$ einer stabförmigen elastischen Antriebswelle (Schubmodul G) der Länge L mit Kreisquerschnitt (Dichte ρ_0, konstantes polares Flächenmoment I_p) zu analysieren, siehe Abb. 5.29. Die Welle ist beidseitig mit einer Kreisscheibe (jeweiliges Massenträgheitsmoment J) ohne Fesselung an die Umgebung gelagert und wird am linken Wellenende bei $Z = 0$ von einem harmonisch oszillierenden Drehmoment $M_A(t) = M_0\cos\Omega t$ angetrieben. In einem ersten Schritt berechne man vorab Eigenwertgleichung und Eigenfunktionen des homogenen Problems. Anschließend verwende man zur Bestimmung der Zwangsschwingungen einen gleichfrequenten Produktansatz und löse das resultierende zeitfreie Randwertprolem mit inhomogenen Randbedingungen.

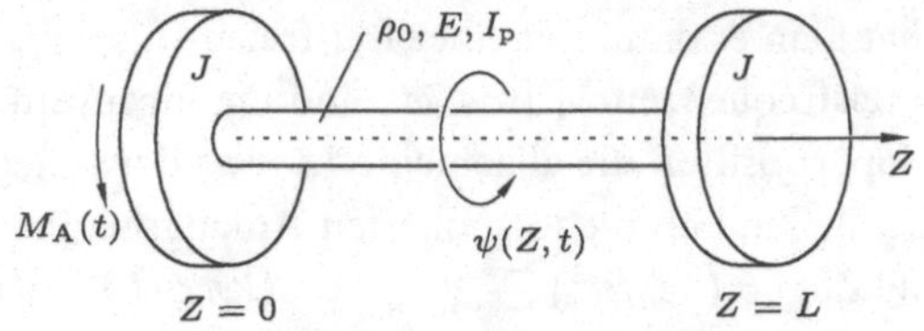

Abb. 5.29 Problembeschreibung, Aufgabe 5.7

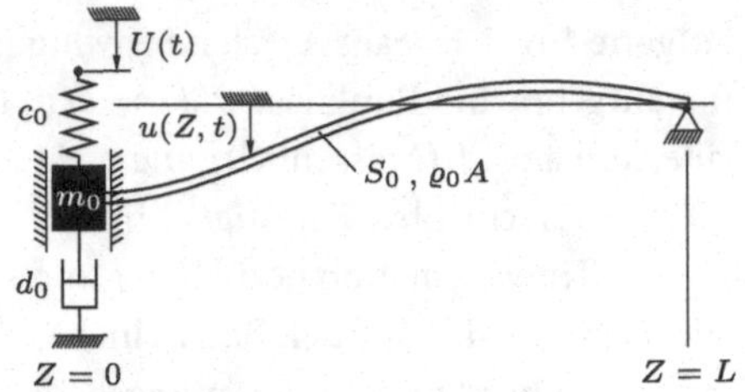

Abb. 5.30 Problembeschreibung, Aufgabe 5.8

Aufgabe 5.8 Es werden die transversalen Zwangsschwingungen $u(Z,t)$ einer durch die konstante Kraft S_0 vorgespannten homogenen Saite der Länge L (Massenbelegung $\rho_0 A$) untersucht, siehe Abb. 5.30. Die Saite ist rechtsseitig bei $Z = L$ unverschiebbar befestigt, linksseitig bei $Z = 0$ trägt sie eine translatorisch verschiebbare, über einen geschwindigkeitsproportionalen Dämpfer (Dämpferkonstante d_0) gegen die ruhende Umgebung abgestützte Masse m_0. Eine harmonische Fußpunktbewegung $U(t) = U_0 e^{i\Omega t}$ erregt über eine Feder (Federkonstante c_0) die Masse und damit das System. Man berechne die sich einstellenden Zwangsschwingungen.

Lösungshinweise Das beschreibende Randwertproblem ist die homogene Wellengleichung (Wellenausbreitungsgeschwindigkeit c) mit den Randbedingungen $m_0 u_{,tt}(0,t) + d_0 u_{,t}(0,t) + c_0[u(0,t) - U(t)] - S_0 u_{,Z}(0,t) = 0$ und $u(L,t) = 0$ für alle $t \geq 0$ [32]. Ein gleichfrequenter Lösungsansatz $u(Z,t) = U(Z)e^{i\Omega t}$ führt auf ein zeitfreies Randwertproblem für $U(z)$. Die allgemeine Lösung der homogenen Differenzialgleichung wird an die inhomogenen Randbedingungen angepasst. Man erhält insgesamt $u(Z,t) = [a\cos(\Omega Z/c) + b\sin(\Omega Z/c)]e^{i\Omega t}$ mit $a = c_0 U_0 \sin(L\Omega/c)f$ und $b = -c_0 U_0 \cos(L\Omega/c)f$, worin $f = [\Delta - i d_0 \Omega \sin(\Omega L/c)]/[\Delta^2 + d_0^2 \Omega^2 \sin^2(\Omega L/c)]$ und $\Delta = m_0(c_0/m_0 - \Omega^2)\sin(\Omega L/c) + S_0(\Omega/c)\cos(\Omega L/c)$ gilt. Während für $d_0 = 0$ bei Übereinstimmung einer Eigenkreis- mit der Erregerkreisfrequenz die Zwangsschwingung über alle Grenzen wächst, gibt es für $d_0 \neq 0$ immer endlich große, komplexwertige Ausschläge a und b der Form $a = a_1 + i a_2$ und $b = b_1 + i b_2$. Der Betrag $|U(Z)| = \sqrt{[a_1\cos(\Omega Z/c) + b_1\sin(\Omega Z/c)]^2 + [a_2\cos(\Omega Z/c) + b_2\sin(\Omega Z/c)]^2}$ ist die Amplitude an der Stelle Z. Auch die Phasenverschiebung von Antwort und Erregung hängt von Z ab.

Aufgabe 5.9 Es ist das Verhalten einer Longitudinalwelle zu untersuchen, die in einem Verbund zweier Stäbe (Wellengeschwindigkeiten $c_1 = \sqrt{E_1/\rho_1}$ und $c_2 = \sqrt{E_2/\rho_2}$) mit einer Fügestelle bei $Z = 0$ aus dem Bereich 1 in der Form $g(Z - c_1 t)$ kommend auf die Fügestelle auftrifft. Reflektierte und transmittierte Welle sind zu diskutieren und unter Verwendung der zugehörigen Charakteristiken für bestimmte Zeitpunkte bis zur vollständigen Ausbildung darzustellen.

Lösung Bezeichnet man die resultierenden Wellen im Stab 1 ($Z \leq 0$) und 2 ($Z \geq 0$) mit u_1 und u_2, dann verursacht die Fügestelle bei $Z = 0$ die Übergangsbedingungen $u_1(0,t) = u_2(0,t)$ sowie $E_1A_1\frac{\partial u_1}{\partial Z} - E_2A_2\frac{\partial u_2}{\partial Z}\Big|_{(0,t)}$. Da außerdem $u_1(Z,t) = g(Z-c_1t)+h_r(Z+c_1t)$ und $u_2(Z,t) = g_t(Z-c_2t)$ zu nehmen ist, ergibt sich $g(-c_1t) + h_r(c_1t) = g_t(-c_2t)$ und nach einigen Umformungen $\frac{\mathrm{d}}{\mathrm{d}t}\left\{\frac{E_1A_1}{c_1}[-g(-c_1t) + h_r(c_1t)] + \frac{E_2A_2}{c_2}g_t(-c_2t)\right\} = 0$. Nach Integration mit willkürlichem Nullsetzen der auftretenden Integrationskonstanten (weil neben den Übergangsbedingungen keine weiteren Bedingungen erfüllt werden müssen) erhält man $h_r(c_1t) = \frac{1-\kappa}{1+\kappa}g(-c_1t)$ und $g_t(-c_2t) = \frac{2}{1+\kappa}g(-c_1t)$ mit $\kappa = \frac{E_2A_2c_1}{E_1A_1c_2}$. Diese Funktionen sind die gesuchten Wellen $h_r(Z+c_1t)$ und $h_t(Z-c_2t)$ für $Z = 0$. Um sie für $Z \neq 0$ zu erhalten, muss man c_1t durch $Z + c_1t$ und $-c_2t$ durch $Z - c_2t$ ersetzen. Die resultierenden Wellen in Bereich 1 und 2 sind damit $u_1(Z,t) = g(Z-c_1t) + \frac{1-\kappa}{1+\kappa}g[-(Z+c_1t)]$ für $Z \leq 0$ und $u_2(Z,t) = \frac{2}{1+\kappa}g[\frac{c_1}{c_2}(Z-c_2t)]$. Die Ergebnisse enthalten die Sonderfälle, dass Stab 2 die Dichte $\rho_2 \to \infty$ bzw. $\rho_2 = 0$ hat. Für Stab 1 bedeutet das ein unverschiebbares Lager bzw. ein freies Ende bei $Z = 0$. Die zugehörigen Größen des Parameters κ sind $\kappa \to \infty$ bzw. $\kappa = 0$.

Aufgabe 5.10 Es ist das Verhalten einer Transversalwelle zu untersuchen, die in einer gespannten Saite (Wellenausbreitungsgeschwindigkeit c) mit einem mittig angebrachten Massenpunkt M bei $Z = 0$ aus dem linken Bereich 1 in der Form $g(Z - c_t)$ kommend auf die Masse auftrifft. Reflektierte und transmittierte Welle sind zu diskutieren und unter Verwendung der zugehörigen Charakteristiken für bestimmte Zeitpunkte bis zu ihrer vollständigen Ausbildung darzustellen.

Aufgabe 5.11 Das in Beispiel 5.1 in Abschn. 5.1.4 gestellte Problem, die freien Schwingungen einer beidseitig unverschiebbar befestigten homogenen Saite zu berechnen, die sich aus einer dreieckförmigen Anfangsauslenkung ohne Anfangsgeschwindigkeit entwickeln, ist alternativ mit Hilfe der d'Alembertschen Lösungstheorie zu analysieren.

Lösungshinweise Zum Zeitpunkt $t = 0$ sind die Anfangsverteilungen der loslaufenden beiden Wellenzüge durch die halbe Anfangsauslenkung gegeben. Die resultierende Überlagerung der hin- und herlaufenden Wellen mit entsprechenden Reflexionen an den Rändern sind ausgehend von $t = 0$ zu den Zeitpunkten $t = L/(4c)$, $t = 2L/(4c)$, $t = 3L/(4c)$, $t = 4L/(4c)$ aufzuzeichnen, siehe [9].

Aufgabe 5.12 Anknüpfend an die in Abschn. 5.2.2 und bereits früher in Abschn. 4.1.4 diskutierten Eigenwertprobleme $U'''' - \lambda^4U = 0$ für Stabbiegeschwingungen gemäß der klassischen Bernoulli-Euler-Theorie mit konstanten Koeffizienten studiere man ergänzend andere Randbedingungen als bisher, nämlich a) beidseitig eingespannte Enden, d. h. $U(0) = 0$,

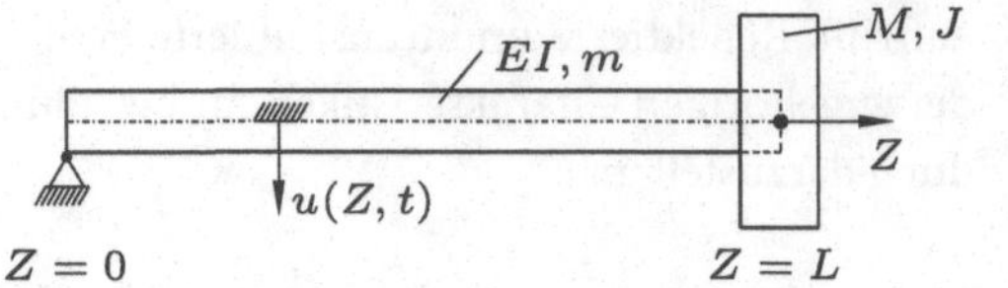

Abb. 5.31 Problembeschreibung, Aufgabe 5.13

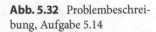

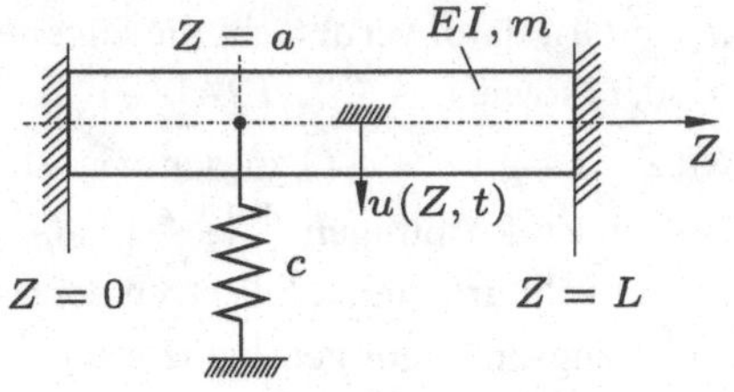

Abb. 5.32 Problembeschreibung, Aufgabe 5.14

$U'(0) = 0$, $U(1) = 0$, $U'(1) = 0$, b) eingespanntes Ende bei $\zeta = 0$ sowie unverschiebbares und momentenfreies Ende bei $\zeta = 1$, d. h. $U(0) = 0$, $U'(0) = 0$, $U(1) = 0$, $U''(1) = 0$ und c) unverschiebbares und momentenfreies Ende bei $\zeta = 0$ sowie querkraft- und neigungsfreies Ende bei $\zeta = 1$, d. h. $U(0) = 0$, $U''(0) = 0$, $U'(1) = 0$, $U'''(1) = 0$. Man bestimme Eigenwerte und Eigenfunktionen.

Lösungshinweise Alle Eigenwertprobleme sind selbstadjungiert und positiv definit. Ansonsten werden nur noch die zugehörigen Eigenwertgleichungen angegeben: a) $\cosh\lambda\cos\lambda - 1 = 0$, b) $\tan\lambda - \tanh\lambda = 0$ und c) $\cos\lambda = 0$.

Aufgabe 5.13 Es sollen freie Biegeschwingungen $u(Z, t)$ eines bei $Z = 0$ unverschiebbar und biegemomentenfrei gelagerten elastischen Stabes konstanter Querschnittsdaten (Biegesteifigkeit EI, Massenbelegung m) untersucht werden, siehe Abb. 5.31. Am freien Ende bei $Z = L$ ist ein starrer Körper der Masse M und dem Massenträgheitsmoment J bezüglich des Befestigungspunktes auf der dortigen Stabachse befestigt. Das maßgebende Eigenwertproblem ist herzuleiten und unter Einführung geeigneter dimensionsloser Parameter zu lösen. Vorab ist die Frage zu beantworten, ob das Eigenwertproblem positiv definit ist.

Aufgabe 5.14 Ein elastischer Träger der Länge L mit der konstanten Biegesteifigkeit EI und der konstanten Massenbelegung m ist beidseitig eingespannt und führt freie Biegeschwingungen $u(Z, t)$ aus. Gemäß Abb. 5.32 ist er dabei in einer Entfernung $a < L$ vom linken Balkenende $Z = 0$ zusätzlich durch eine Feder (Federkonstante c) gestützt, die für $u(a, t) = 0$ spannungslos ist. Man formuliere die zeitfreien Feldgleichungen in den beiden Bereichen $0 \leq Z < a$ und $a < Z \leq L$ und die zeitfreien Rand- und Übergangsbedingungen bei $Z = 0, L$ bzw. $Z = a$. Mittels Übertragungsmatrizen leite man die maßgebende Eigenwertgleichung her und finde einen Näherungswert der tiefsten Eigenkreisfrequenz.

Aufgabe 5.15 Der Träger aus Aufgabe 5.14 mit unverändert wirkender Feder wird beidseitig unverschiebbar und momentenfrei gelagert. Zur Abschätzung der beiden tiefsten

Eigenkreisfrequenzen ist der zugehörige Rayleigh-Quotient $\bar{R}[U]$ zu formulieren und im Sinne von Vergleichsfunktionen V mit den beiden Eigenfunktionen V_1 und V_2 des ohne Feder schwingenden Balkens (der dieselben Randbedingungen wie das Originalproblem besitzt) auszuwerten. Man diskutiere auch den Sonderfall $a = L/2$.

Aufgabe 5.16 Ein einseitig bei $Z = L$ eingespannter und am anderen Ende bei $Z = 0$ freier Kragträger besitzt die konstante Dicke b und eine von $Z = 0$ bis $Z = L$ von 0 bis $2H$ linear zunehmende Höhe $h(Z)$. Unter Verwendung der Vergleichsfunktionen $V_i(Z) = (Z/L)^{i-1} \cdot (1 - Z/L)^{i+1}$, $i = 1, 2, \ldots$ sind die Ritzschen Gleichungen zur näherungsweisen Bestimmung der aktuellen Eigenkreisfrequenzquadrate ω_k^2 und Eigenfunktionen $U_k(Z)$ zu formulieren und im Rahmen einer 2-Glied-Näherung auszuwerten.

Lösung Für die ortsabhängige Massenbelegung $m(Z) = \rho_0 A(Z)$ erhält man $m(Z) = 2\rho_0 bHZ/L$ und für das Flächenmoment $I(Z) = b(2HZ)^3/(12L^3)$. Ein 2-Glied-Ansatz $U(Z) = V_1(Z)a_1 + V_2(Z)a_2$ führt auf die beiden Ritzschen Gleichungen $A_{11}a_1 + A_{12}a_2 = 0$ und $A_{21}a_1 + A_{22}a_2 = 0$ mit $A_{11} = \left(\frac{EH^2}{3\rho_0 L^4} - \frac{\omega^2}{30}\right)$, $A_{12} = A_{21} = \left(\frac{2EH^2}{15\rho_0 L^4} - \frac{\omega^2}{105}\right)$ und $A_{22} = \left(\frac{2EH^2}{15\rho_0 L^4} - \frac{\omega^2}{280}\right)$. Die verschwindende Systemdeterminante liefert die Näherungen $\omega_{1,2}$ der gesuchten Eigenkreisfrequenzquadrate, womit anschließend die Amplitudenberhältnisse $a_{2\,1,2}/a_{1\,1,2}$ berechnet werden können. Damit stehen schließlich auch die Näherungen $U_{1,2}(Z)$ der gesuchten Eigenfunktionen zur Verfügung. Zahlenmäßig wird hier allein die Näherung $\omega_1 = 5{,}319\sqrt{H^2E/(3\rho_0 L^4)}$ der tiefsten Eigenkreisfrequenz genannt. Für die vorgegebene Ortsabhängigkeit ist unter Verwendung von Bessel-Funktionen auch eine strenge Lösung des Eigenwertproblems möglich. Anstatt des Zahlenwertes 5,319 ergibt sich dabei 5,315, d. h. die obere Abschätzung der Ritzschen Gleichungen weicht nur um 0,1 % vom genauen Wert ab.

Aufgabe 5.17 Ein beiderseits quer unverschiebbar und biegemomentenfrei gelagerter Träger der Länge L mit konstanten Querschnittsdaten (Biegesteifigkeit EI, Massenbelegung m) wird durch eine konstante Einzelkraft F mittig belastet. Berechnen Sie die sich einstellenden Biegeschwingungen $u(Z,t)$ im Sinne der technischen Biegelehre, wenn die Last plötzlich entfernt wird.

Lösungshinweise Es handelt sich um freie Schwingungen mit derart vorgegebenen Anfangsbedingungen, dass die Anfangsauslenkung $u(Z,0)$ gleich der statischen Durchsenkung unter mittiger Einzellast ist und der Schwingungsvorgang mit verschwindender Geschwindigkeit startet. Das Ergebnis für die resultierenden Biegeschwingungen ist $u(Z,t) = \frac{2FL^3}{\pi^4 EI}\sum_{k=1,3,5,\ldots}^{\infty} \frac{(-1)^{(k-1)/2}}{k^4} \cos\left[(k\pi)^2\sqrt{\frac{EI}{mL^4}}\,\right] t \sin(k\pi Z/L)$.

Aufgabe 5.18 Ein elastischer Träger der Länge L mit der konstanten Biegesteifigkeit EI und der konstanten Massenbelegung m ist beidseitig quer unverschiebbar und biegemomentenfrei gelagert. Durch eine Streckenlast $p(Z,t) = p_0 e^{i\Omega t}$ wird er zu erzwungenen Biegeschwingungen $u(Z,t)$ angeregt. Gemäß Abb. 5.33 ist er in einer Entfernung $a < L$

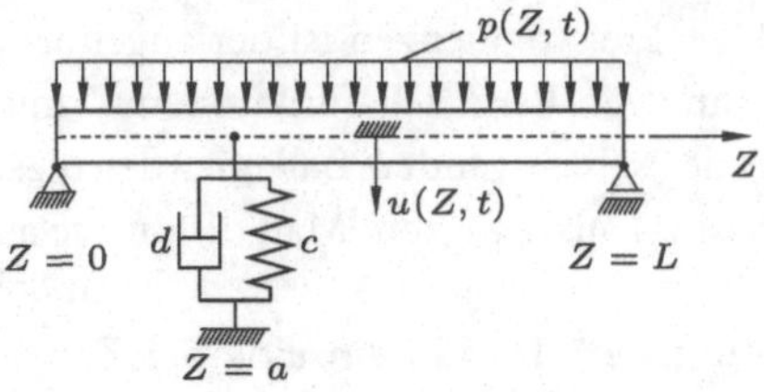

Abb. 5.33 Problembeschreibung, Aufgabe 5.18

vom linken Balkenende $Z = 0$ zusätzlich durch ein Feder-Dämpfer-System (Federkonstante c, Dämpferkonstante d) gestützt, wobei die Feder für $u(a,t) = 0$ spannungslos ist. Gemäß der Bernoulli-Euler-Theorie formuliere man im Rahmen der Bequemlichkeitshypothese unter Einführung einer geeigneten verteilten vikoelastischen Bettung eine einzige Feldgleichung, die zusammen mit den zugehörigen homogenen Randbedingungen das beschreibende mathematische Modell bildet. Zur Berechnung einer Partikulärlösung verwende man einen gleichfrequenten Produktansatz $u(Z,t) = U(Z)e^{i\Omega t}$ und anschließend einen Ritz-Ansatz $U(Z) = \sum_{k=1}^{N} a_k U_k(Z)$, wobei als Ansatzfunktionen $U_k(Z)$ die Eigenfunktionen des genauso gelagerten Stabes ohne Bettung verwendet werden sollen. Konkret bestimme man die zeitfreie Resonanzlösung $U(Z)$ für $\Omega = \omega_1$ im Rahmen einer 1-Glied-Näherung $U(z) = a_1 \sin k\pi Z/L$. Vergleichend behandele man die unveränderte Problemstellung im Rahmen der Timoshenko-Theorie, wobei zweckmäßig die Einzelgleichung in u (und nicht die gekoppelten Gleichungen in u und φ) den Ausgangspunkt bildet.

Aufgabe 5.19 Ein beidseitig eingespannter viskoelastischer Träger der Länge L (konstante Biegesteifigkeit EI, Materialdämpfung d_i, konstante Massenbelegung m) wird durch eine mittig wirkende Stoßkraft $P(t) = P_0\delta_D(t)$ belastet. Mittels Laplace-Transformation im Zeitbereich finde man das zugehörige Randwertproblem im Bildbereich s und löse dieses unter Verwendung der zu berechnenden Greenschen Resolvente. Alternativ ist für eine direkte Lösung im Zeitbereich eine Modalentwicklung auf der Basis eines gemischten Ritz-Ansatzes zu benutzen. Konkret ist die maximale Biegebeanspruchung an der Einspannung bei $Z = 0$ zu ermitteln.

Lösungshinweise Die Greensche Resolvente setzt sich aus den bekannten Fundamentallösungen des zugehörigen Eigenwertproblems zusammen, muss aber hier neben den Stetigkeits- und Sprungbedingungen die spezifischen Randbedingungen der beidseitigen Einspannung erfüllen. Da die Erregung örtlich konzentriert ist, ist auch die resultierende Integraldarstellung vergleichsweise einfach auszuwerten. Die Rücktransformation in den Zeitbereich ist nur noch numerisch zu leisten. Der gemischte Ritz-Ansatz liefert die vollständige Lösung im Zeitbereich direkt. Mit den vorab berechneten Eigenfunktionen des beidseitig eingespannten Balkens konstanten Querschnitts, siehe Aufgabe 5.12, ergeben sich entkoppelte gewöhnliche Einzel-Differenzialgleichungen für das gesuchte Zeitverhalten, die als so genannte Impulsantwort leicht zu lösen sind. Die transienten Biegeschwingungen sind damit in Reihenform ermittelt. Die Biegespannung an der

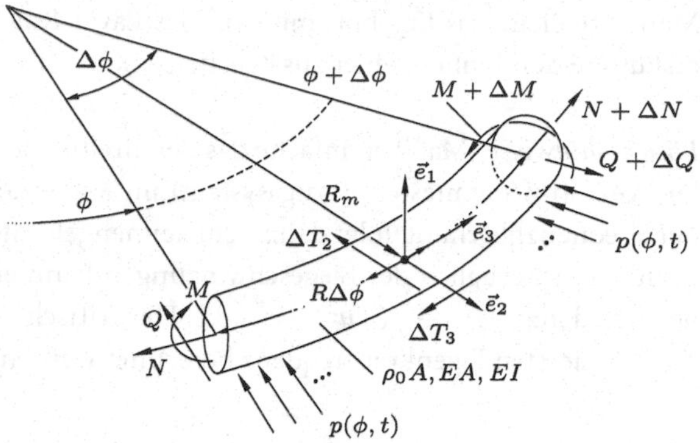

Abb. 5.34 Problembeschreibung, Aufgabe 5.20

Einspannung bei $Z = 0$ wird durch die dort vorliegende Krümmung, d. h. die zweite Ortsableitung von $u(Z,t)|_{(0,t)}$ repräsentiert. Da die Schwingung gedämpft ist, ist das absolute Maximum durch den erstmals auftretenden Schwingungs„bauch" festgelegt.

Aufgabe 5.20 Es ist das Randwertproblem zur Beschreibung der In-plane-Schwingungen $v(Z,t)$, $w(Z,t)$ eines homogenen Kreisringes (Radius R_m, konstante Massenbelegung $\rho_0 A$, konstante Biegesteifigkeit EI und konstante Dehnsteifigkeit EA) synthetisch herzuleiten. Von Bettungs- und Dämpfungseinflüssen wird abgesehen, als Erregung wird eine gleichförmige radiale Streckenlast $p(\phi,t) = P_0 S(t)$ als Außendruck vorgesehen.

Lösungshinweise Abbildung 5.34 zeigt das Freikörperbild mit allen Kräften und Momenten einschließlich der Trägheitswirkungen. Entsprechende Kräfte- und Momentengleichgewichte im Sinne d'Alemberts liefern die zugehörigen Feldgleichungen. Geeignete Periodizitätsbedingungen sind hinzuzufügen.

Aufgabe 5.21 Anknüpfend an Abschn. 5.3 sind die freien in-plane-Schwingungen eines kreisförmig (Radius R) angeordneten, ausschließlich radial elastisch gebetteten (Bettungsziffer c), *biegeschlaffen Ringes* (Massenbelegung $\rho_0 A$, Dehnsteifigkeit EA) zu untersuchen. Es ist die dort vorgeschlagene dimensionslose Schreibweise zugrunde zu legen, womit eine Berechnung der Eigenwerte und Eigenfunktionen konkret durchgeführt werden kann. Abschließend sind die freien Schwingungen zu ermitteln, die bei verschwindender Anfangsauslenkung (sowohl in radialer als auch tangentialer Richtung) durch eine lokal bei $\phi = \phi_0$ konzentrierte radiale Geschwindigkeitsvorgabe $v_{,\tau}(\phi, 0) = s_0 \delta_D(\phi - \phi_0)$ ausgelöst werden.

Aufgabe 5.22 Freie Schwingungen einer dämpfungsfreien kreisrunden Rayleigh-Welle der Länge L mit konstanten Querschnittsdaten und beidseitig unverschiebbarer und biegemomentenfreier Abstützung. Unter Verwendung eines geeigneten sinusförmigen Lösungsansatzes, der alle Randbedingungen erfüllt, berechne man die vier zu jeder Ordnung k gehörenden Eigenkreisfrequenzen als Funktion der Winkelgeschwindigkeit Ω.

Man vergleiche das Ergebnis mit dem des Laval-Rotors mit Scheibenschiefstellung. Man diskutiere den Einfluss einer zusätzlichen axialen (richtungstreuen) Druckkraft F_0.

Lösungshinweise Man vereinfache das beschreibende Randwertproblem einer Timoshenko-Welle (im raumfesten Bezugssystem) im Sinne der Rayleigh-Theorie. Die Herleitung der Frequenzgleichung folgt dann dem kennengelernten Vorgehen. Zur Einbeziehung der Druckkraft bezüglich der Biegeschwingungen kann ein entsprechendes Potenzial formuliert werden: $U_{F_0} = \frac{F_0}{2} \int_0^L (u_{,Z}^2 + v_{,Z}^2) \mathrm{d}Z$. Die kritische Druckkraft kann aus der verschwindenden tiefsten Eigenkreisfrequenz berechnet werden.

Literatur

1. Barthels, P.: Zur Modellierung, dynamischen Simulation und Schwingungsunterdrückung bei nichtglatten, zeitvarianten Balkensystemen. Dissertation, Univ. Karlsruhe (TH), Universitätsverlag, Karlsruhe (2008)
2. Carrera, E., Giunta, G., Petrolo, M.: Beam Structures: Classical and Advanced Theories. John Wiley & Sons (2011)
3. Courant, R., Hilbert, D.: Methoden der Mathematischen Physik II, 2. Aufl. Springer, Berlin/Heidelberg/New York (1968)
4. Dimentberg, F.: Flexural Vibrations of Rotating Shafts. Butterworths, London (1961)
5. Frýba, L.: Vibration of Solids and Structures Under Moving Loads. Noordhoff, Groningen (1972)
6. Gasch, R., Nordman, R., Pfützner, H.: Rotordynamik, 2. Aufl. (korr. Nachdruck). Springer, Berlin/Heidelberg/New York (2006)
7. Graff, K. F.: Wave motion in elastic solids. Ohio State Univ. Press, Columbus (1975)
8. Green, R. B.: Gyroscopic Effects on the Critical Speeds of Flexible Rotors. J. Appl. Mech. **15**, 369–376 (1948)
9. Gross, D., Hauger, W., Schnell, W., Wriggers, P.: Technische Mechanik, Bd. 4. Springer, Berlin/Heidelberg/New York (1993)
10. Hagedorn, P., Otterbein, S.: Technische Schwingungslehre, Bd. 1: Lineare Schwingungen diskreter mechanischer Systeme. Springer, Berlin/Heidelberg/New York (1987)
11. Hagedorn, P.: Technische Schwingungslehre, Bd. 2: Lineare Schwingungen kontinuierlicher mechanischer Systeme. Springer, Berlin/Heidelberg/New York (1989)
12. Hagedorn, P., DasGupta, A.: Vibrations and Waves in Continuous Mechanical Systems, J. Wiley & Sons, Chichester (2007)
13. Kelkel, K.: Auswuchten elastischer Rotoren in isotrop federnder Lagerung. Dissertation, Univ. Karlsruhe (TH), Hochschulverlag, Stuttgart (1978)
14. Krapf, K.-G.: Der elastisch gebettete Kreisring als Modell für den Gürtelreifen. Dissertation, TH Darmstadt, Fortschr.-Ber. VDI-Z., Reihe 11, Nr. 38, VDI, Düsseldorf (1981)
15. Lee, C.-W.: Vibration Analysis of Rotors. Kluwer, Dordrecht/Boston/London (1993)
16. Leipholz, H.: Elastizitätstheorie. G. Braun, Karlsruhe (1967)

17. Michatz, J.: Das Biegeverhalten einer einfach besetzten unrunden rotierenden Welle unter Berücksichtigung äußerer und innerer Dämpfung. Dissertation, TU Berlin (1970)

18. Plaut, R. H., Wauer, J.: Parametric, External and Combination Resonances in Coupled Flexural and Torsional Oscillations of an Unbalanced Rotating Shaft. J. Sound Vibr. **183**, 889–897 (1995)

19. Riemer, M.: Technische Kontinuumsmechanik. BI Wiss.-Verl., Mannheim/Leipzig/Wien/Zürich (1993)

20. Riemer, M., Wauer, J., Wedig, W.: Mathematische Methoden der Technischen Mechanik, 2. Aufl. Springer (2014)

21. Seemann, W.: Transmission and Reflection Coefficients for Longitudinal Waves Obtained by a Combination of Refined Rod Theory and FEM. J. Sound Vibr. **197**, 571–587 (1996)

22. Seyranian, A. P., Mailybaev, A. A.: Multiparameter Stability Theory with Mechanical Applications. World Scientific, London/Shanghai/Bangalore (2003)

23. Söchting, F.: Berechnung mechanischer Schwingungen. Springer, Wien (1951)

24. Stephan, W., Postl, R.: Schwingungen elastischer Kontinua. Teubner, Stuttgart (1995)

25. Timoshenko, S., Young, D. H.: Vibration Problems in Engineering, 3. Aufl. D. Van Nostrand, New York/London/Sydney (1955)

26. Wauer, J.: Schwingungsabschirmung in Systemen mit verteilten Parametern bei periodischer und stoßartiger Anregung. VDI-Ber. Nr. 381, VDI-Verlag, Düsseldorf, 201–207 (1980)

27. Wauer, J.: A General Linear Approach to Symmetric Distributed Parameter Rotor Systems. In: Rao, J. S., Gupta, K. N. (Hrsg.) Proc. 6th IFToMM-World Congress, New Delhi, 1983, Vol. 2, 1313–1317. Wiley Eastern Ltd., New Delhi (1984)

28. Wauer, J.: Modelling and Formulation of Equations of Motion for Cracked Rotating Shafts. Int. J. Solids Structures **26**, 901–914 (1990)

29. Wauer, J., Suherman, S.: Vibration Suppression of Rotating Shafts Passing Through Resonances be Switching Shaft Stiffness. J. Vibr. Acoust. **120**, 170–180 (1998)

30. Weidenhammer, F.: Eigenfrequenzverfälschung im Schwingungsversuch durch mitschwingende Fundamentmasse. Konstruktion **23**, 352–357 (1971)

31. Weigand, A.: Einführung in die Berechnung mechanischer Schwingungen, Bd. 3: Schwingungen fester Kontinua. VEB Fachbuchverlag, Leipzig (1962)

32. Wittenburg, J.: Schwingungslehre. Springer, Berlin/Heidelberg/New York (1996)

Schwingungen von Flächentragwerken

6

Zusammenfassung

Hier werden die vorgestellten Lösungsmethoden auf 2-parametrige Strukturmodelle angewendet. Zunächst werden die Querschwingungen von Membranen untersucht, es folgen Scheiben- und Plattenschwingungen. Zum Schluss werden Kreiszylinderschalen angesprochen. Sowohl freie als auch erzwungene Schwingungen spielen ein Rolle, und auch die ebene Wellenausbreitung wird erwähnt.

Nach der breiten Diskussion freier und erzwungener Schwingungen 1-parametriger Strukturmodelle werden im vorliegenden Kapitel entsprechende Fragestellungen 2-parametriger Strukturmodelle untersucht. Auch die Überlegungen zur Wellenausbreitung werden (in knapper Form) verallgemeinert.

Die wichtigsten Vertreter von Flächentragwerken sind *Membran, Scheibe und Platte* sowie *Schale*. In Verallgemeinerung der Eigenschaften von Linientragwerken sind Flächentragwerke gemeinsam dadurch gekennzeichnet, dass die Dicke als maßgebende Querabmessung sehr viel kleiner ist als die beiden anderen bezüglich zweier ausgezeichneter Richtungen entlang der aufgespannten Mittelfläche. Die Namengebung *Flächentragwerk* ist damit evident. Flächentragwerke können eben, aber auch allgemein gekrümmt sein und auch vollständig geschlossen, beispielsweise als Kugelschale, auftreten. Gerade bei Flächentragwerken sind Konfigurationen wichtig, die sich durch äußere statische Lasten aus spannungslosen Zuständen bilden, um dann Schwingungen auszuführen. Eine aufblasbare Membranstruktur als Tragwerk ist ein Beispiel.

Um den Rechenaufwand zu begrenzen, werden fast ausschließlich ebene Flächentragwerke mit hinreichend regelmäßiger Geometrie der Berandung betrachtet. Um auch einen kleinen Einblick in das Gebiet der Schalenschwingungen zu geben, wird im letzten Abschnitt als einfacher, aber wichtiger Sonderfall die Kreiszylinderschale behandelt. Ansonsten werden wieder nacheinander für verschiedene Fragestellungen die maßgebenden Randwertprobleme an den Anfang gestellt, um dann die freien und die erzwungenen Schwingungen zu analysieren.

J. Wauer, *Kontinuumsschwingungen*, DOI 10.1007/978-3-8348-2242-0_6,

© Springer Fachmedien Wiesbaden 2014

6.1 Membran

Die Membran ist in gewisser Weise eine 2-dimensionale Erweiterung der Saite. In der Gleichgewichtslage möge sie auf der Basis eines kartesischen Bezugssystems in der durch die Einheitsvektoren $\vec{e}_x$ und $\vec{e}_y$ aufgespannten X, Y-Ebene ruhen, die die Querschnittsschwerpunkte verbinden soll. Es liegt damit eine ebene Membran vor. Die obere und untere Deckfläche der Membran liegt dann bei $Z = \pm h(X, Y)/2$, wodurch die im Allgemeinen ortsabhängige Dicke $h(X, Y)$ der Membran definiert ist. Als kleine Schwingungen interessieren insbesondere die orts- und zeitabhängigen Querauslenkungen $w(X, Y, t)$ in $\vec{e}_z$-Richtung, wobei die dafür erforderliche Rückstellung allein durch eine Vorspannung S in Form einer Zugkraft pro Längeneinheit aufgebracht werden soll. Eine Membran besitzt keine natürliche Biegesteifigkeit und weicht deshalb unter reiner Druckbelastung in der Mittelebene unmittelbar quer dazu aus. Eine dünne, vorgespannte Gummihaut ist ein realistisches Beispiel einer Membran. Das Trommelfell des Ohres oder einer Pauke, wie auch die dünnen Plättchen eines Kondensatormikrophons oder eines entsprechend aufgebauten Lautsprechers werden im Rahmen von Schwingungsrechnungen ebenfalls häufig als Membran modelliert.

6.1.1 Transversalschwingungen

Analog zur Saite wird angenommen, dass die Vorspannung gemäß Abb. 6.1 als konstante Streckenlast S_0 an der Berandung eingeleitet wird und bei den kleinen Transversalschwingungen $w(X, Y, t)$ auch im Innern der Membran in genügender Genauigkeit ebenfalls konstant ist. Beschränkt man sich auf eine elastische Membran ohne zusätzliche Bettung und bezieht von möglichen Dämpfungseinflüssen eine äußere Dämpfung im Sinne der Bequemlichkeitshypothese ein, so erhält man in Analogie der Energieausdrücke für die quer schwingende Saite, siehe Abschn. 5.1.2, nacheinander für die kinetische Energie

$$T = \frac{\rho_0}{2} \int_A h(X, Y) w_{,t}^2 \mathrm{d}A,$$

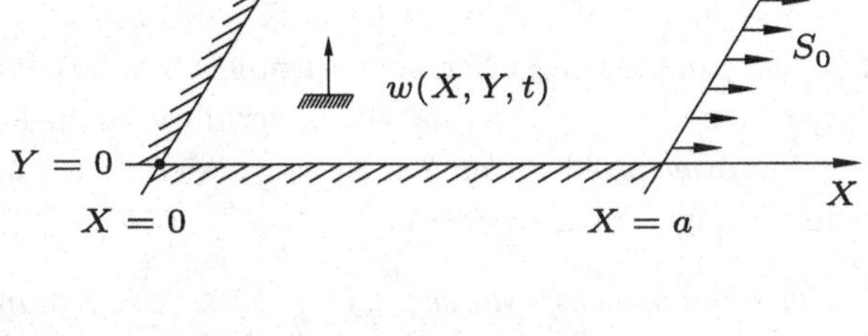

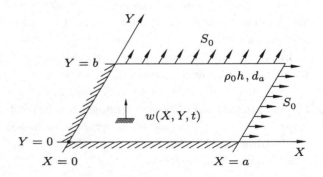

Abb. 6.1 Geometrie einer transversal schwingenden Rechteckmembran

das elastische Potenzial

$$U_\mathrm{i} = \frac{S_0}{2} \int_A \left(w_{,X}^2 + w_{,Y}^2 \right) \mathrm{d}A$$

und die virtuelle Arbeit

$$W_\delta = \int_A \left[p(X,Y,t) - d_\mathrm{a} \rho_0 h(X,Y) w_{,t} \right] \delta w \, \mathrm{d}A$$

infolge erregender Flächenlast $p(X,Y,t)$ und äußerer Dämpfung, charakterisiert durch die Dämpferkonstante d_a. Zur Auswertung des Prinzips von Hamilton (2.60) bzw. (3.10) ist es hilfreich, die potenzielle Energie unter Verwendung des Gradienten $\nabla w = w_{,X} \vec{e}_x + w_{,Y} \vec{e}_y$ in

$$U_\mathrm{i} = \frac{1}{2} \int_A S_0 \nabla w \cdot \nabla w \, \mathrm{d}A$$

umzuschreiben. Das Prinzip von Hamilton liefert dann in einem ersten Schritt – von den verschwindenden Variationen an den Zeitgrenzen ist bereits Gebrauch gemacht – das Zwischenergebnis

$$\int_{t_1}^{t_2} \int_A \left\{ \left[-\rho_0 h(X,Y)(w_{,tt} + d_\mathrm{a} w_{,t}) + p(X,Y,t) \right] \delta w - S_0 \nabla w \cdot \nabla \delta w \right\} \mathrm{d}A \mathrm{d}t = 0. \tag{6.1}$$

Die Identität $\nabla w \cdot \delta w = \nabla \cdot (\delta w \nabla w) - \left(\nabla^2 w \right) \delta w$ und der Gaußsche Integralsatz (siehe (2.36))

$$\int_A \nabla \cdot \vec{v} \, \mathrm{d}A = \oint_B \vec{v} \cdot \vec{N} \, \mathrm{d}s,$$

worin B die Berandung der eingeschlossenen Fläche A, $\vec{v}$ einen beliebigen Vektor, $\vec{N}$ den äußeren Einheitsvektor der Berandung und $\mathrm{d}S$ das zugehörige infinitesimale Bogenlängenelement bezeichnen, siehe Abb. 6.2, liefern unter Anwendung auf den letzten Summanden in (6.1)

$$\int_{t_1}^{t_2} \int_A \left[-\rho_0 h(X,Y)(w_{,tt} + d_\mathrm{a} w_{,t}) + S_0 \nabla^2 w + p(X,Y,t) \right] \delta w \, \mathrm{d}A \mathrm{d}t - \int_{t_1}^{t_2} \oint_B S_0 w_{,N} \delta w \mathrm{d}S \mathrm{d}t = 0$$

mit $w_{,N} = \nabla w \cdot \vec{N}$ als Richtungsableitung von w entlang $\vec{N}$. Die Forderung, dass die Summe der Integrale verschwinden muss, liefert aus dem ersten Integral die Bewegungsgleichung

$$\rho_0 h(X,Y)(w_{,tt} + d_\mathrm{a} w_{,t}) - S_0 \nabla^2 w = p(X,Y,t), \tag{6.2}$$

während aus dem zweiten Integral die möglichen Randbedingungen

$$S_0 w_{,N}|_B = 0 \;\text{ oder }\; w|_B = 0 \tag{6.3}$$

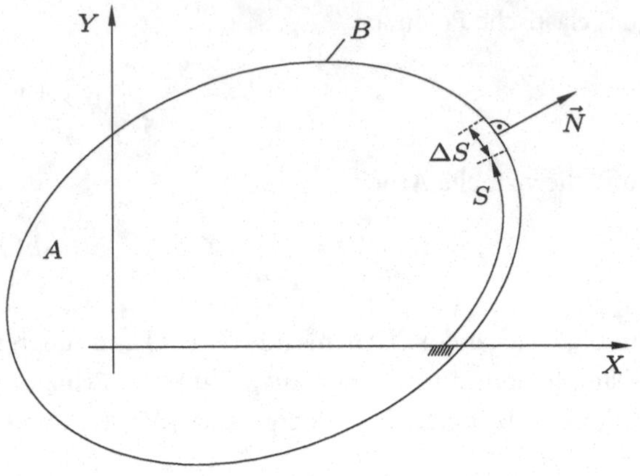

Abb. 6.2 Membran beliebiger Form in kartesischen Koordinaten

für alle $t \geq 0$ folgen. Betrachtet man die bereits in Abb. 6.1 dargestellte Rechteckmembran der Abmessungen $0 \leq X \leq a$ und $0 \leq Y \leq b$, dann gelten in den vier Bereichen für alle $t \geq 0$ die Randbedingungen

$$\begin{aligned} -S_0 w_{,X}|_{X=0} &= 0 \quad \text{oder} \quad w|_{X=0} = 0, \\ -S_0 w_{,Y}|_{Y=0} &= 0 \quad \text{oder} \quad w|_{Y=0} = 0, \\ S_0 w_{,X}|_{X=a} &= 0 \quad \text{oder} \quad w|_{X=a} = 0, \\ S_0 w_{,Y}|_{Y=b} &= 0 \quad \text{oder} \quad w|_{Y=b} = 0. \end{aligned} \tag{6.4}$$

Die jeweils zweite Randbedingung (6.3) bzw. (6.4) bedeutet Unverschiebbarkeit und ist geometrischer Natur, während die erste als verschwindende „Quer"kraft die einfachste dynamische Randbedingung darstellt, wenn nämlich die Membran am Rand in Z-Richtung frei verschiebbar ist. Sieht man verallgemeinernd eine viskoelastische Abstützung der Berandung vor, treten analog zu den entsprechenden Formulierungen bei der Saite, siehe Abschn. 5.1.2, kompliziertere Cauchysche Randbedingungen auf. Zur eindeutigen Lösung einer konkreten Problemstellung sind dann schließlich noch für alle X, Y aus $0 \leq X \leq a$ und $0 \leq Y \leq b$ Anfangsbedingungen

$$w(X,Y,0) = w_0(X,Y), \quad w_{,t}(X,Y,0) = v_0(X,Y) \tag{6.5}$$

zu formulieren.

Die Feldgleichung (6.2) der Querschwingungen einer Membran ist eine hyperbolische Differenzialgleichung zweiter Ordnung in der Zeit t und den Ortskoordinaten X, Y. Für den ungedämpften Fall mit h = const und fehlender Anregung $p(X,Y,t) \equiv 0$ erhält man mit der Abkürzung

$$c^2 = \frac{S_0}{\rho_0 h} \tag{6.6}$$

die 2-dimensional erweiterte Wellengleichung

$$w_{,tt} - c^2 \nabla^2 w = 0. \tag{6.7}$$

Die Größe c (6.6) hat offensichtlich wieder die Bedeutung einer Geschwindigkeit und beschreibt die Ausbreitung von Transversalwellen in einer Membran, hier in kartesischen Koordinaten.

Um das beschreibende Randwertproblem der Transversalschwingungen einer kreisförmigen Membran in Polarkoordinaten R, ϕ zu erhalten, geht man einfach vom Laplace-Operator

$$\nabla^2_{XY} = \frac{\partial^2}{\partial X^2} + \frac{\partial^2}{\partial Y^2} \tag{6.8}$$

in kartesischen Koordinaten zu

$$\nabla^2_{R\phi} = \frac{\partial^2}{\partial R^2} + \frac{1}{R}\frac{\partial}{\partial R} + \frac{1}{R^2}\frac{\partial^2}{\partial \phi^2} \tag{6.9}$$

in Polarkoordinaten über. Man erhält die Feldgleichungen

$$\rho_0 h(R,\phi)(w_{,tt} + d_a w_{,t}) - S_0 \left(w_{,RR} + \frac{1}{R} w_{,R} + \frac{1}{R^2} w_{,\phi\phi} \right) = p(R,\phi,t), \tag{6.10}$$

während in den Randbedingungen (6.3) nur zu beachten ist, dass die Richtungsableitung am (äußeren) Kreisumfang $R = R_a$ in radialer Richtung zu nehmen ist. Bedeckt die Membran eine Ringfläche $R_i \leq R \leq R_a$, treten am Innenrand $R = R_i$ entsprechende Randbedingungen hinzu, bei einer Vollkreisfläche hat man als zweite „Rand"bedingung bei $R \to 0$ dafür zu sorgen, dass der Ausschlag $w(0, \phi, t)$ endlich bleibt.

6.1.2 Freie Schwingungen

Formelmäßige Lösungen darf man erwarten, wenn neben konstanter Dicke h eine hinreichend regelmäßige Berandung beispielsweise in Rechteck- oder Kreis- bzw. auch Ellipsenform vorliegt. Ausführlich wird das Problem der Rechteckmembran bei unterschiedlichen Randbedingungen diskutiert; auch die Vollkreismembran wird in den wesentlichen Details abgehandelt.

Ausgangspunkt ist eine Rechteckmembran, siehe erneut Abb. 6.1, zunächst mit den einfachst möglichen Randbedingungen einer allseits unverschiebbaren Berandung, sodass eine Geometrie und eine Auflagerung vorliegen, die achsensymmetrisch sowohl bezüglich $\vec{e}_x$ als auch $\vec{e}_y$ sind. Das beschreibende Anfangs-Randwert-Problem besteht aus der Wellengleichung (6.7) und entsprechenden Rand- bzw. Anfangsbedingungen:

$$
\begin{gathered}
w_{,tt} - c^2 \nabla^2_{XY} w = 0, \\
w(X=0,Y,t)=0, \quad w(X,Y=0,t)=0, \\
w(X=a,Y,t)=0, \quad w(X,Y=b,t)=0 \quad \forall t \geq 0, \\
w(X,Y,t=0)=w_0(X,Y), \quad w_{,t}(X,Y,t=0)=v_0(x,Y) \\
\forall X,Y \text{ aus } 0 \leq X \leq a \text{ und } 0 \leq Y \leq b.
\end{gathered}
\tag{6.11}
$$

Der erste Schritt auf dem Weg zu einer Lösung ist ein isochroner Produktansatz

$$w_{\mathrm{H}}(X,Y,t) = W(X,Y)\,e^{i\omega t}, \tag{6.12}$$

der mit den dimensionslosen Ortskoordinaten $\xi = X/a$, $\eta = Y/a$, dem Seitenverhältnis $\beta = b/a$ und dem Eigenwert

$$\lambda^2 = \frac{(\omega a)^2}{c^2} \tag{6.13}$$

nach Einsetzen in (6.11) auf das zeitfreie Eigenwertproblem

$$
\begin{gathered}
\nabla^2_{\xi\eta} W + \lambda^2 W = 0, \\
W(0,\eta)=0, \quad W(\xi,0)=0, \quad W(1,\eta)=0, \quad W(\xi,\beta)=0
\end{gathered}
\tag{6.14}
$$

führt. Ist dieses gelöst, kann die orts- und zeitabhängige Lösung in Produktform (6.12) abschließend an die Anfangsbedingungen $(6.11)_3$ angepasst werden. Der Laplace-Operator $\nabla^2_{\xi\eta}$ ist analog zu ∇^2_{XY} (6.8) als $\nabla^2_{\xi\eta} = \frac{\partial^2}{\partial\xi^2} + \frac{\partial^2}{\partial\eta^2}$ erklärt. Wesentlicher Unterschied zu Eigenwertproblemen 1-parametriger Strukturmodelle ist die Tatsache, dass die zeitfreie Feldgleichung des Eigenwertproblems (6.14), die so genannte Helmholtz-Gleichung, immer noch eine *partielle* Differenzialgleichung ist. Die gesamte bisher kennengelernte Eigenwerttheorie ist deshalb spätestens an dieser Stelle auf die kompliziertere Kategorie 2-parametriger Eigenwertprobleme zu übertragen. Pragmatisch beschränkt man sich im Wesentlichen auf die Feststellung, dass die Begriffsbildungen Selbstadjungiertheit, Volldefinitheit, Rayleigh-Quotient, Entwicklungssatz, etc., zwanglos erweitert werden können, wenn man in den entsprechenden Beziehungen die Integration anstatt über die Länge nunmehr über die berandete Fläche A ausführt.

Will man beispielsweise vorab die Selbstadjungiertheit für das vorliegende Eigenwertproblem (6.14) der Membran nachweisen, hat man in Verallgemeinerung der Forderungen (4.31)

$$\int_A UV\mathrm{d}A = \int_A VU\mathrm{d}A \quad \text{und} \quad \int_A U\nabla^2_{\xi\eta} V\mathrm{d}A = \int_A V\nabla^2_{\xi\eta} U\mathrm{d}A \tag{6.15}$$

für Vergleichsfunktionen $U(\xi,\eta)$ und $V(\xi,\eta)$ sicherzustellen. Die erste Bedingung ist offensichtlich direkt ohne jede Rechnung erfüllt. Die zweite kann nach einmaliger Produktintegration unter Beachtung der Tatsache, dass die entstehenden Randterme durch die auch für Vergleichsfunktionen geltenden Randbedingungen verschwinden, in $\int_A \nabla_{\xi\eta} U \nabla_{\xi\eta} V \mathrm{d}A = \int_A \nabla_{\xi\eta} V \nabla_{\xi\eta} U \mathrm{d}A$ umgeformt werden, sodass auch die zweite Bedingung erfüllt ist. Die Volldefinitheit ist ebenfalls gegeben, da die Forderungen (4.45) hier mit den zugehörigen Randbedingungen auf $\int_A U^2 \mathrm{d}A > 0$ und $\int_A \left(\nabla_{\xi\eta} U\right)^2 \mathrm{d}A > 0$ führen. Für nichttriviale Funktionen U ist dann die erste Bedingung in (6.15) offenbar ohne weitere Rechnung gesichert, aber auch die zweite, weil Vergleichsfunktionen U, für die $\nabla_{\xi\eta} U = 0$ wäre, wegen der Randbedingungen unmittelbar $U \equiv 0$ nach sich ziehen, was ausgeschlossen ist. Alle Eigenwerte λ^2 der allseits unverschiebbar befestigten, transversal schwingenden Membran sind demnach reell und sogar positiv. Auch der Rayleigh-Quotient $\bar{R}[U]$ für zulässige Funktionen U beispielsweise ist problemlos anzugeben:

$$\bar{R}[U] = \frac{\int_A \left(\nabla_{\xi\eta} U\right)^2 \mathrm{d}A}{\int_A U^2 \mathrm{d}A}. \tag{6.16}$$

Nach diesen Vorüberlegungen wird das vorliegende Eigenwertproblem (6.14) der Rechteckmembran mit allseits unverschiebbarer Berandung konkret untersucht. Sowohl die Differenzialgleichung $(6.14)_1$ als auch die Randbedingungen $(6.14)_2$ legen eine separierbare Lösung

$$W(\xi,\eta) = \bar{W}(\xi) \cdot \bar{\bar{W}}(\eta) \tag{6.17}$$

nahe. Einsetzen liefert dann zunächst

$$-\frac{\bar{W}_{,\xi\xi}}{\bar{W}} - \frac{\bar{\bar{W}}_{,\eta\eta}}{\bar{\bar{W}}} = \lambda^2 = \text{const},$$
$$\bar{W}(0) = 0, \quad \bar{\bar{W}}(0) = 0, \quad \bar{W}(1) = 0, \quad \bar{\bar{W}}(\beta) = 0.$$

Aus aus der ersten Zeile folgt, dass wegen der konstanten rechten Seite im Allgemeinen auch jeder der beiden linksseitig auftretenden Quotienten konstant sein muss, beispielsweise $\bar{\lambda}^2$ und $\bar{\bar{\lambda}}^2$ bezeichnet. Das Eigenwertproblem (6.14) zerfällt also in der Tat in die beiden vollständig separierten, entkoppelten Teilprobleme

$$\begin{aligned} &\bar{W}_{,\xi\xi} + \bar{\lambda}^2 \bar{W} = 0, && \bar{\bar{W}}_{,\eta\eta} + \bar{\bar{\lambda}}^2 \bar{\bar{W}} = 0, \\ &\bar{W}(0) = 0, \quad \bar{W}(1) = 0, && \bar{\bar{W}}(0) = 0, \quad \bar{\bar{W}}(1) = 0 \end{aligned} \tag{6.18}$$

mit

$$\bar{\lambda}^2 + \bar{\bar{\lambda}}^2 = \lambda^2 \tag{6.19}$$

als Nebenbedingung. Deren Lösung ist infolge der allseits geometrischen Randbedingungen einfach,

$$\bar{\lambda}_k = k\pi,\quad k = 1,2,\ldots,\infty, \qquad \bar{\bar{\lambda}}_l = \frac{l\pi}{\beta},\quad l = 1,2,\ldots,\infty,$$
$$\bar{W}_k(\xi) = C_k \sin k\pi\xi, \qquad \bar{\bar{W}}_l(\eta) = C_l \sin\frac{l\pi}{\beta}\eta, \tag{6.20}$$

wobei die Werte $k, l = 0, -1, -2, \ldots$ wieder ausgeschlossen werden können. Die eigentlichen Eigenwerte des Problems sind allerdings nicht $\bar{\lambda}^2$ und $\bar{\bar{\lambda}}^2$ sondern λ^2 (6.13), und die Eigenfunktion $W(\xi,\eta)$ ist gemäß (6.17) das Produkt von $\bar{W}(\xi)$ und $\bar{\bar{W}}(\eta)$. Die damit festgelegten modalen Kenngrößen sind zweckmäßig doppelt zu indizieren:

$$\lambda_{kl}^2 = \pi^2\left(k^2 + \frac{l^2}{\beta^2}\right),\quad k,l = 1,2,\ldots,\infty,$$
$$W_{kl}(\xi,\eta) = C_{kl}\sin k\pi\xi \cdot \sin\frac{l\pi}{\beta}\eta. \tag{6.21}$$

Es ist bemerkenswert, dass im Gegensatz zur beidseitig unverschiebbar befestigten Saite, bei der die Obertöne harmonisch sind, d. h. die höheren Eigenwerte ganzzahlige Vielfache des Grundeigenwertes π darstellen, dies bei der entsprechend gelagerten Membran im Allgemeinen nicht mehr gilt. Es gilt zwar $\lambda_{kk} = k\lambda_{11}$ für alle $k > 1$, man hat aber im Falle einer Quadratmembran $\lambda_{11} = \sqrt{2}\pi$, $\lambda_{12} = \sqrt{5}\pi$, d. h. $\lambda_{12}/\lambda_{11} = \sqrt{5/2}$. Beachtet man die maßgebenden Orthogonalitätsrelationen

$$\int_A W_{kl}W_{mn}\mathrm{d}A = \delta_{km}\delta_{ln}, \qquad \int_A (\nabla_{\xi\eta}W_{kl})(\nabla_{\xi\eta}W_{mn})\,\mathrm{d}A = \lambda_{kl}^2\delta_{km}\delta_{ln}, \tag{6.22}$$

worin sich die übliche Normierung $\int_A W_{kl}^2\mathrm{d}A = 1$ verbirgt, ergibt sich die Konstante $C_{kl} = 2$.

Den Ergebnissen ist zu entnehmen, dass für *nichtrationales* Seitenverhältnis $\beta = b/a$ jede Index-Kombination k, l einen diskreten Eigenwert λ_{kl} mit *einer* zugehörigen Eigenfunktion $W_{kl}(\xi,\eta)$ ergibt, sodass dann *alle* Eigenwerte *einfach* sind. Ist allerdings das Seitenverhältnis β *rational*, was mindestens näherungsweise immer gilt, gibt es im Allgemeinen mehrere, z. B. p Kombinationen k, l unterschiedlicher Eigenfunktionen $W_{kl}(\xi,\eta)$, die alle denselben Eigenwert λ_{kl} liefern, sodass dann p-fache Eigenwerte mit jeweils p linear unabhängigen Eigenfunktionen vorliegen. Eine Rechteckmembran mit dem Seitenverhältnis $\beta = 3/4$ beispielsweise besitzt die doppelten Eigenwerte $\lambda_{35} = \lambda_{54}$ und $\lambda_{83} = \lambda_{46}$ usw., bei einer quadratischen Membran mit $\beta = 1$ gilt $\lambda_{kl}^2 = \lambda_{lk}^2$ für alle k, l $(k \neq l)$, d. h. all diese Eigenwerte sind doppelt mit den entarteten Eigenfunktionen $W_{kl} = 2\sin k\pi\xi \sin l\pi\eta$ und $W_{lk} = 2\sin l\pi\xi \sin k\pi\eta$. Auch eine beliebige Linearkombination dieser entarteten Eigenfunktionen ist eine zu λ_{kl} korrespondierende Eigenfunktion. Betrachtet man beispielsweise die Superposition

$$W_{12}^* = A_{12}\sin\pi\xi\sin 2\pi\eta + A_{21}\sin 2\pi\xi\sin\pi\eta$$

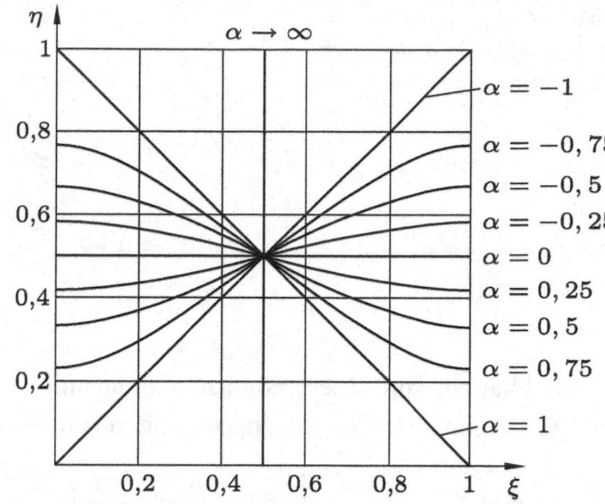

Abb. 6.3 Knotenlinien der quadratischen Membran für die erste Oberschwingung

der zu $\lambda_{12}^2 = \lambda_{21}^2$ gehörenden entarteten Schwingungsformen W_{12} und W_{21} etwas genauer, indem man sie in der Form

$$W_{12}^* = 2A_{12} \sin \pi\xi \sin \pi\eta (\cos \pi\eta + \alpha \cos \pi\xi)$$

mit $\alpha = A_{21}/A_{12}$ äquivalent umschreibt, kann man bei Variation von α erkennen, dass Schwingungserscheinungen einer Membran in der Tat wesentlich vielfältiger als die einer geraden Saite sind. Dazu wird der für die Schwingungen von Linientragwerken kennengelernte Begriff „Knoten", genauer „Knotenpunkt", für Flächentragwerke als *Knotenlinie* erweitert. Eine Knotenlinie ist eine von der Berandung verschiedene Kurve, entlang der die Auslenkung verschwindet. Für die Eigenform W_{12}^*, die die erste Oberschwingung der quadratischen Membran darstellt, sind die Knotenlinien aus

$$\cos \pi\eta + \alpha \cos \pi\xi = 0$$

zu berechnen. Je nach Wert von α haben sie verschiedene Gestalt. Abbildung 6.3 zeigt das Ergebnis einschließlich der Halbierenden $\xi = 1/2$ und $\eta = 1/2$, die auch Knotenlinien sind, wie leicht einzusehen ist. Bei höheren Oberschwingungen können auch geschlossene Knotenlinien auftreten, dies ist bei einem Quadrat schon für $k = 1$, $l = 3$ der Fall, siehe z. B. [4]. Neben all diesen doppelten Eigenwerten kann es auch vorkommen, dass weitere Kombinationen von k und l zu demselben Eigenwert führen. So gibt es beispielsweise den 4-fachen Eigenwert $\lambda_{18}^2 = \lambda_{81}^2 = \lambda_{47}^2 = \lambda_{74}^2 = 65\pi^2$ mit den vier linear unabhängigen Eigenfunktionen $W_{18}(\xi, \eta) = 2 \sin \pi\xi \sin 8\pi\eta$, $W_{81}(\xi, \eta) = 2 \sin 8\pi\xi \sin \pi\eta$, $W_{47}(\xi, \eta) = 2 \sin 4\pi\xi \sin 7\pi\eta$ und $W_{74}(\xi, \eta) = 2 \sin 7\pi\xi \sin 4\pi\eta$[1].

[1] Offenbar taucht hier das zahlentheoretische Problem auf, alle ganzzahligen Lösungen der Gleichung $g = k^2 + l^2$ zu finden, wenn g eine gegebene ganze Zahl ist; bei dem diskutierten Beispiel $g = 65$ sind es genau vier.

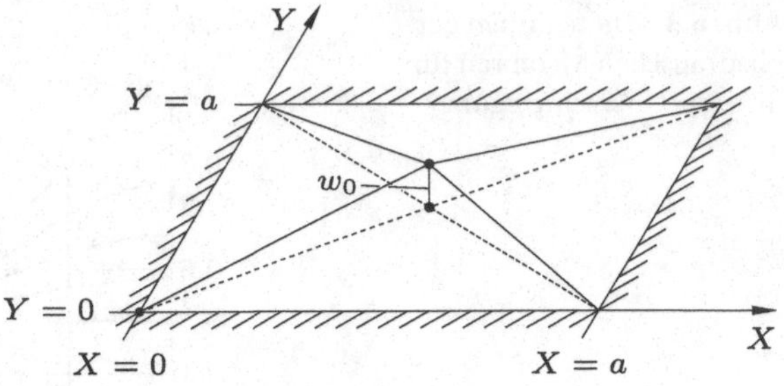

Abb. 6.4 Pyramidenförmige Anfangsauslenkung einer Quadratmembran

Unabhängig von einer möglichen Entartung ist die allgemeine homogene Lösung $w_H(X, Y, t)$ im betrachteten ungedämpften Fall die Superposition

$$w_H(X, Y, t) = \sum_{k=1}^{\infty}\sum_{l=1}^{\infty} \sin\frac{k\pi X}{a} \sin\frac{l\pi Y}{b} \left[a_{kl} \sin\omega_{kl}t + b_{kl}\cos\omega_{kl}t\right] \tag{6.23}$$

aller Eigenschwingungen hier direkt in reeller Schreibweise mit den reellen Integrationskonstanten a_{kl} und b_{kl}, wobei

$$\omega_{kl} = \pi c\sqrt{\frac{k^2}{a^2} + \frac{l^2}{b^2}} \tag{6.24}$$

die Eigenkreisfrequenz der Eigenform W_{kl} ist. Die Integrationskonstanten a_{kl} und b_{kl} bestimmt man abschließend durch Anpassen der allgemeinen Lösung (6.23) an die Anfangsbedingungen $(6.11)_3$.

Beispiel 6.1 In Analogie zum Beispiel 5.1 der mittig gezupften Saite aus Abschn. 5.1.4 sollen hier die freien Querschwingungen einer allseitig unverschiebbar befestigten elastischen Quadratmembran berechnet werden, die ohne Anfangsgeschwindigkeit, d. h.

$$w_{,t}(X, Y, 0) \equiv 0 \tag{6.25}$$

aus einer pyramidenförmigen Anfangsauslenkung (siehe Abb. 6.4) beschrieben durch

$$w(X, Y, 0) = g(X, Y) = \begin{cases} w_0\left[1 - \frac{1}{a}\left|X - \frac{a}{2}\right|\right] & \text{für } \left|Y - \frac{a}{2}\right| \le \left|X - \frac{a}{2}\right| \le a, \\ w_0\left[1 - \frac{1}{a}\left|Y - \frac{a}{2}\right|\right] & \text{für } \left|X - \frac{a}{2}\right| \le \left|Y - \frac{a}{2}\right| \le a \end{cases} \tag{6.26}$$

losgelassen wird[2]. Wegen (6.25) verschwinden die Konstanten a_{kl} identisch, während die b_{kl} aus

$$g(X, Y) = \sum_{k=1}^{\infty}\sum_{l=1}^{\infty} b_{kl} \sin\frac{k\pi X}{a} \sin\frac{l\pi Y}{b}$$

[2] Im Gegensatz zur Saite, bei der man die idealisierte Dreieckform der Anfangsauslenkung durch eine mittig angreifende statische Punktlast realisieren kann, führt bei einer Membran eine (mittige) Punktlast zu einer Auslenkung mit einer ausgeprägten Singularität, siehe z. B. [3].

folgen und sich damit gemäß

$$b_{kl} = \int_A g(X, Y) \sin\frac{k\pi X}{a} \sin\frac{l\pi Y}{b} \mathrm{d}A$$

berechnen lassen. Die Auswertung bringt keine wesentlichen Erkenntnisse und wird deshalb hier nicht mehr ausgeführt. ■

Diskutiert man die etwas komplizierteren Randbedingungen

$$W(0,\eta) = 0, \quad W(1,\eta) = 0, \quad W_{,\xi}(\xi,0) = 0, \quad W_{,\xi}(\xi,\beta) = 0, \tag{6.27}$$

bleibt die Rechnung zur Lösung des Eigenwertproblems qualitativ unverändert. Der Produktansatz (6.17) führt auf die separierten Eigenwertprobleme

$$\begin{aligned} \bar{W}_{,\xi\xi} + \bar{\lambda}^2 \bar{W} &= 0, & \bar{\bar{W}}_{,\eta\eta} + \bar{\bar{\lambda}}^2 \bar{\bar{W}} &= 0, \\ \bar{W}(0) = 0, \quad \bar{W}(1) &= 0, & \bar{\bar{W}}_{,\xi}(0) = 0, \quad \bar{\bar{W}}_{,\xi}(1) &= 0 \end{aligned}$$

mit den Lösungen

$$\begin{aligned} \bar{\lambda}_k &= k\pi, \quad k = 1,2,\ldots,\infty, & \bar{\bar{\lambda}}_l &= \frac{l\pi}{\beta}, \quad l = 0,1,2,\ldots,\infty, \\ \bar{W}_k(\xi) &= C_k \sin k\pi\xi, & \bar{\bar{W}}_l(\eta) &= C_l \cos\frac{l\pi}{\beta}\eta. \end{aligned}$$

Wesentlich ist, dass in den Funktionen $\bar{\bar{W}}_l(\eta)$ mit $\bar{\bar{W}}_0 = \text{const}$ auch eine von η unabhängige Bewegungsform enthalten ist, die mit $\bar{\bar{\lambda}}_0 = 0$ verknüpft ist. Insgesamt ist jedoch das Eigenwertproblem $(6.14)_1$, (6.27) wieder selbstadjungiert und volldefinit mit ausnahmslos positiven Eigenwerten λ_{kl}^2, auch λ_{k0}^2. Die mit λ_{k0}^2 korrespondierenden Eigenfunktionen $W_{k0}(\xi)$ sind mit den Moden der quer schwingenden, beidseitig unverschiebbar gelagerten Saite unmittelbar verwandt.

Die Transversalschwingungen einer kreisförmigen Membran mit der maßgebenden Feldgleichung (6.10) wird hier nur für fixierten Außenrand angesprochen, sodass als Randbedingungen

$$W(0,\phi,t) \text{ endlich}, \quad W(R_\mathrm{a},\phi,t) = 0$$

hinzutreten. Ein Lösungsansatz in Produktform

$$w_\mathrm{H}(R,\phi,t) = W(R,\phi)\, e^{\mathrm{i}\omega t}, \tag{6.28}$$

liefert mit $\rho = R/R_\mathrm{a}$ und dem Eigenwert

$$\lambda^2 = \frac{(\omega R_\mathrm{a})^2}{c^2} \tag{6.29}$$

das Eigenwertproblem

$$\begin{aligned} \nabla^2_{\rho\phi} W + \lambda^2 W = 0, \\ W(0,\phi) \text{ endlich}, \quad W(1,\phi) = 0, \end{aligned} \tag{6.30}$$

das über den Produktansatz

$$W(\rho,\phi) = \bar{W}(\rho)\bar{\bar{W}}(\phi) \tag{6.31}$$

in

$$\begin{aligned} \bar{W}_{,\rho\rho} + \frac{1}{\rho}\bar{W}_{,\rho} + \left(\lambda^2 - \frac{k^2}{\rho^2}\right)\bar{W} = 0, \quad \bar{\bar{W}}_{,\phi\phi} + k^2\bar{\bar{W}} = 0, \\ \bar{W}(0) \text{ endlich}, \quad \bar{W}(1) = 0, \quad \bar{\bar{W}} \text{ } 2\pi\text{-periodisch} \end{aligned} \tag{6.32}$$

separiert werden kann. Die Differenzialgleichung in (6.32) für $\bar{W}(\rho)$ ist die klassische Besselsche Differenzialgleichung mit der zugehörigen allgemeinen Lösung

$$\bar{W}(\rho) = A_k J_k(\lambda_k \rho) + B_k Y_k(\lambda_k \rho), \quad k = 0,1,2,\dots,\infty,$$

wobei $J_k(\lambda\rho)$ und $Y_k(\lambda\rho)$ die Besselschen Funktionen erster und zweiter Gattung (letztere auch Neumann-Funktionen genannt) der (ganzzahligen) Ordnung k bezeichnen, während für den 2π-periodischen Anteil $\bar{\bar{W}}(\phi)$ in (6.31)

$$\bar{\bar{W}}(\phi) = C_k \sin k\phi + D_k \cos k\phi$$

zu nehmen ist. Die Bedingung endlicher Auslenkung $\bar{W}(\rho)$ in (6.32) am Innenrand $\rho = 0$ zieht zwingend $B_k = 0$ nach sich, weil nämlich die Besselschen Funktionen $Y_k(\lambda\rho)$ zweiter Gattung für $\lambda\rho \to 0$ logarithmisch unendlich werden. Die verbleibende Randbedingung am Außenrand bei $\rho = 1$ führt auf die Eigenwertgleichung

$$J_k(\lambda) = 0, \quad k = 0,1,2,\dots,\infty.$$

Die abzählbar unendlich vielen Eigenwerte λ_{kl} ($l = 0,1,2,\dots,\infty$) gemäß (6.29) sind also durch die $l+1$ Nullstellen der Besselschen Funktionen gegeben. Sie hängen von der ganzzahligen Ordnung k, d. h. der Zahl der Knotendurchmesser ab. Die ersten Zahlenwerte sind

$$\begin{aligned} &\lambda_{00} = 2{,}405, \quad \lambda_{10} = 3{,}832, \quad \lambda_{20} = 5{,}135, \\ &\lambda_{01} = 5{,}520, \quad \lambda_{11} = 7{,}016, \quad \lambda_{21} = 8{,}417, \\ &\lambda_{02} = 8{,}654, \quad \lambda_{12} = 10{,}173, \quad \lambda_{22} = 11{,}620, \quad \text{usw.}, \end{aligned} \tag{6.33}$$

die man in tabellierter Form finden kann, siehe z. B. [5]. Außer Knotendurchmessern treten noch Knotenkreise (Index l) auf; z. B. hat die zu $\lambda_{02} = 8{,}654$ gehörende Eigenform mit

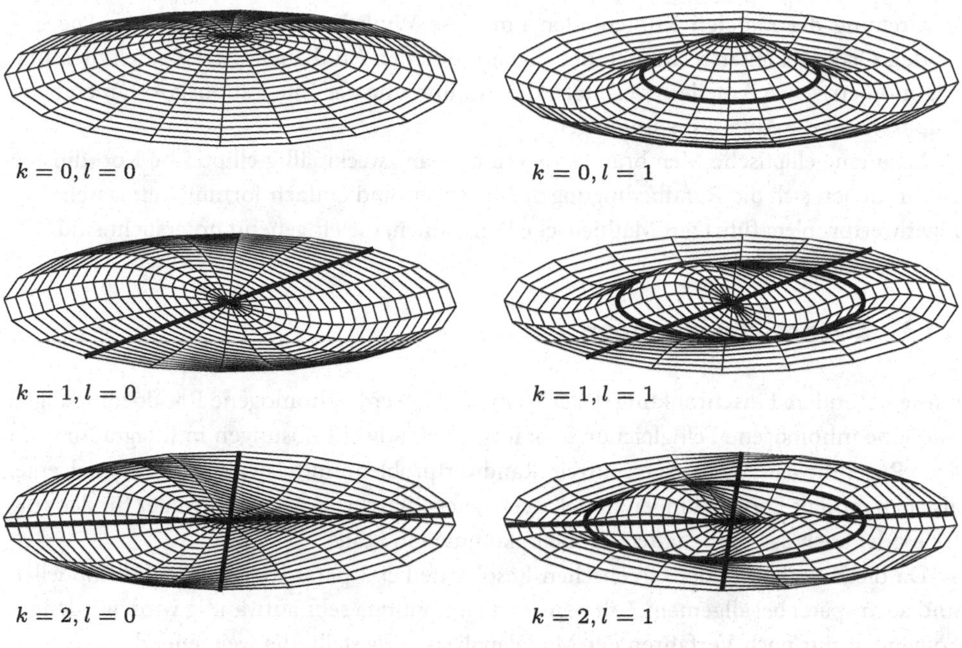

Abb. 6.5 Eigenformen einer am Außenrand unverschiebbar befestigten Kreismembran

$l = 2$ zwei Knotenkreise. Die zu diesem Eigenwert gehörende Eigenfunktion lautet nämlich $W_{02}(\rho, \phi) = A_0 J_0(8{,}654\rho) D_0$, und diese Funktion hat für $0 \le \rho \le 1$ neben dem Außenrand bei $\rho = 1$ Nullstellen bei $\rho = \frac{2{,}405}{8{,}654} \approx 0{,}277$ und bei $\rho = \frac{5{,}520}{8{,}654} \approx 0{,}638$. Die zum kleinsten Eigenwert $\lambda_{00} = 2{,}405$ gehörende Grundschwingungsform hat weder Knotendurchmesser noch Knotenkreise.

Zu jedem Eigenwert λ_{kl} gehört gemäß (6.29) eine Eigenkreisfrequenz ω_{kl}, die offensichtlich umgekehrt proportional zum Radius R_a sind. Die freien Schwingungen setzen sich dann (in reeller Schreibweise) aus den Eigenschwingungen

$$w_{kl}(\rho, \phi, t) = J_k(\lambda_{kl}\rho)\,(a_k \sin k\phi + b_k \cos k\phi) \cos(\omega_{kl} t + \alpha_{kl})$$

in linearer Superposition

$$w_\text{H}(R, \phi, t) = \sum_{k=0}^{\infty} \sum_{l=0}^{\infty} J_k\left(\frac{\lambda_{kl} R}{R_\text{a}}\right)(a_k \sin k\phi + b_k \cos k\phi) \cos(\omega_{kl} t + \alpha_{kl})$$

zusammen. Zu jeder Eigenfrequenz – außer für $k = 0$ – existieren wie schon bei 1-parametrigen Kreisringen zwei Eigenschwingungsformen $\sin k\phi$ bzw. $\cos k\phi$, d. h. es liegt wieder Entartung mit lauter doppelten Eigenkreisfrequenzen ω_{kl}, $k > 0$ vor. In Abb. 6.5 sind einige der Moden dargestellt. Wie bereits bei Kreisringen erwähnt, gehen die entarteten Schwingungsformen durch eine Phasendrehung um $180°/(2k)$, d. h. eine

Verdrehung der radialen Knotenlinien um diese Winkel, auseinander hervor. Die geltenden Orthogonalitätsrelationen der Eigenfunktionen (und auch ihrer Besselschen und trigonometrischen Anteile) erleichtern die Bestimmung der Integrationskonstanten beim Anpassen an die Anfangsbedingungen.

Liegt eine elliptische Membran vor, so führt man zweckmäßig elliptische Koordinaten ein, in denen sich die Randbedingungen am Außenrand einfach formulieren lassen. Das Eigenwertproblem führt auf Mathieusche Funktionen, die eingehend untersucht sind.

6.1.3 Zwangsschwingungen

Ohne besondere Einschränkung der Allgemeinheit werden homogene Randbedingungen und eine inhomogene Feldgleichung vorausgesetzt. Sowohl Lösungen in Integralform, in aller Regel für das zugehörige zeitfreie Randwertproblem mittels Greenscher Resolvente, als auch modale Entwicklungen mittels geeigneter Ritzscher Ansätze entweder für das zeitfreie oder auch das zeitbehaftete Problem kommen in Frage.

Da die Berechnung der Greenschen Resolvente bei 2-parametrigen Strukturmodellen und auch später bei allgemein 3-dimensionalen Kontinua sehr aufwändig wird, werden im Folgenden nur noch Verfahren der Modalanalysis vorgestellt, die weitgehend problemlos auch noch bei ortsabhängigen Koeffizienten angewendet werden können. Die Problematik wird anknüpfend an die Überlegungen zu Anfang des Abschn. 6.1.1 am Beispiel einer elastischen Rechteckmembran variabler Dicke unter Berücksichtigung einer geschwindigkeitsproportionalen äußeren Dämpfung mittels eines gemischten Ritz-Ansatzes

$$w_P(X,Y,t) = \sum_{k,l} W_{kl}(X,Y)T_{kl}(t) \tag{6.34}$$

für die gesuchte Partikulärlösung $w_P(X,Y,t)$ diskutiert. Die erregende Streckenlast ist in separierter Form

$$p(X,Y,t) = P(X,Y)S(t)$$

gegeben und mit vorzugebenden Koordinatenfunktionen $W_{kl}(X,Y)$ im Sinne von Vergleichsfunktionen, die alle Randbedingungen erfüllen, kann dann mittels Galerkinscher Mittelung ein System gewöhnlicher Differenzialgleichungen für die noch unbekannten Zeitfunktionen $T_{kl}(t)$ generiert werden. Entwickelt man nach den vorab formelmäßig oder näherungsweise berechneten Eigenfunktionen des Problems, wird man auf entkoppelte Einzel-Differenzialgleichungen zweiter Ordnung geführt, die einfach zu lösen sind. Entwickelt man bei ortsabhängigen Koeffizienten dagegen nach Vergleichsfunktionen im Sinne von Eigenfunktionen eines benachbarten Eigenwertproblems, beispielsweise den Eigenfunktionen des korrespondierenden Eigenwertproblems mit denselben Randbedingungen aber konstanten Koeffizienten, dann ist das System gewöhnlicher Differenzialgleichungen gekoppelt.

Konkret wird das Randwertproblem

$$\begin{gathered} \rho_0 h(X,Y)(w_{,tt} + d_a w_{,t}) - c^2 \nabla^2_{XY} w = P(X,Y)S(t), \\ w(0,Y,t) = 0, \quad w(X,0,t) = 0, \quad w(a,Y,t) = 0, \quad w(X,b,t) = 0 \ \forall t \geq 0 \end{gathered} \tag{6.35}$$

behandelt, wobei Anfangsbedingungen zur Ermittlung einer Partikulärlösung nicht relevant sind. Einsetzen des Ritz-Ansatzes (6.34), hier mit den Eigenfunktionen $W_{kl}(X,Y)$ des zu untersuchenden Problems, in die Feldgleichung (6.35) führt nach Bilden des inneren Produkts mit $W_{mn}(X,Y)$ und entsprechender Produktintegration unter Beachtung der Randbedingungen auf das System noch scheinbar gekoppelter gewöhnlicher Differenzialgleichungen

$$\begin{aligned} \sum_{k,l} \Bigg\{ & \int_0^a \int_0^b \rho_0 h(X,Y) W_{kl} W_{mn} \mathrm{d}X \mathrm{d}Y \ddot{T}_{kl} + d_a \int_0^a \int_0^b \rho_0 h(X.Y) W_{kl} W_{mn} \mathrm{d}X \mathrm{d}Y \dot{T}_{kl} \\ & + S_0 \int_0^a \int_0^b \nabla W_{kl} \cdot \nabla W_{mn} \mathrm{d}X \mathrm{d}Y T_{kl} \Bigg\} = \int_0^a \int_0^b P(X,Y) W_{mn} \mathrm{d}X \mathrm{d}Y S(t). \end{aligned}$$

Mit den für variable Dicke $h(X,Y)$ modifizierten Orthogonalitätsrelationen (6.22) folgen daraus die entkoppelten Bewegungsgleichungen

$$\begin{gathered} \ddot{T}_{kl} + d_a \dot{T}_{kl} + \omega_{kl}^2 T_{kl} = S_{kl}(t), \quad S_{kl}(t) = \int_0^a \int_0^b P(X,Y) W_{kl} \mathrm{d}X \mathrm{d}Y, \\ k = 1, 2, \ldots, M, \quad l = 1, 2, \ldots, N \end{gathered}$$

für die zu bestimmenden Zeitfunktionen $T_{kl}(t)$. Sind diese einfachen Schwingungsgleichungen gelöst, steht die komplette Partikulärlösung $w_P(X,Y,t)$ gemäß Ansatz (6.34) zur Verfügung.

6.1.4 Ebene Wellenausbreitung

Es sollen an dieser Stelle die wichtigsten Grundlagen der Wellenausbreitung in 2-dimensionalen Wellenleitern erörtert werden. Es geht dabei um ein paar wenige Verallgemeinerungen dessen, was man von der Wellenausbreitung in 1-dimensionalen Wellenleitern bereits kennt. Ausgangspunkt ist die ebene Wellengleichung (6.7) in kartesischen Koordinaten zur Untersuchung von Transversalwellen in einer allseits unberandeten elastischen Membran.

Offensichtlich gibt es Wellenlösungen $w(X,Y,t) = (aY + b)g(X \pm ct)$ bzw. $w(X,Y,t) = (aX + b)g(Y \pm ct)$, die sich in negative oder positive X- bzw. Y-Richtung ausbreiten. Eine Verallgemeinerung, siehe Abb. 6.6, ist die harmonische Welle

$$w(X,Y,t) = C e^{\mathrm{i}(k_W X \cos\theta + k_W Y \sin\theta - \omega t)} = C e^{\mathrm{i}(k_W \vec{n} \cdot \vec{r} - \omega t)}, \tag{6.36}$$

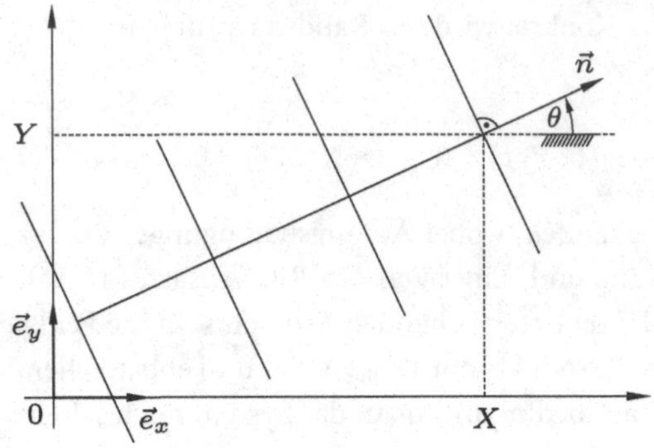

Abb. 6.6 Laufende Wellen in einer 2-dimensionalen Ebene

die in Richtung $\vec{n} = \cos\theta\,\vec{e}_x + \sin\theta\,\vec{e}_y$ läuft, wobei $\vec{r} = X\vec{e}_x + Y\vec{e}_y$ gilt und C eine beliebige (komplexe) Konstante ist. Setzt man diese Wellenlösung in die Wellengleichung (6.7) ein, folgt die Dispersionsgleichung

$$\omega^2 - c^2 k_W^2 = 0 \Rightarrow \omega = \pm k_W c,$$

die zeigt, dass sich die harmonische Welle in $+\vec{n}$ und $-\vec{n}$ ausbreiten kann. Damit folgt, dass eine allgemeine harmonische ebene Wellenlösung entlang $\vec{n}$ in der Form

$$w_\theta(X, Y, t) = A(k_W, \theta) e^{ik_W(X\cos\theta + Y\sin\theta - ct)} \tag{6.37}$$

mit der komplexen, von Wellenzahl k_W und Richtungswinkel θ abhängigen Amplitudenfunktion $A(k_W, \theta)$ dargestellt werden kann. Unter Verwendung der Theorie der Fourier-Transformation lässt sich zeigen, dass sich für die Welle (6.37) auch

$$w_\theta(X, Y, t) = g(\theta, X\cos\theta + Y\sin\theta - ct)$$

nehmen und sie durch Überlagerung von $g(\theta, X\cos\theta + Y\sin\theta - ct)$ für alle Werte des Richtungswinkels θ in

$$w(X, Y, t) = \int_0^{2\pi} g(\theta, X\cos\theta + Y\sin\theta - ct)\mathrm{d}\theta$$

verallgemeinern lässt. Mit dieser Darstellung sind dann auch Reflexion und Transmission von Wellen an (ebenen) Hindernissen beschreibbar, wie beispielsweise in [4] ausführlich diskutiert.

6.2 Scheibe und Platte

Scheiben und Platten sind geometrisch ununterscheidbar ebene Flächentragwerke. Sie besitzen eine im Allgemeinen ortsvariable Dicke $h(X, Y)$, die wesentlich kleiner als die beiden anderen Abmessungen X, Y in Richtung der Mittelebene ist, aufgespannt durch das kartesische Bezugssystem der Einheitsvektoren $\vec{e}_x, \vec{e}_y$.

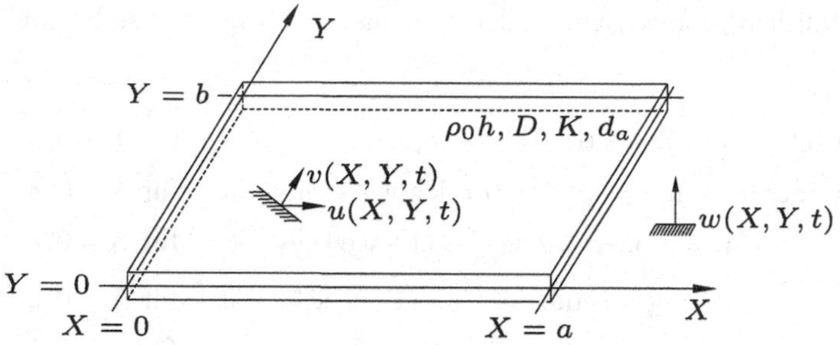

Abb. 6.7 Platte bzw. Scheibe in kartesischem Bezugssystem

Das Flächentragwerk gemäß Abb. 6.7 besitzt eine Dehnsteifigkeit im Zusammenhang mit orts- und zeitabhängigen Verschiebungen $u(X,Y,t), v(X,Y,t)$ infolge Dehnung und Scherung parallel zur Mittelebene (so genannte „in-plane"- oder Scheiben-Schwingungen, deren Anregung ebenfalls parallel gerichtet ist) und eine Biegesteifigkeit in Verbindung mit der orts- und zeitabhängigen Durchbiegung $w(X,Y,t)$ quer zur Mittelebene („out-of-plane"- oder Platten-Schwingungen mit einer ebenfalls quergerichteten Anregung)[3]. Innerhalb einer linearen Theorie sind beide Schwingungstypen voneinander entkoppelt, sodass es tatsächlich berechtigt ist, von Scheiben- und von Plattenschwingungen zu sprechen.

Die beschreibenden Randwertprobleme sind für Rechteckgeometrie bei bestimmten Randbedingungen unter Vernachlässigung von Dämpfungseinflüssen und für konstante Dicke h bereits in Abschn. 3.2.2 mit Hilfe des Prinzips von Hamilton (3.10) hergeleitet worden. Sie werden an dieser Stelle unter Einbeziehung einer entsprechenden orts- und zeitabhängigen in-plane-Erregung sowie äußerer Dämpfung – ebenfalls nur noch für konstante Dicke h – in Form von drei Feldgleichungen

$$
\begin{aligned}
\rho_0 h\,(u_{,tt} + d_a u_{,t}) - \frac{Eh}{1-\nu^2}\left[u_{,XX} + \nu v_{,XY} + \frac{1-\nu}{2}(u_{,YY} + v_{,XY})\right] &= p(X,Y,t),\\
\rho_0 h\,(v_{,tt} + d_a v_{,t}) - \frac{Eh}{1-\nu^2}\left[v_{,YY} + \nu u_{,XY} + \frac{1-\nu}{2}(u_{,YX} + v_{,XX})\right] &= q(X,Y,t),\\
\rho_0 h\,(w_{,tt} + d_a w_{,t}) + \frac{Eh^3}{12(1-\nu^2)}\nabla^2\nabla^2 w &= r(X,Y,t),
\end{aligned}
\tag{6.38}
$$

$$
\nabla^2\nabla^2 w = [(\,.\,)_{,XX} + (\,.\,)_{YY}][(\,.\,)_{,XX} + (\,.\,)_{YY}]\,w = w_{,XXXX} + 2w_{,XXYY} + w_{,YYYY}
$$

[3] Die im Angelsächsischen gebräuchliche Namensgebung, nur kreisförmige Flächentragwerke mit Dehn- und Biegesteifigkeit als Scheibe zu bezeichnen, alle anderen Geometrien als Platte unabhängig von der Richtung der auftretenden Auslenkungen (und Erregung), ist im deutschsprachigen Raum unüblich.

und den möglichen geometrischen oder dynamischen, insgesamt sechzehn Randbedingungen

$$
\begin{aligned}
u = 0 \text{ oder } u_{,X} + \nu v_{,Y} = 0, \quad v = 0 \text{ oder } v_{,X} + u_{,Y} &= 0 && \text{für } X = 0, a,\\
u = 0 \text{ oder } v_{,X} + u_{,Y} = 0, \quad v = 0 \text{ oder } v_{,Y} + \nu u_{,X} &= 0 && \text{für } Y = 0, b,\\
w = 0 \text{ oder } \left(\nabla^2 w\right)_{,X} + (1-\nu) w_{,XYY} &= 0 && \text{für } X = 0, a,\\
w_{,X} = 0 \text{ oder } \nabla^2 w - (1-\nu) w_{,YY} &= 0 && \text{für } X = 0, a,\\
w = 0 \text{ oder } \left(\nabla^2 w\right)_{,Y} + (1-\nu) w_{,YXX} &= 0 && \text{für } Y = 0, b,\\
w_{,Y} = 0 \text{ oder } \nabla^2 w - (1-\nu) w_{,XX} &= 0 && \text{für } Y = 0, b
\end{aligned}
\tag{6.39}
$$

und alle $t \geq 0$ nochmals aufgegriffen. Dabei ist bei den Plattenschwingungen in w wieder von der bereits bei der schwingenden Membran eingeführten Operatorschreibweise Gebrauch gemacht worden.

Liegen ausschließlich geometrische Randbedingungen vor, dann verschwinden am Rand die Verschiebung und der Neigungswinkel in Richtung der äußeren Normalen $\vec{N}$, ein Sachverhalt, der physikalisch sehr einfach zu interpretieren ist. Bei freien Rändern dagegen treten teilweise begriffliche und rechnerische Schwierigkeiten auf. Für eine Scheibe bedeuten ausschließlich dynamische Randbedingungen eine verschwindende Normalkraft in Richtung der äußeren Normalen $\vec{N}$ und eine verschwindende Tangentialkraft entlang der Kontur der Berandung senkrecht zu $\vec{N}$. Für eine Platte verschwinden an einem freien Rand als dynamische Randbedingungen Größen, die als Biegemoment (siehe $(6.39)_4$ bzw. $(6.39)_6$) und eine Art Ersatzquerkraft (siehe $(6.39)_3$ bzw. $(6.39)_5$) zu interpretieren sind. Letztere setzt sich aus der klassischen Querkraft und dem Drillmoment zusammen. In der historischen Entwicklung, bei der eine synthetische Herleitung von Bewegungsgleichungen und Randbedingungen am Anfang stand, formulierte Poisson zunächst drei Randbedingungen, nämlich unabhängig voneinander Biegemoment, Querkraft und Drillmoment null zu setzen. Da die Plattengleichung vierter Ordnung ist, können allerdings nur zwei Randbedingungen an einer linienförmigen Berandung vorgegeben werden, sodass ein Widerspruch vorläge. Bei analytischer Herleitung aus dem Prinzip von Hamilton ergeben sich die richtigen beiden Randbedingungen ganz zwanglos, wenn man beachtet, dass die alternativ denkbare geometrische Bedingung ungleich null ist, das Produkt der korrespondierenden Geometrie- und Dynamikgröße aber verschwinden muss. Auf diesem Wege fand auch Kirchhoff die richtigen Randbedingungen.

Der Übergang auf Polarkoordinaten zur Beschreibung eines entsprechend ebenen Flächentragwerks in Kreisform führt auf

$$
\begin{aligned}
\rho_0 h\left(u_{,tt} + d_{\mathrm{a}} u_{,t}\right) - \frac{Eh}{1-\nu^2}\Big[u_{,RR} + \frac{1}{R}u_{,R} - \frac{u}{R^2} + \frac{1-\nu}{2R^2}u_{,\phi\phi}&\\
+ \frac{1+\nu}{2R}v_{,R\phi} - \frac{3-\nu}{2R^2}v_{,\phi\phi}\Big] &= p(R,\phi,t),
\end{aligned}
$$

$$\rho_0 h\left(v_{,tt}+d_\mathrm{a} v_{,t}\right)-\frac{Eh}{1-\nu^2}\left[\frac{1-\nu}{2}\left(v_{,\phi\phi}+\frac{1}{R}v_{,R}-\frac{v}{R^2}\right)\right.$$
$$\left.+\frac{1}{R^2}v_{,\phi\phi}+\frac{1+\nu}{2R}u_{,R\phi}+\frac{3-\nu}{2R^2}u_{,\phi\phi}\right]=q(R,\phi,t), \qquad (6.40)$$
$$\rho_0 h\left(w_{,tt}+d_\mathrm{a} w_{,t}\right)+\frac{Eh^3}{12(1-\nu^2)}\nabla^2_{R\phi}\nabla^2_{R\phi}w=r(R,\phi,t)$$

mit

$$u=0 \text{ oder } u_{,R}+\frac{\nu}{R}(u+v_{,\phi})=0,$$
$$v=0 \text{ oder } v_{,R}+\frac{1}{R}(u_{,\phi}-v)=0 \quad \text{für } R=R_\mathrm{a},$$
$$w=0 \text{ oder } \left(\nabla^2_{R\phi}w\right)_{,R}+(1-\nu)\frac{1}{R}\left(\frac{1}{R}w_{,\phi\phi}\right)_{,R}=0 \quad \text{für } R=R_\mathrm{a}, \qquad (6.41)$$
$$w_{,R}=0 \text{ oder } \nabla^2_{R\phi}w-(1-\nu)\frac{1}{R}\left(w_{,R}+\frac{1}{R}w_{,\phi\phi}\right)=0 \quad \text{für } R=R_\mathrm{a}$$

und alle $t \geq 0$ wenn anstelle der Operatoren ∇^2_{XY} in kartesischen Koordinaten wie bereits bei der kreisförmigen Membran in Abschn. 6.1.1 jene in Polarkoordinaten R, ϕ benutzt werden[4].

Bei allgemein krummliniger Berandung gibt es kein ausgezeichnetes Bezugssystem mehr, in dem sich eine Formulierung des beschreibenden Randwertproblems anbietet. Man kann dann in einem kartesischen Bezugssystem bleiben, sodass die Feldgleichungen (6.38) unverändert gültig sind. Zur Formulierung der Randbedingungen hat man an einer allgemeinen Stelle der Berandung, gekennzeichnet durch eine Bogenlänge S und die zugehörige äußere Normale $\vec{N}$, diese Normale sowie Richtungsableitungen entlang $\vec{N}$ und senkrecht dazu, d. h. in Richtung S, durch entsprechende kartesische Koordinaten und Ableitungen nach diesen Koordinaten auszudrücken. Für Biegeschwingungen einer Platte ist diese Rechnung in [4] dargestellt, hier wird darauf nicht mehr weiter eingegangen.

6.2.1 Scheibenschwingungen

Beispielhaft werden die Schwingungen einer Rechteckscheibe mit allseits verschiebbarem Rand an den Anfang gestellt. Die Problematik von Scheibenschwingungen ist dadurch erschwert, dass in Verschiebungsgrößen *sowohl* die Feldgleichungen *als auch* die Randbedingungen gekoppelt sind.

[4] Die Erregungen p und q weisen dann natürlich nicht mehr in X- und Y- sondern auch in R- und ϕ-Richtung.

Zur Untersuchung der freien, hier auch ungedämpften Schwingungen ist ausgehend von der Formulierung (6.38) und (6.39) das homogene Randwertproblem

$$\begin{aligned}
&\rho_0 h u_{,tt} - \frac{Eh}{1-\nu^2}\left[u_{,XX} + \nu v_{,XY} + \frac{1-\nu}{2}(u_{,YY} + v_{,XY})\right] = 0,\\
&\rho_0 h v_{,tt} - \frac{Eh}{1-\nu^2}\left[v_{,YY} + \nu u_{,XY} + \frac{1-\nu}{2}(u_{,YX} + v_{,XX})\right] = 0,\\
&\qquad u_{,X} + \nu v_{,Y} = 0, \quad v_{,X} + u_{,Y} = 0 \quad \text{für } X = \pm\frac{a}{2},\\
&\qquad v_{,X} + u_{,Y} = 0, \quad v_{,Y} + \nu u_{,X} = 0 \quad \text{für } Y = \pm\frac{b}{2}
\end{aligned} \tag{6.42}$$

und alle $t \geq 0$ zu lösen, das gegebenenfalls durch die Anfangsbedingungen

$$\begin{aligned}
u(X,Y,0) &= f_1(X,Y), \quad u_{,t}(X,Y,0) = g_1(X,Y),\\
v(X,Y,0) &= f_2(X,Y), \quad v_{,t}(X,Y,0) = g_2(X,Y)
\end{aligned} \tag{6.43}$$

für alle X, Y aus $-a/2 \leq X \leq +a/2$ und $-b/2 \leq Y \leq +b/2$zu vervollständigen ist.

Erneut steht zur Lösung ein Produktansatz

$$\begin{pmatrix} u_H(X,Y,t) \\ v_H(X,Y,t) \end{pmatrix} = \begin{pmatrix} U(X,Y) \\ V(X,Y) \end{pmatrix} e^{i\omega t} \tag{6.44}$$

am Anfang, der nach Einsetzen in (6.42) auf das zeitfreie Eigenwertproblem

$$\begin{aligned}
&U_{,XX} + \nu V_{,XY} + \frac{1-\nu}{2}(U_{,YY} + V_{,XY}) + \frac{\lambda^2}{a^2}U = 0,\\
&V_{,YY} + \nu U_{,XY} + \frac{1-\nu}{2}(U_{,YX} + V_{,XX}) + \frac{\lambda^2}{a^2}V = 0,\\
&\qquad U_{,X} + \nu V_{,Y} = 0, \quad V_{,X} + U_{,Y} = 0 \quad \text{für } X = \pm\frac{a}{2},\\
&\qquad V_{,X} + U_{,Y} = 0, \quad V_{,Y} + \nu U_{,X} = 0 \quad \text{für } Y = \pm\frac{b}{2}
\end{aligned} \tag{6.45}$$

mit dem Eigenwert

$$\lambda^2 = \frac{(1-\nu^2)\rho_0 a^2 \omega^2}{E} \tag{6.46}$$

führt. Ist dieses gelöst, kann der orts- und zeitabhängige Produktansatz (6.44) abschließend an die Anfangsbedingungen (6.43) angepasst werden. Auch innerhalb des zeitfreien Eigenwertproblems treten erschwerend gekoppelte partielle Differenzialgleichungen (verallgemeinerte Helmholtz-Gleichungen) und gekoppelte Randbedingungen auf. Wiederum lässt sich vorab zeigen, dass das vorgelegte Eigenwertproblem selbstadjungiert und wegen der allseits freien Berandung positiv semidefinit mit einer möglichen Starrkörpertranslation ist. Infolge der vorliegenden Symmetrie ist allerdings noch eine weitgehend formelmäßige Berechnung der Eigenwerte und Eigenfunktionen zur Ermittlung der vollständigen freien Schwingungen möglich, siehe [11].

Offensichtlich produzieren die Funktionen

$$
\begin{aligned}
U(X,Y) &= p\left(c_1^*\cos p\frac{X}{a} - c_2^*\sin p\frac{X}{a}\right)\left(c_3^*\sin q\frac{Y}{b} + c_4^*\cos q\frac{X}{a}\right)\\
&\quad + s\left(c_5^*\sin r\frac{X}{a} + c_6^*\cos r\frac{X}{a}\right)\left(c_7^*\cos s\frac{Y}{b} - c_8^*\sin s\frac{Y}{a}\right),\\
V(X,Y) &= q\left(c_1^*\sin p\frac{X}{a} - c_2^*\cos p\frac{X}{a}\right)\left(c_3^*\cos q\frac{Y}{b} - c_4^*\sin q\frac{X}{a}\right)\\
&\quad - r\left(c_5^*\cos r\frac{X}{a} - c_6^*\sin r\frac{X}{a}\right)\left(c_7^*\sin s\frac{Y}{b} + c_8^*\cos s\frac{Y}{a}\right)
\end{aligned}
$$

mit den Nebenbedingungen

$$
p^2 + q^2 = \lambda^2, \quad r^2 + s^2 = \frac{2(1+\nu)}{1-\nu^2}\lambda^2 \tag{6.47}
$$

als Lösungen der Feldgleichungen in (6.45) für jede Kombination

$$
p, r = n\pi \quad \left(n = 0, \frac{1}{2}, 1, \frac{3}{2}, \ldots, M \to \infty\right), \quad q, s = k\pi \quad \left(k = 0, \frac{1}{2}, 1, \frac{3}{2}, \ldots, M \to \infty\right) \tag{6.48}
$$

eine neue Teillösung. Da die Randbedingungen symmetrisch sind, sind die Eigenformen entweder symmetrisch oder antimetrisch bezüglich der X- und der Y-Achse. Aus dieser physikalischen Bedingung folgt, dass die Kombinationsvielfalt der Lösungen beschränkt werden kann, siehe [2]. Vier Fälle sind separat zu studieren.

Im ersten Fall ist $U(X,Y)$ symmetrisch bezüglich der Y-Achse und $V(X,Y)$ symmetrisch bezüglich der X-Achse. Es folgt

$$
\begin{aligned}
U(X,Y) &= -pA\cos q\frac{Y}{b}\sin p\frac{X}{a} + sB\cos s\frac{Y}{b}\sin r\frac{X}{a},\\
V(X,Y) &= -qA\cos p\frac{X}{a}\sin q\frac{Y}{b} + rB\cos r\frac{X}{a}\sin s\frac{Y}{b}.
\end{aligned}
$$

Im zweiten Fall ist $U(X,Y)$ symmetrisch bezüglich der Y-Achse und $V(X,Y)$ antimetrisch bezüglich der X-Achse. Damit wird

$$
\begin{aligned}
U(X,Y) &= -pC\sin q\frac{Y}{b}\sin p\frac{X}{a} + sD\sin s\frac{Y}{b}\sin r\frac{X}{a},\\
V(X,Y) &= qC\cos p\frac{X}{a}\cos q\frac{Y}{b} - rD\cos r\frac{X}{a}\cos s\frac{Y}{b}
\end{aligned}
$$

impliziert.

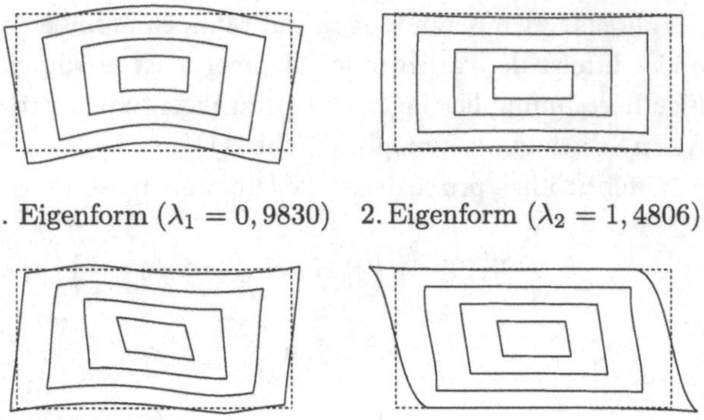

Abb. 6.8 Eigenformen mit zugehörigen Eigenwerten einer allseits freien Rechteckscheibe mit $b/a = 0.5$

Im dritten Fall, in dem $U(X,Y)$ antimetrisch bezüglich der Y-Achse und $V(X,Y)$ symmetrisch bezüglich der X-Achse ist, erhält man

$$U(X,Y) = pF\cos q\frac{Y}{b}\cos p\frac{X}{a} - sG\cos s\frac{Y}{b}\cos r\frac{X}{a},$$
$$V(X,Y) = -qF\sin p\frac{X}{a}\sin q\frac{Y}{b} + rG\sin r\frac{X}{a}\sin s\frac{Y}{b}.$$

Im letzten Fall ist $U(X,Y)$ antimetrisch bezüglich der Y-Achse und $V(X,Y)$ antimetrisch bezüglich der X-Achse, und die Lösung kann in der Form

$$U(X,Y) = pH\sin q\frac{Y}{b}\cos p\frac{X}{a} - sJ\sin s\frac{Y}{b}\cos r\frac{X}{a},$$
$$V(X,Y) = qH\sin p\frac{X}{a}\cos q\frac{Y}{b} + rJ\sin r\frac{X}{a}\cos s\frac{Y}{b}$$

dargestellt werden.

Die Superposition für alle p, r, q, s (6.48) und die Anpassung an die Randbedingungen in (6.45) führt dann schließlich zu einem unendlich großen Satz homogener, algebraischer Gleichungen für die $A_n, A_{M+k}, \ldots, J_n, J_{M+k}$ mit $k, n = 0, \frac{1}{2}, 1, \frac{3}{2}, \ldots, M \to \infty$ mit dem unbekannten Eigenwert λ^2 (6.46) als Parameter. Eine numerische Lösung mit endlicher Obergrenze M liefert approximativ die gesuchten Eigenwerte λ_j^2 sowie Eigenfunktionen $U_j(X,Y)$ und $Y_j(X,Y)$. Unter Nichtbeachtung der Starrkörperbewegungen sind die mittels $M = 4$ gefundenen ersten vier Eigenformen $[U_j(X,Y), V_j(X,Y)]$ mit den zugehörigen zahlenmäßigen Eigenwerten $\lambda_j^2 \neq 0$ in Abb. 6.8 für ein Seitenverhältnis $\frac{b}{a} = 0.5$ aufgezeichnet. Es ist offensichtlich, dass selbst für das ausgewählte, relativ große Seitenverhältnis, das eine noch wenig schlanke Scheibe charakterisiert, die erste Schwingungsform mehr oder weniger eine Biegeeigenform[5] darstellt.

[5] Offensichtlich können 2-parametrige Scheibenprobleme einen Ansatzpunkt eröffnen, Biegeschwingungen, aber auch Längsschwingungen von 1-parametrig modellierten Stäben verbessert zu beschreiben.

Bezüglich der freien Schwingungen ergeben sich keine Besonderheiten. Über den Produktansatz (6.44) kommt man zu den Eigenschwingungen, und deren Superposition ergibt die freien Schwingungen, die abschließend an die Anfangsbedingungen (6.43) anzupassen sind.

Bevor auf erzwungene Schwingungen eingegangen wird, sollen noch Kreisscheiben angesprochen werden. Sie wurden in [8] – verallgemeinert auf gelochte Scheiben – bei Berücksichtigung verschiedener Dämpfungseinflüsse unter dem Blickwinkel dynamischer Spannungskonzentrationen bei oszillierender Erregung am Außenrand umfassend untersucht. Es wird dabei ein standardmäßiger Lösungsformalismus verfolgt, der speziell für die Rechteckscheibe genauso anwendbar gewesen wäre wie er auch im allgemeinen 3-dimensionalen Fall, siehe Kap. 7, seine Brauchbarkeit erweisen wird. Er beruht darauf, dass man die vektorielle Verschiebung $\vec{u}(R,\phi,t) = u(R,\phi,t)\vec{e}_r + v(R,\phi,t)\vec{e}_\varphi$ in Polarkoordinaten R, ϕ mit Hilfe des Ansatzes

$$\vec{u}(R,\phi,t) = \nabla \Phi(R,\phi,t) + \nabla \times \vec{\Psi}(R,\phi,t) \tag{6.49}$$

in ein skalares Potenzial $\Phi(R,\phi,t)$ und ein Vektorpotenzial $\vec{\Psi}(R,\phi,t)$ aufspaltet. Meistens verbindet man seinen Namen mit Lamé, eigentlich geht er aber gemäß dem Helmholtzschen Satz[6] auf Stokes und Helmholtz zurück. Im ebenen Fall wie hier besteht das Vektorpotenzial $\vec{\Psi} = \Psi \vec{e}_z$ nur aus einem einzigen Anteil in Dickenrichtung $\vec{e}_z$ senkrecht auf der R,ϕ-Ebene. Man ersetzt demnach zwei Verschiebungen eindeutig durch zwei Potenzialanteile. Gewisse Freiheiten, die man im räumlichen Fall gewinnt, siehe Kap. 7, hat man hier nicht, die (begrenzten) rechentechnischen Erleichterungen bleiben erwähnenswert und werden im Folgenden erläutert. Die Potenziale Φ und Ψ und die Verschiebungen u und v sind in Polarkoordinaten über

$$u = \frac{\partial \Phi}{\partial R} + \frac{1}{R}\frac{\partial \Psi}{\partial \phi}, \qquad v = \frac{1}{R}\frac{\partial \Phi}{\partial \phi} - \frac{\partial \Psi}{\partial R} \tag{6.50}$$

miteinander verknüpft. Einsetzen (mit einer entsprechenden Aufteilung der vektoriellen Volumenkraft $\vec{p} = \nabla f + \nabla \times \vec{F}$) in die betreffende Feldgleichung in Vektorform für $\vec{u}$ liefert unter Benutzung des Schubmoduls G die Gleichung

$$\nabla \left[\frac{(1-\nu^2)\rho_0}{E} \left(f - \Phi_{,tt} + d_a \Phi_{,t} \right) + \nabla^2 \Phi \right] + \nabla \times \left[\frac{\rho_0}{G} \left(\vec{F} - \vec{\Psi}_{,tt} + d_a \vec{\Psi}_{,t} \right) + \nabla^2 \vec{\Psi} \right] = \vec{0},$$

die dann identisch erfüllt ist, wenn die beiden (inhomogenen) Wellengleichungen

$$\begin{aligned} \frac{(1-\nu^2)\rho_0}{E} \left(\Phi_{,tt} + d_a \Phi_{,t} \right) - \nabla^2 \Phi &= \frac{(1-\nu^2)\rho_0}{E} f(R,\phi,t), \\ \frac{\rho_0}{G} \left(\vec{\Psi}_{,tt} + d_a \vec{\Psi}_{,t} \right) - \nabla^2 \vec{\Psi} &= \frac{\rho_0}{G} \vec{F}(R,\phi,t) \end{aligned} \tag{6.51}$$

---

[6] Danach kann jedes stetig differenzierbare Vektorfeld, z. B. das Verschiebungsfeld $\vec{u}$, in einen wirbel- bzw. quellenfreien Anteil zerlegt werden.

gelten. Im ebenen Fall gilt nicht nur $\vec{\Psi} = \Psi\vec{e}_z$ sondern auch $\vec{F} = F\vec{e}_z$, sodass die Wellengleichung $(6.51)_2$ wie schon $(6.51)_1$ auch in skalare Form

$$\frac{\rho_0}{G}(\Psi_{,tt} + d_\mathrm{a}\Psi_{,t}) - \nabla^2\Psi = \frac{\rho_0}{G}F(R,\phi,t) \tag{6.52}$$

für die Größen Ψ und F in Dickenrichtung übergeht. Es kommt dann tatsächlich zu einer vollständigen Entkopplung der beiden skalaren Wellengleichungen in Φ und in Ψ.

Die zugehörigen Randbedingungen in Φ und Ψ entkoppeln sich im Allgemeinen allerdings nicht, sodass der gesamte Rechenaufwand zur Lösung der maßgebenden Randwertprobleme erheblich bleibt. Beispielsweise ist ein spannungsfreier Außenrand einer Kreisscheibe bei $R = R_\mathrm{a}$ durch

$$\sigma_{RR} = \frac{E}{1+\nu}\left(\frac{\nu}{1+\nu}\nabla^2\Phi + \frac{\partial^2\Phi}{\partial R^2} + \frac{1}{R}\frac{\partial^2\Psi}{\partial R\partial\phi} - \frac{1}{R^2}\frac{\partial\Psi}{\partial\phi}\right) = 0,$$

$$\sigma_{R\phi} = \frac{E}{1+\nu}\left(\frac{1}{R}\frac{\partial^2\Phi}{\partial R\partial\phi} - \frac{1}{R^2}\frac{\partial\Phi}{\partial\phi} + \frac{1}{2R^2}\frac{\partial^2\Psi}{\partial\phi^2} - \frac{1}{2}\frac{\partial^2\Psi}{\partial R^2} + \frac{1}{2R}\frac{\partial\Phi}{\partial R}\right) = 0$$

repräsentiert.

Diskutiert man als erstes freie, ungedämpfte Schwingungen, dann ist der Rechengang zunächst einmal sehr durchsichtig. Man kann mit isochronen Lösungsansätzen

$$\Phi(R,\phi,t) = \hat{\Phi}(R,\phi)e^{i\omega t}, \quad \Psi(R,\phi,t) = \hat{\Psi}(R,\phi)e^{i\omega t}$$

beginnen und erhält das beschreibende zeitfreie Eigenwertproblem mit den entkoppelten Feldgleichungen

$$\frac{(1-\nu^2)\rho_0\omega^2}{E}\hat{\Phi} + \nabla^2\hat{\Phi} = 0, \quad \frac{\rho_0\omega^2}{G}\hat{\Psi} + \nabla^2\hat{\Psi} = 0 \tag{6.53}$$

und zugehörigen gekoppelten Randbedingungen. Für Kreisgeometrie ist eine Separation der Form

$$\hat{\Phi}(R,\phi) = P(R)\cdot Q(\phi), \quad \hat{\Psi}(R,\phi) = \bar{P}(R)\cdot\bar{Q}(\phi)$$

möglich, die auf entkoppelte gewöhnliche Differenzialgleichungen in $P(R)$ und $Q(\phi)$ bzw. $\bar{P}(R)$ und $\bar{Q}(\phi)$ führt, die den entsprechenden Feldgleichungen in (6.32) für die Kreismembran völlig entsprechen. Auch ihre allgemeinen Lösungen mit den Bessel-Funktionen erster und zweiter Gattung der Ordnung k für $P(R)$ bzw. $\bar{P}(R)$ und den trigonometrischen Funktionen $\sin k\phi$, $\cos k\phi$ für $Q(\phi)$ bzw. $\bar{Q}(\phi)$ bleiben damit unverändert. Der einzige, aber deutliche Unterschied zur Kreismembran ist die Anpassung an die Randbedingungen am Außenrand, die jetzt durch die auftretende Kopplung in den Funktionen

$P(R)$, $Q(R)$ und Ableitungen davon erschwert ist. Andererseits wird die Rechnung dadurch etwas erleichtert, dass für jeden Index k eine separate Anpassung erfolgen kann, womit die Rechnung durchaus noch analytisch ausführbar bleibt. Da sich keine wesentlichen neuen Erkenntnisse ergeben, soll die konkrete Weiterrechnung hier unterbleiben.

Auch erzwungene Schwingungen benötigen keine ausführliche Diskussion mehr. Hat man die Eigenformen berechnet und sind für die zu diskutierenden Zwangsschwingungen die Randbedingungen unverändert dieselben wie bei den freien Schwingungen, ist eine Modalentwicklung für die gesuchten Zwangsschwingungen auf der Basis eines gemischten Ritz-Ansatzes problemlos. Die Argumentation bleibt gegenüber früher unverändert.

Eine lesenswerte neue Arbeit auf dem Gebiet von Scheibenschwingungen mit einer interessanten Anwendung stammt von Lacher [6].

6.2.2 Plattenschwingungen

Exemplarisch werden die Biegeschwingungen einer Rechteckplatte mit allseits unverschiebbarer, biegemomentenfrei gelagerter Berandung und einer Vollkreisplatte mit eingespanntem Außenrand behandelt. Die Untersuchung von Plattenschwingungen ist einfacher als die von Scheibenschwingungen, da jetzt eine Einzelgleichung vorliegt, die allerdings vierter Ordnung in den Ortskoordinaten ist.

Bei Rechteckgeometrie ist eine Formulierung des maßgebenden Randwertproblems in kartesischen Koordinaten zweckmäßig. Analog zur Rechteckmembran, siehe Abschn. 6.1, möge das Tragwerk auch dieses Mal die Fläche $0 \leq X \leq a$, $0 \leq Y \leq b$ bedecken. Da für die vorausgesetzten Randbedingungen die Querverschiebung $w(X, Y, t)$ verschwindet, gilt entlang der Kanten bei $X = 0, a$ auch $w_{,Y} = 0$ und $w_{,YY} = 0$, während bei $Y = 0, b$ entsprechend $w_{,X} = 0$ und $w_{,XX} = 0$ ist. Bleiben alle anderen zu Beginn des Abschn. 6.2 eingeführten Annahmen unberührt, siehe (6.38), erhält man das vergleichsweise einfache Anfangs-Randwert-Problem

$$\begin{gathered}
\rho_0 h\,(w_{,tt} + d_\mathrm{a} w_{,t}) + \frac{Eh^3}{12(1-\nu^2)} \nabla^2_{XY} \nabla^2_{XY} w = r(X, Y, t), \\
w(X = 0, Y, t) = 0, \quad w(X, Y = 0, t) = 0, \\
w(X = a, Y, t) = 0, \quad w(X, Y = b, t) = 0, \\
w_{,XX}(X = 0, Y, t) = 0, \quad w_{,YY}(X, Y = 0, t) = 0, \\
w_{,XX}(X = a, Y, t) = 0, \quad w_{,YY}(X, Y = b, t) = 0, \quad \forall t \geq 0, \\
w(X, Y, t = 0) = w_0(X, Y), \quad w_{,t}(X, Y, t = 0) = v_0(X, Y) \\
\forall X, Y \text{ aus } 0 \leq X \leq a \text{ und } 0 \leq Y \leq b,
\end{gathered} \tag{6.54}$$

das der folgenden Rechnung zugrunde zu legen ist.

Zur Untersuchung der freien, ungedämpften Schwingungen sind die Erregung $r(X,Y,t)$ und der Dämpfungsparameter d_a null zu setzen. Der übliche isochrone Ansatz

$$w_H(X,Y,t) = W(X,Y)e^{i\omega t} \tag{6.55}$$

liefert dann mit $\xi = X/a$ und $\eta = Y/a$, woraus das Seitenverhältnis $\beta = b/a$ folgt, das zugehörige Eigenwertproblem

$$\begin{gathered}(\nabla^2_{\xi\eta}\nabla^2_{\xi\eta} - \lambda^4)W = 0,\\ W(0,\eta) = 0, \quad W(\xi,0) = 0, \quad W_{,\xi\xi}(1,\eta) = 0, \quad W_{,\eta\eta}(\xi,\beta) = 0\end{gathered} \tag{6.56}$$

für den Eigenwert

$$\lambda^4 = \frac{12\rho_0(1-\nu^2)a^4\omega^2}{Eh^2}. \tag{6.57}$$

Da in der Differenzialgleichung und insbesondere in den hier symmetrischen Randbedingungen ausschließlich Ableitungen gerader Ordnung auftreten, kann eine spezielle Lösung $W(X,Y)$, die alle Randbedingungen erfüllt und die Differenzialgleichung direkt zur Bestimmung der Eigenwerte algebraisiert, leicht erraten werden:

$$W_{kl}(\xi,\eta) = C_{kl}\sin k\pi\xi \sin\frac{l\pi}{\beta}\eta. \tag{6.58}$$

Einsetzen in die verbleibende Differenzialgleichung mit $C_{kl}\sin k\pi\xi \cdot \sin\frac{l\pi}{\beta}\eta \neq 0$ liefert in der Tat die Bestimmungsgleichung

$$\lambda^4_{kl} = \pi^4\left(k^2 + \frac{l^2}{\beta^2}\right)^2, \quad k,l = 1,2,\ldots,\infty \tag{6.59}$$

für den Eigenwert λ^4_{kl}. Wenn gewünscht, kann noch eine entsprechende Normierung erfolgen. Offensichtlich stimmen die Eigenformen (6.58) der allseits unverschiebbar und biegemomentenfrei gelagerten Rechteckplatte mit den Moden $(6.21)_2$ der Rechteckmembran mit allseits unverschiebbarer Berandung überein; die Eigenkreisfrequenzen $\omega_{kl} = \pi^2\sqrt{\frac{Eh^2}{12(1-\nu^2)\rho_0}}\left[\left(\frac{k}{a}\right)^2 + \left(\frac{l}{b}\right)^2\right]$ der Platte wachsen jedoch schneller mit der Ordnung k,l als jene, siehe $(6.21)_1$, der Membran. Bezüglich des Phänomens der Entartung gelten die Aussagen zur Membran unverändert auch bei der Platte. In Abb. 6.9 sind die sechs tiefsten Eigenfunktionen (mit den zugehörigen Indizes) dargestellt, die jeweiligen Knotenlinien sind gekennzeichnet.

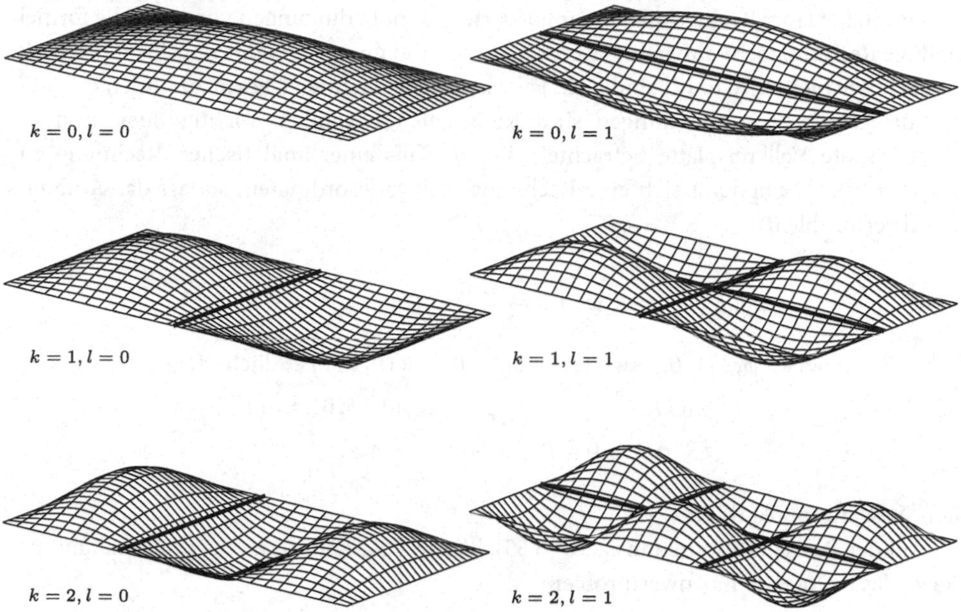

Abb. 6.9 Eigenformen einer unverschiebbar und biegemomentenfrei gelagerten Rechteckplatte für $b/a = 0.5$

In Verbindung mit dem Lösungsansatz (6.55) liefert die Überlagerung aller Eigenschwingungen $w_{kl}(X, Y, t)$ wie für die Membran, siehe (6.23), die allgemeinen freien Schwingungen

$$w_{\mathrm{H}}(X, Y, t) = \sum_{k=1}^{\infty}\sum_{l=1}^{\infty} \sin\frac{k\pi X}{a}\sin\frac{l\pi Y}{b}\left[a_{kl}\sin\omega_{kl}t + b_{kl}\cos\omega_{kl}t\right], \tag{6.60}$$

die abschließend wieder an die Anfangsbedingungen in (6.54) angepasst werden können.

Erzwungene (gedämpfte) Schwingungen $w_{\mathrm{P}}(X, Y, t)$ der Rechteckplatte sind im Rahmen einer Modalentwicklung ebenfalls einfach zu behandeln. Es gilt das Randwertproblem (6.54) ohne Anfangsbedingungen, die zur Bestimmung einer Partikulärlösung nicht relevant sind. Wird eine separierbare Erregung $r(X, Y, t) = R(X, Y) \cdot S(t)$ vorausgesetzt, liefert der unverändert gültige gemischte Ritz-Ansatz (6.34) mit unveränderter Argumentation wie bei den erzwungenen Schwingungen einer Rechteckmembran in Abschn. 6.1.3 lauter entkoppelte gewöhnliche Schwingungsgleichungen für die gesuchten Zeitfunktionen, die wie dort einfach zu lösen sind. Zurückgehend in den Ritz-Ansatz ist damit die Zwangsschwingungslösung vollständig bestimmt.

Liegen bei einer Rechteckplatte kompliziertere Randbedingungen vor, kann die formelmäßige Rechnung sehr aufwändig werden oder es sind nur noch Näherungslösungen praktikabel. Beispielsweise in [7] sind viele Fälle in durchgerechneter Form zu finden.

Für technische Anwendungen sind Kreisplatten besonders wichtig; hier wird die eingespannte Vollkreisplatte betrachtet, die ebenfalls einer analytischen Rechnung zugänglich ist. Es empfiehlt sich eine Rechnung in Polarkoordinaten, sodass das Anfangs-Randwertproblem

$$\begin{gathered}\rho_0 h\left(w_{,tt} + d_{\mathrm{a}} w_{,t}\right) + \frac{Eh^3}{12(1-\nu^2)} \nabla^2_{R\phi} \nabla^2_{R\phi} w = r(R,\phi,t),\\ w(R_{\mathrm{a}},\phi,t) = 0, \quad w_{,R}(R_{\mathrm{a}},\phi,t) = 0, \quad w(0,\phi,t) \text{ endlich } \forall t \geq 0,\\ w(R,\phi,0) = g(R,\phi), \quad w_{,t}(R,\phi,0) = h(R,\phi)\\ \forall R,\phi \text{ aus } 0 \leq R \leq R_{\mathrm{a}} \text{ und } 0 \leq \phi \leq 2\pi\end{gathered} \tag{6.61}$$

den Ausgangspunkt bildet.

Auf der Basis des Produktansatzes (6.55), hier in Polarkoordinaten, erhält man mit $\rho = R/R_{\mathrm{a}}$ das zu lösende Eigenwertproblem

$$\begin{gathered}(\nabla^2_{\rho\phi}\nabla^2_{\rho\phi} - \lambda^4) W = 0,\\ W(0,\phi) \text{ endlich}, \quad W(1,\phi) = 0, \quad W_{,\rho}(1,\phi) = 0\end{gathered} \tag{6.62}$$

für den Eigenwert

$$\lambda^4 = \frac{12\rho_0(1-\nu^2)R_{\mathrm{a}}^4\omega^2}{Eh^2}. \tag{6.63}$$

Da $W(\rho,\phi)$ periodisch in ϕ zu erwarten ist, führt bei den vorliegenden rotationssymmetrischen Randbedingungen der Lösungsansatz

$$W_k(\rho,\phi) = P_k(\rho)\cos(k\phi + \varepsilon_k), \; k = 0,1,2,\dots,\infty \tag{6.64}$$

zu einem einfacheren Randwertproblem für $P_k(\rho)$ allein:

$$\begin{gathered}\frac{\mathrm{d}^2 P_k}{\mathrm{d}\rho^2} + \frac{1}{\rho}\frac{\mathrm{d}P_k}{\mathrm{d}\rho} + \left(\pm\lambda^2 - \frac{k^2}{\rho^2}\right) P_k = 0,\\ P_k(0) \text{ endlich}, \quad P_k(1) = 0, \quad \left.\frac{\mathrm{d}P_k}{\mathrm{d}\rho}\right|_{\rho=1} = 0.\end{gathered}$$

Die allgemeine Lösung der Differenzialgleichung vom Besselschen bzw. modifizierten Besselschen Typ setzt sich für jede Ordnung k in der Form

$$P_k(\rho) = C_{1k} J_k(\lambda_k\rho) + C_{2k} Y_k(\lambda_k\rho) + C_{3k} I_k(\lambda_k\rho) + C_{4k} K_k(\lambda_k\rho)$$

aus den Bessel-Funktionen $J_k(\lambda_k\rho)$ und $Y_k(\lambda_k\rho)$ erster und zweiter Gattung bzw. den modifizierten Bessel-Funktionen $I_k(\lambda_k\rho)$ und $K_k(\lambda_k\rho)$ erster und zweiter Art zusammen. Da die Lösung für $\rho = 0$ endlich bleiben soll, muss $C_{2k} = C_{4k} = 0$ gesetzt werden, weil die Funktionen Y_k und K_k im Koordinatenursprung Polstellen besitzen. Zur Bestimmung der Eigenwerte λ_k (6.63) und damit auch der Eigenkreisfrequenzen ω_k ist die verbleibende Lösung $P_k(\rho)$ an die beiden Randbedingungen bei $\rho = 1$ anzupassen. Die verschwindende Determinante des resultierenden homogenen Gleichungssystems für C_{1k} und C_{3k} ist die transzendente Eigenwertgleichung, die sich mit gewissen Differenziationseigenschaften der Zylinderfunktionen als

$$I_k(\lambda_k)J_{k+1}(\lambda_k) + J_k(\lambda_k)I_{k+1}(\lambda_k) = 0$$

schreiben lässt, siehe beispielsweise [9]. Zahlenangaben der Eigenwerte λ_{kl}, $k, l = 0, 1, 2, \ldots, \infty$ sind ebenfalls dort zu finden. Die niedrigsten lauten

$$\begin{aligned}
&\lambda_{00} = 3{,}196, \quad \lambda_{10} = 4{,}611, \quad \lambda_{20} = 5{,}906,\\
&\lambda_{01} = 6{,}306, \quad \lambda_{11} = 7{,}799, \quad \lambda_{21} = 9{,}197,\\
&\lambda_{02} = 9{,}439, \quad \lambda_{12} = 10{,}958, \quad \lambda_{22} = 12{,}402, \quad \text{usw.}
\end{aligned}$$

Dabei kennzeichnet der erste Index k die Zahl der Knotendurchmesser und der zweite Index l die Zahl der Knotenkreise, wobei die Berandung ausgeschlossen ist. Aus den Randbedingungen am Außenrand ist zu jedem Eigenwert λ_{kl} das Konstantenverhältnis C_{3kl}/C_{1kl} berechenbar, womit die "radiale Eigenfunktion„ $P_{kl}(\rho)$ bis auf eine Konstante festgelegt ist. Teilt man den innerhalb des Lösungsansatzes (6.64) verwendeten Funktionsverlauf äquivalent in Sinus- und Cosinus-Funktionen auf, dann können die freien Schwingungen in der modalen Darstellung

$$w_{\mathrm{H}}(R,\phi,t) = \sum_{k,l=0}^{\infty} (a_{kl}\cos k\phi + b_{kl}\sin k\phi)P_{kl}(R)e^{\mathrm{i}\omega_{kl}t} \tag{6.65}$$

angegeben werden. Wie für die Kreismembran gehören auch für die Kreisplatte zu jeder Eigenkreisfrequenz ω_{kl} mit $k \neq 0$ zwei Eigenmoden in Form einer jeweiligen Sinus- und Cosinus-Funktion, d. h. auch bei Kreisplatten treten die bekannten modalen Entartungen auf.

Andere Randbedingungen, aber auch der Fall kreisring- oder kreissektorförmiger Platten, bei denen keine Periodizität in ϕ mehr gilt, werden in [7, 9] behandelt.

In allen bisher untersuchten Fällen und darüber hinaus ist es hilfreich zu erkennen, dass die auftretende (homogene) Differenzialgleichung, siehe (6.56) oder (6.62), durch Faktorisierung des Laplace-Operators äquivalent in

$$(\nabla^2 + \lambda^2)(\nabla^2 - \lambda^2)W = 0 \tag{6.66}$$

umgeschrieben werden kann. Demnach lässt sich die ursprüngliche Differenzialgleichung vierter Ordnung in zwei Differenzialgleichungen zweiter Ordnung

$$(\nabla^2 + \lambda^2) W_1 = 0, \quad (\nabla^2 - \lambda^2) W_2 = 0 \tag{6.67}$$

aufspalten, wobei Lösungen W von (6.66) durch die Summe $W = W_1 + W_2$ der Lösungen der Teilprobleme (6.67) mit separierten Randbedingungen gebildet werden können. Der dargelegte Rechengang für die gestützte Rechteckplatte oder die eingespannte Vollkreisplatte bettet sich in eine derartige Vorgehensweise nahtlos ein.

Die Berechnung von erzwungenen Schwingungen bei Kreisplatten im Rahmen modaler Entwicklungen ist ohne Besonderheiten.

Bei der Untersuchung der Schwingungen von Platten und Scheiben wurde bisher vorausgesetzt, dass die Dicke des betreffenden Flächentragwerks konstant ist. Insbesondere bei kreisförmigen Platten, wie sie in Dampfturbinen technisch verwendet werden, muss man diese Voraussetzung aufgeben, siehe [3].

Spätestens im Falle von Platten und Scheiben veränderlicher Dicke, aber auch schon beispielsweise bei Rechteckplatten mit komplizierteren Randbedingungen sind nur noch Näherungsrechnungen praktikabel, um das maßgebende Eigenwertproblem zu lösen. Dazu gehören die allseits freie quadratische Platte, deren Eigenwerte und Moden 1908 in der berühmten Arbeit von Ritz mit dem nach ihm benannten Verfahren näherungsweise berechnet wurden oder auch die einseitig eingespannte, rechteckige Kragplatte, die in [10] behandelt wurde. Bei all diesen Rechnungen ist es hilfreich, in einem entsprechenden Ritz-Ansatz

$$W(X,Y) = \sum_{i=1}^{n} U_i(X,Y) a_i$$

die vorzugebenden Ansatzfunktionen $U_i(X,Y)$ im Sinne von zulässigen oder Vergleichsfunktionen in Produktform $U_{ij}(X,Y) = P_i(X) \cdot Q_j(Y)$ zu formulieren und die Anteile $P_i(X), Q_j(Y)$ aus Eigenwertproblemen entsprechend gelagerter Balken zu generieren.

6.3 Schalenschwingungen

Allgemein gekrümmte Schalen unter beliebig gerichteter Anregung werden in krummlinigen Koordinatensystemen beschrieben, sodass eine Tensorrechnung mit der Unterscheidung ko- und kontravarianter Koordinaten mit entsprechend unterschiedlichen Ableitungen zweckmäßig ist. Eine derartige Formulierung geht über das Anliegen des vorliegenden Buches hinaus. Aus diesem Grunde wird hier nur der Spezialfall zylindrischer, genauer kreiszylindrischer Schalen näher untersucht, sodass ein zylindrisches $(\vec{e}_x, \vec{e}_r, \vec{e}_\phi)$-Koordinatensystem als einfachste krummlinige Basis adäquat erscheint. Ähnlich wie bei Kreisbogenträgern und Kreisringen in Verbindung mit Platten kann man dann auf eine abstrakte Tensorrechnung verzichten.

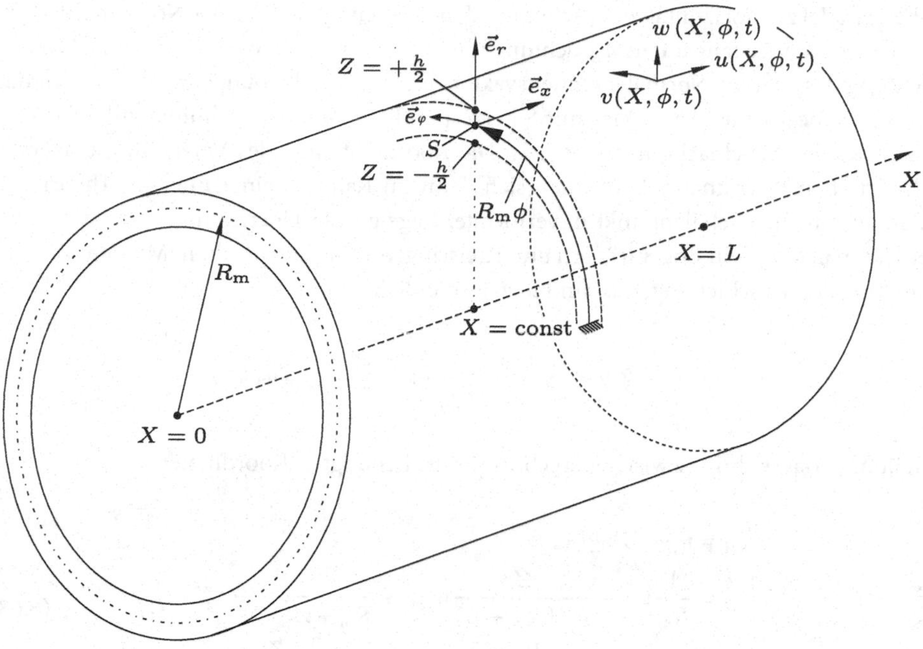

Abb. 6.10 Kreiszylinderschale mit zylindrischem Bezugssystem und Verschiebungsvektor

Bei der einfach gekrümmten Zylinderschale sollen allein Biege-Dehnungs-Schwingungen in radial-/tangentialer Richtung, gekoppelt mit den axialen Dehnungsschwingungen, diskutiert werden. Die elastische Schale soll als einfachste Möglichkeit an den beiden Stirnkreisen radial und in Umfangsrichtung unverschiebbar sowie axialkraft- und biegemomentenfrei gelagert sein. Der einfach ableitbare Fall, dass die Vollkreisschale, d. h. das dünnwandige Kreisrohr, wie beim Übergang vom Kreisring zum Bogenträger in Form einer offenen Schale als tonnenartiges Tragwerk gestaltet wird, bleibt hier außerhalb der Betrachtungen.

Das maßgebende Randwertproblem kann sowohl synthetisch als auch analytisch hergeleitet werden. Verallgemeinerte Gleichgewichtsbetrachtungen im Sinne d'Alemberts sind sehr ausführlich in [1] dargestellt, analytische Überlegungen in formelmäßiger Aufbereitung des elastischen Potenzials als Funktion von Verschiebungsgrößen sind dagegen nur spärlich zu finden, wobei im Rahmen einer linearen Theorie die wichtigen Verschiebungs- und Verzerrungsgrößen auch in [1] bereits vollständig angegeben sind.

Ausgangspunkt sind die Geometrie der betrachteten Kreiszylinderschale (konstante Dicke h, mittlerer Radius R_m, Länge L) und ein zylindrisches Bezugssystem $(S\vec{e}_x\vec{e}_\varphi\vec{e}_r)$ gemäß Abb. 6.10, das in einem allgemeinen Punkt S der Schalenmittelfläche errichtet wird. Die auftretenden krummlinigen orthogonalen Koordinaten sind dann $q_1 = X$, $q_2 = \phi$ mit $Y = R_m\phi$ und $q_3 = R_m + Z$. Die Erzeugenden der Schale, die ihre Mittelfläche definieren, sind dabei parallel zur horizontalen X-Achse mit dem Einheitsvektor $\vec{e}_x$. Der Normalschnitt für $X = \text{const}$ zeigt die tangentiale ϕ-Richtung mit dem Einheitsvektor $\vec{e}_\varphi$ und die Z-Achse in Richtung des äußeren Normaleneinheitsvektors $\vec{e}_r$. Die Verschiebungen von $S \to s$ werden mit u, v, w bezeichnet, jene eines mit S korrespondierenden Querschnittspunktes $P \to p$ außerhalb der Mittelfläche mit u_1, u_2, u_3. Die Koordinaten ε_{ij} des Verzerrungstensors in zylindrischen Koordinaten berechnen sich dann im Rahmen einer linearen Theorie für einen allgemeinen Schalenpunkt in verformter Lage gemäß Überlegungen, die denen bei der Untersuchung von Bogenträgern und Kreisringen völlig entsprechen. Mit dem Zusammenhang der Verschiebungen u_i und u, v, w, nämlich

$$u_1 = u - Zw_{,X}, \quad u_2 = \frac{R_\text{m} + Z}{R_\text{m}} v - \frac{Z}{R_\text{m}} w_{,\phi}, \quad u_3 = w$$

erhält man das wichtige Zwischenergebnis für die benötigten Koordinaten

$$\begin{aligned} \varepsilon_{11} &= u_{,X} - Zw_{,XX}, \\ \varepsilon_{22} &= \frac{1}{R_\text{m}} v_{,\phi} - \frac{Z}{R_\text{m}(R_\text{m} + Z)} w_{,\phi\phi} + \frac{w}{R_\text{m} + Z}, \\ 2\varepsilon_{12} &= \frac{1}{R_\text{m} + Z} u_{,\phi} + \frac{R_\text{m} + Z}{R_\text{m}} v_{,X} - \left(\frac{Z}{R_\text{m}} + \frac{Z}{R_\text{m} + Z} \right) w_{,X\phi} \end{aligned} \tag{6.68}$$

des Verzerrungstensors $\vec{\vec{\varepsilon}}$.

Das elastische Potenzial U_i (3.23) für Flächentragwerke in einer der Kreiszylinderschale angepassten Form

$$\begin{aligned} U_\text{i} = &\frac{E}{2(1 - \nu^2)} \int_0^L \int_0^{2\pi} \int_{-h/2}^{+h/2} (R_\text{m} + Z) \left(\varepsilon_{11}^2 + 2\nu\varepsilon_{11}\varepsilon_{22} + \varepsilon_{22}^2 \right) \text{d}Z\text{d}\phi\text{d}X \\ &+ \frac{E}{(1 + \nu)} \int_0^L \int_0^{2\pi} \int_{-h/2}^{+h/2} (R_\text{m} + Z) \varepsilon_{12}^2 \text{d}Z\text{d}\phi\text{d}X \end{aligned} \tag{6.69}$$

ist nach Einsetzen der Verzerrungs-Verschiebungszusammenhänge (6.68) und anschließender Integration über die Schalendicke für die Anwendung des Prinzips von Hamilton vorbereitet.

Die kinetische Energie T kann weitgehend aus der Rechnung für das ebene Flächentragwerk in Abschn. 3.2.2, siehe (3.25), übernommen werden:

$$T = \frac{\rho_0 h}{2} \int_0^L \int_0^{2\pi} \left(u_{,t}^2 + v_{,t}^2 + w_{,t}^2 \right) R_\text{m} \text{d}\phi\text{d}X.$$

Als potenziallose Wirkung wird eine radiale Flächenlast $p(X, \phi, t)$ als Erregung in $\vec{e}_r$-Richtung und eine geschwindigkeitsproportionale, äußere Dämpfung berücksichtigt:

$$W_\delta = -\int_0^L\int_0^{2\pi} \rho_0 h d_\mathrm{a}(u_{,t}\delta u + v_{,t}\delta v + w_{,t}\delta w)R_\mathrm{m}\mathrm{d}\phi\mathrm{d}X + \int_0^L\int_0^{2\pi} p(X,\phi,t)\delta w R_\mathrm{m}\mathrm{d}\phi\mathrm{d}X.$$

In beiden Anteilen ist die Integration über die Schalendicke bereits ausgeführt.

Die Auswertung des Prinzips von Hamilton (3.10) liefert dann im Rahmen einer längeren Rechnung ein Randwertproblem in Form von drei gekoppelten Feldgleichungen

$$\begin{aligned}
&R_\mathrm{m}^2\rho_0 h(u_{,tt} + d_\mathrm{a}u_{,t}) - D\left(R_\mathrm{m}^2 u_{,XX} + \frac{1-\nu}{2}u_{,\phi\phi} + \frac{1+\nu}{2}R_\mathrm{m}u_{,X\phi} + \nu R_\mathrm{m}w_{,X}\right)\\
&\qquad - \frac{K}{R_\mathrm{m}^2}\left(\frac{1-\nu}{2}u_{,\phi\phi} - R_\mathrm{m}^3 w_{,XXX} + \frac{1-\nu}{2}R_\mathrm{m}w_{,X\phi\phi}\right) = 0,\\
&R_\mathrm{m}^2\rho_0 h(v_{,tt} + d_\mathrm{a}v_{,t}) - D\left(\frac{1-\nu}{2}R_\mathrm{m}u_{,X\phi} + v_{,\phi\phi} + \frac{1-\nu}{2}R_\mathrm{m}^2 v_{,XX} + w_{,\phi}\right)\\
&\qquad - \frac{K}{R_\mathrm{m}^2}\left[\frac{3(1-\nu)}{2}R_\mathrm{m}^2 v_{,XX} - \frac{3-\nu}{2}R_\mathrm{m}^2 w_{,XX\phi}\right] = 0,\\
&R_\mathrm{m}^2\rho_0 h(w_{,tt} + d_\mathrm{a}w_{,t}) + D\left(\nu R_\mathrm{m}u_{,X} + v_{,\phi} + w\right)\\
&\qquad + \frac{K}{R_\mathrm{m}^2}\left(\frac{1-\nu}{2}R_\mathrm{m}u_{,X\phi\phi} - R_\mathrm{m}^3 u_{,XXX} - \frac{3-\nu}{2}R_\mathrm{m}^2 v_{,XX\phi}\right.\\
&\qquad\qquad \left. + R_\mathrm{m}^4 w_{,XXXX} + 2R_\mathrm{m}^2 w_{,XX\phi\phi} + w_{,\phi\phi\phi\phi} + 2R_\mathrm{m}w_{,X\phi} + w\right) = p(X,\phi,t)
\end{aligned} \tag{6.70}$$

mit zugehörigen teils geometrischen, teils dynamischen Randbedingungen

$$\begin{aligned}
DR_\mathrm{m}^2(R_\mathrm{m}u_{,X} + \nu v_{,\phi} + \nu w) + K(w + w_{,\phi\phi}) = 0, &\quad \text{für } X = 0, L,\\
v = 0, &\quad \text{für } X = 0, L,\\
w = 0 &\quad \text{für } X = 0, L,\\
R_\mathrm{m}^2 w_{,XX} + \nu w_{,\phi\phi} - R_\mathrm{m}u_{,X} - \nu v_{,\phi} = 0 &\quad \text{für } X = 0, L
\end{aligned} \tag{6.71}$$

und für alle $t \geq 0$ sowie 2π-Periodizität aller Verschiebungen und Schnittgrößen in ϕ, sofern keine konstruktiven Maßnahmen getroffen werden, die diese natürliche Periodizität zerstören. Die Abkürzungen $D = Eh/(1-\nu^2)$ und $K = Eh^3/[12(1-\nu^2)]$ bezeichnen analog zu Scheiben und Platten die Dehn- und die Biegesteifigkeit der Schale.

Es handelt sich um drei gekoppelte partielle Differenzialgleichungen, die eine Verallgemeinerung der Scheiben- und Plattengleichungen (6.38) mit gewissen Merkmalen der Kreisringgleichungen $(5.138)_{1,2}$ bzw. $(5.139)_{1,2}$ darstellen. Zwei davon sind zweiter Ordnung in X und ϕ, die dritte allerdings vierter Ordnung (in ϕ). Man erkennt in allen drei Gleichungen Terme, die durch die Dehnsteifigkeit D der Schale bedingt sind und andere, die von der Biegesteifigkeit K herrühren. Vernachlässigt man alle Einflüsse der Biegesteifigkeit, setzt also $K = 0$, dann gelangt man zu einer vereinfachten Schalentheorie, die man *Membrantheorie* nennt. Es lässt sich zeigen, dass bereits diese Membrantheorie zu plausiblen Ergebnissen führt, die auch quantitativ eine gewisse Güte besitzen. Rechentechnisch gewinnt man allerdings nicht sehr viel, da offensichtlich auch im Rahmen der Mebrantheorie alle Gleichungen gekoppelt bleiben, sie sind aber jetzt allesamt zweiter Ordnung in den Ortskoordinaten X und ϕ. Die hinzukommenden Biegesteifigkeitseinflüsse stellen in der Regel kleine Änderungen der Ergebnisse der Membrantheorie dar und können nicht selten vernachlässigt werden.

Im Allgemeinen ist der Rechengang sowohl für freie als auch erzwungene Schwingungen aufwändig, bei den vorliegenden Randbedingungen sind in Verbindung mit den geltenden Periodizitätsbedingungen allerdings rechentechnisch stark vereinfachende Lösungsansätze formulierbar. Am Beispiel freier ungedämpfter Schwingungen wird dies im Folgenden dargelegt.

Die isochronen Ansätze

$$\begin{aligned} u(X,\phi,t) &= A\cos k\phi \cos l\pi\frac{X}{L}\sin\omega t, \\ v(X,\phi,t) &= B\sin k\phi \sin l\pi\frac{X}{L}\sin\omega t, \qquad k,l = 0,1,2,\ldots,\infty \\ w(X,\phi,t) &= C\cos k\phi \sin l\pi\frac{X}{L}\sin\omega t \end{aligned}$$

erfüllen alle Randbedingungen (6.71) und liefern nach Einsetzen in die homogenen Feldgleichungen (6.70) ein homogenes algebraisches Gleichungssystem für die Konstanten A, B, C. Die verschwindende Systemdeterminante ist die bikubische Frequenzgleichung

$$a_3\omega^6 + a_2\omega^4 + a_1\omega^2 + a_o = 0 \qquad (6.72)$$

für die zu berechnende Eigenkreisfrequenz ω, wobei die Koeffizienten a_3 bis a_0 nicht mehr angegeben werden sollen. Die Frequenzgleichung liefert zu jeder Kombination k, l drei verschiedene Eigenkreisfrequenzen. Damit sind dann auch die zugehörigen Eigenformen bzw. Eigenschwingungen bestimmbar. Durch Superposition erhält man die allgemeinen freien Schwingungen.

6.4 Übungsaufgaben

Aufgabe 6.1 Man berechne Eigenkreisfrequenzen und Eigenformen einer homogenen Rechteckmembran der Abmessungen a und $b < a$ für andere Randbedingungen als in Abschn. 6.1.2: a.) unverschiebbare Lagerung bei $X = 0, a$ und $Y = 0$ sowie frei verschiebbar bei $Y = b$. b.) unverschiebbare Lagerung bei $X = 0$ sowie frei verschiebbar bei $X = a$ und $Y = 0, b$.

Lösungshinweis In beiden Fällen können Lösungsansätze in Produktform erraten werden, die alle Randbedingungen erfüllen und die Feldgleichungen vollständig algebraisieren. Die Eigenfunktionen sind damit qualitativ bereits gefunden; die noch zu bestimmenden Eigenkreisfrequenzen berechnen sich aus der verschwindenden Systemdeterminante.

Aufgabe 6.2 Es sollen Eigenformen und Eigenkreisfrequenzen einer homogenen Kreisringmembran berechnet werden, die am Außenrand $R = R_a$ unverschiebbar und am Innenrand $R = R_i$ frei verschiebbar gelagert ist.

Lösungshinweis Der Lösungsgang folgt der Rechnung in Abschn. 6.1.2 mit der unwesentlichen Komplikation, dass die modifizierten Bessel-Funktionen nicht verschwinden und die Frequenzgleichung dann aus einer verschwindenden Determinante resultiert.

Aufgabe 6.3 Es sind die Eigenkreisfrequenzen einer Vollkreismembran abzuschätzen, die am Außenrand $R = R_a$ unverschiebbar gelagert ist und in den beiden Bereichen $0 \le R \le R_a/2$ bzw. $R_a/2 \le R \le R_a$ die unterschiedlichen konstanten Dicken h bzw. $2h$ besitzt.

Aufgabe 6.4 Die erzwungenen Transversalschwingungen $w_P(R, \phi, t)$ einer Kreisringmembran, deren Außenrand $R = R_a$ nach dem harmonischen Gesetz $w(R_a, \phi, t) = W_0 \cos \Omega t$ erregt und am Innenrand $R = R_i$ frei verschiebbar gelagert ist, sind zu berechnen.

Aufgabe 6.5 Biegeschwingungen einer elastischen Rechteckplatte konstanter Dicke (Biegesteifigkeit K, Massenbelegung $\rho_0 h$) der Abmessungen a, b, bei $X = 0, a$ momentenfrei gestützt, bei $Y = 0, b$ eingespannt, siehe [3]. Man berechne die freien Schwingungen $w(X, Y, t)$.

Lösung Für das zeitfreie Randwertproblem bietet sich ein Lösungsansatz $W(X, Y) = \sin \frac{k\pi X}{a} \bar{W}(Y)$ an. Die Randbedingungen bei $X = 0, a$ werden dadurch erfüllt. Für $\bar{W}(Y)$ resultiert das Randwertproblem $\bar{W}'''' - 2\frac{k^2\pi^2}{a^2}\bar{W}'' + \left(\frac{k^4\pi^4}{a^4} - \frac{\omega^2 \rho_0 h}{K}\right)\bar{W} = 0$ und $\bar{W} = 0$, $\bar{W}' = 0$ für $Y = 0, b$, wenn abkürzend Ableitungen nach Y durch Akzente bezeichnet sind. Die allgemeine Lösung $\bar{W}(Y) = C_1 \cosh \alpha Y + C_2 \sinh \alpha Y + C_3 \cos \beta Y + C_4 \sin \beta Y$ mit $\alpha = \sqrt{\omega\sqrt{\frac{\rho_0 h}{K}} + \frac{k^2\pi^2}{a^2}}$ und $\beta = \sqrt{\omega\sqrt{\frac{\rho_0 h}{K}} - \frac{k^2\pi^2}{a^2}}$ liefert nach Anpassen an die vier Randbedingungen ein algebraisches homogenes Gleichungssystem für C_1 bis C_4. Die verschwindende Determinante ist die numerisch zu lösende Eigenwertgleichung $2\alpha\beta(\cos \beta b \cosh \alpha b - 1) + (\beta^2 - \alpha^2) \sin \beta b \sinh \alpha b = 0$.

Aufgabe 6.6 Freie Biegeschwingungen einer elastischen Rechteckplatte mit konstanter Dicke (Biegesteifigkeit K, Massenbelegung $\rho_0 h$) sind zu untersuchen. Die Platte der Abmessungen a, b ist bei $X = 0, a$ momentenfrei gestützt, bei $Y = 0, b$ kräfte- und momentenfrei. Man berechne Eigenkreisfrequenzen und Eigenfunktionen und finde auch entsprechende Abschätzungen.

Lösungshinweise Für die formelmäßige Rechnung lehnt man sich am besten an die Vorgehensweise in Aufgabe 6.5 an. Zur näherungsweisen Lösung des zeitfreien Eigenwertproblems sind geeignete Ansätze in Produktform aus den Eigenwertproblemen entsprechend gelagerter Biegebalken einfach zu konstruieren.

Aufgabe 6.7 Einfluss der Drehträgheit schwingender Platten. Man ergänze (bei Benutzung kartesischer Koordinaten) in geeigneter Weise die kinetische Energie und leite so die modifizierte Feldgleichung einer Kirchhoff-Rayleigh-Platte her. Man gehe dabei von einer Rechteckplatte der Abmessungen a, b mit der konstanten Dicke h und der Biegesteifigkeit K aus, die allseits querunverschiebbar und momentenfrei gelagert ist. Die modifizierte Frequenzgleichung ist zu bestimmen.

Lösungshinweise In der Kirchhoffschen Plattengleichung tritt der Zusatzterm $-I\nabla^2 w_{,tt}$ mit $I = \int_{-h/2}^{+h/2} \rho_0 Z^2 \mathrm{d}Z = \frac{\rho_0 h^3}{12}$ auf, siehe beispielsweise [4]. Zur direkten Algebraisierung des zugehörigen Eigenwertproblems können die Eigenfunktionen der entsprechend gelagerten Kirchhoff-Platte verwendet werden, die alle Randbedingungen erfüllen und eingesetzt in die Feldgleichung direkt die Frequenzgleichung $\frac{I}{2K}\omega^2 + \left(\sqrt{\frac{I}{2K} + \frac{\rho_0 h}{K}}\right)\omega - \left(\frac{k^2\pi^2}{a^2} + \frac{l^2\pi^2}{b^2}\right) = 0$ liefern.

Aufgabe 6.8 Es ist die Frequenzgleichung einer Kreisringplatte (Innenradius R_i, Außenradius R_a) konstanter Dicke h und Biegesteifigkeit K) herzuleiten, die am Innenrand eingespannt und am Außenrand frei verschiebbar so geführt ist, dass dort der Neigungswinkel (in radialer Richtung) verschwindet.

Aufgabe 6.9 Es sind die Eigenkreisfrequenzen einer quadratischen elastischen Platte (konstante Dicke h, Biegesteifigkeit K) der Seitenlänge a abzuschätzen, die allseits querunverschiebbar und momentenfrei gelagert und bei $X = \alpha a$ und $Y = \beta a$, $\alpha, \beta < 1$ durch eine Dehnfeder (Federkonstante c) gestützt ist. Die in Abschn. 6.2.2 ermittelten Eigenfunktionen sind dabei als geeignete Ansatzfunktionen, die alle Randbedingungen erfüllen, zu verwenden.

Aufgabe 6.10 Es sind unter Beachtung äußerer Dämpfung die erzwungenen Schwingungen einer quadratischen elastischen Platte (konstante Dicke h, Biegesteifigkeit K) der Seitenlänge a unter mittiger Einzellast $P_0 \cos \Omega t$ mittels Modalentwicklung zu berechnen, die allseits querunverschiebbar und momentenfrei gestützt ist. Die in Abschn. 6.2.2 ermittelten Eigenfunktionen können dabei als Ansatzfunktionen, die alle Randbedingungen erfüllen, verwendet werden.

Aufgabe 6.11 Im Vorgriff auf die in Abschn. 7.2 behandelten Schwingungen eines Quaders sind hier die freien Schwingungen einer quadratischen Scheibe (konstante Dicke h, Dehnsteifigkeit D) der Seitenlänge a zu untersuchen, die an allen begrenzenden Seiten in jeweiliger Normalenrichtung unverschiebbar sowie schubspannungsfrei gelagert ist.

Literatur

1. Flügge, W.: Statik und Dynamik der Schalen, 3. Aufl. Springer, Berlin/Göttingen/Heidelberg (1962)
2. Fromme, J. J. A., Leissa, A. W.: Free vibrations of the rectangular parallel epiped. J. Acoust. Soc. Am. **48**, 290–298 (1970)
3. Hagedorn, P.: Technische Schwingungslehre, Bd. 2: Lineare Schwingungen kontinuierlicher mechanischer Systeme. Springer, Berlin/Heidelberg/New York (1989)
4. Hagedorn, P., DasGupta, A.: Vibrations and Waves in Continuous Mechanical Systems. J. Wiley & Sons, Chichester (2007)
5. Jahnke, E., Emde, F., Lösch, F.: Tafeln höherer Funktionen, 6. Aufl. (neu bearbeitet von F. Lösch). Teubner, Stuttgart (1960)
6. Lacher, A.: Zur analytischen Beschreibung der Stoßantwort einfacher kontinuierlicher Strukturen mit Anwendung auf Pyroschocksimulationen. Dissertation, TU Berlin, Sierke, Göttingen (2011)
7. Leissa, A. W.: Vibration of Plates. American Institute of Physics, Woodbury (1993)
8. Maaß, M.: Dynamische Spannungskonzentrationsprobleme bei allseits berandeten, gelochten Scheiben. Dissertation, Univ. Karlsruhe (TH) (1986)
9. Magrab, E. B.: Vibrations of Elastic Structural Members. Sijthoff & Noordhoff, Alphen aan den Rhin (1979)
10. Martin, A. J.: On the vibration of a cantilever plate. Quart. J. Appl. Math. Mech. **9**, 94–108 (1956)
11. Wauer, J.: In-plane vibrations of rectangular plates under inhomogeneous static edge load. Eur. J. Mech., A/Solids **11**, 91–106 (1992)

Schwingungen dreidimensionaler Kontinua 7

Zusammenfassung

Zum Abschluss linearer Probleme auf dem Gebiet der Kontinuumsschwingungen wird kurz auf 3-dimensionale Randwertaufgaben eingegangen. Weil bei beliebiger Berandung nur noch numerische Verfahren eine Rolle spielen, beschränkt man sich hier in unterschiedlichen Koordinatensystemen auf spezielle Geometrien wie Quader, Kreiszylinder oder Kugel.

Nach den eingehenden Erörterungen der Schwingungen 1- und 2-parametriger Strukturmodelle stehen im vorliegenden Abschnitt in entsprechender Weise 3-dimensionale Kontinua ohne Einschränkungen durch innere Zwangsbedingungen im Mittelpunkt des Interesses. Ausgangspunkt sind die Bewegungsdifferenzialgleichungen (2.75) aus Abschn. 2.5, die durch geeignete Rand- bzw. Anfangsbedingungen (2.76) bzw. (2.77) zu ergänzen sind. Neben Verschiebungs- und Spannungrandbedingungen sind auch noch allgemeinere gemischte Randbedingungen denkbar. Beschränkt man sich darauf, dass eine Erregung nur in Form von entsprechenden Volumenkräften vorliegt und die Randbedingungen alle homogen sind, dann ist die Formulierung

$$\begin{aligned}
&\frac{E}{2(1+\nu)}\left[\nabla^2\vec{u} + \frac{1}{1-2\nu}\nabla(\nabla\cdot\vec{u})\right] + \rho_0\vec{f} = \rho_0(\vec{u}_{,tt} + d_a\vec{u}_{,t}),\\
&\qquad \vec{u} = \vec{0} \quad \text{oder} \quad \vec{\vec{\sigma}}\vec{N} = \vec{s}_{(\vec{N})} \quad \text{auf } S \quad \forall t \geq 0 \qquad (7.1)\\
&\vec{u}(X_K, t=0) = \vec{u}_0(X_K), \quad \vec{v}(X_K, t=0) = \vec{v}_0(X_K)\ \forall\, X_K \text{ aus } V
\end{aligned}$$

der geeignete Ausgangspunkt, wenn von möglichen Dämpfungseinflüssen hier allein eine äußere Dämpfung ergänzt wird. Dabei ist an Stelle der in (2.75) bevorzugten Indexschreibweise auf eine symbolische Notation übergegangen worden. Der Laplace-Operator in seiner Anwendung auf den Verschiebungsvektor $\vec{u}$ ist über $\nabla^2\vec{u} = \nabla(\nabla\cdot\vec{u}) - \nabla\times(\nabla\times\vec{u})$ erklärt.

J. Wauer, *Kontinuumsschwingungen*, DOI 10.1007/978-3-8348-2242-0_7,
© Springer Fachmedien Wiesbaden 2014

Das Anfangs-Randwert-Problem in der Form (7.1) bleibt formal unverändert gültig, wenn man auf 2-parametrige Probleme gemäß einem *ebenen Verzerrungzustand* mit $\varepsilon_{i3} = 0$ ($i = 1, 2, 3$) übergeht. Dieser kann sich dann einstellen, wenn die Belastung keinen Anteil in Richtung $\vec{e}_3$ besitzt und von X_3 unabhängig ist. Ohne Einschränkung der Allgemeinheit können damit die dritte Verschiebungskoordinate u_3 und in eventuell vorliegenden Spannungsrandbedingungen die Spannungskoordinaten t_{i3} ($i = 1, 2$) entfallen. Ein längs $\vec{e}_3$ unendlich ausgedehnter prismatischer Körper mit von X_3 unabhängiger Querbelastung ist ein entsprechendes Beispiel: In jedem Querschnitt $X_3 = \text{const}$ herrscht ein ebener Verzerrungszustand. Auch 2-parametrige Probleme gemäß dem *ebenen Spannungszustand* sind einfach daraus ableitbar, siehe [3]. In den Abschnitten 3.2.2 und 6.2.1 ist ja auf Scheibenschwingungen bereits eingegangen worden. Wesentliche Annahme dafür ist, dass die Scheibendicke h sehr klein gegenüber den übrigen Abmessungen ist, die Belastung am Scheibenrand und die Volumenkraft symmetrisch bezüglich der Mittelfläche auftreten sowie Ober- und Unterfläche belastungsfrei sind. Damit hängen die Verschiebungen und die Spannungen nur sehr schwach von der Dickenkoordinate ab, sodass eine Rechnung in über die Dicke gemittelten Größen den physikalischen Sachverhalt genügend genau beschreibt. Damit gilt dann auch $t_{33} = 0$ – eine Aussage, die exakt natürlich nur auf der Oberfläche richtig ist. Im Schwingungsfall ist die Behandlung von Scheibenproblemen gemäß der Theorie des ebenen Spannungszustandes durchaus problematisch, weil dann bei Schwingungen mit Wellenlängen in der Größenordnung der Scheibendicke die Dynamik in Dickenrichtung nicht mehr vernachlässigt werden kann. Entsprechende Korrekturen sind jedoch kompliziert und unhandlich. Im Endergebnis ist der Übergang jedenfalls einfach: Ersetzt man nämlich in den Beziehungen des ebenen Verzerrungszustandes die Laméschen Konstante λ durch $\lambda^* = 2\mu\lambda/(\lambda + 2\mu)$, können diese direkt als maßgebende Beziehungen übernommen werden und sind diejenigen, die beispielsweise in Abschn. 6.2.1 (in kartesischen oder polaren Koordinaten) zugrunde gelegt wurden[1].

Der klassische Lösungsansatz ist im ebenen Fall, siehe (6.49), für die schwingende Kreisscheibe bereits diskutiert worden und beschreibt auch im 3-dimensionalen Fall die übliche Vorgehensweise. Er beruht darauf, dass man die vektorielle Verschiebung $\vec{u}$ mit Hilfe des Ansatzes

$$\vec{u} = \nabla\Phi + \nabla \times \vec{\Psi} \tag{7.2}$$

in ein skalares Potenzial Φ, das volumenändernde Deformationen mit dem zugeordneten Verschiebungsfeld $\vec{u}_L$ repräsentiert, und ein Vektorpotenzial $\vec{\Psi}$, das volumenerhaltende Verzerrungen mit dem Verschiebungsfeld $\vec{u}_S$ kennzeichnet, aufspaltet. Im räumlichen Fall wie hier besteht das Vektorpotenzial $\vec{\Psi}$ aus drei Anteilen in die drei durch die Basis aufgespannten Richtungen, sodass insgesamt vier neue abhängig Variable eingeführt werden. Man erhält dadurch ein gewisses Maß an Freiheit; es kann eine geeignete Zusatzbedingung frei gewählt werden. Mit einer Argumentation, die jener im ebenen Fall völlig analog ist,

[1] Im Falle eines viskoelastischen Materials sind noch einige Zusatzüberlegungen notwendig, siehe [3].

lässt sich zeigen, dass mit entsprechender Aufteilung der Volumenkraft $\vec{f} = \nabla p + \nabla \times \vec{P}$ die eingeführten Potenzialfunktionen die entkoppelten (inhomogenen) Wellengleichungen

$$\begin{aligned}(\Phi_{,tt} + d_\mathrm{a}\Phi_{,t}) - c_1^2\nabla^2\Phi &= p,\\ (\vec{\Psi}_{,tt} + d_\mathrm{a}\vec{\Psi}_{,t}) - c_2^2\nabla^2\vec{\Psi} &= \vec{P}\end{aligned} \tag{7.3}$$

zu erfüllen haben, zu denen allerdings kompliziert gekoppelte Randbedingungen in den Potenzialgrößen hinzutreten – selbst bei reinen Verschiebungsvorgaben. Es ist festzustellen, dass die vektorielle Wellengleichung im Allgemeinen bezüglich ihrer Koordinaten Ψ_i, $i = 1,2,3$, gekoppelt ist – nur in kartesischen Koordinaten X, Y, Z ergibt sich für die drei Anteile Ψ_x, Ψ_y, Ψ_z in natürlicher Weise eine vollständige Entkopplung. Die frei verfügbare Zusatzbedingung kann dann beispielsweise dafür genutzt werden, die drei Wellengleichungen auch in Zylinder- oder Kugelkoordinaten zu entkoppeln. Die Wellengeschwindigkeiten

$$c_1^2 = \frac{(1-\nu)E}{\rho_0(1+\nu)(1-2\nu)}, \quad c_2^2 = \frac{G}{\rho_0}$$

beschreiben die Ausbreitungsgeschwindigkeit von Dehnungs- und von Scherwellen in einem elastischen isotropen Kontinuum. Der Laplace-Operator ist dabei 3-dimensional zu nehmen, z. B. als

$$\nabla^2_{XYZ} = \frac{\partial^2}{\partial X^2} + \frac{\partial^2}{\partial Y^2} + \frac{\partial^2}{\partial Z^2} \tag{7.4}$$

in kartesischen Koordinaten.

Ist das Kontinuum unendlich ausgedehnt, gelten die hergeleiteten Wellengleichungen, z. B. für das skalare Potenzial Φ, ohne einschränkende Randbedingungen. Phänomenologisch ergeben sich dafür im allgemeinen 3-dimensionalen Fall gegenüber den bereits besprochenen einfacheren Spezialfällen der 1-dimensionalen und der ebenen Wellengleichung keine Besonderheiten mehr, sodass auf eine Erörterung der 3-dimensionalen Wellenausbreitung verzichtet wird[2]. Die Beschreibung von Reflexions- und Brechungserscheinungen wird noch komplizierter als im ebenen Fall. Auch auf sie wird im vorliegenden Buch nicht eingegangen, genauso wenig wie auf Oberflächenwellen.

Sehr häufig werden 3-dimensionale Körper im Zusammenhang mit Schwingungs- und Wellenausbreitungsvorgängen als so genannte *Wellenleiter* diskutiert. Solche Wellenleiter besitzen endliche Querschnittsabmessungen in Form eines Rechteck- oder Kreiszylinderprofils, während die dritte Dimension sich beidseitig ins Unendliche erstreckt. In dieser axialen Richtung tritt eine ungehinderte Wellenausbreitung auf, während in den beiden Querrichtungen die Wellen an den Mantelflächen reflektiert werden und sich letztendlich zu stehenden Wellen, d. h. Schwingungen, überlagern. Die Wellen werden also bei ihrer

[2] In [1] werden die wesentlichen Grundlagen dazu erörtert.

ungehinderten Fortleitung entlang der Achse des Wellenleiters durch diese Mantelflächen eingeschränkt und begrenzt. Derartige Wellenleiter werden im vorliegenden Buch angesprochen, siehe Abschn. 7.2 und 9.1.3, aber nicht in allen Details[3].

7.1 Unterschiedliche Koordinatensysteme

Die symbolische Vektorschreibweise (7.1), die grundsätzlich koordinatenunabhängig gilt, wird hier samt Rand- und Anfangsbedingungen in verschiedenen, der Kontur der Berandung des Kontinuums angepassten Bezugssystemen explizit formuliert, sodass anschließend trotz der Abhängigkeit von drei Ortskoordinaten noch das ein oder andere konkrete Schwingungsproblem weitgehend analytisch behandelt werden kann.

Will man beispielsweise die Schwingungen eines Voll- oder Hohlquaders untersuchen, so ist eine kartesische Basis $(\vec{e}_x, \vec{e}_y, \vec{e}_z)$ parallel zu den Quaderkanten mit den Koordinaten X, Y, Z zweckmäßig, siehe Abb. 7.1. Ausgeschrieben lauten die Bewegungsdifferenzialgleichungen $(7.1)_1$ in Verschiebungsgrößen

$$\begin{aligned}
\frac{E}{2(1+\nu)}\left[u_{,XX}+u_{,YY}+u_{,ZZ}+\frac{1}{1-2\nu}\left(u_{,XX}+v_{,YX}+w_{,ZX}\right)\right]+\rho_0 f_x&=\rho_0\left(u_{,tt}+d_a u_{,t}\right),\\
\frac{E}{2(1+\nu)}\left[v_{,XX}+v_{,YY}+v_{,ZZ}+\frac{1}{1-2\nu}\left(u_{,XY}+v_{,YY}+w_{,ZY}\right)\right]+\rho_0 f_y&=\rho_0\left(v_{,tt}+d_a v_{,t}\right),\\
\frac{E}{2(1+\nu)}\left[w_{,XX}+w_{,YY}+w_{,ZZ}+\frac{1}{1-2\nu}\left(u_{,XZ}+v_{,YZ}+w_{,ZZ}\right)\right]+\rho_0 f_z&=\rho_0\left(w_{,tt}+d_a w_{,t}\right),
\end{aligned} \tag{7.5}$$

zu denen für einen Vollquader der Abmessungen $0 \le X \le a$, $0 \le Y \le b \le a$ und $0 \le Z$ die möglichen Randbedingungen

$$\begin{aligned}
u&=0 \quad \text{oder} \quad u_{,X}+\nu(v_{,Y}+w_{,Z})=0,\\
v&=0 \quad \text{oder} \quad v_{,X}+u_{,Y}=0,\\
w&=0 \quad \text{oder} \quad w_{,X}+u_{,Z}=0 \quad \text{für } X=0,a,\\
u&=0 \quad \text{oder} \quad u_{,Y}+v_{,X}=0,\\
v&=0 \quad \text{oder} \quad v_{,Y}+\nu(w_{,Z}+u_{,X})=0,\\
w&=0 \quad \text{oder} \quad w_{,Y}+v_{,Z}=0 \quad \text{für } Y=0,b,\\
u&=0 \quad \text{oder} \quad u_{,Z}+w_{,X}=0,\\
v&=0 \quad \text{oder} \quad v_{,Z}+w_{,Y}=0,\\
w&=0 \quad \text{oder} \quad w_{,Z}+\nu(u_{,X}+v_{,Y})=0 \quad \text{für } Z=0,c
\end{aligned} \tag{7.6}$$

[3] Ausführlich werden Wellenleiter in [1] behandelt, aber auch in [2].

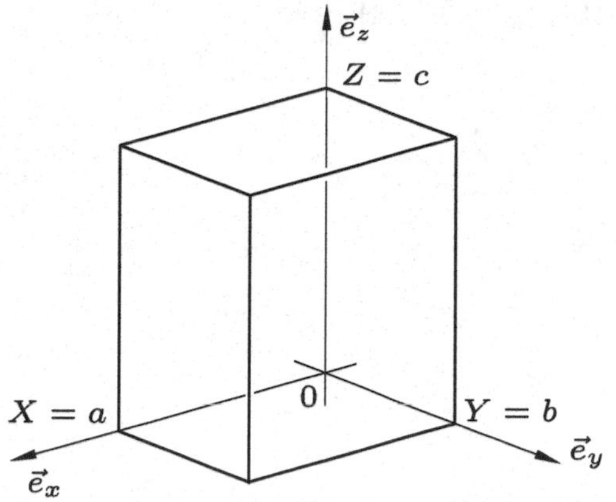

Abb. 7.1 Quader mit kartesischem Bezugssystem

für alle $t \geq 0$ und die Anfangsbedingungen

$$\begin{aligned} u(X,Y,Z,0) &= u_0(X,Y,Z), \quad u_{,t}(X,Y,Z,0) = f_0(X,Y,Z), \\ v(X,Y,Z,0) &= v_0(X,Y,Z), \quad v_{,t}(X,Y,Z,0) = g_0(X,Y,Z), \\ w(X,Y,Z,0) &= w_0(X,Y,Z), \quad w_{,t}(X,Y,Z,0) = h_0(X,Y,Z) \end{aligned} \tag{7.7}$$

für $0 \leq X \leq a$, $0 \leq Y \leq b \leq a$ und $0 \leq Z$ hinzutreten.

Die korrespondierenden Wellengleichungen

$$\begin{aligned} (\Phi_{,tt} + d_a \Phi_{,t}) - c_1^2 (\Phi_{,XX} + \Phi_{,YY} + \Phi_{,ZZ}) &= p(X,Y,Z,t), \\ (\Psi_{i,tt} + d_a \Psi_{i,t}) - c_2^2 (\Psi_{i,XX} + \Psi_{i,YY} + \Psi_{i,ZZ}) &= P_i(X,Y,Z,t), \quad i = x,y,z \end{aligned} \tag{7.8}$$

sind tatsächlich in sämtlichen vier Variablen entkoppelt, wobei die drei Verschiebungskoordinaten u, v, w und die vier Potenzialgrößen Φ, Ψ_x, Ψ_y, Ψ_z über

$$\begin{aligned} u &= \Phi_{,X} + \Psi_{z,Y} - \Psi_{y,Z}, \\ v &= \Phi_{,Y} + \Psi_{x,Z} - \Psi_{z,X}, \\ w &= \Phi_{,Z} + \Psi_{y,X} - \Psi_{x,Y}, \end{aligned}$$

miteinander verknüpft sind. Damit sind dann auch die Randbedingungen in Potenzialgrößen formulierbar.

Zur Untersuchung der achsensymmetrischen Schwingungen kreiszylindrischer Körper ist ein zylindrisches Bezugssystem $(\vec{e}_r, \vec{e}_\varphi, \vec{e}_z)$ mit $\vec{e}_z$ parallel zu den Erzeugenden und den

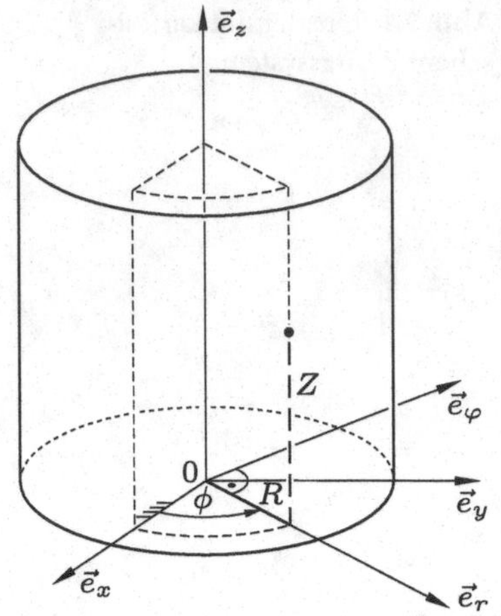

Abb. 7.2 Zylindrische Basis

Koordinaten R, ϕ, Z zweckmäßig, siehe Abb. 7.2. Ausgeschrieben lauten die Bewegungsdifferenzialgleichungen $(7.1)_1$ in Verschiebungsgrößen

$$\begin{aligned}
&\frac{E}{2(1+\nu)}\Bigg[\frac{1}{R}(Ru_{,R})_{,R} - \frac{u}{R^2} + \frac{1}{R^2}u_{,\phi\phi} - \frac{2}{R^2}v_{,\phi} + u_{,ZZ} \\
&\qquad + \frac{1}{1-2\nu}\left(\frac{1}{R}(Ru)_{,R} + \frac{1}{R}v_{,\phi} + w_{,Z}\right)_{,R}\Bigg] + \rho_0 f_r = \rho_0(u_{,tt} + d_a u_{,t}), \\
&\frac{E}{2(1+\nu)}\Bigg[\frac{1}{R}(Rv_{,R})_{,R} - \frac{v}{R^2} + \frac{1}{R^2}v_{,\phi\phi} + \frac{2}{R^2}u_{,\phi} + v_{,ZZ} \\
&\qquad + \frac{1}{1-2\nu}\frac{1}{R}\left(\frac{1}{R}(Ru)_{,R} + \frac{1}{R}v_{,\phi} + w_{,Z}\right)_{,\phi}\Bigg] + \rho_0 f_\varphi = \rho_0(v_{,tt} + d_a v_{,t}), \\
&\frac{E}{2(1+\nu)}\Bigg[\frac{1}{R}(Rw_{,R})_{,R} + \frac{1}{R^2}w_{,\phi\phi} + w_{,ZZ} \\
&\qquad + \frac{1}{1-2\nu}\left(\frac{1}{R}(Ru)_{,R} + \frac{1}{R}v_{,\phi} + w_{,Z}\right)_{,Z}\Bigg] + \rho_0 f_z = \rho_0(w_{,tt} + d_a w_{,t}),
\end{aligned} \tag{7.9}$$

zu denen geeignete Rand- und Anfangsbedingungen hinzutreten, die hier nicht mehr explizite angegeben werden sollen. Um Spannungsrandbedingungen trotzdem einfach formulieren zu können, werden die maßgebenden Spannungs-Verschiebungs-Relationen in

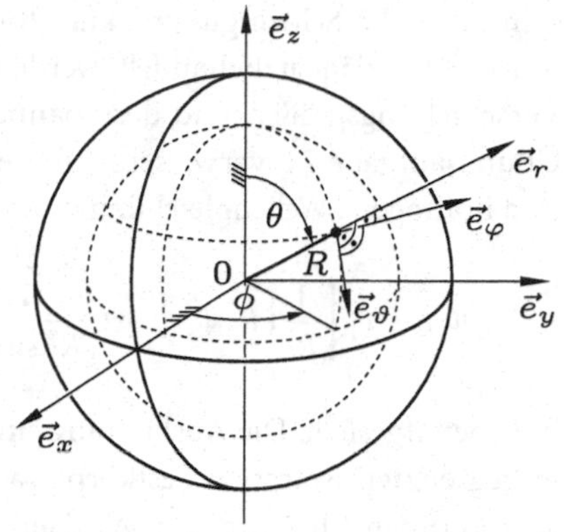

Abb. 7.3 Basis mit Kugelkoordinaten

Zylinderkoordinaten angegeben:

$$\begin{aligned}
t_{rr} &= \frac{E}{1+\nu}\left\{u_{,R} + \frac{\nu}{1-2\nu}\left[u_{,R} + \frac{1}{R}(v_{,\phi} + u) + w_{,Z}\right]\right\},\\
t_{\varphi\varphi} &= \frac{E}{1+\nu}\left\{\frac{1}{R}v_{,\phi} + \frac{u}{R} + \frac{\nu}{1-2\nu}\left[u_{,R} + \frac{1}{R}(v_{,\phi} + u) + w_{,Z}\right]\right\},\\
t_{zz} &= \frac{E}{1+\nu}\left\{w_{,Z} + \frac{\nu}{1-2\nu}\left[u_{,R} + \frac{1}{R}(v_{,\phi} + u) + w_{,Z}\right]\right\},\\
t_{r\varphi} &= \frac{E}{2(1+\nu)}\left(\frac{1}{R}u_{,\phi} + v_{,R} - \frac{v}{R}\right),\\
t_{rz} &= \frac{E}{2(1+\nu)}(w_{,R} + u_{,Z}), \quad t_{\varphi z} = \frac{E}{2(1+\nu)}\left(v_{,Z} + \frac{1}{R}w_{,\phi}\right).
\end{aligned} \tag{7.10}$$

Bei den zugeordneten Wellengleichungen

$$\begin{aligned}
(\Phi_{,tt} + d_a\Phi_{,t}) - c_1^2\left[\frac{1}{R}(R\Phi_{,R})_{,R} + \frac{1}{R^2}\Phi_{,\phi\phi} + \Phi_{,ZZ}\right] &= p(R,\phi,Z,t),\\
(\Psi_{r,tt} + d_a\Psi_{r,t}) - c_2^2\left[\frac{1}{R}(\Psi_{r,R})_{,R} - \frac{1}{R^2}\Psi_r + \frac{1}{R^2}\Psi_{r,\phi\phi} - \frac{2}{R^2}\Psi_{\varphi,\phi} + \Psi_{r,ZZ}\right] &= P_r(R,\phi,Z,t),\\
(\Psi_{\varphi,tt} + d_a\Psi_{\varphi,t}) - c_2^2\left[\frac{1}{R}(R\Psi_{\varphi,R})_{,R} - \frac{1}{R^2}\Psi_\varphi + \frac{1}{R^2}\Psi_{\varphi,\phi\phi} + \frac{2}{R^2}\Psi_{r,\phi} + \Psi_{\varphi,ZZ}\right] &= P_\varphi(R,\phi,Z,t),\\
(\Psi_{z,tt} + d_a\Psi_{z,t}) - c_2^2\left[\frac{1}{R}(R\Psi_{z,R})_{,R} + \frac{1}{R^2}\Psi_{z,\phi\phi} + \Psi_{z,ZZ}\right] &= P_z(R,\phi,Z,t)
\end{aligned} \tag{7.11}$$

ist, wie vorhergesagt, zu erkennen, dass die Wellengleichung in Φ von den restlichen in Ψ_r, Ψ_φ und Ψ_z tatsächlich entkoppelt ist, diese aber untereinander, was die Anteile Ψ_r, Ψ_φ betrifft, gekoppelt bleiben.

Abschließend werden noch ein paar wenige Zusammenhänge in Kugelkoordinaten R, θ, ϕ im Bezugssystem $(\vec{e}_r, \vec{e}_\vartheta, \vec{e}_\varphi)$ angesprochen, siehe Abb. 7.3. Damit können punktsymmetrische Schwingungen kugelförmiger Bauteile (dickwandiger Behälter oder auch Vollkugel) adäquat behandelt werden. Zur expliziten Angabe der Feldgleichungen in Verschiebungsgrößen und der Spannungs-Verschiebungs-Zusammenhänge wird auf die Übungsaufgabe 7.2 verwiesen. An dieser Stelle wird nur noch die skalare, ungedämpfte und homogene Wellengleichung

$$\Phi_{,tt} - c_1^2\left[\frac{1}{R^2}(R^2\Phi_{,R})_{,R} + \frac{1}{R^2\sin\theta}(\sin\theta\Phi_{,\theta})_{,\theta} + \frac{1}{R^2\sin^2\theta}\Phi_{,\phi\phi}\right] = 0. \tag{7.12}$$

in Φ bereitgestellt. Die Ausbreitung einer Welle, die von einer Punktquelle in einem allseits unbegrenzten isotropen Festkörper ausgeht, lässt sich in der Tat am einfachsten in Kugelkoordinaten beschreiben. Wird ausschließlich eine longitudinale Dehnungswelle (ohne Scherwellen) betrachtet, ist die angegebene Wellengleichung (7.12) die allein zuständige.

7.2 Ausgewählte Beispiele

Es werden nur noch ungedämpfte Eigenschwingungen betrachtet, weil dann über geeignete Modalentwicklungen erzwungene Schwingungen – auch mit Dämpfung – nach den bisherigen Erkenntnissen weitgehend problemlos berechnet werden können.

Als erstes wird ein Vollquader der Abmessungen $0 \le X \le a$, $0 \le Y \le b \le a$ und $0 \le Z \le c \le a$ angesprochen, dessen gesamte Berandung in jeweiliger Normalenrichtung unverschiebbar und schubspannungsfrei gelagert ist. Ein isochroner Lösungsansatz

$$\begin{pmatrix} u_H(X,Y,Z,t) \\ v_H(X,Y,Z,t) \\ w_H(X,Y,Z,t) \end{pmatrix} = \begin{pmatrix} U(X,Y,Z) \\ V(X,Y,Z) \\ W(X,Y,Z) \end{pmatrix} e^{i\omega t} \tag{7.13}$$

liefert nach Einsetzen in die ungedämpften Feldgleichungen (7.5) ohne erregende Volumenkräfte und die kombiniert geometrisch-dynamischen Randbedingungen in (7.6) das zeitfreie Eigenwertproblem

$$\begin{gathered}
\left[U_{,XX} + U_{,YY} + U_{,ZZ} + \frac{1}{1-2\nu}\left(U_{,XX} + V_{,YX} + W_{,ZX}\right)\right] + \frac{\lambda^2}{a^2}U = 0, \\
\left[V_{,XX} + V_{,YY} + V_{,ZZ} + \frac{1}{1-2\nu}\left(U_{,XY} + V_{,YY} + W_{,ZY}\right)\right] + \frac{\lambda^2}{a^2}V = 0, \\
\left[W_{,XX} + W_{,YY} + W_{,ZZ} + \frac{1}{1-2\nu}\left(U_{,XZ} + V_{,YZ} + W_{,ZZ}\right)\right] + \frac{\lambda^2}{a^2}W = 0, \\
U = 0, \quad V_{,X} + U_{,Y} = 0, \quad W_{,X} + U_{,Z} = 0, \quad \text{für} \quad X = 0, a, \\
V = 0, \quad W_{,Y} + V_{,Z} = 0, \quad U_{,Y} + V_{,X} = 0, \quad \text{für} \quad Y = 0, b, \\
W = 0, \quad U_{,Z} + W_{,X} = 0, \quad V_{,Z} + W_{,Y} = 0, \quad \text{für} \quad Z = 0, c
\end{gathered} \tag{7.14}$$

mit dem Eigenwert

$$\lambda^2 = \frac{2(1+\nu)\rho_0 a^2 \omega^2}{E}. \tag{7.15}$$

Bevor Eigenwerte und Eigenfunktionen quantitativ bestimmt werden, können auch im Falle 3-dimensionaler Kontinua Aussagen zu Selbstadjungiertheit, Definitheit sowie geltenden Orthogonalitätsbeziehungen gemacht werden. Das Integrationsgebiet in den auftretenden inneren Produkten ist jetzt über das gesamte Volumen des betreffenden Körpers zu erstrecken, ansonsten ergeben sich keine Besonderheiten.

Bei den vorliegenden Randbedingungen können trigonometrische Sinus- und Cosinus-Funktionen – wie dies beim korrespondierenden ebenen Scheibenproblem auch zutrifft – in der Produktform

$$\begin{pmatrix} U(X,Y,Z) \\ V(X,Y,Z) \\ W(X,Y,Z) \end{pmatrix} = \begin{pmatrix} A_{klm} \sin k\pi\frac{X}{a} \cos l\pi\frac{Y}{b} \cos m\pi\frac{Z}{c} \\ B_{klm} \cos k\pi\frac{X}{a} \sin l\pi\frac{Y}{b} \cos m\pi\frac{Z}{c} \\ C_{klm} \cos k\pi\frac{X}{a} \cos l\pi\frac{Y}{b} \sin m\pi\frac{Z}{c} \end{pmatrix}, \quad k,l,m = 1,2,\dots,\infty$$

derartig kombiniert werden, dass in (7.14) sowohl alle Randbedingungen erfüllt als auch die Feldgleichungen vollständig algebraisiert werden. Man erhält ein homogenes Gleichungssystem

$$(\boldsymbol{A} - \lambda_{klm}^2 \boldsymbol{B})[\boldsymbol{a}] = \boldsymbol{0}, \quad \boldsymbol{A} = (\alpha_{ij}), \ \boldsymbol{B} = (\beta_{ij}), \ \boldsymbol{a} = (A_{klm}, B_{klm}, C_{klm})^\top$$

für die Konstanten A_{klm}, B_{klm} und C_{klm} für jede denkbare Kombination k, l, m mit

$$\alpha_{11} = \frac{2(1-\nu)}{1-2\nu}(k\pi)^2 + \left(\frac{l\pi}{\beta}\right)^2 + \left(\frac{m\pi}{\gamma}\right)^2, \quad \alpha_{12} = \frac{1}{1-2\nu}\frac{lk\pi^2}{\beta},$$

$$\alpha_{13} = \frac{1}{1-2\nu}\frac{mk\pi^2}{\gamma}, \quad \alpha_{21} = \frac{1}{1-2\nu}\frac{kl\pi^2}{\beta},$$

$$\alpha_{22} = (k\pi)^2 + \frac{2(1-\nu)}{1-2\nu}\left(\frac{l\pi}{\beta}\right)^2 + \left(\frac{m\pi}{\gamma}\right)^2, \quad \alpha_{23} = \frac{1}{1-2\nu}\frac{ml\pi^2}{\beta\gamma},$$

$$\alpha_{31} = \frac{1}{1-2\nu}\frac{km\pi^2}{\gamma}, \quad \alpha_{32} = \frac{1}{1-2\nu}\frac{lm\pi^2}{\beta\gamma},$$

$$\alpha_{33} = (k\pi)^2 + \left(\frac{l\pi}{\beta}\right)^2 + \frac{2(1-\nu)}{1-2\nu}\left(\frac{m\pi}{\gamma}\right)^2,$$

$$\beta_{ij} = \begin{cases} 0: & i \neq 0, \\ 1: & i = j. \end{cases}$$

Die verschwindende Systemdeterminante $\det(\boldsymbol{A} - \lambda_{klm}^2 \boldsymbol{B}) = 0$ ist eine kubische Gleichung zur Bestimmung der jeweils drei Eigenwerte $\lambda_{klm\,1}^2$, $\lambda_{klm\,2}^2$ und $\lambda_{klm\,3}^2$. Rechentechnisch hat man demnach in diesem einfachen 3-dimensionalen Fall eine ähnliche Eigenwertgleichung wie bei der an den Stirnflächen gestützten Kreiszylinderschale in Abschn. 6.3, siehe (6.72). Aus dem Gleichungssystem (7.2) kann man im nächsten Schritt die Konstanten A_{klm}, B_{klm} und C_{klm} zu jedem dieser Eigenwerte bis auf eine ermitteln, sodass die (nicht normierten) Eigenformen damit festliegen. Der Ansatz (7.13) bestimmt schließlich die Eigenschwingungen, wobei Eigenkreisfrequenzen und Eigenwerte über (7.15) zusammenhängen. Für kompliziertere Randbedingungen steigt der Rechenaufwand drastisch und im Allgemeinen sind dann nur noch Näherungsverfahren praktikabel. Formelmäßig gelingt in aller Regel nur noch die Diskussion von Sonderfällen mit spezieller Symmetrie, o. ä.

Als technisch wichtigere Bauform wird zweitens noch auf die Schwingungen von Voll- oder Hohlkreiszylindern eingegangen. Zunächst werden unendlich lange Zylinder betrachtet, sodass eine ungehinderte Wellenausbreitung in Längsrichtung $\vec{e}_z$ mit ausgeprägten Schwingungsmustern quer dazu in der durch $\vec{e}_r$ und $\vec{e}_\varphi$ aufgespannten und durch Innen- bzw. Außenradius R_i bzw. R_a kreisförmig begrenzten Ebene ermöglicht wird. Man spricht dann von einem *zylindrischen* Wellenleiter, hier für Körperschall.

Vergleichsweise einfach lässt sich der Sonderfall reiner (volumenändernder) Dehnungswellen diskutieren, der durch die skalare Wellengleichung (7.11) in $\Phi(R, \phi, Z, t)$ mit entsprechenden Randbedingungen am Innen- und am Außenrand $R = R_\mathrm{i}$ und $R = R_\mathrm{a}$ sowie 2π-Periodizität in ϕ beherrscht wird. Es kann somit eine passende Wellenlösung

$$\Phi(R, \phi, Z, t) = \hat{\Phi}(R)e^{\mathrm{i}(\omega t + n\phi + k_\mathrm{W} Z)} \tag{7.16}$$

konstruiert werden, worin die Wellenzahl k_W vorzugeben ist und n wegen der zu erfüllenden Periodizität nur ganzzahlige Werte annehmen kann. Setzt man den Ansatz zunächst in die Wellengleichung $(7.11)_1$ ein, so ergibt sich die Besselsche Differenzialgleichung

$$\frac{\mathrm{d}^2\hat{\Phi}}{\mathrm{d}R^2} + \frac{1}{R}\frac{\mathrm{d}\hat{\Phi}}{\mathrm{d}R} + \left(\frac{\omega^2}{c_1^2} - k_\mathrm{W}^2 - \frac{n^2}{R^2}\right)\hat{\Phi} = 0$$

mit der allgemeinen Lösung

$$\hat{\Phi}(R) = C_1 J_n(\alpha_\mathrm{W} R) + C_2 Y_n(\alpha_\mathrm{W} R),$$

deren Anteile in Form der Bessel-Funktionen $J_n(\alpha_\mathrm{W} R)$ und $Y_n(\alpha_\mathrm{W} R)$ in Abschn. 6.1.2 und 6.2.2 bereits ausführlich diskutiert wurden. Die Dispersionsrelation

$$\alpha_\mathrm{W}^2 = \frac{\omega^2}{c_1^2} - k_\mathrm{W}^2 \tag{7.17}$$

verknüpft die auftretende radiale Wellenzahl α_W und die Eigenkreisfrequenz ω (bei vorgegebener axialer Wellenzahl k_W). Anpassen an die beiden Randbedingungen am Innen- und am Außenrand, ausgedrückt in Abhängigkeit von $\hat{\Phi}$ liefert zwei homogene algebraische Gleichungen für die Integrationskonstanten C_1, C_2, deren verschwindende Determinante die Bestimmungsgleichung für die radiale Wellenzahl α_W ist. Liegt ein Vollzylinder vor, dann ergibt sich eine einfachere Bestimmungsgleichung, weil dann wegen der Forderung, dass die Lösung $\hat{\Phi}(R)$ bei $R = 0$ endlich bleiben muss, der an dieser Stelle singuläre Anteil Y_n entfällt. Zu jeder der abzählbar unendlich vielen Wellenzahlen $\alpha^2_{W\,nk}$, $n, k = 0, 1, 2, \ldots, \infty$ erhält man aus dem homogenen Gleichungssystem das korrespondierende Amplitudenverhältnis $\frac{C_{2nk}}{C_{1nk}}$. Die Dispersionsrelation (7.17) berechnet dann die Eigenkreisfrequenz ω^2_{nk} als Funktion der axialen Wellenzahl k_W, sodass damit $\hat{\Phi}(R)$ sowie über (7.16) auch die vollständige Wellenlösung $\Phi(R, \phi, Z, t)$ gefunden ist. Hat der Zylinder endliche Länge, dann ist die axiale Wellenzahl k_W nicht mehr vorgebbar und man verwendet den modifizierten Lösungsansatz

$$\Phi(R, \phi, Z, t) = \hat{\Phi}(R) \cdot \hat{\hat{\Phi}}(Z)\; e^{i(\omega t + n\phi)}. \qquad (7.18)$$

Das Resultat sind mit ähnlicher Argumentation wie bei Flächentragwerken, siehe z. B. Abschn. 6.1.1, zwei separierte Eigenwertprobleme für $\hat{\Phi}(R)$ und $\hat{\hat{\Phi}}(Z)$ mit noch offenen Parametern α_W und k_W mit einer Nebenbedingung, die α_W und k_W mit der eigentlich interessierenden Eigenkreisfrequenz ω verknüpft. Die Anpassung an die jeweils zwei Randbedingungen am Innen- und am Außenrand sowie an den beiden Stirnflächen des Zylinders liefert Bestimmungsgleichungen für die unbekannten abzählbar unendlich vielen Wellenzahlen α_W und k_W, und auch die Verhältnisse der jeweils beiden Integrationskonstanten lassen sich berechnen. Aus der genannten Nebenbedingung sind dann die abzählbar unendlich vielen Eigenkreisfrequenzen eindeutig bestimmt, sodass die Eigenschwingungen vollständig vorliegen.

Der vorgestellte Rechengang lässt sich verallgemeinern, wenn die Überlagerung volumenändernder und volumenerhaltender Schwingungen untersucht werden soll. Es ist zweckmäßig, auch dafür zuerst wieder den unendlich langen Zylinder als Wellenleiter zu analysieren und abschließend auf den endlich langen Zylinder überzugehen. Es sind dann aber Wellenlösungen für alle vier Potenziale Φ sowie Ψ_r, Ψ_φ und Ψ_z zu formulieren, sodass sich die Zahl der Lösungsanteile vervielfacht. Die Anpassung an die Randbedingungen am Innen- und am Außenrand sowie später zusätzlich an den Stirnflächen wird wesentlich aufwändiger und wird hier nicht mehr weiterverfolgt. Es sei auf die Arbeit [4] verwiesen, in der auch eine breite Literaturübersicht bis hin zu den historischen Untersuchungen von Pochhammer und Chree zu finden ist, die unabhängig voneinander als erste 1875 und 1890 die Dynamik von Kreiszylindern untersuchten.

7.3 Übungsaufgaben

Aufgabe 7.1 Um die rein volumenändernden Schwingungen eines Quaders der Abmessungen $0 \le X \le a \le c$, $0 \le Y \le b \le c$ und $0 \le Z \le c$ zu analysieren, verwende man zur Lösung die skalare Wellengleichung für $\Phi(X, Y, Z, t)$ in kartesischen Koordinaten als Ausgangspunkt. Zunächst untersuche man einen in Z-Richtung unendlich langen

Rechteck-Wellenleiter und diskutiere die auftretende Wellenausbreitung. Mit den gewonnenen Erkenntnissen behandle man anschließend den Quader endlicher Länge.

Aufgabe 7.2 Es sind die Bewegungsgleichungen samt möglicher Randbedingungen für die maßgebenden drei Verschiebungsgrößen in Kugelkoordinaten herzuleiten. Auch die allgemeinen Wellengleichungen für die zugehörigen vier Potenziale sind anzugeben.

Aufgabe 7.3 Die freien ungedämpften (rein radial gerichteten) „Atmungs"schwingungen einer Vollkugel mit kräftefreiem Außenrand $R = R_a$ sind zu berechnen.

Aufgabe 7.4 Ein Würfel der Kantenlänge a ist an fünf seiner Begrenzungsflächen in Normalenrichtung unverschiebbar und schubspannungsfrei gelagert; die sechste Begrenzungsfläche ist vollkommen kräftefrei. Mit einem geeigneten 1-gliedrigen Ritz-Ansatz in Produktform berechne man eine Näherung der tiefsten Eigenkreisfrequenz.

Literatur

1. Achenbach, J. D.: Wave Propagation in Elastic Solids. North Holland, Amsterdam/New York/Oxford (1973)
2. Hagedorn, P., DasGupta, A.: Vibrations and Waves in Continuous Mechanical Systems. J. Wiley & Sons, Chichester (2007)
3. Maaß, M.: Dynamische Spannungskonzentrationsprobleme bei allseits berandeten, gelochten Scheiben. Dissertation, Univ. Karlsruhe (TH) (1986)
4. Seemann, W.: Wellenausbreitung in rotierenden und statisch konservativ vorbelasteten Zylindern. Dissertation, Univ. Karlsruhe (TH) (1991)

Geometrisch nichtlineare Schwingungstheorie 8

Zusammenfassung
Hier wird zur Ergänzung einer linearen Schwingungstheorie das wichtige Gebiet geometrisch nichtlinearer Kontinuumsschwingungen erörtert. Im Mittelpunkt stehen 1-parametrige Strukturmodelle, wobei neben dem Einfluss axialer Randkräfte – sowohl konstant als auch oszillierend – der Fliekrafteinfluss auf Seil- und Stabschwingungen und bewegte Saiten und Balken sowie durchströmte Rohre untersucht werden, aber auch schwingende Elastica (in Kreisform). Abschließend wird als Beispiel eines 2-parametrigen Strukturmodells die rotierende Kreisscheibe in ihren wesentlichen Aspekten abgehandelt.

Bisher wurde in aller Regel davon ausgegangen, dass die untersuchten schwingenden Festkörper im Grundzustand verschwindender Schwingungen unbelastet sind und keinerlei Deformationen unterliegen. In technischen Anwendungen treten allerdings häufig Situationen auf, in denen das zu untersuchende System durch vorgegebene Kräfte oder auch Starrkörperbewegungen stationär vorverformt wird, bevor Schwingungen auftreten, die es zu analysieren gilt. Diese Schwingungen werden durch den stationären Grundzustand signifikant beeinflusst, der deshalb im Rahmen einer entsprechenden Schwingungsuntersuchung in die Rechnung einbezogen werden muss. Dies gelingt dadurch, dass die Aufgabenstellung im Rahmen einer geometrisch nichtlinearen Verformungstheorie behandelt und gelöst wird. Ein prototypisches Beispiel, das in Theorie und Praxis oft diskutiert wird, betrifft Biegeschwingungen von geraden Stäben unter vorgegebenen axialen Randkräften als konstante Zug- oder Druckkräfte, aber auch mit zusätzlichen harmonischen oder periodischen Schwankungen derselben. Die bereits in Abschn. 5.1.2 betrachteten Querschwingungen einer vorgespannten Saite betten sich in diese Fragestellung zwanglos ein. Etwas anderer Art sind Querschwingungen von Seilen und Balken, wenn diese wie Laufschaufeln axialer Turbomaschinen einer stationären Drehbewegung unterworfen sind und dem-

J. Wauer, *Kontinuumsschwingungen*, DOI 10.1007/978-3-8348-2242-0_8,
© Springer Fachmedien Wiesbaden 2014

nach durch das Fliehkraftfeld eine ortsabhängige, von der Drehachse radial nach außen gerichtete Vorspannkraft erfahren. Andere, technisch interessante Grundverformungen, die die Strukturschwingungen beeinflussen können, entstehen durch axiale Starrkörperbewegungen beispielsweise bei Treibriemen, modelliert als Saite oder Stab, aber auch infolge stationärer Durchströmung eines schlanken Rohres. 2-parametrige Verallgemeinerungen betreffen rotierende Kreisscheiben oder translatorisch bewegte ebene Flächentragwerke in Rechteckform, wie sie in der Papierproduktion bzw. -verarbeitung relevant sind.

8.1 Einfluss axialer Randkräfte auf Stabbiegeschwingungen

Das klassische Biegeknicken von Stäben unter axialen Druckkräften ist ein bekanntes Stabilitätsproblem der Elastostatik, das bereits im 18. Jahrhundert von Euler für unterschiedliche Lagerungen gelöst wurde. Eine dynamische Fragestellung entsteht, wenn Biegeschwingungen axial belasteter Stäbe untersucht werden, wie dies zum Stabilitätsnachweis bei Stäben unter axialen Folgelasten, z. B. beim so genannten Beckschen Knickstab (siehe [1]), notwendig ist oder bei axial pulsierend belasteten Stäben, wenn so genannte parametererregte Biegeschwingungen als gefährliche Instabilitätserscheinung auftreten können, siehe [15]. Die Fragestellung lässt sich verallgemeinern, wenn beispielsweise das *Kippen* von Stäben unter vorgegebener Biegebelastung oder das *Beulen* von Platten unter Druckbelastung in der Mittelebene oder von Schalen unter Außendruck im Rahmen einer Schwingungsrechnung untersucht wird. Nur das einfachste Problem des Plattenbeulens wird hier ergänzend in Übungsaufgabe 8.4 angesprochen.

Ausgangspunkt ist das Prinzip von Hamilton (3.10), wie es bei der direkten Formulierung des beschreibenden Randwertproblems 1-parametriger Stabmodelle in Abschn. 3.2 verwendet wurde. Zunächst wird damit das Randwertproblem für nichtlinear gekoppelte Längs- und Biegeschwingungen des betrachteten geraden Stabes hergeleitet. Dieses Randwertproblem ist dann die Basis dafür, eine Lösung für die Biegeschwingungen unter axialer Vorlast in zwei Schritten zu vollziehen, die die Zweckmäßigkeit einer ursprünglich nichtlinearen Formulierung erkennen lässt. Im ersten Schritt wird nämlich der sich unter axialer Vorlast einstellende stationäre, rein axiale Grundverformungszustand ohne Biegeauslenkungen berechnet. Im folgenden zweiten Schritt werden dann über einen so genannten Störungsansatz die Bewegungsgleichungen für *kleine* Biegeschwingungen in der Nachbarschaft der Grundverformung hergeleitet und gelöst.

Die Berechnung der Formänderungsenergie U_i ist der wesentliche neue Punkt, weil im Gegensatz zur Darstellung (3.11) hier

$$U_\text{i} = \frac{1}{2E}\int_V \tau_{ZZ}^2 \mathrm{d}V + \frac{1}{2G}\int_V (\tau_{XZ}^2 + \tau_{YZ}^2)\mathrm{d}V \tag{8.1}$$

mit dem Piola-Kirchhoffschen Spannungstensor 2. Art $\vec{\vec{\tau}}$ zu nehmen ist. Auch in den konstitutiven Gleichungen sind jetzt anstatt der Zusammenhänge (2.70) und (2.71) die modifizierten Relationen

$$\tau_{IJ} = \frac{E}{1+\nu}\left(E_{IJ} + \frac{\nu}{1-2\nu}\delta_{IJ}E_{KK}\right) \quad \text{bzw.} \quad E_{IJ} = \frac{1+\nu}{E}\tau_{IJ} - \frac{\nu}{E}\delta_{IJ}\tau_{KK} \tag{8.2}$$

in der Umkehrung zu verwenden, die den Piola-Kirchhoffschen Spannungstensor 2. Art $\vec{\vec{\tau}}$ und den Lagrangeschen Verzerrungstensor $\vec{\vec{E}}$ verknüpfen. Damit kann eine (3.12) ganz entsprechende Form

$$U_{\mathrm{i}} = \frac{E}{2}\int_V E_{ZZ}^2 \mathrm{d}V + 2G\int_V (E_{XZ}^2 + E_{YZ}^2)\mathrm{d}V \tag{8.3}$$

des Stabpotenzials in Verzerrungsgrößen angegeben werden. Für den Lagrangeschen Verzerrungstensor $\vec{\vec{E}}$ ist dann – und dies ist entscheidend – noch der nichtlineare Zusammenhang $(2.13)_2$ mit den Verschiebungskoordinaten u_K bezüglich der Basis $\vec{e}_K$ $(2.12)_1$ der (unverformten) Referenzplatzierung zu verwenden, womit sich der Kreis schließt. Um die benötigten Verzerrungskoordinaten E_{ZZ}, E_{XZ} und E_{YZ} als nichtlineare Funktion letztendlich der charakteristischen Verschiebungs- und Winkelvariablen der Stabskelettlinie zu ermitteln, sind umfangreiche Zwischenrechnungen erforderlich. Zunächst ist zu klären, ob kinematisch eine nichtlineare Bernoulli-Euler- oder Timoshenko-Stabtheorie ausgearbeitet werden soll. Hier wird ausschließlich eine nichtlineare Erweiterung der technischen Dehnungs-, Biegungs- und Torsionstheorie verfolgt, die mit drei Verschiebungskoordinaten u, v, w und dem Torsionswinkel ψ als abhängig Variable auskommt. Diese Rechnung ist konsistent in quadratischer bzw. kubischer Näherung bezüglich der Dehnungen und Gleitungen, ausgedrückt durch u, v, w, ψ und Ortsableitungen davon, beispielsweise in [5] und [4] im Detail ausgeführt. Für den hier verfolgten Zweck ist eine quadratische Näherung ausreichend. In einem ersten Schritt ist konkret die Umrechnung der Verschiebungskoordinaten u_K eines allgemeinen verformten Querschnittspunktes $P \to p$ (siehe Abb. 2.2) auf die genannten Variablen u, v, w, ψ zu leisten:

$$\begin{aligned}
u_1 &= u - \frac{X}{2}(u_{,Z}^2 + \psi^2) - Y\left(\psi + \frac{1}{2}u_{,Z}v_{,Z}\right),\\
u_2 &= v - \frac{Y}{2}(v_{,Z}^2 + \psi^2) + X\left(\psi - \frac{1}{2}u_{,Z}v_{,Z}\right),\\
u_3 &= w - X(u_{,Z} + v_{,Z}\psi - u_{,Z}w_{,Z}) - Y(v_{,Z} - u_{,Z}\psi - v_{,Z}w_{,Z}).
\end{aligned} \tag{8.4}$$

Im zweiten Schritt berechnet man dann die benötigten Verzerrungsgrößen

$$
\begin{aligned}
E_{XZ} &= -\frac{Y}{2}\left[\psi_{,Z} + \frac{1}{2}\left(v_{,Z}u_{,ZZ} - u_{,Z}v_{,ZZ}\right)\right], \\
E_{YZ} &= \frac{X}{2}\left[\psi_{,Z} + \frac{1}{2}\left(v_{,Z}u_{,ZZ} - u_{,Z}v_{,ZZ}\right)\right], \\
E_{ZZ} &= w_{,Z} - X(u_{,ZZ} + \psi v_{,ZZ}) - Y(v_{,ZZ} - \psi U_{,ZZ}) \\
&\quad + \frac{1}{2}\left[u_{,Z}^2 + v_{,Z}^2 + w_{,Z}^2 + (X^2 + Y^2)\psi_{,Z}^2\right] \\
&\quad + \frac{1}{2}(Xu_{,ZZ} + Yv_{,ZZ})^2 + Xu_{,Z}w_{,ZZ} + Yv_{,Z}w_{,ZZ},
\end{aligned}
\tag{8.5}
$$

womit schließlich in der Formänderungsenergie U_i (8.3) auch noch die Integration über die Querschnittsfläche A ausgeführt werden kann. Vernachlässigt man Terme, die auf Flächenmomente höherer als zweiter Ordnung führen würden, und magert um ein paar weitere unwesentliche Terme ab, lautet das elastische Potenzial für einen Stab der Länge L, Dehnsteifigkeit EA, Biegesteifigkeiten $EI_{1,2}$ und Torsionssteifigkeit GI_T

$$
\begin{aligned}
U_\text{i} &= \frac{1}{2}\int_0^L EI_2(u_{,ZZ} + \psi v_{,ZZ})^2 \mathrm{d}Z + \frac{1}{2}\int_0^L EI_1(-v_{,ZZ} + \psi v_{,ZZ})^2 \mathrm{d}Z \\
&\quad + \frac{1}{2}\int_0^L EA\left[w_{,Z} + \frac{1}{2}\left(u_{,Z}^2 + v_{,Z}^2 + \frac{I_1 + I_2}{A}\psi_{,Z}^2\right)\right]^2 \mathrm{d}Z \\
&\quad + \frac{1}{2}\int_0^L GI_\text{T}\left[\psi_{,Z} + \frac{1}{2}\left(v_{,Z}u_{,ZZ} - u_{,Z}v_{,ZZ}\right)\right]^2 \mathrm{d}Z.
\end{aligned}
\tag{8.6}
$$

Darin ist zu beachten, dass die Schreibweise unter Benutzung vollständiger Quadrate bei der Auswertung des Prinzips von Hamilton rechentechnisch bequem ist, im resultierenden Randwertproblem aber nur bis einschließlich quadratischer Terme in u, v, w, ψ und entsprechender Ableitungen auszuführen ist. Das elastische Potenzial U_i (8.6), gültig für gekoppelte Biege-, Längs- und Torsionsschwingungen, ist offensichtlich eine anschaulich plausible, nichtlineare Erweiterung von (3.14): Die dort auftretenden Krümmungen, Dehnung und Drillung sind hier um quadratische Zusätze ergänzt worden, die man – etwas mühsam – auch noch geometrisch interpretieren kann.

8.1.1 Konstante Zug- und Druckkräfte

Beschränkt man sich auf Biege-Längsschwingungen in u und w (der Einfachheit halber wird der Index 2 zur Kennzeichnung der Biegesteifigkeit weggelassen), reduziert sich das

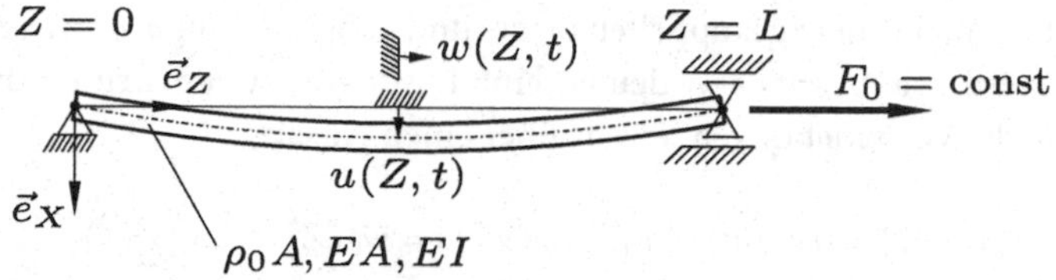

Abb. 8.1 Gelenkig gelagerter Stab unter konstanter Randzugkraft

elastische Potenzial U_i (8.6) auf

$$U_\mathrm{i} = \frac{1}{2}\int_0^L EIu_{,ZZ}^2 \mathrm{d}Z + \frac{1}{2}\int_0^L EA\left(w_{,Z} + \frac{1}{2}u_{,Z}^2\right)^2 \mathrm{d}Z. \tag{8.7}$$

Die kinetische Energie bietet keine Besonderheiten, wenn man zur Kenntnis nimmt, dass nichtlineare Geschwindigkeitszusätze gegenüber nichtlinearen Anteilen in der Formänderungsenergie in der Regel unbedeutend sind:

$$T = \frac{\rho_0}{2}\int_0^L A\left(u_{,t}^2 + w_{,t}^2\right)\mathrm{d}Z. \tag{8.8}$$

Sieht man von weiteren Potenzialbeiträgen ab, sodass $U = U_\mathrm{i}$ gilt, lässt vereinfachend Dämpfungseinflüsse außer Acht und berücksichtigt innerhalb der virtuellen Arbeit allein eine an einem Stabende, hier bei $Z = L$, eingeleitete konstante und *richtungstreue* Zugkraft[1] $F_0\vec{e}_Z$, dann folgt

$$W_\delta = F_0 \delta w(L, t). \tag{8.9}$$

Das betreffende Stabende soll dabei quer unverschiebbar und biegemomentenfrei, aber axial reibungsfrei beweglich gelagert sein, während das andere Stabende insgesamt unverschiebbar und biegemomentenfrei befestigt wird, siehe Abb. 8.1.

Die Auswertung des Prinzips von Hamilton (3.10) mit den Energie- und Arbeitsbeiträgen (8.7), (8.8) und (8.9) führt für als konstant vorausgesetzte Querschnittsdaten nach elementarer Rechnung auf das beschreibende Randwertproblem

$$\begin{aligned} EIu_{,ZZZZ} - EA(w_{,Z}u_{,Z})_{,Z} + \rho_0 A u_{,tt} &= 0,\\ EA\left(w_{,Z} + \frac{1}{2}u_{,Z}^2\right)_{,Z} - \rho_0 A w_{,tt} &= 0,\\ u(0,t) = 0,\ u_{,ZZ}(0,t) = 0,\ w(0,t) &= 0,\\ u(L,t) = 0,\ u_{,ZZ}(L,t) = 0,\ EA\left[w_{,Z} + \frac{1}{2}u_{,Z}^2\right]_{Z=L} - F_0 &= 0\ \forall t \ge 0 \end{aligned} \tag{8.10}$$

[1] Eine tangential *mitgehende* Zugkraft $F_0\vec{e}_z$ in der mitgehenden Basis $\vec{e}_k$ würde alternativ einen Beitrag $W_\delta = F_0[u_{,Z}(L,t)\delta u(L,t) + \delta w(L,t)]$ liefern.

für die quadratisch nichtlinear gekoppelten Biege- und Längsschwingungen $u(Z,t), w(Z,t)$. Im Folgenden wird, wie bereits angedeutet, eine Lösung in zwei Schritten durchgeführt. Dazu setzt man die Verschiebungen jeweils über einen Ansatz

$$u(Z,t) = 0 + \Delta u(Z,t), \quad w(Z,t) = w_0(Z) + \Delta w(Z,t) \tag{8.11}$$

additiv zusammen. Er trägt zum einen der Tatsache Rechnung, dass unter einer statischen, axial gerichteten Last F_0 auch eine statische, rein axiale Grundverformung $w_0(Z)$ auftreten wird, die zeitunabhängig sein muss. Zum anderen geht er von kleinen überlagerten Schwingungen $\Delta u(Z,t), \Delta w(Z,t)$ aus, sodass das Schwingungsproblem in $\Delta u(Z,t), \Delta w(Z,t)$ linearisiert werden darf. Einsetzen des Lösungsansatzes (8.11) liefert nach Sortieren das hier (wegen $u_0 \equiv 0$) lineare elastostatische Randwertproblem

$$EAw_{0,ZZ} = 0, \quad w_0(0) = 0, \; EAw_{0,Z}(L) - F_0 = 0 \tag{8.12}$$

für die Grundverformung $w_0(Z)$ und die linearen, entkoppelten Randwertprobleme

$$\begin{gathered} EI\Delta u_{,ZZZZ} - EA(w_{0,Z}\Delta u_{,Z})_Z + \rho_0 A \Delta u_{,tt} = 0, \\ \Delta u(0,t) = 0, \; \Delta u_{,ZZ}(0,t) = 0, \; \Delta u(L,t) = 0, \; \Delta u_{,ZZ}(L,t) = 0, \\ EA\Delta w_{,ZZ} - \rho_0 A \Delta w_{,tt} = 0, \quad \Delta w(0,t) = 0, \; \Delta w_{,Z}(L,t) = 0 \; \forall t \geq 0 \end{gathered} \tag{8.13}$$

für die überlagerten Schwingungen $\Delta u(Z,t), \Delta w(Z,t)$ des axial durch eine konstante Randzugkraft F_0 vorbelasteten Trägers. Offensichtlich werden die Längsschwingungen $\Delta w(Z,t)$ durch die axiale Vorspannung, wie zu erwarten, nicht beeinflusst. Die Biegeschwingungen $\Delta u(Z,t)$ enthalten jedoch einen Zusatzterm, der ihr Verhalten signifikant verändert. Um die Auswirkungen konkret zu erkennen, ist das Randwertproblem (8.12) vorab zu lösen, wobei nicht $w_0(Z)$ sondern allein die Dehnung $w_{0,Z}(Z)$ bzw. die Normalkraft $N_0(Z) = EAw_{0,Z}(Z)$ interessiert. Einmalige Integration der Feldgleichung $(8.12)_1$ liefert $EAw_{0,Z} = C$, und die Randbedingung $(8.12)_2$ bei $Z = L$ bestimmt diese Integrationskonstante C zu $C = F_0$, sodass die Normalkraft nicht nur am Rande bei $Z = L$, sondern im gesamten Gebiet $0 \leq Z \leq L$ der von außen eingeleiteten konstanten Zugkraft F_0 gleich ist. Das Randwertproblem $(8.13)_1$ in Δu erhält damit seine endgültige Form

$$\begin{gathered} EIu_{,ZZZZ} - F_0 u_{,ZZ} + \rho_0 A u_{,tt} = 0, \\ u(0,t) = 0, \; u_{,ZZ}(0,t) = 0, \; u(L,t) = 0, \; u_{,ZZ}(L,t) = 0 \; \forall t \geq 0, \end{gathered} \tag{8.14}$$

wenn vereinfachend das Δ-Zeichen wieder weggelassen wird. Ist das Strukturmodell biegeschlaff, d. h. gilt $EI = 0$, womit auch das Biegemoment $EIu_{,ZZ}$ im gesamten Bereich $0 \leq Z \leq L$ verschwindet, sodass die entsprechenden Randbedingungen nicht mehr relevant sind, dann entspricht es einer transversal schwingenden Saite und die Feldgleichung $(8.14)_1$ geht in (5.7) über. Hinzu treten die verbleibenden, hier sehr einfachen Randbedingungen $u = 0$ für $Z = 0, L$.

Nachdem die vorliegende Rechnung zur Herleitung der Biegeschwingungen $u(Z,t)$ eines axial durch eine konstante Zugkraft F_0 belasteten Stabes vollständig ausgeführt ist, können zukünftig abkürzend die notwendigen Energieterme T, U und die virtuelle Arbeit W_δ in der Form

$$T = \frac{1}{2}\int_0^L \rho_0 A u_{,t}^2 \mathrm{d}Z, \quad U = U_\mathrm{i} = \frac{F_0}{2}\int_0^L u_{,Z}^2 \,\mathrm{d}Z + \frac{1}{2}\int_0^L EIu_{,ZZ}^2 \,\mathrm{d}Z, \quad W_\delta = 0 \tag{8.15}$$

bereitgestellt werden, woraus ohne Umwege direkt das Randwertproblem (8.14) hervorgeht. Die in Abschn. 5.1.2 gemachten Aussagen haben sich damit in allen Belangen bestätigt.

Allein die Eigenschwingungen sind von Interesse; hat man sie berechnet, sind z. B. auf der Basis modaler Entwicklungen Zwangsschwingungen elementar zu behandeln. Weil in (8.14) sehr einfache Randbedingungen vorliegen, gelangt man mit dem Lösungsansatz

$$u(Z,t) = C_k \sin\frac{k\pi Z}{L}\cos\omega_k t, \tag{8.16}$$

der alle Randbedingungen erfüllt, direkt zur Bestimmungsgleichung

$$\omega_k^2 = \frac{EIk^4\pi^4}{\rho_0 AL^4} + \frac{F_0 k^2\pi^2}{\rho_0 AL^2}$$

für das zur Eigenform $U_k(Z) = C_k \sin k\pi Z/L$ gehörende Eigenkreisfrequenzquadrat ω_k^2. Ersichtlich wächst mit zunehmender Zugkraft F_0 jede der Eigenkreisfrequenzen an, ein bekannter Sachverhalt, wenn man beispielsweise an das Stimmen eines Saiteninstruments denkt. Entsprechend senken Druckkräfte die Eigenkreisfrequenzen ab, bis die tiefste an der Grenze zu monotoner Instabilität den Wert null erreicht,

$$\omega_1^2 = \frac{EI\pi^4}{\rho_0 AL^4} - \frac{F_0\pi^2}{\rho_0 AL^2} = 0,$$

wodurch die zugehörige Knicklast $F_{0\,\mathrm{krit}} = EI\pi^2/L^2$ eines beidseitig unverschiebbar und momentenfrei gelagerten Stabes bestimmt ist.

8.1.2 Oszillierende Kräfte

Im vorliegenden Abschnitt werden die Biegeschwingungen $u(Z,t)$ von Stäben unter axial pulsierender Belastung untersucht. Zugelassen sind allgemein periodische Kräfte, beispielsweise als einfachster Fall ein konstanter Anteil mit harmonischer Schwankung[2]

$$F(t) = F_0 + F_1 \cos\Omega t. \tag{8.17}$$

[2] Die Überlegungen können auf fastperiodische oder stationäre stochastische Fluktuationen ausgedehnt werden.

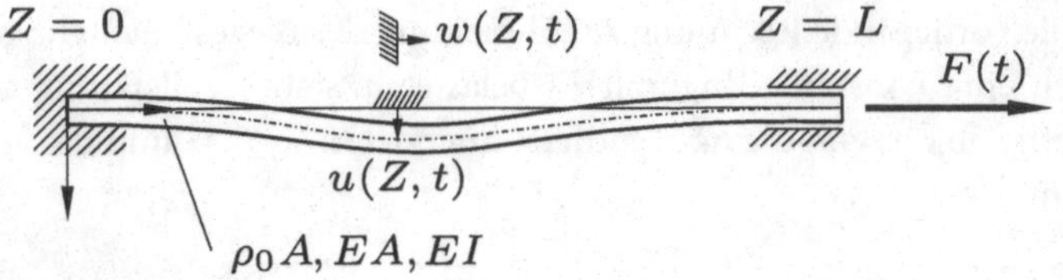

Abb. 8.2 Einspannartig gelagerter Stab unter pulsierender Axialkraft

Der Arbeit [33] weitgehend folgend, werden einspannartige Randbedingungen

$$u(0,t) = 0, \quad u_{,Z}(0,t) = 0, \quad u(L,t) = 0, \quad u_{,Z}(L,t) = 0 \tag{8.18}$$

bezüglich der Biegeverformungen angenommen, die in dem nach wie vor gültigen Randwertproblem (8.10) für die gekoppelten Biege-Längsschwingungen $u(Z,t), w(Z,t)$ die dortigen Randbedingungen für $u(Z,t)$ ersetzen, siehe Abb. 8.2. Anstatt F_0 = const ist die harmonisch schwankende Axiallast (8.17) zu verwenden. Auch der Störungsansatz (8.11) bleibt grundsätzlich gültig, allerdings mit der wichtigen Modifikation, dass der Grundzustand w_0 unter $F(t)$ nunmehr eine orts- und zeitabhängige Zwangsschwingung $w_0(Z,t)$ darstellt. Das zu lösende Randwertproblem

$$EAw_{0,ZZ} - \rho_0 A w_{0,tt} = 0, \quad w_0(0,t) = 0, \; EAw_{0,Z}(L,t) - (F_0 + F_1 \cos \Omega t) = 0 \; \forall t \geq 0 \tag{8.19}$$

zur Festlegung des Grundzustandes ist komplizierter als (8.12), ist aber mit Hilfe eines gleichfrequenten Ansatzes $w_0(Z,t) = W_0(Z) + W_1 \cos \Omega t$ noch vergleichsweise leicht zu lösen. Für die wieder allein interessierende Normalkraft ergibt sich

$$N_0(Z,t) = EAw_{0,Z}(Z,t) = F_0 + F_1 \frac{\cos \sqrt{\frac{\rho_0 A}{EA}} \Omega Z}{\cos \sqrt{\frac{\rho_0 A}{EA}} \Omega L} \cos \Omega t. \tag{8.20}$$

Mit den dimensionslosen Größen

$$\begin{aligned} &\zeta = \frac{Z}{L}, \quad \tau = \Omega t, \\ &\kappa^2 = \frac{\rho_0 L^4 \Omega^2}{EI}, \quad 2\alpha^2 = \frac{F_0 L^2}{EI}, \quad \varepsilon = \frac{F_1 L^2}{4\pi^2 EI}, \quad \delta = \frac{\Omega}{\omega_1}, \end{aligned} \tag{8.21}$$

worin $\omega_1 = \pi\sqrt{EA/(4\rho_0 A L^2)}$ die tiefste Längseigenkreisfrequenz des betrachteten Stabes ist, erhält man damit das Randwertproblem

$$\begin{aligned} &\Delta u_{,\zeta\zeta\zeta\zeta} - \left[\left(2\alpha^2 + 4\pi^2 \varepsilon \frac{\cos \delta \frac{\pi}{2} \zeta}{\cos \delta \frac{\pi}{2}} \right) \Delta u_{,\zeta} \right]_{,\zeta} + \kappa^2 \Delta u_{,\tau\tau} = 0, \\ &\Delta u(0,\tau) = 0, \; \Delta u_{,\zeta}(0,\tau) = 0, \; \Delta u(1,\tau) = 0, \; \Delta u_{,\zeta}(1,\tau) = 0 \; \forall \tau \geq 0 \end{aligned} \tag{8.22}$$

für die allein interessierenden Querschwingungen $\Delta u(\zeta,\tau)$ um die stationäre Grundverformung $w_0(Z,t), u_0 \equiv 0$. Man bezeichnet das System und seine Querschwingungen als *parametererregt*, weil die Erregerkreisfrequenz in den Systemparametern auftritt. Eine strenge Lösung ist nicht bekannt. Es wird deshalb ein gemischter Ritz-Ansatz

$$\Delta u(\zeta,\tau) = \sum_{k=1}^{N} U_k(\zeta) T_k(\tau)$$

mit vorzugebenden Ortsfunktionen $U_k(\zeta)$ eingeführt, die alle Randbedingungen $(8.22)_2$ erfüllen. Zweckmäßig werden die Eigenfunktionen eines beidseitig eingespannten Stabes unter statischer Vorlast verwendet, die aus dem Eigenwertproblem

$$U_{,\zeta\zeta\zeta\zeta} - 2\alpha^2 U_{,\zeta\zeta} - \kappa^2 U = 0,$$
$$U(0) = 0, \quad U_{,\zeta}(0) = 0, \quad U(1) = 0, \quad U_{,\zeta}(1) = 0$$

berechnet werden. Aufgrund ihrer Selbstadjungiertheit gelten die zugehörigen Orthogonalitätsrelationen

$$\int_0^1 U_k U_l \mathrm{d}\zeta = \begin{cases} 0, & k \neq l, \\ 1, & k = l, \end{cases}$$

$$\int_0^1 U_{k,\zeta\zeta} U_{l,\zeta\zeta} \mathrm{d}\zeta + 2\alpha^2 \int_0^1 U_{k,\zeta} U_{l,\zeta} \mathrm{d}\zeta = \begin{cases} 0, & k \neq l, \\ \kappa_k^2, & k = l, \end{cases}$$

wobei κ_k die Eigenkreisfrequenzen des nicht parametererregten Systems bezeichnen. Im Sinne Galerkins erhält man damit ein gekoppeltes System

$$\kappa^2 \ddot{T}_k + \kappa_k^2 T_k + \varepsilon \cos\tau \sum_{l=1}^{N} F_{lk} T_l = 0,$$

$$F_{lk} = F_{kl} = \frac{4\pi^2}{\cos\frac{\delta\pi}{2}} \int_0^1 \cos\frac{\delta\pi}{2}\zeta\, U_{l,\zeta} U_{k,\zeta} \mathrm{d}\zeta \tag{8.23}$$

gewöhnlicher Differenzialgleichungen mit periodischen Koeffizienten für die noch unbekannten Zeitfunktionen $T_k(\tau)$. Ihre Lösungen entscheiden über die Stabilität des stationären Zustandes $w_0(Z,t), u_0 \equiv 0$. Es ist bekannt, dass für bestimmte Verhältnisse der durch κ charakterisierten Kreisfrequenz der Parametererregung und der durch κ_k gekennzeichneten Eigenkreisfrequenzen des unter konstanter Axiallast stehenden Systems Instabilitäten möglich sind, siehe beispielsweise [3, 22]. Hier werden nur die wichtigsten Ergebnisse referiert: In einer κ-ε-Ebene existieren Instabilitätsgebiete, die auf der κ-Achse von gewissen Punkten ausgehen und sich in Richtung wachsender Lastamplituden ε verbreitern. Eine erste Gruppe davon nennt man Instabilitäten erster Art der Ordnung p, die in den Punkten $\kappa = 2\kappa_k/p$ ($p > 0$, ganz) ihren Ursprung haben; man nennt sie auch *Parameterresonanz*. Daneben treten Instabilitäten zweiter Art der Ordnung p auf, die bei

$\kappa = (\kappa_k + \kappa_l)/p$ ($k \neq l$, $p > 0$, ganz) beginnen; man bezeichnet sie als *Kombinationsresonanz*. Zwischen diesen Instabilitätsgebieten ist der Grundzustand stabil. Für höhere Ordnung p werden die Instabilitätsgebiete in der Regel sehr schmal, Dämpfung verkleinert bei richtungstreuen Lasten die Instabilitätsgebiete derart, dass unterhalb eines Schwellwertes ε_S für ε, der mit wachsender Ordnung p ansteigt, keine Instabilität mehr auftritt und oberhalb des Schwellwertes die Instabilitätsgebiete marginal weiter verschmälert werden. Die Konsequenz ist, dass in der Praxis nur Instabilitäten geringer Ordnung p, gepaart mit niedrigen Ordnungen k der Eigenkreisfrequenzen, gefährlich werden können. Die wenigen verbleibenden Parameterresonanzen sind aber wichtig, insbesondere auch deswegen, weil sie für viele Praktiker unerwartet sind.

Es gibt interessante Sonderfälle. Liegt z. B. der häufige Fall $\delta \ll 1$ vor, d. h. die Anregungsfrequenz ist sehr viel kleiner als die tiefste Längseigenfrequenz, dann wird $\cos \delta \frac{\pi}{2}\zeta / \cos \frac{\pi}{2} \approx 1$ und die Normalkraft $N(Z,t)$ wird näherungsweise im gesamten Bereich $0 \leq Z \leq L$ eine reine Zeitfunktion $N(Z,t) \approx N(t) = F_0 + F_1 \cos \Omega t$. Die Rechnung wird damit deutlich einfacher. Darüber hinaus zerfällt das System von Differenzialgleichungen (8.1.2) in zwei getrennte Systeme für gerade bzw. ungerade Schwingungsformen. Kombinationsresonanzen sind dann nur noch mit geraden bzw. ungeraden Indizes möglich, d. h. z. B. $(\kappa_1 + \kappa_3)/p$ bzw. $(\kappa_2 + \kappa_4)/p$, aber nicht $(\kappa_1 + \kappa_2)/p$. Liegt für den Fall $\delta \ll 1$ eine beidseitig gelenkige Abstützung vor, oder ist dafür $EI \approx 0$, d. h. es werden parametererregte Schwingungen einer vorgespannten Saite diskutiert, dann zerfällt das genannte Gleichungssystem in lauter Einzeldifferenzialgleichungen. Sie werden als Mathieu-Gleichungen bezeichnet und sind der Prototyp für ein parametererregtes Schwingungssystem (mit einem Freiheitsgrad). Es gibt dann nur noch Parameterresonanzen, Kombinationsresonanzen treten nicht auf.

8.2 Fliehkrafteinfluss auf Seil- und Stabschwingungen

Turbinenlaufschaufeln, aber auch Rotorblätter von Hubschraubern oder Windkraftanlagen sind Anwendungen von großer technischer Bedeutung, bei denen versteifende Effekte der Grundverformung im stationären Fliehkraftfeld auf die strömungserregten Biege- und gegebenenfalls auch Torsionschwingungen in aller Regel nicht vernachlässigt werden können. In den 80er Jahren des 20. Jahrhunderts waren diese versteifenden Effekte Gegenstand kontroverser Diskussionen, weil damals im Rahmen von Anwendungen kommerzieller FEM-Programmsysteme in großtechnischem Maßstab diese Grundverformungseinflüsse nicht oder nur unvollständig implementiert waren und sich damit teilweise drastisch falsche Ergebnisse ergaben.

In der Theorie der Biegeschwingungen schlanker Laufschaufeln von Strömungsmaschinen hat man sich für den Einfluss der Rotordrehgeschwindigkeit auf die Biegeeigenfrequenzen der Schaufeln zu interessieren, da die versteifende Fliehkraft die Eigenfrequenzen erhöht. Um diese Frequenzerhöhung abzuschätzen, hat man früher die Formel von Southwell herangezogen. Man gewinnt damit eine Abschätzung für den kleinsten Eigen-

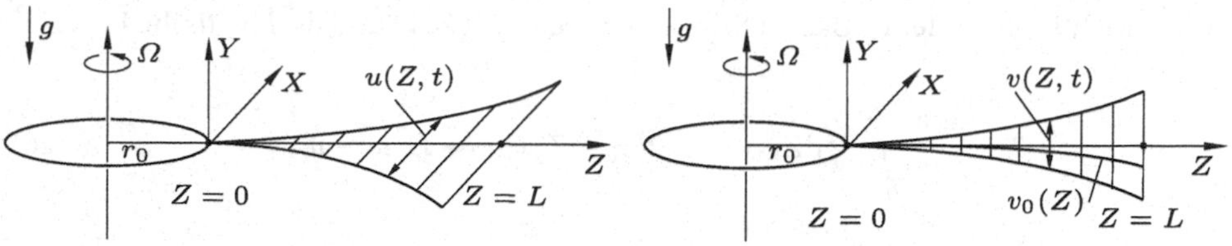

Abb. 8.3 Anordnung des rotierenden Seils und auftretende Schwingungen

wert, der hier das Eigenkreisfrequenzquadrat ist, indem man die entsprechenden Abschätzungen für die nichtrotierende biegesteife Schaufel und für die „biegeschlaffe Schaufel" addiert. Insofern hatte die Berechnung der freien Schwingungen rotierender Seile früher auch eine technische Bedeutung, heute ist sie eher eine historische Reminiszenz, die jedoch noch weitgehend formelmäßig durchgeführt werden kann. Dazu wird hier auf eine Aufgabenstellung Bezug genommen, die neben dem Fliehkraftfeld auch den Gewichtseinfluss in die Rechnung einbezieht [34]. Die Drehung mit konstanter Winkelgeschwindigkeit Ω erfolgt um eine vertikale Achse im Schwerkraftfeld der Erde. Untersucht werden die Seilquerschwingungen $u(Z,t)$ in der Horizontal- und $v(Z,t)$ in der Vertikalebene, siehe Abb. 8.3. Das undehnbare Seil ist auf einer horizontal angeordneten Nabe mit dem Radius r_0 unverschiebbar befestigt und am anderen Ende kräftefrei. Im Befestigungspunkt ist ein mitrotierendes kartesisches Bezugssystem $(O\vec{e}_X\vec{e}_Y\vec{e}_Z)$ mit vertikaler Y- und horizontalen X, Z-Achsen aufgespannt. Das Seil hat die Länge L und die konstante Massenbelegung $\rho_0 A$. Ersichtlich tritt im Schwerkraftfeld eine stationäre Querauslenkung infolge Eigengewicht auf, die neben der zentrifugalen Trägheitswirkung den stationären Grundzustand beeinflusst. Nimmt man das Seil als undehnbar an, dann tritt im Grundzustand keine Verformung in Richtung der Fliehkraft auf. Im Gegensatz zu der in [34] durchgeführten synthetischen Rechnung wird hier eine analytische Herleitung des beschreibenden Randwertproblems für die kleinen Querschwingungen vorgeschlagen und zwar auf der Basis des in Abschn. 8.1, (8.15) begründeten Vorgehens unter Einführung eines geeigneten Potenzials der stationären Seilkraft $S(Z)$, genau genug bestimmt durch die Fliehkraft $F(Z)$ als Zugbelastung:

$$U_1 = \frac{1}{2}\int_0^L F(Z)\left(u_{,Z}^2 + v_{,Z}^2\right)\mathrm{d}Z,$$
$$\text{mit } F(Z) = \rho_0 A\Omega^2 \int_Z^L (r_0 + \bar{Z})\,\mathrm{d}\bar{Z} = \rho_0 A\Omega^2\left[r_0(L-Z) + \frac{1}{2}(L^2 - Z^2)\right]. \tag{8.24}$$

Hinzu tritt der Einfluss

$$U_2 = \rho_0 A g \int_0^L v\,\mathrm{d}Z \tag{8.25}$$

des Gewichts infolge der vertikalen Schwingbewegung $v(Z,t)$ und die kinetische Energie[3]

$$T = \frac{\rho_0 A}{2} \int_0^L \vec{v}^2 \mathrm{d}Z, \quad \vec{v}^2 = 2(r_0 + Z)\Omega u_{,t} + \Omega^2 u^2 + u_{,t}^2 + v_{,t}^2, \tag{8.26}$$

die infolge der Führungsbewegung auf einer horizontalen Kreisbahn zu modifizieren ist. Potenziallose Kräfte, insbesondere Dämpfungseinflüsse, bleiben unberücksichtigt. Die Anwendung des Prinzips von Hamilton (2.60) bzw. (3.10) liefert das Randwertproblem

$$\begin{gathered}(Fu_{,Z})_{,Z} + \rho_0 A\Omega^2 u - \rho_0 A u_{,tt} = 0,\\ (Fv_{,Z})_{,Z} - \rho_0 A v_{,tt} = \rho_0 A g,\\ u(0,t) = 0, \quad v(0,t) = 0, \quad u_{,Z}(L,t) \text{ und } v_{,Z}(L,t) \text{ endlich } \forall t \geq 0\end{gathered} \tag{8.27}$$

zur Beschreibung der Seilquerschwingungen $u(Z,t), v(Z,t)$. Die Randbedingungen am freien Seilende erfordern noch eine Erklärung. Da dort keine geometrische Bedingung verwirklicht ist, gilt $F(L)u_{,Z}(L,t) = 0$ und $F(L)v_{,Z}(L,t) = 0$ als verschwindende Seilkraftkomponente in X- und in Y-Richtung. Da aber $F(L) = 0$ gilt, wird diese Bedingung automatisch erfüllt, sofern die Neigungswinkel $u_{,Z}(L,t)$ und $v_{,Z}(L,t)$ endlich bleiben. Dies sind also die Aussagen, die hier ersatzweise zu nehmen sind. Beide linearen Randwertprobleme für kleine Schwingungen sind voneinander entkoppelt, das Eigengewicht stellt eine konstante Anregung in der Vertikalebene dar und beeinflusst die freien Schwingungen $v_{\mathrm{H}}(Z,t)$ nicht. Während deren Eigenkreisfrequenzen alle mit wachsender Winkelgeschwindigkeit Ω durch die allein wirksame Versteifung der Zugkraft $F(Z)$ monoton ansteigen, tritt bei den horizontalen freien Schwingungen neben der unverändert wirksamen Versteifung durch $F(Z)$ noch ein erweichender Anteil infolge der Führungsbeschleunigung auf, der bis zu den Untersuchungen [34] nicht beachtet worden war, im Experiment aber sehr wohl beobachtet wird. Im Folgenden wird nur noch der zahlenmäßig etwas einfacher handhabbare Sonderfall $r_0/L \approx 0$ betrachtet. Für isochrone Schwingungen $u(Z,t) = U(Z)\sin\omega t$, $v(Z,t) = V(Z)\sin\omega t$ ergeben sich dann mit der dimensionslosen Ortskoordinate $\zeta = Z/L$ die mit (8.27) korrespondierenden Eigenwertprobleme

$$\begin{gathered}\left[(\zeta^2 - 1)Y_{,\zeta}\right]_{,\zeta} = \lambda Y,\\ Y(0) = 0, \quad Y_{,\zeta}(1) \text{ endlich},\end{gathered} \tag{8.28}$$

wenn man den dimensionslosen Eigenwert einmal

$$\text{für } U: \quad \lambda = 2\left(\frac{\omega^2}{\Omega^2} + 1\right) \tag{8.29}$$

---

[3] Im Detail kann die kinetische Energie aus dem späteren Ergebnis für Turbinenlaufschaufeln gemäß (8.38) unter Weglassen konstanter Anteile einfach abgeleitet werden.

und ein anderes Mal

$$\text{für } V: \quad \lambda = 2\frac{\omega^2}{\Omega^2} \tag{8.30}$$

setzt. Man erkennt, dass die Eigenkreisfrequenzen ω^2 proportional Ω^2 und unabhängig von der Massenbelegung $\rho_0 A$ werden. Die Feldgleichung in (8.28) ist die eingehend untersuchte Legendresche Differenzialgleichung

$$(1-\zeta^2)Y_{,\zeta\zeta} - 2\zeta Y_{,\zeta} + \mu(\mu+1)Y = 0, \tag{8.31}$$

in der der Eigenwert üblicherweise als $\lambda = \mu(\mu+1)$ bezeichnet wird. Die Legendresche Differenzialgleichung hat Lösungen $P_\mu(\zeta)$ und $Q_\mu(\zeta)$, die für $\mu = n$ (n ganz) in die Legendreschen Funktionen erster Art $P_n(\zeta)$ und zweiter Art $Q_n(\zeta)$ übergehen [12]. Im interessierenden Bereich $0 \le \zeta \le 1$ wachsen die $Q_\mu(\zeta)$ bei $\zeta = 1$ logarithmisch über alle Grenzen, sodass sie als Lösungsanteil ausscheiden und nur die $P_\mu(\zeta)$ zu nehmen sind. Die verbleibende Randbedingung bei $\zeta = 0$ vereinfacht sich demnach auf $P_\mu(0) = 0$ und führt mit $\mu = n = 2m+1$ ($m = 0,1,2,\ldots,\infty$) auf ungeradzahlige Werte, wie man der genannten grafischen Darstellung in [12] entnehmen kann. Die Eigenwerte λ sind daher durch

$$\lambda = (2m+1)(2m+2), \quad m = 0,1,2,\ldots,\infty$$

gegeben, während die Eigenschwingungsformen die zugehörigen speziellen Kugelfunktionen erster Art $P_{2m+1}(\zeta)$ sind und sowohl die Querschwingungen $u(\zeta,t)$ als auch $v(\zeta,t)$ kennzeichnen. Sie enthalten nach bekannten Sätzen aus der Theorie der Kugelfunktionen genau m Schwingungsknoten für $0 < \zeta < 1$. Die Eigenkreisfrequenzen sind allerdings für die beiden Schwingungsrichtungen X, Y zufolge von (8.29) und (8.30) verschieden. Man findet

$$\frac{\omega_m^2}{\Omega^2} = (2+3m)m, \quad m = 0,1,2,\ldots,\infty \tag{8.32}$$

für die Schwingungen $u(\zeta,t)$ in der Horizontalebene und die höheren Werte

$$\frac{\omega_m^2}{\Omega^2} = (1+m)(1+2m), \quad m = 0,1,2,\ldots,\infty \tag{8.33}$$

für die Vertikalschwingungen $v(\zeta,t)$. Die niedrigeren Werte für die Horizontalschwingungen sind durch die zusätzliche Trägheitskraft $\rho_0 A\Omega^2 u$ in $(8.27)_1$ aufgrund eines Anteiles der Führungsbeschleunigung in X-Richtung bedingt. Einen solchen Anteil gibt es nicht in Y-Richtung, und Coriolis-Beschleunigungsanteile gibt es weder in der X- noch in der Y-Richtung. Wie man der folgenden Rechnung für Turbinenlaufschaufeln entnehmen kann, gehen Coriolis-Terme im Rahmen einer linearisierten Theorie ohne Längsschwingungen in Strenge nicht ein. Bemerkenswert ist, dass der kleinste Wert $m = 0$ für die Seilquerschwingungen $u(\zeta, t)$ auf eine verschwindende Eigenkreisfrequenz $\omega_0 = 0$ führt. Zu dieser tiefsten Eigenkreisfrequenz $\omega_0 = 0$ gehören der Eigenwert $\lambda_0 = 2$ und (wegen $m = 0$) die Eigenform $U_0(\zeta) = P_1(\zeta) = \zeta$. Diese kennzeichnet einfach die radiale, gestreckte stationäre Gleichgewichtslage.

Auf die Arbeit [35] wird im Folgenden Bezug genommen, wenn ergänzend Biegeschwingungen von Turbinenlaufschaufeln diskutiert werden[4]. Insbesondere, wenn die Schaufeln lang und die Drehzahl hoch sind, ist der Fliehkrafteinfluss zu berücksichtigen. Weil die Fliehkraft im verbogenen Zustand der Schaufel an einem materiellen Schaufelelement nicht in Richtung der undeformierten Schaufelachse, sondern vom Drehzentrum radial nach außen gerichtet ist, ist die Fliehkraft in einen dominierenden *Hauptanteil* parallel zur unverformten Schaufelachse und einen wesentlich kleineren *Divergenzanteil* senkrecht dazu zu zerlegen. Durch den Divergenzanteil, der bei dem strömungstechnisch begründeten endlichen Schaufelanstellwinkel in jeweils zwei Summanden auftritt, kommt es zu einer Kopplung der Biegeschwingungen in den beiden Hauptachsenrichtungen und es entsteht die Frage, bis zu welchen Drehzahlen der Divergenzanteil mit seiner rechentechnisch unbequemen Kopplung generell weggelassen werden kann und ob dies bei höheren Drehzahlen vielleicht wenigstens für die Divergenzkopplung noch gilt, etc. Da die Problematik deutlich komplizierter als beim rotierenden Seil zuvor ist, werden unter Ausschluss von Torsionsschwingungen zunächst wieder nichtlinear gekoppelte Längs- und Biegeschwingungen zugelassen, um in einem zweiten Schritt auf die kleinen Biegeschwingungen der durch die Fliehkraft versteiften Schaufel zu kommen.

Die Geometrie der unverformten Schaufel und des Rotors, in dem die Schaufel am Fußende eingespannt sein soll, ist in Abb. 8.4 dargestellt. Die Schaufel wird als ein gerader Stab der Länge L im Sinne der technischen Biegelehre angesehen. Seine für die Biegung maßgebenden Trägheitshauptachsen können veränderlich sein, sie sollen aber in jedem Querschnitt die gleiche Richtung haben, sodass die Schaufel unverwunden ist. Zur Beschreibung der Lage eines Massenelementes des Stabes wird ein körperfestes Bezugssystem so eingeführt, dass es für den stillstehenden Rotor mit dem Nabenradius r_0 mit einem Inertialsystem $(O\,\vec{i}\,\vec{j}\,\vec{k})$ zusammenfällt. Die undeformierte Stablängsachse mit den Flächenschwerpunkten (hier näherungsweise übereinstimmend mit den Schubmittelpunkten) ist die Z-Achse (im Stillstand $\vec{k}$), die beiden Trägheitshauptachsen bilden die X- und die Y-Achse ($\vec{i}$ und $\vec{j}$). Die zugehörigen orts- und zeitabhängigen Verschiebungen sind u, v, w, von denen besonders die Biegungen u und v interessieren. Die Lage eines Stabelements $\rho_0 A dZ$ wird also speziell durch

$$\vec{r} = u\vec{i} + v\vec{j} + (r_0 + Z + w)\vec{k} \tag{8.34}$$

beschrieben, solange der Rotor stillsteht und eine Achse mit der Rotorachse zusammenfällt. Um (8.34) durch zwei einfache Drehungen in eine allgemeine Lage zu überführen,

[4] Zur Behandlung gekoppelter Biege-Torsionsschwingungen (unter Einbeziehung von Vorverwindung) wird auf [28] verwiesen.

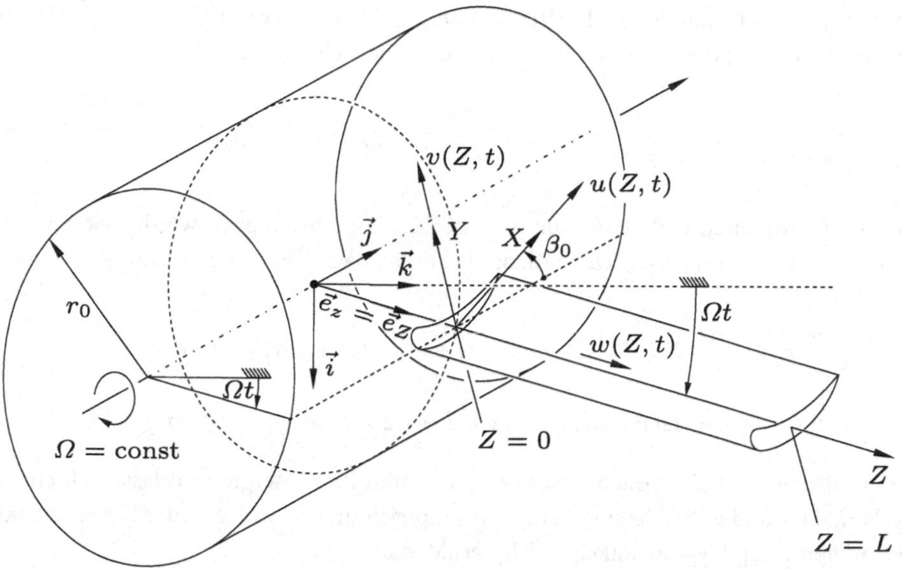

Abb. 8.4 Anordnung des Rotors mit eingespannter, konstant angestellter, unverformter Laufschaufel

wird $\vec{j}$ in Richtung der raumfesten Drehachse gewählt und um diese mit dem Winkel Ωt – Ω ist die konstante Winkelgeschwindigkeit – gedreht, wodurch die Matrix $(\vec{i}, \vec{j}, \vec{k})^\top$ der raumfesten Einheitsvektoren vor der Drehung zunächst in jene der neuen Einheitsvektoren $(\vec{e}_x, \vec{e}_y, \vec{e}_z)^\top$ transformiert wird. Dreht man nun noch um die neue $\vec{e}_z$-Achse um den konstanten Anstellwinkel β_0, geht $(\vec{e}_x, \vec{e}_y, \vec{e}_z)^\top$ schließlich in $(\vec{e}_X, \vec{e}_Y, \vec{e}_Z)^\top$ über. Die beiden Drehungen, repräsentiert durch die einfachen Drehmatrizen

$$\boldsymbol{M}_1 = \begin{pmatrix} \cos\Omega t & 0 & -\sin\Omega t \\ 0 & 1 & 0 \\ \sin\Omega t & 0 & \cos\Omega t \end{pmatrix}, \quad \boldsymbol{M}_2 = \begin{pmatrix} \cos\beta_0 t & \sin\beta_0 & 0 \\ -\sin\beta_0 & \cos\beta_0 & 0 \\ 0 & 0 & 1 \end{pmatrix} \tag{8.35}$$

liefern die resultierende Drehmatrix $\boldsymbol{M}_2\boldsymbol{M}_1$ durch Multiplikation. Diese verknüpft die neue körperfeste Basis $(\vec{e}_X, \vec{e}_Y, \vec{e}_Z)^\top$ mit der ursprünglichen, $(\vec{i}, \vec{j}, \vec{k})^\top$. Damit kann der Vektor $\vec{r}$ (8.34) in allgemeiner Lage gegen die raumfesten Achsen beschrieben werden:

$$\begin{aligned} \vec{r} = {} & [u\cos\beta_0 - v\sin\beta_0]\vec{i} + [-(r_0 + Z + w)\sin\Omega t + u\cos\Omega t\sin\beta_0 + v\cos\Omega t\cos\beta_0]\vec{j} \\ & + [(r_0 + Z + w)\cos\Omega t + u\sin\Omega t\sin\beta_0 + v\sin\Omega t\cos\beta_0]\vec{k}. \end{aligned} \tag{8.36}$$

Zur Herleitung der Bewegungsgleichungen der Schaufeln wird das Prinzip von Hamilton (2.60) bzw. (3.10) verwendet, wobei wegen der Kompliziertheit des Problems zunächst wieder gekoppelte Längs- und Biegeschwingungen betrachtet werden. Zu dessen Auswertung benötigt man nacheinander die kinetische Energie T, das Potenzial $U = U_\text{i}$ und die virtuelle Arbeit W_δ der potenziallosen Kräfte. Für die kinetische Energie

$$T = \frac{1}{2} \int_0^L \rho_0 A \vec{v}^{\,2} \mathrm{d}Z \tag{8.37}$$

muss aus (8.36) durch Differenziation nach der Zeit die Absolutgeschwindigkeit $\vec{v}$ berechnet und dann in (8.37) eingesetzt werden. Man erhält nach längerer elementarer Rechnung

$$\begin{aligned} T = \frac{1}{2} \int_0^L \rho_0 A \big[&(r_0 + Z + w)^2 \Omega^2 + u_{,t}^2 + v_{,t}^2 + w_{,t}^2 + \Omega^2 (v \cos\beta_0 + u \sin\beta_0)^2 \\ &- 2(r_0 + Z + w)\Omega(u_{,t} \sin\beta_0 + v_{,t} \cos\beta_0) + 2w_{,t}\Omega(u \sin\beta_0 + v \cos\beta_0) \big] \mathrm{d}Z. \end{aligned} \tag{8.38}$$

Das elastische Potenzial besteht aus Dehnungs- und Biegeenergie und lässt sich einfach angeben, da u und v Ausbiegungen in den Hauptrichtungen sind. Mit der Dehnsteifigkeit EA und den Hauptbiegesteifigkeiten $EI_{1,2}$ erhält man

$$U_\text{i} = \frac{1}{2} \int_0^L EA \left(w_{,Z} + \frac{u_{,Z}^2}{2} + \frac{v_{,Z}^2}{2} \right)^2 \mathrm{d}Z + \frac{1}{2} \int_0^L EI_1 u_{,ZZ}^2 \mathrm{d}Z + \frac{1}{2} \int_0^L EI_2 v_{,ZZ}^2 \mathrm{d}Z, \tag{8.39}$$

wenn man wieder zur Erfassung der Kopplung zwischen Längs- und Querbewegungen eine nichtlineare Längsdehnung einführt. Und genau dies ist notwendig, wenn man den Einfluss der Längsträgheit (der Fliehkraft) auf die Querschwingungen (die Biegeschwingungen) erfassen will. Erregende Kräfte und Dämpfungseinflüsse werden nicht vorgesehen, sodass hier

$$W_\delta = 0 \tag{8.40}$$

gilt. Die Auswertung des Prinzips von Hamilton führt mit (8.38)–(8.40) auf die Bewegungsgleichungen

$$\begin{aligned} &-\rho_0 A u_{,tt} + \rho_0 A \Omega^2 \sin\beta_0 \cos\beta_0 v + \rho_0 A \Omega^2 \sin^2\beta_0 u + 2\rho_0 A \Omega w_{,t} \sin\beta_0 \\ &\qquad + \left[EA \left(w_{,Z} + \frac{u_{,Z}^2}{2} + \frac{v_{,Z}^2}{2} \right) u_{,Z} \right]_{,Z} - (EI_1 u_{,ZZ})_{,ZZ} = 0, \\ &-\rho_0 A v_{,tt} + \rho_0 A \Omega^2 \cos^2\beta_0 v + \rho_0 A \Omega^2 \sin\beta_0 \cos\beta_0 u + 2\rho_0 A \Omega w_{,t} \cos\beta_0 \\ &\qquad + \left[EA \left(w_{,Z} + \frac{u_{,Z}^2}{2} + \frac{v_{,Z}^2}{2} \right) v_{,Z} \right]_{,Z} - (EI_1 v_{,ZZ})_{,ZZ} = 0, \\ &-\rho_0 A w_{,tt} + \rho_0 A \Omega^2 (r_0 + Z + w) - 2\rho_0 A \Omega u_{,t} \sin\beta_0 - 2\rho_0 A \Omega v_{,t} \cos\beta_0 \\ &\qquad + \left[EA \left(w_{,Z} + \frac{u_{,Z}^2}{2} + \frac{v_{,Z}^2}{2} \right) \right]_{,Z} = 0. \end{aligned} \tag{8.41}$$

Hinzu treten die Randbedingungen

$$\begin{aligned}
&u(0,t)=0,\quad u_{,Z}(0,t)=0,\quad v(0,t)=0,\quad v_{,Z}(0,t)=0,\quad w(0,t)=0,\\
&u_{,ZZ}(L,t)=0,\quad u_{,ZZZ}(L,t)=0,\quad v_{,ZZ}(L,t)=0,\quad v_{,ZZZ}(L,t)=0,\\
&\left[EA\left(w_{,Z}+\frac{u_{,Z}^2}{2}+\frac{v_{,Z}^2}{2}\right)\right]_{(L,t)}=0\ \forall t\geq 0
\end{aligned} \tag{8.42}$$

der einseitig eingespannten am anderen Ende freien Schaufel. Das Randwertproblem (8.41), (8.42) bildet ein kompliziertes gekoppeltes nichtlineares System partieller Differenzialgleichungen mit geometrischen und nichtlinearen dynamischen Randbedingungen. Die Trägheitsterme lassen sich mit den Methoden der Relativmechanik anschaulich deuten. Die von Ω freien Terme beschreiben die Relativbeschleunigung, die Terme mit 2Ω die Coriolis-Beschleunigung, während die Terme mit Ω^2 die Führungsbeschleunigung erfassen.

Um zu Näherungsgleichungen für die Biegeschwingungen zu gelangen, wird zunächst die Stablängskraft

$$EA\varepsilon = EA\left(w_{,Z}+\frac{u_{,Z}^2}{2}+\frac{v_{,Z}^2}{2}\right)$$

aus $(8.41)_3$ in der Form

$$(EA\varepsilon)_{,Z} = -\rho_0 A\Omega^2(r_0+Z) \tag{8.43}$$

vereinfacht berechnet, wenn in (8.43) $u(Z,t)$ wegen $|w| \ll r_0+Z$ gestrichen wird. Darüber hinaus wurden auch etwaige Längsschwingungen und der Einfluss der Biegeschwingungen infolge der Kopplung durch die Coriolis-Beschleunigungsanteile vernachlässigt. Dies dürfte eine sinnvolle Näherung sein, wie man aus einem Vergleich der Größenordnungen dieser Terme erkennt. Aus (8.43) erhält man durch Integration

$$EA\varepsilon(Z) = -\Omega^2\int_0^Z \rho_0 A(r_0+\bar{Z})\mathrm{d}\bar{Z} + C,$$

worin sich die Integrationskonstante C aus der dynamischen Randbedingung für die Normalkraft am freien Ende bei $Z=L$ bestimmt. Offenbar muss

$$EA\varepsilon(L) = -\Omega^2\int_0^L \rho_0 A(r_0+\bar{Z})\mathrm{d}\bar{Z} + C = 0$$

sein, sodass damit die Normalkraft im Stab zu

$$EA\varepsilon(Z) = F(Z) = \Omega^2\int_Z^L \rho_0 A(r_0+\bar{Z})\mathrm{d}\bar{Z} \tag{8.44}$$

ermittelt ist. Aus den Gleichungen $(8.41)_{1,2}$ fällt im Rahmen der vorstehend begründeten Näherung jeweils nur noch der Kopplungsterm heraus, der von der Coriolisbeschleunigung herrührt und der $w_{,t} \equiv 0$ enthält. Misst man in der üblichen Weise den Anstellwinkel nicht mit β_0 gegen die Drehachse, sondern mit β gegen die Scheibenebene (wobei $\beta_0 = \beta + \pi/2$ gilt), wird so aus $(8.41)_{1,2}$ ein System von zwei linearen gekoppelten Differenzialgleichungen

$$\begin{aligned} -\rho_0 A u_{,tt} - \rho_0 A\Omega^2 \sin\beta\cos\beta v + \rho_0 A\Omega^2 \cos^2\beta u + (F u_{,Z})_{,Z} - (E I_1 u_{,ZZ})_{,ZZ} &= 0, \\ -\rho_0 A v_{,tt} + \rho_0 A\Omega^2 \sin^2\beta v - \rho_0 A\Omega^2 \sin\beta\cos\beta u + (F v_{,Z})_{,Z} - (E I_1 v_{,ZZ})_{,ZZ} &= 0. \end{aligned} \tag{8.45}$$

Die von der Führungsbeschleunigung herrührenden Kopplungen mit Ω^2 kann man in (8.45) im Rahmen einer in sich konsistenten Theorie nicht vernachlässigen. Eine so genannte schwache Kopplung gibt es hier nicht. Es kann jedoch im Rahmen technischer Berechnungen zulässig sein, die mit Ω^2 behafteten vier Terme der Fliehkraftdivergenz in ihrer Gesamtheit zu vernachlässigen und nur noch den Hauptanteil beizubehalten, sodass dann die Gleichungen sehr vereinfacht und entkoppelt werden. Dies soll hier im Weiteren auch getan werden, sodass es ausreicht, eine der beiden nunmehr voneinander entkoppelten Gleichungen, z. B. $(8.45)_1$, zu betrachten und auch noch die Indizierung der Biegesteifigkeit wegzulassen:

$$\rho_0 A u_{,tt} - (F u_{,Z})_{,Z} + (E I u_{,ZZ})_{,ZZ} = 0. \tag{8.46}$$

Man hat also wieder ein ganz ähnliches Problem vorliegen wie bei Querschwingungen unter konstanten Randkräften mit einem Unterschied: Selbst bei konstanten Querschnittsdaten EI, $A = \text{const}$ ist die Stablängskraft F infolge Fliehkraft gemäß (8.44) ortsabhängig, sodass man in der Praxis beispielsweise bei der Berechnung der Eigenkreisfrequenzen um Näherungsrechnungen nicht herumkommt. Ersichtllich ist $F(Z)$ aber bei innen befestigten und außen freien Schaufeln immer eine Zugkraft, die die Biegeeigenfrequenzen erhöht. Die auszuführende Näherungsrechnung bietet jedoch keine Besonderheiten, sodass auf sie nur noch im Rahmen der Übungsaufgaben, siehe Aufgabe 8.6, nochmals eingegangen wird.

Ähnliche Fragestellungen wie bei Biegeschwingungen von Stäben im Fliehkraftfeld treten im Schwerkraftfeld auf. Im Folgenden wird angenommen, dass ein Stab der Länge L mit den üblichen Stabdaten $\rho_0 A$, $EI = \text{const}$ vertikal aufgestellt ist und sein Eigengewicht in die Berechnung der Biegeschwingungen mit einbezogen werden soll siehe Abb. 8.5. Der Koordinatenursprung eines kartesischen Bezugssystems mit $Z = 0$ liegt am unteren Stabende, das obere Stabende ist durch $Z = L$ gekennzeichnet. Das Randwertproblem zur Untersuchung kleiner Biegeschwingungen kann dann sehr einfach hergeleitet werden, wenn ein äußeres Potenzial

$$U_\mathrm{a} = -\frac{1}{2}\int_0^L F(Z) u_{,Z}^2 \,\mathrm{d}Z \tag{8.47}$$

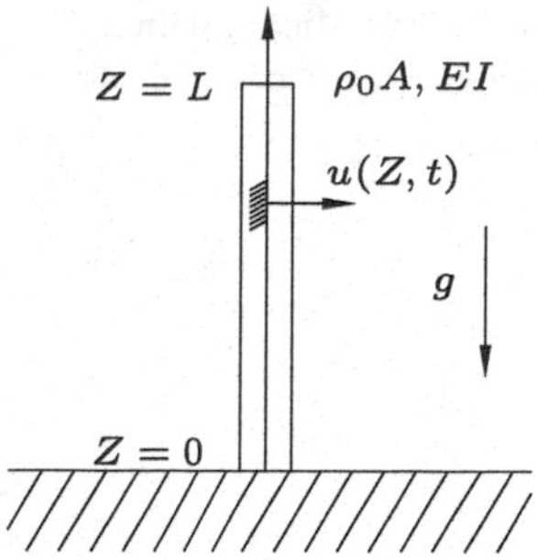

Abb. 8.5 Stab im Schwerkraftfeld

der ortsabhängigen Gewichtsbeanspruchung $F(Z) = \rho_0 gA(L-Z)$ neben den üblichen Anteilen der kinetischen Energie T und der Biegeenergie U_i im Prinzip von Hamilton (2.60) bzw. (3.10) einbezogen wird. Das Minuszeichen berücksichtigt, dass es sich um eine Druckkraft handelt. Die Biegeschwingungsgleichung ist bis auf ein geändertes Vorzeichen des Längskraftanteils mit (8.46) identisch; hinzu kommen entsprechende Randbedingungen. Das zugehörige Eigenwertproblem wurde bereits in Beispiel 4.15 in Abschn. 4.1.5 ausführlich diskutiert. Es existiert ein kritischer Wert des Lastparameters $\alpha = \rho_0 gAL^3/(EI)$, bei dem der Stab unter Eigengewicht knickt (gekennzeichnet durch die verschwindende tiefste Biegeeigenkreisfrequenz).

8.3 Bewegte Saiten und Balken, durchströmte Rohre

In diesem Abschnitt werden Schwingungsprobleme stabartiger Strukturen erörtert, die durch axiale Translationsbewegungungen des betreffenden Strukturmodells oder eine axiale Durchströmung desselben beeinflusst werden oder gar erst entstehen können.

Einführend in den ersten Themenkomplex, der technisch bei Seilbahnen, Aufzügen, Riementrieben oder Bandsägen relevant ist, werden die schon häufig untersuchten ebenen Querschwingungen einer Saite gemäß Abb. 8.6 analysiert, die zwischen zwei raumfesten Lagern im Abstand L als Grundgebiet hier mit *konstanter* Geschwindigkeit v_0 entlang der Lagerverbindenden bewegt wird, siehe beispielsweise [20, 39]. An den Lagern $z = 0$ und $z = L$ sind als geometrische Randbedingungen keine Querverschiebungen der Saite möglich, sodass in den linearisierten Quer- und Längsschwingungen Δu, Δw in der Nachbarschaft der Starrkörper-Grundbewegung (der statisch vorgespannten Saite) tatsächlich ohne zusätzliche Voraussetzungen in den Gebieten diesseits ($z < 0$) und jenseits ($z > L$) der Lager ein 1-Feldproblem im Grundgebiet $0 \le z \le L$ formuliert werden kann [20]. Dabei ist es zweckmäßig, die Schwingungen in einem kartesischen translatorisch mitgeführten materiellen Bezugssystem $(O'\vec{e}_X\vec{e}_Y\vec{e}_Z)$ zu beschreiben, das gegenüber dem raumfesten kartesischen Bezugssystem $(O\vec{e}_x\vec{e}_y\vec{e}z)$ längs der $Z = z$-Achse mit der konstanten Geschwindigkeit v_0 verschoben wird. Es ist zunächst angebracht, das Randwertproblem für die hier ausschließlich interessierenden Querschwingungen Δu der 1-parametrigen Saitenstruktur in

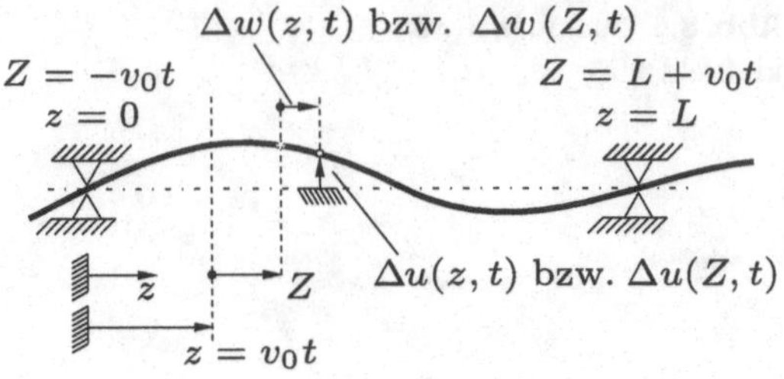

Abb. 8.6 Mit konstanter Geschwindigkeit bewegte Saite

der materiellen Koordinate Z anzugeben, sodass (unter Weglassen des Δ-Zeichens) die eigentliche Bewegungsdifferenzialgleichung in $u(Z,t)$ die von früher bekannte klassische Wellengleichung

$$u_{,tt} - c_0^2 u_{,ZZ} = 0, \quad c_0^2 = \frac{F_0}{\rho_0 A} \tag{8.48}$$

mit den an zeitabhängiger Position auftretenden geometrischen Randbedingungen

$$u(Z = -v_0 t, t) = 0, \quad u(Z = L - v_0 t, t) = 0 \ \forall t \geq 0 \tag{8.49}$$

ist. Bei Bedarf kann man dieses Randwertproblem auch in der raumfesten Koordinate $z = Z + v_0 t$ formulieren:

$$\begin{aligned} &u_{,tt} + 2v_0 u_{,tz} + (v_0^2 - c_0^2) u_{,zz} = 0, \\ &u(z = 0, t) = 0, \quad u(z = L, t) = 0 \ \forall t \geq 0. \end{aligned} \tag{8.50}$$

Dabei hat man die zweite Zeitableitung im materiellen Bezugssystem durch jene im raumfesten zu ersetzen, wodurch die beiden komplizierenden Zusatzterme in der Feldgleichung hervorgerufen werden, während die Randbedingungen vereinfacht an zeitunabhängigen Positionen erscheinen. Gegebenenfalls hat man noch beide Randwertprobleme durch Anfangsbedingungen zu vervollständigen. Mit Hilfe des klassischen Wellenansatzes zur Lösung der Wellengleichung (8.48) mit den Randbedingungen (8.49) ist in [20] nachgewiesen worden, dass dieses Randwertproblem, ergänzt um entsprechende Anfangsbedingungen, nur für Unterschallgeschwindigkeit $v_0 < c_0$ sinnvoll gestellt ist. Für Überschall müssen nichtlineare Ergänzungen hinzugefügt werden, um noch eine korrekte Dynamik beschreiben zu können.

Für den demnach allein zugelassenen unterkritischen Betrieb $v_0 < c_0$ geht eine konkrete Lösung allerdings in aller Regel von der Formulierung (8.50) des maßgebenden Randwertproblems in der raumfesten Koordinate z aus. Von besonderem Vorteil dafür sind die zeitfreien Randbedingungen. Mit dem Term $2v_0 u_{,zt}$ in der Feldgleichung handelt man sich jedoch einen gravierenden rechentechnischen Nachteil ein, weil das Randwertproblem dadurch nicht mehr im Sinne des Bernoullischen Produktansatzes gemäß Abschn. 4.1.1 im

Reellen separierbar und das zugehörige (zeitfreie) Eigenwertproblem nicht mehr selbstadjungiert ist[5]. Zur Bestimmung einer geschlossenen Wellenlösung, siehe [39][6], wird hier der Ansatz

$$u(z,t) = \Re\left\{\hat{u}e^{i(\omega t - k_W z)}\right\} \tag{8.51}$$

mit der komplexen Amplitude $\hat{u}$, der Kreisfrequnz ω und der Wellenzahl k_W benutzt. Einsetzen in die Feldgleichung $(8.50)_1$ liefert die Beziehung

$$(c_0^2 - v_0^2)k_W^2 + 2v_0 k_W \omega - \omega^2 = 0,$$

die zwei Wellenzahlen

$$k_1 = \frac{\omega}{c_0 + v_0} \quad \text{und} \quad k_2 = -\frac{\omega}{c_0 - v_0}$$

repräsentiert, die zu „stromabwärts" und „-aufwärts" laufenden Wellenanteilen mit unterschiedlichen Phasengeschwindigkeiten gehören. Die Überlagerung der beiden Teilwellen liefert eine allgemeinere Lösung, die man mit der Zerlegung $k^{\pm} = (k_1 + k_2)/2 \pm (k_1 - k_2)/2$ in der alternativen Form

$$u(z,t) = \Re\left\{\left[\hat{u}_1\, e^{-i\frac{\omega c_0 z}{c_0^2 - v_0^2}} + \hat{u}_2\, e^{i\frac{\omega c_0 z}{c_0^2 - v_0^2}}\right] e^{i\omega\left(t + \frac{v_0 z}{c_0^2 - v_0^2}\right)}\right\}$$

darstellen kann. Die Anpassung an die erste Randbedingung in (8.50) liefert

$$u(0,t) = \Re\left\{e^{i\omega t}(\hat{u}_1 + \hat{u}_2)\right\} = 0 \Rightarrow \hat{u}_1 = -\hat{u}_2,$$

während die zweite Randbedingung in (8.50) die Kreisfrequenzen bestimmt:

$$\omega_k = \frac{k\pi}{c_0 L}(c_0^2 - v_0^2), \quad k = 1, 2, \ldots, \infty. \tag{8.52}$$

Ausgehend vom klassischen Wert $\omega_k = k\pi c_0/L$ für die nicht bewegte Saite sinken sie für alle Ordnungen k monoton mit wachsender Transportgeschwindigkeit v_0 ab, bis sie bei Annäherung an c_0 den Wert null annehmen. Mit $e^{i\alpha} - e^{-i\alpha} = 2i \sin \alpha$ kann so die strenge Reihenlösung

$$u(z,t) = \Re\left\{\sum_{k=1}^{\infty} 2C_k \sin\frac{k\pi z}{L} e^{i\left(\omega_k t + k\pi \frac{v_0 z}{c_0 L}\right)}\right\} \tag{8.53}$$

[5] Das Eigenwertproblem $-(c_0^2 - v_0^2)U'' + 2i\omega v_0 U' - \omega^2 U = 0$, $U(0) = 0$, $U(L) = 0$ für die komplexen Eigenfunktionen $U(z)$ gewinnt man mit Hilfe des üblichen Ansatzes $u(z,t) = U(z)e^{i\omega t}$. Zur Diskussion von Adjungiertheits-, Definitheits- und Orthogonalitätseigenschaften ist die bereits für Rotorsysteme in Abschn. 5.5.2 angesprochene Zustandsformulierung adäquat [37].

[6] Ein ähnlicher Lösungsweg ist in [21] unter Einbeziehung einer äußeren Dämpfung vorgeschlagen worden.

mit komplexen Integrationskonstanten C_k zusammengestellt werden. Mit $C_k = A_k - \mathrm{i}B_k$, worin A_k und B_k reelle Konstanten repräsentieren, und den Umformungen $e^{\mathrm{i}\alpha} = \cos\alpha + \mathrm{i}\sin\alpha$ sowie $2\sin\alpha\sin\beta = \cos(\alpha-\beta) - \cos(\alpha+\beta)$ und $2\cos\alpha\cos\beta = \cos(\alpha+\beta) + \cos(\alpha-\beta)$ kann man die Lösung (8.53) auch in reeller Schreibweise

$$u(z,t) = \sum_{k=1}^{\infty}\Big\{A_k\Big[\sin\frac{k\pi}{c_0L}(c_0+v_0)[z+(c_0-v_0)t] + \sin\frac{k\pi}{c_0L}(c_0-v_0)[z-(c_0+v_0)t]\Big] + B_k\Big[\cos\frac{k\pi}{c_0L}(c_0-v_0)[z-(c_0+v_0)t] - \cos\frac{k\pi}{c_0L}(c_0+v_0)[z+(c_0-v_0)t]\Big]\Big\} \tag{8.54}$$

angeben. Die Unsymmetrie der Lösung infolge der mit der Geschwindigkeit v_0 nach rechts bewegten Saite kommt klar zum Vorschein. Der kritische Wert der Transportgeschwindigkeit $v_0 = c_0$ wird nochmals besonders anschaulich, weil bei Erreichen von c_0 für einen raumfesten Beobachter einer der Wellenzüge zum Stillstand kommt und sich dann Störungen beliebig kumulieren können. Interessant ist in dieser Art der modalen Entwicklung, dass, wie bereits zu Anfang vermerkt, die Orts- und Zeitabhängigkeit nicht separiert auftritt, sondern eine Superposition zeitabhängiger „Moden" darstellt. Diese Anteile haben aber durchaus Eigenschaften klassischer Eigenformen: Der jeweils k-te Anteil ist durch $k-1$ Knoten gekennzeichnet, wie man dies von Moden ruhender 1-parametriger Strukturmodelle bereits kennt. Ähnliche geschlossenen Lösungen werden in [37, 16] und nochmals in [39] vorgestellt, sie lassen sich letztlich jedoch alle ineinander überführen.

Alternativ kann man eine weitgehend formelmäßige Lösung auch auf der Basis einer klassischen modalen Entwicklung

$$u(z,t) = \sum_{k=1}^{N\to\infty} U_k(z)T_k(t) \tag{8.55}$$

in Produktform gewinnen, wenn man die bekannten Eigenformen $U_k(z) = \sin k\pi z/L$ der ruhenden Saite mit den gegebenen Randbedingungen verwendet. Einsetzen in die Differenzialgleichung $(8.50)_1$, Multiplikation mit $\sin l\pi z/L\ (l = 1, 2, \ldots, \infty)$ mit anschließender Integration über das Grundgebiet $0 \le z \le L$ und Ausnutzen entsprechender Orthogonalitätsbedingungen liefert ein System unendlich vieler gewöhnlicher Differenzialgleichungen für die noch zu bestimmenden Zeitfunktionen $T_k(t)$, das weitgehend, jedoch nicht vollständig, entkoppelt werden kann. Schreibt man das System in Matrizenform, so folgt zunächst

$$\boldsymbol{M}[\ddot{\boldsymbol{q}}] + \boldsymbol{G}[\dot{\boldsymbol{q}}] + \boldsymbol{K}[\boldsymbol{q}] = \boldsymbol{0},$$

$$\boldsymbol{M} = (m_{kl}),\ \boldsymbol{G} = (g_{kl}),\ \boldsymbol{K} = (k_{kl}),\ \boldsymbol{q} = [T_k(t)]$$

$$\text{mit } m_{kl} = \int_0^L U_k U_l \mathrm{d}z,\ g_{kl} = 2v_0\int_0^L U_k' U_l \mathrm{d}z,\ k_{kl} = (v_0^2 - c_0^2)\int_0^L U_k'' U_l \mathrm{d}z,$$

wenn hochgestellte Striche und Punkte gewöhnliche Ableitungen nach z und t bezeichnen. Wird eine äußere Dämpfung $d_a\rho_0 A u_{,t}$ hinzugefügt, tritt zusätzlich allein eine symmetrische Dämpfungsmatrix $\boldsymbol{D}$ auf, innere Dämpfung dagegen – im raumfesten Bezugssystem über $d_i S_0(u_{,zzt} + v_0 u_{,zzz})$ erfasst – hat sowohl Anteile in einer symmetrischen Dämpfungsmatrix als auch einer schiefsymmetrischen zirkulatorischen Matrix $\boldsymbol{N}$ zur Folge. Mit den erwähnten Orthogonalitätseigenschaften stellt man hier konkret fest, dass die symmetrischen Matrizen $\boldsymbol{M}$ und $\boldsymbol{K}$ Diagonalgestalt annehmen, während in der schiefsymmetrischen gyroskopischen Matrix $\boldsymbol{G}$, d. h. $g_{kl} = 0$ für $k = l$, ungerade Indexkombinationen $k + l$ für $k \neq l$ zwar alle verschwinden, aber die geraden $k + l$ nicht [29], sodass die gyroskopische Kopplung evident ist. Eine strenge Berechnung aller Eigenkreisfrequenzen ist damit nicht mehr möglich. Bei Beschränkung der Zahl N der in dem gemischten Ritz-Ansatz (8.55) verwendeten Formfunktionen U_k auf kleine Werte sind Näherungen formelmäßig angebbar, ansonsten nur noch numerisch. Aus bekannten Sätzen der Stabilitätstheorie kann man mit den Eigenschaften der auftretenden Systemmatrizen aber schließen, dass im unterkritischen Betrieb $v_0 < c_0$, in dem die Steifigkeitsmatrix nämlich positiv definit bleibt, bei vorhandener äußerer Dämpfung die gestreckte Konfiguration der bewegten Saite asymptotisch stabil ist. Wie man beispielsweise in einer 2-Glied-Näherung für den Ritz-Ansatz (8.55) abschätzen kann, nehmen die Eigenkreisfrequenzen mit wachsender Transportgeschwindigkeit ab. Die tiefste verschwindet bei $v_0 = c_0$ und markiert die Grenze zur monotonen Instabilität, die im Rahmen einer numerischen Rechnung mit wachsender Zahl N der benutzten Ansatzfunktionen nicht mehr verändert wird. Komplizierter werden die Betrachtungen für bewegte biegeschlaffe (undehnbare) Seilstrukturen mit Durchhang [19].

Bei der Untersuchung kleiner Biegeschwingungen axial mit v_0 = const bewegter Balken bleibt die gesamte Untersuchung qualitativ ungeändert. In der betreffenden Feldgleichung tritt ein Term $EIu_{,ZZZZ}$ oder $EIu_{,zzzz}$ auf, je nachdem, ob man im mitbewegten oder raumfesten Bezugssystem rechnet, und hinzu kommen statt zwei jetzt vier Randbedingungen. Ist der Balken über eine axiale Zugkraft vorgespannt, woraus ein zweiter Anteil $-F_0 u_{,ZZ}$ oder $-F_0 u_{,zz}$ folgt, tragen beide zur effektiven Biegesteifigkeit bei. Fehlt eine axiale Vorspannung, tritt der Term infolge natürlicher Biegesteifigkeit allein auf. Eine geschlossene Lösung in Form eines Wellenansatzes erscheint wesentlich aufwändiger, die Vorgehensweise unter Verwendung eines gemischten Ritz-Ansatzes bleibt unberührt. Bei beidseitig querunverschiebbarer und biegemomentenfreier Lagerung – für ein biegesteifes bewegtes Strukturmodell eher eine akademische Ausführung – bleibt die Rechnung genauso einfach wie bei der Saite. In jedem Falle tritt ein Zusatz innerhalb der Steifigkeitsmatrix $\boldsymbol{K}$ auf, der jedoch die Symmetrie nicht beeinflusst. Der durch äußere Dämpfung beeinflusste bewegte Balken ist für eine Transportgeschwindigkeit v_0, die klein genug bleibt, die positive Definitheit der Steifigkeitsmatrix nicht zu zerstören, asymptotisch stabil. Die Dissertation von Lorenz [13] mit wichtiger technischer Anwendung ist eine bemerkenswerte Arbeit dazu aus jüngster Zeit.

Ähnliche Schwingungsprobleme wie bei axial bewegten Saiten oder Stäben treten bei axial durchströmten Schläuchen oder schlanken Rohren auf, die selbst keine Starrkörperbewegung erfahren, siehe z. B. [17]. Das strömende Fluid wird in diesem Zusammenhang in aller Regel als inkompressibler Stromfaden modelliert, sodass die Aufgabenstellung noch nicht sehr stark durch strömungsmechanische Aspekte verkompliziert wird. Es stehen die

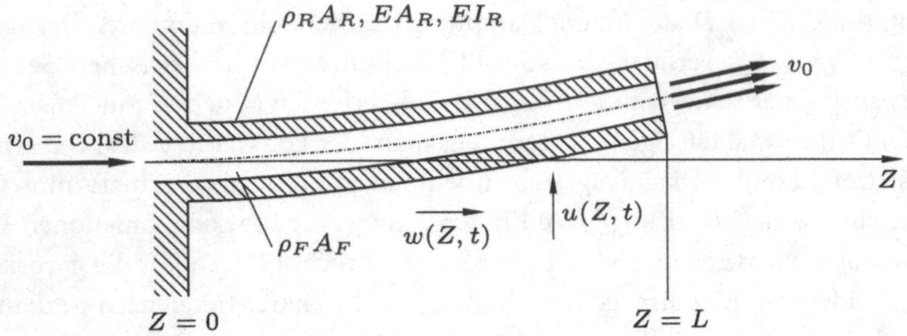

Abb. 8.7 Mit konstanter Geschwindigkeit axial durchströmtes Rohr

Fluidmassenzu- oder -abfuhr und die „Starrkörperbewegung" der Flüssigkeit im Vordergrund und wie dadurch Querschwingungen des Schlauches oder Rohres induziert werden können. Es liegt also eine auf Stabilität zu untersuchende Grundbewegung vor, die durch die gestreckte Lage der Struktur mit axialer stationärer Durchströmung repräsentiert wird, und es ist die kritische Durchströmungsgeschwindigkeit gesucht, die zu anwachsenden Biegeschwingungen führt.

Beispielhaft wird als eine Verallgemeinerung des ungedämpften Beckschen Knickstabes hier gemäß Abb. 8.7 ein Kragträger der Länge L mit Kreisrohrquerschnitt (Biegesteifigkeit EI_R, Dehnsteifigkeit EA_R, Massenbelegung $\rho_R A_R$, allesamt konstant) betrachtet, der bei $Z = 0$ in der Umgebung eingespannt ist und bei $Z = L$ ein freies Kragende besitzt. Er wird aus einem Flüssigkeitsreservoir so versorgt, dass bei $Z = 0$ die inkompressible reibungsfreie Flüssigkeit (Massenbelegung $\rho_F A_F = \text{const}$) in das Rohr eintritt, dieses mit konstanter Geschwindigkeit v_0 durchströmt und am Kragende als Freistrahl verlässt. Benutzt man zur Herleitung des beschreibenden Randwertproblems für gekoppelte Längs- und (ebene) Biegeschwingungen $w(Z,t)$ und $u(Z,t)$ wieder das Prinzip von Hamilton (2.60) bzw. (3.10), dann hat man zu beachten, dass hier in das betrachtete Kontrollvolumen $0 \leq Z \leq L$ des Rohres endlicher Länge Flüssigkeit zu- und abgeführt wird, sodass am schwingenden Rohrende ein nichtklassischer virtueller Arbeitsanteil durch den dort (bei $Z = L$) austretenden Flüssigkeitsstrahl entsteht [2]. Neben den üblichen Anteilen der kinetischen Energie

$$\begin{aligned} T &= T_R + T_F \\ &= \frac{1}{2}\int_0^L \rho_R A_R \left(u_{,t}^2 + w_{,t}^2\right) \mathrm{d}Z + \frac{1}{2}\int_0^L \rho_F A_F \left[\left(u_{,t} + v_0 u_{,Z}\right)^2 + \left(w_{,t} + v_0 w_{,Z}\right)^2\right] \mathrm{d}Z \end{aligned} \tag{8.56}$$

für Struktur und Fluid und des elastischen Potenzials

$$U_i = \frac{1}{2}\int_0^L \left[EI_R u_{,ZZ}^2 + EA_R \left(w_{,Z} + \frac{u_{,Z}^2}{2}\right)^2\right] \mathrm{d}Z \tag{8.57}$$

für das Rohr hat man bei Verzicht auf weitere Potenzialanteile, Dämpfungseinflüsse und externe Lasten noch einen virtuellen Arbeitsanteil

$$W_{\delta \mathrm{F}} = -\rho_{\mathrm{F}} A_{\mathrm{F}} v_0 \left[(u_{,t} + v_0 u_{,Z}) \, \delta u + (w_{,t} + v_0 w_{,Z}) \, \delta w \right]_{Z=L} \tag{8.58}$$

hinzuzufügen. Die Auswertung des Prinzips von Hamilton unter Einbeziehung des virtuellen Arbeitsterms (8.58) führt auf das zugehörige nichtlineare Randwertproblem

$$\begin{aligned}
EI_{\mathrm{R}} u_{,ZZZZ} - EA_{\mathrm{R}} \left(w_{,Z} u_{,Z} \right)_{,Z} + (\rho_{\mathrm{R}} A_{\mathrm{R}} + \rho_{\mathrm{F}} A_{\mathrm{F}}) \, u_{,tt} + 2 v_0 \rho_{\mathrm{F}} A_{\mathrm{F}} u_{,Zt} + \rho_{\mathrm{F}} A_{\mathrm{F}} v_0^2 u_{,ZZ} &= 0, \\
-EA_{\mathrm{R}} \left(w_{,Z} + \frac{u_{,Z}}{2} \right)_{,Z} + (\rho_{\mathrm{R}} A_{\mathrm{R}} + \rho_{\mathrm{F}} A_{\mathrm{F}}) \, w_{,tt} + 2 v_0 \rho_{\mathrm{F}} A_{\mathrm{F}} w_{,Zt} + \rho_{\mathrm{F}} A_{\mathrm{F}} v_0^2 w_{,ZZ} &= 0, \\
u(0,t) = 0, \quad u_{,Z}(0,t) = 0, \quad w(0,t) &= 0, \\
u_{,ZZ}(L,t) = 0, \quad v_{,ZZZ}(L,t) = 0, \quad w_{,Z}(L,t) + \frac{u_{,Z}(L,t)}{2} &= 0 \\
\forall t &\geq 0
\end{aligned}$$

mit ausschließlich homogenen Randbedingungen. Man erkennt an dieser Stelle, dass infolge der Vernachlässigung von Rohrreibung und Gewichtseinfluss sowie äußeren axialen Volumen- bzw. Randkräften der Grundzustand trivial wird: $u_0(Z,t), w_0(Z,t) \equiv 0$. Damit sind die linearisierten Störungsgleichungen in $\Delta u(Z,t), \Delta w(Z,t)$, die dem trivialen Grundzustand zu überlagern sind, voneinander entkoppelt und mit den linearisierten ursprünglichen Gleichungen identisch. Die Biegeschwingungsgleichungen beschreiben das hier interessierende Stabilitätsproblem. Das zugehörige Randwertproblem lautet

$$\begin{aligned}
EI_{\mathrm{R}} \Delta u_{,ZZZZ} + (\rho_{\mathrm{R}} A_{\mathrm{R}} + \rho_{\mathrm{F}} A_{\mathrm{F}}) \, \Delta u_{,tt} + 2 v_0 \rho_{\mathrm{F}} A_{\mathrm{F}} \Delta u_{,Zt} + \rho_{\mathrm{F}} A_{\mathrm{F}} v_0^2 \Delta u_{,ZZ} &= 0, \\
\Delta u(0,t) = 0, \quad \Delta u_{,Z}(0,t) = 0, \quad \Delta u_{,ZZ}(L,t) = 0, \quad \Delta u_{,ZZZ} &= 0 \\
\forall t &\geq 0
\end{aligned} \tag{8.59}$$

und ist offensichtlich eine Verallgemeinerung der Stabilitätsgleichungen des Beckschen Knickstabes. Die Randbedingungen sind identisch, während beim durchströmten Rohr noch ein gyroskopischer Zusatzterm $2 v_0 \rho_{\mathrm{F}} A_{\mathrm{F}} \Delta u_{,Zt}$ in der Feldgleichung auftritt. Der beim Knickstab auftretende Einfluss $f_0 u_{,ZZ}$ einer axialen (mitgehenden) Randdruckkraft F_0 ist beim durchströmten Rohr durch den äquivalenten Term $\rho_{\mathrm{F}} A_{\mathrm{F}} v_0^2 \Delta u_{,ZZ}$ ersetzt. Beide Probleme sind nichtkonservativ. Während jedoch der Becksche Knickstab eher akademisch ist[7] und technisch ohne regelnde Eingriffe praktisch nicht zu realisieren ist, ist das durchströmte Rohr in der Tat ein prototypischer technischer Vertreter derartiger nichtkonservativer Stabilitätsprobleme. Ähnliche Probleme treten bei axial umströmten schlanken Festkörpern auf [17], neuerdings gewinnen reibungsinduzierte Schwingungen bewegter Kontinua, die beispielsweise das Quietschen von Scheibenbremsen erklären können, enorm an Bedeutung [11, 26, 10]. Sie repräsentieren eine zweite wichtige Gruppe nichtkonservativer

[7] Eine ausführliche Diskussion darüber findet man in [7].

Stabilitätsprobleme der Strukturdynamik, bei denen eine markante spezifische Eigenheit darin besteht, dass der nichtkonservative Reibkontakt an Oberflächenpunkten bewegter Balken oder rotierender Scheiben auftritt [9] und nicht an Punkten der neutralen Faser oder Mittelebene.

Zur Lösung des Randwertproblems (8.59), die z. B. in [38] einschließlich Dämpfungs- und zusätzlichen Masseneinflüssen samt einer eindrucksvollen experimentellen Verifizierung geleistet wurde, verwendet man den Produktansatz

$$u(Z,t) = U(Z)e^{\mathrm{i}\omega t}$$

in Verbindung mit der dimensionslosen Ortskoordinate $\zeta = Z/L$ und den dimensionslosen Parametern

$$\gamma = \frac{\rho_F A_F v_0^2 L^2}{EI}, \quad \alpha = \frac{\rho_F A_F}{\rho_F A_F + \rho_S A_S} \;(0 \le \alpha \le 1), \quad \lambda^2 = \frac{(\rho_F A_F + \rho_S A_S)\omega^2 L^4}{EI}. \tag{8.60}$$

Man wird damit auf das Eigenwertproblem

$$\begin{gathered} U'''' + \gamma U'' + \mathrm{i}\alpha U' - \lambda^2 U = 0, \\ U(0) = 0, \quad U'(0) = 0, \quad U''(1) = 0, \quad U'''(1) = 0 \end{gathered} \tag{8.61}$$

mit komplexen Koeffizienten zur Berechnung des Eigenwertes λ^2 geführt, das den Lastparameter γ und das Massenverhältnis α enthält. Hochgestellte Striche bezeichnen Ableitungen nach ζ. Wie bereits bei der bewegten Saite oder dem bewegten Balken ist das Problem offensichtlich im Reellen nicht separierbar. Da im Folgenden nicht die Schwingungsformen sondern ein Stabilitätsnachweis im Vordergrund stehen, ist diese Aussage sekundär. Das Eigenwertproblem des Beckschen Knickstabes ist einfacher, weil der gyroskopische Anteil $\mathrm{i}\alpha U'$ fehlt und damit ein reelles Eigenwertproblem (mit einem Parameter weniger) resultiert. Ein exponentieller Lösungsansatz

$$U(\zeta) = Ce^{\mathrm{i}\kappa\zeta}$$

liefert nach Einsetzen in die Differenzialgleichung $(8.61)_1$ die Dispersionsgleichung

$$\kappa^4 - \gamma\kappa^2 - \alpha\kappa - \lambda^2 = 0$$

als polynomen Zusammenhang zwischen Exponent κ und Eigenwert λ^2. Im Gegensatz zum Beckschen Knickstab, für den diese Gleichung biquadratisch und damit bezüglich der vier κ-Werte noch leicht lösbar ist, sind die Zusammenhänge hier komplizierter. Bezeichnet man die Lösungen mit $\kappa_j(\lambda)$, $(j = 1,2,3,4)$, dann ergibt sich die allgemeine Lösung

$$U(\zeta) = C_1 e^{\mathrm{i}\kappa_1\zeta} + C_2 e^{\mathrm{i}\kappa_2\zeta} + C_3 e^{\mathrm{i}\kappa_3\zeta} + C_4 e^{\mathrm{i}\kappa_4\zeta} \tag{8.62}$$

der Differenzialgleichung $(8.61)_1$. Für den Beckschen Knickstab lässt sich die komplexe Darstellung reell umschreiben, sodass der letzte Schritt, die Anpassung der gefundenen allgemeinen Lösung (8.62) an die Randbedingungen, eine signifikant einfacher auswertbare Eigenwertgleichung liefert. Für das durchströmte Rohr muss die komplexe Schreibweise weiter verwendet werden. Die Anpassung an die vier Randbedingungen $(8.61)_2$ ergibt in jedem Fall ein lineares algebraisches homogenes Gleichungssystem, dessen verschwindende Determinante die transzendente Eigenwertgleichung darstellt, die numerisch zu lösen ist. Während beim Beckschen Knickstab durch die analytisch vorliegenden $\kappa_j(\lambda)$-Werte und die Möglichkeit der reellen Schreibweise von (8.62) diese Eigenwertgleichung im Reellen ausgewertet werden kann, trifft dies für den vorliegenden Fall des durchströmten Rohres nicht zu. Im Allgemeinen ergeben sich – selbst ohne jeden Dämpfungseinfluss – abzählbar unendlich viele komplexe Eigenwerte, die zu bestimmen sind. Für einen Parameterwert $\alpha = 10^{-3}$ beispielsweise ergibt die numerische Auswertung einen kritschen Lastwert $\gamma_{\text{krit}} \approx 17.6$, bei dessen Überschreiten erstmalig einer der Eigenwerte, hier der Eigenwert λ_2, einen positiven Realteil bei nicht verschwindendem Imaginärteil annimmt. Es kommt damit zu oszillatorischer Instabilität in Form von Flattern. Der tiefste Eigenwert λ_1 behält bemerkenswerterweise für alle Lastparameter, d. h. alle endlichen Durchströmungsgeschwindigkeiten v_0, einen negativen Realteil. Es erscheint plausibel, dass die zugehörige reell zusammengefasste Schwingungsform der mit λ_2 korrespondierenden ersten Oberschwingungsform eines Kragträgers entspricht und diese Erwartung konnte in [38] auch experimentell bestätigt werden. Natürlich lässt sich dieses Ergebnis auch numerisch berechnen.

8.4 Schwingende Elastica

1-parametrige Strukturmodelle wurden in Kap. 3 und dann im Detail auch in Kap. 5 bereits ausführlich auf der Basis einer 3-dimensionalen Kontinuumstheorie für kleine Querschnittsabmessungen im Vergleich zur Länge durch Berücksichtigung innerer geometrischer Zwangsbedingungen diskutiert. Sie wurden verallgemeinert als Linientragwerke bezeichnet, weil alle Feldvariablen auf Variable der Stabachse – einer Linie – zurückgeführt wurden und die Querschnittskoodinaten nur als Mittelwerte in Form der Querschnittsfläche, von Flächenmomenten, etc. auftreten.

Es gibt noch einen anderen Zugang, der den Begriff der Linie in das Zentrum der Modellierung rückt und bei der Verformungskinematik das begleitende Dreibein $(\vec{e}_t\ \vec{e}_n\ \vec{e}_b)$ der materiellen räumlichen Zentrallinie zugrunde legt und deren charakteristischen Kenngrößen Krümmung κ und Windung τ verwendet. Bei Torsion spielt dann die Querschnittsausdehnung doch noch eine gewisse Rolle, weil nur dadurch ein Hauptachsensystem $(\vec{e}_1\ \vec{e}_2)$ (mit $\vec{e}_3 = \vec{e}_t$) definiert werden kann, das im Allgemeinen nicht mit dem Hauptnormalen- $(\vec{e}_n)$ und dem Binormaleneinheitsvektor $\vec{e}_b$ zusammenfällt und die so genannte Drillung (bei Torsion) festlegt. Sie hängt mit der Windung zusammen, siehe z. B. [5], ist aber im Allgemeinen von ihr zu unterscheiden und ist bei Torsion die entscheidende Verformungsgröße (und nicht die Windung). Ohne Bezug auf eine Querschnittsausdehnung werden dann bei linearem Materialgesetz unter Vernachlässigung von Schubdeformation die konstituti-

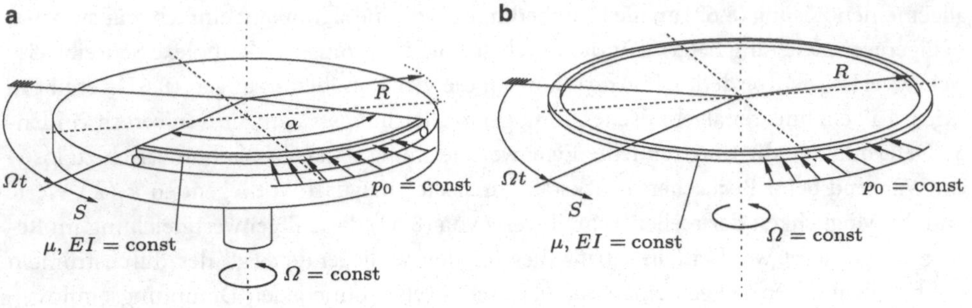

Abb. 8.8 Rotierende kreisringförmige Strukturen

ven Gleichungen zwischen Normalkraft N, Biegemomenten $M_{1,2}$ sowie Torsionsmoment M_T und der Dehnung ε, den Krümmungen[8] $\kappa_{1,2}$ sowie der Drillung ϑ in der übersichtlichen Form

$$N = A\varepsilon, \quad M_{1,2} = B_{1,2}\kappa_{1,2}, \quad M_T = C\vartheta$$

als einfache Proportionalitäten eingeführt. Im Rahmen physikalischer Anschauung kann man dann nachträglich den Größen A, $B_{1,2}$ und C die Bedeutung von Dehn-, Biege- und Torsionssteifigkeiten zumessen. Verallgemeinerte Kräfte- und Momentengleichgewichte im Sinne d'Alemberts unter Einbeziehung von eingeprägten und Trägheitswirkungen beschreiben dann den aktuellen dynamischen Verformungszustand im Raum in ε, $\kappa_{1,2}$ und ϑ und gegebenenfalls Verschiebungsgrößen. Diese Art von Modellierung geht auf die Mitte des 18. Jahrhunderts zurück, wird bereits in dem Buchklassiker [14] zusammenfassend dargestellt, spielt aber genauso in der aktuellen Literatur zur Dynamik von Stäben [27] eine wesentliche Rolle. Im ebenen Fall (ohne Torsion) spricht man dann von so genannten *Elastica*, die häufig undehnbar modelliert werden.

Ein derartiges ebenes Problem soll hier im Detail erörtert werden. Es geht dabei um kleine Schwingungen rotierender Kreisringsegmente bzw. geschlossener Kreisringe unter innerer oder äußerer gleichförmiger Druckbelastung [18], siehe Abb. 8.8. Die jeweilige undehnbare Struktur ist dabei in horizontaler Ebene als Kreissegment (Öffnungswinkel $\alpha < 2\pi$) oder Vollkreis (jeweiliger Radius R) ausgebildet und dreht sich um eine vertikale Achse mit der konstanten Winkelgeschwindigkeit Ω derart, dass die Flächennormale durch den Kreismittelpunkt mit der Drehachse zusammenfällt. Die Struktur wird zusätzlich durch eine gleichförmig verteilte radiale Druckbelastung konstanter Amplitude p_0 beaufschlagt, die als Außendruck positiv gerechnet wird. Das Elasticum hat eine Masse pro Länge μ und eine Biegesteifigkeit EI, Gewichtseinflüsse bleiben außer Acht. Zur Schwingungsanalyse wird ein der Starrkörperrotation folgendes $(O\vec{e}_x\,\vec{e}_y\,\vec{e}_z)$-Bezugssystem eingeführt, dessen Z-Achse mit der Drehachse zusammenfällt. Von der X-Achse aus, siehe

[8] Die Krümmungskoordinaten κ_1 und κ_2 sind die Projektion der Krümmung κ der Zentrallinie auf die Hauptbiegeebenen $(\vec{e}_2, \vec{e}_3)$ und $(\vec{e}_1, \vec{e}_3)$.

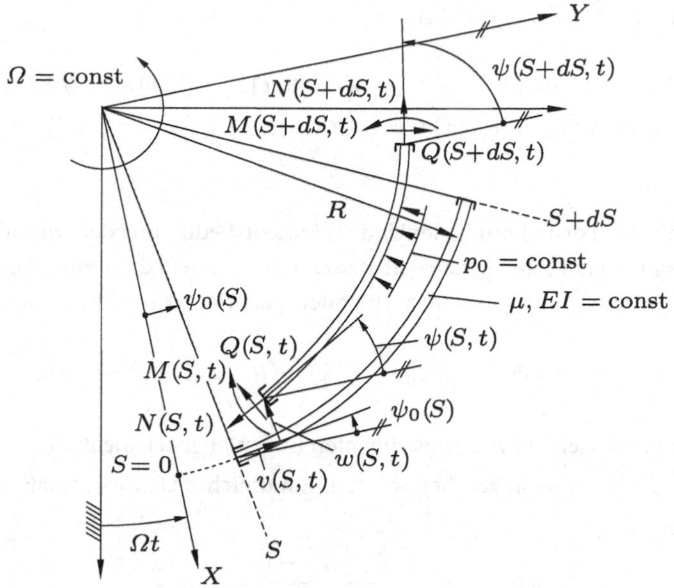

Abb. 8.9 Freigeschnittenes Strukturelement im Referenz- und im aktuellen verformten Zustand

Abb. 8.9, wird das linke Schnittufer eines herausgeschnittenen materiellen Strukturelements der infinitesimalen Länge dS in seiner Referenzkonfiguration durch die Bogenlänge S im unverformten Zustand bzw. den Winkel $\psi_0(S) = S/R$ vermaßt. Betrachtet man das verformte Element mit dem Winkel ψ der Ringtangente in ihrer aktuellen Lage, dann hat man die Schnittgrößen (Normalkraft N, Querkraft Q und Biegemoment M) und die in tangentiale und normale Richtung der Referenzkonfiguration gemessenen Verschiebungen v und w, allesamt abhängig von der Bogenlänge S und der Zeit t. Verwendet man die wohlbekannten Zusammenhänge

$$Q = M_{,S} = EI\psi_{,SS}, \quad M = EI(\psi_{,S} - \psi_{0,S}),$$

liefert eine lokale verallgemeinerte Kräftebilanz die maßgebenden Bewegungsgleichungen

$$\begin{aligned}
&EI\psi_{,SS}\psi_{,S}\cos(\psi-\psi_0) + EI\psi_{,SSS}\sin(\psi-\psi_0) + N_{,S}\cos(\psi-\psi_0) \\
&\qquad - \psi_{,S}N\sin(\psi-\psi_0) - \mu v_{,tt} + \Omega^2 v + 2\mu\Omega w_{,t} - p_0\sin(\psi-\psi_0) = 0, \\
&EI\psi_{,SS}\psi_{,S}\sin(\psi-\psi_0) - EI\psi_{,SSS}\cos(\psi-\psi_0) + N_{,S}\sin(\psi-\psi_0) \\
&\qquad + \psi_{,S}N\cos(\psi-\psi_0) - \mu w_{,tt} - \Omega^2(R-w) - 2\mu\Omega w_{,t} + p_0\cos(\psi-\psi_0) = 0.
\end{aligned} \tag{8.63}$$

Für das Ringsegment sind Randbedingungen

$$\begin{aligned}
&v(0,t) = 0, \quad w(0,t) = 0, \quad \psi_{,S}(0,t) = 0, \\
&v(R\alpha,t) = 0, \quad w(R\alpha,t) = 0, \quad \psi_{,S}(R\alpha,t) = 0 \ \forall t \geq 0
\end{aligned} \tag{8.64}$$

hinzuzufügen, während für den Vollring Periodizitätsbedingungen

$$
\begin{gathered}
v(0,t) = v(2\pi R,t), \quad w(0,t) = w(2\pi R,t), \quad \psi(0,t) = \psi(2\pi R,t),\\
N(0,t) = N(2\pi R,t), \quad \psi_{,S}(0,t) = \psi_{,S}(2\pi R,t), \quad \psi_{,SS}(0,t) = \psi_{,SS}(2\pi R,t)\ \forall t \geq 0
\end{gathered}
\tag{8.65}
$$

zu erfüllen sind. Zur Formulierung der Undehnbarkeitsbedingung der Zentrallinie und ihrer Krümmung wird auf differenzialgeometrische Zusammenhänge zurückgegriffen. Sind die Koordinaten des Ortsvektors zum verformten materiellen Punkt des Elasticums als

$$
X(S) = (R - w\cos\psi_0) - v\sin\psi_0, \quad Y(S) = (R - w\sin\psi_0) + v\cos\psi_0 \tag{8.66}
$$

gegeben, so kann, ausgehend vom unverformten Bogenlängenelement dS, dessen verformte Länge als $\sqrt{X_{,S}^2 + Y_{,S}^2}\,\mathrm{d}S$ angegeben werden. Ein übliches Dehnungsmaß ist damit

$$
e^2 = \frac{X_{,S}^2 + Y_{,S}^2 - 1}{2}, \tag{8.67}
$$

das für eine undehnbare Ring(segment)skelettlinie null sein muss. Nach Einsetzen von (8.66) ergibt sich die streng gültige Bedingung

$$
v_{,S} - \frac{w}{R} + \left(v_{,S} - \frac{w}{R}\right)^2 + \frac{1}{2}\left(\frac{v}{R} + w\right)^2 = 0 \tag{8.68}
$$

als Funktion der Verschiebungen v und w. Für die Krümmung $\psi_{,S}$ geht man von

$$
\psi_{,S} = \frac{X_{,S}Y_{,SS} - Y_{,S}X_{,SS}}{(X_{,S}^2 + Y_{,S}^2)^{3/2}}
$$

aus und findet mit (8.66) unter Verwendung der Undehnbarkeitsbedingung (8.68) die ebenfalls streng gültige Beziehung

$$
\psi_{,S} = \frac{1}{R} + \left(w_{,SS} + \frac{v_{,S}}{R}\right)\left(1 + v_{,S} - \frac{w}{R}\right) - \left(v_{,SS} - \frac{w_{,S}}{R}\right)\left(w_{,S} + \frac{v}{R}\right), \tag{8.69}
$$

worin $\psi_{0,S} = 1/R$ die konstante Krümmung im Referenzzustand ist. Die Lösung des nichtlinearen Randwertproblems setzt sich aus zwei Anteilen zusammen. Der erste beschreibt einen stationären, zeitunabhängigen Zustand, der sich im Zentrifugalfeld bei konstanter Winkelgeschwindigkeit unter zusätzlicher gleichförmiger Druckbelastung einstellt. Er wird durch den Index 0 bezeichnet und ist wegen der undehnbaren Struktur durch verschwindende Verschiebungen $v_0, w_0 \equiv 0$ gekennzeichnet. Daraus folgt, dass die ursprüngliche kreisförmige Gestalt unverändert bleibt und die Krümmung ihren natürlichen Wert $\psi_{0,S} \equiv$

$1/R$ behält. Damit treten in dieser Konfiguration auch keine Querkräfte und Biegemomente auf, $Q_0, M_0 \equiv 0$, und die erste Bewegungsgleichung in (8.63) vereinfacht sich zur Aussage

$$N_{0,S} = 0, \text{ d. h. } N_0 = \text{const},$$

womit die zweite Bewegungsgleichung in (8.63) zum konkreten Ergebnis

$$N_0 = -p_0 R + \mu \Omega R^2$$

führt. Der zweite Anteil kennzeichnet die überlagerten kleinen Schwingungen, denen man mit dem Ansatz

$$\begin{aligned}
&v(S,t) = \Delta v(S,t), \quad w(S,t) = \Delta w(S,t),\\
&\psi(S,t) = \psi_0(S) + \Delta\psi(S,t) \to \psi_{,S}(S,t) = \frac{1}{R} + \Delta\psi_{,S}(S,t), \; \psi_{,SS}(S,t) = \Delta\psi_{,SS}(S,t),\\
&N(S,t) = N_0 + \Delta N(S,t)
\end{aligned}$$

Rechnung trägt. Einsetzen in (8.63) und Linearisieren in den Δ-Größen liefert nach etwas Algebra die Variationsgleichungen

$$\begin{aligned}
\frac{EI}{R}\Delta\psi_{,SS} + \Delta N_{,S} - \mu\Omega^2 R\Delta\psi - \mu\Delta v_{,tt} + 2\mu\Omega\Delta w_{,t} + \mu\Omega^2\Delta v = 0,\\
-EI\Delta\psi_{,SSS} + \frac{1}{R}\Delta N + (\mu\Omega^2 R^2 - p_0 R)\Delta\psi_{,S} - \mu\Delta w_{,tt} - 2\mu\Omega\Delta v_{,t} + \mu\Omega^2\Delta w = 0.
\end{aligned} \tag{8.70}$$

Die Rand- bzw. Periodizitätsbedingungen (8.64) und (8.65) bleiben unverändert, wenn alle abhängig Variablen durch Δ-Größen ersetzt werden. Die linearisierte Annahme der Undehnbarkeit ist

$$\Delta v_{,S} - \frac{\Delta w}{R} = 0, \tag{8.71}$$

und für die Krümmungsstörung ergibt sich

$$\Delta\psi_{,S} = \Delta w_{,SS} + \frac{\Delta v_{,S}}{R}. \tag{8.72}$$

Um das erhaltene Randwertproblem (8.70), (8.64) oder (8.65) sowie (8.71), (8.72) zu lösen, ist der kürzeste Weg die Umformung auf eine Einzeldifferenzialgleichung in Δv mit entsprechenden Rand- bzw. Periodizitätsbedingungen. Dazu differenziert man $(8.70)_2$ einmal bezüglich S und subtrahiert sie von $(8.70)_1$. Auf diese Weise wird die Normalkraft ΔN eliminiert. Dann werden in der resultierenden Gleichung Δw und $\Delta\psi_{,S}$ gemäß (8.71) und (8.72) durch Δv und entsprechende Ableitungen ersetzt. Defininiert man schließlich noch die dimensionslosen Variablen und Parameter

$$\tau = \Omega_0 t \left(\Omega_0^2 = \frac{EI_0}{\mu R^4}\right), \quad \beta_0 = \frac{p_0 R^3}{EI_0}, \quad \gamma = \frac{EI}{EI_0}, \quad \omega = \frac{\Omega}{\Omega_0}, \tag{8.73}$$

worin EI_0 eine passende Referenzsteifigkeit bedeutet, dann lautet die resultierende Feldgleichung

$$\Delta\ddot{v} - \Delta\ddot{v}'' - 4\omega\Delta\dot{v}' + 3\omega^2\Delta v'' + \omega^2\Delta v'''' - \beta_0(\Delta v'''' + \Delta v'') - \gamma(\Delta v'''''' + 2\Delta v'''' + \Delta v'') = 0. \tag{8.74}$$

Hochgestellte Punkte und Striche bezeichnen Ableitungen nach τ und $\psi_0 = S/R$. In den ursprünglichen Rand- bzw. Periodizitätsbedingungen (8.64) und (8.65), angewendet für Δ-Größen, werden die linearisierten Beziehungen (8.71) und (8.72) ebenfalls benutzt, sodass die Bewegungsgleichung (8.74) durch

$$\begin{aligned} &\Delta v(0,\tau) = 0, \quad \Delta v'(0,\tau) = 0, \quad \Delta v''(0,\tau) = 0, \quad \Delta v'''(0,\tau) = 0, \\ &\Delta v(\alpha,\tau) = 0, \quad \Delta v'(\alpha,\tau) = 0, \quad \Delta v''(\alpha,\tau) = 0, \quad \Delta v'''(\alpha,\tau) = 0 \quad \forall \tau \geq 0 \end{aligned} \tag{8.75}$$

für das Ringsegement bzw.

$$\Delta v(0,\tau) = \Delta v(2\pi,\tau), \ldots, \Delta v'''''(0,\tau) = \Delta v'''''(2\pi,\tau) = 0 \; \forall \tau \geq 0 \tag{8.76}$$

für den Vollring komplettiert wird. Man ist damit wieder bei einem Randwertproblem in Verschiebungsgrößen angekommen, das bezüglich seiner Lösung keine grundsätzlich neuen Erkenntnisse mehr bringt. Die alternative Behandlung im Sinne von Elastica ist demnach an dieser Stelle abgeschlossen.

Die Weiterrechnung dient allein der Erarbeitung konkreter Ergebnisse für das vorliegende Problem. Dabei ist die dimensionslose Schreibweise gemäß (8.73) völlig analog zu jener, siehe (5.142) aus Abschn. 5.4, und auch die damaligen Bemerkungen zur zweckmäßigen Wahl von EI_0 können übernommen werden: Sowohl Ringstrukturen (oder Zylinderschalen) mit Biegesteifigkeit als auch biegeschlaffe Seile (oder Membranstrukturen) lassen sich diskutieren. Während im ersten Fall $\gamma = 1$ die richtige Wahl ist, gelingt der Grenzübergang zum zweiten Fall durch $\gamma = 0$. Dabei reduziert sich für ein Seil oder eine Membran die Ordnung der Differenzialgleichung von sechs auf vier, sodass in (8.75) die Bedingung für v''' und in (8.76) die Bedingungen für v'''' und v''''' wegzulassen sind. Quantitative Ergebnisse können vor allem für den biegesteifen oder -schlaffen *Voll*ring einfach angegeben werden[9]. Die Berechnung der Eigenkreisfrequenzen ist am interessantesten. Man benutzt dafür den Lösungsansatz

$$\Delta v(\psi_0,\tau) = Ae^{\mathrm{i}(n\psi_0 + \lambda\tau)}, \tag{8.77}$$

der alle Periodizitätsbedingungen (8.76) erfüllt und setzt ihn in die Feldgleichung (8.74) ein. Die resultierende quadratische charakteristische Gleichung zur Bestimmung der Ei-

[9] Dies gilt auch noch bei Beachtung von Drehträgheit, der in [39] gewisse Aufmerksamkeit geschenkt wird.

genwerte λ besitzt die Lösungen

$$\lambda_{n\,1,2} = \frac{2n\omega}{n^2+1} \pm \sqrt{\frac{n^2(n^2-1)^2}{n^2+1}\left(\gamma + \frac{\omega^2}{n^2+1}\right) - \frac{n^2(n^2-1)}{n^2+1}\beta_0}. \tag{8.78}$$

Die detaillierte Auswertung liefert das Ergebnis, dass (oszillatorische) Instabilität auftreten kann. Um dies klar zu machen, geht man von einer bestimmten Umlaufgeschwindigkeit und einem bestimmten Außendruck aus, die noch zu negativen Realteilen aller Eigenwerte führen sollen, sodass Stabilität des Grundzustandes vorliegt. Anschließend erhöht man die Außendruckbelastung kontinuierlich, bis bei einem kritischen Wert $\beta_{0\,\mathrm{krit}}^{(n)}$ einer der betreffenden Eigenwerte n-ter Ordnung einen positiven Realteil annimmt, womit die Stabilitätsgrenze überschritten ist. Den kritischen Wert erhält man durch Nullsetzen des Radikanten in (8.78), beispielsweise für einen biegesteifen Ring ($\gamma = 1$):

$$\beta_{0\,\mathrm{krit}}^{(n)} = n^2 - 1 + \frac{n^2-1}{n^2+1}\omega^2, \quad n^2 \geq 2.$$

Eine Rotation erhöht offensichtlich den kritischen Außendruck. Diese versteifende Wirkung war zu erwarten. Für den wichtigsten Fall $n = 2$ erhält man

$$\beta_{0\,\mathrm{krit}}^{(2)} = 3 + \frac{3}{5}\omega^2.$$

Für ein biegeschlaffes Seil ($\gamma = 0$) ergibt eine entsprechende Rechnung

$$\beta_{0\,\mathrm{krit}}^{(n)} = 3\frac{n^2-1}{n^2+1}\omega^2, \qquad n^2 \geq 2$$

für die kritische Drucklast der Ordnung n. Damit ein vorgegebener Außendruck ertragen werden kann, muss also eine endliche Drehzahl vorliegen, um die notwendige Versteifung zu erzielen.

Auch für ein Ringsegment kann die zugehörige Eigenwertgleichung streng hergeleitet werden, die Auswertung ist allerdings aufwändig. Dazu ist der Lösungsansatz (8.77) in der Form

$$\Delta v(\psi_0, \tau) = A e^{\mathrm{i}(\kappa\psi_0 + \lambda\tau)}$$

zu modifizieren, indem der ganzzahlige Exponent n durch eine ebenfalls gesuchte, im Allgemeinen komplexe Zahl κ ersetzt wird. Einsetzen in die Differenzialgleichung (8.74) liefert die Dispersionsgleichung

$$\gamma\kappa^6 + (\omega^2 - \beta_0 - 2\gamma)\kappa^4 + (\beta_0 - \lambda^2 - 3\omega^2 + \gamma)\kappa^2 + 4\omega\lambda\kappa - \lambda^2 = 0$$

zur Bestimmung der sechs κ-Werte als Funktion von λ. Die so erhaltene, aus sechs Anteilen bestehende allgemeine zeitfreie Lösung $V(\psi_0) = \sum_{j=1}^{6} A_j e^{\mathrm{i}\kappa_j\psi_0}$ ist dann abschließend an die zeitfreien Randbedingungen (8.75) anzupassen. Die transzendente Eigenwertgleichung für λ ist die verschwindende Systemdeterminante des resultierenden homogenen algebraischen Gleichungssystems zur Bestimmung der Konstanten A_j $(j = 1, 2, \ldots, 6)$. Erneut ergeben sich drehzahlabhängige Eigenwerte und bei Außendruck auch wieder Instabilitäten. Rechnung und Ergebnisse sind ohne Besonderheiten.

8.5 Rotierende Scheiben

Exemplarisch werden im vorliegenden Abschnitt die Untersuchungen von Linien- auf Flächentragwerke erweitert, indem als wichtiger Anwendungsfall, bei dem Vorverformungen eine Rolle spielen, die Biegeschwingungen[10] einer rotierenden Kreisscheibe analysiert werden, siehe [25]. Bei schnell laufenden Rotoren ist eine versteifende Wirkung der Fliehkraft auch im Falle von Flächentragwerken in vielen Fällen zu erwarten, sodass eine derartige Rechnung auch praktisch wichtig sein kann. Wie schon im nichtrotierenden Fall hat man es bei Biegeschwingungen rotierender Kreisscheiben mit einem Randwertproblem bestehend aus *einer* partiellen Differenzialgleichung mit entsprechenden Randbedingungen zu tun, sodass die Ergebnisdiskussion noch übersichtlich bleibt. Wichtig ist wieder einerseits die Betrachtung des Grundzustandes und andererseits die lineare Bewegungsgleichung der kleinen Biegeschwingungen mit entsprechenden Randbedingungen, um daran anknüpfend einige Schlussfolgerungen zu ziehen.

Zur Auswertung des Prinzips von Hamilton (2.60) bzw. (3.10) ist die nichtlineare Formulierung der Verzerrungen als Funktion von Verschiebungen und Verschiebungsableitungen der Mittelfläche zum Eintrag in das zugehörige elastische Potenzial

$$U_\mathrm{i} = \frac{E}{2(1-\nu^2)} \int_A \int_{-h/2}^{+h/2} \left(E_{11}^2 + 2\nu E_{11} E_{22} + E_{22}^2\right) \mathrm{d}Z\,\mathrm{d}A + \frac{E}{(1+\nu)} \int_A \int_{-h/2}^{+h/2} E_{12}^2 \mathrm{d}Z\,\mathrm{d}A, \tag{8.79}$$

des Flächentragwerks im Sinne eines ebenen Spannungszustandes die entscheidende Voraufgabe. Wie schon bei Linientragwerken in Abschn. 8.1, siehe (8.3), hat man auch hier den Lagrangeschen Verzerrungstensor $\vec{\vec{E}}$ zu nehmen, um mit (8.79) eine (3.23) entsprechende Darstellung für U_i zu erhalten. Sie ist für ein körperfestes zylindrisches $(O\,\vec{e}_R\,\vec{e}_\phi\,\vec{e}_Z)$-Bezugssystem konkret anzuwenden, wobei die Z-Achse mit der $\vec{e}_3$-Drehachse eines raumfesten kartesischen Bezugssystems zusammenfällt, siehe Abb. 8.10. Sind u_1, u_2, u_3 die Koordinaten des Verschiebungsvektors $\vec{u}^*$ eines allgemeinen Körperpunktes $P \to p$ außerhalb der Mittelebene, dann können diese durch entsprechende Koordinaten u, v, w des Verschiebungsvektors $\vec{u}$ des korrespondierenden Mittelflächenpunktes $S \to s$ ausgedrückt werden. Ähnlich wie bei Linientragwerken ist diese Rechnung für ein kartesisches Bezugssystem im Detail in [5] ausgeführt, siehe dazu Übungsaufgabe 8.3. Wird wie dort auf

[10] In-plane-Schwingungen im Fliehkraftfeld werden beispielsweise in [23, 24] korrekt diskutiert.

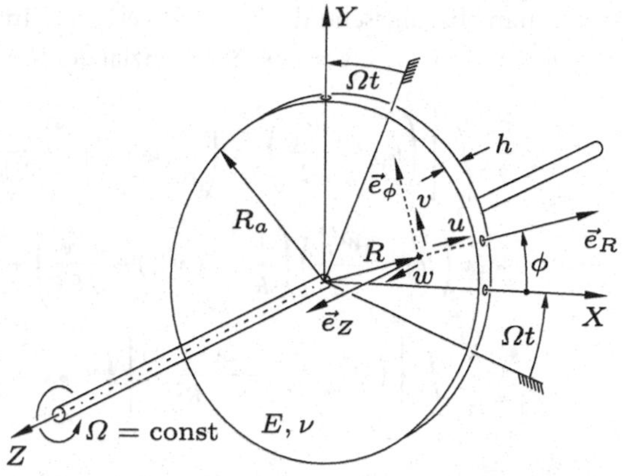

Abb. 8.10 Rotierende Kreisscheibe

Schubverformungen verzichtet und das Ebenbleiben der Querschnitte vorausgesetzt, dann erhält man in den hier maßgebenden zylindrischen Koordinaten

$$\begin{aligned}
u_1 &= u + Z\left(w_{,R} + u_{,R}w_{,R} + \frac{1}{R}v_{,R}w_{,\phi}\right),\\
u_2 &= v + \frac{Z}{R}\left[-w_{,\phi} + w_{,R}\left(u_{,\phi} - v\right) + \frac{1}{R}\left(u + v_{,\phi}\right)\right],\\
u_3 &= w - \frac{Z}{2}\left(w_{,R}^2 + \frac{1}{R^2}w_{,\phi}^2\right).
\end{aligned}$$

Berücksichtigt man die Ableitungsregeln

$$\begin{aligned}
u_{1,1} &= u_{1,R}, & u_{1,2} &= \frac{1}{R}(u_{1,\phi} - u_2), & u_{1,3} &= u_{1,Z},\\
u_{2,1} &= u_{2,R}, & u_{2,2} &= \frac{1}{R}(u_{2,\phi} + u_1), & u_{2,3} &= u_{2,Z},\\
u_{3,1} &= u_{3,R}, & u_{3,2} &= \frac{1}{R}u_{3,\phi}, & u_{3,3} &= u_{3,Z},
\end{aligned}$$

lassen sich die in (8.79) benötigten Verzerrungselemente beispielsweise bis zu quadratischer oder kubischer Ordnung konsistent angeben. Im Sinne der Kármanschen Plattentheorie, die gegenüber der konsistenten quadratischen Theorie in [25] einige Vereinfachungen macht und unter der Voraussetzung $h \ll R_a$ für out-of-plane Schwingungen im Fliehkraftfeld ausreicht, ergibt sich

$$\begin{aligned}
E_{RR} &= u_{,R} + \frac{w_{,R}^2}{2} - Zw_{,RR},\\
E_{\phi\phi} &= \frac{1}{R}(u + v_{,\phi}) + \frac{w_{,\phi}^2}{2R^2} - \frac{Z}{R}w_{,R} - \frac{Z}{R^2}w_{,\phi\phi},\\
E_{R\phi} &= \frac{1}{2}\left[v_{,R} + \frac{u_{,\phi} - v}{R} + \frac{w_{,R}w_{\phi}}{R}\right] - \frac{Z}{R}\left(w_{,R\phi} - \frac{w_{,\phi}}{R}\right).
\end{aligned}$$

Führt man abschließend die in (8.79) verlangte Integration über die Dicke h des Flächentragwerks aus, liegt das elastische Potenzial der Karmánschen Theorie einer Kreisplatte vor:

$$\begin{aligned} U_\mathrm{i} = \frac{D}{2}\int_A \Bigg[&\left(u_{,R} + \frac{w_{,R}^2}{2}\right)^2 + \left(\frac{1}{R}(u + v_{,\phi}) + \frac{w_{,\phi}^2}{2R^2}\right)^2 \\ &+ 2\nu\left(u_{,R} + \frac{w_{,R}^2}{2}\right)\left(\frac{1}{R}(u + v_{,\phi}) + \frac{w_{,\phi}^2}{2R^2}\right) + \frac{1-\nu}{2}\left(v_{,R} + \frac{u_{,\phi} - v}{R} + \frac{w_{,R}w_{\phi}}{R}\right)^2\Bigg]\mathrm{d}A \\ &+ \frac{K}{2}\int_A \left\{\left(\nabla_{R\phi}^2 w\right)^2 + \frac{2(1-\nu)}{R^2}\left[\left(w_{,R\phi} - \frac{1}{R}w_{,\phi}\right)^2 - w_{,RR}\left(Rw_{,R} + w_{,\phi\phi}\right)\right]\right\}\mathrm{d}A. \end{aligned} \tag{8.80}$$

Die Schreibweise unter Benutzung vollständiger Quadrate dient wieder zur rechentechnischen Vereinfachung der Herleitung des zugehörigen Randwertproblems. Ähnlich wie bei Biegeschwingungen axial belasteter schlanker Stäbe, für die zur korrekten Formulierung des nichtlinearen Ausgangsproblems eine nichtlinear ergänzte Längsdehnung zu nehmen ist, aber eine lineare Krümmung als Folge der Biegedehnung ausreicht, ist bei Biegeschwingungen von dünnen Platten unter in-plane-Belastung eine nichtlinear erweiterte Membranverzerrung wichtig, während Biegeverzerrungen in linearer Form erlaubt sind. Weitere Potenzialanteile werden nicht berücksichtigt, sodass U_i die gesamte potenzielle Energie U repräsentiert. Für die kinetische Energie ohne Beachtung der Drehträgheit ist

$$T = \frac{\rho_0 h}{2}\int_A \vec{v}^{\,2}\mathrm{d}A \tag{8.81}$$

mit der Absolutgeschwindigkeit

$$\vec{v} = (-\Omega v + u_{,t})\vec{e}_R + [\Omega(R+u) + v_{,t}]\vec{e}_\phi + w_{,t}\vec{e}_Z$$

eines materiellen Scheibenelements zu verwenden. Von potentiallosen Kräften wird abgesehen, sodass

$$W_\delta = 0 \tag{8.82}$$

gilt. Zur Festlegung der Randbedingungen wird im Folgenden eine rotierende Vollscheibe betrachtet, die außen bei $R = R_\mathrm{a}$ spannungsfrei ist. Damit kann das Prinzip von Hamilton ausgewertet werden und die anschließende Analyse des rein radialen, rotationssymmetrischen Grundzustandes $u(R,\phi,t) = u_0(R)$, mit $v(R,\phi,t), w(R,\phi,t) \equiv 0$ und der benachbarten Biegeschwingungen $\Delta w(R,\phi,t)$ erfolgen.

Da das nichtlinear gekoppelte Randwertproblem in u, v, w eigentlich gar nicht interessiert, weil darüber hinaus die Grundverformung ausreichend in linearer Näherung berechnet werden kann und bezüglich der klein angenommenen Biegeschwingungen eine lineare Beschreibung adäquat ist, wird hier der Störungsansatz

$$u(R,\phi,t) = u_0(R) + \Delta u(R,\phi,t), \quad v(R,\phi,t) = \Delta v(R,\phi,t), \quad w(R,\phi,t) = \Delta w(R,\phi,t)$$

direkt innerhalb des Variationsproblems (3.10) verarbeitet. Diese Prozedur führt in Verbindung mit der Einführung dimensionsloser Variablen und Parameter

$$\rho = \frac{R}{R_a}, \quad \tau = \omega t \text{ mit } \omega^2 = \frac{E}{\rho_0 R_\mathrm{a}^2},$$
$$\bar{u} = \frac{u}{R_\mathrm{a}}, \quad \bar{v} = \frac{v}{R_\mathrm{a}}, \quad \bar{w} = \frac{w}{R_\mathrm{a}}, \quad \gamma = \frac{12R_\mathrm{a}^2}{h^2}, \quad \bar{\Omega}^2 = \frac{\Omega^2 R_\mathrm{a}^2 \rho_0}{E}$$

auf das Randwertproblem

$$\begin{gathered}\bar{u}_{0,\rho\rho} + \frac{1}{\rho}\bar{u}_{0,\rho} + \left[(1-\nu^2)\bar{\Omega}^2 - \frac{1}{\rho^2}\right]\bar{u}_0 = -(1-\nu^2)\bar{\Omega}^2\rho, \\ \bar{u}_0(0) \text{ endlich}, \quad \bar{u}_{0,\rho}(1) = 0\end{gathered} \tag{8.83}$$

für die Grundverformung und

$$\begin{aligned}&-\gamma\left[\left(\bar{u}_{0,\rho} + \frac{\nu}{\rho}\bar{u}_0\right)\Delta\bar{w}_{,\rho\rho} + \left(\bar{u}_{0,\rho\rho} + \frac{1+\nu}{\rho}\bar{u}_{0,\rho}\right)\Delta\bar{w}_{,\rho}\right.\\ &\qquad\left. + \left(\frac{\nu}{\rho^2}\bar{u}_{0,\rho} + \frac{1}{\rho^3}\bar{u}_0\right)\Delta\bar{w}_{,\phi\phi}\right] + \nabla^2_{\rho\phi}\nabla^2_{\rho\phi}\Delta\bar{w} + \gamma(1-\nu^2)\Delta\bar{w}_{,\tau\tau} = 0,\\ &\qquad\qquad \Delta\bar{w}(0),\ \Delta\bar{w}_{,\rho}(0) \text{ endlich},\\ &\qquad\qquad \left[\nabla^2_{\rho\phi}\Delta\bar{w} - (1-\nu)\frac{1}{\rho}\left(\Delta\bar{w}_{,\rho} + \frac{1}{\rho}\Delta\bar{w}_{,\phi\phi}\right)\right]_{\rho=1} = 0,\\ &\qquad\qquad \left[(\nabla^2_{\rho\phi}\Delta\bar{w})_{,\rho} + (1-\nu)\frac{1}{\rho}\left(\frac{1}{\rho}\Delta\bar{w}_{,\phi\phi}\right)_{,\rho}\right]_{\rho=1} = 0\end{aligned} \tag{8.84}$$

für die überlagerten Biegeschwingungen.

Das Randwertproblem (8.83) in linearer Approximation der Grundverformung erscheint ausreichend, wenn die radiale Verformung nicht zu groß wird. Die Differenzialgleichung $(8.83)_1$ kann durch eine einfache Transformation in eine Besselsche Differenzialgleichung überführt und gelöst werden. Nach Anpassung an die Randbedingung $(8.83)_2$ unter Vermeidung von Singularitäten bei $\rho = 0$ und Rücktransformation kann die Grundverformung berechnet werden [24]:

$$\bar{u}_0(\rho) = \frac{(1+\nu)\, J_1\left[\bar{\Omega}\sqrt{1-\nu^2}\rho\right]}{\bar{\Omega}\sqrt{1-\nu^2}\, J_0\left[\bar{\Omega}\sqrt{1-\nu^2}\right] - (1-\nu)\, J_1\left[\bar{\Omega}\sqrt{1-\nu^2}\right]}.$$

Mit wachsender Drehzahl wird der Nenner progressiv kleiner, bis er bei einer kritischen Drehzahl $\bar{\Omega}_\text{krit}$ null wird und die Vorverformung $\bar{u}_0$ über alle Grenzen wächst. Für Stahl liegt diese Grenze bei etwa $\bar{\Omega}_{\text{krit}} \approx 2$, sodass für $\bar{\Omega} < 0.3$ hinreichend kleine Grundverformungen $\bar{u}_0$ vorliegen.

Die Lösung des Randwertproblems (8.84) für die Biegeschwingungen einer Kreisscheibe im Fliehkraftfeld ist schwierig, weil durch den Einfluss der Grundverformung kompliziert ortsabhängige Koeffizienten entstehen. In einem ersten Schritt lässt sich neben der Zeitabhängigkeit auch die ϕ-Abhängigkeit noch eliminieren, weil infolge der vorliegenden 2π-Periodizität von $\Delta w(\rho, \phi, \tau)$ und deren Ableitungen bezüglich ϕ ein Lösungsansatz

$$\Delta w(\rho, \phi, \tau) = W(\rho) e^{i(\bar{\omega}\tau \pm k\phi)} \tag{8.85}$$

naheliegt[11]. Die auftretende ϕ-Abhängigkeit lässt erkennen, dass es wie schon für die nichtrotierende Kreisplatte auch im rotierenden Fall zu jeder Eigenkreisfrequenz mit $k \neq 0$ sin- und cos-Moden geben wird, sodass die Entartung in Form doppelter Eigenwerte erneut offensichtlich ist. Konkretes Einsetzen in (8.84) liefert die gewöhnliche Differenzialgleichung

$$\begin{aligned} -\gamma\Bigg[\left(\bar{u}_{0,\rho} + \frac{\nu}{\rho}\bar{u}_0\right) W_{,\rho\rho} + \left(\bar{u}_{0,\rho\rho} + \frac{1+\nu}{\rho}\bar{u}_{0,\rho}\right) W_{,\rho} - \left(\frac{\nu}{\rho^2}\bar{u}_{0,\rho} + \frac{1}{\rho^3}\bar{u}_0\right) k^2 W\Bigg] \\ + \frac{d^4 W}{d\rho^4} + \frac{2}{\rho}\frac{d^3 W}{d\rho^3} - \frac{1}{\rho^2}\frac{d^2 W}{d\rho^2} + \frac{1}{\rho^3}\frac{dW}{d\rho} + \left(\frac{k^4}{\rho^4} - \frac{4k^2}{\rho^4}\right) W \\ + \frac{2k^2}{\rho^3}\frac{dW}{d\rho} - \frac{2k^2}{\rho^2}\frac{d^2 W}{d\rho^2} - \gamma(1-\nu^2)\bar{\omega}^2 W = 0 \end{aligned} \tag{8.86}$$

mit den zugehörigen Randbedingungen

$$\begin{aligned} \left[W_{,\rho\rho} + \frac{1}{\rho}W_{,\rho} - \frac{k^2}{\rho^2}W - (1-\nu)\frac{1}{\rho}\left(W_{,\rho} - \frac{k^2}{\rho}W\right)\right]_{\rho=1} &= 0, \\ \left[W_{,\rho\rho\rho} + \left(\frac{1}{\rho}W_{,\rho}\right)_{,\rho} - \left(\frac{k^2}{\rho^2}W\right)_{,\rho} - (1-\nu)\frac{k^2}{\rho}\left(\frac{1}{\rho}W\right)_{,\rho}\right]_{\rho=1} &= 0 \end{aligned} \tag{8.87}$$

am Außenrand. Im Zentrum $\rho = 0$ dürfen darüber hinaus keine Singularitäten auftreten. Zur Lösung kann beispielsweise ein Ritz-Ansatz mit den Eigenfunktionen des Problems (8.86), (8.87) ohne Vorverformung $\bar{u}_0(\rho)$ verwendet werden [26], die alle Randbedingungen (8.87) erfüllend in Form von Bessel-Funktionen und modifizierten Bessel-Funktionen berechnet und dann im Rahmen des Galerkinschen Verfahrens unter Beachtung der geltenden Orthogonalitätsbedingungen verarbeitet werden. In [25] wird auf der Basis einer Potenzreihenentwicklung der ortsabhängigen Koeffizienten eine Potenzreihenentwicklung für $W(\rho)$ in ρ mit Anpassung an die Randbedingungen (8.87) vorgeschlagen, die numerisch sehr effizient gestaltet werden kann. Nur ein qualitatives Ergebnis der resultierenden

[11] Der Ansatz kann natürlich auch in reeller Schreibweise mit trigonometrischen Funktionen in τ und ϕ formuliert werden.

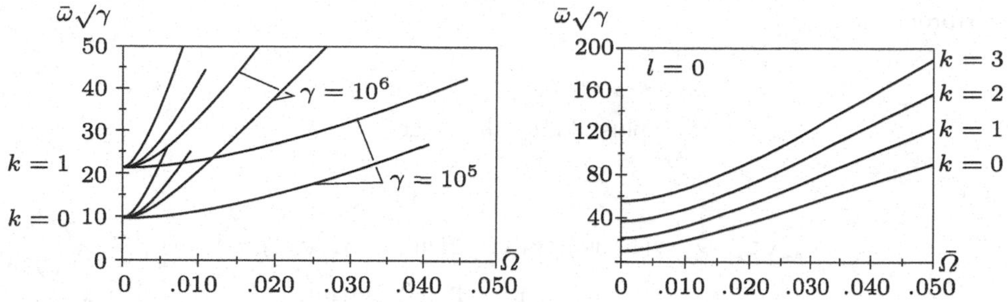

Abb. 8.11 Biegeeigenkreisfrequenzen einer rotierenden Kreisscheibe mit spannungsfreiem Außenrand

Eigenkreisfrequenzen aus [25] ist hier in Abb. 8.11 dargestellt, wobei zur Klassifizierung die Zahl k der Knotendurchmesser und l der Knotenkreise der zugehörigen Eigenfunktion mit angegeben ist. Die Eigenfunktionen selbst werden hier aber nicht angegeben. Das Ergebnis entspricht der physikalischen Anschauung: Bei spannungsfreiem Außenrand wirkt der Fliehkrafteinfluss versteifend, sodass alle Eigenkreisfrequenzen mit wachsender Drehgeschwindigkeit monoton ansteigen.

Abschließend wird noch auf einen wichtigen Sachverhalt hingewiesen, der bei rotierenden Ringen, Scheiben, etc., bedeutsam sein kann. Häufig liegen innerhalb technischer Anwendungen Systeme vor, die rotieren und Kontaktanregungungen erfahren, die durch Komponenten verursacht werden, die räumlich fixiert sind oder (kleine) Schwingungen um eine räumlich fixierte Position ausführen können. Beispiele sind rollende Reifen im Haftkontakt mit der ruhenden Straße, Scheibenbremsen im Reibungskontakt mit den Bremsbelägen oder Kreissägen im Schnittkraftkontakt mit dem Werkstück. Um die erzwungenen Schwingungen einfacher beschreiben zu können, wird häufig das System in einem raumfesten Bezugssystem behandelt, wobei dann begleitend auch eine Analyse der freien Schwingungen der rotierenden Struktur in diesem raumfesten Bezugssystem naheliegt. Die Umformulierung dieses Problems wird nachfolgend diskutiert. Der Schlüssel dazu ist der Zusammenhang

$$\phi + \Omega t = \varphi \tag{8.88}$$

zwischen der Winkelkoordinate ϕ im mitrotierenden und φ im raumfesten Bezugssystem. Anstelle der auftretenden Zeitableitungen $f_{,\tau}$, $f_{,\tau\tau}$ einer physikalischen Größe $f(\rho, \phi, \tau)$ im körperfesten Bezugssystem sind dann im raumfesten Bezugssystem die zusammengesetzten Ableitungen $f_{,\tau} + \bar{\Omega} f_{,\varphi}$ und $f_{,\tau\tau} + 2\bar{\Omega} f_{,\varphi\tau} + \bar{\Omega}^2 f_{\varphi\varphi}$ mit konvektiven Anteilen zu nehmen, während die Ableitungen $f_{,\phi}$, $f_{,\phi\phi}$, etc. einfach durch $f_{,\varphi}$, $f_{,\varphi\varphi}$, etc. zu ersetzen sind. Es soll allein untersucht werden, ob der axiale Grundzustand $w_0 \equiv 0$ stabil ist. Reduziert man dafür das Randwertproblem (8.84) auf das Wesentliche, indem man die radiale Vorverformung $\bar{u}_0$ vollständig weglässt und die in beiden Formulierungen übereinstimmenden Randbedingungen nicht mehr explizite angibt, dann sind die gegenüberzustellenden Randwertprobleme durch

$$\begin{gathered}\nabla^2_{\rho\phi}\nabla^2_{\rho\phi}\Delta\bar{w} + \gamma(1-\nu^2)\Delta\bar{w}_{,\tau\tau} = 0\\ \text{plus Randbedingungen}\end{gathered} \tag{8.89}$$

und

$$\begin{gathered}\nabla^2_{\rho\varphi}\nabla^2_{\rho\varphi}\Delta\bar{w} + \gamma(1-\nu^2)(\Delta\bar{w}_{,\tau\tau} + 2\bar{\Omega}w_{,\varphi\tau} + \bar{\Omega}^2 w_{\varphi\varphi}) = 0\\ \text{plus Randbedingungen}\end{gathered} \tag{8.90}$$

gegeben. Das Randwertproblem (8.89) in mitrotierenden Koordinaten stimmt durch das Weglassen von $\bar{u}_0$ mit jenem einer entsprechenden ruhenden Struktur überein. Nimmt man an, dass die Eigenfunktionen der ruhenden Kreisplatte für die vorliegenden Randbedingungen berechnet sind, dann kann eine Modalentwicklung mit der auftretenden sin- und cos-Abhängigkeit in Umfangsrichtung verwendet werden, die unter Berücksichtigung der geltenden Orthogonalitätsrelationen im ersten Fall unendlich viele, lauter entkoppelte Einzeldifferenzialgleichungen der Ordnung k (in Umfangsrichtung) und l (in radialer Richtung) für die zugehörigen Zeitfunktionen $T_k^s(\tau)$ und $T_k^c(\tau)$ liefert. Es wird sich als zweckmäßig erweisen, sie für jede Ordnung $k \neq 0$ und beliebige Ordnung l in Form zweier entkoppelter gewöhnlicher Differenzialgleichungen als Matrizendifferenzialgleichung

$$\begin{pmatrix}1 & 0\\ 0 & 1\end{pmatrix}[\ddot{q}] + \begin{pmatrix}\bar{\omega}^2_{kl} & 0\\ 0 & \bar{\omega}^2_{kl}\end{pmatrix}[q] = \mathbf{0}$$

zusammenzufassen. Die vier Eigenwerte einer jeden Ordnung k können direkt abgelesen werden, weil ja die zugehörigen Eigenfunktionen als Formfunktionen verwendet worden sind:

$$\lambda_{1\pm} = \pm\mathrm{i}\bar{\omega}_{kl}, \quad \lambda_{2\pm} = \pm\mathrm{i}\bar{\omega}_{kl}. \tag{8.91}$$

Sie fallen also paarweise zusammen und sind von der Rotationsgeschwindigkeit Ω unabhängig. Für das in raumfesten Koordinaten formulierte Randwertproblem (8.90) dagegen liefert eine entsprechende Rechnung [26] – bedingt durch die modifizierten Trägheitsglieder – für jede Ordnung $k \neq 0$ und beliebige Ordnung l unendlich viele entkoppelte Paare von Differenzialgleichungen

$$\begin{pmatrix}1 & 0\\ 0 & 1\end{pmatrix}[\ddot{q}] + \begin{pmatrix}0 & -2k\bar{\Omega}\\ 2k\bar{\Omega} & 0\end{pmatrix}[\dot{q}] + \begin{pmatrix}\bar{\omega}^2_{kl} - k^2\bar{\Omega}^2 & 0\\ 0 & \bar{\omega}^2_{kl} - k^2\bar{\Omega}^2\end{pmatrix}[q] = \mathbf{0},$$

die jedoch in sich gyroskopisch gekoppelt sind und eine reduzierte Steifigkeit (in Diagonalform) besitzen. Die wieder jeweils vier auftretenden Eigenwerte können elementar berechnet werden:

$$\lambda^*_{1\pm} = \pm\mathrm{i}(\bar{\omega}_{kl} + k\bar{\Omega}), \quad \lambda^*_{2\pm} = \pm\mathrm{i}(\bar{\omega}_{kl} - k\bar{\Omega}). \tag{8.92}$$

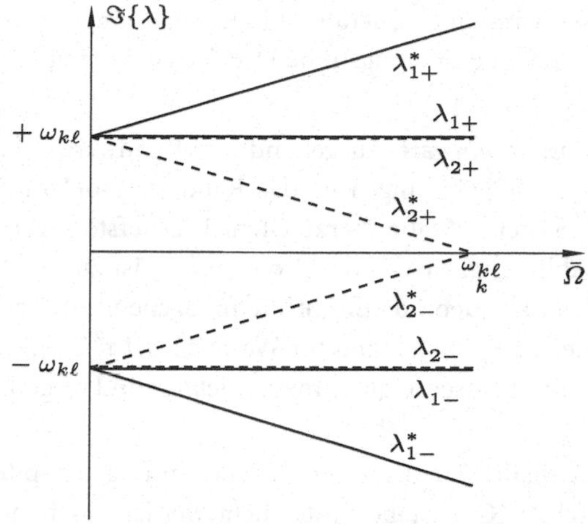

Abb. 8.12 Eigenwerte der Schwingungen rotierender Systeme in mitrotierendem bzw. raumfestem Bezugssystem

Die ursprünglichen, jeweils doppelten Eigenwerte der Biegeschwingungen einer rotierenden Kreisscheibe, dargestellt in mitrotierenden Koordinaten, splitten sich bei Darstellung in raumfesten Koordinaten auf und sind nunmehr in linearer Weise drehzahlabhängig. In Abb. 8.12 sind die Ergebnisse gegenübergestellt. Dieses Frequenz-Splitting ist eine typische Erscheinung, wenn man Eigenwerte für dasselbe physikalische System im Rahmen der beiden alternativen Bezugssysteme berechnet. Die Drehtransformation beeinflusst allein die Imaginärteile der auftretenden Eigenwerte, selbst wenn von Hause aus ein nicht verschwindender Realteil, beispielsweise bei Einbeziehung von Dämpfungseinflüssen, vorliegt. Die Stabilität schwingungsfähiger Systeme wird, wie es sein muss, durch eine derartige Drehtransformation mit konstanter Winkelgeschwindigkeit nicht beeinflusst. Interpretiert man die Schwingungserscheinungen als laufende Wellen in Umfangsrichtung, dann erkennt man aus dem Lösungsansatz (8.85) innerhalb der Behandlung des Problems in mitrotierenden Koordinaten, dass sich zwei in entgegengesetzte Richtung mit betragsmäßig gleicher Phasengeschwindigkeit laufende Wellen überlagern, während in raumfesten Koordinaten, d. h. für einen raumfesten Beobachter, die Ausbreitungsgeschwindigkeiten der beiden Wellen durch die auftretende gerichtete Umlaufgeschwindigkeit unterschiedlich sind und eine sogar verschwinden kann. Die Phönomene entsprechen jenen bei bewegten Saiten, siehe Abschn. 8.3.

8.6 Übungsaufgaben

Aufgabe 8.1 Im Rahmen einer Schwingungsrechnung ist die Knicklast eines einseitig unverschiebbar und biegemomentenfrei gelagerten, am anderen Ende nur durch eine in Querrichtung wirksame Feder mit der Federkonstanten c abgestützen Stabes der Länge L zu ermitteln. Steifigkeiten und Massenbelegung des Stabes sind konstant, die Feder ist bei verschwindender Querauslenkung spannungslos. Am elastisch gestützten Stabende wird eine konstante richtungstreue Druckkraft F_0 eingeleitet.

Lösungshinweis Ausgehend vom Randwertproblem für nichtlinear gekoppelte Längs- und Querschwingungen ist das Randwertproblem der kleinen Biegeschwingungen des axial belasteten Stabes herzuleiten. Die tiefste Eigenkreisfrequenz der Biegeschwingungen in Abhängigkeit von der Axialkraft F_0 ist zu berechnen. Die verschwindende tiefste Eigenkreisfrequenz bestimmt die maßgebende Knickkraft. Man erhält für kleine Federsteifigkeiten $F_{\text{krit}} = cL$ und für Werte $c > EI\pi^2/L^3$ gilt $F_{\text{krit}} = EI\pi^2/L^2$, d. h. eine Knickkraft wie beim beidseitig querunverschiebbar und biegemomentenfrei gelagerten Stab.

Aufgabe 8.2 Es sollen die ebenen ungedämpften Biegeschwingungen $u(Z,t)$ des Beckschen Knickstabes untersucht werden. Es handelt sich dabei um einen einseitig eingespannten Kragträger der Länge L mit konstanten Querschnittsdaten, der am Kragende durch eine konstante, jedoch tangential mitgehende Druckkraft F_0 belastet ist. Das Randwertproblem der kleinen Biegeschwingungen um den Grundzustand axialer Zusammendrückung ist herzuleiten, ebenso die zugehörige Frequenzgleichung.

Lösungshinweis Bei der Herleitung der nichtlinear gekoppelten Längs-Biegeschwingungen ist zu beachten, dass die betrachtete Folgelast nichtkonservativ ist und die virtuelle Arbeit $W_\delta = -F_0(u_{,Z}\delta u + \delta w)|_L$ nach sich zieht. Der Grundzustand ist identisch mit jenem des richtungstreu belasteten Kragträgers. Das maßgebende Randwertproblem in den Biegeschwingungen $\Delta u(Z,t)$ ergibt sich zu $EI\Delta u_{,ZZZZ} + F_0\Delta u_{,ZZ} + \rho_0 A\Delta u_{,tt} = 0$, $\Delta u(0,t) = 0$, $\Delta u_{,Z}(0,t) = 0$, $\Delta u_{,ZZ}(L,t) = 0$, $\Delta u_{,ZZZ}(L,t) = 0\ \forall t \geq 0$. Das Eigenwertproblem erhält man in der üblichen Weise. Passt man die allgemeine Lösung der auftretenden zeitfreien Feldgleichung an die Randbedingungen an, wird man auf die gewünschte transzendente Frequenzgleichung [1] geführt, siehe auch [38] unter Einbeziehung von Dämpfungseinflüssen.

Aufgabe 8.3 Es sollen die gekoppelten Biege-Torsionsschwingungen als Stabilitätsgleichungen eines eingespannten Kragträgers mit doppeltsymmetrischem Rechteckprofil (Massenbelegung $\rho_0 A$, Drehmassenbelegung $\rho_0 I_{\text{p}} \to k_S^2 = I_{\text{p}}/A$, Biegesteifigkeiten $EI_{1,2}$ mit $I_2 \ll I_1$, Torsionssteifigkeit $GI_T \ll EI_1$) untersucht werden, der durch ein mitgehendes Biegemoment konstanten Betrags M_0 am Kragende um die größere der beiden Biegehauptachsen beansprucht wird. Zuerst ist die Grundverformung $v_0(Z)$ in der vertikalen Ebene zu bestimmen. Dann sind die Störungsgleichungen für die Biegeauslenkung $\Delta u(Z,t)$ um die Achse des kleineren Flächenträgheitsmoments gekoppelt mit den Torsionsschwingungen $\Delta\psi(Z,t)$ herzuleiten und bezüglich der Eigenwertgleichung aufzubereiten [30].

Aufgabe 8.4 Beulen einer Rechteckplatte $0 \leq X \leq a$, $0 \leq Y \leq b \leq a$ unter einer konstanten Streckenlast p_0 als Druckbeanspruchung in der Mittelebene des Flächentragwerks

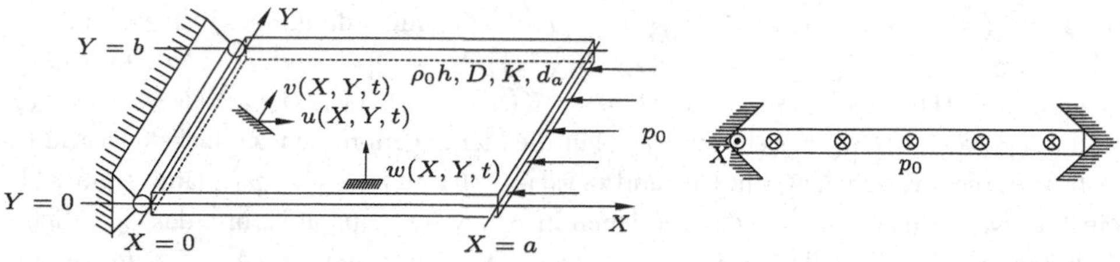

Abb. 8.13 Geometrie einer gedrückten Rechteckplatte

am Rand $X = a$ parallel zur X-Achse. Das Flächentragwerk, siehe Abb. 8.13, ist ringsum querunverschiebbar und biegemomentenfrei gelagert, darüber hinaus bei $X = 0$ und $Y = 0, b$ auch unverschiebbar normal zur Berandung. Es sei angemerkt, dass bei vergleichbaren Betrachtungen in der gängigen Plattenliteratur bei $Y = 0, b$ oft andere Randbedingungen verwendet werden, nämlich dort nicht die Verschiebungsrandbedingung $v = 0$, sondern die entsprechende Spannungsrandbedingung verschwindender Normalkraft in Y-Richtung vorzugeben. Ausgehend von den nichtlinear gekoppelten Scheiben- und Plattengleichungen ist in einem ersten Schritt der Grundzustand unter der angegebenen zeitunabhängigen Druckbelastung zu berechnen. Anschließend ist das lineare Randwertproblem der kleinen Biegeschwingungen des gedrückten Flächentragwerks herzuleiten. Das zeitfreie Eigenwertproblem ist anzugeben. Mit einem geeigneten Lösungsansatz in Produktform, der alle Randbedingungen erfüllt, ist das Eigenwertproblem zu algebraisieren und die maßgebende Frequenzgleichung zu ermitteln. Abschließend ist die Beullast der Platte zu bestimmen.

Lösung Der Rechengang folgt verkürzt den detaillierten Ausführungen in [5]. Eine (3.23) aus Abschn. 3.2 entsprechende Formulierung der Formänderungsenergie von ebenen Flächentragwerken bei geometrisch nichtlinearer Verformung lautet in Verzerrungsgrößen $U_\mathrm{i} = \frac{E}{2(1-\nu^2)} \int_A \int_{-h/2}^{+h/2} (E_{XX}^2 + 2\nu E_{XX} E_{YY} + E_{YY}^2) \mathrm{d}Z\, \mathrm{d}A + \frac{E}{(1+\nu)} \int_A \int_{-h/2}^{+h/2} E_{XY}^2 \mathrm{d}Z\, \mathrm{d}A$. Die auftretenden Elemente des Lagrangeschen Verzerrungstensors $\vec{\vec{E}}$, ausgedrückt in Verschiebungsgrößen der Plattenmittelfläche sind in ausreichend nichtlinearer Formulierung der so genannten von Karmánschen Plattentheorie $E_{XX} = u_{,X} + w_{,X}^2/2 - Zw_{,XX}$, $E_{YY} = v_{,Y} + w_{,Y}^2/2 - Zw_{,YY}$, sowie $E_{XY} = (u_{,Y} + v_{,X} + w_{,X} w_{,Y} - 2Zw_{,XY})/2$. Die Auswertung liefert $U_\mathrm{i} = \frac{D}{2} \int_A [(u_{,X} + w_{,X}^2/2)^2 + (v_{,Y} + w_{,Y}^2/2)^2 + 2\nu(u_{,X} + w_{,X}^2/2)(v_{,Y} + w_{,Y}^2/2) + (1-\nu)(u_{,Y} + v_{,X} + w_{,X} w_{,Y})^2/2] \mathrm{d}A + \frac{K}{2} \int_A [w_{,XX}^2 + w_{,YY}^2 + 2\nu w_{,XX} w_{,YY} + 2(1-\nu) w_{,XY}^2] \mathrm{d}A$. Die kinetische Energie ist einfach $T = \frac{\rho_0 h}{2} \int_A (u_{,t}^2 + v_{,t}^2 + w_{,t}^2) \mathrm{d}A$, für die virtuelle Arbeit erhält man bei dem vorgelegten Problem im ungedämpften Fall $W_\delta = -p_0 \int_0^b \delta u(a, Y, t) \mathrm{d}Y$. Das resultierende Randwertproblem der nichtlinearen von Karmánschen Plattentheorie lautet $N_{X,X} + N_{XY,Y} + \rho_0 h u_{,tt} = 0$, $N_{XY,X} + N_{Y,Y} - \rho_0 h v_{,tt} = 0$, $M_{X,XX} + 2M_{XY,XY} + M_{Y,YY} - (N_X w_{,X})_{,X} - (N_{XY} w_{,X})_{,Y} - (N_{XY} w_{,Y})_{,X} - (N_Y w_{,Y})_{,Y} + \rho_0 h w_{,tt} = 0$ (Feldgleichungen), $u = 0, w = 0, w_{,XX} = 0$ $(X = 0)$, $v = 0, w = 0, w_{,YY} = 0$ $(Y = 0)$, $N_X + p_0 = 0, w = 0,$

$w_{,XX} = 0$ $(X = a)$, $v = 0$, $w = 0$, $w_{,YY} = 0$ $(Y = b)$ (Randbedingungen) $\forall t \geq 0$ mit den Abkürzungen $N_X = D[u_{,X}+w_{,X}^2/2+\nu(v_{,Y}+w_{,Y}^2/2)]$, $N_Y = D[v_{,Y}+w_{,Y}^2/2+\nu(u_{,X}+w_{,X}^2/2)]$, $N_{XY} = (1-\nu)D(u_{,Y}+v_{,X}+w_{,X}w_{,Y})/2$, $M_X = K(w_{,XX}+\nu w_{,YY})$, $M_Y = K(w_{,YY}+\nu w_{,XX})$ und $M_{XY} = (1-\nu)Dw_{,XY}$, siehe auch [6]. Für die hier angenommene einfachste Druckbelastung berechnet sich der Grundzustand zu v_0, $w_0 \equiv 0$ und $Du_{0,X} = -p_0$. Damit ergibt sich ein Randwertproblem in Δw, das von jenen in Δu, Δv entkoppelt ist und das eigentliche Stabiltätsproblem darstellt: $K(\Delta w_{,XXXX}+2\Delta w_{XXYY}+\Delta w_{,YYYY})+p_0(\Delta w_{,XX}+\nu\Delta w_{,YY})+\rho h\Delta w_{,tt} = 0$, $\Delta w = 0$, $\Delta w_{,YY} = 0$ $(X = 0, a)$, $\Delta w = 0$, $\Delta w_{,YY} = 0$ $(Y = 0, b)$ $\forall t \geq 0$. Ein isochroner Produktansatz $\Delta w(X, Y, t) = \sin(k\pi X/a)\sin(l\pi Y/b)\cos\omega_{kl}t$ liefert die Frequenzgleichung $\omega_{kl}^2 = \left[\left(\frac{k^2\pi^2}{a^2}+\frac{l^2\pi^2}{b^2}\right)^2 - p_0\left(\frac{k^2\pi^2}{a^2}+\nu\frac{l^2\pi^2}{b^2}\right)\right]/(\rho_0 h)$ $(k, l = 1, 2, \dots, \infty)$. Die kritische Last berechnet sich zunächst einmal aus $\omega_{kl}^2 = 0$, d. h. gemäß $p_{0\,\mathrm{krit}} = K\frac{\pi^2 a^2}{k^2}\left(\frac{k^2}{a^2}+\frac{l^2}{b^2}\right)^2$. Der kleinste Wert ergibt sich für $l = 1$, d. h. $p_{0\,\mathrm{krit,min}} = K\frac{\pi^2}{b^2}\left[\left(\frac{kb}{a}\right)^2+1\right]^2/\left[\left(\frac{kb}{a}\right)^2+\nu\right]^2$, d. h. es kommt zum Ausbeulen der Platte in Lastrichtung u. U. in mehreren Halbwellen, senkrecht dazu in einer Halbwelle. Das absolute Minimum stellt sich für $\left(\frac{ka}{b}\right)^2 = 1-2\nu$ ein, d. h. es wird $p_{0\,\mathrm{krit,abs}} = K\left(\frac{\pi}{b}\right)^2 K4(1-\nu)$. Das erhaltene Ergebnis wurde in [5] auch experimentell verifiziert.

Aufgabe 8.5 Es sollen die Querschwingungen eines undehnbaren Seils der Länge ℓ (Massenbelegung $\rho_0 A = \text{const}$) untersucht werden [36, 8], das im Schwerkraftfeld der Erde (Erdbeschleunigung g) mit einem Ende in der ruhenden Umgebung unverschiebbar befestigt ist und frei herabhängt. Wie wirkt sich eine Zusatzmasse M am freien Ende aus?

Lösung Die Normalkraft im Seil $S(Z)$ ist ortsabhängig: $S(Z) = \rho_0 Ag(\ell - Z)$. Die Bewegungsgleichung lautet $u_{,tt} - g[(\ell - Z)u_{,Z}]_{,Z}$ mit den Randbedingungen $u(0,t) = 0$, $U_{,Z}(\ell, t)$ endlich $\forall t \geq 0$. Das zugehörige Eigenwertproblem ist $(\ell - Z)U'' - U' + (\omega^2/g)U = 0$ plus Randbedingungen, wobei $(\,.\,)' = \frac{\mathrm{d}(\,.\,)}{\mathrm{d}Z}$ gilt. Mit der neuen Variablen $\zeta^2 = 4(\ell - Z)/g$ ergibt sich $\frac{U''}{\omega^2}+\frac{1}{\omega^2}\frac{1}{\zeta}U' + U = 0$, wenn ab jetzt $(\,.\,)' = \frac{\mathrm{d}(\,.\,)}{\mathrm{d}\zeta}$ ist, mit den Randbedingungen $U(2\sqrt{\ell/g}) = 0$, $U'(0)$ endlich. Die allgemeine Lösung ist $U(\zeta)AJ_0(\omega\zeta) + BY_0(\omega\zeta)$, worin $Y_0(\zeta)$ wegen der Randbedingung bei $\zeta = 0$ entfällt. Die Eigenwerte sind aus $J_0(2\omega\sqrt{\ell/g}) = 0$ zu berechnen. Die Eigenkreisfrequenzen ergeben sich aus den Wurzeln der Bessel-Funktion J_0. Bezeichnet man sie als γ_k, dann sind die Eigenkreisfrequenzen $\omega_k = \frac{\gamma_k}{2}\sqrt{\ell/g}$ $(k = 1, 2, \dots, \infty)$. Zahlenwerte entnimmt man beispielsweise [12]. Die Eigenfunktionen sind $U_k(Z) = J_0[\gamma_k\sqrt{1 - Z/\ell}]$. Die Zusatzmasse M führt auf eine veränderte Randbedingung bei $Z = \ell$ im Sinne eines Kräftegleichgewichts von Trägheitskraft und Seilkraftanteil in Querrichtung. Damit ist auch die Bessel-Funktion zweiter Art in der Lösung enthalten.

Aufgabe 8.6 Es ist die tiefste Eigenkreisfrequenz einer Turbinenlaufschaufel (Länge L, Masse pro Länge μ, Biegesteifigkeit EI, Nabenradius $r_0 = L/3$) unter Vernachlässigung der Divergenzanteile mit Hilfe des zugehörigen Rayleigh-Quotienten abzuschätzen. Dazu ist in Polynomform eine Näherung der Grundschwingung zu generieren, die alle Randbedingungen einer starren Einspannung bei $Z = 0$ und eines freien Endes bei $Z = L$ erfüllt.

Lösungshinweis Es ist ein geeigneter Rayleigh-Quotient zum zugehörigen zeitfreien Eigenwertproblem zu konstruieren. Es wird $\bar{R}[U] = \int_0^L EIu_{,ZZ}^2 dZ + \int_0^L F(Z)U_{,Z}^2 dZ / \int_0^L \mu U^2 dZ$ vorgeschlagen, worin $F(Z)$ der Fliehkrafthauptanteil ist. Eine geeignete Ansatzfunktion mit $\zeta = Z/L$ ist $\zeta^2 - 2\zeta^3/3 + \zeta^4/6$.

Aufgabe 8.7 Es ist das Randwertproblem zur Beschreibung der Biegeschwingungen eines Stabes der Länge L (Biegesteifigkeit EI, Massenbelegung μ, beide konstant) herzuleiten, der in einem mit Ω = const rotierenden starren Ring (Radius L) nach innen zum Ringmittelpunkt ragend eingespannt ist. Das innere Stabende bei $Z = 0$ ist frei. Über einen Polynomansatz, der alle Randbedingungen erfüllt, schätze man die kritische Drehzahl ab, bei der der Stab knickt.

Aufgabe 8.8 Es sollen die ebenen Biegeschwingungen eines beidseitig querunverschiebbar und biegemomentenfrei gelagerten, schlanken Rohres (Länge ℓ, Massenbelegung μ_R, Biegesteifigkeit EI_R) diskutiert werden, das axial von einem inkompressiblen reibungsfreien Fluid (Masse pro Länge μ_F) mit der konstanten Geschwindigkeit v_0 durchströmt wird. Die kritische Strömungsgeschwindigkeit ist zu berechnen.

Lösungshinweis Es kann direkt das beschreibende lineare Randwertproblem für Biegeschwingungen formuliert werden. Da dann Querbewegungungen an den Rohrenden durch die Lagerung verhindert werden, tritt der virtuelle Arbeitsanteil infolge Massenzu- bzw. -abfuhr im vorliegenden Fall nicht auf. Die Feldgleichung ist unverändert dieselbe wie im Falle eines einseitig eingespannten Rohres mit freiem Austrittsende, die anschließenden Rechenschritte grundsätzlich auch. Infolge der einfachen Randbedingungen ist allerdings eine geschlossene Lösung angebbar: $v_{\text{krit}} = \frac{\pi}{L}\sqrt{EI/(\rho_F A_F)}$.

Aufgabe 8.9 Es sind die Transversalschwingungen einer mit Ω rotierenden Vollkreismembran zu untersuchen, die im nicht rotierenden Zustand gleichförmig vorgespannt und dann am Außenrad $R = R_a$ in einem starren Kreisring eingespannt wird. Die Membrannormale im Mittelpunkt der Membran und die raumfeste Drehachse fallen zusammen. Es ist das beschreibende nichtlineare Randwertproblem herzuleiten. Der Grundzustand ist in linearer Näherung zu bestimmen. Die Störungsgleichungen für kleine überlagerte Schwingungen sind anzugeben. Der Einfluss der Fliehkraft auf die tiefste Eigenfrequenz, die mit der rotationssymmetrischen Schirm-Eigenform korrespondiert, ist unter Verwendung einer geeigneten Formfunktion $W_1(R)$ abzuschätzen.

Aufgabe 8.10 Es sind kleine in-plane-Schwingungen $v(\phi, t)$ (tangential) und $w(\phi, t)$ (radial nach innen gerichtet) eines rotierenden dünnen Kreisringes (Radius R, Massenbelegung μ, Dehnsteifigkeit EA, Biegesteifigkeit EI, alle konstant) zu untersuchen, siehe

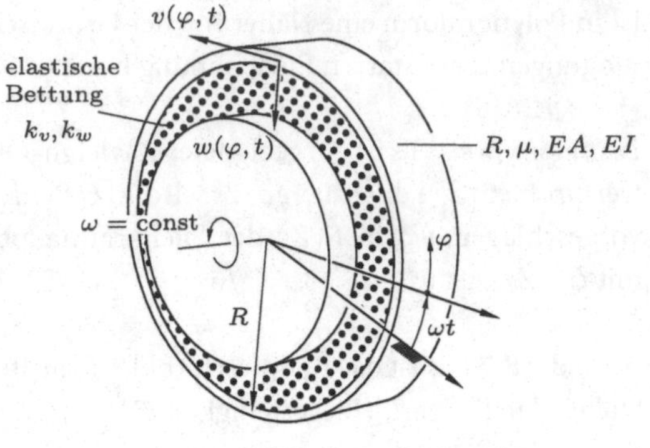

Abb. 8.14 Problembeschreibung, Aufgabe 8.10

Abb. 8.14. Die Verschiebungen sind mit dem Ringradius bereits dimensionslos gemacht. Der Ring ist auf einer Kreisnabe elastisch gebettet (Bettungsziffern k_v, k_w in radialer und tangentialer Richtung) und das System rotiert mit konstanter Winkelgeschwindigkeit ω. Alternativ zur Behandlung als Elasticum in Abschn. 8.4 ist hier von Beginn an von einer geometrisch nichtlinearen Verformungsgeometrie in Verschiebungsgrößen auszugehen.

Lösung Sie folgt im Wesentlichen [31]. Ausgangspunkt ist eine geometrisch nichtlineare Beschreibung in einem mitrotierenden Bezugssystem mit der maßgebenden Winkelkoordinate ϕ. Wesentlich sind zwei Größen: 1. die tangentiale Normalverzerrung $E_{vv} = v' - w - \frac{\xi}{1-\xi}(w'' + w) + \frac{1}{2}\frac{1}{1-\xi}(w' + v)$ $((\,.\,)' = \partial(\,.\,)/\partial\phi)$ eines außerhalb der Ringmittelfaser angeordneten materiellen Punktes mit seiner mittels R dimensionslos gemachten, von der Mittelfaser aus nach innen gemessenen Querschnittskoordinate ξ; 2. die dimensionslose Absolutgeschwindigkeit $\vec{v}^2 = [(1-w)\Omega + \dot{v}]^2 + (\Omega v + \dot{w})^2$ der Ringmittelfaser, worin hoch gestellte Punkte partielle Ableitungen nach τ mit $\tau = \omega_0 t$, $\omega_0^2 = EI/(\mu R^4)$ bezeichnen und $\Omega = \omega/\omega_0$ ist. Es folgen kinetische Energie $T = \frac{\mu {\omega_0}^2 R^3}{2} \int_0^{2\pi} \vec{v}^2 \mathrm{d}\varphi$, elastische Formänderungsenergie (nach Integration über Querschnittsfläche A) im Sinne Karmáns $U_\mathrm{i} = \frac{EAR}{2} \int_0^{2\pi} [(v' - w)^2 + (v' - w)(w' + v)^2]\mathrm{d}\varphi + \frac{EI}{2R} \int_0^{2\pi} [(w'' + w)^2 - (w'' + w)(w' + v)^2]\mathrm{d}\varphi$ und Potenzial der Bettung $U_\mathrm{a} = \frac{k_v R^3}{2} \int_0^{2\pi} v^2 \mathrm{d}\varphi + \frac{k_w R^3}{2} \int_0^{2\pi} w^2 \mathrm{d}\varphi$. Mit den dimensionslosen Parametern $\beta = EAR^2/(EI)$ und $\kappa_{v,w} = k_{v,w} R^4/(EI)$ erhält man das nichtlineare Randwertproblem $-\beta(v''-w') - \beta[(w'+v)^2]'/2 + \beta(v'-w)(w'+v) - (w''+w)(w'+v) + \kappa_v v + (\ddot{v} - 2\Omega\dot{w} - \Omega^2 v) = 0$, $(w''''+2w''+w) - [(w'+v)^2]'/2 - (w'+v)^2 + [(w''+w)(w'+v)]' - \beta(v'-w) - \beta(w'+v)^2/2 - \beta[(v'-w)(w'+v)]' + \kappa_w w + [\ddot{w} + 2\Omega\dot{v} + \Omega^2(1-w)] = 0$ einschließlich gewisser Periodizitätsbedingungen. Der Grundzustand ist $v_0 \equiv 0$ und $w_0 = -\Omega^2/(1 + \beta + \kappa_w - \Omega^2)$, d. h. eine rotationssymmetrische, rein radiale Verformung. Die linearen Schwingungsgleichungen sind $\beta(\Delta v'' - \Delta w') - (1 + \beta)w_0(\Delta w' + \Delta v) + \kappa_v \Delta v + (\Delta\ddot{v} - 2\Omega\Delta\dot{w} - \Omega^2\Delta v) = 0$ und $(\Delta w'''' + 2\Delta w'' + \Delta w) - \beta(\Delta v' - \Delta w) + \kappa_w \Delta w + (1+\beta)w_0(\Delta w'' + \Delta v') + (\Delta\ddot{w} + 2\Omega\Delta\dot{v} - \Omega^2\Delta w) = 0$, ebenfalls wieder mit entsprechenden Periodizitätsbedingungen. Ein Lösungsansatz $(\Delta v, \Delta w)^\top = (A, B)^\top e^{\mathrm{i}(n\varphi + \lambda\tau)}$ algebraisiert das Randwertproblem. Für nichttriviale Lösungen A, B folgt die Eigenwertgleichung $\lambda^4 + a_2\lambda^2 + a_1\lambda + a_0 = 0$ als verschwindende

Abb. 8.15 Problembeschreibung, Aufgabe 8.11

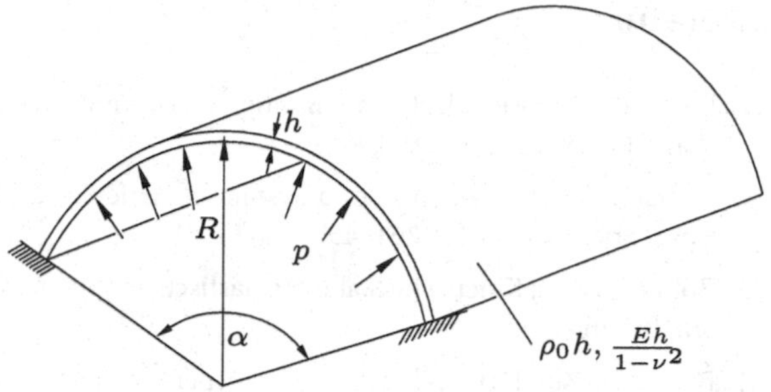

Determinante, worin $a_2 = (1+\beta)(n^2+1)w_0 - \beta(n^2+1) - (\kappa_v + \kappa_w) - 2\Omega^2 - (n^2-1)^2$, $a_1 = 4n\Omega[\beta-(1+\beta)w_0]$ und $a_0 = [\beta n^2 - w_0(1+\beta)+\kappa_v-\Omega^2][\beta+(n^2-1)^2-(1+\beta)w_0 n^2+\kappa_w-\Omega^2] - [w_0(1+\beta)-\beta^2]n^2$ gelten. Im Allgemeinen ist diese Frequenzgleichung numerisch auszuwerten. Für den dehnstarren Ring gilt $1/\beta \to 0$ mit der Nebenbedingung $\Delta v' - \Delta w = 0$. Die Störungsgleichungen in Δv, Δw lassen sich dann auf eine zurückführen, beispielsweise in Δw allein: $\Delta\ddot{w} - \Delta\ddot{w}'' - 4\Omega\Delta\dot{w}' + \Omega^2(3\Delta w'' + \Delta w'''') + \kappa_v\Delta w - \kappa_w\Delta w'' - (\Delta w'''''' + 2\Delta w'''' + \Delta w'') = 0$. Der eingeführte Lösungsansatz, jetzt für Δw allein, führt auf eine quadratische Eigenwertgleichung mit dem Lösungspaar $\frac{\lambda_{n1,2}}{\lambda_{n0}} = \frac{2n}{n^2+1}\frac{\Omega}{\lambda_{n0}} \pm \left[1 + \frac{n^2(n^2-1)^2}{(n^2+1)^2}\frac{\Omega^2}{\lambda_{n0}^2}\right]^{1/2}$ $(n = 0, 1, 2, \ldots, \infty)$, worin $\lambda_{n0}^2 = [n^2(n^2-1)^2 + \kappa_v + n^2\kappa_w]/(n^2+1)$ ist.

Aufgabe 8.11 An das Problem von Aufgabe 8.10 anschließend, können vergleichsweise einfach auch die 2-dimensionalen Schwingungen $v(\varphi, t), w(\varphi, t)$ einer langen zylindrischen Membranstruktur (Dicke h) unter konstantem Innendruck p studiert werden, wenn die Verschiebungen mit dem einer Referenzlänge bereits dimensionslos gemacht sind. Es gilt dann $EI = 0$, an die Stelle der Dehnsteifigkeit EA tritt $Eh/(1-\nu^2)$ mit der Querkontraktionsziffer ν und μ wird durch $\rho_0 h$ mit der Dichte ρ_0 ersetzt. Schließlich sind die Bettungsziffern $k_{v,w}$ null zu setzen. Wie in Abb. 8.15 gezeigt, ist die Membran auf horizontaler Unterlage unverschiebbar befestigt und hat für $p \to 0$ eine kreisförmige Referenzgeometrie mit dem Radius R (als Referenzlänge), dem Öffnungswinkel α und der Umfangskoordinate φ. Die Energieterme aus Aufgabe 8.9 gelten mit $\Omega = 0$ unverändert fort, es tritt noch eine virtuelle Arbeit $W_\delta = pR\int_0^{2\pi}[-(w'+v)\delta v + (1+(v'-w))\delta w]\mathrm{d}\varphi$ der mitgehenden Innendruckbelastung auf. Auch die nichtlinearen Schwingungsgleichungen lassen sich leicht an die einfachere Aufgabenstellung anpassen. Mit $q = pR(1-\nu^2)/(Eh)$, $\tau = t\sqrt{p/(\rho_0 hR)}$ erhält man $-(v''-w') - q(w'+v)) - [(w'+v)^2]'/2 + (v'-w)(w'+v) + \ddot{v} = 0$, $(q-1)(v'-w) - (w'+v)^2/2 - [(v'-w)(w'+v)]' + \ddot{w} = -q$, wozu hier Unverschiebbarkeitsbedingungen $v, w = 0$ am Rand $\varphi = 0, \alpha$ treten. (Näherungsweise) Berechnung des Grundzustandes, Herleitung des Randwertproblems zur Beschreibung der kleinen überlagerten Schwingungen und deren Analyse können in [32] weiterverfolgt werden. Für eine undehnbare Membranstruktur ergeben sich mit $\Delta v' - \Delta w = 0$ bei der Diskussion der linearen Schwingungsgleichungen gewisse Vereinfachungen.

Literatur

1. Beck, M.: Die Knicklast des einseitig eingespannten, tangential gedrückten Stabes. Z. Angew. Math. Physik **3**, 225–228 (1952)
2. Benjamin, T. B.: Dynamics of a System of Articulated Pipes Conveying Fluid, I. Theory. Proc. Royal Soc. (London) A **261**, 457–486 (1961)
3. Bolotin, W. W.: Kinetische Stabilität elastischer Systeme. VEB Deutscher Verlag der Wissenschaften, Berlin (1960)
4. Botz, M.: Zur Dynamik von Mehrkörpersystemen mit elastischen Balken. Dissertation, TH Darmstadt (1992)
5. Clemens, H.: Stabilitätsprobleme elastischer Stäbe und Platten mit nichtlinearer Verformungsgeometrie. Dissertation, Univ. Karlsruhe (TH) (1983)
6. Dym, L. C.: Stability Theory and its Applications to Structural Mechanics. Noordhoff, Leyden (1974)
7. Elishakoff, I.: Controversy Associated with the So-called "Follower Forces": Critical Overview. Appl. Mech. Rev. **58**, 117–142 (2005)
8. Hagedorn, P.: Technische Schwingungslehre, Bd. 2: Lineare Schwingungen kontinuierlicher mechanischer Systeme. Springer, Berlin/Heidelberg/New York (1989)
9. Hagedorn, P., DasGupta, A.: Vibrations and Waves in Continuous Mechanical Systems. J. Wiley & Sons, Chichester (2007)
10. Hetzler, H.: Zur Stabilität von Systemen bewegter Kontinua mit Reibkontakten am Beispiel des Bremsenquietschens. Dissertation, Univ. Karlsruhe (TH), Universitätsverlag, Karlsruhe (2008)
11. Hochlenert, D.: Selbsterregte Schwingungen in Scheibenbremsen: Mathematische Modellbildung und aktive Unterdrückung von Bremsenquietschen. Dissertation, TU Darmstadt, Shaker-Verlag, Darmstadt (2006)
12. Jahnke, E., Emde, F., Lösch, F.: Tafeln höherer Funktionen, 6. Aufl. (neu bearbeitet von F. Lösch). Teubner, Stuttgart (1960)
13. Lorenz, M.: Berechnungsmodelle zur Beschreibung der Interaktion von bewegtem Sägedraht und Ingot. Dissertation, TU Freiberg (2013)
14. Love, A. E. H.: A Treatise on the Mathematical Theory of Elasticity, Volume II. University Press, Cambridge (1893)
15. Mettler, E.: Eine Theorie der Stabilität der elastischen Bewegung. Ing.-Arch. **16**, 135–147 (1947)
16. Özkaya, E., Pakdemirli, M.: Vibrations of an Axially Accelerating Beam with Small Flexural Stiffness. J. Sound Vibr. **234**, 521–535 (2000)
17. Païdoussis, M. P.: Fluid-Structure Interactions: Slender Structures and Axial Flow, Vol. 1. Academic Press, London (1998)
18. Pelchen, C., Wauer, J.: Small Vibrations of Rotating Ring Segments and Full Rings under External or Internal Pressure. J. Appl. Mech. **59**, 1038–1040 (1992)
19. Pelchen, C.: Zur Dynamik eindimensionaler biegeschlaffer, undehnbarer Kontinua, Dissertation, Univ. Karlsruhe (TH) (1994)
20. Riemer, M.: Zur Theorie elastischer Kontinua mit nichtmateriellen Übergangsbedingungen. Dissertation, Univ. Karlsruhe (TH) (1985)

21. Roth, W.: Schwingungen von Treibriemen und Ketten: Antriebstechnik **3**, 48–53 (1964)
22. Schmidt, G.: Parametererregte Schwingungen. VEB Deutscher Verlag der Wissenschaften, Berlin (1975)
23. Seemann, W., Wauer, J.: Eigenfrequenzen rotierender Scheiben unter Berücksichtigung der Grundverformung. Z. Angw. Math. Mech. **69**, T339–341 (1989)
24. Seemann, W., Wauer, J.: Vibration of high speed disk rotors. In: Kim, J. H., Yang, W.-J. (Hrsg.) Dynamics of Rotating Machinery: Proc. 2nd Int. Symp. on Transport Phenomena, Dynamics and Design of Rotating Machinery, Part II, S. 35–50. Hemisphere Publ. Corp., New York, Washington/Philadelphia/London (1990)
25. Seemann, W.: The Influence of the Rotational Speed on the Transverse Vibrations of Rotating Discs. In: Kim, J. H., Yang, W.-J. (Hrsg.) Dynamics of Rotating Machinery: Proc. 3rd Int. Symp. on Transport Phenomena and Dynamics of Rotating Machinery, Part II, S. 79–94. Hemisphere Publ. Corp., New York, Washington/Philadelphia/London (1992)
26. Spelsberg-Korspeter, G.: Self-excited Vibrations in Gyroscopic Systems. Dissertation, TU Darmstadt (2007)
27. Svetlitsky, V. A.: Dynamics of Rods. Springer, Berlin/Heidelberg/New York (2005)
28. Wauer, J.: Die Beanspruchung schwingender Schaufeln im Fliehkraftfeld. Disseratation, Univ. Karlsruhe (TH) (1972)
29. Wauer, J.: Querschwingungen bewegter eindimensionaler Kontinua veränderlicher Länge. Habilitationsschrift, Univ. Karlsruhe (TH), Fortschr.-Ber. VDI-Z., Reihe 11, Nr. 26, VDI, Düsseldorf (1976)
30. Wauer, J.: Der Prandtlsche Kragträger unter konservativer und nichtkonservativer Momentenbelastung. Z. Angew. Math. Physik **29**, 333–340 (1978)
31. Wauer, J.: Stabilität dünner rotierender Kreisringe unter radialem Druck. Z. Angew. Math. Mech. **67**, T59–61 (1987)
32. Wauer, J., Plaut, R. H.: Vibrations of an Extensible, Air-Inflated Cylindrical Membrane. Z. Angew. Math. Mech. **71**, 191–192 (1991)
33. Weidenhammer, F.: Der eingespannte, axial pulsierend belastete Stab als Stabilitätsproblem. Z. Angew. Math. Mech. **30**, 235–237 (1950)
34. Weidenhammer, F.: Querschwingungen rotierender Seile. Z. Angew. Math. Mech. **50**, 385–388 (1970)
35. Weidenhammer, F.: Gekoppelte Biegeschwingungen von Laufschaufeln im Fliehkraftfeld. Ing.-Arch. **39**, 281–289 (1970)
36. Weigand, A.: Einführung in die Berechnung mechanischer Schwingungen, Bd. 3: Schwingungen fester Kontinua. VEB Fachbuchverlag, Leipzig (1962)
37. Wickert, J. A., Mote, Jr., C. D.: Classical Vibration Analysis of Axially Moving Continua. J. Appl. Mech. **57**, 738–744 (1990)
38. Winzen, W.: Theoretische und experimentelle Untersuchungen über den Masseneinfluss bei nichtkonservativen Stabilitätsproblemen. Dissertation, TU München (1976)
39. Zwiers, U.: On the Dynamics of Axially Moving Strings, Dissertation, Univ. Duisburg-Essen, Cuvillier Verlag, Göttingen (2007)

Dynamik verteilter Mehrfeldsysteme

9

Zusammenfassung

Zur Abrundung wird hier über das das Thema Kontinuumsschwingungen hinaus die sehr aktuelle Dynamik von so genannten Mehrfeldsystemen mit verteilten Parametern behandelt. Es werden sowohl Mehrfeldsysteme mit Oberflächenkopplung als auch mit Volumenkopplung analysiert. Bei oberflächengekoppelten Systemen wird zunächst zur Einführung auf den Fall gekoppelter mechanischer Substrukturen eingegangen. Zur Vorbereitung der Untersuchung der Fluid-Struktur-Wechselwirkung, dem Prototyp von Mehrfeldsystemen mit Oberflächenkopplung, wird vorab der Fall reiner Fluidschwingungen erörtert. Danach kommen alle wesentlichen Aspekte des Koppelproblems zur Sprache, wobei auch auf die Fluid-Struktur-Wechselwirkung in rotierenden Systemen eingegangen wird. Bei den volumengekoppelten Mehrfeldsystemen werden exemplarisch thermoelastische Koppelschwingungen, die Dynamik piezoelektrischer Wandler und magnetoelastische Schwingungen studiert. Abschließend werden physikalische Nichtlinearitäten piezokeramischer Systeme angesprochen.

Bisher sind ausschließlich Probleme der Festkörpermechanik angesprochen worden, wobei in aller Regel eine Beschränkung auf *einzelne* Festkörper erfolgte. Dies galt sowohl für die behandelten Strukturmodelle als auch für 3-dimensionale Kontinua.

Eine technisch wichtige und interessante Verallgemeinerung besteht darin, dass mehrere Festkörper über ihre Berandungen in Kontakt stehen und sich über entsprechende Rand- bzw. Übergangsbedingungen gegenseitig beeinflussen. Im Sinne verteilter Systeme kann man dann von *Mehrfeldsystemen* mit *Oberflächenkopplung* sprechen. Im einfachsten Fall sind die wechselwirkenden Systeme alle Festkörper, und die auftretenden abhängig Variablen sind ausschließlich mechanische Feldgrößen, die allesamt durch Verschiebungsfelder und ihre Ableitungen ausgedrückt werden können. Im Rahmen einer linearen Theorie sind dann aktuelle Probleme der *nichtglatten* Dynamik mit wechselnden Bindungen im Zusammenhang mit reibungsbehafteten Stößen [38] ausgeschlossen. Wesentlich interessanter als die verbleibenden *glatten* Probleme der reinen Festkörperdynamik mit permanentem Kon-

J. Wauer, *Kontinuumsschwingungen*, DOI 10.1007/978-3-8348-2242-0_9,

© Springer Fachmedien Wiesbaden 2014

takt sind entsprechend oberflächengekoppelte Mehrfeldsysteme, bei denen ein Festkörper und ein Fluid in Wechselwirkung treten [16]. Derartige Fluid-Struktur-Schwingungen müssen heute von Ingenieuren in ihren Grundlagen verstanden und beherrscht werden, sodass eine Einführung in dieses Gebiet wichtig ist. Sie ist ein wesentliches Anliegen des vorliegenden Buches.

Ähnlich bedeutsam sind Mehrfeldsysteme, die aus einem zusammenhängenden Kontinuum bestehen, in dem aber Feldgrößen aus unterschiedlichen physikalischen Disziplinen interagieren. Typische Vertreter solcher Mehrfeldsysteme mit *Volumenkopplung* sind beispielsweise schwingende thermoelastische Körper [19], in denen sich Temperaturfeld und Verschiebungen gegenseitig beeinflussen. In Mechatronik-Anwendungen sind Festkörper unter Einwirkung elektrischer oder magnetischer Felder besonders wichtig, insbesondere dann, wenn bereits die Materialien selbst elektro-magnetisch-mechanische Eigenschaften in Form gekoppelter konstitutiver Gleichungen besitzen, die die Kopplung der mechanischen sowie der elektrischen oder magnetischen Feldgrößen bereits im linearen Betrieb herbeiführen. Piezoelektrische oder magnetoelastische Körper sind wichtige Beispiele von technischer Relevanz [2, 8], die ebenfalls in den wesentlichen Grundzügen verstanden werden sollten. Auch dazu möchte das vorliegende Buch beitragen.

Verallgemeinerungen als Kombinationen von Mehrfeldsystemen mit Oberflächen- und mit Volumenkopplung sind natürlich denkbar, für deren Verständnis reichen Kenntnisse über die angesprochenen beiden Prototypen jedoch aus.

9.1 Mehrfeldsysteme mit Oberflächenkopplung

Einführend wird die lineare Dynamik ein paar weniger, rein festkörpermechanischer Mehrfeldsysteme angesprochen, bevor über notwendige Grundlagen von Fluidschwingungen zur angesprochenen Fluid-Festkörper-Wechselwirkung übergegangen wird.

9.1.1 Mechanische Systeme

Der Problemkreis wird exemplarisch an ausgewählten Beispielen von Zweifeldsystemen aus jeweils 1-parametrigen Strukturmodellen untersucht.

Beispiel 9.1 Ausführlich wird an Übungsaufgabe 3.6 in Abschn. 3.3 angeknüpft, die die Herleitung des maßgebenden Randwertproblems für ein Zweifeldsystem zum Thema hatte. Gemäß Abb. 3.11 geht es dabei um die gekoppelten Querschwingungen $u(Z,t)$ einer elastischen Saite (Länge ℓ_1, konstante Vorspannung S_0, konstante Massenbelegung μ_1) mit den Längsschwingungen $w(Y,t)$ eines viskoelastischen Stabes (Länge ℓ_2, konstante Dehnsteifigkeit EA, Massenbelegung μ_2, Dämpfungskonstante k_i), die jeweils einseitig in der Umgebung unverschiebbar gelagert und über die beiden anderen Endpunkte miteinander *formschlüssig* verbunden sind. Der Einfachheit halber wird auf die damals zusätzlich angebrachte Endmasse verzichtet; eine erregende Streckenlast $p(Z,t) = P_0 \sin \Omega t$, hier der Saite, wird einbezogen, um gegebenenfalls auch Zwangsschwingungen diskutieren zu können.

Bei der Herleitung der Bewegungsgleichungen aus dem Prinzip von Hamilton (2.60) bzw. (3.10) sind bei der vorliegenden einfachen Problemstellung die bereitzustellenden Energie- und Arbeitsanteile elementar:

$$T = \frac{\mu_1}{2}\int_0^{\ell_1} u_{,t}^2 \mathrm{d}Z + \frac{\mu_2}{2}\int_0^{\ell_2} w_{,t}^2 \mathrm{d}Y,$$

$$U = U_\mathrm{i} = \frac{S_0}{2}\int_0^{\ell_2} u_{,Z}^2 \mathrm{d}Z + \frac{EA}{2}\int_0^{\ell_2} w_{,Y}^2 \mathrm{d}Y,$$

$$W_\delta = \int_0^{\ell_1} p(Z,t)\delta u \mathrm{d}Z - k_\mathrm{i} EA \int_0^{\ell_2} w_{,Yt}\delta w_{,Y} \mathrm{d}Y.$$

Das Randwertproblem für das zu untersuchende Zweifeldsystem lautet demnach

$$\begin{gathered} -S_0 u_{,ZZ} + \mu_1 u_{,tt} = p(Z,t), \quad -EA(w_{,YY} + k_\mathrm{i} w_{,YYt}) + \mu_2 w_{,tt} = 0, \\ u(Z=0,t) = 0, \quad w(Y=0,t) = 0, \\ w(Y=\ell_2,t) = u(Z=\ell_1,t), \quad EA\big[w_{,Z} + k_\mathrm{i} w_{,Zt}\big]_{(Y=\ell_2,t)} = S_0 u_{,Z}(Z=\ell_1,t)\ \forall t \geq 0, \end{gathered} \tag{9.1}$$

ist jeweils zweiter Ordnung in Ort und Zeit und besitzt – wie es sein muss – insgesamt vier Einschränkungen in Form von zwei Randbedingungen bei $Z = 0$ bzw. $Y = 0$ und zwei Übergangsbedingungen an der Verbindungsstelle, die durch $Z = \ell_1$ und $Y = \ell_2$ gekennzeichnet ist. Über einen isochronen Separationsansatz

$$u(Z,t) = U(Z)\sin \omega t, \quad w(Y,t) = W(Y)\sin \omega t$$

erhält man mit den Quadraten der jeweiligen Wellengeschwindigkeiten $c_1^2 = S_0/\mu_1$ und $c_2^2 = EA/\mu_2$ das zugehörige Eigenwertproblem

$$\begin{gathered} U_{,ZZ} + \frac{\omega^2}{c_1^2}U = 0, \quad W_{,YY} + \frac{\omega^2}{c_2^2}W = 0, \\ U(Z=0) = 0, \quad W(Y=0) = 0, \\ W(Y=\ell_2) = U(Z=\ell_1), \quad c_2^2 W_{,Z}(Y=\ell_2) = c_1^2 m U_{,Z}(Z=\ell_1). \end{gathered} \tag{9.2}$$

Die Abkürzung $m = \mu_1/\mu_2$ bezeichnet das Verhältnis der beiden Massenverteilungen. Die allgemeinen Lösungen der Feldgleichungen in (9.2) sind

$$U(Z) = A\sin\frac{\omega}{c_1}Z + B\cos\frac{\omega}{c_1}Z, \quad W(Y) = C\sin\frac{\omega}{c_2}Y + D\cos\frac{\omega}{c_2}Y,$$

und die Anpassung an die jeweils zwei Rand- und Übergangsbedingungen in (9.2) liefert ein homogenes algebraisches Gleichungssystem für die vier Konstanten A bis D. Aus den beiden Randbedingungen bei $Z = 0$ und $Y = 0$ folgt $B, D \equiv 0$, sodass nur noch die Übergangsbedingungen zur Bestimmung von A, C verbleiben. Für nichttriviale Lösungen $A, C \neq 0$ muss die zugehörige Determinante null werden:

$$\begin{vmatrix} \sin \frac{\omega \ell_1}{c_1} & -\sin \frac{\omega \ell_2}{c_2} \\ m \cos \frac{\omega \ell_1}{c_1} & -\cos \frac{\omega \ell_2}{c_2} \end{vmatrix} = 0. \tag{9.3}$$

Dies ergibt die Frequenzgleichung

$$-\tan \frac{\omega \ell_1}{c_1} + m \tan \frac{\omega \ell_2}{c_2} = 0.$$

Die Determinante (9.3) ist deshalb mit angeschrieben worden, weil aus ihr für $m \to 0$[1] die entkoppelten Eigenwertprobleme der Querschwingungen einer beidseitig unverschiebbar befestigten Saite und der Längsschwingungen eines einseitig unverschiebbar, am anderen Ende normalkraftfreien Stabes einfach abgelesen werden können:

$$\sin \frac{\omega \ell_1}{c_1} = 0, \quad \cos \frac{\omega \ell_2}{c_2} = 0.$$

Dazu gehören jeweils abzählbar unendlich viele Eigenkreisfrequenzen $\omega_{1k} \ell_1 / c_1 = k\pi$ ($k = 1, 2, \ldots, \infty$) und $\omega_{2k} \ell_2 / c_2 = (k-1)\pi/2$ ($k = 1, 2, \ldots, \infty$). Ist dann für das gekoppelte Zweifeldsystem beispielsweise der Kopplungsparameter m klein, gibt es abzählbar unendlich viele Eigenkreisfrequenzen ω_k ($k = 1, 2, \ldots, \infty$), die zweckmäßig in zwei Folgen ω_{2n} und ω_{2n-1} ($n = 1, 2, \ldots, \infty$) aufgeteilt werden, wovon die eine Folge eine Korrektur der Eigenkreisfrequenzen ω_{1k} und die andere eine Korrektur der ω_{2k} enthält. Auch die Eigenformen des Koppelsystems teilt man zweckmäßig entsprechend auf, sodass zwar alle Moden Koppelmoden darstellen, diese aber in der einen Gruppe durch die ursprünglichen Eigenformen der Saite, in der anderen Gruppe durch entsprechende Eigenformen des Stabes dominiert werden. Im allgemeinen Fall hat man die transzendente Frequenzgleichung numerisch zu lösen und ordnet die Koppelkreisfrequenzen mit zugehörigen Eigenfunktionen der Größe nach. Da die Dämpfung als proportionale Dämpfung modelliert wurde, ergeben sich für das vorliegende Zweifeldsystem im Vergleich zu den beiden Einfeldsystemen keine Besonderheiten. Da die elastische Saite am verschiebbaren Ende des viskoelastischen Stabes befestigt ist, kann vermutet werden, dass bei erzwungenen Schwingungen sämtliche Resonanzen endlich große Aussschläge auch für die angekoppelte Saite hervorrufen werden, dass die Dämpfung also durchdringend ist. Die Zwangsschwingungen selbst werden hier nicht mehr untersucht. Da das Problem insgesamt (nur) vierter Ordnung ist, hält sich der Rechenaufwand auf der Basis der Greenschen Resolvente durchaus noch in Grenzen.

[1] Der andere Grenzfall $1/m \to 0$ ist eher akademisch.

Modale Entwicklungen zur Untersuchung der Zwangsschwingungen erscheinen einfach, sind aber deswegen nicht elementar, weil bereits die Erfüllung der geometrischen Übergangsbedingungen einigen Aufwand bedeutet. ■

Ändert man die Aufgabenstellung derart ab, dass man die Verbindung von Saite und Stab nicht form- sondern *kraftschlüssig* beispielsweise mittels zwischengeschalteter Dehnfeder realisiert, ändert dies die Verhältnisse qualitativ überhaupt nicht. Das Problem wird nur quantitativ etwas komplizierter, weil in Form der Federkonstanten der Zwischenfeder ein weiterer Parameter das Schwingungsverhalten des Zweifeldsystems beeinflusst. Technische Anwendungen der besprochenen Kategorie stammen aus der Robotik oder aus dem Bereich von Hubkolbenmaschinen, wofür häufig elastische Mehrkörpersysteme zu betrachten sind. Die auftretenden Randwertprobleme sind allerdings in vielen Fällen hochgradig nichtlinear, weil dabei große Starrkörperbewegungen die Regel sind.

Betrachtet man andererseits als Beispiel zwei Einfeldprobleme quer schwingender Balken übereinstimmender Länge L, die man parallel mit den linken Enden bei $Z = 0$ anordnet und beide über eine dazwischen geschaltete elastische oder viskoelastische Bettung koppelt, entsteht physikalisch durchaus ein Zweifeldsystem, mathematisch ist es jedoch *ein* Grundgebiet $0 \leq Z \leq L$ für *beide* Komponenten, sodass wie bei gekoppelten Biege-Torsions-Schwingungen eines Stabes mit unsymmetrischem Querschnitt, siehe Abschn. 5.2.4, oder bei Biegeschwingungen eines Timoshenko-Balkens, siehe Abschn. 5.2.5, eigentlich mechanische Einfeldsysteme mit Volumenkopplung resultieren, die bereits ausführlich behandelt worden sind.

9.1.2 Fluidschwingungen

Damit ein zwischen starren Wänden eingeschlossenes Fluid in Form einer Flüssigkeit oder eines Gases schwingungsfähig ist, muss es kompressibel sein. Im Folgenden wird deshalb ein kompressibles Fluid vorausgesetzt, das vereinfachend homogen und isotrop sein soll. Als einfachsten Fall nimmt man darüber hinaus ein reibungsfreies Fluid an[2]. Die Bewegungsgleichungen werden zunächst im Rahmen synthetischer Überlegungungen hergeleitet, bevor auch eine analytische Formulierung mit Hilfe des Prinzips von Hamilton das Thema abrundet. Die Beschreibung erfolgt für einen raumfesten Beobachter eines abgeschlossenen Kontrollvolumens v zweckmäßig in Euler-Koordinaten, beispielsweise x, y, z im Falle eines kartesischen Bezugssystems. Es wird allerdings in der Regel vereinfachend angenommen, dass es um Schwingungserscheinungen in *ruhenden* Fluiden geht, d. h. eine Strömung mit der vorgeschriebenen Transportgeschwindigkeit $\vec{v}_0$ tritt dann nicht auf. Betrachtet man reibungsfreie, kompressible Fluide, geht es dann im Wesentlichen um drei orts- und zeitabhängige Variable: 1. Druckstörungen $p(x, y, z, t)$, die sich in der Form $p_0 + p$ mit üblicherweise $p \ll p_0$ dem vorgegebenen Umgebungsdruck p_0 überlagern,

[2] Der Einfluss der Viskosität wird im Einzelfall hinzugenommen.

2. Dichteänderungen $\rho(x,y,z,t)$ als kleine Abweichungen von der Dichte ρ_0 ($\rho \ll \rho_0$) bei Umgebungsdruck p_0 in der Form $\rho_0 + \rho$ und 3. die Schnelle, d. h. die Fluidteilchengeschwindigkeit $\vec{v}(x,y,z,t)$, wobei diese betragsmäßig sehr viel kleiner als die Schallgeschwindigkeit c_0 des betreffenden Mediums sein soll. Hierfür stehen folgende Gleichungen zur Verfügung:

1. Eine Zustandsgleichung, hier für die angenommene *adiabatische* Zustandsänderung[3] in der Form

$$\frac{p_0 + p}{p_0} = \left(\frac{\rho_0 + \rho}{\rho_0}\right)^{\kappa} \quad \text{mit } \kappa = \frac{c_p}{c_v}. \tag{9.4}$$

Die Größen c_p, c_v bezeichnen darin die spezifischen Wärmen bei konstantem Druck und konstantem Volumen. Unter den betrachteten Kleinheitsvoraussetzungen folgt daraus $1 + p/p_0 = (1 + \rho/\rho_0)^{\kappa} = 1 + \kappa\rho/\rho_0 + \ldots$ Mit der Abkürzung $c^2 = \kappa p_0/\rho_0$ erhält man damit die lineare Approximation

$$p = c^2 \rho \tag{9.5}$$

der Zustandsgleichung. Die physikalische Bedeutung der Größe c als Phasengeschwindigkeit, d. h. Schallgeschwindigkeit des betrachteten Fluids wird später erkennbar.

2. Die *räumliche* Impulsbilanz (2.38), hier ohne Volumenkräfte zunächst in der Form

$$t_{ij,i} = (\rho_0 + \rho)a_j, \quad j = 1,2,3. \tag{9.6}$$

Dabei gilt im Rahmen einer linearen Theorie, dass die konvektiven Geschwindigkeitsanteile vernachlässigt werden können, sodass bei den Beschleunigungsanteilen a_i auch nur die lokalen Beiträge $a_i = v_{i,t}$ ins Gewicht fallen.

3. Die konstitutive Gleichung eines idealen reibungsfreien Fluids. Sie verknüpft bekanntlich über

$$\vec{\vec{t}} = -(p_0 + p)\vec{\vec{I}}, \text{ d.h. } t_{ij} = 0,\ i \neq j \text{ und } t_{ii} = -(p_0 + p) \tag{9.7}$$

den Cauchyschen Spannungstensor $\vec{\vec{t}}$ mit dem Druck $p_0 + p$. Das Materialgesetz trägt also offensichtlich der Tatsache Rechnung, dass durch das Fluid im reibungsfreien Fall keine Schubspannungen übertragen werden können.

Setzt man die Materialgleichung (9.7) unter den vorausgesetzten Kleinheitsbedingungen in die Impulsbilanz (9.6) ein, erhält man in linearer Beschreibung den Zusammenhang

$$-p_{,j} = \rho_0 v_{j,t}, \quad j = 1,2,3, \quad \text{bzw.} \ -\operatorname{grad} p = \rho_0 \vec{v}_{,t} \tag{9.8}$$

als so genannte Euler-Gleichung in linearisierter Form.

[3] In [7] werden alternativ auch isotherme Zustandsänderungen angesprochen.

4. Die Kontinuitätsgleichung

$$-(\rho_0 + \rho)_{,t} = \operatorname{div}[(\rho_0 + \rho)\vec{v}], \tag{9.9}$$

gleichbedeutend mit der Tatsache, dass für das Kontrollvolumen v die lokale Dichteabnahme gleich dem Austrittsüberschuss an Masse sein muss. Damit werden die Systemgleichungen mathematisch abgeschlossen. Linearisieren liefert die hier maßgebende Form

$$-\rho_{,t} = \rho_0 \operatorname{div} \vec{v} \tag{9.10}$$

der Kontinuitätsgleichung.

Die zwei thermodynamischen (p und ρ) und die drei mechanischen Variablen v_j sind damit eindeutig bestimmt. Der Vollständigkeit halber wird festgestellt, dass im Rahmen der hier verfolgten linearen Theorie ohne eigentliche Strömung die räumliche und die materielle Beschreibung ununterscheidbar zusammenfallen, sodass z. B. auch das Volumen in räumlicher (v) und materieller Darstellung (V) gleich ist. Divergenzbildung der Euler-Gleichung (9.8) führt nach Einsetzen der Zustands- und der Kontinuitätsgleichung (9.5), (9.9) auf die Wellengleichung

$$p_{,tt} - c^2 \nabla^2 p = 0$$

für die Druckstörung p. Wegen der Zustandsgleichung (9.5) hat man dann auch für die Dichteänderung ρ eine Wellengleichung:

$$\rho_{,tt} - c^2 \nabla^2 \rho = 0.$$

Setzt man schließlich in die Zeitableitung der Euler-Gleichung (9.8) den Gradienten der Kontinuitätsgleichung (9.9) und die Zustandsgleichung (9.5) ein, erhält man das Zwischenergebnis $\operatorname{grad} \operatorname{div} \vec{v} = \vec{v}_{,tt}/c^2$. Weil $\operatorname{grad} \operatorname{div} \vec{v} = \operatorname{div} \operatorname{grad} \vec{v} + \operatorname{rot} \operatorname{rot} \vec{v} = \nabla^2 \vec{v} + \operatorname{rot} \operatorname{rot} \vec{v}$ ist, erhält man für die Geschwindigkeit $\vec{v}$ die Beziehung

$$\vec{v}_{,tt} - c^2 (\nabla^2 \vec{v} + \operatorname{rot} \operatorname{rot} \vec{v}) = \vec{0},$$

die keine Wellengleichung ist. Erfahrungsgemäß gilt jedoch bei Schwingungsvorgängen in reibungsfreien Fluiden $\operatorname{rot} \vec{v} = \vec{0}$, sodass dann auch für die Schnelle eine Wellengleichung

$$\vec{v}_{,tt} - c^2 \nabla^2 \vec{v} = \vec{0}$$

resultiert. Als Ergebnis kann man festhalten, dass alle Variablen $p, \rho, \vec{v}$ unter der Nebenbedingung $\operatorname{rot} \vec{v} = \vec{0}$ der Wellengleichung mit der Phasengeschwindigkeit

$$c = \sqrt{\frac{\kappa p_0}{\rho_0}} = \sqrt{\left.\frac{dp}{d\rho}\right|_{\rho=\rho_0}} \equiv c_0 \tag{9.11}$$

genügen. Wenn das Geschwindigkeitsfeld gemäß $\operatorname{rot}\vec{v} = \vec{0}$ wirbelfrei ist, dann ist die Geschwindigkeit $\vec{v}$ aus einem skalaren Potenzial Φ gemäß

$$\vec{v} = \operatorname{grad}\Phi \tag{9.12}$$

herleitbar. Die Bestätigung erhält man durch Nachrechnen: $\operatorname{rot}\vec{v} = \operatorname{rot}\operatorname{grad}\Phi \equiv \vec{0}$. Auch dieses so genannte *Geschwindigkeitspotenzial* $\Phi(x, y, z, t)$ erfüllt die Wellengleichung. Ausgangspunkt des Nachweises ist die Euler-Gleichung (9.8), die mit der Beziehung (9.12) als

$$-p = \rho_0 \Phi_{,t} \tag{9.13}$$

geschrieben werden kann. Differenziert man diese Gleichung einmal nach der Zeit, verwendet die Zustandsgleichung (9.5) und dann die Kontinuitätsgleichung (9.10) unter nochmaliger Verwendung des Ansatzes (9.12), folgt

$$\Phi_{,tt} - c_0^2 \nabla^2 \Phi = 0, \tag{9.14}$$

was zu zeigen war.

Die analytische Herleitung des maßgebenden Randwertproblems aus einer Variationsformulierung ist noch nicht etabliert, ist aber durchaus möglich [16] und soll hier in zwei Varianten des Prinzips von Hamilton angegeben werden. In jedem Fall ist dabei zu beachten, dass die auftretenden Variationen materiell auszuführen sind. Da Strömungsprobleme in aller Regel in Euler-Koordinaten adäquat beschrieben werden, ist auf eine materielle Beschreibung überzugehen. Da an dieser Stelle ausschließlich lineare Probleme ohne Strömung diskutiert werden, für die Euler- und Lagrange-Koordinaten ununterscheidbar zusammenfallen, entfällt diese Umrechnung hier. Die erste Variante folgt [33, 20] und lehnt sich an die übliche Vorgehensweise in der Festkörpermechanik, siehe Abschn. 2.3.1 und 2.3.2, an, bei der letztendlich die Verschiebungen variiert werden. Dementsprechend hat man zum einen die kinetische Energie

$$T = \frac{\rho_0}{2} \int_v \vec{u}_{,t} \cdot \vec{u}_{,t} \mathrm{d}v$$

mit dem Geschwindigkeitsvektor $\vec{v} = \vec{u}_{,t}$ als Zeitableitung des Verschiebungsvektors zu variieren. Zum anderen tritt die Variation des inneren Potenzials[4]

$$\delta U_\mathrm{i} = \int_v \vec{\vec{t}}\, \nabla \delta\vec{u}\, \mathrm{d}v \tag{9.15}$$

der Spannung $\vec{\vec{t}}$ bei einer entsprechenden virtuellen Verschiebung $\delta\vec{u}$ hinzu. Mittels partieller Integration lässt sich (9.15) in

$$\delta U_\mathrm{i} = \oint_s \vec{\vec{t}} \delta\vec{u}\, \mathrm{d}a - \int_v \nabla\vec{\vec{t}}\, \delta\vec{u}\, \mathrm{d}v$$

[4] In [33] ist ausgeführt, wie die Überlegungen auch auf zähe Fluide ausgedehnt werden können.

umformen. Damit lautet die resultierende Variationsformulierung

$$\int_{t_1}^{t_2} \left[-\rho_0 \int_v \left(\vec{u}_{,tt} - \nabla \vec{t} \right) \delta \vec{u} \, \mathrm{d}v - \oint_s \vec{t} \delta \vec{u} \, \mathrm{d}a \right] \mathrm{d}t = 0. \tag{9.16}$$

Die beiden Summanden innerhalb des Volumenintegrals stellen die eigentliche Bewegungsdifferenzialgleichung des idealen Fluids dar, während der letzte Summand die Randbedingungen liefert. Mit dem besonders einfachen Materialgesetz (9.7) des idealen Fluids und der adiabaten Zustandsänderung (9.5) zur Beschreibung der Kompressibilität kommt man dann wieder zur Problembeschreibung in Form der Euler-Gleichung (9.8) mit dynamischen Randbedingungen verschwindenden Drucks oder verschwindender Geschwindigkeit in Normalenrichtung an einer starren Wand.

Die zweite Variante arbeitet in Potenzialgrößen, womit sich die kinetische Energie T und die potenzielle Energie U_{i} einfach formulieren lassen [7, 4]:

$$T = \frac{\rho_0}{2} \int_v \nabla \Phi \cdot \nabla \Phi \mathrm{d}v, \quad U_{\mathrm{i}} = \frac{\rho_0}{2c^2} \int_v \Phi_{,t}^2 \mathrm{d}v.$$

Wieder ohne potenziallose Kräfte ergibt sich $W_\delta = 0$ und das Prinzip von Hamilton (2.60) bzw. (3.10) kann ausgewertet werden. Ausführen der Variationen liefert in einem ersten Schritt

$$\int_{t_1}^{t_2} \int_v \left(\rho_0 \nabla \Phi \cdot \nabla \delta \Phi - \frac{\rho_0}{c^2} \Phi_{,t} \delta \Phi_{,t} \right) \mathrm{d}v \, \mathrm{d}t = 0$$

$$\Rightarrow \int_{t_1}^{t_2} \int_v \left[\nabla \cdot (\delta \Phi \nabla \Phi) - \nabla^2 \Phi \delta \Phi - \frac{1}{c^2} \Phi_{,t} \delta \Phi_{,t} \right] \mathrm{d}v \, \mathrm{d}t = 0.$$

Diese Beziehung kann mit dem Gaußschen Integralsatz in

$$\begin{aligned} &\int_{t_1}^{t_2} \oint_s \delta \Phi \nabla \Phi \cdot \vec{n} \, \mathrm{d}a \, \mathrm{d}t + \int_{t_1}^{t_2} \int_v \left(-\nabla^2 \Phi + \frac{1}{c^2} \Phi_{,tt} \right) \delta \Phi \, \mathrm{d}v \, \mathrm{d}t = 0 \\ \Rightarrow &\int_{t_1}^{t_2} \oint_s \Phi_{,n} \delta \Phi \, \mathrm{d}a \, \mathrm{d}t + \int_{t_1}^{t_2} \int_v \left(-\nabla^2 \Phi + \frac{1}{c^2} \Phi_{,tt} \right) \delta \Phi \, \mathrm{d}v \, \mathrm{d}t = 0. \end{aligned} \tag{9.17}$$

umgeformt werden, wenn $\Phi_{,n} = \nabla \Phi \cdot \vec{n}$ die Ableitung des Potenzials Φ in Richtung der äußeren Normalen der berandenden Oberfläche s bezeichnet. Die eigentliche Bewegungsdifferenzialgleichung folgt aus dem zweiten Integral in (9.17), während das erste Integral die Randbedingungen liefert. Ist das Fluid beispielsweise an der begrenzenden Oberfläche mit einer starren Wand in Kontakt, ergibt sich, wie bereits vermerkt, eine verschwindende Geschwindigkeit in Normalenrichtung, d. h. $\Phi_{,n} = 0$, während Dichteänderung

ρ und Druckstörung p ungleich null sind. Man spricht dann von einer *schallharten* Berandung. Ist dagegen die Fluidberandung spannungsfrei, gilt dort $p, \rho = 0$, d. h. wegen (9.13) auch $\Phi_{,t} = 0 \Rightarrow \Phi = 0$, aber $\vec{v} \neq \vec{0}$. Die Begrenzung wird dann *schallweich* genannt. Als Besonderheit dieser zweiten Variante des Prinzips von Hamilton für Fluide unter Verwendung des Geschwindigkeitspotenzials Φ ist aber festzuhalten, dass bei der Angabe von Randbedingungen das Ergebnis $\Phi_{,n} = 0$ eine kinematische Festlegung darstellt, während $\delta\Phi$ eine Spannungsrandbedingung beschreibt. Vergleicht man diese Resultate mit jenen der ersten Variante, kehrt sich offensichtlich die Schlussfolgerung für kinematische, d. h. geometrische und dynamische Randbedingung um. Bei der Beschreibung der Fluid-Struktur-Wechselwirkung auf der Basis des Prinzips von Hamilton, d. h. einer Betrachtung des Gesamtsystems, hat man dieser Tatsache Rechnung zu tragen.

Zum Schluss wird kein ideales Fluid mehr vorausgesetzt, es werden schwache Reibungseinflüsse mitberücksichtigt. Dabei wird angenommen, dass die Entropieproduktion infolge der Reibung vernachlässigbar ist und wie bereits im reibungsfreien Fall wird thermische Diffusion vernachlässigt, sodass die Zustandsänderung adiabatisch verläuft. Das Materialgesetz basiert jetzt auf dem Begriff des Newtonschen Fluids ohne Gedächtnis unter Einbeziehung der Stokesschen Hypothese, sodass nur noch eine Materialkonstante, nämlich die dynamische Zähigkeit η bzw. kinematische Viskosität $\mu = \eta/\rho_0$, auftritt. Die Spezialisierung der räumlichen Impulsbilanz (2.38) auf die so beschriebene konstitutive Gleichung bezeichnet man als Navier-Stokes-Gleichung [24]. In ihrer linearisierten Form

$$\vec{v}_{,t} = -\frac{1}{\rho_0}\nabla p + \mu\nabla^2\vec{v} + \frac{\mu}{3}\nabla(\nabla\cdot\vec{v}) \tag{9.18}$$

für kleine Zähigkeit μ bildet sie zusammen mit der linearisierten Kontinuitätsgleichung (9.10) und der linearisierten Zustandsgleichung (9.5) den Ausgangspunkt der folgenden Rechnung. Einsetzen der Zustandsgleichung in die Kontinuitätsgleichung liefert nach Differenziation bezüglich der Zeit

$$p_{,tt} + c_0^2\rho_0\nabla\cdot\vec{v}_{,t} = 0. \tag{9.19}$$

Eliminiert man jetzt noch mit Hilfe der Navier-Stokes-Gleichung (9.18) die lokale Beschleunigung $\vec{v}_{,t}$, ergibt sich zunächst

$$p_{,tt} + c_0^2\rho_0\left[-\frac{1}{\rho_0}\nabla^2 p + \mu\nabla^2(\nabla\cdot\vec{v}) + \frac{\mu}{3}\nabla^2(\nabla\cdot\vec{v})\right] = 0. \tag{9.20}$$

Zusammenfassen und Ersetzen von $\nabla\cdot\vec{v}$ durch $p_{,t}$ liefert dann schließlich die Bewegungsdifferenzialgleichung

$$p_{,tt} - c_0^2\nabla^2 p - \frac{4\mu}{3}\nabla^2 p_{,t} = 0 \tag{9.21}$$

für das Druckfeld eines reibungsbehafteten Fluids mit kleiner Zähigkeit. Offensichtlich liegt keine klassische Wellengleichung mehr vor, es tritt ein Zusatzterm auf, der das Medium dispersiv macht und zur Abschwächung der Anfangsamplitude laufender harmonischer Wellen führt. Im Allgemeinen ist im vorliegenden Fall das Geschwindigkeitsfeld $\vec{v}$ nicht mehr wirbelfrei und kann nicht mehr auf ein skalares Geschwindigkeitspotenzial Φ allein zurückgeführt werden. Nur noch eine Darstellung $\vec{v} = \nabla\Phi + \nabla \times \vec{\Psi}$ wie bei Festkörpern (siehe (6.49)) führt dann wieder auf erweiterte Wellengleichungen für die Potenziale Φ und $\vec{\Psi}$. Für Sonderfälle, beispielsweise ebene Wellen, gilt allerdings $\nabla \times \vec{v} \equiv \vec{0}$, sodass dann die einfache Darstellung $\vec{v} = \nabla\Phi$ wieder zulässig ist und man für Φ formal die gleiche ergänzte Wellengleichung (9.21) wie für den Druck p erhält.

Zur genaueren Begründung, dass Dispersion und Abschwächung auftreten, betrachtet man z. B. eine ebene harmonische Druckwelle

$$p(x,t) = p_0 e^{\mathrm{i}(k_W x - \omega t)}, \tag{9.22}$$

die sich in positive x-Richtung ausbreitet. Nach Einsetzen dieses Ansatzes in die Druckgleichung (9.21) erhält man die Dispersionsgleichung

$$\omega^2 - c_0^2 k_W^2 + \mathrm{i}\frac{4\mu}{3}\omega k_W^2 = 0$$

zur Bestimmung der Wellenzahl

$$k_W^2 = \frac{\omega^2}{c_0^2 - \mathrm{i}\frac{4\mu}{3}\omega} \tag{9.23}$$

als Funktion der Kreisfrequenz. Die Dispersion durch die Viskosität des Fluids ist klar ersichtlich. Eliminiert man in (9.22) mittels (9.23) die Wellenzahl, ergibt sich

$$p(x,t) = p_0 e^{-\frac{2\mu\omega^2}{3c_0^3}x} e^{\mathrm{i}\frac{\omega}{c_0}(x-ct)}, \tag{9.24}$$

sodass auch die Abschwächung der Welle evident ist. Die Druckamplitude fällt exponentiell mit fortlaufender Ausbreitung, wobei Anteile mit höheren Frequenzen stärker als mit niedrigen Frequenzen abgeschwächt werden.

Konkret werden die Schwingungen berandeter kompressibler Fluide an dieser Stelle noch nicht diskutiert. Als Grenzfälle tauchen sie nämlich bei der im Folgenden behandelten Fluid-Struktur-Wechselwirkung immer wieder auf. Es wird allerdings noch auf die Verallgemeinerung einer vorhandenen endlichen Strömungsgeschwindigkeit kurz eingegangen. Als einzige Änderung setzt sich dann die Beschleunigung in der Impulsbilanz (9.6) bzw. (9.8) in der linearisierten Form $\vec{a} = \vec{v}_{,t} + \vec{v}_0 \nabla \vec{u}$ aus einem lokalen und einem konvektiven Anteil additiv zusammen. Konsequenterweise wird dann beim Übergang zum Geschwindigkeitspotenzial dieses mit der Geschwindigkeitsstörung $\vec{v}$ in Verbindung gebracht, $\vec{v} = \nabla\Phi$, sodass wieder eine Wellengleichung für Φ resultiert, die durch die Strömungsgeschwindigkeit $\vec{v}_0$ allerdings modifiziert ist. Wird beispielsweise das Problem in einem kartesischen Bezugssystem beschrieben und liegt eine Strömungsgeschwindigkeit in x-Richtung vor, $\vec{v}_0 = U_0\vec{e}_x$, dann ist die resultierende Wellengleichung

$$-c_0^2\nabla^2\Phi + \Phi_{,tt} + 2U_0\Phi_{,xt} + U_0^2\Phi_{,xx} = 0. \tag{9.25}$$

Wegen der Formulierung in Euler-Koordinaten tritt nicht nur die partielle Zeitableitung von Φ in Erscheinung, sondern die typische Ergänzung durch zwei weitere Summanden, die schon bei bewegten Saiten und Balken sowie durchströmten schlanken Rohren bei räumlicher Beschreibung charakteristisch war, siehe Abschn. 8.3.

Abschließend werden die Bewegungsgleichungen *inkompressibler*, allerdings wieder idealer reibungsfreier Fluide formuliert. Ob eine Strömungsgeschwindigkeit vorliegt oder nicht, ist zunächst einmal belanglos. In jedem Falle tritt keine Dichteänderung auf, sodass die Kontinuitätsgleichung (9.10) zu der kinematischen Relation

$$\nabla \cdot \vec{v} = 0 \tag{9.26}$$

der Geschwindigkeit degeneriert. Entsprechend der Erfahrung, dass das Geschwindigkeitsfeld $\vec{v}$ wirbelfrei ist, wird auch hier gemäß $\vec{v} = \nabla\Phi$ die Geschwindigkeit auf ein skalares Potenzial zurückgeführt. Eingesetzt in (9.26) folgt damit die Laplace-Gleichung

$$\nabla^2\Phi = 0 \tag{9.27}$$

zur Bestimmung des Geschwindigkeitspotenzials Φ. Der Druck ist keine thermodynamische Variable mehr und lässt sich folglich ohne thermodynamische Annahmen unter Verwendung von Φ aus der verbleibenden Euler-Gleichung berechnen, üblicherweise nach räumlicher Integration zur so genannten linearisierten instationären Bernoulli-Gleichung. Im einfachen Fall ohne Strömung ergibt sich diese aus $\nabla\left(\Phi_{,t} + \frac{p}{\rho_0}\right) = \vec{0}$ in der Form

$$\Phi_{,t} + \frac{p}{\rho_0} = 0, \tag{9.28}$$

während bei Vorliegen einer Strömung $U_0\vec{e}_x$ eine Ergänzung notwendig ist:

$$\Phi_{,t} + U_0\Phi_{,x} + \frac{p}{\rho_0} = 0. \tag{9.29}$$

Die bei dem durchgeführten Integrationsschritt auftretende beliebige Zeitfunktion soll jeweils im Geschwindigkeitspotenzial aufgegangen sein. Reine Fluidschwingungen einer inkompressiblen Flüssigkeit zwischen *allseits starren* Wänden sind unmöglich. Betrachtet man zur Begründung ein ebenes Rechteckgebiet $0 \leq x \leq a, 0 \leq y \leq b$, ist als Feldgleichung die ebene Laplace-Gleichung (9.27) zu lösen, die an die homogenen Randbedingungen $\Phi_{,x} = 0 \;\; (x = 0, a)$ sowie $\Phi_{,y} = 0 \;\; (y = 0, a)$, d. h. verschwindende Geschwindigkeit

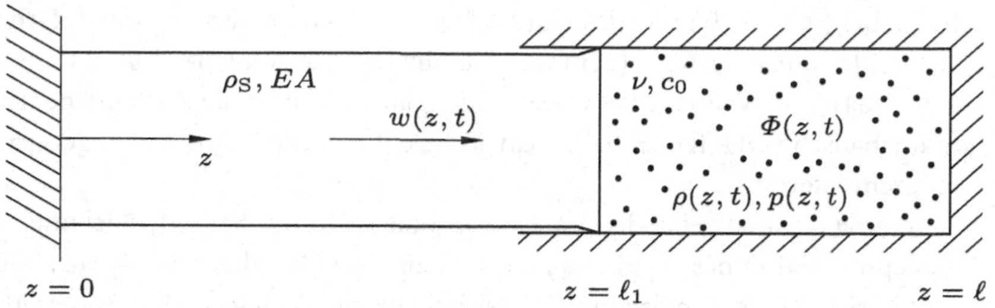

Abb. 9.1 Geometrie des Zweifeldsystems Stab/Fluid

in die jeweilige Normalenrichtung, anzupassen ist. Ersichtlich gibt es dann keine Schwingungslösungen[5]. Reine Fluidschwingungen (ohne Strömung) sind im inkompressiblen Fall nur, z. B. im Schwerkraftfeld der Erde, bei *freien Oberflächen* möglich, wodurch Randbedingungen mit Zeitableitungen des Geschwindigkeitspotenzials entstehen. Sie werden im vorliegenden Buch nicht behandelt[6].

9.1.3 Fluid-Struktur-Wechselwirkung

Während also die Kompressibilität für reine Fluidschwingungen zwischen starren Wänden zwingend ist, können gekoppelte Fluid-Struktur-Schwingungen in der Tat auch für inkompressibel modellierte Fluide auftreten. Bei orts- und zeitabhängigen Schwingungen der Oberfläche eines elastischen Festkörpers kann nämlich ein angrenzendes inkompressibles Fluid die Schwingbewegungen unter gegenseitiger Beeinflussung übernehmen und in das Innere der Flüssigkeit fortpflanzen. Es wird deshalb von Fall zu Fall entschieden, ob der Kompressibilitätseinfluss mitgenommen oder weggelassen wird. Dabei wird das einfachste 1-parametrige Koppelproblem an den Anfang gestellt, um anschließend auch kompliziertere Aufgabenstellungen zu analysieren.

Beispiel 9.2 In Verallgemeinerung des rein mechanischen Zweifeldsystems aus Abschn. 9.1.1 wird jetzt als Modell einer Luftfederung eine einseitig eingespannte elastische Säule der Länge ℓ_1 (konstante Masse pro Länge $\rho_S A$, konstante Dehnsteifigkeit EA) betrachtet, die gemäß Abb. 9.1 in eine axial ausgerichtete schlanke Kammer der Länge $\ell - \ell_1$ (Querschnitt A) spielfrei hineinragt, die mit einem idealen *kompressiblen* Fluid gefüllt ist [25]. Im nicht vorgespannten Ausgangszustand bei Umgebungsdruck p_0 mit der Fluiddichte ρ_0 sind Stab und Fluid in Ruhe, d. h. Stabverschiebung $w_0 \equiv 0$ und Fluidgeschwindigkeit $v_0 \equiv 0$. Untersucht werden die überlagerten kleinen Koppelschwingungen

[5] Gleichgewichtsaufgaben bei vorhandener Volumenkraft, d. h. inhomogener Laplace-Gleichung, oder bei Oberflächenlasten, d. h. inhomogenen Spannungsrandbedingungen, sind dann beispielsweise in der Elastostatik physikalisch sinnvoll gestellte Problemstellungen.

[6] Der interessierte Leser wird auf [16, 7] verwiesen.

$w(z,t)$ des Stabes ($0 \leq z \leq \ell_1$) und des Fluids ($\ell_1 \leq z \leq \ell$), charakterisiert durch Druckänderung $p(z,t)$, Dichteänderung $\rho(z,t)$ und Geschwindigkeitspotenzial $\Phi(z,t)$. Es wird angenommen, dass die Wände der Kammer ideal glatt sind und die Zustandänderungen des Fluids adiabatisch verlaufen (Schallgeschwindigkeit c_0). Die freien Schwingungen sind von besonderem Interesse.

Zur Herleitung des maßgebenden Randwertproblems in der Stabverschiebung w und dem Schnellepotenzial Φ des Fluids, soll das Prinzip von Hamilton[7] verwendet werden. Dabei hat man sich zu entscheiden, welche der beiden im vorangehenden Abschnitt kennengelernten Varianten eingesetzt werden soll. Gegebenenfalls kann man anschließend zu der gewünschen gemischten Darstellung in w und Φ übergehen, die vielleicht physikalisch am nächstliegenden ist[8]. Hier wird im ersten Schritt eine homogene Darstellung in Potenzialgrößen gewählt. Dafür ist es notwendig, ein entsprechendes Geschwindigkeitspotenzial Φ_S des Stabes einzuführen, und auch die Ausbreitungsgeschwindigkeit $c_S = \sqrt{E/\rho_S}$ von Stablängswellen wird dann noch sinnvollerweise als die mit c_0 korrespondierende Größe eingeführt.

Kinetische Energie T, potenzielle Energie $U = U_i$ und virtuelle Arbeit W_δ des Gesamtsystems setzen sich aus den Anteilen für Stab und Fluid zusammen. Nach den Vorüberlegungen sind diese Energien einleuchtend:

$$
\begin{aligned}
T &= \frac{\rho_S}{2}\int_0^{\ell_1} \Phi_{S,z}^2 \mathrm{d}z + \frac{\rho_0}{2}\int_{\ell_1}^{\ell} \Phi_{,z}^2 \mathrm{d}x,\\
U &= \frac{\rho_S}{2c_S^2}\int_0^{\ell_1} \Phi_{S,t}^2 \mathrm{d}z + \frac{\rho_0}{2c_0^2}\int_{\ell_1}^{\ell} \Phi_{,t}^2 \mathrm{d}z,\\
W_\delta &= 0.
\end{aligned}
$$

Die Auswertung des Prinzips von Hamilton (2.60) bzw. (3.10) liefert das Randwertproblem

$$
\begin{aligned}
\Phi_{S,tt} - c_S^2 \Phi_{S,zz} = 0, &\quad 0 \leq z \leq \ell_1,\\
\Phi_{,tt} - c_0^2 \Phi_{,zz} = 0, &\quad \ell_1 \leq z \leq \ell,\\
\Phi_{S,z}(0,t) = 0, &\quad \Phi_{,z}(\ell,t) = 0,\\
\rho_S \Phi_S(\ell_1,t) - \rho_0 \Phi(\ell_1,t) = 0, &\quad \Phi_{S,z}(\ell_1,t) - \Phi_{,z}(\ell_1,t) = 0 \; \forall t \geq 0,
\end{aligned}
$$

[7] Dieses stellt eine signifikante Modifikation der Variationsformulierung dar, die bereits, siehe [16], in der Literatur vereinzelt dargestellt ist: Dabei wird das Prinzip der virtuellen Arbeit für die beteiligten Subsysteme getrennt formuliert, sodass Übergangsbedingungen als Schnittstelle beider Teilprobleme auftreten. Hier werden diese beiden Gleichungssysteme so aufaddiert, dass (zukünftig) beispielsweise bei Vorgabe kinematischer Bedingungen die dynamischen zwanglos folgen.

[8] Bei Näherungslösungen mittels Finite-Element-Methoden hat die gemischte Formulierung unter Verwendung des Geschwindigkeitspotenzials für das Fluid und von Verschiebungsgrößen für die Struktur den Vorteil, dass sie direkt auf Gleichungssysteme mit symmetrischen Matrizen führt [16].

das mit $\rho_S A \Phi_{S,t}(\ell_1) = EAw_{,z}(\ell_1)$ und $\Phi_{S,z}(\ell_1) = w_{,t}(\ell_1)$ als

$$
\begin{aligned}
\rho_S A w_{,tt} - EAw_{,zz} = 0, \quad 0 \leq z \leq \ell_1,\\
\Phi_{,tt} - c_0^2 \Phi_{,zz} = 0, \quad \ell_1 \leq z \leq \ell,\\
w(0,t) = 0, \quad \Phi_{,z}(\ell, t) = 0,\\
Ew_{,z}(\ell_1, t) - \rho_0 \Phi_{,t}(\ell_1, t) = 0, \quad w_{,t}(\ell_1, t) - \Phi_{,z}(\ell_1, t) = 0 \; \forall t \geq 0
\end{aligned}
\tag{9.30}
$$

äquivalent geschrieben werden kann. Sollen Zwangsschwingungen berechnet werden, kann beispielsweise eine auf den Stab ($0 \leq z \leq \ell_1$) einwirkende Streckenlast $q(z,t)$ hinzugefügt werden, wodurch die Stabgleichung $(9.30)_1$ inhomogen wird. Auch ein viskoelastischer Stab oder ein zähes Fluid können durch entsprechende Zusatzterme in den betreffenden Feldgleichungen und teilweise den Übergangsbedingungen problemlos modelliert werden. Es liegt offensichtlich ein echtes Zweifeldsystem für die Verschiebung des stabförmigen Strukturmodells und das Geschwindigkeitspotenzial des reibungsfreien kompressiblen Fluids vor. Die Kopplung erfolgt ausschließlich über die Übergangsbedingungen an der Kontaktstelle zwischen Stab und Fluid bei $z = \ell_1$. Die beiden Feldgleichungen in Form von zwei 1-dimensionalen Wellengleichungen sind nicht gekoppelt. Mathematisch ist das vorliegende Randwertproblem von der gleichen Bauart wie jenes, siehe (9.1), für das rein mechanische Zweifeldsystem. Zur Untersuchung der freien Schwingungen werden die isochronen Produktansätze

$$
w(z,t) = \hat{W}(z) e^{i\omega t}, \quad \Phi(z,t) = \hat{P}(z) e^{i\omega t}
$$

verwendet. Sie führen mit der dimensionslosen Ortskoordinate $\zeta = z/\ell$, den dimensionslosen Variablen $W = \hat{W}/\ell$ und $P = \hat{P}/(c_0 \ell)$ dem Verhältnis $\kappa = c_S/c_0$ der Schallgeschwindigkeiten von Fluid und Stab, den Verhältnissen $\beta = \ell_1/\ell$ von Stab- und Gesamtlänge und $\varepsilon = \rho_0/\rho_S$ von Fluid und Stabdichte sowie dem Eigenwert $\lambda^2 = \omega^2 \ell^2 / c^2$ auf das zugehörige Eigenwertproblem

$$
\begin{aligned}
W'' + \left(\frac{\lambda}{\kappa}\right)^2 W = 0, \quad P'' + \lambda^2 P = 0,\\
W(0) = 0, \quad \kappa^2 W'(\beta) - i\varepsilon\lambda P(\beta) = 0, \quad P'(\beta) - i\lambda W(\beta) = 0, \quad P'(1) = 0.
\end{aligned}
\tag{9.31}
$$

Die Differenzialgleichungen sind beide vom Schwingungstyp, sodass ihre Lösungen

$$
W(\zeta) = A \sin\left(\frac{\lambda\zeta}{\kappa}\right) + B \cos\left(\frac{\lambda\zeta}{\kappa}\right), \quad P(\zeta) = C \sin(\lambda\zeta) + D \cos(\lambda\zeta)
$$

auf der Hand liegen. Die Anpassung an die vier Randbedingungen liefert ein homogenes algebraisches Gleichungssystem für A, B, C, D. Als notwendige Bedingung für nichttriviale Lösungen $A, B, C, D \neq 0$ hat man die zugehörige Systemdeterminante null zu setzen, und dies ist die Eigenwertgleichung

$$\cos\left(\frac{\lambda\beta}{\kappa}\right)\sin[(1-\beta)\lambda] + \varepsilon\kappa^2 \sin\left(\frac{\lambda\beta}{\kappa}\right)\cos[(1-\beta)\lambda] = 0 \tag{9.32}$$

zur Bestimmung der zwei Mal abzählbar unendlich vielen reellen Eigenwerte λ_k ($k = 1, 2, \ldots, \infty$). Obwohl das über einen Exponentialansatz erhaltene Eigenwertproblem komplexe Koeffizienten in den Randbedingungen besitzt, ergeben sich reelle, nicht verschwindende Eigenwerte. Die Eigenwertgleichung ist allerdings im Allgemeinen nur noch numerisch lösbar, für $\varepsilon \ll 1$ kann beispielsweise auch eine Störungsrechnung zur näherungsweisen Lösung herangezogen werden. Für $\varepsilon = 0$ sind die beiden Eigenwertprobleme des längsschwingenden Stabes mit unverschiebbarem Ende bei $\zeta = 0$ und freiem Ende bei $\zeta = \beta$,

$$\cos\left(\frac{\lambda\beta}{\kappa}\right) = 0 \quad \Rightarrow \lambda_{1k} = \frac{(2k-1)\pi\kappa}{2\beta}, \quad k = 1, 2, \ldots, \infty,$$

sowie einer reibungsfreien Fluidsäule mit beidseitig bei $\zeta = \beta$ und $\zeta = 1$ schallhartem Abschluss,

$$\sin[(1-\beta)\lambda] = 0 \quad \Rightarrow \lambda_{2k} = \frac{k\pi}{1-\beta}, \quad k = (0), 1, 2, \ldots, \infty,$$

voneinander entkoppelt. Auch der andere Grenzfall $\varepsilon \to \infty$, der allerdings eher akademisch ist, führt auf entkoppelte Eigenwertprobleme. Für den Stab erhält man

$$\sin\left(\frac{\lambda\beta}{\kappa}\right) = 0 \quad \Rightarrow \lambda_{1k} = \frac{k\pi\kappa}{\beta}, \quad k = 1, 2, \ldots, \infty, \tag{9.33}$$

d. h. den Fall beidseitiger Unverschiebbarkeit bei $\zeta = 0$ und $\zeta = \beta$ sowie für das Fluid

$$\cos[(1-\beta)\lambda] = 0 \quad \Rightarrow \lambda_{2k} = \frac{(2k-1)\pi}{2(1-\beta)}, \quad k = 1, 2, \ldots, \infty, \tag{9.34}$$

d. h. nach wie vor schallharter Abschluss bei $\zeta = 1$, aber schallweicher Abschluss (offenes Ende) bei $\zeta = \beta$. Auf die (qualitative) Lösung und die Interpretation der Ergebnisse wird im weiteren Verlauf dieses Abschnitts noch näher eingegangen. ■

Die nächste Komplikationsstufe ist eine ebene Kammer mit den endlichen Abmessungen $0 \le x \le L$, $0 \le y \le H$, gefüllt mit einem im Allgemeinen kompressiblen, reibungsbehafteten Fluid in Wechselwirkung mit den als Festkörper modellierten Wänden. Im einfachsten Fall sind drei der begrenzenden Wände starr und die vierte ein flexibler Festkörper, siehe die entsprechenden Projektionen in die x, y-Ebene gemäß Abb. 9.2. Ein wirkliches Zweifeldsystem mit Oberflächenkopplung liegt nur dann vor, wenn der Festkörper eine

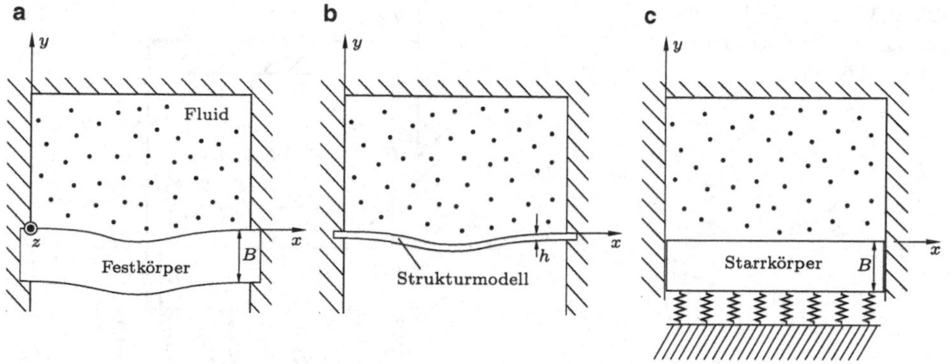

Abb. 9.2 Ebene fluid-gefüllte Kammer mit starren bzw. elastischen Wänden

endliche Dicke B besitzt, siehe Abb. 9.2a. Dann sind die entkoppelten Feldgleichungen von Fluid und Festkörper über Übergangsbedingungen an der Grenzfläche zwischen beiden Subsystemen gekoppelt. In z-Richtung sollen dabei vereinfachend keine Schwingungsvariablen auftreten, und auch die z-Abhängigkeit der verbleibenden Feldgrößen soll keine Rolle spielen.

Einfacher wird die Problemstellung, wenn der flexible Festkörper eine Dicke besitzt, die klein gegenüber seinen anderen Abmessungen ist, wie dies bei einer dünnen Platte oder einer membranartigen Begrenzung der Fall ist, siehe Abb. 9.2b. Weiter vereinfacht sich das System, siehe Abb. 9.2c, wenn die Wand als elastisch gebetteter starrer Körper mit einem Translationsfreiheitsgrad in y-Richtung angesehen wird [29]. Dieser Fall wird zunächst behandelt.

Beispiel 9.3 Es geht dann um die Koppelschwingungen eines zähen kompressiblen Fluids (Ruhedichte ρ_0, Schallgeschwindigkeit c_0, Zähigkeit ν) und eines Strukturmodells (Dichte ρ_S, elastische Bettung pro Fläche c) in y-Richtung, siehe Abb. 9.3. Das beschreibende lineare Randwertproblem ist durch

$$\begin{gathered}\Phi_{,tt} - c_0^2\,\Phi_{,yy} - \frac{4\nu}{3}\Phi_{,yyt} = 0,\\ \Phi_{,y}(0,t) = \dot{q}, \quad \Phi_{,y}(H,t) = 0, \forall t \geq 0,\\ \rho_S B\ddot{q} + cq - \rho_0\Phi_{,t}(0,t) + \frac{4\nu}{3}\rho_0\Phi_{,yy}(0,t) = 0\end{gathered} \tag{9.35}$$

gegeben. Die eigentlichen Bewegungsgleichungen sind die 1-parametrige Wellengleichung des zähen Fluids, ausgedrückt durch dessen Geschwindigkeitspotenzial $\Phi(y,t)$, und eine gewöhnliche Differenzialgleichung in der Querauslenkung $q(t)$ des elastisch gestützten Körpers. Im Rahmen der hier verfolgten linearen Theorie tritt die Kopplung zum einen über die kinematischen Randbedingung des Fluids an seiner durch den Starrkörper abgeschlossenen Begrenzung bei $y = 0$ in Erscheinung und zum anderen als Druckbelastung

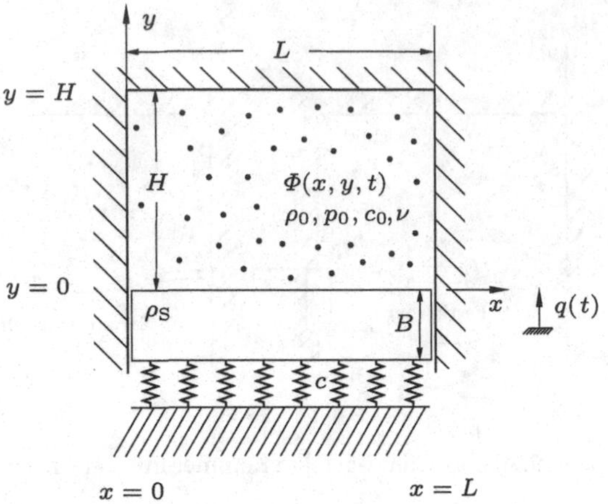

Abb. 9.3 Ebene fluid-gefüllte Kammer mit elastisch gebettem Starrkörper

des 1-Freiheitsgrad-Oszillators aus Starrkörper und Feder. Dabei tritt nicht nur der Fluiddruck $p = -\rho_0 \Phi_{,t}$ auf, sondern noch ein Zusatzterm infolge Fluidzähigkeit. Vergleichend mit dem Randwertproblem (9.30) ist das vorliegende offensichtlich noch etwas einfacher, weil hier anstelle einer partiellen Differenzialgleichung zur Beschreibung der Struktur eine gewöhnliche Einzeldifferenzialgleichung getreten ist. Die Vorgehensweise zur Lösung bleibt im Wesentlichen ungeändert. Zur einfacheren Handhabung empfiehlt sich eine dimensionslose Schreibweise. Dazu werden die dimensionslosen Variablen

$$\zeta = \frac{y}{H}, \quad \tau = \frac{c_0}{H}t, \quad \hat{q} = \frac{q}{H}, \quad \hat{\Phi} = \frac{1}{c_0 H}\Phi$$

und Parameter

$$\kappa^2 = \frac{cH^2}{\rho_S B c_0^2}, \quad \alpha = \frac{H}{B}, \quad \varepsilon = \frac{\rho_0}{\rho_S}, \quad \text{Re} = \frac{3Hc_0}{2\nu}$$

eingeführt. Setzt man in das damit folgende dimensionslose Randwertproblem erneut isochrone Produktansätze

$$\hat{q}(\tau) = C_0 e^{i\lambda\tau}, \quad \hat{\Phi}(\zeta, \tau) = P(\zeta) e^{i\lambda\tau} \tag{9.36}$$

ein, erhält man das zugehörige Eigenwertproblem

$$\begin{aligned} P'' + \bar{\lambda}^2 P = 0, \quad \bar{\lambda}^2 &= \frac{\lambda^2}{1 + \frac{2}{\text{Re}} i\lambda} \\ P'(0) = i\lambda c_0 C_0, \quad P'(1) &= 0, \\ (\kappa^2 - \lambda^2) C_0 - \frac{\varepsilon\alpha}{c_0}\left[i\lambda P(0) + \frac{2}{\text{Re}} P''(0)\right] &= 0. \end{aligned} \tag{9.37}$$

Elimination der Konstanten C_0 durch die kinematische Übergangsbedingung bei $\zeta = 0$ führt auf das kondensierte Eigenwertproblem

$$P'' + \bar{\lambda}^2 P = 0,$$
$$(\kappa^2 - \lambda^2)P'(0) - i\lambda\varepsilon\alpha\left[i\lambda P(0) + \frac{2}{\text{Re}}P''(0)\right] = 0, \quad P'(1) = 0. \tag{9.38}$$

Die allgemeine Lösung der Differenzialgleichung

$$P(\zeta) = A\sin\bar{\lambda}\zeta + B\cos\bar{\lambda}\zeta$$

liefert nach Anpassen an die in (9.38) verbliebenen Randbedingungen als verschwindende Systemdeterminante des algebraischen homogenen Gleichungssystems für A und B die zugehörige strenge Eigenwertgleichung

$$(\kappa^2 - \lambda^2)\sin\bar{\lambda} + \varepsilon\alpha\left(1 + \frac{2}{\text{Re}}i\lambda\right)\bar{\lambda}\cos\bar{\lambda} = = 0 \tag{9.39}$$

zur Bestimmung der abzählbar unendlich vielen Eigenwerte λ_k ($k = 1, 2, \ldots, \infty$), die wegen des berücksichtigten Reibungseinflusses im Allgemeinen komplexwertig sind. Wieder lassen sich eine Reihe von Grenzfällen extrahieren. Für ein verschwindendes Verhältnis $\varepsilon\alpha \to 0$ von Fluid- und Starrkörpermasse findet man den Eigenwert

$$\lambda_{00} = \kappa$$

des im Vakuum schwingenden Starrkörpers und die Eigenwertgleichung

$$\sin\bar{\lambda} = \sin\frac{\lambda}{\sqrt{1 + \frac{2}{\text{Re}}i\lambda}} = 0$$

des Fluids zwischen starren Wänden mit dem Eigenwertspektrum

$$\lambda_{0k} = i\frac{k^2\pi^2}{\text{Re}} + k\pi\sqrt{1 - \left(\frac{k\pi}{\text{Re}}\right)^2}, \quad k = (0), 1, 2, \ldots, \infty.$$

Ein zweiter Grenzfall liegt für den Fall eines reibungsfreien, kompressiblen Fluids vor, d. h. $1/\text{Re} \to 0$ für $\varepsilon\alpha \neq 0$:

$$(\kappa^2 - \lambda^2)\sin\lambda + \varepsilon\alpha\lambda\cos\lambda = 0. \tag{9.40}$$

Es treten ausschließlich reelle Eigenwerte auf. Die Eigenwertgleichung ist das vereinfachte Analogon zur Eigenwertgleichung (9.32) des zu Anfang dieses Abschnitts diskutierten Luftfedermodells und hat anstatt der damals $2 \cdot \infty$ vielen Eigenwerte nur noch $1 + \infty$ viele.

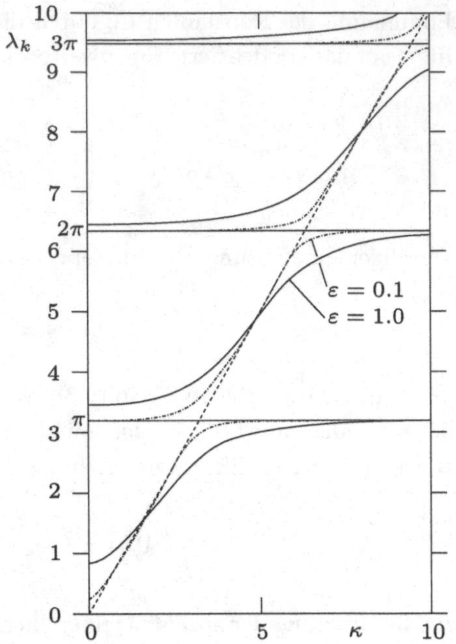

Abb. 9.4 Eigenwertspektrum der Koppelschwingungen gemäß (9.40)

Allerdings ist auch (9.40) im Allgemeinen nur numerisch zu lösen. Geht zusätzlich noch $\varepsilon\alpha \to 0$, dann hat man die Eigenwerte

$$\lambda_{00} = \kappa \text{ und } \lambda_{0k} = k\pi, \quad k = (0), 1, 2, \ldots, \infty.$$

Der dritte und letzte Grenzfall ergibt sich für stark überwiegende Fluidmasse $\varepsilon\alpha \to \infty$, der ähnliche Ergebnisse wie (9.33) und (9.34) liefert. Abschließend zum bisherigen Diskussionsstand ist in Abb. 9.4 das Eigenwertspektrum des zweiten Grenzfalles als Funktion des Steifigkeitsverhältnisses κ von Struktur und Fluid aufgezeichnet. Um die Wechselwirkung der behandelten Fluid-Struktur-Koppelschwingungen besser zu verstehen, ist das Ergebnis bei vollständiger Entkopplung infolge der Nebenbedingung $\varepsilon\alpha = 0$ ebenfalls eingetragen. Für $\varepsilon\alpha > 0$ kommt es offensichtlich zu keiner Überschneidung der Eigenwertkurven, sondern in der Nähe der Schnittpunkte $\lambda_{00} = \kappa$ und λ_{0k} $(k = (0), 1, 2, \ldots, \infty)$ zu einem Abstoßen als Merkmal der dort vorliegenden starken Kopplung der Fluid- und Strukturschwingungen. Dieses typische Verhalten war bereits bei dem Problem des Schaufelprüfstands in Beispiel 5.7 des Abschn. 5.2.2 aufgetreten und ist auch von anderen Fluid-Struktur-Wechselwirkungen bekannt, siehe beispielsweise [43]. Während weit von diesem Abstoßungsgebiet entfernt die Kopplung schwach ausgeprägt ist und man dann durchaus von separaten Fluid- und Strukturmoden sprechen kann, ist in der Umgebung der Schnittpunkte eine markante gegenseitige Beeinflussung spürbar mit gleichgewichtig aus Fluid- und Strukturschwingungsamplituden kombinierten Moden. Für ein kleines Massenverhältnis $\varepsilon\alpha$ nähern sich die Eigenwertkurven außerhalb der bezeichneten Gebiete sehr schnell den Eigenwerten λ_{0k} des entkoppelten Fluidsystems. Für ein kleines Steifigkeitsverhältnis κ verlaufen die Eigenwertkurven offensichtlich immer oberhalb der reinen Fluideigenwerte λ_{0k}, für ein großes Steifigkeitsverhältnis dagegen immer unterhalb. Es kommt also bei den Koppelschwingungen kompressibler Fluide und elastischer Festkörper zu keinem eindeutigen „added mass“-Effekt als Absenkung der Strukturkreisfrequenzen durch die mitschwingende Fluidmasse. Berücksichtigt man Reibungseinflüsse des Fluids, treten komplexe Eigenwerte mit Real- und Imaginärteil auf. Man stellt fest [29], dass alle Imaginärteile positiv und alle zugehörigen Eigenschwingungen damit gedämpft sind sowie für kleine Zähigkeit $2/\mathrm{Re} \ll 1$ die Realteile nur wenig von den Eigenwerten des ungedämpften Systems abweichen.

Zum Schluss soll noch eine kurze Diskussion der dynamischen Wechselwirkung der Struktur mit einer unendlich dicken Fluidschicht erfolgen. Man kann diesem Fall durch Weglassen der kinematischen Randbedingung des Fluids an der starren Wand Rechnung tragen [29]. Verwendet man innerhalb des dimensionslos gemachten Randwertproblems (9.35) anstatt des Schwingungsansatzes (9.36) einen modifizierten Ansatz

$$\hat{q}(\tau) = C_0 e^{\mathrm{i}\lambda\tau}, \quad \hat{\Phi}(\zeta, \tau) = P_0 e^{\mathrm{i}(\lambda\tau - \hat{k}\zeta)},$$

worin neben dem Eigenwert λ nunmehr auch die (dimensionslose) Wellenzahl $\hat{k}$ zu ermitteln ist, so ergeben sich wieder nach Elimination von C_0 aus der kinematischen Übergangsbedingung die beiden Bestimmungsgleichungen

$$-\lambda^2 + \hat{k}^2\left(1 + \frac{2}{\mathrm{Re}}\mathrm{i}\lambda\right) = 0, \quad \kappa^2 - \lambda^2 + \varepsilon\alpha\mathrm{i}\hat{k}\left(1 + \frac{2}{\mathrm{Re}}\mathrm{i}\lambda\right) = 0.$$

Eliminiert man die Wellenzahl $\hat{k}$, erhält man die Einzelgleichung

$$-\lambda^2 + \kappa^2 + \mathrm{i}\varepsilon\alpha\lambda\sqrt{1 + \frac{2}{\mathrm{Re}}\mathrm{i}\lambda} = 0$$

für den gesuchten komplexen Eigenwert λ_{I}. Für ein reibungsfreies Fluid vereinfacht sich diese Bestimmungsgleichung auf

$$-\lambda^2 + \kappa^2 + \mathrm{i}\varepsilon\alpha\lambda = 0$$

mit der analytischen Lösung

$$\lambda_{\mathrm{I}} = \mathrm{i}\frac{\varepsilon\alpha}{2} + \lambda_0\sqrt{1 - \left(\frac{\varepsilon\alpha}{2\lambda_0}\right)^2}.$$

Offenbar tritt trotz reibungsfreien Fluids ein durch $\Im\{\lambda_{\mathrm{I}}\}$ gekennzeichneter Dämpfungseffekt auf, ein seit langem wohlbekanntes Phänomen [17]. Neben der dadurch verursachten Abschwächung der Wellenamplitude P_0, die mit wachsender Fluidmasse $\varepsilon\alpha$ linear zunimmt, tritt jetzt auch ein ausgeprägter Effekt der mitschwingenden Fluidmasse auf: Die

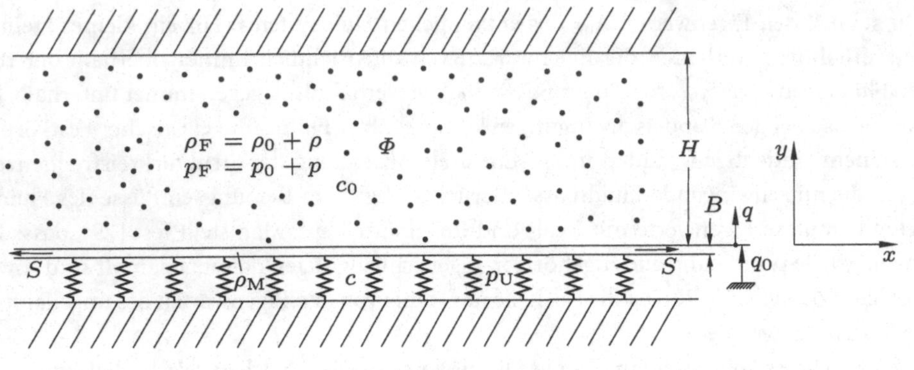

Abb. 9.5 Ebener Kanal mit elastisch gebetteter Membranwand

dimensionslose Eigenkreisfrequenz als $\Re\{\lambda_I\}$ nimmt mit wachsender Fluidmasse $\varepsilon\alpha$ monoton ab und kann sogar null werden.

Sämtliche Ergebnisse lassen sich auf das anfangs diskutierte „echte" Zweifeldsystem des Luftfedermodells übertragen mit zwei Änderungen. Die erste ist unwesentlich: Die horizontalen Geraden $\lambda = k\pi$ – charakteristisch für die reinen Fluidschwingungen zwischen zwei starren Wänden – verschieben sich parallel zu ihren neuen Positionen $\lambda = \frac{k\pi}{1-\beta}$. Die andere ist wesentlich: An die Stelle der einen 45°-Geraden $\lambda = \kappa$, die die Starrkörperfrequenz im Vakuum kennzeichnet, treten nunmehr in dem λ-κ-Diagramm abzählbar unendlich viele Geraden $\lambda = \frac{(2k-1)\pi}{2\beta}\kappa$ unterschiedlicher Steigung, die für entsprechend viele Eigenkreisfrequenzen der entkoppelten Längsschwingungen des einseitig unverschiebbar befestigten, am anderen Ende freien Stabes stehen. Es kommt also anstatt der in Abbildung 9.4 ersichtlichen insgesamt $1 \cdot \infty$ vielen Schnittpunkte nunmehr zu $\infty \cdot \infty$ vielen, die im Koppelfall allesamt mit ihrer Umgebung wieder Gebiete starker Kopplung kennzeichnen. Die Erscheinungen vervielfachen sich, bleiben selbst aber ungeändert. ■

Beispiel 9.4 Als nächstes wird ein membranartiger Abschluss der fluidgefüllten Kammer gemäß Abb. 9.2b diskutiert. Um den Einfluss einer aufgeprägten Strömungsgeschwindigkeit in seinen wesentlichen Effekten zu erkennen, wird die Kammer gemäß Abb. 9.5 bei unverändert endlicher Höhe H zum in x-Richtung unendlich langen Kanal $-\infty \leq x \leq +\infty$ aufgeweitet [29, 42]. Dafür werden Reibungseinflüsse des Fluids wieder vernachlässigt. Man hat dann einen ebenen Wellenleiter mit unbehinderter Wellenausbreitung in Längsrichtung x und Koppelschwingungen von Fluid (Ruhedichte ρ_0, Schallgeschwindigkeit c_0) und Strukturmodell (Dichte ρ_M, Dicke B, Vorspannung S, Bettungsziffer c) quer dazu. Diese Aufgabenstellung ähnelt jener, die bereits bei Festkörperwellenleitern mit Rechteckquerschnitt in Abschn. 7.2 andiskutiert wurde. Die x-Achse wird so gewählt, dass sie im stationären Grundzustand unter äußerem konstanten Umgebungsdruck bei vorhandener Strömung ($U_0\,\vec{e}_x$) aber noch ohne Schwingungen mit der ebenen Begrenzung des Fluids durch die vorgespannte Membran zusammenfällt. Die linearen Bewegungsgleichungen zur Beschreibung kleiner Schwingungen sind die durch die stationäre Strömungsgeschwindigkeit U_0 = const modifizierte ebene Wellengleichung (9.25) des Fluids in seinem Geschwindigkeitspotenzial $\Phi(x, y, t)$ und eine partielle Differenzialgleichung in der Querauslenkung $q(x, t)$ der elastisch gebetteten, elastischen Membran. Ergänzend treten Rand- und Übergangsbedingungen hinzu. Das beschreibende lineare Randwertproblem ist nach diesen Vorüberlegungen durch

$$\begin{aligned} \Phi_{,tt} + 2U_0\Phi_{,xt} + U_0^2\Phi_{,xx} - c_0^2\nabla^2\Phi = 0, \\ \rho_M B q_{,tt} - S q_{,xx} + cq - \rho_0\left[\Phi_{,t}(x,0,t) + U_0\Phi_{,x}(x,0,t)\right] = 0, \\ \Phi_{,y}(x,H,t) = 0, \quad \Phi_{,y}(x,0,t) = q_{,t}(x,t) + U_0 q_{,x}(x,t) \; \forall t \geq 0 \end{aligned} \tag{9.41}$$

gegeben. Im Rahmen der beabsichtigten linearen Theorie tritt die Kopplung zum einen über die kinematischen Randbedingung des Fluids an seiner durch die Membran abgeschlossenen Begrenzung bei $y = 0$ auf und zum anderen als Druckbelastung der Membranstruktur. Der Druck ist dabei gemäß der Bernoulli-Gleichung (9.29) durch die Potenzialfunktion Φ ausgedrückt worden, während die materielle Geschwindigkeit eines Membranteilchens in Euler-Koordinaten neben dem lokalen Anteil $q_{,t}$ einen konvektiven Zusatz $U_0 q_{,x}$ erfordert. Bei dem vorausgesetzten reibungsfreien Fluid ist der Übergang vom kompressiblen zum inkompressiblen Fluid einfach zu vollziehen: Man hat die Wellengleichung $(9.41)_1$ des Fluids durch die erheblich einfachere Laplace-Gleichung

$$\nabla^2\Phi = 0 \tag{9.42}$$

zu ersetzen, die Membrangleichung sowie die Rand- und Übergangsbedingungen $(9.41)_{2-4}$ bleiben unverändert gültig. Der für die Praxis wichtigere, aber signifikant kompliziertere Fall durchströmter Rohre in Form dünnwandiger Kreiszylinderschalen wird in [22] angesprochen. Analysiert man den inkompressiblen Fall (9.42), $(9.41)_{2-4}$ als den einfachsten im Detail, bilden die Produktansätze

$$\Phi(x, y, t) = P(y)e^{i(-\beta x+\omega t)}, \quad q(x, t) = Ce^{i(-\beta x+\omega t)}$$

in Form einer in positive x-Richtung laufenden harmonischen Welle den geeigneten Startpunkt. Setzt man diese in das Randwertproblem (9.42), $(9.41)_{2-4}$ ein und eliminiert aus der kinematischen Übergangsbedingung $(9.41)_4$ die Konstante C_0, erhält man ein Eigenwertproblem

$$\begin{aligned} P'' - \beta^2 P = 0, \\ P'(H) = 0, \quad (-\rho_M B\omega^2 + S\beta^2 + c)P'(0) + \rho_0(\omega + U_0\beta)^2 P(0) = 0 \end{aligned}$$

zur Bestimmung von $P(y)$ allein. Hochgestellte Striche bezeichnen an dieser Stelle Ableitungen nach y. Die Lösung der Differenzialgleichung ist

$$P(Y) = A\sinh\beta y + B\cosh\beta y,$$

und die Anpassung an die beiden Randbedingungen bei $y = 0, H$ liefert als notwendige Bedingung für nichttriviale Lösungen $A, B \neq 0$ die verschwindende Determinante

$$\omega^2(\rho_0 \sinh \beta H - \rho_M B\beta \cosh \beta H) + 2\omega U_0 \beta \sinh \beta H = \beta(S\beta^2 + c)\cosh \beta H - \beta^2 U_0 \sinh \beta H \tag{9.43}$$

als Bestimmungsgleichung für die Eigenkreisfrequenz ω bei Vorgabe der Wellenzahl β. Vergleicht man die Rechnung mit entsprechenden Ergebnissen für einen offenen Kanal mit einem strömenden Fluid bei freier Oberfläche im Schwerkraftfeld der Erde, dann erkennt man, dass sich ganz entsprechende Ergebnisse ergeben. Anstatt der freien Oberfläche hat man hier die Wechselwirkung mit der oszillierenden Membranstruktur. Diese prägt dem Fluid bei $y = 0$ seine Schwingbewegung auf, sodass im Fluid eine sich entlang des Kanals ausbreitende Welle entsteht. Mit zunehmendem Abstand von der Membran nimmt die Wellenamplitude ab und wird dann an der starren Wand bei $y = H$ schließlich null. Ohne die Rechnung im Detail weiterzuführen, kann darüber hinaus festgestellt werden, dass bei endlicher Kanallänge $x = L$ die Wellenzahl β nicht mehr beliebig vorgegeben werden kann, sondern die entsprechenden Randbedingungen von Fluid und Membran bei $x = 0, L$ abzählbar unendlich viele ganzzahlige Wellenzahlen β_k $(k = 1, 2, \ldots, \infty)$ liefern. Liegt nach wie vor eine endliche Strömungsgeschwindigkeit $U_0 \neq 0$ vor, ähneln die Resultate jenen bei durchströmten Rohren oder Schläuchen in Abschn. 8.3 mit möglichen Instabilitäten [22], wenn U_0 einen kritischen Wert überschreitet. Wird dagegen von einer Strömung abgesehen und physikalisch am realistischsten Fluid und Membranstruktur bei $x = 0, L$ durch eine starre Wand begrenzt, siehe Abb. 9.2b, dann ergeben sich Erscheinungen, die analog sind zu schwappenden Fluiden bei freier Oberfläche in einem Tank [7], siehe auch Übungsaufgabe 9.4. ■

Abschließend wird das Mehrfeldproblem der Querschwingungen eines Strukturmodells mit Kreisquerschnitt in zylindrisch berandetem Luftraum angesprochen. Auch dafür gibt es verschiedene Komplikationsstufen: erstens kann man als einfachste Substruktur einen elastisch gebetteten Kreiszylinder nehmen [29], zweitens kann man diesen durch eine querschwingende, beidseitig unverschiebbar befestigte Saite mit Kreisquerschnitt ersetzen [17] oder drittens auch durch einen entsprechend gelagerten schlanken Biegebalken [43]; schließlich ist auch ein 3-dimensionaler flexibler Kreiszylinder denkbar. Der Rechengang ist eine Verallgemeinerung der gerade behandelten ebenen Probleme und wird deshalb nur noch in den Übungsaufgaben aufgegriffen. Bei Berücksichtigung von Fluidreibung sind an der Grenzfläche von Strukturmodell und Fluid auch erstmals Grenzschichteffekte wirksam, die die Rechnung deutlich erschweren können [28].

9.1.4 Fluid-Struktur-Wechselwirkung in rotierenden Systemen

In rotierenden Systemen ist die angesprochene rotationssymmetrische Geometrie sehr häufig realisiert. Damit ist auch dieser eigentlich komplizertere Fall oft noch analytischen

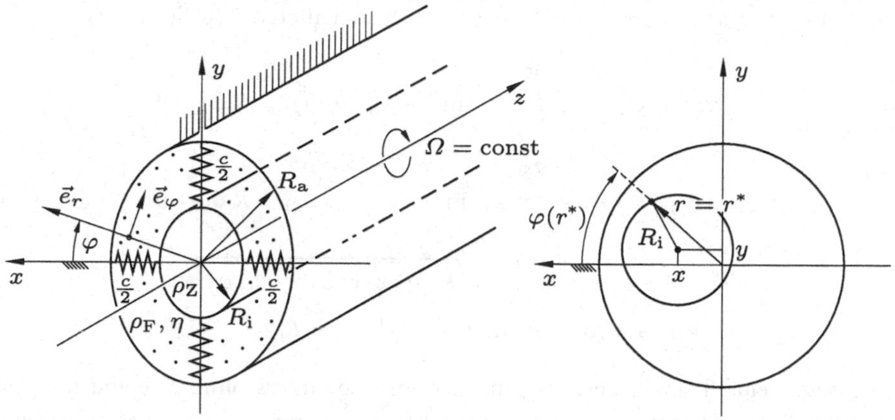

Abb. 9.6 Koaxiales zylindrisches Rotor-Stator-System

Rechenverfahren zugänglich, beispielsweise zur Untersuchung eines klassischen Stabilitätsproblems der Hydrodynamik [31] oder auch beim Studium der hydrodynamischen Schmierfilmtheorie gleitgelagerter Rotoren [23], selbst bei endlicher Dicke des Ringspaltes [15]. Hier wird eine Aufgabenstellung diskutiert, die Aspekte beider erwähnten Probleme berührt. Es geht dabei um einen Rotor und einen Stator mit einem Ringspalt, der mit einem zähen Fluid gefüllt ist, siehe Abb. 9.6. Der Rotor ist ein unendlich langer, unwuchtfreier, starrer Kreiszylinder (Dichte ρ_Z, Radius R_i), der mit konstanter Winkelgeschwindigkeit Ω umläuft. Als Stator dient ein ebenfalls unendlich langer, starrer Hohlzylinder (Radius R_a). Der Innenzylinder ist elastisch isotrop gebettet (Steifigkeit pro Länge c); in koaxialer Lage der Zylinder ist die Bettung vollkommen spannungslos. Der Ringspalt ist im vorliegenden Fall vollständig mit einer *inkompressiblen* zähen Newtonschen Flüssigkeit (Dichte ρ_F, dynamische Zähigkeit η) gefüllt, die Temperatur wird konstant gehalten. Es wird stets eine laminare Bewegung des Fluids vorausgesetzt, an den Oberflächen der Zylinder gilt die Haftbedingung. Die dreidimensionale Fluidströmung (Geschwindigkeiten $u(r, \varphi, z, t), v(r, \varphi, z, t), w(r, \varphi, z, t)$ und Druck $p(r, \varphi, z, t)$) wird in einer stationären zylindrischen Basis $(\vec{e}_r \vec{e}_\varphi \vec{e}_z)$ beschrieben, die Querschwingungen $x(t), y(t)$ des Innenzylinders in dem zugeordneten inertialen kartesischen Bezugssystem $(\vec{e}_x \vec{e}_y \vec{e}_z)$. Die z-Achse ist gemeinsame Längsachse des Systems in der koaxialen Lage der beiden Zylinder. Die maßgebenden dynamischen Grundgleichungen sind die degenerierte Kontinuitätsgleichung und die Navier-Stokes-Gleichungen

$$\nabla \cdot \vec{v} = 0, \quad \rho_F \vec{v}_{,t} + \nabla p - \frac{\eta}{3} \nabla(\nabla \cdot \vec{v}) - \eta \nabla^2 \vec{v} = 0, \tag{9.44}$$

die zusammen das Geschwindigkeits- und das Druckfeld vollständig bestimmen, wenn man hier auf die Einführung des Geschwindigkeitspotenzials verzichtet. Hinzu treten als dynamische Übergangsbedingungen zwei gewöhnliche Differenzialgleichungen

$$\pi R_i^2 \rho_Z \ddot{x} + cx + \int_0^{2\pi} (\sigma_{r\varphi} \sin\varphi - \sigma_{rr} \cos\varphi)_{r=r^*} R_\mathrm{i} \mathrm{d}\varphi = 0,$$

$$\pi R_i^2 \rho_Z \ddot{y} + cy - \int_0^{2\pi} (\sigma_{rr} \sin\varphi + \sigma_{r\varphi} \cos\varphi)_{r=r^*} R_\mathrm{i} \mathrm{d}\varphi = 0 \tag{9.45}$$

$$\text{mit } r^* = x\cos\varphi + y\sin\varphi + \sqrt{R_\mathrm{i}^2 - (x\sin\varphi - y\cos\varphi)^2}$$
$$\approx R_\mathrm{i} + x\cos\varphi + y\sin\varphi \text{ für } |x|, |y| \ll R_\mathrm{i},$$

für die allgemeine Translationsbewegung des Innenzylinders ohne Neigung und auch ohne zusätzlichen Drehfreiheitsgrad. Sie machen die Schwierigkeiten des Wechselwirkungsproblems aus, denn sie beeinflussen unmittelbar den Innenrand des Flüssigkeits-Kontrollvolumens. Er wird nämlich durch $r = R_\mathrm{i}$ nicht ausreichend genau beschrieben, siehe nochmals Abb. 9.6, sondern liegt bei $r = r^*$ als komplizierte geometrisch nichtlineare Eigenheit der Kopplung bei endlichen Verschiebungen. Und diese endlichen Verschiebungen müssen hier berücksichtigt werden, weil eine nichttriviale Grundbewegung existiert, die es vor einer Schwingungsanalyse zu berechnen gilt. Daneben tragen auch die kinematischen Übergangsbedingungen

$$u(R_\mathrm{i} + x\cos\varphi + y\sin\varphi, \varphi, z, t) = \dot{x}\cos\varphi + \dot{y}\sin\varphi,$$
$$v(R_\mathrm{i} + x\cos\varphi + y\sin\varphi, \varphi, z, t) = \Omega R_\mathrm{i} - \dot{x}\sin\varphi + \dot{y}\cos\varphi, \tag{9.46}$$
$$w(R_\mathrm{i} + x\cos\varphi + y\sin\varphi, \varphi, z, t) = 0 \; \forall t \geq 0$$

zur Kopplung bei. Die kinematischen Randbedingungen am Außenzylinder

$$u(R_\mathrm{a}, \varphi, z, t) = v(R_\mathrm{a}, \varphi, z, t) = w(R_\mathrm{a}, \varphi, z, t) = 0 \; \forall t \geq 0 \tag{9.47}$$

beschließen das mathematische Modell, wobei die Normal- und Schubspannungen als

$$\sigma_{rr} = -p + 2\eta u_{,r} - \frac{2\eta}{3}\left(u_{,r} + \frac{u}{r} + \frac{u_{,\varphi}}{r} + w_{,z}\right), \quad \sigma_{r\varphi} = \eta\left(v_{,r} - \frac{v}{r} + \frac{u_{,\varphi}}{r}\right) \tag{9.48}$$

erklärt sind. Führt man zur Vereinfachung dimensionslose Variablen

$$\bar{r} = \frac{r}{R_\mathrm{a} - R_\mathrm{i}}, \quad \bar{t} = \frac{\Omega R_\mathrm{i}}{R_\mathrm{a} - R_\mathrm{i}} t, \quad \bar{x} = \frac{x}{R_\mathrm{a} - R_\mathrm{i}}, \quad \bar{y} = \frac{y}{R_\mathrm{a} - R_\mathrm{i}}, \quad \bar{z} = \frac{z}{R_\mathrm{a} - R_\mathrm{i}}$$
$$\bar{p} = \frac{p}{R_\mathrm{i}^2 \Omega^2 \rho_\mathrm{F}}, \quad \bar{u} = \frac{u}{R_\mathrm{i}\Omega}, \quad \bar{v} = \frac{v}{R_\mathrm{i}\Omega}, \quad \bar{w} = \frac{w}{R_\mathrm{i}\Omega} \tag{9.49}$$

und Kennzahlen

$$\alpha = \frac{R_\mathrm{a} - R_\mathrm{i}}{R_\mathrm{i}}, \quad \delta = \frac{\rho_\mathrm{F}}{\rho_\mathrm{Z}}, \quad \gamma = \frac{c\rho_\mathrm{F} R_\mathrm{i}^2}{\pi\eta^2}, \quad \mathrm{Re} = \frac{\alpha R_\mathrm{i}^2 \Omega \rho_\mathrm{F}}{\eta} \tag{9.50}$$

ein, erhält man nach Einsetzen in das ursprüngliche Randwertproblem (9.44)–(9.47) unter Weglassen der in (9.49) verwendeten Querstriche das nunmehr dimensionslose Randwertproblem

$$
\begin{gathered}
u_{,r} + \frac{u}{r} + \frac{v_{,\varphi}}{r} + w_{,z} = 0,\\
\left(u_{,t} + uu_{,r} + \frac{vu_{,\varphi}}{r} + wu_{,z} - \frac{v^2}{r}\right) = -p_{,r} + \frac{1}{\mathrm{Re}}\left(\nabla^2 u - \frac{u}{r^2} - \frac{2v_{,\varphi}}{r^2}\right),\\
\left(v_{,t} + uv_{,r} + \frac{uv_{,\varphi}}{r} + wv_{,z} + \frac{uv}{r}\right) = -\frac{p_{,\varphi}}{r} + \frac{1}{\mathrm{Re}}\left(\nabla^2 v - \frac{v}{r^2} + \frac{2u_{,\varphi}}{r^2}\right),\\
\left(w_{,t} + uw_{,r} + \frac{vw_{,\varphi}}{r} + ww_{,z}\right) = -p_{,z} + \frac{1}{\mathrm{Re}}\nabla^2 w,
\end{gathered}
$$

$$
\begin{aligned}
&\ddot{x} + \frac{\delta\gamma\alpha^4}{\mathrm{Re}^2}x + \frac{\delta\alpha}{\pi}\int_0^{2\pi}\left\{\frac{1}{\mathrm{Re}}\left(v_{,r} - \frac{v}{r} + \frac{u_{,\varphi}}{r}\right)\sin\varphi\right.\\
&\qquad\left.-\left[-p + \frac{2}{3\mathrm{Re}}\left(2u_{,r} + \frac{u}{r} + \frac{v_{,\varphi}}{r} + w_{,z}\right)\right]\cos\varphi\right\}_{r=r^*}\mathrm{d}\varphi = 0,\\
&\ddot{y} + \frac{\delta\gamma\alpha^4}{\mathrm{Re}^2}y + \frac{\delta\alpha}{\pi}\int_0^{2\pi}\left\{\frac{1}{\mathrm{Re}}\left(v_{,r} - \frac{v}{r} + \frac{u_{,\varphi}}{r}\right)\cos\varphi\right.\\
&\qquad\left.-\left[-p + \frac{2}{3\mathrm{Re}}\left(2u_{,r} + \frac{u}{r} + \frac{v_{,\varphi}}{r} + w_{,z}\right)\right]\sin\varphi\right\}_{r=r^*}\mathrm{d}\varphi = 0,
\end{aligned}
$$

$$
\begin{gathered}
u\left(\frac{1}{\alpha} + x\cos\varphi + y\sin\varphi, \varphi, z, t\right) = \dot{x}\cos\varphi + \dot{y}\sin\varphi,\\
v\left(\frac{1}{\alpha} + x\cos\varphi + y\sin\varphi, \varphi, z, t\right) = 1 - \dot{x}\sin\varphi + \dot{y}\cos\varphi,\\
w\left(\frac{1}{\alpha} + x\cos\varphi + y\sin\varphi, \varphi, z, t\right) = 0\ \forall t \geq 0,\\
u\left(\frac{1+\alpha}{\alpha}, \varphi, z, t\right) = v\left(\frac{1+\alpha}{\alpha}, \varphi, z, t\right) = w\left(\frac{1+\alpha}{\alpha}, \varphi, z, t\right) = 0.
\end{gathered}
\tag{9.51}
$$

Bei schmalem Spalt $\alpha \ll 1$ wird zweckmäßig ein verschobenes Bezugssystem benutzt, das auf der Transformation $r = 1/\alpha + 1/2 + \zeta$ beruht und einige Vereinfachungen nach sich zieht: die Ränder $r = 1/\alpha$ und $r = (1+\alpha)/\alpha$ werden jetzt durch $\zeta = -1/2$ und $\zeta = +1/2$ gekennzeichnet, und auch die Ableitungen sind in der Form $(\,.\,)_{,r} \to (\,.\,)_{,\zeta}$, $(\,.\,)_{,rr} \to (\,.\,)_{,\zeta\zeta}$, $(\,.\,)/r = \alpha(\,.\,)$ und $(\,.\,)/r^2 = \alpha^2(\,.\,) \approx 0$ zu modifizieren. Die allgemeine Lösung des Problems wird sodann über

$$
\begin{gathered}
x(t) = 0 + \Delta x(t), \quad y(t) = 0 + \Delta y(t),\\
\Delta q(r,\varphi,z,t) = q_0(r) + \Delta q(r,\varphi,z,t), \quad \Delta q \in u, v, w, p
\end{gathered}
\tag{9.52}
$$

aus Grundbewegung $q_0(r)$ und überlagerten kleinen Störungen $\Delta x(t)$, $\Delta y(t)$, $\Delta q(r,\varphi,z,t)$ zusammengesetzt, wobei von den Geschwindigkeiten u_0, v_0, w_0 auch nur die Umfangskomponente $v_0(r)$ ungleich null ist, während die beiden anderen in radialer und axialer Richtung, u_0, w_0, identisch verschwinden. Nach Einsetzen des Lösungsansatzes (9.52) in das zu lösende Randwertproblem (9.51) verbleibt ein drastisch vereinfachtes, zeitunabhängiges Randwertproblem

$$\begin{gathered}\frac{v_0^2}{r} = p_{0,r}, \quad v_{0,rr} + \frac{v_{0,r}}{r} - \frac{v_0^2}{r^2} = 0,\\ v_0\left(\frac{1}{\alpha}\right) = 1, \quad v_0\left(\frac{1+\alpha}{\alpha}\right) = 0\end{gathered} \tag{9.53}$$

zur Berechnung der stationären Couette-Strömung und das linearisierte Randwertproblem

$$\begin{aligned}
&\Delta u_{,r} + \frac{\Delta u}{r} + \frac{\Delta v_{,\varphi}}{r} + \Delta w_{,z} = 0,\\
&\Delta u_{,t} + \frac{v_0}{r}\left(\Delta u_{,\varphi} - 2\Delta v\right) = -\Delta p_{,r} + \frac{1}{\mathrm{Re}}\left(\nabla^2\Delta u - \frac{\Delta u}{r^2} - \frac{2\Delta v_{,\varphi}}{r^2}\right),\\
&\Delta v_{,t} + \left(v_{0,r} + \frac{v_0}{r}\right)\Delta u + \frac{v_0\Delta v_{,\varphi}}{r} = -\frac{\Delta p_{,\varphi}}{r} + \frac{1}{\mathrm{Re}}\left(\nabla^2\Delta v - \frac{\Delta v}{r^2} + \frac{2\Delta u_{,\varphi}}{r^2}\right),\\
&\Delta w_{,t} + \frac{v_0\Delta w_{,\varphi}}{r} = -\Delta p_{,z} + \frac{1}{\mathrm{Re}}\nabla^2\Delta w,\\
&\Delta\ddot{x} + \frac{\delta\gamma\alpha^4}{\mathrm{Re}^2}\Delta x + \frac{\delta\alpha}{\pi}\int_0^{2\pi}\Bigg\{\left[\left(\Delta p - \frac{2\Delta u_{,r}}{\mathrm{Re}}\right)\cos\varphi + \frac{1}{\mathrm{Re}}\left(\Delta v_{,r} - \frac{\Delta v}{r} + \frac{\Delta u_{,\varphi}}{r}\right)\sin\varphi\right]_{\frac{1}{\alpha}}\\
&\quad + \left[p_{0,r}\cos\varphi + \frac{1}{\mathrm{Re}}\left(2v_{0,rr} - \left(\frac{v_0}{r}\right)_{,r}\right)\sin\varphi\right]_{\frac{1}{\alpha}}\left(\Delta x\cos\varphi + \Delta y\sin\varphi\right)\Bigg\}\mathrm{d}\varphi = 0,\\
&\Delta\ddot{y} + \frac{\delta\gamma\alpha^4}{\mathrm{Re}^2}\Delta y + \frac{\delta\alpha}{\pi}\int_0^{2\pi}\Bigg\{\left[\left(\Delta p - \frac{2\Delta u_{,r}}{\mathrm{Re}}\right)\sin\varphi - \frac{1}{\mathrm{Re}}\left(\Delta v_{,r} - \frac{\Delta v}{r} + \frac{\Delta u_{,\varphi}}{r}\right)\cos\varphi\right]_{\frac{1}{\alpha}}\\
&\quad + \left[p_{0,r}\sin\varphi - \frac{1}{\mathrm{Re}}\left(2v_{0,rr} - \left(\frac{v_0}{r}\right)_{,r}\right)\cos\varphi\right]_{\frac{1}{\alpha}}\left(\Delta x\cos\varphi + \Delta y\sin\varphi\right)\Bigg\}\mathrm{d}\varphi = 0,\\
&\Delta u\left(\frac{1}{\alpha}, \varphi, z, t\right) = \Delta\dot{x}\cos\varphi + \Delta\dot{y}\sin\varphi, \quad \Delta w\left(\frac{1}{\alpha}, \varphi, z, t\right) = 0,\\
&\Delta v\left(\frac{1}{\alpha}, \varphi, z, t\right) + v_{0,r}\left(\frac{1}{\alpha}, \varphi, z, t\right)\left(\Delta x\cos\varphi + \Delta y\sin\varphi\right) = -\Delta\dot{x}\sin\varphi + \Delta\dot{y}\cos\varphi,\\
&\Delta u\left(\frac{1+\alpha}{\alpha}, \varphi, z, t\right) = \Delta v\left(\frac{1+\alpha}{\alpha}, \varphi, z, t\right) = \Delta w\left(\frac{1+\alpha}{\alpha}, \varphi, z, t\right) = 0\ \forall t \geq 0,\\
&\Delta u, \Delta v, \Delta w, \Delta p\ 2\pi\text{-periodisch in } \varphi
\end{aligned} \tag{9.54}$$

als Variationsgleichungen. Vergleichend mit der korrespondierenden klassischen Problematik eines unverschiebbar gelagerten rotierenden Innenzylinders ist das Randwertproblem (9.53) zur Beschreibung der Grundbewegung ungeändert. Wie dort gibt es ein Strömungsprofil, das durch

$$v_0(r) = \frac{r}{2+\alpha}\left[\frac{(1+\alpha)^2}{\alpha^2 r^2} - 1\right], \quad p_{0,r} = \frac{v_0^2}{r} \Rightarrow p_0(r) \tag{9.55}$$

bestimmt ist und für einen schmalen Spalt in

$$v_0(\zeta) = \frac{1}{2} - \zeta, \quad p_{0,\zeta} = \alpha v_0^2 \Rightarrow p_0(\zeta) \tag{9.56}$$

übergeht. Interessant ist die Frage, ob diese Grundbewegung einer Strömung in Umfangsrichtung stabil ist. Die Antwort geben die Variationsgleichungen (9.54). Im Falle des unverschiebbar gelagerten Rotors ist die Antwort selbst für endliche Spaltbreite seit längerem bekannt. Im Falle des elastisch gebetteten Rotors sind die beschreibenden Stabilitätsgleichungen (9.54) in [14] für eine inkompressible Flüssigkeit und in [15] auch für den kompressiblen Fall erschöpfend untersucht worden. Um die t- und die z-Abhängigkeit zu separieren, verwendet man einen Ansatz

$$\begin{aligned}
\Delta q(r,\varphi,z,t) &= Q(r,\varphi)e^{\alpha\lambda t+ikz}, \quad q \in \{u,v,p\},\ Q \in \{U,V,P\},\\
\Delta w(r,\varphi,z,t) &= -\mathrm{i}W(r,\varphi)e^{\alpha\lambda t+ikz}, \quad \Delta x(t) = Xe^{\alpha\lambda t}, \quad \Delta y(t) = Ye^{\alpha\lambda t}
\end{aligned}$$

und erhält nach Einsetzen

$$\begin{aligned}
U_{,r} + \frac{U}{r} + \frac{V_{,\varphi}}{r} + kW &= 0,\\
\alpha\lambda U + \frac{v_0}{r}\left(U_{,\varphi} - 2V\right) &= -P_{,r} + \frac{1}{\mathrm{Re}}\left(\nabla_{r\varphi}^2 U - k^2 U - \frac{U}{r^2} - \frac{2V_{,\varphi}}{r^2}\right),\\
\alpha\lambda V + \left(v_{0,r} + \frac{v_0}{r}\right)U + \frac{v_0 V_{,\varphi}}{r} &= -\frac{P_{,\varphi}}{r} + \frac{1}{\mathrm{Re}}\left(\nabla_{r\varphi}^2 V - k^2 V - \frac{V}{r^2} + \frac{2U_{,\varphi}}{r^2}\right),\\
\alpha\lambda W + \frac{v_0 W_{,\varphi}}{r} &= kP + \frac{1}{\mathrm{Re}}\left(\nabla_{r\varphi}^2 W - k^2 W\right),
\end{aligned}$$

$$\begin{aligned}
&\left[(\alpha\lambda)^2 + \frac{\delta\gamma\alpha^4}{\mathrm{Re}^2}\right]X + \frac{\delta\alpha}{\pi}e^{ikz}\int_0^{2\pi}\left\{\left[\left(P - \frac{2U_{,r}}{\mathrm{Re}}\right)\cos\varphi + \frac{1}{\mathrm{Re}}\left(V_{,r} - \frac{V}{r} + \frac{\Delta U_{,\varphi}}{r}\right)\sin\varphi\right]_{\frac{1}{\alpha}}\right.\\
&\qquad \left. + \left[p_{0,r}\cos\varphi + \frac{1}{\mathrm{Re}}\left(2v_{0,rr} - \left(\frac{v_0}{r}\right)_{,r}\right)\sin\varphi\right]_{\frac{1}{\alpha}}(X\cos\varphi + Y\sin\varphi)\right\}\mathrm{d}\varphi = 0,\\
&\left[(\alpha\lambda)^2 + \frac{\delta\gamma\alpha^4}{\mathrm{Re}^2}\right]Y + \frac{\delta\alpha}{\pi}e^{ikz}\int_0^{2\pi}\left\{\left[\left(P - \frac{2U_{,r}}{\mathrm{Re}}\right)\sin\varphi - \frac{1}{\mathrm{Re}}\left(V_{,r} - \frac{V}{r} + \frac{U_{,\varphi}}{r}\right)\cos\varphi\right]_{\frac{1}{\alpha}}\right.\\
&\qquad \left. + \left[p_{0,r}\sin\varphi - \frac{1}{\mathrm{Re}}\left(2v_{0,rr} - \left(\frac{v_0}{r}\right)_{,r}\right)\cos\varphi\right]_{\frac{1}{\alpha}}(X\cos\varphi + Y\sin\varphi)\right\}\mathrm{d}\varphi = 0
\end{aligned} \tag{9.57}$$

mit

$$
\begin{aligned}
U\left(\frac{1}{\alpha},\varphi\right)e^{ikz} &= \alpha\lambda(X\cos\varphi + Y\sin\varphi), \qquad W\left(\frac{1}{\alpha},\varphi\right) = 0,\\
V\left(\frac{1}{\alpha},\varphi\right) + v_{0,r}\left(\frac{1}{\alpha},\varphi\right)&(X\cos\varphi + Y\sin\varphi) = \alpha\lambda(-X\sin\varphi + Y\cos\varphi),\\
U\left(\frac{1+\alpha}{\alpha},\varphi\right) &= V\left(\frac{1+\alpha}{\alpha},\varphi\right) = W\left(\frac{1+\alpha}{\alpha},\varphi\right) = 0,\\
&U, V, W, P \ 2\pi\text{-periodisch in } \varphi.
\end{aligned}
\tag{9.58}
$$

Zwei Fälle sind zu unterscheiden: 1. die axiale Wellenzahl ist endlich, d. h. $k \neq 0$ oder 2. sie verschwindet identisch, d. h. $k \equiv 0$.

Liegt eine endliche Wellenzahl k vor, erzwingen offenbar die kinematischen Übergangsbedingungen $(9.58)_{1,3}$, dass die Verschiebungen des Rotors verschwinden: $X, Y \equiv 0$. Als Konsequenz tritt keine φ-Abhängigkeit mehr auf und die dynamischen Übergangsbedingungen $(9.57)_{5,6}$ sind identisch erfüllt. Das verbleibende rotationssymmetrische Randwertproblem beschreibt die klassische Instabilität der Grundströmung (9.55) bzw. (9.56) bei unverschiebbar gelagertem Innenzylinder in Form von so genannten Taylor-Wirbeln, d. h. in z-Richtung aneinander gereihte, zwischen Rotor und Stator sich ausbildende walzenförmige Strömungsmuster. Dieses Problem ist für eine inkompressible Flüssigkeit auch für beliebige Spaltbreite gelöst [10]. Bei kleiner Spaltbreite $1 + \alpha \to 1$ erhält man das Ergebnis, dass das Quadrat der Taylor-Zahl $\mathrm{Ta}^2 = \alpha\mathrm{Re}$ einen kritischen Wert $\mathrm{Ta}^2 = 1696$, dem eine axiale Wellenzahl $k = 3.12$ zugeordnet ist, nicht überschreiten darf, damit die Grundströmung stabil bleibt. Steigt die Spaltweite an, steigt die kritische Taylor-Zahl an, die zugeordnete Wellenzahl nimmt geringfügig ab.

Eine Fluid-Rotor-Wechselwirkung erfordert eine verschwindende axiale Wellenzahl $k \equiv 0$, d. h. alle orts- und zeitabhängigen Schwingungsvariablen Q $(Q \in U, V, W, P)$ sind unabhängig von der axialen z-Koordinate. Die Bewegungsgleichung für $W(r,\varphi)$ ist von den restlichen entkoppelt und stellt kein Stabilitätsproblem dar. Für einen Stabilitätsnachweis ist also allein das Randwertproblem in U, V, P zuständig. Ein Produktansatz

$$
\begin{aligned}
Q(r,\varphi) &= Q_0(r) + \sum_{n=1}^{\infty}[Q_n(r)\sin n\varphi + \bar{Q}_n(r)\cos n\varphi], \qquad Q \in \{U, P\},\\
V(r,\varphi) &= V_0(r) + \sum_{n=1}^{\infty}[\bar{V}_n(r)\sin n\varphi + V_n(r)\cos n\varphi]
\end{aligned}
$$

führt für jede Indexzahl n $(n = 0, 1, 2, \ldots, \infty)$ zu einem separaten Eigenwertproblem in $Q_n, \bar{Q}_n$ $(Q \in \{U, V, P\})$. Innerhalb der dynamischen Übergangsbedingungen $(9.57)_{5,6}$ verschwindet das jeweilige Integral $\int_0^{2\pi} \ldots \mathrm{d}\varphi$ für $n \neq 1$ identisch, weil $\int_0^{2\pi} \sin\varphi \sin n\varphi \mathrm{d}\varphi = 0$ für $n \neq 1$ gilt. Damit treten in diesen Fällen keine Querbewegungen $x(t), y(t)$ des Rotors auf und erneut ergibt sich keine Wechselwirkung zwischen rotierendem Zylinder und Flüssigkeit. Nur für $n = 1$ sind gekoppelte Fluid-Rotor-Schwingungen möglich. Trotzdem behält das resultierende Eigenwertproblem ortsabhängige Koeffizienten, die die Weiterrechnung komplizieren. Deshalb soll diese nur noch für kleine Spaltweite $\alpha \ll 1$ erfolgen und zwar in Verbindung mit der dann gerechtfertigten Näherung, dass das Strömungsprofil $v_0(\zeta)$ der auf Stabilität zu untersuchenden Grundbewegung vereinfacht wird. Dabei werden im Folgenden Ableitungen nach ζ durch hochgestellte Striche bezeichnet und die Indizierung $n = 1$ wird zur Vereinfachung weggelassen. Im Einzelnen wird neben den Eigenschaften $v_0' = -1, v_0'' = 0$ das Profil selbst durch seinen Mittelwert $v_0(\zeta = 0) = 1/2$ ersetzt, sodass ein Eigenwertproblem mit konstanten Koeffizienten resultiert, bestehend aus sechs Differenzialgleichungen

$$\begin{aligned}
U' + \alpha U - \alpha V = 0, \quad \bar{U}' + \alpha \bar{U} + \alpha \bar{V} = 0,\\
\alpha\lambda U - \frac{\alpha}{2}(\bar{U} + 2\bar{V}) + P' - \frac{1}{\text{Re}}(U'' + \alpha U') = 0,\\
\alpha\lambda \bar{U} - \frac{\alpha}{2}(U - 2V) + \bar{P}' - \frac{1}{\text{Re}}(\bar{U}'' + \alpha \bar{U}') = 0,\\
\alpha\lambda V - \left(\frac{\alpha}{2} - 1\right)\bar{U} + \frac{\alpha}{2}\bar{V} + \alpha P - \frac{1}{\text{Re}}(V'' + \alpha V') = 0,\\
\alpha\lambda \bar{V} - \left(\frac{\alpha}{2} - 1\right)U + \frac{\alpha}{2}V - \alpha \bar{P} - \frac{1}{\text{Re}}(\bar{V}'' + \alpha \bar{V}') = 0
\end{aligned}$$

insgesamt achter Ordnung in ζ und acht zugehörigen Randbedingungen

$$\begin{aligned}
\bar{U}\left(-\frac{1}{2}\right) + \alpha\lambda U\left(-\frac{1}{2}\right) - \alpha\lambda V\left(-\frac{1}{2}\right) = 0, \quad U\left(-\frac{1}{2}\right) - \alpha\lambda \bar{U}\left(-\frac{1}{2}\right) - \alpha\lambda \bar{V}\left(-\frac{1}{2}\right) = 0,\\
\left[\lambda + (2+\alpha)\frac{\delta\alpha}{\text{Re}}\right]U\left(-\frac{1}{2}\right) - (2+\alpha)\frac{\delta\alpha}{\text{Re}}V\left(-\frac{1}{2}\right) - \frac{\delta}{\text{Re}}V'\left(-\frac{1}{2}\right)\\
+ \alpha\delta\left(1 + \frac{\gamma\alpha^2}{\text{Re}^2}\right)\left[\bar{U}\left(-\frac{1}{2}\right) + \bar{V}\left(-\frac{1}{2}\right)\right] + \delta P\left(-\frac{1}{2}\right) = 0,\\
\left[\lambda + (2+\alpha)\frac{\delta\alpha}{\text{Re}}\right]\bar{U}\left(-\frac{1}{2}\right) - (2+\alpha)\frac{\delta\alpha}{\text{Re}}\bar{V}\left(-\frac{1}{2}\right) - \frac{\delta}{\text{Re}}\bar{V}'\left(-\frac{1}{2}\right)\\
+ \alpha\delta\left(1 + \frac{\gamma\alpha^2}{\text{Re}^2}\right)\left[U\left(-\frac{1}{2}\right) - V\left(-\frac{1}{2}\right)\right] + \delta\bar{P}\left(-\frac{1}{2}\right) = 0,\\
U\left(\frac{1}{2}\right) = V\left(\frac{1}{2}\right) = \bar{U}\left(\frac{1}{2}\right) = \bar{V}\left(\frac{1}{2}\right) = 0.
\end{aligned}$$

Die Rechnung bleibt trotz der Vereinfachungen aufwändig. Grundsätzlich führt ein Exponentialansatz als allgemeine Lösung der Differenzialgleichungen zum Ziel. Die auftretende Dispersionsgleichung zur Bestimmung der Exponenten als Funktion des gesuchten Eigenwertes und die Eigenwertgleichung selbst als verschwindende Systemdeterminante beim Anpassen an die Randbedingungen bei $\zeta = \pm 1/2$ sind allerdings nur noch rechnergestützt zu handhaben. Eine in [14] angedeutete iterative Auswertung zeigt, dass eine kritische Reynolds-Zahl $\text{Re}_{\text{krit}} \approx 1.7\sqrt{\gamma\alpha^3}$ für $\delta > \alpha$ existiert ($\delta < \alpha$ macht keinen Sinn) und dass dabei $\Im(\lambda) \approx 0.5$ (aber immer $\Im(\lambda) < 0.5$) sowie $\Re(\lambda) = 0$ gilt. Dies bedeutet, dass das Zentrum des Innenzylinders auf einem Kreis mit konstantem Radius um das Zentrum des Stators umläuft und zwar mit einer Winkelgeschwindigkeit $\omega = \Im(\lambda)\Omega \approx \Omega/2$. Zusammenfassend ist festzustellen, dass es also abhängig von der axialen Wellenzahl zwei unterschiedliche Grenzdrehzahlen und Instabilitätsszenarien gibt und beide von der Spaltbreite α und von der Steifigkeit γ der Bettung abhängen. Tendiert die Steifigkeit der Bettung gegen null, dann wird der gesamte Betriebsbereich $\text{Re} \geq 0$ instabil. Ist die Bettung dagegen beliebig steif, tritt nur noch Instabilität in Form von Taylor-Wirbeln auf.

Gleitgelagerte Rotoren werden analog behandelt, die wesentliche Komplikation besteht darin, dass eine statische Vorbelastung beispielsweise durch das Eigengewicht in Querrichtung zur Rotorachse auftritt, die einen zusätzlichen statischen Druckaufbau im Schmierspalt hervorruft. Andererseits ist der Schmierspalt praktisch immer eng, sodass die Überlegungen zur Fluiddynamik meistens in einer in Umfangsrichtung abgewickelten Schmierspaltgeometrie diskutiert werden können. Eine Erweiterung auf magnetohydrodynamische Fragestellungen ist möglich [27].

9.2 Mehrfeldsysteme mit Volumenkopplung

Exemplarisch werden im Rahmen einer linearen Theorie thermoelastische Koppelschwingungen einer unendlich ausgedehnten elastischen Schicht endlicher Dicke sowie Längsschwingungen stabförmiger piezoelektrischer Wandler behandelt. Ergänzend werden magnetoelastische Mehrfeldsysteme erläutert, und es werden reversible physikalische Nichtlinearitäten in piezokeramischen Wandlern angesprochen.

9.2.1 Thermoelastische Koppelschwingungen

Bei thermomechanischen Problemen sind mechanische und thermische Feldgleichungen involviert. Die mechanische Feldgleichung resultiert aus der Impulsbilanz und der maßgebenden Materialgleichung. Die thermische Feldgleichung rührt von der Energiebilanz und der Entropiegleichung her. Berührt sind letztendlich das Verschiebungs- und das Temperaturfeld des betreffenden Festkörpers. Bei thermoelastischen Materialien sind zwei Kopplungseffekte zu beobachten. Der erste Effekt ist das bekannte Phänomen der thermischen Dehnung. Festkörper reagieren auf eine Temperaturerhöhung mit einer räumlichen Expansion und bei Temperaturerniedrigung mit einer Kontraktion. Werden die thermischen Dehnungen behindert, entstehen thermisch induzierte Spannungen. In der betreffenden mechanischen Feldgleichung tritt ein thermischer Kopplungsterm auf. Der zweite Effekt, der auch Gough-Joule-Effekt genannt wird, beschreibt die durch eine Deformation verursachte reversible Aufheizung oder Abkühlung eines Körpers. Entscheidend ist die Volumendehnung, Schereffekte haben praktisch keinen Einfluss. In diesem Falle tritt in der thermischen Feldgleichung ein mechanischer Kopplungsterm auf, der allerdings sehr klein ist. Hier werden beide Kopplungsterme berücksichtigt, sodass es zu einer *gegenseitigen* Wechselwirkung kommt.

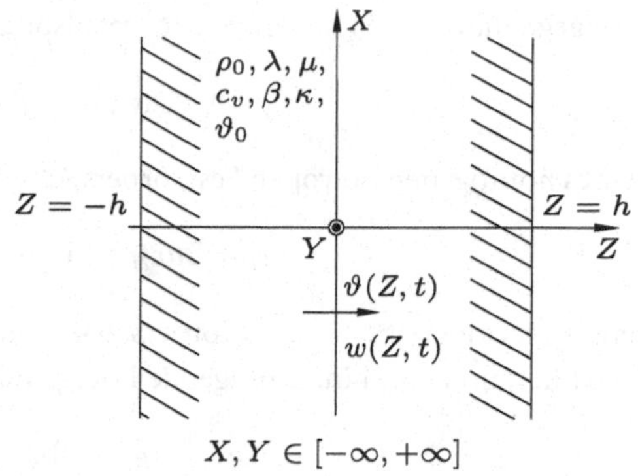

Abb. 9.7 Beidseitig unendlich ausgedehnte thermoelastische Schicht endlicher Dicke

Die Bilanzgleichungen und die zugehörigen klassisch auftretenden Randbedingungen sind in der Literatur breit diskutiert, sodass im Rahmen einer allgemeinen synthetischen Herleitung deren Spezifizierung auf das hier interessierende 1-parametrige System zwanglos vorgenommen werden kann. Abschließend wird auch eine Variationsformulierung angesprochen.

Dabei werden jedoch keine thermoelastischen (Längs)schwingungen eines schlanken Stabes diskutiert, weil dann der Einfluss der Umgebungstemperatur zunächst über Betrachtungen an der Mantelfläche des Stabes formuliert und anschließend für das 1-parametrige Stabmodell auf eine Volumen-Wärmequelle kondensiert werden muss, die als Inhomogenität der mechanischen Feldgleichung zu Tage tritt. Hier wird vereinfachend gemäß Abb. 9.7 eine in der X, Y-Ebene unendlich ausgedehnte Schicht endlicher Dicke $2h$ $(-h \leq Z \leq +h)$ eines thermoelastischen Körpers betrachtet, der gegenüber einem spannungslosen Referenzzustand, in dem die Temperatur ϑ_0 vorherrscht, mechanische Schwingungen $w(Z, t)$ in Dickenrichtung ausführt, wobei die Wechselwirkung mit der lokalen Temperaturabweichung $\vartheta(Z, t)$ untersucht werden soll. Weitere Verschiebungen in X- und Y-Richtung sollen nicht involviert sein und mögliche Abhängigkeiten der verbleibenden beiden Variablen w und ϑ von X und Y sollen an dieser Stelle auch nicht diskutiert werden. Eine Darstellung in materiellen Koordinaten ist adäquat, da im Rahmen der angestrebten linearen Theorie Starrkörperbewegungen nicht einbezogen werden. In der Praxis wird bei derartigen Problemen häufig die Wärmeleitungsgleichung unabhängig vom Verschiebungsfeld gelöst und anschließend die Deformation aus der zugehörigen zwangserregten mechanischen Schwingungsgleichung mit erregender Wärmequelle berechnet. Die Rückwirkung auf die sich einstellende Temperaturverteilung infolge der in der Tat sehr schwachen Kopplung wird jedoch vernachlässigt. Hier steht allerdings genau diese volle gegenseitige Wechselwirkung im Mittelpunkt des Interesses, indem das resultierende volumengekoppelte Zweifeldsystem analysiert wird. Das beschriebene 1-parametrige Beispiel lässt sich auch im Zeitbereich noch weitgehend analytisch behandeln.

Grundlage [19] der Untersuchungen sind bei synthetischer Betrachtung die Verzerrungs-Verschiebungs-Beziehungen (2.17), d. h.

$$\varepsilon_{kl} = \frac{1}{2}\left(u_{k,l} + u_{l,k}\right), \tag{9.59}$$

die gegenüber (2.38) unveränderte Impulsbilanz

$$\operatorname{Div} \vec{\vec{\sigma}} + \rho_0 \vec{f} - \rho_0 \vec{u}_{,tt} = 0 \tag{9.60}$$

eines homogenen isotropen Festkörpers, das gegenüber (2.67) modifizierte Materialgesetz

$$t_{ij} = 2\mu\varepsilon_{ij} + [\lambda\varepsilon_{kk} - (2\mu + 3\lambda)\beta\vartheta]\,\delta_{ij} \tag{9.61}$$

eines thermoelastischen Festkörpers, das man oft als Duhamel-Neumannsches Gesetz bezeichnet, und eine hinzuzufügende Energiebilanz

$$\operatorname{Div} \vec{q} + \rho_0 [c_v \vartheta_{,t} + \beta\vartheta_0 \varepsilon_{kk,t} - r] = 0. \tag{9.62}$$

Die Entropie ist dabei schon über die konstitutive Gleichung

$$\rho_0 s = c_v \vartheta + \beta\varepsilon_{kk} \tag{9.63}$$

durch Temperaturänderung und Verzerrung ersetzt worden. Das Fouriersche Wärmeleitungsgesetz[9]

$$\vec{q} = -\kappa \operatorname{Grad}\vartheta \tag{9.64}$$

stellt den Zusammenhang zwischen dem Wärmestromvektor $\vec{q}$ und der Temperatur ϑ her. Für die behandelte Problemstellung ist die Verwendung der Laméschen Materialkonstanten anstelle von Elastizitätsmodul und Querkontraktionszahl üblich und bequem. Neben der mechanischen Massenkraftdichte $\rho_0 \vec{f}(X, Y, Z, t)$ in (9.60) tritt im Allgemeinen jetzt auch eine verteilte Wärmequelle $r(X, Y, Z, t)$ in (9.62) auf. Die thermische Leitfähigkeit wird mit κ bezeichnet, c_v und β sind die spezifische Wärme bei konstanter Verzerrung und der thermische Ausdehnungskoeffizient. Zu den Feldgleichungen (9.60) und (9.62) sowie den konstitutiven Beziehungen (9.61) und (9.64) im Volumen V treten geeignete Rand- und Anfangsbedingungen. Mögliche Randbedingungen in inhomogener Form sind

$$\vec{u} = \vec{g} \text{ auf } S_u \quad \text{bzw.} \quad \vec{\vec{\sigma}}\vec{N} = \vec{s}_{(\vec{N})} \text{ auf } S_\sigma \tag{9.65}$$

und

$$\vartheta = \theta \text{ auf } S_\vartheta \quad \text{bzw.} \quad \vec{q} \cdot \vec{N} = m \text{ auf } S_q. \tag{9.66}$$

Die auf der Berandung vorgegebenen Größen für Verschiebung, Flächenlasten, Temperaturabweichung und Wärmestromdichte werden mit $\vec{g}$, $\vec{s}$, θ und m bezeichnet und $\vec{N}$ ist wie

[9] Die *klassische* Theorie der Thermoelastizität, die auch hier zugrunde gelegt ist, verwendet dabei einen Zusammenhang zwischen Wärmestromvektor und Temperatur, der Relaxation vernachlässigt. Die Konsequenz ist eine Temperaturgleichung erster und nicht zweiter Ordnung in der Zeit. Thermische Wellen breiten sich dann der Physik widersprechend mit unendlich großer Geschwindigkeit aus. Man kann dieses Paradoxon durch Einführen einer endlichen Relaxationszeit im Rahmen einer verallgemeinerten Theorie beheben, siehe beispielsweise [12], davon wird jedoch hier kein Gebrauch gemacht.

schon mehrfach erwähnt der nach außen gerichtete Normaleneinheitsvektor des betreffenden Teils der Oberfläche. Fehlende Quellterme im Innern des Körpers, dafür aber inhomogene Randbedingungen, beispielsweise in Form eines Temperatur- oder Spannungssprungs auf einem Teil der Berandung als Modell eines Thermoschocks oder einer plötzlich aufgeprägten Last sind dabei durchaus interessante Fragestellungen. Eine entsprechende Spezifikation wird im Folgenden erörtert. Dabei wird auch durch Einsetzen der Materialgleichungen, des Verzerrungs-Verschiebungs-Zusammenhanges und des Fourierschen Gesetzes die übliche Form gekoppelter thermoelastischer Gleichungen benutzt werden, die allein in Verschiebungsgrößen und der Temperaturabweichung arbeitet.

Beispiel 9.5 Für die angesprochene zweiseitig unendlich ausgedehnte Schicht endlicher Dicke gemäß Abb. 9.7 bedeutet dies zunächst einmal konkret, dass bei den im Rahmen einer linearen Theorie zusammenfallenden Spannungen $\vec{\vec{\sigma}}$ und $\vec{\vec{t}}$ neben der Verschiebung $w(Z,t)$ und der Temperaturabweichung $\vartheta(Z,t)$ nur noch die Normalspannung $\sigma(Z,t)$ in Dickenrichtung in die Betrachtungen einzubeziehen ist. Desweiteren soll auf Quellterme im Innern der Schicht verzichtet werden und allein auf den Begrenzungsflächen ein über X und Y gleichförmig verteilter Temperatursprung aufgeprägt werden[10]. Anfänglich soll der spannungslose Körper mit der Referenztemperatur ϑ_0 in Ruhe sein. Das beschreibende Anfangs-Randwert-Problem allein in Verschiebung und Temperaturabweichung ergibt sich dann in Form der beiden gekoppelten homogenen Feldgleichungen

$$\begin{aligned} \rho_0 w_{,tt} - (\lambda + 2\mu) w_{,ZZ} - \beta \vartheta_{,Z} &= 0, \\ \kappa \vartheta_{,ZZ} - \rho_0 c_v \vartheta_{,t} - \beta \vartheta_0 w_{,Zt} &= 0, \end{aligned} \tag{9.67}$$

der inhomogenen Randbedingungen

$$\vartheta(\pm h, t) = \theta_0 h(t), \quad \sigma(\pm h, t) = (\lambda + 2\mu) w_{,Z}(\pm h, t) - \beta \vartheta(\pm h, t) = 0 \;\forall t \geq 0 \tag{9.68}$$

und der homogenen linksseitigen Anfangsbedingungen

$$\vartheta(Z, 0_-) = 0, \quad w(Z, 0_-) = 0, \quad w_{,t}(Z, 0_-) = 0, \quad \sigma(Z, 0_-) = 0 \tag{9.69}$$

für alle Z aus $-h \leq Z \leq +h$, wobei $h(t)$ die Einheitssprungfunktion bezeichnen soll. Wie bereits bei den Mehrfeldsystemen mit Oberflächenkopplung erkannt, ist auch hier eine systematische dimensionslose Schreibweise sehr zweckmäßig. Neben den dimensionslosen Variablen

$$\zeta = \frac{\Omega}{c_0} Z \; \left(\alpha = \frac{\Omega}{c_0} h\right), \quad \tau = \Omega t, \quad \bar{w} = \frac{\Omega}{c_0} w, \quad \bar{\vartheta} = \frac{\rho_0 c_v}{\beta \vartheta_0} \vartheta \; \left(\bar{\theta}_0 = \frac{\rho_0 c_v}{\beta \vartheta_0} \theta_0\right)$$

$$\text{mit } \Omega = \frac{\rho_0 c_v c_0^2}{\kappa}, \quad c_0^2 = \frac{\lambda + 2\mu}{\rho_0}$$

[10] Die Wahl des Koordinatenursprungs $Z = 0$ in der Mittelebene der Schicht ist bei der vorliegenden Anregung zweckmäßig, weil damit gewisse Symmetrien entstehen, die rechentechnische Vereinfachungen nach sich ziehen.

führt man einen entsprechenden Parameter

$$\varepsilon = \frac{\beta^2 \vartheta_0}{\rho_0 c_v c_0^2}$$

ein und erhält unter Weglassen der Querstriche das maßgebende Anfangs-Randwert-Problem in der dimensionslosen Schreibweise

$$\begin{gathered} \ddot{w} - w'' + \varepsilon\vartheta' = 0, \\ \vartheta'' - \dot{\vartheta} - \dot{w}' = 0, \\ w'(\pm\alpha, \tau) - \varepsilon\vartheta(\pm\alpha, \tau) = 0, \quad \vartheta(\pm\alpha, \tau) = \theta_0 h(\tau) \ \forall \tau \geq 0, \\ \vartheta(\zeta, 0_-) = 0, \quad w(\zeta, 0_-) = 0, \quad \dot{w}(\zeta, 0_-) = 0 \ \forall \zeta \text{ aus } -\alpha \leq \zeta \leq +\alpha, \end{gathered} \tag{9.70}$$

worin hochgestellte Punkte und Striche partielle Ableitungen nach τ und ζ bezeichnen. Wegen der Symmetrie des vorliegenden Problems können die zwei Randbedingungen in (9.70) bei $\zeta = -\alpha$ auch durch

$$w(0, \tau) = 0, \quad \vartheta'(0, \tau) = 0 \ \forall \tau \geq 0 \tag{9.71}$$

ersetzt werden. Die freien Koppelschwingungen sollen im Folgenden umfassend erörtert werden; aber auch die Lösung des inhomogenen transienten Thermoschockproblems ist noch von gewissem Interesse. Da bei den vorliegenden inhomogenen Randbedingungen mit nichtperiodischer Anregung ein direkter Lösungsansatz zur Algebraisierung nicht erkennbar ist, wird der gängige Weg einer Modalanalysis erwogen. Dazu ist es jedoch erforderlich, ein Randwertproblem mit ausschließlich homogenen Randbedingungen zu erzeugen. Die Transformation

$$w(0, \tau) = u(\zeta, \tau) + \zeta\varepsilon\theta_0 h(\tau), \quad \vartheta(\zeta, \tau) = \gamma(\zeta, \tau) + \frac{\zeta^2}{\alpha^2}\theta_0 h(\tau)$$

leistet dies und wandelt das Anfangs-Randwertproblem (9.70) in die der weiteren Rechnung zugrunde liegende „Normal"form

$$\begin{gathered} -\ddot{u} + u'' - \varepsilon\gamma' = \zeta\varepsilon\theta_0 \left[\frac{2}{\alpha^2} h(\tau) + \delta_D^{(1)}(\tau)\right], \\ \gamma'' - \dot{\gamma} - \dot{u}' = -\theta_0 \left[\frac{2}{\alpha^2} h(\tau) - \frac{\zeta^2}{\alpha^2}\delta_D(\tau) - \varepsilon\delta_D^{(1)}(\tau)\right], \\ u(0, \tau) = 0, \quad u'(\alpha, \tau) = 0, \quad \gamma'(0, \tau) = 0, \quad \gamma(\alpha, \tau) = 0 \ \forall \tau \geq 0, \\ u(\zeta, 0_-) = 0, \quad \dot{u}(\zeta, 0_-) = 0, \quad \gamma(\zeta, 0_-) = 0 \ \forall \zeta \text{ aus } -\alpha \leq \zeta \leq +\alpha \end{gathered} \tag{9.72}$$

um. $\delta_D(\tau)$ und $\delta_D^{(1)}(\tau)$ sind darin die Diracsche Impulsdistribution und ihre verallgemeinerte Ableitung. Ein Lösungsansatz

$$u(\zeta, \tau) = U(\zeta) e^{\lambda\tau}, \quad \gamma(\zeta, \tau) = \Gamma(\zeta) e^{\lambda\tau}$$

liefert nach Einsetzen in das homogene Randwertproblem (9.72) die zugehörige Eigenwertaufgabe

$$\begin{gathered} U'' - \lambda^2 U - \varepsilon\Gamma = 0, \quad \Gamma'' - \lambda\Gamma - \lambda U' = 0, \\ U(0) = 0, \quad U'(\alpha) = 0, \quad \Gamma'(0) = 0, \quad \Gamma(\alpha) = 0 \end{gathered} \tag{9.73}$$

für den Eigenwert λ. Da der Eigenwert linear und quadratisch auftritt, sind komplexe Eigenwerte und Eigenfunktionen zu erwarten; da das Eigenwertproblem allerdings insgesamt nur von vierter Ordnung in ζ ist, lässt es sich bei der vorliegenden Symmetrie noch streng lösen[11]. Ein Exponentialansatz

$$\begin{pmatrix} U(\zeta) \\ \Gamma(\zeta) \end{pmatrix} = \begin{pmatrix} A \\ B \end{pmatrix} e^{r\zeta}$$

liefert nach Einsetzen in die gekoppelten Differenzialgleichungen als notwendige Bedingung für nichttriviale Lösungen $A,\ B$ die Dispersionsgleichung als Zusammenhang zwischen dem Exponenten r und dem Eigenwert λ. Es gibt vier Lösungen

$$r_{1,2} = -r_{3,4} = \sqrt{\frac{\lambda}{2}\left[\lambda + (1+\varepsilon) \pm \sqrt{\lambda^2 - (1-\varepsilon)\lambda + (1+\varepsilon)^2}\right]} \tag{9.74}$$

mit zugehörigen Amplitudenverhältnissen

$$\frac{B_1}{A_1} = -\frac{B_3}{A_3} = \frac{r_1^2 - \lambda^2}{r_1\varepsilon}, \quad \frac{B_2}{A_2} = -\frac{B_4}{A_4} = \frac{r_2^2 - \lambda^2}{r_2\varepsilon}.$$

Anpassen der so gefundenen allgemeinen Lösung der gekoppelten Differenzialgleichungen mit noch vier unbekannten Konstanten A_i $(i = 1, 2, 3, 4)$ liefert ein homogenes algebraisches Gleichungssystem für genau diese Konstanten. Die verschwindende Systemdeterminate

$$\cosh[r_1(\lambda)\alpha]\cosh[r_2(\lambda)\alpha] = 0 \tag{9.75}$$

ist in Verbindung mit der Dispersionsgleichung und ihrem Zusammenhang (9.74) für $r_{1,2}(\lambda)$ die Eigenwertgleichung. Es ergeben sich die einfachen (imaginären) Lösungen[12]

$$r_{1(2),k} = \pm i R_k, \quad R_k = \frac{(2k+1)\pi}{2\alpha}, \quad k = 0, 1, 2, \ldots, \infty, \tag{9.76}$$

[11] Der Rechengang wird nicht einfacher, wenn man durch Elimination einer der Variablen U oder Γ ein Eigenwertproblem in der verbleibenden Variablen Γ oder U erzeugt. Der Eigenwert λ tritt dann linear, quadratisch und kubisch auf.

[12] Die tatsächlichen Eigenwerte λ_k sind dann aus (9.74) zu berechnen: $\lambda_1 = -2.46098$, $\lambda_2 = -22.19790$, $\lambda_3 = -61.67616$, etc. Ersichtlich sind sie alle negativ reell.

woraus nach Bestimmung der C_{ik} $(i = 1, 2, 3, 4)$ (bis auf jeweils eine) auch die zugehörigen orthonormierten Eigenfunktionen

$$U_k(\zeta) = \sqrt{\frac{2}{\alpha}} \sin R_k\zeta, \quad \Gamma_k(\zeta) = \sqrt{\frac{2}{\alpha}} \cos R_k\zeta, \quad -\alpha \le \zeta \le +\alpha \quad (k = 0, 1, 2, \dots, \infty) \tag{9.77}$$

folgen. Alle Eigenfunktionen sind bei der vorliegenden Symmetrie reell und werden offensichtlich nicht durch die Eigenwerte λ_k, sondern durch die positiv reellen Zahlen R_k $(k = 0, 1, 2, \dots, \infty)$ charakterisiert. Das Eigenwertproblem (9.73) ist damit gelöst. Eine Lösung des transienten Thermoschockproblems einschließlich der Anpassung an die gewählten homogenen Anfangsbedingungen gelingt mit den Modalentwicklungen

$$u(\zeta, \tau) = \sum_{k=0}^{\infty} U_k(\zeta) S_k(\tau), \quad \gamma(\zeta, \tau) = \sum_{k=0}^{\infty} \Gamma_k(\zeta) T_k(\tau).$$

Nach Einsetzen in die inhomogenen Differenzialgleichungen $(9.72)_{1,2}$ (die homogenen Randbedingungen $(9.72)_3$ werden erfüllt) und Beachten der Orthogonalitätsbedingungen der Eigenfunktionen folgt der unendliche Satz

$$\begin{aligned}
\ddot{S}_k + R_k^2 S_k - \varepsilon R_k T_k &= (-1)^{k+1} \varepsilon \sqrt{\frac{2}{\alpha}} \frac{\theta_0}{\alpha^2 R_k^2} \left[2h(\tau) + \alpha^2 \delta_D^{(1)}(\tau)\right], \\
\dot{T}_k + R_k^2 T_k + R_k \dot{S}_k &= (-1)^k \sqrt{\frac{2}{\alpha}} \frac{\theta_0}{\alpha^2 R_k^3} \left\{2R_n^2 h(\tau) - \left[\alpha^2 R_k^2 (1 + \varepsilon) - 2\right] \delta_D(\tau)\right\}, \\
S_k(0_-) = 0, \quad \dot{S}_k(0_-) &= 0, \quad T_k(0_-) = 0, \quad k = 0, 1, 2, \dots, \infty
\end{aligned}$$

von gekoppelten Paaren gewöhnlicher Differenzialgleichungen für $S_k(\tau)$ und $T_k(\tau)$ $(k = 0, 1, 2, \dots, \infty)$. Nach Laplace-Transformation können die gesuchten Zeitfunktionen in Verbindung mit einer Störungsrechnung formelmäßig bestimmt werden [39], worauf hier im Detail jedoch nicht mehr eingegangen wird. Plausiblerweise werden durch den Thermoschock (kleine) mechanische Schwingungen verbunden mit entsprechenden Temperaturschwankungen hervorgerufen, die im Lauf der Zeit auch ohne Dämpfung abklingen und für $t \to \infty$ verschwinden. Es bleibt allein eine erhöhte gleichförmige Temperaturverteilung zurück, während die Verschiebungen dann wieder allesamt null geworden sind. Probleme unveränderter Geometrie mit komplizierteren Randbedingungen, auch im Zusammenghang mit einwirkenden Magnetfeldern, wodurch ein Dreifeldsystem aus Verschiebung, Temperatur und magnetischem Fluss entsteht, werden in [40] untersucht. Als Modifikation der vorliegenden Problematik soll das Randwertproblem (9.70) unter Weglassen der Anfangsbedingungen mit homogenen Randbedingungen unter Einwirkung einer örtlich gleichförmigen, zeitlich harmonischen Wärmequelle $q(\zeta,\tau) = q_0 \sin\eta\tau$ diskutiert werden:

$$\begin{aligned}\ddot{w} - w'' + \varepsilon\vartheta' &= 0,\\ \vartheta'' - \dot{\vartheta} - \dot{w}' &= q_0 \sin\eta\tau,\\ w(0,\tau) = 0, \quad \vartheta'(0,\tau) = 0, \quad w'(\alpha,\tau) = 0, \quad \vartheta(\alpha,\tau) &= 0 \;\forall \tau \geq 0.\end{aligned}$$

Der geradlinigste Lösungsweg zur Ermittlung einer Partikulärlösung $(w_P(\zeta,\tau), \vartheta_P(\zeta,\tau))^\top$ scheint unter Verallgemeinerung der Erregung auf komplexer Exponentialform $q(\zeta,\tau) = q_0 e^{i\eta\tau}$ ein korrespondierender gleichfrequenter Lösungsansatz

$$\begin{pmatrix} w_P(\zeta,\tau) \\ \vartheta_P(\zeta,\tau) \end{pmatrix} = \begin{pmatrix} W(\zeta) \\ \Theta(\zeta) \end{pmatrix} e^{i\eta\tau}$$

für Verschiebungs- und Temperaturfeld zu sein. Einsetzen liefert das zeitfreie Randwertproblem

$$\begin{aligned}W'' + \eta^2 W - \varepsilon\Theta' &= 0,\\ \Theta'' - i\eta\Theta - i\eta W' &= q_0,\\ W(0) = 0, \quad \Theta'(0) = 0, \quad W'(\alpha) = 0, \quad \Theta(\alpha) &= 0.\end{aligned} \tag{9.78}$$

Ein Ritz-Ansatz

$$\begin{aligned}W(\zeta) &= \sum_{k=1}^{\infty} F_{Wk}(i\eta) \sin p_k\zeta, \quad \Theta(\zeta) = \sum_{k=1}^{\infty} F_{\Theta k}(i\eta) \cos p_k\zeta,\\ p_k &= \frac{(2k-1)\pi}{2\alpha}, \quad k = 1, 2, \ldots, \infty,\end{aligned}$$

der alle Randbedingungen $(9.78)_3$ erfüllt, algebraisiert das Problem vollständig. Einsetzen, Multiplizieren von $(9.78)_1$ mit $W_l(\zeta)$ und von $(9.78)_2$ mit $\Theta_l(\zeta)$ sowie Integration von 0 bis α liefert unendlich viele Paare inhomogener algebraischer Gleichungen

$$\begin{aligned}(-p_k^2 + \eta^2)F_{Wk} + \varepsilon p_k F_{\Theta k} &= 0,\\ \eta p_k F_{Wk} + (-i p_k^2 + \eta)F_{\Theta k} &= Q_{0k}, \quad k = 1, 2, \ldots, \infty,\\ Q_{0k} &= i\frac{2(-1)^k}{(2k-1)\pi} q_0,\end{aligned}$$

die einfach zu lösen sind:

$$\begin{aligned}F_{Yk} &= \frac{\Delta_{Yk}}{\Delta_k}, \quad Y \in \{W, \Theta\},\\ \Delta_k &= (-p_k^2 + \eta^2)(i p_k^2 + \eta) - \varepsilon p_k^2 \eta,\\ \Delta_{Wk} &= -\varepsilon p_k Q_{0k}, \quad \Delta_{\Theta k} = (-p_k^2 + \eta^2) Q_{0k}.\end{aligned}$$

Es ist offensichtlich, dass die Antworten des Zweifeldsystems auf eine zeitlich harmonische Wärmequelle alle Attribute entsprechend angeregter Zwangsschwingungen klassischer Einfeldsysteme besitzen: Es gibt abzählbar unendlich viele Resonanzen und zwar wegen $\varepsilon \ll 1$ in der Nähe von $\eta = p_k$, d. h. bei Werten, die also im Wesentlichen durch die Strukturmoden bestimmt sind. Sie machen sich auch nur für die Schwingungsantwort des Verschiebungsfeldes bemerkbar. Wegen $\varepsilon \ll 1$ gilt nämlich auch, dass die Schwingungsantwort des Temperaturfeldes durch $F_{\Theta k} \approx Q_{0k}/((\mathrm{i}p_k^2 + \eta))$ gegeben ist, d. h. dort gibt es nur noch eine Scheinresonanz. ■

Abschließend wird noch eine Variationsformulierung im Sinne des Prinzips von Hamilton für thermoelastische Koppelschwingungen angegeben. Dazu wird von den mechanischen und thermischen Feldgleichungen (9.60) und (9.62) samt zugehörigen Randbedingungen (9.65) und (9.66) ausgegangen. Jetzt werden die „mechanischen" Gleichungen (9.60) und $(9.65)_2$ mit der virtuellen Verschiebung $\delta\vec{u}$ und die „thermischen" Gleichungen (9.62) und $(9.66)_2$ mit der virtuellen Temperatur $\delta\vartheta$ multipliziert und diese Gleichungen addiert. Daraus folgt dann die schwache Form

$$
\begin{aligned}
&-\int_V (\mathrm{Div}\,\vec{\vec{\sigma}} + \rho_0\vec{f} - \rho_0\vec{u}_{,tt})\delta\vec{u}\,\mathrm{d}V + \int_{S_\sigma} (\vec{\vec{\sigma}}\vec{N} - \vec{s}_{(\vec{N})})\delta\vec{u}\,\mathrm{d}A \\
&\quad + \int_V (\mathrm{Div}\,\vec{q} + \rho_0 c_v \vartheta_{,t} + \vartheta_0\beta\varepsilon_{kk,t} - r)\delta\vartheta \mathrm{d}V - \int_{S_q} (\vec{q}\cdot\vec{N} - m)\delta\vartheta \mathrm{d}A = 0
\end{aligned}
$$

des Problems. Zusätzlich müssen noch die geometrischen bzw. wesentlichen Randbedingungen $(9.65)_1$ bzw. $(9.66)_1$ beachtet werden. Wird innerhalb einer linearen Theorie beachtet, dass $\vec{\vec{\sigma}}$ und $\vec{\vec{t}}$ ununterscheidbar sind, führt partielle Integration mit anschließender Verwendung des Verzerrungs-Verschiebungs-Zusammenhangs (9.59) sowie der Entropiegleichung (9.63) bzw. des Fourierschen Gesetzes (9.64) auf

$$
\begin{aligned}
&\int_V \left(\vec{\vec{t}}\delta\vec{\vec{\varepsilon}} + \vartheta\delta s\right)\mathrm{d}V - \int_V (\rho_0\vec{f} - \rho_0\vec{u}_{,tt})\delta\vec{u}\,\mathrm{d}V - \int_{S_\sigma} \vec{s}_{(\vec{N})}\delta\vec{u}\,\mathrm{d}A \\
&\quad + \int_V (\rho_0 c_v \vartheta_{,t} + \vartheta_0\beta\varepsilon_{kk,t} - r)\delta\vartheta \mathrm{d}V - \int_{S_q} m\,\delta\vartheta \mathrm{d}A = 0.
\end{aligned}
\tag{9.79}
$$

Für rein thermische Problemstellungen entfallen im ersten Summanden der erste Anteil und die beiden nächsten Summanden vollständig. Die verbleibende schwache Form wird *Prinzip der virtuellen Temperatur* genannt. Das vorliegende Prinzip ist zunächst eine Verallgemeinerung des Prinzips von Lagrange-d'Alembert und des Prinzips der virtuellen Temperatur für thermoelastische Koppelprobleme. Da an dieser Stelle allein solche Wechselwirkungen interessieren, ist es zweckmäßig, auf die innere Energiedichte U_i^* und deren totales Differenzial

$$
\mathrm{d}U_\mathrm{i}^* = \vec{\vec{t}}\,\mathrm{d}\vec{\vec{\varepsilon}} + \vartheta\mathrm{d}s
$$

überzugehen. Hierbei sind Verzerrung $\vec{\vec{\varepsilon}}$ und Entropie s die unabhängig Variablen, die durch Verschiebung $\vec{u}$ und Temperaturänderung ϑ ausgedrückt werden können. Für die Variation gilt entsprechend $\delta U_{\mathrm{i}}^* = \vec{\vec{t}}\delta\vec{\vec{\varepsilon}} + \vartheta\delta s$, womit nach Einsetzen in (9.79) und einer weiteren partiellen Integration zwischen den Zeiten t_1 und t_2

$$\int_{t_1}^{t_2} \left\{ \int_V \left[\delta U_{\mathrm{i}}^* - \frac{\rho_0}{2}\delta(\vec{u}_{,t}\cdot\vec{u}_{,t}) \right] \mathrm{d}V - \int_V \rho_0 \vec{f}\delta\vec{u}\,\mathrm{d}V - \int_{S_\sigma} \vec{s}_{(\vec{N})}\delta\vec{u}\,\mathrm{d}A \right\} \mathrm{d}t$$
$$+ \int_{t_1}^{t_2} \left\{ \int_V (\rho_0 c_v \vartheta_{,t} + \vartheta_0 \beta \varepsilon_{kk,t} - r)\delta\vartheta \mathrm{d}V - \int_{S_q} m\,\delta\vartheta \mathrm{d}A \right\} \mathrm{d}t = 0$$

folgt. Wird vorausgesetzt, dass an den Zeitgrenzen nicht variiert wird, ergibt sich schließlich die gesuchte Form des verallgemeinerten Prinzips von Hamilton

$$\delta \int_{t_1}^{t_2} L(\vec{u},\vartheta)\mathrm{d}t + \int_{t_1}^{t_2} W_\delta\,\mathrm{d}t = 0 \tag{9.80}$$

mit der Lagrange-Funktion

$$L = \int_V \left(\frac{\rho_0}{2}\vec{u}_{,t}\cdot\vec{u}_{,t} - U_{\mathrm{i}}^* \right) \mathrm{d}V = \int_V (T^* - U_{\mathrm{i}}^*)\,\mathrm{d}V \tag{9.81}$$

und der virtuellen Arbeit

$$\begin{aligned} W_\delta = &\int_V \rho_0 \vec{f}\delta\vec{u}\,\mathrm{d}V + \int_{S_\sigma} \vec{s}_{(\vec{N})}\delta\vec{u}\,\mathrm{d}A \\ &+ \int_V (-\rho_0 c_v \vartheta_{,t} - \vartheta_0\beta\varepsilon_{kk,t} + r)\delta\vartheta\mathrm{d}V + \int_{S_q} m\,\delta\vartheta\mathrm{d}A, \end{aligned} \tag{9.82}$$

worin T^* die kinetische Energiedichte des Systems ist. Wieder ist damit eine Formulierung erreicht, die mit Hilfe entsprechender Ritz-Ansätze die Berechnung von Näherungslösungen bei thermoelastischen Fragestellungen erlaubt, wenn analytische Lösungen ausgeschlossen erscheinen oder zu rechenintensiv sind. Dabei ist dann im Rahmen eines linearen Materialgesetzes die innere Energiedichte $U_{\mathrm{i}}^* = \frac{1}{2}(\vec{\vec{t}}\vec{\vec{\varepsilon}} + \vartheta s)$ in quadratischer Form allein als Funktion der Verschiebungen und der Temperaturänderung in die Rechnung einzubringen.

9.2.2 Dynamik piezoelektrischer Wandler

Der Piezoeffekt koppelt elektrische und mechanische Felder. Wird eine piezoelektrische Keramik durch eine mechanische Kraft belastet, verursacht die resultierende Deformation Ladungsverschiebungen. Dieses Phänomen wird als *direkter* piezoelektrischer Effekt bezeichnet und wurde 1880 von den Gebrüdern Curie entdeckt. Der *inverse* piezoelektrische Effekt beschreibt die Verformungsänderung infolge eines von außen angelegten elektrischen Feldes. Er wurde 1881 von G. Lippmann aufgrund thermodynamischer Überlegungen vorausgesagt und von den Gebrüdern Curie experimentell bestätigt. Damit sind piezoelektrische Materialien[13] vielfältig zum Einsatz als Sensoren und als Aktoren in mechatronischen Systemen geeignet, eine Tatsache, die heute ihr enormes technisches Potenzial ausmacht. Die Kopplung tritt sowohl in der mechanischen als auch in der elektrischen Feldgleichung auf und rührt von den konstitutiven Gleichungen her. Das Verhalten von Piezokeramiken wird in der Regel durch eine lineare Theorie beschrieben, wenn man sich auf einen charaktristischen Arbeitspunkt bezieht, der bei der Polarisation im Herstellungsprozess erreicht wird. Eine derartige lineare Schwingungstheorie ist Inhalt des vorliegenden Abschnitts. Nichtlineare Effekte [9, 37, 3, 11] werden in Abschn. 9.2.4 angesprochen.

Das analytische Prinzip von Hamilton ist für schwingende piezoelektrische Körper bereits etabliert [32, 8], sodass es hier, [37] folgend, den Ausgangspunkt bilden soll. Es lässt sich in der Form

$$\delta \int_{t_1}^{t_2} L \mathrm{d}t + \int_{t_1}^{t_2} W_\delta \mathrm{d}t = 0 \tag{9.83}$$

mit

$$L = T - H \tag{9.84}$$

angeben, worin T die kinetische Energie, $H = \int_V H^* \mathrm{d}V$ die so genannte *elektrische Enthalpie* und W_δ die virtuelle Arbeit bezeichnen. Die elektrische Enthalpiedichte H^* und ihre Variation

$$\delta H^* = \vec{\vec{t}} \delta \vec{\vec{\varepsilon}} - \vec{D}\, \delta \vec{E}, \tag{9.85}$$

worin

$$D_i = -\frac{\partial H^*}{\partial E_i}, \quad t_{ij} = \frac{\partial H^*}{\partial \varepsilon_{ij}} \tag{9.86}$$

gilt, werden über mechanische Spannung $\vec{\vec{t}}$ und (di)elektrische Verschiebungsdichte $\vec{D}$ als abhängig Veränderliche sowie Verzerrung$\vec{\vec{\varepsilon}}$ und elektrische Feldstärke $\vec{E}$ als unabhängig Variable ausgedrückt. Die beteiligten Feldgrößen sind damit im Wesentlichen genannt. Die geltenden Konstitutivgleichungen sind also

$$\begin{aligned} t_{ij} &= c_{ijkl}\varepsilon_{kl} - p_{ijk}E_i, \\ D_i &= p_{ijk}\varepsilon_{jk} + e_{ij}E_j, \end{aligned} \tag{9.87}$$

[13] Neben keramischen Werkstoffen sind heutzutage auch Dünnschichten und polarisierte Kunststoffe in Gebrauch.

und die elektrische Enthalpiedichte ergibt sich bei linearem Materialverhalten zu

$$H^* = \frac{1}{2} c_{ijkl} \varepsilon_{ij} \varepsilon_{kl} - p_{ijk} E_i \varepsilon_{kl} - \frac{1}{2} e_{ij} E_i E_j, \tag{9.88}$$

wobei c_{ijkl} elastische, p_{ijk} piezoelektrische und e_{ij} dielektrische Konstanten sind. Auf eine Kennzeichnung, dass die elastischen Moduli bei konstantem elektrischen Feld und die dielektrischen bei konstanter Verzerrung zu nehmen sind, wird der Einfachheit halber hier und im Folgenden verzichtet. Über den unverändert gültigen Verzerrungs-Verschiebungs-Zusammenhang

$$\varepsilon_{ij} = \frac{1}{2}\left(u_{i,j} + u_{j,i}\right) \tag{9.89}$$

und das innerhalb der klassischen elektrostatischen Näherung[14] vereinfachte Faradaysche Gesetz

$$\vec{E} = -\operatorname{grad} \varphi \tag{9.90}$$

als Beziehung zwischen elektrischer Feldstärke $\vec{E}$ und elektrostatischem Skalarpotenzial φ ist schließlich auch die in (9.83) angedeutete Darstellung allein als Funktion von Verschiebung $\vec{u}$ und Potenzial φ tatsächlich möglich[15]. Da Piezokeramiken als elektrisch isolierende Dielektrika betrachtet werden können, verschwindet die Dichte der freien Ladungen und das Gausssche Gesetz als weitere Maxwell-Gleichung vereinfacht sich auf

$$\operatorname{div} \vec{D} = 0. \tag{9.91}$$

Diese Bedingung ist in die vorliegende Fassung des Prinzips von Hamilton (9.83)–(9.88) eingearbeitet [37]. Zum Schluss ist zu vermerken, dass die Verwendung der elektrischen Enthalpiedichte H^* im verallgemeinerten Prinzip von Hamilton (9.83) nicht zwingend ist. Wählt man beispielsweise die dielektrische Verschiebungsdichte $\vec{D}$ neben der Verzerrung $\vec{\vec{\varepsilon}}$ als unabhängig Veränderliche, kommt man zu der bei thermoelastischen Koppelproblemen kennengelernten inneren Energiedichte U_i^* [45]. Der Übergang von einer zur anderen Potenzialdichte (insgesamt gibt es acht Möglichkeiten) wird durch die Legendre-Transformation ermöglicht [3]. Bei den üblichen Randbedingungen erscheint eine Formulierung unter Verwendung der elektrischen Enthalpie vorteilhaft.

[14] Da die Ausbreitungsgeschwindigkeit elektromagnetischer Wellen in Piezokeramiken um einen Faktor der Größenordnung 10^3 höher ist als jene mechanischer Wellen, ist die Annahme der Elektrostatik für die hier zu diskutierenden Probleme gerechtfertigt.

[15] Insbesondere bei der numerischen Auswertung komplizierter Fragestellungen sind neben dem Prinzip von Hamilton, das (hier) Verschiebungen und elektrisches Potenzial unabhängig voneinander variiert, auch *verallgemeinerte* schwache Mehrfeldformulierungen von Variationsprinzipen eingeführt [11], beispielsweise Vierfeldformulierungen, die daneben Spannungen und dielektrische Verschiebungen variieren.

Abb. 9.8 Piezoelektrischer Stabwandler (als Aktor)

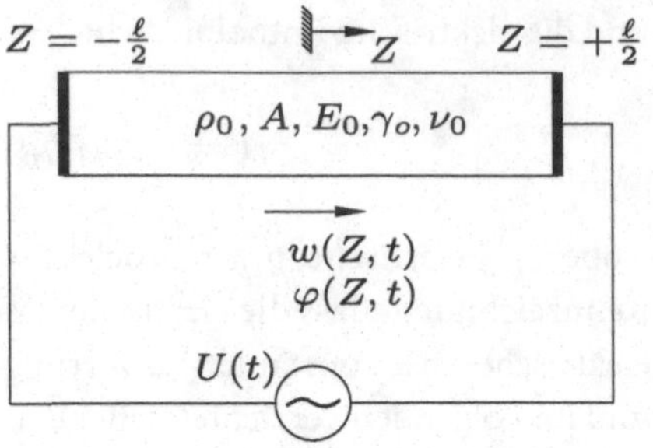

Beispiel 9.6 Die vorgestellten Grundlagen werden im Folgenden auf piezoelektrische Stabwandler angewendet [37, 3], die in axialer Richtung polarisiert sind[16], siehe Abb. 9.8. Es können dann Schubspannungen (und damit auch Schubverformungen) ebenso vernächlässigt werden wie das elektrische Feld in Querrichtung. Daraus folgt $t_{xy} = t_{xz} = t_{yz} = 0$, $\varepsilon_{xy} = \varepsilon_{xz} = \varepsilon_{yz} = 0$, $E_x = E_y = 0$, womit sich die konstitutiven Gleichungen (9.87) auf

$$\begin{aligned} t_{xx} &= c_{11}\varepsilon_{xx} + c_{12}\varepsilon_{yy} + c_{13}\varepsilon_{zz} - p_{31}E_z, \\ t_{yy} &= c_{12}\varepsilon_{xx} + c_{11}\varepsilon_{yy} + c_{13}\varepsilon_{zz} - p_{31}E_z, \\ t_{zz} &= c_{13}\varepsilon_{xx} + c_{13}\varepsilon_{yy} + c_{33}\varepsilon_{zz} - p_{33}E_z, \\ D_z &= p_{31}(\varepsilon_{xx} + \varepsilon_{yy}) + p_{33}\varepsilon_{zz} + e_{33}E_z \end{aligned} \tag{9.92}$$

reduzieren. Darin wird die übliche ingenieurmäßige Notation der Moduli c_{ijkl}, p_{ijk} und e_{ij} verwendet, die die Symmetrien der Moduli bereits berücksichtigt hat [37]. Wird außerdem vorausgesetzt, dass die Normalspannungen in Querrichtung verschwinden, d. h. $t_{xx} = t_{yy} = 0$, ergibt sich zunächst

$$\varepsilon_{xx} = \varepsilon_{yy} = -\frac{c_{13}}{c_{11} + c_{12}}\varepsilon_{zz} + \frac{p_{31}}{c_{11} + c_{12}}E_z \tag{9.93}$$

und damit vereinfacht

$$\begin{aligned} t_{zz} &= \left(c_{33} - \frac{2c_{13}^2}{c_{11} + c_{12}}\right)\varepsilon_{zz} - \left(p_{33} - \frac{2c_{13}p_{31}}{c_{11} + c_{12}}\right)E_z, \\ D_z &= \left(p_{33} - \frac{2c_{13}p_{31}}{c_{11} + c_{12}}\right)\varepsilon_{zz} + \left(e_{33} - \frac{2p_{31}^2}{c_{11} + c_{12}}\right)E_z. \end{aligned} \tag{9.94}$$

Benutzt man die Abkürzungen

$$E_0 = \left(c_{33} - \frac{2c_{13}^2}{c_{11} + c_{12}}\right), \quad \gamma_0 = \left(p_{33} - \frac{2c_{13}p_{31}}{c_{11} + c_{12}}\right), \quad \nu_0 = \left(e_{33} - \frac{2p_{31}^2}{c_{11} + c_{12}}\right), \tag{9.95}$$

---

[16] Entsprechende Stabwandler mit quergerichteter Polarisation oder Wandler, die auf piezoelektrischen Schereffekten beruhen, werden im vorliegenden Buch nicht untersucht; dazu wird auf Spezialliteratur verwiesen, siehe beispielsweise [37].

ergibt sich als wichtiges Zwischenergebnis die maßgebende Enthalpiedichte

$$H^* = \frac{1}{2} E_0 \varepsilon_{zz}^2 - \gamma_0 \varepsilon_{zz} E_z - \frac{1}{2} \nu_0 E_z^2 \tag{9.96}$$

längsschwingender piezokeramischer Stäbe. Bei der Weiterrechnung soll zunächst die Aktorfunktion im Vordergrund stehen, bei der man üblicherweise die Piezokeramik an ihren Enden mit entgegengesetzt gleich großen elektrischen Spannungen erregt, sodass sich bei den vorausgesetzten konstanten Querschnittsdaten in natürlicher Weise gewisse Symmetrien bezüglich der Stabmitte einstellen. Man wird also rechentechnische Erleichterungen haben, wenn man erneut den Koordinatenursprung $Z = 0$ in die Mitte des Stabes der Länge ℓ legt. Die benötigten Energie- und virtuellen Arbeitsanteile können jetzt problemlos angegeben werden. Man erhält die kinetische Energie[17]

$$T = \frac{\rho_0 A}{2} \int_{-\ell/2}^{+\ell/2} w_{,t}^2 \mathrm{d}Z \tag{9.97}$$

und mit $\varepsilon_{zz} = w_{,Z}$ und $E_z = -\varphi_{,Z}$ auch die elektrische Enthalpie

$$H = \frac{E_0 A}{2} \int_{-\ell/2}^{+\ell/2} w_{,Z}^2 \mathrm{d}Z + \gamma_0 A \int_{-\ell/2}^{+\ell/2} w_{,Z} \varphi_{,Z} \mathrm{d}Z - \frac{\nu_0 A}{2} \int_{-\ell/2}^{+\ell/2} \varphi_{,Z}^2 \mathrm{d}Z. \tag{9.98}$$

Zur Angabe der virtuellen Arbeit wird zunächst auf Dämpfungseinflüsse verzichtet. Bezüglich der Randbedingungen wird für den hier interessierenden Aktorbetrieb festgelegt, dass an den Aktorenden keine äußeren Kräfte angreifen und die Verschiebbarkeit in axialer Richtung unbehindert stattfinden kann. Außerdem werden, wie bereits angedeutet, in der Form $\varphi(-\ell/2, t) = -\frac{U_0}{2} \cos \Omega t$ und $\varphi(+\ell/2, t) = +\frac{U_0}{2} \cos \Omega t$ die Potenziale an den Elektroden vorgegeben, sodass die entsprechenden Variationen verschwinden: $\delta\varphi(-\ell/2, t), \delta\varphi(+\ell/2, t) = 0$. Die Auswertung des Prinzips von Hamilton (9.83) führt dann nach kurzer Rechnung auf das beschreibende Randwertproblem

$$\begin{aligned} \rho_0 w_{,tt} - E_0 w_{,ZZ} - \gamma_0 \varphi_{,ZZ} &= 0, \\ \gamma_0 w_{,ZZ} - \nu_0 \varphi_{,ZZ} &= 0, \\ E_0 w_{,Z}(-\ell/2, t) + \gamma_0 \varphi_{,Z}(-\ell/2, t) = 0, \quad E_0 w_{,Z}(+\ell/2, t) + \gamma_0 \varphi_{,Z}(+\ell/2, t) &= 0, \\ \varphi(-\ell/2, t) = -\frac{U_0}{2} \cos \Omega t, \quad \varphi(+\ell/2, t) = +\frac{U_0}{2} \cos \Omega t \;\; \forall t \geq 0. & \end{aligned} \tag{9.99}$$

Die erste Beziehung repräsentiert die Impulsbilanz, die zweite das vereinfachte Gaußsche Gesetz (9.91). Durch Elimination von $\varphi_{,ZZ}$ aus der zweiten Gleichung in (9.99) und Einsetzen in die erste kann man übrigens die Gesamtsteifigkeit des piezoelektrischen Stabwandlers berechnen. Man erhält $E^* = E_0 + \frac{\gamma_0^2}{\nu_0}$. Rechnet man die enthaltenen Abkürzungen gemäß

[17] Liegt ein gedrungener Stabwandler vor, kann, wie zum Ende des Abschnittes 5.1.4 gezeigt, durch Berücksichtigung der Querträgheit eine genauere Modelltheorie erzielt werden.

(9.95) auf physikalische Materialdaten zurück, so ergibt sich, dass die Gesamtsteifigkeit größer wird als für den entsprechenden isotrop elastischen Ersatzstab. Das Randwertproblem hat alle Eigenschaften volumengekoppelter Mehrfeldsysteme: Die Feldgleichungen sind gekoppelt, entsprechend der Gesamtordnung vier bezüglich der Ortskoordinate Z treten auch vier, teilweise ebenfalls gekoppelte Randbedingungen auf. Das Randwertproblem bleibt jedoch im Rahmen der vereinfachenden Elektrostatik wie jenes für das Subsystem reiner Strukturschwingungen von zweiter Ordnung in der Zeit. Wie generell bei Mehrfeldsystemen zweckmäßig, wird wieder eine dimensionslose Schreibweise vorgeschlagen. Neben den dimensionslosen Variablen

$$\zeta = \frac{2Z}{\ell}, \quad \tau = \Omega_0 t \left(\Omega_0^2 = \frac{4E_0}{\rho_0 \ell^2}\right), \quad \bar{w} = \frac{2w}{\ell}, \quad \bar{\varphi} = \frac{2\nu_0}{\ell\gamma_0}\varphi \Rightarrow \bar{U}_0 = \frac{2\nu_0}{\ell\gamma_0}U_0$$

werden entsprechende Parameter

$$\varepsilon = \frac{\gamma_0^2}{\nu_0 E_0}, \quad \eta = \frac{\Omega}{\Omega_0}$$

eingeführt, die unter Weglassen der Querstriche auf das dimensionslose Randwertproblem

$$\begin{aligned}
w_{,\tau\tau} - w_{,\zeta\zeta} - \varepsilon\varphi_{,\zeta\zeta} &= 0, \\
w_{,\zeta\zeta} - \varphi_{,\zeta\zeta} &= 0, \\
w_{,\zeta}(-1,\tau) + \varepsilon\varphi_{,\zeta}(-1,\tau) = 0, \quad w_{,\zeta}(+1,\tau) + \varepsilon\varphi_{,\zeta}(+1,\tau) &= 0, \\
\varphi(-1,\tau) = -\frac{U_0}{2}\cos\eta\tau, \quad \varphi(+1,\tau) &= +\frac{U_0}{2}\cos\eta\tau \ \forall\tau \geq 0
\end{aligned} \tag{9.100}$$

führen. Die Dynamik des piezoelekrischen Mehrfeldsystems wird von den Strukturschwingungen beherrscht; trotzdem fächert sich das ursprüngliche Frequenzspektrum der reinen Stablängsschwingungen wegen der Ankopplung von φ mit insgesamt vier Randbedingungen in zwei neue auf. Zur Bestätigung werden zunächst die freien Schwingungen untersucht, für die die elektrische Anregung null gesetzt wird. Ein isochroner Produktansatz

$$w_\mathrm{H}(\zeta,\tau) = W(\zeta)\sin\lambda\tau, \quad \varphi_\mathrm{H}(\zeta,\tau) = \phi(\zeta)\sin\lambda\tau$$

liefert das zugehörige dimensionslose Eigenwertproblem

$$\begin{aligned}
W'' + \lambda^2 W + \varepsilon\phi'' &= 0, \\
W'' - \phi'' &= 0, \\
W'(-1) + \varepsilon\phi'(-1) = 0, \quad W'(+1) + \varepsilon\phi'(+1) &= 0, \\
\phi(-1) = 0, \quad \phi(+1) &= 0
\end{aligned} \tag{9.101}$$

für den Eigenwert λ^2, worin hochgestellte Striche gewöhnliche Ableitungen nach ζ bezeichnen. Die allgemeine Lösung der gekoppelten Differenzialgleichungen $(9.101)_{1,2}$ kann leicht erraten werden,

$$W(\zeta) = A \sin \kappa\zeta + B \cos \kappa\zeta,$$
$$\phi(\zeta) = W(\zeta) + C\zeta + D, \tag{9.102}$$

womit deren verschwindende Systemdeterminante als Dispersionsgleichung den Zusammenhang

$$\kappa^2 = \frac{\lambda^2}{1+\varepsilon} \tag{9.103}$$

zwischen κ und λ ergibt. Danach können die Lösungen (9.102), die neben den Konstanten A, B, C, D jetzt nur noch den unbekannten Eigenwertparameter κ enthalten, an die vier Randbedingungen $(9.101)_{3,4}$ angepasst werden. Die verschwindende Determinante des resultierenden homogenenen Gleichungssystems für $A, B, C, D \neq 0$ ist die noch in κ ausgedrückte „Eigenwert“gleichung

$$\sin \kappa \left[(1+\varepsilon)\kappa \cos \kappa - \sin \kappa \right] = 0,$$

die in die beiden Gleichungen und ihre jeweiligen Lösungen

$$\sin \kappa = 0 \;\Rightarrow\; \kappa_{1k} = k\pi, \quad k = 0, 1, 2, \ldots, \infty,$$
$$(1+\varepsilon)\kappa \cos \kappa - \sin \kappa = 0 \;\Rightarrow\; \kappa_{2k}, \quad k = 1, 2, \ldots, \infty \tag{9.104}$$

zerfällt. Sind die κ_k bestimmt, können über (9.103) auch die eigentlichen Eigenwerte λ_k berechnet werden. Dabei ist bei den analytisch angebbaren κ_{1k} zu beachten, dass $\kappa_{10} = \lambda_{10} = 0$ tatsächlich ein Eigenwert ist, der die mögliche mechanische Starrkörperbewegung kennzeichnet, während die κ_{2k} nur numerisch bestimmt werden können. Aus dem homogenen Gleichungssystem der Randbedingungen lassen sich dann auch die zugehörigen Eigenfunktionen ermitteln. Zur Folge κ_{1k} gehören cosinusförmige Moden

$$W_{1k}(\zeta) = \cos \kappa_{1k}\zeta, \quad \phi_{1k}(\zeta) = W_{1k}(\zeta) - \cos \kappa_{1k}, \quad k = 0, 1, 2, \ldots, \infty, \tag{9.105}$$

zu κ_{2k} dagegen sinusförmige:

$$W_{2k}(\zeta) = \sin \kappa_{2k}\zeta, \quad \phi_{2k}(\zeta) = W_{2k}(\zeta) - \zeta \sin \kappa_{2k}, \quad k = 1, 2, \ldots, \infty. \tag{9.106}$$

Interessiert man sich jetzt für die Aktorfunktion des betreffenden piezoelektrischen Stabwandlers, dann hat man das ursprünglich formulierte inhomogene Randwertproblem (9.99) zu analysieren, wobei die Kreisfrequenz Ω der elektrischen Spannung $U_0 \cos \eta\tau$ vorgegeben ist. Ein gleichfrequenter Ansatz

$$w_P(\zeta, \tau) = W(\zeta) \cos \eta\tau, \quad \varphi_P(\zeta, \tau) = \phi(\zeta) \cos \eta\tau$$

zur Bestimmung der gesuchten Partikulärlösungen $w_P(\zeta,\tau), \varphi_P(\zeta,\tau)$ des dimensionslosen Randwertproblems (9.100) führt auf die zugehörige zeitfreie Randwertaufgabe

$$\begin{aligned} W'' + \eta^2 W + \varepsilon\phi'' &= 0, \\ W'' - \phi'' &= 0, \\ W'(-1) + \varepsilon\phi'(-1) = 0, \quad W'(+1) + \varepsilon\phi'(+1) &= 0, \\ \phi(-1) = -\frac{U_0}{2}, \quad \phi(+1) &= +\frac{U_0}{2} \end{aligned} \tag{9.107}$$

zur Bestimmung der Zwangsschwingungsamplituden $W(\zeta), \phi(\zeta)$ bei gegegebenem Erregerkennwert

$$\kappa_E^2 = \frac{\eta^2}{1+\varepsilon}. \tag{9.108}$$

Die Lösung der beiden Differenzialgleichungen $(9.107)_{1,2}$ ist in Analogie zu (9.102) durch

$$\begin{aligned} W(\zeta) &= A\sin\kappa_E\zeta + B\cos\kappa_E\zeta, \\ \phi(\zeta) &= W(\zeta) + C\zeta + D \end{aligned} \tag{9.109}$$

gegeben. Bei der Anpassung an die inhomogenen Randbedingungen $(9.107)_4$ stellt sich heraus, wie in [37] detailliert gezeigt und wegen der Punktsymmetrie der Erregung zum Koordinatenursprung $Z = 0$ auch anschaulich, dass $B = D = 0$ sein muss und nur die sinusförmigen Lösungsanteile – analog zu (9.106) – auftreten können. Berechnet man die verbleibenden Konstanten A und C – infolge der inhomogenen Randbedingungen sind sie vollständig festgelegt – dann ergeben sich im vorliegenden Fall die Zwangsschwingungen als

$$\begin{aligned} w(\zeta,\tau) &= \frac{U_0}{2\,[(1+\varepsilon)\kappa_E\cos\kappa_E - \sin\kappa_E]}\sin\kappa_E\zeta\cos\eta\tau, \\ \varphi(\zeta,\tau) &= \left[w(\zeta,\tau) + \left(1 + \frac{\sin\kappa_E}{(1+\varepsilon)\kappa_E\cos\kappa_E - \sin\kappa_E}\right)\frac{U_0\zeta}{2}\cos\eta\tau\right]. \end{aligned} \tag{9.110}$$

Die möglichen Resonanzen sind offensichtlich. Fällt die dimensionslose Erregerkreisfrequenz η mit einer der Eigenwerte λ_{2k} $(k = 1, 2, \ldots, \infty)$ $(9.104)_2$ der sinusförmigen Moden zusammen, wachsen die piezoelektrischen Koppelschwingungen $w(\zeta,\tau), \varphi(\zeta,\tau)$ wegen der nicht berücksichtigten Dämpfung über alle Grenzen[18]. Wird (kleine) Dämpfung einbezogen, werden die Ausschläge vergleichsweise groß, sie bleiben aber endlich. Beim praktischen Betrieb piezoelektrischer Aktoren ist man bei kleinen Anregungssignalen an möglichst großen Antwortamplituden interessiert. Man wird sie deshalb bevorzugt unter

[18] Weil in (9.103) und (9.104) die korrespondierenden Größen κ und κ_E sich um denselben Faktor $1 + \varepsilon$ unterscheiden, herrscht Resonanz für $\kappa_E = \kappa_{2k}$ und $\eta = \lambda_{2k}$ $(k = 1, 2, \ldots, \infty)$ gleichermaßen.

Resonanzbedingungen betreiben. Es stellt sich dann jedoch heraus, dass zur genauen Vorhersage dieser Resonanzamplituden Nichtlinearitäten zu berücksichtigen sind, wobei in diesem Zusammenhang physikalische Nichtlinearitäten geometrische deutlich überwiegen. Darauf wird in Abschn. 9.2.4 noch kurz eingegangen. ■

Abschließend werden am Beispiel des axial polarisierten Stabwandlers mögliche Ergänzungen und Verallgemeinerungen angesprochen, die insbesondere einen Vergleich zur klassischen Modellierung piezoelektrischer Wandler mit konzentrierten Parametern [1] erlauben [41]. Ein derartiger, jetzt auch verlustbehafteter piezoelektrischer Vierpol als Minimalmodell mit einem mechanischen und einem elektrischen Freiheitsgrad wird dafür an den Anfang gestellt. Beschreibt man ihn in seiner natürlichen Stromquellenschaltung als System mit der Masse M, der Federsteifigkeit c und der Dämpferkonstanten k sowie einem Kondensator (Kapazität C) und einem Ohmschen Widerstand R in Parallelschaltung, das durch eine Kraft $f(t)$ und einen aufgeprägten Strom $i(t)$ als Eingangsgrößen beaufschlagt wird, so ist das Prinzip von Hamilton wieder der geeignete Ausgangspunkt zur Herleitung der Bewegungsgleichungen. Mit den konstitutiven Gleichungen

$$f_C = cx - K\phi, \qquad q_C = C\dot{\phi} + Kx$$

für den elastischen Kraftanteil f_C in der Piezokeramik und die korrespondierende Ladungsverschiebung q_C können die potenzielle Energie und die elektrische Energie

$$U = \frac{1}{2} f_C x, \qquad W_e = \frac{1}{2} q_C \dot{\phi} \tag{9.111}$$

ausgewertet werden:

$$U = \frac{c}{2}x^2 - \frac{1}{2}K\dot{\phi}x, \qquad W_e = \frac{C}{2}\dot{\phi}^2 + \frac{1}{2}K\dot{\phi}x. \tag{9.112}$$

Die Größe K ist die so genannte Wandlerkonstante und ϕ bezeichnet den magnetischen Fluss, wobei Fluss ϕ und elektrische Spannung e über $e \equiv \dot{\phi}$ zusammenhängen. Die magnetische Energie W_m ist null, wenn – wie praktisch zutreffend – induktive Anteile vernachlässigbar sind. Kinetische Energie und virtuelle Arbeit ergeben sich einfach zu

$$T = \frac{1}{2}M\dot{x}^2, \qquad W_\delta = [f(t) - k\dot{x}]\delta x + \left[i(t) - \frac{\dot{\phi}}{R}\right]\delta\phi. \tag{9.113}$$

Die Auswertung des Prinzips von Hamilton

$$\delta \int_{t_1}^{t_2} (T - U + W_e - W_m)\mathrm{d}t + \int_{t_1}^{t_2} W_\delta \mathrm{d}t$$

liefert dann direkt die dynamischen Grundgleichungen

$$\begin{aligned} M\ddot{x} + k\dot{x} + cx - K\dot{\phi} &= f(t), \\ C\ddot{\phi} + \frac{1}{R}\dot{\phi} + K\dot{x} &= i(t) \equiv \dot{q}(t) \end{aligned} \tag{9.114}$$

des einfachst denkbaren piezoelektrischen Wandlers mit konzentrierten Parametern. Im verlustfreien Fall $k = 0, R \to \infty$ kann die zweite Gleichung integriert und unter Auflösung nach e in die erste Gleichung eingesetzt werden. Dies liefert dafür ein zu (9.114) äquivalentes Gleichungspaar

$$\begin{aligned} M\ddot{x} + \left(c + \frac{K^2}{C}\right)x - \frac{K}{C}q &= f(t), \\ \frac{1}{C}q - \frac{K}{C}x &= e(t), \end{aligned} \tag{9.115}$$

das als Serienschaltung von Kondensator sowie innerer und äußerer Spannungsquelle zu interpretieren ist. Wird für eine entsprechende Modellbildung im verteilten Fall in Erweiterung des zu Anfang des Abschnitts vorgestellten Strukturmodells ein leitender, viskoelastischer Stab (Stabdaten und Koordinatenwahl wie bisher mit zusätzlicher Materialdämpfung d_i und elektrischer Leitfähigkeit κ) vorausgesetzt, dann ergibt sich für seine Längsschwingungen $w(Z,t)$ die kinetische Energie (9.97). Es gelten die konstitutiven Gleichungen (9.94) und anstatt $U - W_\mathrm{e}$ gemäß (9.111) die elektrische Enthalpie H (9.98). Analog zu (9.111) werden magnetische Potenzialanteile vernachlässigt und es wird eine $(9.113)_2$ entsprechende virtuelle Arbeit

$$W_\delta = \int_{-\ell/2}^{+\ell/2} \left[f(Z,t)\delta w - t_{zz}^{\mathrm{visk}}\delta\varepsilon_{ZZ} - q(Z,t)\delta\varphi - D_z^{\mathrm{leit}}\delta E_z\right]\mathrm{d}Z \tag{9.116}$$

eingeführt. Berücksichtigt werden eingeprägte Volumenkraft $f(Z,t)$, vorgeschriebene Ladungsdichte $q(Z,t)$, die alternativ auch über die Stromdichte $j(Z,t)$ ausgedrückt werden kann und die genannten Verluste. Zu deren Erfassung werden zwei zusätzliche konstitutive Gleichungen

$$t_{zz}^{\mathrm{visk}} = d_\mathrm{i}\varepsilon_{zz,t}, \quad D_{z,t}^{\mathrm{leit}} = \kappa E_z \tag{9.117}$$

für den viskosen Spannungsanteil t_{zz}^{visk} und den infolge elektrischer Leitung zusätzlich auftretenden elektrischen Verschiebungsanteil, genauer seine Zeitableitung $D_{z,t}^{\mathrm{leit}}$, benötigt. Damit kann das Prinzip von Hamilton gemäß (9.83) und (9.84) ausgewertet werden. Man erhält das Randwertproblem

$$\begin{aligned} \rho_0 w_{,tt} - E_0 w_{,ZZ} - d_\mathrm{i} w_{,ZZt} - \gamma_0\varphi_{,ZZ} &= f(Z,t), \\ -\nu_0\varphi_{,ZZt} - \kappa\varphi_{,ZZ} + \gamma_0 w_{,ZZt} &= j(Z,t) \equiv q_{,t}(Z,t), \end{aligned} \tag{9.118}$$

wobei Randbedingungen hier nicht mehr spezifiziert werden sollen. Die zweite Differenzialgleichung in (9.118) kann auch noch bezüglich der Zeit integriert werden, sodass dann als elektrische Eingangsgröße die Ladungsdichte $q(Z,t)$ auftritt. Die Verallgemeinerung gegenüber $(9.99)_{1,2}$ ist offensichtlich. Mittels geeigneter gemischter Ritz-Ansätze

$$w(Z,t) = \sum_{k=1}^{N\to\infty} W_k(Z)r_k(t), \quad \varphi(Z,t) = \sum_{k=1}^{M\to\infty} \phi(Z)s_k(t),$$

worin die Formfunktionen $W(Z)$ und $\phi(Z)$ mindestens die wesentlichen Randbedingungen erfüllen müssen, liefert die Variationsformulierung (9.83) eine konsistente modale Reduktion

$$\begin{aligned} \boldsymbol{M}[\ddot{\boldsymbol{r}}] + \boldsymbol{D}[\dot{\boldsymbol{r}}] + \boldsymbol{K}[\boldsymbol{r}] - \boldsymbol{W}[\boldsymbol{s}] &= \boldsymbol{f}(t), \\ \boldsymbol{C}[\dot{\boldsymbol{s}}] + \boldsymbol{G}[\boldsymbol{s}] + \boldsymbol{W}^\top[\dot{\boldsymbol{r}}] &= \boldsymbol{i}(t) \equiv \dot{\boldsymbol{q}}(t) \end{aligned}$$

in Matrizenschreibweise. $\boldsymbol{M}, \ldots, \boldsymbol{W}$ bzw. $\boldsymbol{f}(t), \boldsymbol{i}(t)$ sind entsprechende Systemmatrizen bzw. Eingangs"vektoren„, und es gilt $\boldsymbol{r} = [r_1, r_2, \ldots, r_N]^\top$, $\boldsymbol{s} = [s_1, s_2, \ldots, s_M]^\top$. In gröbster Näherung $N = M = 1$ gehen die Gleichungen in die Modellierung (9.114) mit konzentrierten Parametern über. Für einen verlustlosen Wandler kann dann auch noch eine äquivalente Spannungsquellenformulierung angegeben werden.

9.2.3 Magnetoelastische Schwingungen

Während piezoelektrische Festkörper als dielektrische Medien typische Vertreter elektromechanischer Mehrfeldsysteme darstellen, bei denen mechanische Felder mit dem elektrischen Feld gekoppelt sind, sind elektrisch leitende Festkörper magnetoelastische Mehrfeldsysteme, bei denen das magnetische Feld eine dominierende Rolle spielt [2]. Es wird angenommen, dass der betreffende Festkörper in guter Näherung durch entsprechende Vorgaben auf der Berandung von den elektromagnetischen Wellen in der Umgebung unabhängig ist. Bei der notwendigen anfänglich nichtlinearen Formulierung ist eine räumliche Beschreibung mit Bezug auf ein räumliches Volumen v des Festkörpers üblich. Die Maxwellschen Gleichungen in der Form

$$\operatorname{rot}\vec{H} = \vec{j}, \quad \operatorname{rot}\vec{E} = -\vec{B}_{,t}, \quad \operatorname{div}\vec{B} = 0, \quad \vec{B} = \mu_\mathrm{m}\vec{H} \tag{9.119}$$

beschreiben dann die elektromagnetische Feldwirkung, wobei der Verschiebungsstrom vernachlässigt ist. Desweiteren soll zu keinem Zeitpunkt eine elektrische oder magnetische Polarisation vorliegen. $\vec{E}(\vec{x},t)$ und $\vec{H}(\vec{x},t)$ bezeichnen die Vektoren der orts- und zeitabhängigen elektrischen und magnetischen Feldstärke, $\vec{B}(\vec{x},t)$ ist entsprechend die magnetische Flussdichte und $\vec{j}(\vec{x},t)$ die elektrische Stromdichte. μ_m bezeichnet die magnetische Permeabilität. Die mechanische Seite wird durch die Impulsbilanz

$$\operatorname{div}\vec{\vec{\sigma}} + \rho_0\vec{f} + (\vec{j} \times \vec{B}) = \rho_0\vec{u}_{,tt} \tag{9.120}$$

mit der Lorentz-Kraft $(\vec{j}\times\vec{B})(\vec{x},t)$ neben der mechanischen Massenkraft $\vec{f}(\vec{x},t)$, der Spannung $\vec{\vec{\sigma}}(\vec{x},t)$ und dem Verschiebungsvektor $\vec{u}(\vec{x},t)$ repräsentiert. Hinzu kommen als konstitutive Gleichungen das Ohmsche Gesetz

$$\vec{j} = \sigma_e(\vec{E} + \vec{u}_{,t} \times \vec{B}) \tag{9.121}$$

mit der elektrischen Leitfähigkeit σ_e und das Hookesche Gesetz

$$t_{ij} = 2\mu\varepsilon_{ij} + \lambda\varepsilon_{kk}\delta_{ij} \tag{9.122}$$

die abschließend noch durch die Verzerrungs-Verschiebungs-Relationen (9.59) ergänzt werden. Das Gleichungssystem stellt die Feldgleichungen dynamischer Magnetoelastizität dar und ist noch durch Anfangs- und Randbedingungen zu ergänzen. Häufig wird das zunächst nichtlineare Randwertproblem über

$$\vec{B} = \vec{B}_0 + \vec{b} \;\Rightarrow\; \vec{H} = \vec{H}_0 + \vec{h}$$

mit einer konstanten magnetischen Flussdichte $\vec{B}_0$ (oder magnetischen Feldstärke $\vec{H}_0$) und überlagerten orts- und zeitabhängigen kleinen Störungen $\vec{b}(\vec{x},t)$ und $\vec{h}(\vec{x},t)$ linearisiert. Es wird dabei angenommen, dass in Gegenwart dieser konstanten elektromagnetischen Feldwirkung keine mechanische Massenkraft wirksam ist, sodass gemäß (9.119) keine entsprechenden statischen Anteile $\vec{E}_0$ und $\vec{j}_0$ und gemäß (9.120) auch keine Beiträge $\vec{\vec{\sigma}}_0$ bzw. $\vec{\vec{t}}_0$ und $\vec{u}_0$ auftreten. Die Variablen $\vec{E}$, $\vec{j}$, $\vec{\vec{\sigma}} = \vec{\vec{t}}$ und $\vec{u}$ können deshalb direkt als kleine Größen aufgefasst werden. Es folgt, dass Produkte der Störungen und ihrer Zeitableitungen vernachlässigt werden können, womit das Randwertproblem der klassischen linearen Magnetoelastizität konstituiert ist.

Beispiel 9.7 In Analogie zu der Aufgabenstellung des 1-parametrigen thermoelastischen Koppelproblems einer zweiseitig unendlich ausgedehnten Schicht endlicher Dicke wird hier eine entsprechende elastische Schicht unter Einwirkung eines vorgeschriebenen konstanten Magnetfeldes $[B_0, 0, 0]$ diskutiert. Die Störgrößen sind die Vektorfelder $[0, 0, w(Z,t)]$ mit der korrespondierenden Normalspannung $\sigma_{zz}(Z,t)$ sowie $[b(Z,t), 0, 0]$, $[h(Z,t), 0, 0]$, $[0, e(Z,t), 0]$ und $[0, j(Z,t), 0]$. Lässt man die Angabe von Anfangsbedingungen weg, dann hat man neben den Feldgleichungen

$$\begin{aligned} &(\lambda + 2\mu)w_{,ZZ} - \rho_0 w_{,tt} - \frac{B_0}{\mu_m} b_{,Z} = 0, \\ &b_{,ZZ} - \mu_m\sigma_e b_{,t} - \mu_m\sigma_e B_0 w_{,Zt} = 0 \end{aligned} \tag{9.123}$$

bei Vorgabe des Magnetfeldes auf den Begrenzungsflächen für $t \geq 0$ die Randbedingungen

$$\begin{aligned} &w = 0 \text{ oder } (\lambda + 2\mu)w_{,Z} = 0, \\ &b = 0, \end{aligned} \tag{9.124}$$

die das beschreibende linearisierte Randwertproblem repräsentieren. Der Vergleich mit dem in Abschn. 9.2.1 behandelten Randwertproblem thermoelastischer Koppelschwingungen zeigt, dass beide Fragestellungen durch qualitativ übereinstimmende mathematische Moellgleichungen beschrieben werden. Eine erneute Analyse ist deshalb an dieser Stelle nicht mehr erforderlich. ■

9.2.4 Physikalische Nichtlinearitäten piezokeramischer Systeme

Piezoelektrische Aktoren werden in der Regel in Resonanz betrieben. Die realisierte Feldstärke bleibt dabei klein, sodass die für große Feldstärke bekannten nichtlinearen Hystereseeffekte piezoelektrischer Materialien, siehe beispielsweise [9, 11], nicht relevant sind. Es werden jedoch in Experimenten Beobachtungen gemacht [37, 3], die auf physikalische Nichtlinearitäten in Form nichtlinearer Spannungs-Verzerrungs-Relationen und nichtlinearer Dämpfungseinflüsse schließen lassen und zur ausreichenden Beschreibung der auftretenden Resonanzerscheinungen in die Rechnung einbezogen werden müssen. Beispielsweise unterscheiden sich in der Nähe der Eigenkreisfrequenzen einer Piezokeramik die Schwingungsantworten einer elektrischen Anregung bei einem sweep up und einem sweep down erheblich, wobei auch typische Sprungerscheinungen auftreten. Außerdem sinkt die erreichbare normierte Schwingungsamplitude mit steigender Erregerspannung. Im Rahmen der Theorie des so genannten Duffing-Schwingers mit degressiver Steifigkeitscharakteristik unter Berücksichtigung nichtlinearer Dämpfung können die auftretenden Phänomene erklärt werden, sodass es nahe liegt, die elektrische Enthalpie um entsprechende Anteile höherer Ordnung zu ergänzen und auch virtuelle Arbeitsanteile zur Berücksichtigung nichtlinearer Dämpfungswirkungen hinzuzufügen.

Im Folgenden wird davon ausgegangen, dass die auftretenden elektrischen Felder hinreichend klein sind, sodass keine irreversiblen, sondern nur reversible Nichtlinearitäten in Erscheinung treten. Zunächst werden nichtlineare Korrekturen der resultierenden Steifigkeit eingeführt, in einem zweiten Schritt werden dann auch dissipative Einflüsse diskutiert. Um im Antwortverhalten sowohl Nichtlinearitäten mit quadratischem als auch kubischem Charakter beschreiben zu können, wird die elektrische Enthalpie axial polarisierter piezoelektrischer Stabwandler aus Abschn. 9.2.2 um Anteile kubischer und vierter Ordnung ergänzt. Es werden dabei alle möglichen Kombinationen der unabhängigen Größen Verzerrung und elektrische Feldstärke berücksichtigt. An die Stelle der quadratischen Enthalpiedichte (9.96) tritt demnach jetzt

$$\begin{aligned} H^* = {} & \frac{1}{2}E_0\varepsilon_{zz}^2 - \gamma_0\varepsilon_{zz}E_z - \frac{1}{2}\nu_0 E_z^2 \\ & + \frac{1}{3}E_1\varepsilon_{zz}^3 - \frac{1}{2}\gamma_{11}\varepsilon_{zz}^2 E_z - \frac{1}{2}\gamma_{12}\varepsilon_{zz}E_z^2 - \frac{1}{3}\nu_1 E_z^3 \\ & + \frac{1}{4}E_2\varepsilon_{zz}^4 - \frac{1}{3}\gamma_{21}\varepsilon_{zz}^3 E_z - \frac{1}{2}\gamma_{22}\varepsilon_{zz}^2 E_z^2 - \frac{1}{3}\gamma_{23}\varepsilon_{zz}E_z^3 - \frac{1}{4}\nu_2 E_z^4 . \end{aligned} \tag{9.125}$$

Hierin bezeichnen E_1, E_2 Parameter elastischer Nichtlinearitäten, γ_{11} bis γ_{23} solche piezoelektrischer Nichtlinearitäten und ν_1, ν_2 jene nichtlinearer dielektrischer Anteile. Unter Verwendung der Gleichungen (9.86) erhält man daraus die nichtlinearen konstitutiven Gleichungen

$$D_z = \gamma_0 \varepsilon_{zz} + \nu_0 E_z + \frac{1}{2}\gamma_{11}\varepsilon_{zz}^2 + \gamma_{12}\varepsilon_{zz}E_z + \nu_1 E_z^2 + \frac{1}{3}\gamma_{21}\varepsilon_{zz}^3 + \gamma_{22}\varepsilon_{zz}^2 E_z + \gamma_{23}\varepsilon_{zz}E_z^2 + \nu_2 E_z^3,$$
$$t_{zz} = E_0 \varepsilon_{zz} - \gamma_0 E_z + E_1 \varepsilon_{zz}^2 - \gamma_{11}\varepsilon_{zz}E_z - \frac{1}{2}\gamma_{12}E_z^2 + E_2\varepsilon_{zz}^3 - \gamma_{21}\varepsilon_{zz}^2 E_z - \gamma_{22}\varepsilon_{zz}E_z^2 - \frac{1}{3}\gamma_{23}E_z^3,$$

zunächst noch ohne jeden Dämpfungsanteil. Dissipative Wirkungen werden jetzt hinzugefügt, hier ebenfalls für den piezoelektrischen Stabwandler aus Abschn. 9.2.2 über eine direkte Formulierung entsprechender virtueller Arbeitsanteile:

$$\begin{aligned} W_\delta = &-\rho_0 A \int_{-\ell/2}^{+\ell/2} \Big[E_0^{\mathrm{d}}\varepsilon_{zz,t} - \gamma_0^{\mathrm{d}} E_{z,t} + E_1^{\mathrm{d}}(\varepsilon_{zz}^2)_{,t} - \gamma_{11}^{\mathrm{d}}(\varepsilon_{zz}E_z)_{,t} - \frac{1}{2}\gamma_{12}^{\mathrm{d}}(E_z^2)_{,t} \\ &+ E_2^{\mathrm{d}}(\varepsilon_{zz}^3)_{,t} - \gamma_{21}^{\mathrm{d}}(\varepsilon_{zz}^2 E_z)_{,t} - \gamma_{22}^{\mathrm{d}}(\varepsilon_{zz}E_z^2)_{,t} - \frac{1}{3}\gamma_{23}^{\mathrm{d}}(E_z^3)_{,t} \Big] \delta\varepsilon_{zz}\mathrm{d}Z \\ &- \rho_0 A \int_{-\ell/2}^{+\ell/2} \Big[\gamma_0^{\mathrm{d}}\varepsilon_{zz,t} + \nu_0^{\mathrm{d}} E_{z,t} + \frac{1}{2}\gamma_{11}^{\mathrm{d}}(\varepsilon_{zz}^2)_{,t} + \gamma_{12}^{\mathrm{d}}(\varepsilon_{zz}E_z)_{,t} + \nu_1^{\mathrm{d}}(E_z^2)_{,t} \\ &+ \frac{1}{3}\gamma_{21}^{\mathrm{d}}(\varepsilon_{zz}^3)_{,t} + \gamma_{22}^{\mathrm{d}}(\varepsilon_{zz}^2 E_z)_{,t} + \gamma_{23}^{\mathrm{d}}(\varepsilon_{zz}E_z^2)_{,t} + \nu_2^{\mathrm{d}}(E_z^3)_{,t} \Big] \delta E_z \mathrm{d}Z. \end{aligned} \tag{9.126}$$

Die Angabe von nichtlinearen Einflüssen ist hier ingenieurmäßig und pragmatisch erfolgt. Bei den Dämpfungsnichtlinearitäten wurde viskoelastisches Verhalten auf entsprechende piezoelektrische und dielektrische Terme übertragen. Die Vorgehensweise lässt sich rechtfertigen, indem nachträglich die thermodynamische Konsistenz plausibel gemacht wird. Die notwendigen Forderungen sind positive Definitheit der elektrischen Enthalpie und die Erfüllung des zweiten Hauptsatzes der Thermodynamik bzw. der Clausius-Duhem-Ungleichung. Die in [37] abgeleiteten notwendigen Größenverhältnisse der Materialparameter sind in der Praxis entweder in natürlicher Weise erfüllt oder lassen sich einfach einhalten, sodass hier nicht näher darauf eingegangen werden soll.

Nach Bereitstellung der kinetischen Energie – eventuell unter Berücksichtigung der Querträgheit – kann das beschreibende nichtlineare Randwertproblem hergeleitet werden. In allgemeiner Form soll dies hier unterbleiben.

Beispiel 9.8 Der Untersuchung in [37] im Wesentlichen folgend, wird hier wieder die Aktorfunktion für den Stabwandler gemäß Abb. 9.8 in den Vordergrund gestellt. Er soll wieder durch eine harmonische Wechselspannung an den Stirnflächen erregt werden und von den diskutierten Nichtlinearitäten sollen allein jene berücksichtigt werden, die auf kubische Anteile in den Bewegungsgleichungen führen. Nach entsprechender Auswertung erhält man mit dem Übergang auf die Verschiebung w und elektrostatisches Potenzial φ die nichtlinearen Feldgleichungen

$$\begin{aligned}
&\rho_0 w_{,tt} - E_0^{\mathrm{d}} w_{,tZZ} - \gamma_0^{\mathrm{d}} \varphi_{,tZZ} - E_0 w_{,ZZ} - \gamma_0 \varphi_{,ZZ} \\
&\quad - E_2^{\mathrm{d}}(w_{,Z}^3)_{,tZ} - \gamma_{21}^{\mathrm{d}}(w_{,Z}^2 \varphi_{,Z})_{,tZ} + \gamma_{22}^{\mathrm{d}}(w_{,Z}\varphi_{,Z}^2)_{,tZ} - \frac{1}{3}\gamma_{23}^{\mathrm{d}}(\varphi_{,Z}^3)_{,tZ} \\
&\quad - E_2(w_{,Z}^3)_{,Z} - \gamma_{21}(w_{,Z}^2\varphi_{,Z})_{,Z} + \gamma_{22}(w_{,Z}\varphi_{,Z}^2)_{,Z} - \frac{1}{3}\gamma_{23}(\varphi_{,Z}^3)_{,Z} = 0, \\
&+\gamma_0^{\mathrm{d}} w_{,tZZ} - \nu_0^{\mathrm{d}} \varphi_{,tZZ} + \gamma_0 w_{,ZZ} - \nu_0 \varphi_{,ZZ} \\
&\quad - \frac{1}{3}\gamma_{21}^{\mathrm{d}}(w_{,Z}^3)_{,tZ} + \gamma_{22}^{\mathrm{d}}(w_{,Z}^2\varphi_{,Z})_{,tZ} - \gamma_{23}^{\mathrm{d}}(w_{,Z}\varphi_{,Z}^2)_{,tZ} + \nu_2^{\mathrm{d}}(\varphi_{,Z}^3)_{,tZ} \\
&\quad - \frac{1}{3}\gamma_{21}(w_{,Z}^3)_{,Z} + \gamma_{22}(w_{,Z}^2\varphi_{,Z})_{,Z} - \gamma_{23}(w_{,Z}\varphi_{,Z}^2)_{,Z} + \nu_2(\varphi_{,Z}^3)_{,Z} = 0
\end{aligned} \tag{9.127}$$

und nichtlineare Randbedingungen

$$\begin{aligned}
&\Big[E_0 w_{,Z} + E_0^{\mathrm{d}} w_{,tZ} + \gamma_0\varphi_{,Z} + \gamma_0^{\mathrm{d}}\varphi_{,tZ} + E_2 w_{,Z}^3 + \gamma_{21} w_{,Z}^2\varphi_{,Z} - \gamma_{22} w_{,Z}\varphi_{,Z}^2 \\
&\quad + \frac{1}{3}\gamma_{23}\varphi_{,Z}^3 + E_2^{\mathrm{d}}(w_{,Z}^3)_{,t} + \gamma_{21}^{\mathrm{d}}\left(w_{,Z}^2\varphi_{,Z}\right)_{,t} - \gamma_{22}\left(w_{,Z}\varphi_{,Z}^2\right)_{,t} + \frac{1}{3}\gamma_{23}^{\mathrm{d}}(\varphi_{,Z}^3)_{,t}\Big]_{(-\ell/2,t)} = 0, \\
&\Big[E_0 w_{,Z} + E_0^{\mathrm{d}} w_{,tZ} + \gamma_0\varphi_{,Z} + \gamma_0^{\mathrm{d}}\varphi_{,tZ} + E_2 w_{,Z}^3 + \gamma_{21} w_{,Z}^2\varphi_{,Z} - \gamma_{22} w_{,Z}\varphi_{,Z}^2 \\
&\quad + \frac{1}{3}\gamma_{23}\varphi_{,Z}^3 + E_2^{\mathrm{d}}(w_{,Z}^3)_{,t} + \gamma_{21}^{\mathrm{d}}\left(w_{,Z}^2\varphi_{,Z}\right)_{,t} - \gamma_{22}\left(w_{,Z}\varphi_{,Z}^2\right)_{,t} + \frac{1}{3}\gamma_{23}^{\mathrm{d}}(\varphi_{,Z}^3)_{,t}\Big]_{(+\ell/2,t)} = 0, \\
&\varphi(-\ell/2,t) = -\frac{U_0}{2}\cos\Omega t, \quad \varphi(+\ell/2,t) = +\frac{U_0}{2}\cos\Omega t \quad \forall t \geq 0.
\end{aligned} \tag{9.128}$$

Eine strenge Lösung ist aussichtslos. Wie schon häufig erscheint auch im vorliegenden Fall ein gemischter Ritz-Ansatz erfolgversprechend, das erhaltene Randwertproblem in einem ersten Schritt auf gewöhnliche Differenzialgleichungen zurückzuführen. Wegen der inhomogenen Randbedingungen in (9.128) ist dieser zweckmäßig in der speziellen Form

$$w(Z,t) = \sum_{k=1}^{N\to\infty} W_k(Z)T_k(t), \quad \varphi(Z,t) = \sum_{k=1}^{N\to\infty} \phi_k(Z)T_k(t) + \frac{U_0 Z}{\ell}\cos\Omega t \tag{9.129}$$

zu verwenden, wobei die W_k und ϕ_k ($k = 1, 2, \ldots, N \to \infty$) die vorab berechneten Eigenfunktionen des zugehörigen linearen und ungedämpften Systems sind. Nimmt man in gröbster Näherung einen 1-gliedrigen Ansatz (9.129) mit einer jeweils herausgegriffenen Eigenfunktion W_k, ψ_k zur Berechnung der Schwingungsantwort nahe der Resonanz $\Omega = \omega_k$ und verarbeitet ihn im Prinzip von Hamilton, dann erhält man unter Berücksichtigung

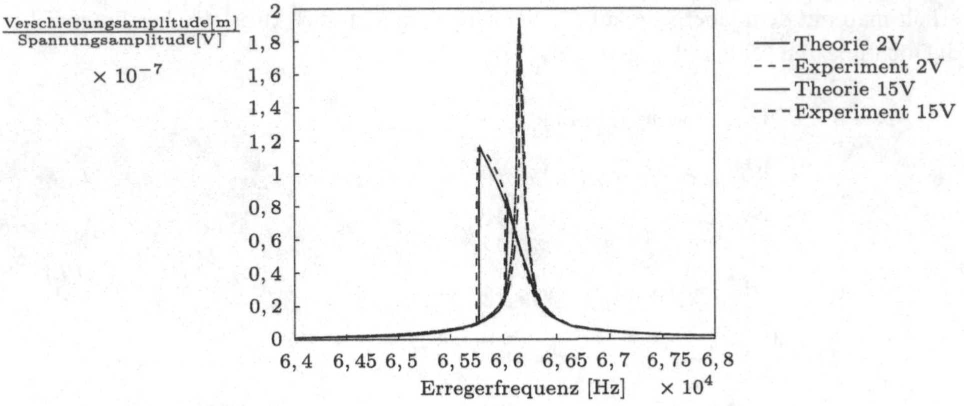

Abb. 9.9 Schwingungsantwort nahe der tiefsten Resonanz [37]

der geltenden Orthogonalitätsbeziehungen eine nichtlineare gewöhnliche Differenzialgleichung von der Bauart

$$
\begin{aligned}
&m_k \ddot{T}_k + d_k \dot{T}_k + c_k T_k + \varepsilon_k T_k^3 + \varepsilon_k^{\mathrm{d}} T_k^2 \dot{T}_k \\
&\quad = f_k(\Omega)\cos\Omega t + f_k^{\mathrm{d}}(\Omega)\Omega\sin\Omega t + g_{k0}\cos^3\Omega t + g_{k0}^{\mathrm{d}}\Omega\sin\Omega t\cos^2\Omega t \\
&\qquad + \text{nichtlineare Parametererregung},
\end{aligned}
$$

deren Koeffizienten hier nicht mehr angegeben werden sollen, siehe [37]. Ein Vergleich der mittels Störungsrechnung bestimmten und auf die elektrische Anregungsamplitude bezogenen Verschiebungsamplitude in der Nähe der tiefsten Resonanz mit dem Experiment aus [37] ist in Abb. 9.9 dargestellt. Die vom Duffing-Schwinger mit degressiver Kennlinie bekannten Sprungphänomene bei höherer Anregungsamplitude und die damit einhergehende Verschiebung der Resonanz zu kleineren Frequenzen sind deutlich zu erkennen. Die abnehmende maximale Antwortamplitude kann durch die einbezogene Dämpfung und die komplizierte Anregung ebenfalls sehr gut modelliert werden. ■

Mit den bereitgestellten Grundlagen können auch Fragestellungen zu piezoelektrischen Stapelwandlern oder geschichteten Biegewandlern verstanden werden. Werden magnetische anstatt elektrischer Feldgrößen mit mechanischen Spannungen, Verzerrungen und Verschiebungen verknüpft, kann man auf der Basis qualitativ weitgehend unveränderter Betrachtungen auch die Dynamik piezomagnetischer (magnetostriktiver) Mehrfeldsysteme studieren.

9.3 Übungsaufgaben

Aufgabe 9.1 Es ist das mechanische Zweifeldsystem gemäß Abschn. 9.1.1 von Längsschwingungen eines Stabes und Querschwingungen einer Saite zu diskutieren, die nicht form- sondern kraftschlüssig über eine Dehnfeder (Federkonstante c) miteinander verbunden sind.

Lösungshinweise Die Differenzialgleichungen in (9.1) bleiben unverändert, die Randbedingungen werden komplizierter. Der Lösungsansatz (9.1) für die Koppelschwingungen des ungedämpften Problems gilt dann ebenso, die Anpassung an Rand- und Übergangsbedingungen wird aufwändiger.

Aufgabe 9.2 Es soll das Zweifeldsystem zweier ineinander geschobener kreiszylindrischer Stäbe (Länge jeweils ℓ, Drehmassenbelegungen $\rho I_{p\,1,2}$ und Torsionssteifigkeiten $GI_{T\,1,2}$, $I_T = I_p$) gemäß Abb. 9.10 betrachtet werden, die gegenseitig über eine drehelastische verteilte Bettung (Drehfederkonstante pro Länge c_d) abgestützt sind. Sie sind jeweils einseitig unverdrehbar befestigt und am anderen Ende frei. Die Eigenwertgleichung des Koppelproblems mit entsprechenden Grenzfällen der schwingenden Subsysteme ist herzuleiten.

Aufgabe 9.3 Es soll im Rahmen einer linearen Theorie das Zweifeldsystem der Querschwingungen einer beidseitig unverschiebbar gelagerten elastischen Saite (Länge ℓ, Dichte ρ_S, Vorspannung S_0) mit Kreisquerschnitt (Radius a) in zylindrischem Luftraum (Radius R, Länge ℓ, Luftdichte ρ_L, Schallgeschwindigkeit c) mit allseits starrer Berandung gemäß Abb. 9.11 untersucht werden. Die Luft ist als ideales reibungfreies, kompressiblibes Fluid zu modellieren. Man gebe das maßgebende Randwertproblem an und formuliere über entsprechende Ritz-Ansätze die zugehörige Frequenzgleichung. Die Grenzfälle einer schwingenden Saite im Vakuum und eines kreiszylindrischen Luftraums mit allseits starren Wänden sind zu extrahieren. Welche Modifikationen ergeben sich, wenn die Saite durch einen beidseitig unverschiebbar und gelenkig gelagerten Bernoulli-Euler-Balken (Dichte ρ_B, Biegesteifigkeit EI) ersetzt wird?

Lösung Das Randwertproblem der Saite im Luftraum wird durch $\rho_S \pi a^2 u_{,tt} - E(\pi a^2) u_{,zz} + \rho_F \int_0^{2\pi} \Phi(a, \varphi, z, t) \sin\varphi a d\varphi = 0$, $\frac{1}{r}(r\Phi_{,r})_{,r} + \frac{1}{r^2}\Phi_{,\varphi\varphi} + \Phi_{,zz} - \frac{1}{c^2}\Phi_{,tt} = 0$, $u = 0$ für

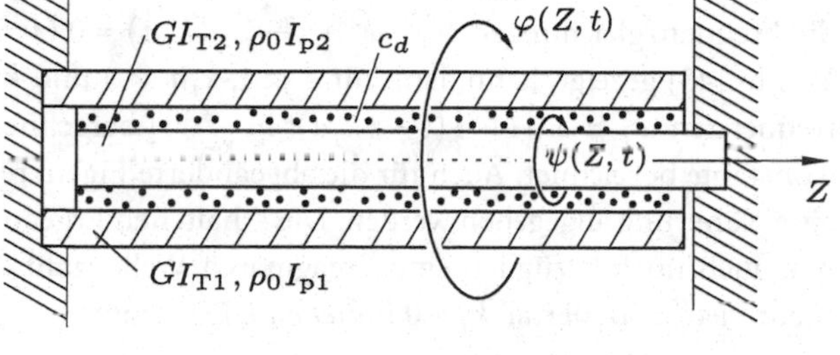

Abb. 9.10 Problembeschreibung, Aufgabe 9.2

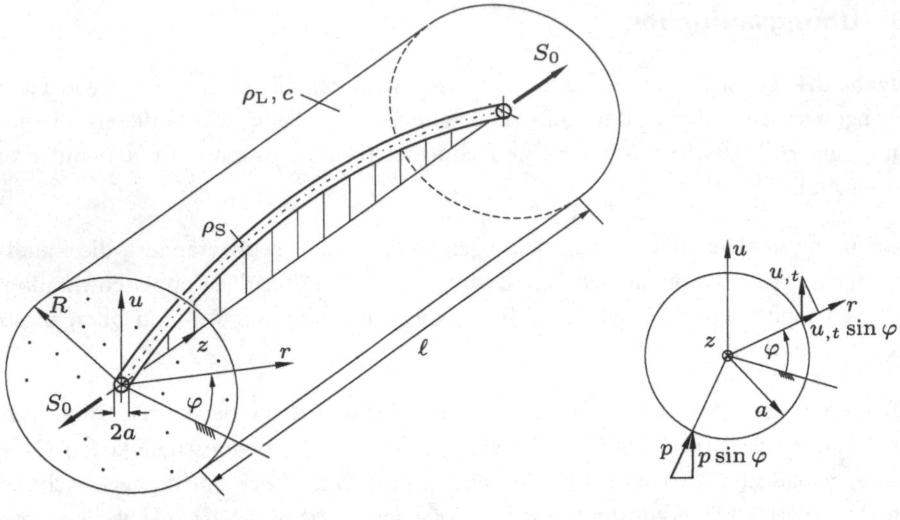

Abb. 9.11 Problembeschreibung, Aufgabe 9.3

$z = 0, \ell$ sowie $u_{,t} \sin\varphi + \Phi_{,r}(a, \varphi, z, t) = 0$, $\Phi_{,r}(R, \varphi, z, t) = 0$, $\Phi_{,z} = 0$ für $z = 0, \ell$ beschrieben. Liegt ein Bernoulli-Euler-Balken anstelle einer vorgespannten Saite vor, sind in der Strukturgleichung die beiden ersten Summanden durch $\rho_B \pi a^2 u_{,tt} + EI u_{,zzzz}$ zu ersetzen und es treten zusätzliche Randbedingungen $u_{,zz} = 0$ für $z = 0, \ell$ auf. Die weitere Rechnung wird für den Balken durchgeführt. Zur näherungsweisen Berechnung der Koppelkreisfrequenzen wird ein Ansatz $u(z, t) = \sum_{j=1}^{\infty} a_j \sin j\frac{\pi}{\ell} z \cos\omega t$ mit den Entwicklungskoeffizienten a_j und der unbekannten Eigenkreisfrequenz ω angesetzt. Die kinematischen Übergangs- und Randbedingungen des Fluids werden durch den Separationsansatz $\Phi(r, \varphi, z, t) = \omega \sin\varphi \sum_{j=1}^{\infty} a_j \sin j\frac{\pi}{\ell} z Z_j(r) \sin\omega t$ befriedigt, wenn Z_j für jedes j die homogene Randbedingung $Z_{j,r}(R) = 0$ und die inhomogene $-1 + Z_{j,r}(a) = 0$ erfüllt. Die Wellengleichung für das Fluid liefert für jedes $Z_j(r)$ die Besselsche Differenzialgleichung der Ordnung eins: $\frac{1}{r}(r Z_{j,r})_{,r} + \left(\frac{\omega^2}{c^2} - j^2\frac{\pi^2}{\ell^2} - \frac{1}{r^2}\right) Z_j = 0$. Tiefgestellte r bezeichnen jetzt gewöhnliche Ableitungen nach r. Mit den radialen Wellenzahlen $k_j = \sqrt{\frac{\omega^2}{c^2} - j^2\frac{\pi^2}{\ell^2}}$ sollen ihre Lösungen $Z_{1j}(k_j r)$ genannt werden. Mit diesen Lösungen führt die Stabgleichung noch auf $EI j^4 \frac{\pi^4}{\ell^4} - \rho_B \pi a^2 \omega^2 + \rho_F \omega^2 \pi a Z_{1j}(k_j a) = 0$. Trägt man darin die Vakuumkreisfrequenzen des Stabes $\omega_j = j^2 \pi^2 \sqrt{\frac{EI}{\rho_B} \pi a^2 \ell^4}$ und den kleinen Parameter $\varepsilon = \rho_F/\rho_B$ ein, so erhält man die Frequenzgleichungen $\omega_j^2 - \omega^2 + \varepsilon \frac{\omega^2}{a} Z_{1j}(k_j a) = 0$ ($j = 1, 2, \ldots, \infty$) des Koppelsystems. Wie in [43] gezeigt, kann dann für $\varepsilon \ll 1$, $k_j a \ll 1$ und $k_j R \gg 1$ eine Korrektur der Stabfrequenzen $\omega_j^* = \omega_j\left[1 - \frac{\varepsilon}{2}\left(1 + (k_j a)^2 \ln\frac{2}{\gamma k_j a}\right)\right]$ berechnet werden, worin γ die Eulersche Konstante bezeichnet. Auch für die abgeänderte Eigenkreisfrequenz des Luftraumes kann eine Näherung angegeben werden. Die erhaltenen Ergebnisse für reelle Wellenzahlen können auch noch bezüglich einer imaginären Wellenzahl diskutiert werden und selbst der theoretische Sonderfall $k_j = 0$ findet eine Erklärung.

Aufgabe 9.4 Es ist das Zweifeldsystem einer ebenen fluidgefüllten Kammer mit Rechteckabmessungen $0 \le x \le L$, $0 \le y \le H$ mit dreiseitig starren Wänden und Membranabschluss als vierte Wand zu erörtern. Für ein inkompressibles reibungfreies Fluid ist das maßgebende Randwertproblem zu formulieren. Mit geeigneten Produktansätzen ist die zugehörige Eigenwertgleichung herzuleiten. Die Lösungen für das Geschwindigkeitspotenzial des Fluides und die Auslenkung der Membranstruktur sind anzugeben. Die Systemdaten können der allgemeinen Behandlung der Aufgabenstellung am Ende von Abschn. 9.1.3 entnommen werden.

Lösungshinweise Die Vereinfachung des maßgebenden Randwertproblems (9.42), $(9.41)_{2-4}$ ist offensichtlich ($U_0 \equiv 0$). Hinzu kommen zusätzliche Randbedingungen $q = 0$ und $\Phi_{,x} = 0$ für $x = 0, L$. Die Lösungsansätze (9.4) werden zweckmäßig modifiziert, indem die Abhängigkeit von x durch entsprechende harmonische Funktionen so beschrieben wird, dass alle Randbedingungen bei $x = 0, L$ erfüllt werden. Damit kommt anstatt der beliebigen Wellenzahl β ein neuer Parameter ins Spiel, der ein diskretes Spektrum nach sich zieht. Die weitere Rechnung verläuft ähnlich wie im Falle des unendlich langen Kanals.

Aufgabe 9.5 Es sind die freien thermoelastischen Schwingungen einer zweiseitig unendlich ausgedehnten Schicht der Dicke $2h$ zu untersuchen, wenn andere Randbedingungen als in Abschn. 9.2.1 vorgegeben werden. Im vorliegenden Fall soll beiderseits keine Verschiebung auftreten und auch der Wärmeaustausch mit der Umgebung soll dort vollständig verhindert werden.

Aufgabe 9.6 Es sind die Koppelschwingungen eines axial polarisierten Stabwandlers unter Einbeziehung der Querträgheit zu untersuchen. Das maßgebende Randwertproblem der freien Schwingungen bei beidseitig unverschiebbarer Lagerung und verschwindenden elektrischen Potenzials sind herzuleiten. Die Eigenkreisfrequenzen mit und ohne Berücksichtigung der Querträgheit sind gegenüberzustellen.

Lösungshinweise Verwendet man die Geschwindigkeit eines Stabpunktes in der Form $\vec{v} = (x\varepsilon_{xx,t}, y\varepsilon_{yy,t}, w_{,t})$ und setzt konstante Dehnung über den Querschnitt voraus, kann die kinetische Energie T ohne Schwierigkeiten angegeben werden. Ähnlich wie in der elektrischen Enthalpie H treten jetzt auch in T entsprechende piezoelektrische Materialdaten auf.

Literatur

1. Crandall, S. H., Karnopp, D. C., Kurtz Jr., E. F., Pridemore-Brown, D. C.: Dynamics of Mechanical and Electromechanical Systems. McGraw Hill, New York (1968)
2. Eringen, A. C., Maugin, G.: Electrodynamics of Continua I. Springer, Berlin/Heidelberg/New York (1990)

3. Gausmann, R.: Nichtlineares dynamisches Verhalten von piezoelektrischen Stabaktoren bei schwachem elektrischen Feld. Dissertation, Univ. Karlsruhe (TH), Cuvillier Verlag, Göttingen (2005)
4. Goldstein, H., Poole, C. P., Safko, J. L.: Classical Mechanics, 3. Aufl. Edison-Wesley, Boston (2002)
5. Gross, D., Hauger, W., Schnell, W., Wriggers, P.: Technische Mechanik, Bd. 4. Springer, Berlin/Heidelberg/New York (1993)
6. Guyader, J.-L.: Vibrations des milieux continus. Hermes, Paris (2002)
7. Hagedorn, P., DasGupta, A.: Vibrations and Waves in Continuous Mechanical Systems. J. Wiley & Sons, Chichester (2007)
8. Ikeda, T.: Fundamentals of Piezoelectricity. Oxford Univ. Press (1990)
9. Kamlah, M.: Ferroelectric and Ferroelastic Piezoceramics – Modeling of Electromechanical Hysteresis Phenomena. Cont. Mech. Thermodyn. **13**, 219–268 (2001)
10. Kirchgässner, K.: Die Instabilität der Strömung zwischen zwei rotierenden Zylindern gegenüber Taylorwirbeln für beliebige Spaltbreiten. Z. Angew. Math. Physik **12**, 14–30 (1961)
11. Klinkel, S.: Nichtlineare Modellierung ferroelektrischer Keramiken und piezoelektrischer Strukturen – Analyse und Finite-Element-Formulierung. Habilitationsschrift, Univ. Karlsruhe (TH), Berichte des Instituts für Baustatik (2007)
12. Lord, H. W., Shulman, Y.: A Generalized Dynamical Theory of Thermoelasticity. J. Mech. Phys. Solids **15**, 299-309 (1967)
13. Massalas, C. V., Anagnostaki, E., Kalpakidis, V. K.: Some considerations on the coupled thermoelastic problems. Lett. Appl. Engng. Sci. **23**, 41–47 (1985)
14. Mehl V., Wauer, J.: Flow Instability Between Coaxial Rotating Cylinders with Flexible Support. In: Guran, A., Inman, D. J. (Hrsg.) Stability, Vibration and Control of Structures, Vol. 1, S. 280–291. World Scientific Publ., Singapore (1995)
15. Mehl, V.: Stabilitätsverhalten eines elastisch gelagerten Rotors bei Berücksichtigung der Fluid-Festkörper-Wechselwirkung. Dissertation, Univ. Karlsruhe (TH), Fortschr.-Ber. VDI, Reihe 11, Nr. 239, VDI, Düsseldorf (1996)
16. Morand, H. J.-P., Ohayon, R.: Fluid Structure Interaction: Applied Numerical Methods. John Wiley & Sons, Chichester/New York/Brisbane/Toronto/Singapore (1995)
17. Morse, P. H., Ingard, K. U.: Theoretical Acoustics. McGraw-Hill, New York (1968)
18. Noll, W.: On the Foundations of the Mechanics of Continua. Carnegie Inst. Tech. Rep. **17** (1957)
19. Nowacki, W.: Thermoelasticity, 2. Aufl. Polish Sci. Publ., Warszawa (1986)
20. Qhayon, R.: Fluid-structure Interaction Problems. In: Stein, E., de Borst, R., Hughes, J. R. (Hrsg.) Encyclopedia of Computational Mechanics, Volume 2: Solids and Structures. John Wiley & Sons, New York, 2004, 683–693.
21. Païdoussis, M. P.: Fluid-Structure Interactions: Slender Structures and Axial Flow, Vol. 1. Academic Press, London (1998)
22. Païdoussis, M. P.: Fluid-Structure Interactions: Slender Structures in Axial Flow, Vol. 2. Academic Press, London (2004)
23. Pinkus, O., Sternlicht, B.: Theory of Hydrodynamic Lubrication. McGraw-Hill, New York (1961)
24. Riemer, M.: Technische Kontinuumsmechanik. BI Wiss.-Verl., Mannheim/Leipzig/Wien/Zürich (1993)

25. Riemer, M., Wauer, J., Wedig, W.: Mathematische Methoden der Technischen Mechanik. Springer (1993)
26. Rivlin, R. S.: Nonlinear Continuum Theories in Mechanics and Physics and their Applications. In: An Introduction to Nonlinear Continuum Mechanics, S. 151–309. Rom (1970)
27. Schweizer, B.: Magnetohydrodynamische Schmierspaltströmung bei unendlich schmaler Lagergeometrie. Dissertation, Univ. Karlsruhe (TH), 2002. http://digbib.ubka.uni-karlsruhe.de/volltexte/1952002
28. Seemann, W., Wauer, J.: Vibrating Cylinder in a Cylindrical Duct Filled with an Incompressible Fluid of Low Viscosity. Acta Mechanica **113**, 93–107 (1995)
29. Seemann, W., Wauer, J.: Fluid-Structural Coupling of Vibrating Bodies in a Surrounding Confined Liquid. Z. Angew. Math. Mech. **76**, 67–79 (1996)
30. Seyranian, A. P., Mailybaev, A. A.: Multiparameter Stability Theory with Mechanical Applications. World Scientific, London/Shanghai/Bangalore (2003)
31. Taylor, G. I.: Stability of a Viscous Liquid Contained between Two Rotating Cylinders. Phil. Trans. Royal Soc. of London, Series A **223**, 289–343 (1923)
32. Tiersten, H. F.: Linear Piezoelectric Plate Vibrations. Plenum Press, New York (1969)
33. Tron-Cong, T.: A Variational Principle of Fluid Mechanics. Arch. Appl. Mech. **67**, 96–104 (1996)
34. Truesdell, C. A., Noll, W.: The Nonlinear Field Theories of Mechanics. In: Flügge, S. (Hrsg.) Handbuch der Physik, Bd. III/3. Springer, Berlin/Heidelberg/New York (1965)
35. Truesdell, C. A., Toupin, R. A., The Classical Field Theories. In: Flügge, S. (Hrsg.) Handbuch der Physik, Bd. III/1. Springer, Berlin/Göttingen/Heidelberg (1960)
36. Truesdell, C. A.: The Elements of Continuum Mechanics. Springer, Berlin/Heidelberg/New York/Tokyo (1965)
37. von Wagner, U.: Nichtlineare Effekte bei Piezokeramiken unter schwachem elektrischem Feld: Experimentelle Untersuchung und Modellbildung. Habilitationsschrift, TU Darmstadt, GCA-Verlag, Herdecke (2003)
38. Waltersberger, B.: Strukturdynamik mit ein- und zweiseitigen Bindungen aufgrund reibungsbehafteter Kontakte. Dissertation, Univ. Karlsruhe (TH), Universitätsverlag, Karlsruhe (2007)
39. Wauer, J.: Modalanalysis für das 1-dimensionale Thermoschockproblem einer elastischen Schicht endlicher Dicke. Z. Angew. Math. Mech. **70**, T70–71 (1990)
40. Wauer, J.: Free and Forced Magneto-Thermo-Elastic Vibrations in a Conducting Plate Layer. Thermal Stresses **19**, 671–691 (1996)
41. Wauer, J.: Zur Modellierung piezoelektrischer Wandler mit verteilten Parametern. Z. Angew. Math. Mech. **77**, S365–366 (1997)
42. Wauer, J.: Nonlinear Waves in a Fluid-filled Planar Duct with a Flexible Wall. In: Van Dao, N., Kreuzer, E. (Hrsg.) Proc. IUTAM Symp. on Recent Developments in Non-linear Oscillations of Mechanical Systems, S. 321–332. Kluwer, Dordrecht (2000)
43. Weidenhammer, F.: Eigenfrequenzen eines Stabes in zylindrisch berandetem Luftraum. Z. Angew. Math. Mech. **55**, T187–190 (1975)
44. Wilms, E. V., Cohen, H.: Some one-dimensional problems in coupled thermoelasticity. Mechanics Res. Commun. **12**, 41–47 (1985)
45. Wolf, K. D.: Electromechanical Energy Conversion in Asymmetric Piezoelectric Bending Actuators. Dissertation, TU Darmstadt (2000)

Sachverzeichnis

J. Wauer, *Kontinuumsschwingungen*, DOI 10.1007/978-3-8348-2242-0,
© Springer Fachmedien Wiesbaden 2014